普通高等教育高职高专土建类"十二五"规划教材

建筑工程施工工艺

主编　王红　李建国

内 容 提 要

本书系统介绍了建筑工程施工工艺的原理与方法，书中力求反映最新规范、法规、标准，以现行的国标、行业标准为基本依据，进一步完善了有关工程的验收标准和方法；增加了新的施工技术和内容。本书覆盖面广、内容丰富、深入浅出、循序渐进、图文并茂、实例经典、通俗易懂。全书共分为10个部分，其内容包括：土方工程、地基与基础工程、建筑砌筑工程、钢筋混凝土工程、预应力混凝土工程、结构安装工程、屋面及防水工程、钢结构工程、建筑装饰装修工程、高层建筑施工。

本教材既可作为高等职业教育土建类专业教材，亦可作为对相关人员的岗位培训教材或供土建工程技术人员参考。

图书在版编目（CIP）数据

建筑工程施工工艺 / 王红，李建国主编. -- 北京：中国水利水电出版社，2012.5
普通高等教育高职高专土建类"十二五"规划教材
ISBN 978-7-5084-9716-7

Ⅰ. ①建… Ⅱ. ①王… ②李… Ⅲ. ①建筑工程－工程施工－高等职业教育－教材 Ⅳ. ①TU7

中国版本图书馆CIP数据核字(2012)第090748号

书　　名	普通高等教育高职高专土建类"十二五"规划教材 **建筑工程施工工艺**
作　　者	主编　王红　李建国
出版发行	中国水利水电出版社 （北京市海淀区玉渊潭南路1号D座　100038） 网址：www.waterpub.com.cn E-mail：sales@waterpub.com.cn 电话：（010）68367658（发行部）
经　　售	北京科水图书销售中心（零售） 电话：（010）88383994、63202643、68545874 全国各地新华书店和相关出版物销售网点
排　　版	中国水利水电出版社微机排版中心
印　　刷	北京嘉恒彩色印刷有限责任公司
规　　格	184mm×260mm　16开本　29.5印张　670千字
版　　次	2012年5月第1版　2012年5月第1次印刷
印　　数	0001—3000册
定　　价	**55.00**元

普通高等教育高职高专土建类“十二五”规划教材

参编院校及单位

本 册 编 委 会

本 册 主 编： 王　红　李建国

本册副主编： 翟晓力　崔逸琼

本 册 参 编： 郝　转　袁维红

序

“十二五”时期，高等职业教育面临新的机遇和挑战，其教学改革必须动态跟进，才能体现职业教育“以服务为宗旨、以就业为导向”的本质特征，其教材建设也要顺应时代变化，根据市场对职业教育的要求，进一步贯彻“任务导向、项目教学”的教改精神，强化实践技能训练、突出现代高职特色。

鉴于此，从培养应用型技术人才的期许出发，中国水利水电出版社于2010年启动了土建类（包括建筑工程、市政工程、工程管理、建筑设备、房地产等专业）以及道路桥梁工程等相关专业高等职业教育的“十二五”规划教材。本套“普通高等教育高职高专土建类‘十二五’规划教材”，编写上力求结合新知识、新技术、新工艺、新材料、新规范、新案例，内容上力求精简理论、结合就业、突出实践。

随着教改的不断深入，高职院校结合本地实际所展现出的教改成果也各不相同，与之对应的教材也各有特色。本套教材的一个重要组织思想，就是希望突破长久以来习惯以“大一统”设计教材的思维模式。这套教材中，既有以章节为主体的传统教材体例模式，也有以“项目—任务”模式的“任务驱动型”教材，还有基于工作过程的“模块—课题”类教材。不管形式如何，编写目标均是结合课程特点、针对就业实际、突出职业技能，从而符合高职学生学习规律的精品教材。主要特点有以下几方面：

(1) 专业针对性强。针对土建类各专业的培养目标、业务规格（包括知识结构和能力结构）和教学大纲的基本要求，充分展示创新思想，突出应用技术。

(2) 以培养能力为主。根据高职学生所应具备的相关能力培养体系，构建职业能力训练模块，突出实训、实验内容，加强学生的实践能力与操作技能。

(3) 引入校企结合的实践经验。由企业的工程技术人员参与教材的编写，将实际工作中所需的技能与知识引入教材，使最新的知识与最新的应用充实到教学过程中。

(4) 多渠道完善。充分利用多媒体介质，完善传统纸质介质中所欠缺的表达方式和内容，将课件的基本功能有效体现，提高教师的教学效果；将光盘的容量充分发挥，满足学生有效应用的愿望。

本套教材适用于高职高专院校土建类相关专业学生使用，亦可为工程技术人员参考借鉴，也可作为成人、函授、网络教育、自学考试等参考用书。本套丛书的出版对于“十二五”期间高职高专的教材建设是一次有益的探索，也是一次积累、沉淀、迸发的过程，其丛书的框架构建、编写模式还可进一步探讨，书中不妥之处，恳请广大读者和业内专家、教师批评指正，提出宝贵建议。

编委会

2011 年 1 月

前言

为了适应我国工程建设技术需要，要求工程技术人员与管理者紧跟目前的改革趋势，更新观念，掌握和理解新的知识点，提高业务能力。目前，对于这些新知识尚无系统的教材进行全面地介绍和分析。针对这种现状，本书以国家推行“任务驱动型”教材契机，加入了建筑工程施工新工艺的基本要求及应用实例的新内容；打破了以知识传授为主要特征的传统教材模式，转变为以工作任务为中心，让学生在完成具体项目的过程中学会完成相应工作任务，并构建相关理论知识，发展职业能力，并结合当前教学实践的特点而编写。

本书依据职业岗位工作任务组建了一系列行动化的学习项目，而这些项目就是典型施工工艺。项目又分解成一个个典型的任务，层次体例框架如下：

(1) 任务描述；

(2) 任务分析；

(3) 相关知识；

(4) 任务实施；

(5) 实践训练。

其中任务描述采用实践中的案例来引入，在一个个任务中把课程的能力贯穿落实，便于学生通过教材的学习来掌握职业技能，同时也便于教师的教学。

相关知识可包含2方面：一个是基础知识点，为必学部分，需要掌握；另一个是扩展知识点，可供学生选学和参考资料。

实践训练可以以毕业设计为前提，让学生开拓思路，通过教学培养学生实际工作及适应工作岗位的基本技能，提高学生实践能力。

本书具有如下特点：

(1) 内容全面。本书按照建筑工程项目施工的全过程，系统地阐述了建筑工程建设项目实施、竣工验收阶段的施工方法，论述了在建筑工程现行的国标、行业标准下施工工艺的原理和方法。

(2) 内容新颖。本书中全部采用住房和城乡建设部的最新文件规定，以国家推行的“任务驱动型”教材为编写模式。

(3) 实例丰富。建筑工程施工工艺是一门应用性很强的学科，本书在编写过程中始终坚持理论联系实际，附有大量的实例，具有实用性和可操作性。

(4) 适用范围广。本书内容包括一般土建工程、装饰工程、高层建筑施工的内容。故本书既可作为土建类专业相关课程的教材，也可作为土建工程技术及管理专业人员参考用书。

本书由王红、李建国担任主编；翟晓力、崔逸琼担任副主编。具体编写分工及参编人员为：绪论由袁维红编写，项目5、项目8、项目10由王红（国家注册监理工程师）编写；项目1、项目2由翟晓力编写；项目3、项目7由崔逸琼编写；项目4由郝转编写；项目6、项目9由李建国编写。在本书的编写过程中，参考和引用了众多专家、学者的著作，在此表示衷心的感谢。

由于本书涉及的内容广泛，有许多内容在我国仍属于需要研究和探索的课题，加之作者水平有限，虽经仔细校对修改，但书中难免存在错误和不足之处，希望得到广大专家和读者的指正。

编者

2012年1月

目　录

绪 论

“建筑工程施工工艺”课程是建筑工程技术专业工作过程化课程体系中的职业能力核心课程，也是土建施工员职业资格考试的必考课程。课程直接对应企业施工技术与管理岗位工作任务，是教学项目与施工项目一致，教学过程与施工过程一致，教学场所与工作场所一致的理论实践一体化课程。

0.1 培 养 目 标

在对建筑企业进行广泛调研，与同行进行面对面探讨的基础上，针对社会需求及行业发展现状，确定建筑工程技术专业人才培养目标为：培养具有良好的职业道德，了解国家建筑法规和政策法令，掌握施工技术与组织管理知识，能熟练识读施工图纸并能进行施工组织管理和质量验收，适应从事一线建筑施工与管理工作的高素质技术应用型人才。

建筑工程技术专业毕业生就业岗位为施工员、监理员、质检员、安全员、资料员等，其中施工员岗位是主要就业岗位（图 0.1）。

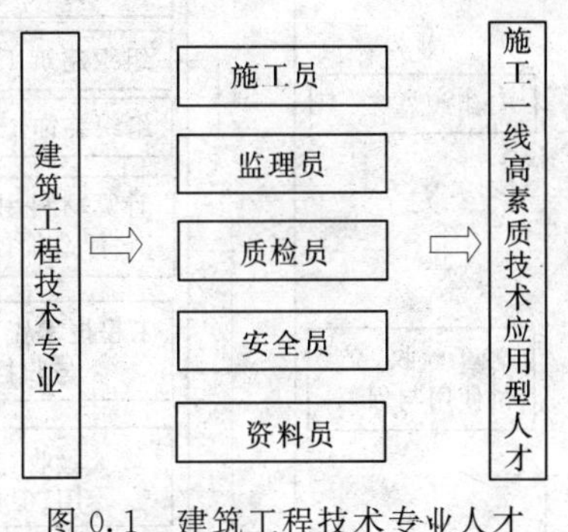

图 0.1　建筑工程技术专业人才培养目标定位

0.2 基于工作过程化的专业课程体系构建

施工企业的主要工作过程为施工任务承揽→施工准备→组织施工→竣工验收、交付使用与保修 4 个阶段。

基于施工企业的工作过程，课程编写组经过深入的职业分析，确定职业岗位典型工作任务。对典型工作任务进行进一步分析，确定所需职业岗位的任职要求。

通过对典型工作任务深入分析，考虑建筑工程的特殊性、复杂性和学生认知规律、教学组织等因素的影响，将典型工作任务转化成为学习领域，形成工作过程化的课程体系（图 0.2，图 0.3）。

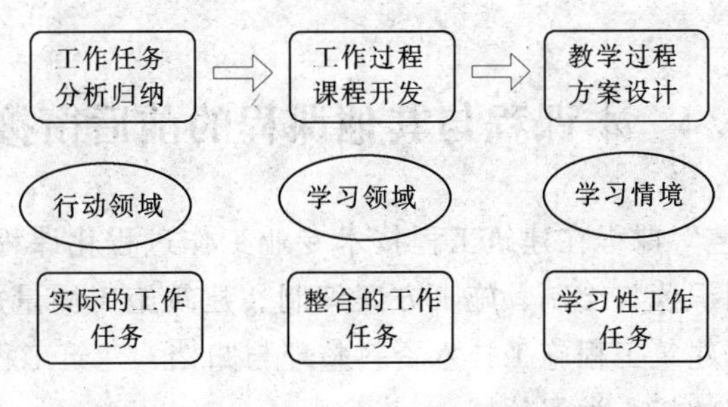

图 0.2　课程开发思路

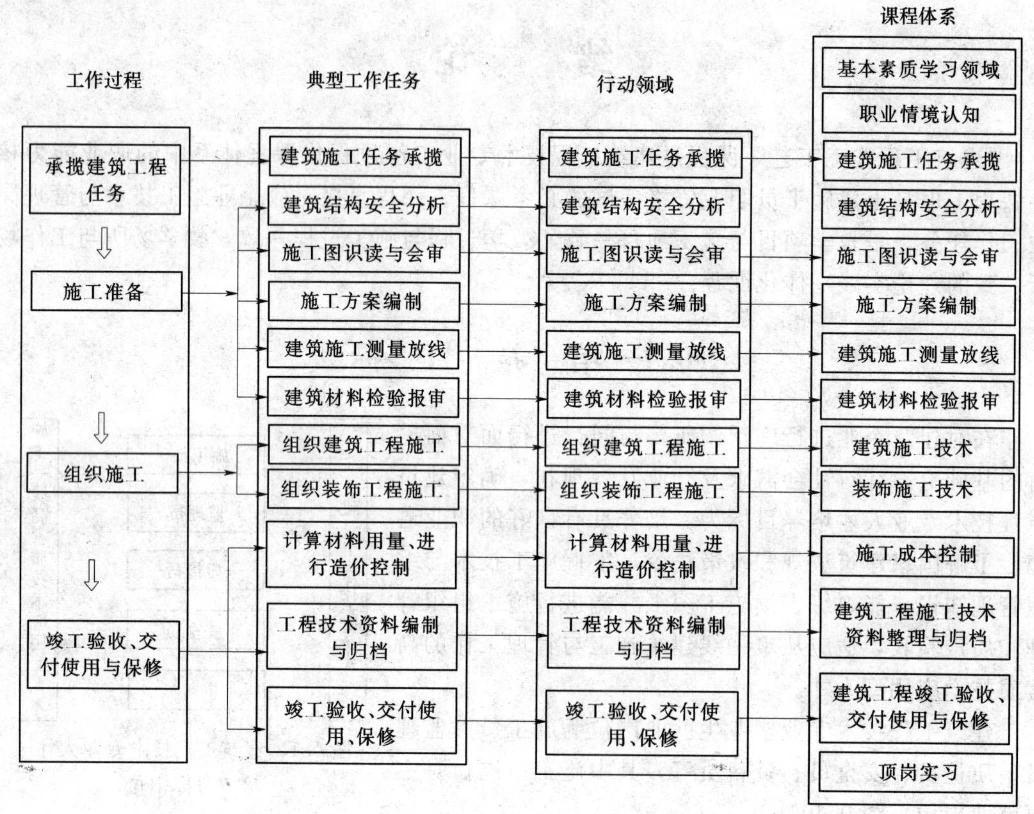

图 0.3　课程体系

0.3　课程的性质和作用

通过以上分析可知，“建筑工程施工工艺”课程是由建筑工程施工过程中组织建筑工程施工这项典型工作转化而成的，课程直接对应施工员岗位群核心工作任务，培养的是学生正确选择施工方法和施工机械、合理编制施工方案、在保证环境和安全的条件下组织施工、准确进行施工质量检查验收以及熟练编制施工阶段施工技术文件等职业核心能力。因此，“建筑工程施工工艺”课程是建筑工程技术专业基于工作过程课程体系中的一门职业能力核心课程。

0.4　本课程与其他课程的前后衔接

“建筑工程施工工艺”课程在建筑工程技术专业工作过程化课程体系中，是衔接建筑工程任务承揽、施工图识读与绘制、施工方案编制、建筑施工测量放线等前导学习领域，和课程施工成本控制、建筑工程施工技术资料整理与归档、建筑工程竣工验收、交付使用与保修等后续学习领域的核心学习领域。

0.5 课 程 目 标

通过本课程的学习，学生在教师引导下，能够把任务分解为具体相应的专业技术要求，设计制定任务实施方案，明确任务实施中的关键要素，自主通过各种渠道获得相关信息与技术资料，在任务实施中对所遇到问题能够通过所掌握的相关知识和方法加以解决，能够对结果和解决方法进行正确总结、对比和评价。在使用工具、设备和施工材料完成施工任务的过程中，要严格按照建筑施工规范、安全规范操作实施，注意团结协作，并且自觉保持工作环境卫生。

学习完本课程后，学生将获得的专业能力、方法能力和社会能力如图 0.4 所示。

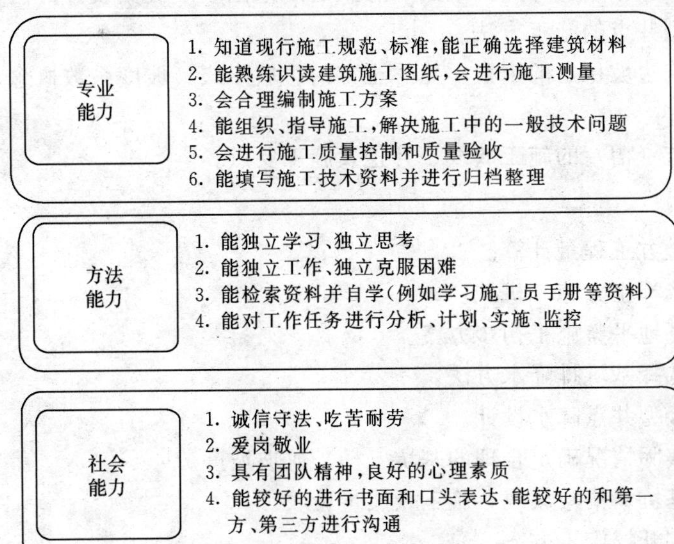

图 0.4　课程目标

对照职业岗位群的任职要求，可以看出，本课程对学生职业能力培养和职业素养养成起支撑作用。

项目1 土 方 工 程

知识目标

(1) 了解土的工程性质及土方调配方法。

(2) 熟悉土方工程量计算方法(方格网法)。

(3) 熟悉常用土方施工机械的特点、性能参数、适用条件、作业方法。

(4) 掌握挖土机与自卸汽车配套计算。

(5) 熟悉土方填筑的要求与压实方法。

(6) 了解集水井排水和井点降水的目的及适用范围,掌握其设计方法。

(7) 熟悉轻型井点的施工方法。

(8) 了解影响边坡稳定的因素,熟悉土方的边坡形式、坡度系数概念及土方开挖的放坡条件。

(9) 熟悉基坑(槽)的施工放线、开挖及施工要点。

能力目标

(1) 能进行土方工程量计算。

(2) 能合理选择土方施工机械。

(3) 能编制场地平整施工初步方案。

(4) 能合理选择基坑排降水方法。

(5) 能进行轻型井点降水设计。

(6) 能根据实际情况确定合理的基坑(槽)放坡坡度。

(7) 能进行基坑(槽)放线、施工及质量验收。

(8) 编制基坑开挖施工方案。

在建筑工程的整个施工过程中,土方工程是第一项分部工程,也是建筑工程施工过程中的第一道工序。其主要包括场地平整、基槽(基坑)开挖、土方的开挖、运输、填筑与压实,降低地下水位与基坑土壁支护等准备工作与辅助施工工作内容。

任务1 土的工程性质及分类

任务描述

某基坑尺寸为35m×56m,深1.25m,拟用粉质黏土回填,已知可松性系数K_s=1.16,K'_s=1.03,问需挖多大的取土坑和需用多少土方回填?

任务分析

土的工程性质对土方工程的施工方法、机械设备的选择及工程费用等有直接的影响,只有掌握了土的工程性质和土的分类,才可以正确选择施工方法、机械设备和合理计算工程费用。

相关知识

1.1.1　土方工程的施工特点

(1) 土方工程具有工程量大，施工工期长，劳动强度大的特点，如大型建设项目的场地平整和深基坑开挖中，施工面积可达数平方公里，土方工程量可达数百万立方米以上。

(2) 施工条件复杂又多为露天作业，受气候、水文、地质和邻近建（构）筑物等条件的影响较大，且天然或人工填筑形成的土石成分复杂，难以确定的因素较多。

(3) 土方工程施工，要求标高准确、断面合理，土体具有足够的强度和稳定性，土方量少，工期短，费用省。因此在组织土方工程施工前，必须做好施工前的准备工作，完成场地清理，仔细研究勘察设计文件并进行现场勘察；制定严密合理和经济的施工组织设计，做好施工方案，选择好施工方法和机械设备，尽可能采用先进的施工工艺和施工组织，实现土方工程施工综合机械化。制订合理的土方调配方案，制订好保证工程质量的技术措施和安全文明施工措施，对质量通病做好预防措施等。

1.1.2　土的工程分类与现场鉴别方法

土的种类很多，其分类方法各异。如根据土的颗粒级配或塑性指数分类；根据土的沉积年代分类等。在土方工程施工中，按土的开挖难易程度将土分为松软土、普通土、坚土、砂砾坚土、软石、次坚石、坚石、特坚硬石等八类，如表1.1所示。表中一至四类为土，五至八类为岩石。正确区分和鉴别土的种类，可以合理地选择施工方法和准确地套用定额计算土方工程费用。

表1.1　土的工程分类

土的分类	土的级别	土的名称	密度（kg/m³）	开挖方法及工具
一类土（松软土）	Ⅰ	砂土；粉土；冲积砂土层；疏松的种植土；淤泥（泥炭）	600～1500	用锹、锄头挖掘，少许用脚蹬
二类土（普通土）	Ⅱ	粉质黏土；潮湿的黄土；夹有碎石、卵石的砂；粉土混卵（碎）石；种植土；填土	1100～1600	用锹、锄头挖掘，少许用镐翻松
三类土（坚土）	Ⅲ	软及中等密实黏土；重粉质黏土；砾石土；干黄土、含有碎石卵石的黄土；粉质黏土；压实的填土	1750～1900	主要用镐，少许用锹、锄头挖掘，部分用撬棍
四类土（砂砾坚土）	Ⅳ	坚硬密实的黏性土或黄土；含碎石、卵石的中等密实的黏性土或黄土；粗卵石；天然级配砂石；软泥灰岩	1900	整个先用镐、撬棍，后用锹挖掘，部分用楔子及大锤
五类土（软石）	Ⅴ	硬质黏土；中密的页岩、泥灰岩、白垩土；胶结不紧的砾岩；软石灰岩及贝壳石灰岩	1100～2700	用镐或撬棍、大锤挖掘，部分使用爆破方法
六类土（次坚石）	Ⅵ	泥岩；砂岩；砾岩；坚实的页岩、泥灰岩；密实的石灰岩；风化花岗岩；片麻岩及正长岩	2200～2900	用爆破方法开挖，部分用风镐
七类土（坚石）	Ⅶ	大理岩；辉绿岩；玢岩；粗、中粒花岗岩；坚实的白云岩、砂岩、砾岩、片麻岩、石灰岩；微风化安山岩；玄武岩	2500～3100	用爆破方法开挖
八类土（特坚硬石）	Ⅷ	安山岩；玄武岩；花岗片麻岩；坚实的细粒花岗岩、闪长岩、石英岩、辉长岩、角闪岩、玢岩、辉绿岩	2700～3300	用爆破方法开挖

1.1.3　土的工程性质

土的工程性质对土方工程的施工方法、机械设备的选择及工程费用等有很大的影响，其基本性质包括可松性、天然含水量、天然密度和干密度、渗透性。

1. 土的可松性

自然状态下的土经开挖后，其体积因松散而增大，以后虽经振动压实，仍不能恢复其原来的体积，这种性质称为土的可松性。土的可松性程度用可松性系数表示，即

$$K_s=\frac{V_2}{V_1} \tag{1.1}$$

$$K'_s=\frac{V_3}{V_1} \tag{1.2}$$

式中　K_s——土的最初可松性系数；

K'_s——土的最后可松性系数；

V_1——土在天然状态下的体积，m^3；

V_2——土挖出后在松散状态下的体积，m^3；

V_3——土经回填压（夯）实后的体积，m^3。

土的可松性对确定场地设计标高、土方量的平衡调配、计算运土机具的数量和弃土坑的容积，以及计算填方所需的挖方体积等均有很大影响。各类土的可松性系数见表1.2。

表1.2　各种土的可松性参考值

土的类别	体积增加百分数（%）		可松性系数	
	最初	最后	K_s	K'_s
一类土（种植土除外）	8～17	1～2.5	1.08～1.17	1.01～1.03
一类土（植物性土、泥炭）	20～30	3～4	1.20～1.30	1.03～1.04
二类土	14～28	2.5～5	1.14～1.28	1.02～1.05
三类土	24～30	4～7	1.24～1.30	1.04～1.07
四类土（泥灰岩、蛋白石除外）	26～32	6～9	1.26～1.32	1.06～1.09
四类土（泥灰岩、蛋白石）	33～37	11～15	1.33～1.37	1.11～1.15
五至七类土	30～45	10～20	1.30～1.45	1.10～1.20
八类土	45～50	20～30	1.45～1.50	1.20～1.30

2. 土的天然含水量

土的含水量ω是土中水的质量与固体颗粒质量之比的百分率，即

$$\omega=\frac{m_w}{m_s}\times 100\% \tag{1.3}$$

式中　m_w——土中水的质量；

m_s——土中固体颗粒的质量。

土的含水量随着气候条件、雨雪和地下水的影响而变化，对土方边坡的稳定性与填土压实质量有很大的影响。土方回填时需要有最优含水量才能夯压密实，这样可以得到土体最大密实度。

3. 土的天然密度和干密度

土在天然状态下单位体积的质量，称为土的天然密度。土的天然密度用 ρ 表示

$$\rho=\frac{m}{V} \tag{1.4}$$

式中　m——土的总质量；

V——土的天然体积。

单位体积中土的固体颗粒的质量称为土的干密度，土的干密度用 ρ_d 表示

$$\rho_d=\frac{m_s}{V} \tag{1.5}$$

式中　m_s——土中固体颗粒的质量；

V——土的天然体积。

土的干密度越大，表示土越密实。工程上常把土的干密度作为评定土体密实程度的标准，以控制填土工程的压实质量。土的干密度 ρ_d 与土的天然密度 ρ 之间有如下关系

$$\rho=\frac{m}{V}=\frac{m_s+m_w}{V}=\frac{m_s+\omega m_s}{V}=(1+\omega)\frac{m_s}{V}=(1+\omega)\rho_d$$

即

$$\rho_d=\frac{\rho}{1+\omega} \tag{1.6}$$

4. 土的渗透性

土的渗透性指水流通过土中孔隙的难易程度，水在单位时间内穿透土层的能力称为渗透系数，用 k 表示，单位为 m/d。地下水在土中渗流速度一般可按达西定律计算，其公式如下

$$v=k\frac{H_1-H_2}{L}=k\frac{h}{L}=ki \tag{1.7}$$

式中　v——水在土中的渗透速度，m/d；

i——水力坡度，$i=\dfrac{H_1-H_2}{L}$，即 A、B 两点水头差与其水平距离之比；

k——土的渗透系数，m/d。

从达西公式可以看出渗透系数的物理意义：当水力坡度 i 等于 1 时的渗透速度 v 即为渗透系数 k，单位同样为 m/d。k 值的大小反映土体透水性的强弱，影响施工降水与排水的速度；土的渗透系数可以通过室内渗透试验或现场抽水试验测定，一般土的渗透系数见表 1.3。

表 1.3 土的渗透系数 k 参考值

土的种类	渗透系数 k (m/d)	土的种类	渗透系数 k (m/d)
黏土	<0.005	中砂	5.0～25.0
粉质黏土	0.005～0.1	均质中砂	35～50
粉土	0.1～0.5	粗砂	20～50
黄土	0.25～0.5	圆砾	50～100
粉砂	0.5～5.0	卵石	100～500
细砂	1.0～10.0	无填充物卵石	500～1000

任务实施

(1) $V_3=35\times56\times1.25=2450\text{m}^3$

(2) 需用取土坑体积：

$$V_1=\frac{V_3}{K'_s}=\frac{2450}{1.03}=2379\text{m}^3$$

(3) 需用回填土方体积：

$$V_2=K_sV_1=1.16\times2379=2760\text{m}^3$$

实践训练

某基坑底长 82m，宽 64m，深 8m，四边放坡，边坡坡度 1：0.5。

(1) 画出平、剖面图，试计算土方开挖工程量。

(2) 若混凝土基础和地下室占有体积为 24600m^3，则应预留多少回填土（以自然状态的土体积计)?

(3) 若多余土方外运，问外运土方（以自然状态的土体积计）为多少?

(4) 如果用斗容量为 3m^3 的汽车外运，需运多少车?（已知土的最初可松性系数 $K_s=1.14$，最后可松性系数 $K'_s=1.05$）

任务2 土石方工程施工准备与辅助工作

任务描述

某工程开挖一矩形基坑，基坑底宽 12m，长 16m，基坑深 4.5m，挖土边坡 1：0.5，基坑平、剖面图如图 1.1 所示。经地质勘探，天然地面以下为 1.0m 厚的黏土层，其下有 8m 厚的中砂，渗透系数 $k=12\text{m/d}$。再往下即离天然地面 9m 以下为不透水的黏土层。地下水位在地面以下 1.5m。采用轻型井点降低地下水位，试进行井点系统设计。

任务分析

轻型井点降低地下水位首先要进行井点系统的布置，其次计算基坑涌水量，第三计算井点管数量以及井点距离，根据计算结果选择抽水设备。

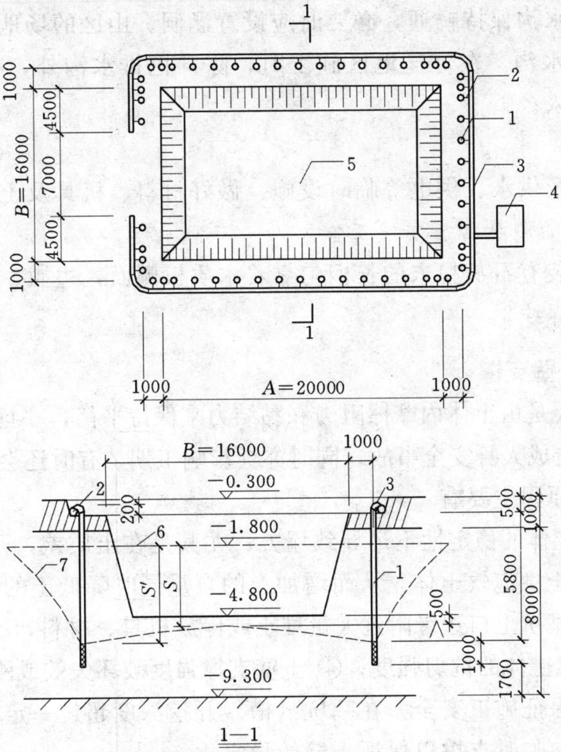

图 1.1　轻型井点布置计算实例示意图（单位：mm）

1—井点管；2—弯联管；3—集水总管；4—真空泵房；
5—基坑；6—原地下水位线；7—降低后地下水位线

相关知识

1.2.1　施工准备

土方工程施工前通常需完成下列准备工作：施工场地的清理；地面水排除；临时道路修筑；油燃料和其他材料的准备；供电与供水管线的铺设；临时停机棚和修理间等的搭设；土方工程的测量放线和编制施工组织设计等。

1. 场地清理

场地清理包括清理地面及地下各种障碍。在施工前应拆除旧有房屋和古墓，拆迁或改建通讯、电力设备、上下水道以及地下建筑物，迁移树木，去除耕植土及河塘淤泥等。此项工作由业主委托有资质的拆卸拆除公司或建筑施工公司完成，发生费用由业主承担。

2. 排除地面水

场地内低洼地区的积水必须排除，同时应注意雨水的排除，使场地保持干燥，以利土方施工。地面水的排除一般采用排水沟、截水沟、挡水土坝等措施。

应尽量利用自然地形来设置排水沟，使水直接排至场外，或流向低洼处再用水泵抽走。主排水沟最好设置在施工区域的边缘或道路的两旁，其横断面和纵向坡度应根据最大流量确定。一般排水沟的横断面不小于0.5m×0.5m，纵向坡度一般不小于2‰。场地平整过程中，要注意排水沟保持畅通，必要时应设置涵洞。山区的场地平整施工，应在较高一面的山坡上开挖截水沟。在低洼地区施工时，除开挖排水沟外，必要时应修筑挡水土坝，以阻挡雨水的流入。

3. 修筑临时设施

修筑好临时道路及供水、供电等临时设施，做好材料、机具及土方机械的进场工作。

4. 做好土方工程的测量和放灰线工作

放灰线时，可用装有石灰粉末的长柄勺靠着木质板侧面，边撒、边走，在地上撒出灰线，标出基础挖土的界线。

1.2.2　土方边坡与土壁支撑

土壁的稳定，主要是由土体内摩擦阻力和黏结力来保持平衡，一旦土体失去平衡，土体就会塌方，这不仅会造成人身安全事故。同时亦会影响工期，有时还会危及附近的建筑物。

造成土壁塌方的原因主要有：

①边坡过陡，使土体的稳定性不足导致塌方；尤其是在土质差，开挖深度大的坑槽中；② 雨水、地下水渗入土中泡软土体，从而增加土的自重同时降低土的抗剪强度，这是造成塌方的常见原因；③ 基坑上口边缘附近大量堆土或停放机具、材料，或由于行车等动荷载，使土体中的剪应力超过土体的抗剪强度；④ 土壁支撑强度破坏失效或刚度不足导致塌方。

为了防止塌方，保证施工安全，在基坑（槽）开挖深度超过一定深度时，可将土壁做成有斜率的边坡或者加临时支撑以保证土壁的稳定。

1.2.2.1　土方边坡

在开挖基坑、沟槽或填筑路堤时，为了防止塌方，保证施工安全及边坡稳定，其边沿应考虑放坡。土方边坡坡度大小的留设应根据土质、开挖深度、开挖方法、施工工期、地下水水位、坡顶荷载及气候条件等因素确定。一般情况下，黏性土的边坡可陡些，砂性土则应平缓些；当基坑附近有主要建筑物时，边坡应取1∶1.0～1∶1.5。

土方边坡的坡度以其高度 H 与底宽 B 之比（图1.2），即

$$\text{土方边坡坡度}=\frac{H}{B}=\frac{1}{\frac{B}{H}}=1:m \tag{1.8}$$

式中　$m=B/H$，称为坡度系数。

坡度系数的意义为：当边坡高度已知为 H 时，其边坡宽度 B 则等于 mH。

根据《地基与基础工程施工工艺标准》（QCJJT－JS02－2004）的建议，在天然湿度的土中，当挖土深度不超过下列数值时，可不放坡、不支撑。

深度不大于1.0m密实、中密的砂土和碎石类土（充填物为砂土）；深度不大于1.25m硬塑、可塑的黏质砂土及砂质黏土；深度≤1.5m硬塑、可塑的黏土和碎石类土（充填物为黏性土）；深度≤2.0m坚硬的黏土。

挖方深度超过上述规定时，应考虑放坡或做成直立壁加支撑。

《建筑地基基础工程施工质量验收规范》（GB 50202—2002）规定，临时性挖方的边坡值应符合表1.4的规定。

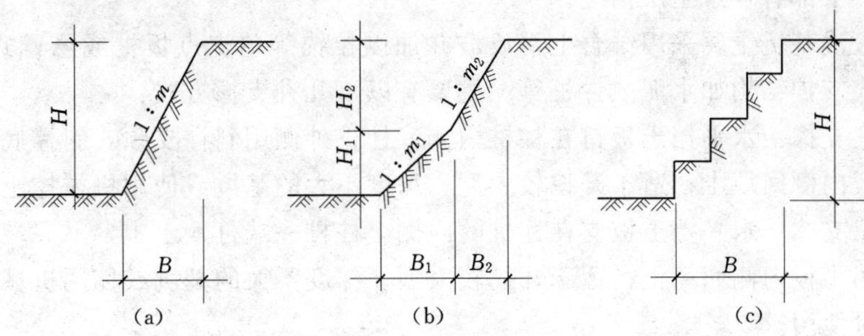

图 1.2　土方边坡

(a) 直线形；(b) 折线形；(c) 踏步形

表 1.4　　临时性挖方边坡值

土的类别		边坡值（高：宽）
砂土（不包括细砂、粉砂）		1∶1.25～1∶1.50
一般性黏土	硬	1∶0.75～1∶1.00
	硬、塑	1∶1.00～1∶1.25
	软	1∶1.50 或更缓
碎石类土	充填坚硬、硬塑黏性土	1∶0.50～1∶1.00
	充填砂土	1∶1.00～1∶1.50

注　1. 设计有要求时，应符合设计标准。

2. 如采用降水或其他加固措施，可不受本表限制，但应计算复核。

3. 开挖深度，对软土不应超过 4m，对硬土不应超过 8m。

1.2.2.2　土壁支撑

为了缩小施工面，减少土方，或受场地的限制不能放坡时，则可设置土壁支撑。土壁支撑形式应根据开挖深度和宽度、土质和地下水条件以及开挖方式、相邻建筑物等情况进行选择和设计。支撑必须牢固可靠，确保安全施工。

对于一般沟槽，主要采用横撑式支撑。主要有以下几种支撑方式：

(1) 间断式水平支撑：两侧挡土板水平放置，用工具式或木横撑借木楔顶紧，挖一层土，支顶一层；适于能保持立壁的干土或天然湿度的黏土类土，地下水很少，深度在 2m 以内。

(2) 断续式水平支撑：挡土板水平放置，中间留出间隔，并在两侧同时对称立竖枋木，再用工具式或木横撑上下顶紧；适于能保持直立壁的干土或天然湿度的黏土类土，地下水很少，深度在 3m 以内。

(3) 连续式水平支撑：挡土板水平连续放置，不留间隙，然后两侧同时对称立竖枋木，上下各顶一根撑木，端头加木楔顶紧；适用于较松散的干土或天然湿度的黏土类土，地下水很少，深度为 3～5m 。

(4) 连续或间断式垂直支撑：挡土板垂直放置，连续或留适当间隙，然后每侧上下各水平顶一根枋木，再用横撑顶紧；适于土质较松散或湿度很高的土，地下水较少，深度不限。

(5) 水平垂直混合支撑：沟槽上部连续或水平支撑，下部设连续或垂直支撑；适于沟

槽深度较大，下部有含水土层情况。

对于一般浅基坑主要采用结合上端放坡并加以拉锚等单支点板桩或悬臂式板桩支撑，或采用重力式支护结构如水泥搅拌桩等。主要有以下几种支撑方式：

（1）斜柱支撑：水平挡土板钉在柱桩内侧，柱桩外侧用斜撑支顶，斜撑底端支在木桩上，在挡土板内侧回填土；适于开挖较大型、深度不大的基坑或使用机械挖土。

（2）锚拉支撑：水平挡土板支在柱桩的内侧，柱桩一端打入土中，另一端用拉杆与锚桩拉紧，在挡土板内侧回填土；适于开挖较大型、深度不大的基坑或使用机械挖土、而不能安设横撑时使用。

（3）短柱横隔支撑：打入小短木桩，部分打入土中，部分露出地面，钉上水平挡土板，在背面填上捣实；适于开挖宽度大的基坑，当部分地段下部放坡不够时使用。

（4）临时挡土墙支撑：沿坡脚用砖、石叠砌或用草袋装土砂堆砌，使坡脚保持稳定；适于开挖宽度大的基坑，当部分地段下部放坡不够时使用。

对于深基坑主要采用多支点板桩。主要有以下几种支撑方式：

①型钢桩横挡板支撑；②挡土灌注桩支撑；③地下连续墙支护；④土层锚杆支护。施工方法详见本书项目10高层建筑施工——10.1.4。

1.2.3 施工排水与降水

在开挖基坑或沟槽时，土壤的含水层常被切断，地下水将会不断地渗入坑内。雨季施工时，地面水也会流入坑内。为了保证施工的正常进行，防止边坡塌方和地基承载能力的下降，必须做好基坑降水工作。降水方法可分为明排水法（如集水井、明渠等）和人工降低地下水法两种。

1. 明排水法

现场常采用的方法是截流、疏导、抽取。截流即是将流入基坑的水流截住；疏导即将积水疏干；抽取这种方法是在基坑或沟槽开挖时，在坑底设置集水井，并沿坑底的周围或中央开挖排水沟，使水由排水沟流入集水井内，然后用水泵抽出坑外（图1.3）。

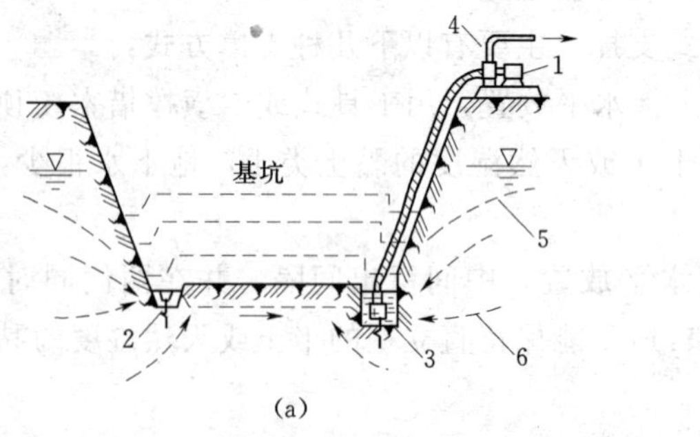

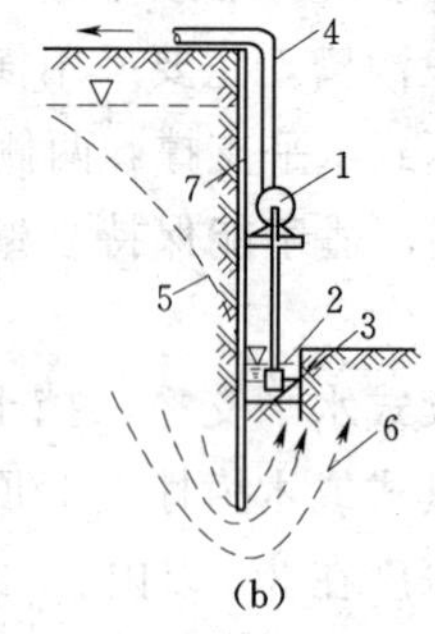

图1.3 集水井降低地下水位

(a) 斜坡边沟；(b) 直坡边沟

1—水泵；2—排水沟；3—集水井；4—压力水管；5—降落曲线；6—水流曲线；7—板桩

四周的排水沟及集水井一般应设置在基础范围以外，地下水流的上游。基坑面积较大时，可在基础范围内设置盲沟排水。根据地下水量、基坑平面形状及水泵能力，集水井每隔20～40m设置一个。

集水井的直径或宽度，一般为0.6～0.8m；其深度随着挖土的加深而加深，要始终低于挖土面0.7～1.0m，井壁可用竹、木等简易加固。当基坑挖至设计标高后，井底应低于坑底1～2m，并铺设0.3m碎石滤水层，以免在抽水时将泥砂抽出，并防止井底的土被搅动。坑壁必要时可用竹、木等材料加固。

2. 人工降低地下水位

人工降低地下水位就是在基坑开挖前，预先在基坑四周埋设一定数量的滤水管（井），在基坑开挖前和开挖过程中，利用真空原理，不断抽出地下水，使地下水位降低到坑底以下（图1.4），从根本上解决地下水涌入坑内的问题［图1.5（a）］；防止边坡由于受地下水流的冲刷而引起的塌方［图1.5（b）］；使坑底的土层消除了地下水位差引起的压力，也防止了坑底土的上冒［图1.5（c）］；没有了水压力，使板桩减少了横向荷载［图1.5（d）］；由于没有地下水的渗流，也就防止了流砂现象产生［图1.5（e）］。降低地下水位后，由于土体固结，还能使土层密实，增加地基土的承载能力。

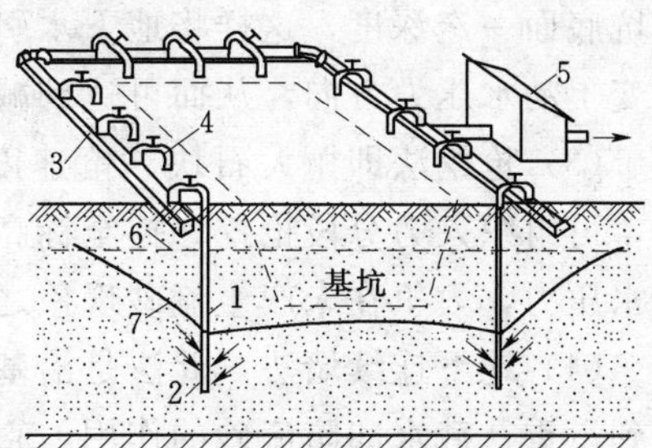

图1.4　轻型井点降低地下水位全貌图

1—井点管；2—滤管；3—总管；4—弯联管；5—水泵房；6—原有地下水位线；7—降低后地下水位线

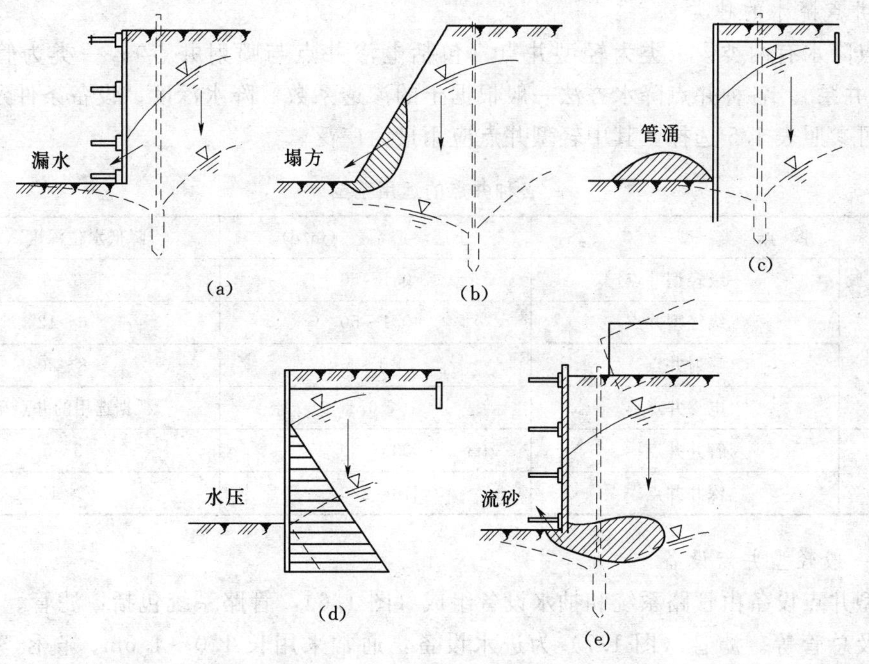

图1.5　井点降水的作用

（a）防止涌水；（b）使边坡稳定；（c）防止土的上冒；（d）减少横向荷载；（e）防止流砂

上述几点中，防止流砂现象是井点降水的主要目的。

流砂现象产生的原因，是水在土中渗流所产生的动水压力对土体作用的结果。

防止流砂的方法主要有：水下挖土法、打板桩法、抢挖法、地下连续墙法、枯水期施工法及井点降水等。

（1）水下挖土法即不排水施工，使坑内外的水压互相平衡，不致形成动水压力。如沉井施工，不排水下沉，进行水中挖土、水下浇筑混凝土，是防治流砂的有效措施。

（2）打板桩法即将板桩沿基坑周围打入不透水层，便可起到截住水流的作用；或者打入坑底面一定深度，这样将地下水引至桩底以下才流入基坑，不仅增加了渗流长度，而且改变了动水压力方向，从而可达到减小动水压力的目的。

（3）抢挖法即抛大石块、抢速度施工。如在施工过程中发生局部的或轻微的流砂现象，可组织人力分段抢挖，挖至标高后，立即铺设芦席并抛大石块，增加土的压重以平衡动水压力，力争在未产生流砂现象之前，将基础分段施工完毕。

（4）地下连续墙法。此法是沿基坑的周围先浇筑一道钢筋混凝土的地下连续墙，从而起到承重、截水和防流砂的作用，它又是深基础施工的可靠支护结构。

（5）枯水期施工法即选择枯水期间施工，因为此时地下水位低，坑内外水位差小，动水压力减小，从而可预防和减轻流砂现象。

以上这些方法都有较大的局限，应用范围狭窄。采用井点降水方法降低地下水位到基坑底以下，使动水压力方向朝下，增大土颗粒间的压力，则不论细砂、粉砂都一劳永逸地消除了流砂现象。实际上井点降水方法是避免流砂危害的常用方法。

3. 井点降水的种类

井点降水有两类：一类为轻型井点（包括电渗井点与喷射井点）；一类为管井井点（包括深井泵）。各种井点降水方法一般根据土的渗透系数、降水深度、设备条件及经济性选用，可参照表1.5选择。其中轻型井点应用最为广泛。

表1.5　　各种井点的适用范围

井点类型		土层渗透系数（m/d）	降低水位深度（m）
轻型井点	一级轻型井点	0.1～50	3～6
	二级轻型井点	0.1～50	6～12
	喷射井点	0.1～5	8～20
	电渗井点	＜0.1	根据选用的井点确定
管井类	管井井点	20～200	3～5
	深井井点	10～250	＞15

4. 一般轻型井点设备

轻型井点设备由管路系统和抽水设备组成（图1.6），管路系统包括：滤管、井点管、弯联管及总管等。滤管（图1.7）为进水设备，通常采用长1.0～1.5m、直径38mm或51mm的无缝钢管，管壁钻有直径为12～18mm的呈梅花形排列的滤孔，滤孔面积为滤管表面积的20%～25%。骨架管外面包以两层孔径不同的滤网，内层为30～50孔/cm^{2}的黄铜丝或尼龙丝布的细滤网，外层为3～10孔/cm^{2}的同样材料粗滤网或棕皮。为使流水畅通，在骨架管与滤管之间用塑料管或梯形铅丝隔开，塑料管沿骨架管绕成螺旋形。滤网外面再绕一层粗铁丝保护网，滤管下端为一铸铁塞头。滤管上端与井点管连接。

井点管为直径38mm或51mm、长5～7m的钢管，可整根或分节组成。井点管的上端

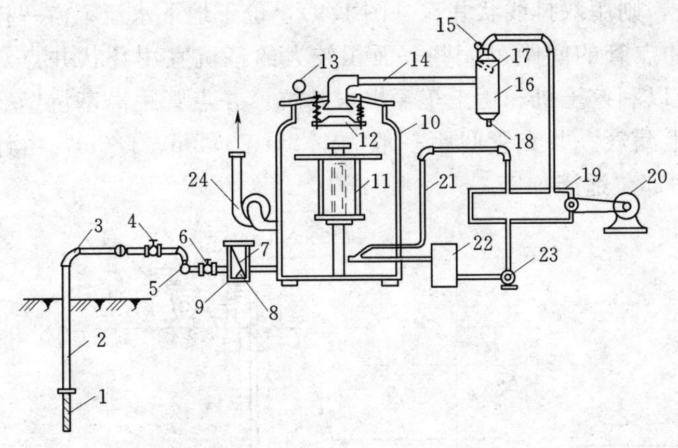

图1.6　轻型井点设备工作原理

1—滤管；2—井点管；3—弯管；4—阀门；5—集水总管；6—闸门；7—滤网；8—过滤箱；9—掏砂孔；10—水气分离器；11—浮筒；12—阀门；13—真空计；14—进水管；15—真空计；16—副水气分离器；17—挡水板；18—放水口；19—真空泵；20—电动机；21—冷却水管；22—冷却水箱；23—循环水泵；24—离心水泵

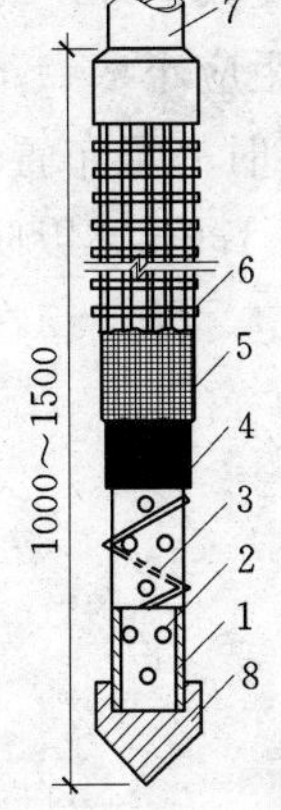

图1.7　滤管构造（单位：mm）

1—钢管；2—管壁上的小孔；3—缠绕的塑料管；4—细滤网；5—粗滤网；6—粗铁丝保护网；7—井点管；8—铸铁头

用弯联管与总管相连。

集水总管为直径100～127mm的无缝钢管，每段长4m，其上装有与井点管联接的短接头，间距为0.8～1.6m。

抽水设备常用的有真空泵、射流泵和隔膜泵井点设备。

一套抽水设备的负荷长度（即集水总管长度）为100～120m。常用的W5、W6型干式真空泵，其最大负荷长度分别为100m和120m。

5. 轻型井点的布置

井点系统的布置，应根据基坑大小与深度、土质、地下水位高低与流向、降水深度要求等而定。

(1) 平面布置。

当基坑或沟槽宽度小于6m，且降水深度不超过5m时，可用单排线状井点（图1.8），布置在地下水流的上游一侧，两端延伸长度不小于坑槽宽度。

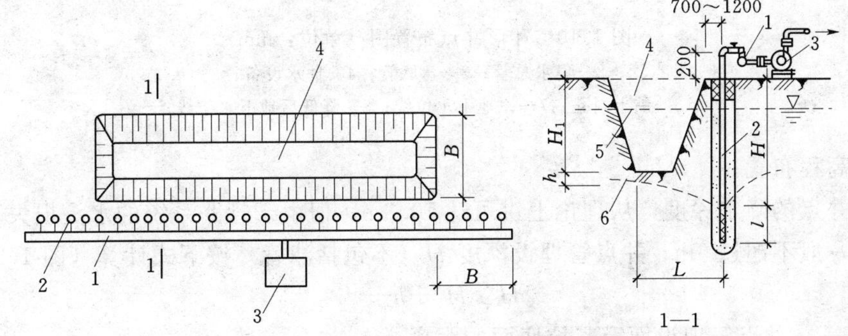

图1.8　单排线状井点布置（单位：mm）

1—集水总管；2—井点管；3—抽水设备；4—基坑；5—原地下水位线；6—降低后地下水位线

如宽度大于 6m 或土质不良，则用双排线状井点（图 1.9），位于地下水流上游一排井点管的间距应小些，下游一排井点管的间距可大些。面积较大的基坑宜用环状井点（图 1.10），有时亦可布置成 U 形，以利挖土机和运土车辆出入基坑。井点管距离基坑壁一般可取 0.7～1.2m，以防局部发生漏气。井点管间距一般为 0.8m、1.2m、1.6m，由计算或经验确定。井点管在总管四角部位适当加密。

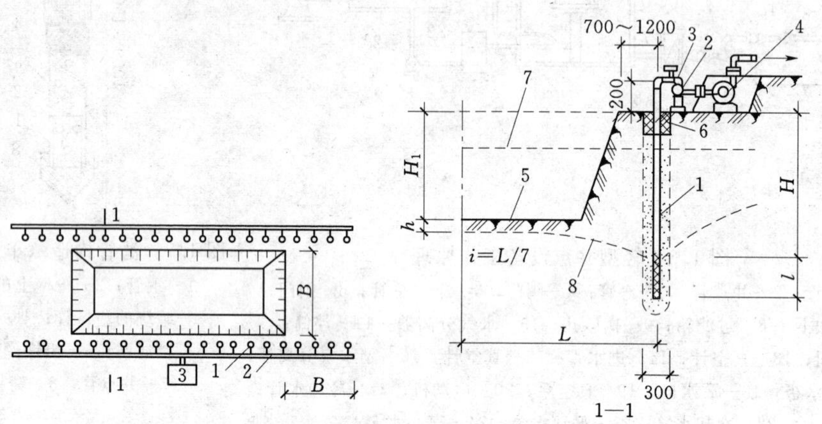

图 1.9　双排线状井点布置（单位：mm）

1—井点管；2—集水总管；3—弯联管；4—抽水设备；5—基坑；6—黏土封孔；7—原地下水位线；8—降低后地下水位线

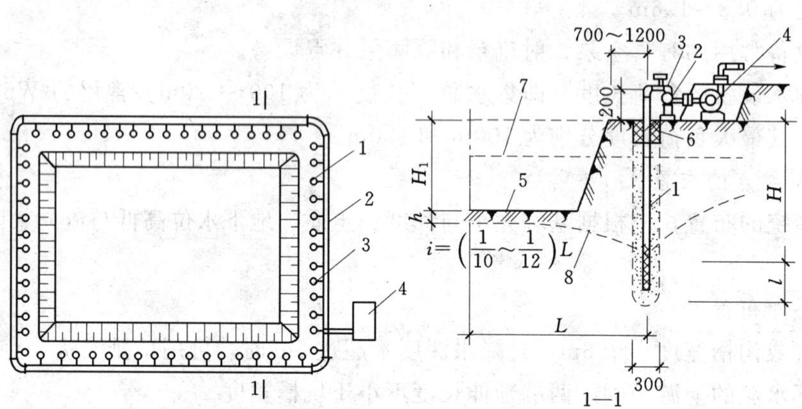

图 1.10　环形井点布置图（单位：mm）

1—井点管；2—集水总管；3—弯联管；4—抽水设备；5—基坑；6—黏土封孔；7—原地下水位线；8—降低后地下水位线

（2）高程布置。

轻型井点的降水深度，从理论上讲可达 10.3m，但由于管路系统的水头损失，其实际降水深度一般不超过 6m。井点管埋设深度 H（不包括滤管）按下式计算（图 1.8）

$$H \geqslant H_1 + h + iL \tag{1.9}$$

式中　H_1——井点管埋设面至基坑底面的距离，m；

h——降低后的地下水位至基坑中心底面的距离，一般取 0.5～1.0m；

i——水力坡度，根据实测：单排井点 1/4～1/5，双排井点 1/7，环状井点 1/10～1/12；

L——井点管至基坑中心的水平距离，当井点管为单排布置时 L 为井点管至对边坡脚的水平距离。

根据上式算出的 H 值，如大于 6m，则应降低井点管抽水设备的埋置面，以适应降水深度要求。即将井点系统的埋置面接近原有地下水位线（要事先挖槽），个别情况下甚至稍低于地下水位（当上层土的土质较好时，先用集水井排水法挖去一层土，再布置井点系统），就能充分利用抽吸能力，使降水深度增加，井点管露出地面的长度一般为 0.2～0.3m 以便与弯联管连接，滤管必须埋在透水层内。

当一级轻型井点达不到降水要求时，可采用二级井点降水，即先挖去第一级井点所疏干的土，然后再在其底部装设第二级井点（图 1.11）。

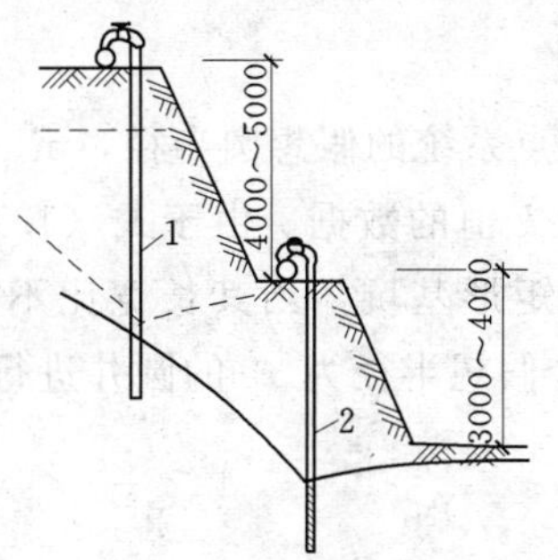

图 1.11　二级轻型井点示意图

（单位：mm）

1—1 级井点管；2—2 级井点管

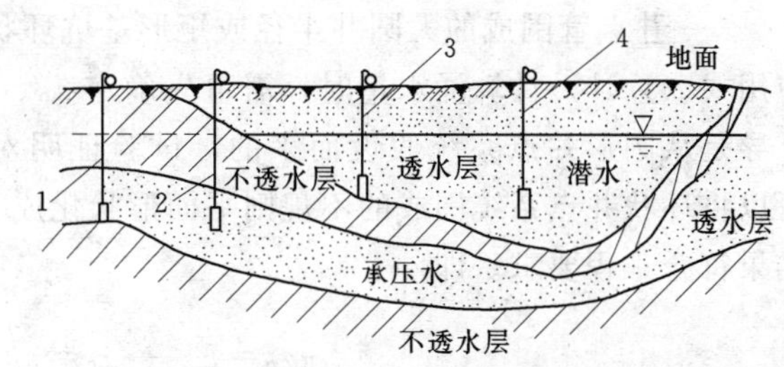

图 1.12　水井的分类

1—承压完整井；2—承压非完整井；

3—无压完整井；4—无压非完整井

6. 轻型井点的计算

井点系统的设计计算必须建立在可靠资料的基础上，如施工现场地形图、水文地质勘察资料、基坑的设计文件等。设计内容除井点系统的布置外，还需确定井点的数量、间距、井点设备的选择等。

(1) 井点系统的涌水量计算。

井点系统所需井点管的数量，是根据其涌水量来确定的；而井点系统的涌水量，则是按水井理论进行计算。根据井底是否达到不透水层，水井可分为完整井与不完整井；凡井底到达含水层下面的不透水层顶面的井称为完整井，否则称为不完整井。根据地下水有无压力，又分为无压井与承压井，如图 1.12 所示。各类井的涌水量计算方法不同，其中以无压完整井的理论较为完善。

1) 无压完整井的环状井点系统涌水量。

对于无压完整井［图 1.13 (a)］的环状井点系统，涌水量计算公式为

$$Q=1.366k\frac{2(H-S)S}{\lg R-\lg x_0} \tag{1.10}$$

式中　Q——井点系统的涌水量，m^3/d；

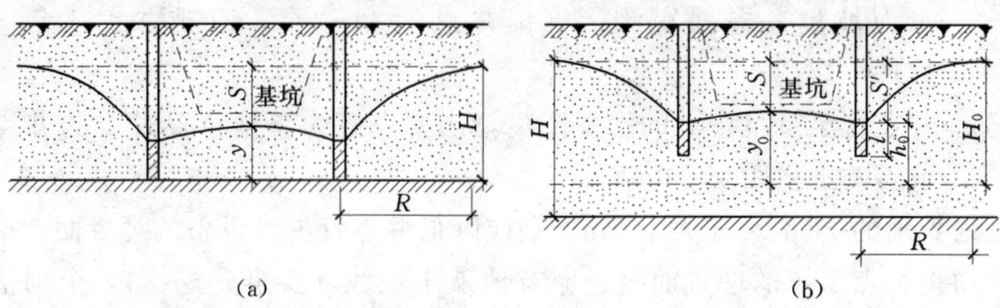

图 1.13 环状井点系统涌水量计算简图

(a) 无压完整井；(b) 无压非完整井

k——土的渗透系数，m/d，可以由实验室或现场抽水试验确定；

H——含水层厚度，m；

S——基坑中心降水深度，m；

R——抽水影响半径，m；

x_0——井点管围成的大圆井半径或矩形基坑环状井点系统的假想圆半径，m。

应用式（1.10）计算涌水量时，需事先确定 x_0、R、k 值的数据。由于式（1.10）的理论推导是从圆形井点系统假设而来的，试验证明对于矩形基坑，当其长宽比不大于 5 时，可以将环状井点系统围成的不规则平面形状化成一个假想半径为 x_0 的圆井进行计算，计算结果符合工程要求。即

$$\pi x_0^2=F \quad \rightarrow x_0=\sqrt{\frac{F}{\pi}} \tag{1.11}$$

式中 F——环状井点系统包围的面积，m。

注意当矩形基坑的长宽比大于 5，或基坑宽度大于 2 倍的抽水影响半径 R 时就不能直接利用现有的公式进行计算，此时需将基坑分成几小块使其符合公式的计算条件，然后分别计算每小块的涌水量，再相加即得总涌水量。

抽水影响半径 R 系指井点系统抽水后地下水位降落曲线稳定时的影响半径，与土的渗透系数、含水层厚度、水位降低值及抽水时间等因素有关。在抽水 2～5d 后，水位降落漏斗基本稳定，此时抽水影响半径可近似地按下式计算：

$$R=1.95S\sqrt{Hk} \tag{1.12}$$

2）无压非完整井的环状井点系统涌水量。

在实际工程中往往会遇到无压非完整井的井点系统［图 1.13（b）］，这时地下水不仅从井的侧面流入，还从井底渗入，因此涌水量要比完整井大。为了简化计算，仍可采用式（1.10）。此时，仅将式中 H 换成有效含水深度 H_0，即

$$Q=1.366k\frac{2(H_0-S)S}{\lg R-\lg x_0} \tag{1.13}$$

同样式（1.13）换成

$$R=1.95S\sqrt{H_0 k} \tag{1.14}$$

H_0 可查表 1.6 确定，当算得的 H_0 大于实际含水层的厚度 H 时，则仍取 H 值，视为无压完整井。

表 1.6　　**有效深度 H_0 值**

$s'/(s'+l)$	0.2	0.3	0.5	0.8
H_0	$1.2(s'+l)$	$1.5(s'+l)$	$1.7(s'+l)$	$1.85(s'+l)$

注　s'为井点管中水位降落值；l为滤管长度。$s'/(s'+l)$ 的中间值可采用插入法求 H_0。

3）承压完整井的环状井点系统涌水量。

承压完整环状井点系统涌水量计算公式为

$$Q=2.73k\frac{MS}{\lg R-\lg x_0} \tag{1.15}$$

式中　　M——承压含水层深度，m；

k、R、x_0、S——与式（1.10）相同。

（2）确定井点管数量及井管间距。

确定井点管数量先要确定单根井管的出水量。单根井点管的最大出水量为

$$q=65\pi dl^3\sqrt{k} \tag{1.16}$$

式中　d——滤管直径，m；

l——滤管长度，m；

k——渗透系数，m/d。

井点管最少数量由下式确定

$$n=1.1\times\frac{Q}{q} \tag{1.17}$$

式中　1.1——考虑井点管堵塞等因素的放大备用系数。

井点管最大间距为

$$D=\frac{L}{n} \tag{1.18}$$

式中　L——集水总管长度，m。

实际采用的井点管间距 D 应当与总管上接头尺寸相适应。即采用 0.8m、1.2m、1.6m 或 2.0m。

（3）井点管的埋设与使用。

1）井点管的埋设。

轻型井点的施工，大致包括下列几个过程：准备工作、井点系统的埋设、使用及拆除。

准备工作包括井点设备、动力、水源及必要材料的准备，排水沟的开挖，附近建筑物的标高观测以及防止附近建筑物沉降措施的实施。

埋设井点的程序是：先排放总管，再埋设井点管，用弯联管将井点管与总管接通，然后安装抽水设备。

井点管的埋设一般用水冲法进行，并分为冲孔［图 1.14（a）］与埋管［图 1.14（b）］两个过程。

冲孔时，先用起重设备将冲管吊起并插在井点的位置上，然后开动高压水泵，将土冲松，冲管则边冲边沉。冲孔直径一般为 300mm，以保证井管四周有一定厚度的砂滤层，

冲孔深度宜比滤管底深 0.5m 左右，以防冲管拔出时，部分土颗粒沉于底部而触及滤管底部。

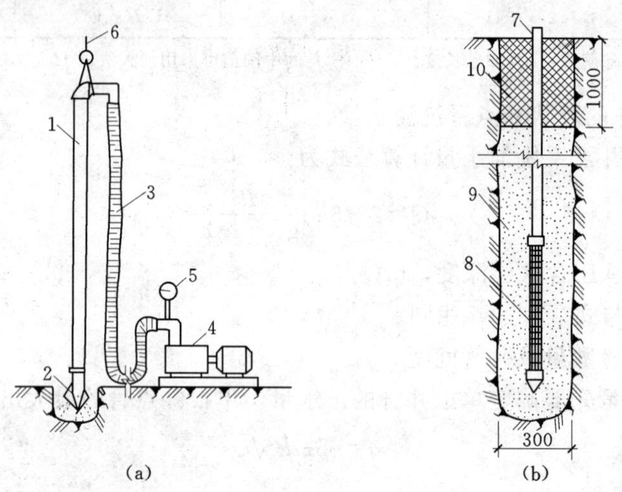

图 1.14 井点管的埋设

(a) 冲孔；(b) 埋管

1—冲管；2—冲嘴；3—胶皮管；4—高压水泵；5—压力表；6—起重机吊钩；7—井点管；8—滤管；9—填砂；10—黏土封口

井孔冲成后，立即拔出冲管，插入井点管，并在井点管与孔壁之间迅速填灌砂滤层，以防孔壁塌土。砂滤层的填灌质量是保证轻型井点顺利抽水的关键。一般宜选用干净粗砂，填灌均匀，并填至滤管顶上 1～1.5m，以保证水流畅通。

井点填砂后，在地面以下 0.5～1.0m 范围内须用黏土封口，以防漏气。

井点管埋设完毕，应接通总管与抽水设备进行试抽水，检查有无漏水、漏气，出水是否正常，有无淤塞等现象，如有异常情况，应检修好后方可使用。

2）井点管的使用。轻型井点使用时，应保证连续不断抽水，并准备双电源。若时抽时停，滤网易于堵塞，也容易抽出土粒，使水混浊，并引起附近建筑物由于土粒流失而沉降开裂。正常出水规律是“先大后小，先混后清”。抽水时需要经常观测真空度以判断井点系统工作是否正常，真空度一般应不低于 55.3～66.7kPa；造成真空度不够的原因较多，但通常是由于管路系统漏气的原因，应及时检查并采取措施。

井点管淤塞，一般可从管内听水流声响；手扶管壁有振动感；夏、冬季手摸管子有夏冷、冬暖感等简便方法检查。如发现淤塞井点管太多，严重影响降水效果时，应逐根用高压水反向冲洗或拔出重埋。

地下构筑物竣工并进行回填土后，方可拆除井点系统。拔出井点管多借助于倒链、起重机等，所留孔洞用砂或土填实，对地基有防渗要求时，地面上 2m 应用黏土填实。

7. 其他井点简介

(1) 喷射井点。

当基坑开挖较深，采用多级轻型井点不经济时，宜采用喷射井点，其降水深度可达 20m。特别适用于降水深度超过 6m，土层渗透系数为 0.1～2m/d 的弱透水层。

喷射井点根据其工作时使用液体和气体的不同，分为喷水井点和喷气井点两种。其设备主要由喷射井管、高压水泵（或空气压缩机）和管路系统组成（图 1.15）。喷射井管由内管和外管组成，在内管下端装有喷射扬水器与滤管相连。当高压水（0.7～0.8MPa）经内外管之间的环形空间通过扬水器侧孔流向喷嘴喷出时，在喷嘴处由于过水断面突然收缩变小，使工作水流具有极高的流速（30～60m/s），在喷口附近造成负压形成一定真空，因而将地下水经滤管吸入混合室与高压水汇合；流经扩散管时，由于截面扩大，水流速度相应减小，使水的压力逐渐升高，沿内管上升经排水总管排出。

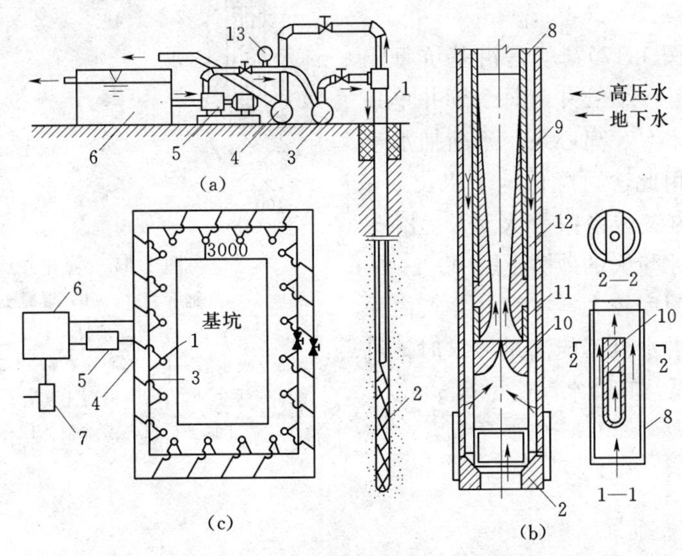

图 1.15　喷射井点设备及平面布置简图

(a) 喷射井点设备简图；(b) 喷射扬水器详图；(c) 喷射井点平面布置

1—喷射井管；2—滤管；3—进水总管；4—排水总管；5—高压水泵；6—集水池；7—水泵；8—内管；9—外管；10—喷嘴；11—混合室；12—扩散管；13—压力表

(2) 电渗井点。

电渗井点适用于土的渗透系数小于 0.1m/d，用一般井点不可能降低地下水位的含水层中，尤其宜用于淤泥排水。

电渗井点（图 1.16）的原理是在降水井点管的内侧打入金属棒（钢筋或钢管），连以导线，当通以直流电后，土颗粒会发生从井点管（阴极）向金属棒（阳极）移动的电泳现象，而地下水则会出现从金属棒（阳极）向井点管（阴极）流动的电渗现象，从而达到软土地基易于排水的目的。

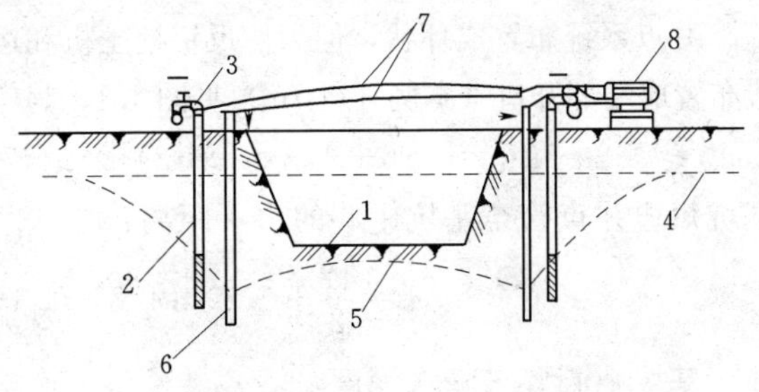

图 1.16　电渗井点降水示意图

1—基坑；2—井点管；3—集水总管；4—原地下水位；5—降低后地下水位；6—钢管或钢筋；7—线路；8—直流发电机或电焊机

电渗井点是以轻型井点管或喷射井点管作阴极，ϕ20～25mm 的钢筋或 ϕ50～75mm 的钢管为阳极，埋设在井点管内侧，与阴极并列或交错排列。当用轻型井点时，两者的距离为0.8～1.0m；当用喷射井点则为1.2～1.5m。阳极入土深度应比井点管深500mm，露出地面200～400mm。阴、阳极数量相等，分别用电线联成通路，接到直流发电机或直流电焊机的相应电极上。

(3) 管井井点。

管井井点（图1.17），就是沿基坑每隔20～50m距离设置一个管井，每个管井单独用一台水泵（潜水泵、离心泵）不断抽水来降低地下水位。用此法可降低地下水位5～10m，适用于土的渗透系数较大（$K=20\sim200$m/d）且地下水量大的砂类土层中。

如要求降水深度较大，在管井井点内采用一般离心泵或潜水泵不能满足要求时，可采用特制的深井泵，其降水深度可达50m。

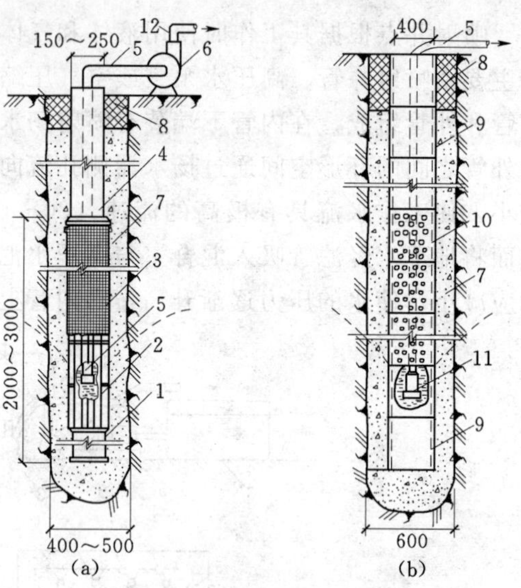

图1.17 管井井点

(a) 钢管管井；(b) 混凝土管管井

1—沉砂管；2—钢筋焊接骨架；3—滤网；4—管身；5—吸水管；6—离心泵；7—小砾石过滤层；8—黏土封口；9—混凝土实管；10—混凝土过滤管；11—潜水泵；12—出水管

任务实施

1. 井点系统的布置

为使总管接近地下水位和不影响地面交通，考虑到天然地面以下1.0m内的土质为有内聚力的黏土层，将总管埋设在地面下0.5m处，即先挖0.5m的沟槽，然后在槽底铺设总管。此时基坑上口平面尺寸（$A\times B$）为：

$$A\times B=[16+2\times0.5\times(4.8-0.3-0.5)]\times[12+2\times0.5\times(4.8-0.3-0.5)]$$
$$=20\text{m}\times16\text{m}$$

井点系统布置成环状，但为使反铲挖土机和运土车辆有开行路线，在地下水的下游方向一般布置成端部开口（本例开口7m）见图1.1，另考虑总管距基坑边缘1.0m，则总管长度为：

$$L_{总}=[(16+2)+(20+2)]\times2-7=[18+22]\times2-7=73\ (\text{m})$$

基坑短边井点管至基坑中心的水平距离：

$$L=\frac{12}{2}+0.5\times(4.8-0.3-0.5)+1.0=9\ (\text{m})$$

基坑中心要求降水深度：

$$S=(4.8-0.3)-1.5+0.5=3.5\ (\text{m})$$

采用一级轻型井点，井点管的埋设深度H（不包括滤管）按式（1.8）计算：

$$H\geqslant H_1+h+iL=(4.8-0.3-0.5)+0.5+\frac{1}{10}\times9=5.4\ (\text{m})$$

采用井点管长6.0m，直径51mm，滤管长度1.0m。井点管露出地面0.2m，以便与总管相连接。埋入土中5.8m（不包括滤管），大于5.4m。

此时基坑中心实际降水深度应修正为：

$$S=3.5+(6.0-0.2)-5.4=3.9\ (\mathrm{m})$$

井点管及滤管总长 6.0＋1.0＝7.0(m)，滤管底部距不透水层为：

(9.3－0.3)－(7.0－0.2)－0.5＝1.7m＞0 故可按无压非完整井环形井点系统计算。

2. 基坑涌水量计算

基坑中心实际降水深度：

$$S=3.5+(6.0-0.2)-5.4=3.9\ (\mathrm{m})$$

井点管中水位降落值：

$$s'=S+iL=3.9+\frac{1}{10}\times 9=4.8\ (\mathrm{m})$$

有效含水深度 H_0 按表 1.6 求出：

由 $\frac{s'}{s'+l}=\frac{4.8}{4.8+1.00}=0.83$ 得 $H_0=1.85\times(s'+l)=1.85\times(4.8+1.0)=10.73\ (\mathrm{m})$

实际含水层厚度：$H=9-1.5=7.5\ (\mathrm{m})$

由于 $H_0>H$ 取 $H_0=H=7.5\mathrm{m}$

抽水影响半径 R 按式（1.13）：

$$R=1.95S\sqrt{H_0K}=1.95\times 3.9\times\sqrt{7.5\times 12}=72.15\ (\mathrm{m})$$

由于 20/16≤5，故矩形基坑环状井点系统的假想圆半径 x_0 按式（1.10）：

$$x_0=\sqrt{\frac{F}{\pi}}=\sqrt{\frac{18\times 22}{\pi}}=11.23\ (\mathrm{m})$$

将以上各值代入式（1.12）：

$$Q=1.366K\frac{(2H_0-S)S}{\lg R-\lg x_0}=1.366\times 12\times\frac{(2\times 7.5-3.9)\times 3.9}{\lg 72.15-\lg 11.23}=878.23\ (\mathrm{m^3/d})$$

3. 确定井点管数量及井管间距

单根井点管的最大出水量按式（1.15）为：

$$q=65\pi dl\sqrt[3]{K}=65\times\pi\times 0.051\times 1.0\times\sqrt[3]{12}=23.84\ (\mathrm{m^3/d})$$

井点管数量按式（1.16）为：

$$n=1.1\frac{Q}{q}=1.1\times\frac{878.23}{23.84}=40.5=41\ (\text{根})$$

井点管最大间距按式（1.17）为：

$$D=\frac{L_{总}}{n}=\frac{73}{41}=1.78\ (\mathrm{m})$$

因为实际采用的井点管间距 D 应当与总管上接头尺寸相适应，故取井距为 1.60m。则井点管数量应为：

$$n_{实}=\frac{L_{总}}{D_{实}}=\frac{73}{1.60}=45.6=46\ (\text{根})$$

在基坑四角处井点管应加密，如考虑每个角加 2 根管，最后实际采用 46＋8＝54 根。

4. 选择抽水设备

抽水设备所带动的总管长度为 80m，可选用 W5 型干式真空泵一套。

水泵所需流量：

$$Q_1=1.1Q=1.1\times878.23=966.05(\mathrm{m^3/d})=40.25\ (\mathrm{m^3/h})$$

水泵吸水扬程：

$$H_s\geqslant6.0+1.0=7.0\ (\mathrm{m})$$

根据 Q_1 及 H_s，选用 3B33 型离心泵。实际施工选用 2 台，1 台备用。

实践训练

某基坑底面积为 22×34m，基坑深 4.8m，地下水位在地面下 1.2m，天然地面以下 1.0m 为杂填土，不透水层在地面下 11m，中间均为细砂土，地下水为无压水，渗透系数 $k=15\mathrm{m/d}$，四边放坡，基坑边坡坡度为 1∶0.5。现有井点管长 6m，直径 38mm，滤管长 1.2m，准备采用环形轻型井点降低地下水位，试进行井点系统的布置和设计，包含以下三项：

（1）轻型井点的高程布置（计算并画出高程布置图）。

（2）轻型井点的平面布置（计算涌水量、井点管数量和间距并画出平面布置图）。

（3）选用离心水泵型号。

任务3 土 方 量 计 算

任务描述

某建筑场地的地形图和方格网如图 1.18 所示，方格边长为 20m×20m，$x-x$、$y-y$ 方向上泄水坡度分别为 2‰和 3‰。由于土建设计、生产工艺设计和最高洪水位等方面均无特殊要求，试根据挖填平衡原则（不考虑可松性）确定场地中心设计标高，并根据 $x-x$、$y-y$ 方向上泄水坡度推算各角点的设计标高，并计算挖、填土方量（不考虑边坡土方量）。

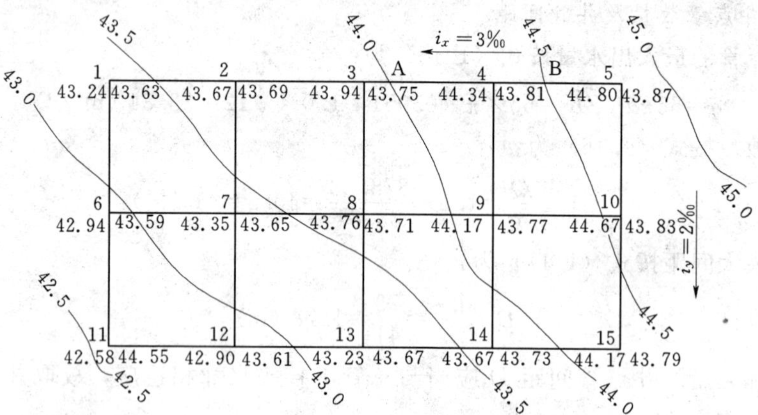

图 1.18 某建筑场地方格网布置图

任务分析

进行场地平整土方量的计算，首先要根据挖填平衡原则初步确定场地设计标高；其次划分方格网并计算各方格角点的施工高度；第三计算零点位置，确定零线；第四计算方格土方工程量和边坡土方工程量。

相关知识

土方工程量是土方工程施工组织设计的重要数据，是采用人工挖掘组织劳动力，或采用机械施工计算机械台班和工期的依据。在土方工程施工过程前，必须计算工程的土方量。

1.3.1 基坑、基槽土方量计算

基坑土方量可按立体几何中的拟柱体（由两个平行的平面做底的一种多面体）体积公式计算（图1.19）。即

$$V=\frac{H}{6}(A_1+4A_0+A_2) \tag{1.19}$$

式中 H——基坑深度，m；

A_1、A_2——基坑上、下的底面积，m^2；

A_0——基坑的中间位置截面面积，m。

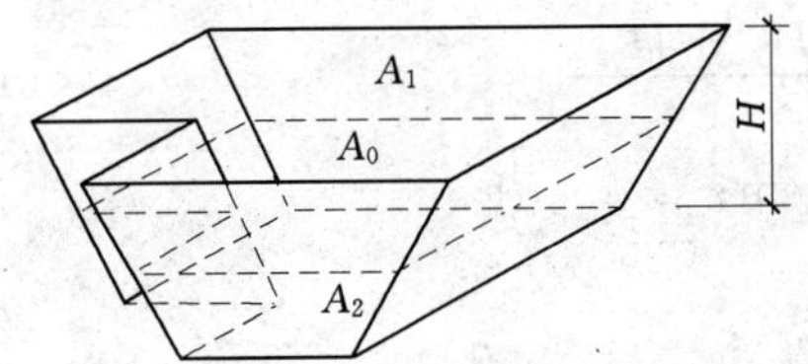

图1.19 基坑土方量计算

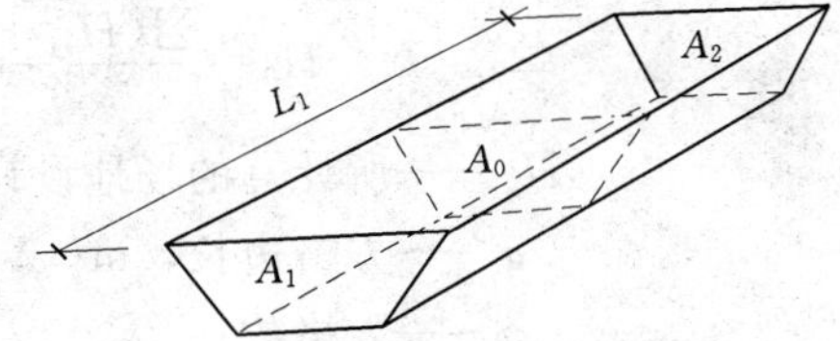

图1.20 基槽土方量计算

基槽和路堤的土方量可以沿长度方向分段后，再用同样方法计算（图1.20）。

$$V_1=\frac{L_1}{6}(A_1+4A_0+A_2) \tag{1.20}$$

式中 V_1——第一段的土方量，m^3；

L_1——第一段的长度，m。

将各段土方量相加即得总土方量：

$$V=V_1+V_2+V_3+\cdots+V_n$$

式中 V_1，V_2，…，V_n——各分段的土方量，m^3。

1.3.2 场地平整土方量计算

场地平整就是将设计地面改造成符合设计要求的平面。场地平整前，要进行场区竖向规划设计，确定场地设计标高，计算挖、填土方量，合理地进行土方调配等。并根据工程规模，施工期限，土的性质及现有机械设备条件，选择土方机械，拟定施工方案。

1. 场地设计标高的确定

场地设计标高是进行场地平整和土方工程量计算的依据，也是总图规划和竖向设计的依据。对比各地设计标高大面积的场地平整，合理地确定场地的设计标高，对减少土方量和加速工程进度具有重要的经济意义。一般来说应考虑以下因素：

1）满足生产工艺和运输的要求。

2）尽量利用地形，减少挖填方数量。

3）场地内挖、填土方量力求平衡，土方运输量最少。

4）要有一定排水坡度（≥2‰），使能满足排水要求。

5）要考虑最高洪水位的影响。

场地设计标高一般应在设计文件上规定，若设计文件对场地设计标高没有规定时，可按下述步骤来确定。

（1）初步计算场地设计标高。初步计算场地设计标高的原则是场地内挖填方平衡，即场地内挖方总量等于填方总量。计算场地设计标高时，首先将场地的地形图根据要求的精度划分为10～40m的方格网，见图1.4（a）。然后求出各方格角点的地面标高。地形平坦时，可根据地形图上相邻两等高线的标高，用插入法求得；地形起伏较大或无地形图时，可在地面用木桩打好方格网，然后用仪器直接测出。

按照场地内土方的平整前及平整后相等，即挖填方平衡的原则，如图1.4（b），场地设计标高可按下式计算：

$$H_0 n a^2 = \sum \left(a^2 \frac{H_{11} + H_{12} + H_{21} + H_{22}}{4} \right)$$

$$H_0 = \frac{\sum (H_{11} + H_{12} + H_{21} + H_{22})}{4n} \tag{1.21}$$

式中　H_0——所计算的场地设计标高，m；

a——方格边长，m；

n——方格数；

H_{11}、H_{12}、H_{21}、H_{22}——任一方格的四个角点的标高，m。

从图1.21（a）可以看出，H_{11}系一个方格的角点标高，H_{12}及H_{21}系相邻两个方格的公共角点标高，H_{22}系相邻的四个方格的公共角点标高。如果将所有方格的四个角点相加，则类似H_{11}这样的角点标高加一次，类似H_{12}、H_{21}的角点标高需加两次，类似H_{22}的角点标高要加四次。在上式中，如果令：H_1为一个方格仅有的角点标高；H_2为二个方格共有的角点标高；H_3为三个方格共有的角点标高；H_4为四个方格共有的角点标高。

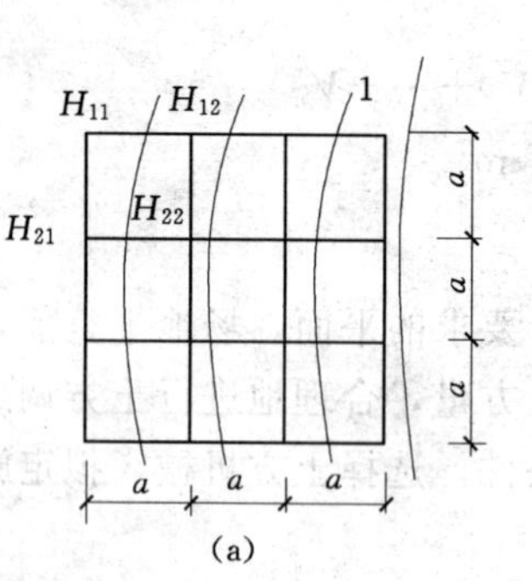

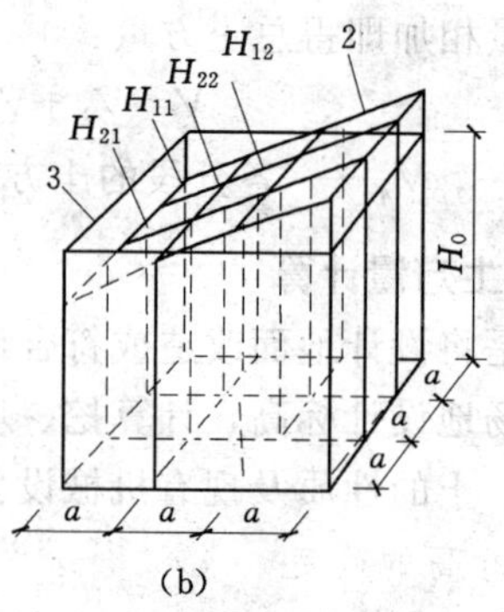

图1.21　场地设计标高计算示意图

（a）方格网划分；（b）设计标高示意图

则场地设计标高H_0的计算公式（1.21）可改写为下列形式

$$H_0 = \frac{\sum H_2 + 2\sum H_2 + 3\sum H_3 + 4\sum H_4}{4n} \tag{1.22}$$

(2) 场地设计标高的调整。

按上述公式计算的场地设计标高 H_0 仅为一理论值，在实际运用中还需考虑以下因素进行调整。

1) 土的可松性影响。由于土具有可松性，如按挖填平衡计算得到的场地设计标高进行挖填施工，填土多少有剩余，特别是当土的最后可松性系数较大时更不容忽视。

2) 场地挖方和填方的影响。由于场地内大型基坑挖出的土方、修筑路堤填高的土方，以及经过经济比较而将部分挖方就近弃土于场外或将部分填方就近从场外取土，上述做法均会引起挖填土方量的变化。必要时，亦需调整设计标高。

3) 场地泄水坡度的影响。按上述计算和调整后的场地设计标高，平整后场地是一个水平面。但实际上由于排水的要求，场地表面均有一定的泄水坡度，平整场地的表面坡度应符合设计要求，如无设计要求时，一般应向排水沟方向作成不小于2‰的坡度。所以，在计算的 H_0 或经调整后的 H'_0 基础上，要根据场地要求的泄水坡度，最后计算出场地内各方格角点实际施工时的设计标高。当场地为单向泄水或双向泄水时，场地各方格角点的设计标高求法如下：

a. 单向泄水时场地各方格角点的设计标高［图1.22 (a)］。

以计算出的设计标高 H_0 或调整后的设计标高 H'_0 作为场地中心线的标高，场地内任意一个方格角点的设计标高为

$$H_{dn}=H_0 \pm li \tag{1.23}$$

式中 H_{dn}——场地内任意一点方格角点的设计标高，m；

l——该方格角点至场地中心线的距离，m；

i——场地泄水坡度（不小于2‰）；

$\pm$——该点比 H_0 高则取“+”，反之取“-”。

例如，图1.22 (a) 中场地内角点10的设计标高：$H_{d10}=H_0-0.5ai$。

b. 双向泄水时场地各方格角点的设计标高［图1.22 (b)］。

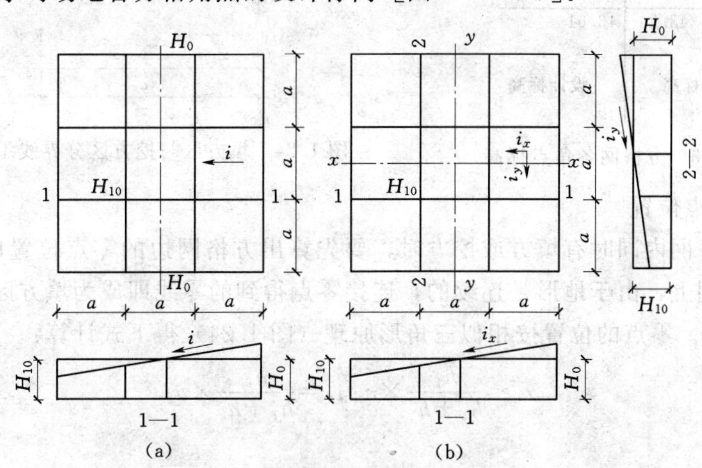

图1.22 场地泄水坡度示意图

(a) 单向泄水；(b) 双向泄水

以计算出的设计标高 H_0 或调整后的标高 H'_0 作为场地中心点的标高，场地内任意一个方格角点的设计标高为

$$H_{dn}=H_0 \pm l_x i_x \pm l_y i_y \tag{1.24}$$

式中 l_x、l_y——该点于 $x-x$、$y-y$ 方向上距场地中心线的距离（m）；

i_x、i_y——场地在 $x-x$、$y-y$ 方向上泄水坡度。

例如，图 1.21（b）中场地内角点 10 的设计标高：$H_{d10}=H_0-0.5ai_i-0.5ai_y$。

2. 场地土方工程量计算

场地土方量的计算方法，通常有方格网法和断面法两种。方格网法适用于地形较为平坦、面积较大的场地，断面法则多用于地形起伏变化较大或地形狭长的地带。

(1) 方格网法。

其分解和计算步骤如下：

1) 划分方格网并计算场地各方格角点的施工高度。

根据已有地形图（一般用1/500 的地形图）划分成若干个方格网，尽量与测量的纵横坐标网对应，方格一般采用 10m×10m～40m×40m，将角点自然地面标高和设计标高分别标注在方格网点的左下角和右下角（见图 1.23）。

角点设计标高与自然地面标高的差值即各角点的施工高度，表示为：

$$h_n=H_{dn}-H_n \tag{1.25}$$

式中 h_n——角点的施工高度，以"+"为填，以"-"为挖；标注在方格网点的右上角；

H_{dn}——角点的设计标高（若无泄水坡度时，即为场地设计标高）；

H_n——角点的自然地面标高。

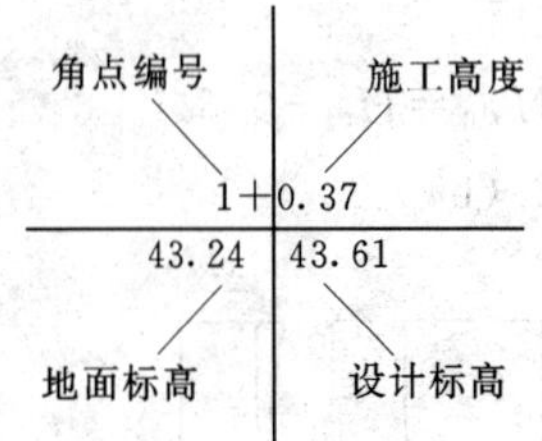

图 1.23 方格网各角点标高

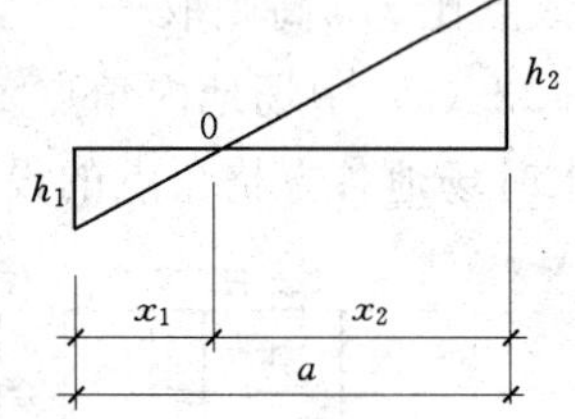

图 1.24 填方区与挖方区分界线示意图

2) 计算零点位置。

在一个方格网内同时有填方或挖方时，要先算出方格网边的零点位置即不挖不填点，并标注于方格网上，由于地形是连续的，连接零点得到的零线即成为填方区与挖方区的分界线（图 1.24）。零点的位置按相似三角形原理（图 1.24）得下式计算：

$$x_1=\frac{h_1}{h_1+h_2}\times a;x_2=\frac{h_2}{h_1+h_2}\times a \tag{1.26}$$

式中 x_1、x_2——角点至零点的距离，m；

h_1、h_2——相邻两角点的施工高度，m，均用绝对值；

a——方格网的边长，m。

按方格网底面积图形和表 1.7 所列公式，计算每个方格内的挖方或填方量。

3）计算方格土方工程量。

表 1.7 **常用方格网计算公式**

项　目	图　示	计 算 公 式
一点填方或挖方（三角形）		$V=\frac{1}{2}bc\frac{\sum h}{3}=\frac{bch_3}{6}$ 当 $b=c=a$ 时，$V=\frac{a^2h_3}{6}$
二点填方或挖方（梯形）		$V_+=\frac{b+c}{2}a\frac{\sum h}{4}=\frac{a}{8}(b+c)(h_1+h_3)$ $V_-=\frac{d+e}{2}a\frac{\sum h}{4}=\frac{a}{8}(d+e)(h_2+h_4)$
三点填方或挖方（五角形）		$V=\left(a^2-\frac{bc}{2}\right)\frac{\sum h}{5}=\left(a^2-\frac{bc}{2}\right)\frac{h_1+h_2+h_4}{5}$
四点填方或挖方（正方形）		$V=\frac{a^2}{4}\sum h=\frac{a^2}{4}(h_1+h_2+h_3+h_4)$

注　1. a 为方格网的边长（m）。

2. b、c 为零点到一角的边长（m）。

3. h_1、h_2、h_3、h_4 为方格网四角点的施工高程（m），用绝对值代入。

4. $\sum h$ 为填方或挖方施工高程的总和（m），用绝对值代入。

4）边坡土方量计算。

为了维持土体的稳定，场地的边沿不管是挖方区还是填方区均需作成相应的边坡，因此在实际工程中还需要计算边坡的土方量。边坡土方量计算较简单但限于篇幅这里就不介绍了。图 1.25 是场地边坡的平面示意图。

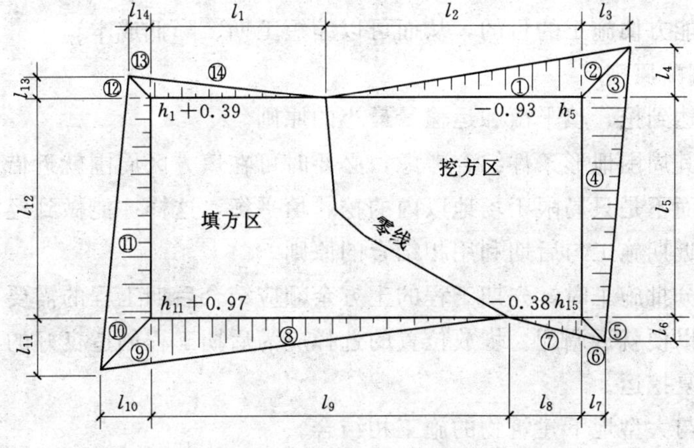

图 1.25　场地边坡平面图

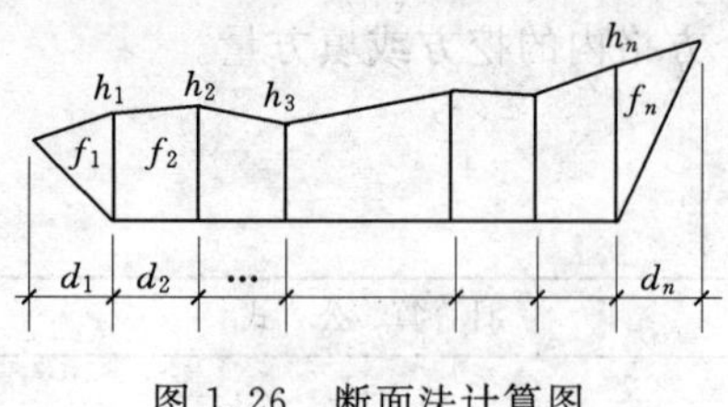

图 1.26　断面法计算图

(2) 断面法。

沿场地的纵向或相应方向取若干个相互平行的断面（可利用地形图定出或实地测量定出），将所取的每个断面（包括边坡）划分成若干个三角形和梯形，如图 1.26 所示，对于某一断面，其中三角形和梯形的面积为：

$$f_1=\frac{h_1}{2}d_1;f_2=\frac{h_1+h_2}{2}d_2\cdots f_n=\frac{h_n}{2}d_n \tag{1.27}$$

该断面面积为：

$$F_i=f_1+f_2+\cdots+f_n$$

若

$$d_1=d_2=\cdots=d_n=d$$

则

$$F_i=d(h_1+h_2+\cdots+h_n) \tag{1.28}$$

各个断面面积求出后，即可计算土方体积。设各断面面积分别为 F_1、F_2、…、F_n，相邻两断面之间的距离依次为 l_1、l_2、…l_n，则所求土方体积为

$$V=\frac{F_1+F_2}{2}l_1+\frac{F_2+F_3}{2}l_2+\cdots+\frac{F_{n-1}+F_n}{2}l_n \tag{1.29}$$

如图 1.27 所示，是用断面法求面积的一种简便方法，称为累高法。此法不需用公式计算，只要将所取的断面绘于普通坐标纸上（d 取等值），用透明纸尺从 h_1 开始，依次量出（用大头针向上拨动透明纸尺）各点标高（h_1、h_2、…），累计得出各点标高之和，然后将此值与 d 相乘，即可得出所求断面面积。

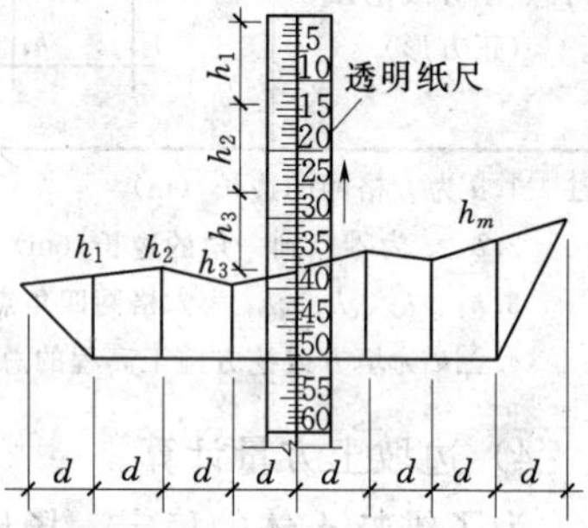

图 1.27　用累高法求断面面积

1.3.3　土方调配

土方工程量计算完成后，即可着手对土方进行平衡与调配。土方的平衡与调配是施工组织设计的一项重要内容，是对挖土的利用、堆弃和填土这三者之间关系进行的综合平衡处理，达到使土方运输费用最小而又能方便施工的目的，从而可以缩短工期、降低成本。

1.3.3.1　土方调配原则

(1) 应力求达到挖、填平衡和运输量最小的原则。

根据场地和其周围地形条件综合考虑，必要时可在填方区周围就近借土，或在挖方区周围就近弃土，而不是只局限于场地以内的挖、填平衡，这样才能做到经济合理。

(2) 应考虑近期施工与后期利用相结合的原则。

当工程分期分批施工时，先期工程的土方余额应结合后期工程的需要而考虑其利用数量与堆放位置，以便就近调配。堆放位置的选择应为后期工程创造良好的工作面和施工条件，力求避免重复挖运。

(3) 尽可能与大型地下建筑物的施工相结合。

当大型建筑物位于填土区时，为了避免土方的重复挖、填和运输，该填土区暂时不予

填土，待地下建筑物施工之后再行填土。

(4) 调配区大小的划分应满足主要土方施工机械工作面大小（如铲运机铲土长度）的要求，使土方机械和运输车辆的效率能得到充分发挥。

总之，进行土方调配，必须根据现场的具体情况、有关技术资料、工期要求、土方机械与施工方法，结合上述原则，予以综合考虑，从而作出经济合理的调配方案。

1.3.3.2 土方调配区的划分

场地土方平衡与调配，需编制相应的土方调配图表，以便施工中使用。其方法如下：

1. 划分调配区

在场地平面图上先划出挖、填区的分界线（零线），然后在挖方区和填方区适当地分别划出若干个调配区。划分时应注意以下几点：

(1) 划分应与建筑物的平面位置相协调，并考虑开工顺序、分期开工顺序。

(2) 调配区的大小应满足土方机械的施工要求。

(3) 调配区范围应与场地土方量计算的方格网相协调，一般可由若干个方格组成一个调配区。

(4) 当土方运距较大或场地范围内土方调配不能达到平衡时，可考虑就近借土或弃土，一个借土区或一个弃土区可作为一个独立的调配区。

(5) 计算各调配区的土方量，并将它标注于图上。

2. 计算每对调配区之间的平均运距

平均运距即挖方区土方重心至填方区土方重心的距离。因此，确定平均运距，需先求出每个调配区的土方重心。其方法如下：

取场地或方格网中的纵横两边为坐标轴，以一个角作为坐标原点，分别求出各区土方的重心坐标 X_0、Y_0：

$$X_0=\frac{\sum(x_iV_i)}{\sum V_i} \qquad Y_0=\frac{\sum(y_iV_i)}{\sum V_i} \tag{1.30}$$

式中 x_i、y_i——第 i 块方格的重心坐标；

V_i——第 i 块方格的土方量。

为了简化计算，可假定每个方格（完整的或不完整的）上的土方是各自均匀分布的，于是可用图解法求出形心位置以代替方格的重心位置。

各调配区的重心求出后，标于相应的调配区上，然后用比例尺量出每对调配区重心之间的距离。

1.3.3.3 用表上作业法求解最优调配方案

最优调配方案的确定，是以线性规划为理论基础，常用“表上作业法”求解。

将表1.8中的土方调配数值绘成土方调配图（图1.28），图中箭杆上数字为调配区之间的运距，箭杆下数字为最终土方调配量。

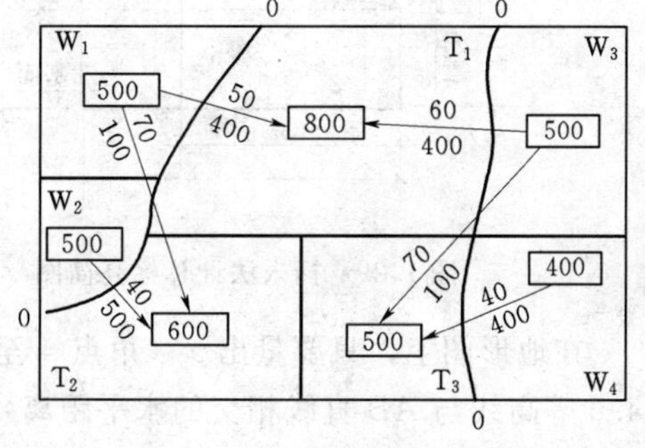

图1.28 最优方案土方调配图

表 1.8　　初始调配方案

挖方式 \ 填方式	T_1			T_2			T_3			挖方量（m^3）
W_1	500	50	50	$\times^-$	70	100	$\times^+$	100	60	500
W_2	$\times^+$	70	−10	500	40	40	$\times^+$	90	0	500
W_3	300	60	60	100	110	110	100	70	70	500
W_4	$\times^+$	80	30	$\times^+$	100	80	400	40	40	400
填方量（m^3）	800			600			500			1900

土方调配的最优方案还可以不仅一个，这些方案调配区或调配土方量可以不同，但它们的总土方运输量都是相同的，有若干最优方案可以提供更多的选择余地。

任务实施

1. 计算角点的自然地面标高

根据地形图上标设的等高线，用插入法求出各方格角点的自然地面标高。由于地形是连续变化的，可以假定两等高线之间的地面高低是呈直线变化的。如角点 4 的地面标高 (H_4)，从图 1.29 中可看出，是处于两等高线相交的 AB 直线上。由图 1.29，根据相似三角形特性，可写出：

$$h_x : 0.5 = x : l$$

则

$$h_x = \frac{0.5}{l} \cdot x$$

得

$$H_4 = 44.00 + h_x$$

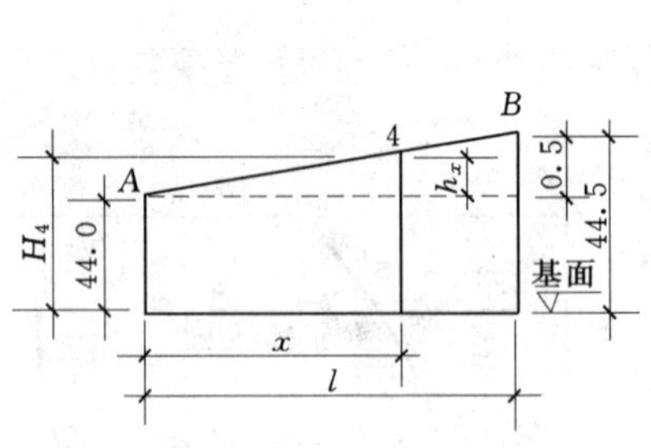

图 1.29　插入法计算标高简图

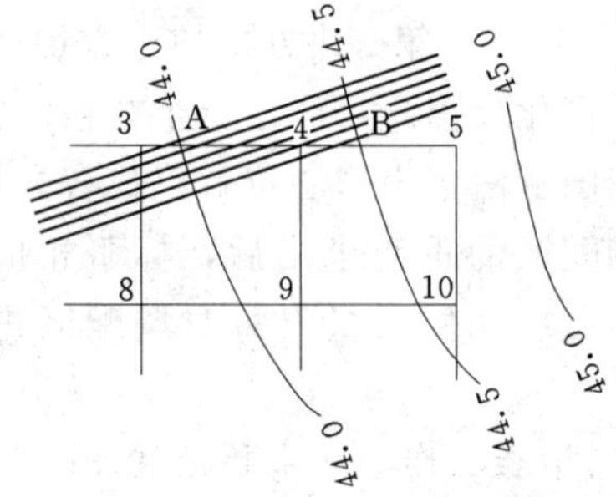

图 1.30　插入法的图解法

在地形图上，只要量出 x（角点 4 至 44.0 等高线的水平距离）和 l（44.0 等高线和 44.5 等高线与 AB 直线相交的水平距离）的长度，便可算出 H_4 的数值。但是，这种计算是繁琐的，所以，通常是采用图解法来求得各角点的自然地面标高。如图 1.30 所示，用

一张透明纸，上面画出六根等距离的平行线（线条尽量画细些，以免影响读数的准确），把该透明纸放到标有方格网的地形图上，将六根平行线的最外两根分别对准点 A 与点 B，这时六根等距离的平行线将 A、B 之间的 0.5m 的高差分成五等分，于是便可直接读得角点 4 的地面标高 $H_4=44.34$。其余各角点的标高均可类此求出。用图解法求得的各角点标高见图 1.31 方格网角点左下角。

2. 计算场地设计标高 H_0

$$\sum H_1=43.24+44.80+44.17+42.58=174.79\ (\text{m})$$

$$2\sum H_2=2\times(43.67+43.94+44.34+43.67+43.23+42.90+42.94+44.67)=698.72\ (\text{m})$$

$$4\sum H_4=4\times(43.35+43.76+44.17)=525.12\ (\text{m})$$

$$H_0=\frac{\sum H_1+2\sum H_2+4H_4}{4n}=\frac{174.79+698.72+525.12}{4\times 8}=43.71\ (\text{m})$$

3. 按照要求的泄水坡度计算各方格角点的设计标高

以场地中心点即角点 8 为 H_0（图 1.31），其余各角点的设计标高为：

$$H_{d8}=H_0=43.71\ (\text{m})$$

$$H_{d1}=H_0-l_xi_x+l_yi_y=43.71-40\times3‰+20\times2‰=43.71-0.12+0.04=43.63\ (\text{m})$$

$$H_{d2}=H_1+20\times3‰=43.63+0.06=43.69\ (\text{m})$$

$$H_{d5}=H_2+60\times3‰=43.69+0.18=43.87\ (\text{m})$$

$$H_{d6}=H_0-40\times3‰=43.71-0.12=43.59\ (\text{m})$$

$$H_{d7}=H_{d6}+20\times3‰=43.59+0.06=43.65\ (\text{m})$$

$$H_{d11}=H_0-40\times3‰-20\times2‰=43.71-0.12-0.04=43.55\ (\text{m})$$

$$H_{d12}=H_{11}+20\times3‰=43.55+0.06=43.61\ (\text{m})$$

$$H_{d15}=H_{d12}+60\times3‰=43.61+0.18=43.79\ (\text{m})$$

其余各角点设计标高均可类此求出，详见图 1.31 中方格网角点右下角标示。

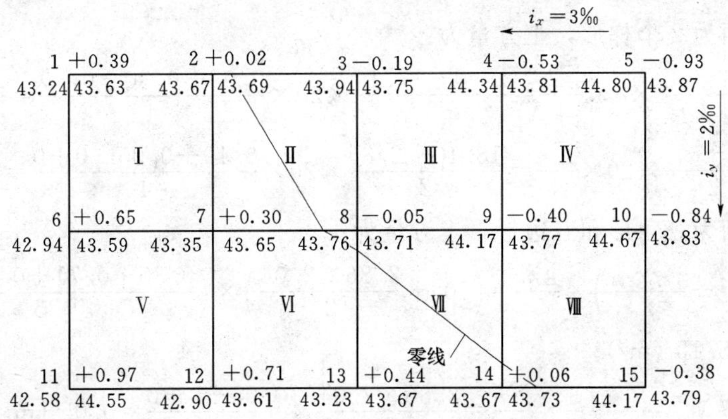

图 1.31　某建筑场地方格网挖填土方量计算图

4. 计算各方格网点的施工高度

$$h_1=H_{d1}-H_1=43.63-43.24=+0.39\ (\text{m})$$

$$h_2 = H_{d2} - H_2 = 43.69 - 43.67 = +0.02\ (\text{m})$$

……

$$h_{15} = H_{d15} - H_{15} = 43.79 - 44.17 = -0.38\ (\text{m})$$

各角点的施工高度标注于图 1.31 各方格网点右上角。

5. 计算零点位置

图 1.31 中 2—3 网格线两端分别是填方与挖方点，故中间必有零点，零点至 3 角点的距离：

$$x_{32} = \frac{h_3}{h_3 + h_2} \times a = \frac{0.19}{0.19 + 0.02} \times 20 = 18.10\ (\text{m}) \qquad x_{23} = 20 - 18.10 = 1.90\ (\text{m})$$

同理 $x_{78} = \frac{0.30}{0.30 + 0.05} \times 20 = 17.14\ (\text{m}) \qquad x_{87} = 20 - 17.14 = 2.86\ (\text{m})$

$$x_{138} = \frac{0.44}{0.44 + 0.05} \times 20 = 17.96\ (\text{m}) \qquad x_{813} = 20 - 17.96 = 2.04\ (\text{m})$$

$$x_{914} = \frac{0.40}{0.40 + 0.06} \times 20 = 17.39\ (\text{m}) \qquad x_{149} = 20 - 17.39 = 2.61\ (\text{m})$$

$$x_{1514} = \frac{0.38}{0.38 + 0.06} \times 20 = 17.27\ (\text{m}) \qquad x_{1415} = 20 - 17.27 = 2.73\ (\text{m})$$

连接零点得到的零线即成为填方区与挖方区的分界线（图 1.31）。

6. 计算方格土方量

方格Ⅰ、Ⅲ、Ⅳ、Ⅴ、Ⅵ底面为正方形，土方量为：

$$\text{Ⅵ}^{+} = \frac{20^2}{4} \times (0.39 + 0.02 + 0.65 + 0.30) = 13.6\ (\text{m}^3)$$

$$\text{Ⅷ}^{-} = \frac{20^2}{4} \times (0.19 + 0.53 + 0.05 + 0.40) = 117\ (\text{m}^3)$$

$$\text{ⅥⅤ}^{-} = \frac{20^2}{4} \times (0.53 + 0.93 + 0.40 + 0.84) = 270\ (\text{m}^3)$$

$$\text{ⅤⅤ}^{+} = \frac{20^2}{4} \times (0.65 + 0.30 + 0.97 + 0.71) = 263\ (\text{m}^3)$$

方格Ⅱ底面为 2 个梯形，土方量为：

$$\text{ⅤⅡ}^{+} = \frac{x_{23} + x_{78}}{2} \times a \times \frac{\sum h}{4} = \frac{1.90 + 17.14}{2} \times 20 \times \frac{0.02 + 0.30 + 0 + 0}{4} = 15.23\ (\text{m}^3)$$

$$\text{ⅤⅡ}^{-} = \frac{x_{32} + x_{87}}{2} \times 20 \times \frac{\sum h}{4} = \frac{18.10 + 2.86}{2} \times 20 \times \frac{0.19 + 0.05 + 0 + 0}{4} = 12.58\ (\text{m}^3)$$

方格Ⅵ底面为三角形和五边形，土方量为：

$$\text{ⅤⅥ}^{+} = \left(a^2 - \frac{x_{87} x_{813}}{2}\right) \times \frac{\sum h}{5} = \left(20^2 - \frac{2.86 \times 2.04}{2}\right) \times \left(\frac{0.30 + 0.71 + 0.44 + 0 + 0}{5}\right)$$
$$= 115.15\ (\text{m}^3)$$

$$\text{ⅤⅥ}^{-} = \frac{x_{87} x_{13}}{2} \times \frac{\sum h}{3} = \frac{2.86 \times 2.04}{2} \times \frac{0.05 + 0 + 0}{3} = 0.05\ (\text{m}^3)$$

方格Ⅶ底面为 2 个梯形，土方量为：

$$\text{ⅤⅦ}^{+} = \frac{x_{138} + x_{149}}{2} \times a \times \frac{\sum h}{4} = \frac{17.96 + 2.61}{2} \times 20 \times \frac{0.44 + 0.06 + 0 + 0}{4} = 25.71\ (\text{m}^3)$$

$$V_{Ⅶ}^{-}=\frac{x_{813}+x_{914}}{2}\times a\times\frac{\sum h}{4}=\frac{2.04+17.39}{2}\times 20\times\frac{0.05+0.40+0+0}{4}=21.86\ (m^3)$$

方格Ⅷ底面为三角形和五边形，土方量为：

$$V_{Ⅷ}^{-}=\left(a^2-\frac{x_{149}x_{1415}}{2}\right)\times\frac{\sum h}{5}=\left(20^2-\frac{2.61\times 2.73}{2}\right)\times\left(\frac{0.40+0.84+0.38+0+0}{5}\right)$$
$$=128.44\ (m^3)$$

$$V_{Ⅷ}^{+}=\frac{x_{149}x_{1415}}{2}\times\frac{\sum h}{3}=\frac{2.61\times 2.73}{2}\times\frac{0.06+0+0}{3}=0.07\ (m^3)$$

方格网的总填方量　$\sum V+=136+263+15.23+115.15+25.71+0.07$
$=555.16\ (m^3)$

方格网的总挖方量　$\sum V-=117+270+12.58+0.05+21.86+128.44$
$=549.93\ (m^3)$

实践训练

（1）按场地设计标高确定的一般方法（不考虑土的可松性）计算图 1.32 所示场地方格中各角点的施工高度并标出零线（零点位置需精确算出），角点编号与天然地面标高如图 1.32 所示，方格边长为 20m，$i_x=2‰$，$i_y=3‰$。

（2）分别计算挖填方区的挖填方量。

（3）以零线划分的挖填方区为单位计算它们之间的平均运距。（提示利用公式 $X_o=\frac{\sum(x_iV_i)}{\sum V_i}$，$Y_o=\frac{\sum(y_iV_i)}{\sum V_i}$）

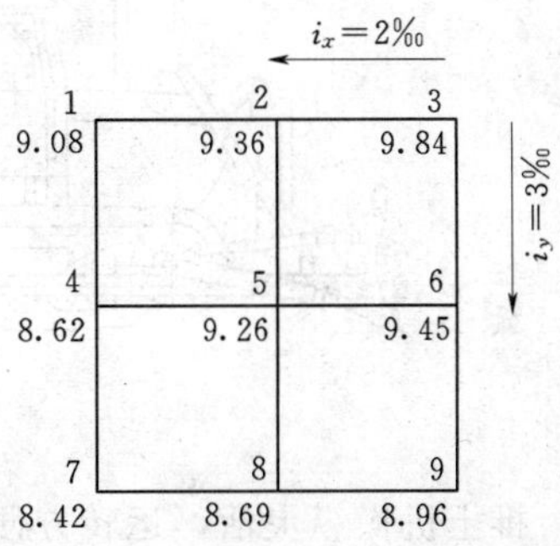

图 1.32　场地各角点标高示意图

任务 4　基坑（槽）土石方开挖

任务描述

某工程基坑土方开挖，土方量为 9640m³，现有 WY100 反铲挖土机可租，斗容量为 1m³，为减少基坑暴露时间挖土工期限制在 7 天。挖土采用载重量 8t 的自卸汽车配合运土，要求运土车辆数能保证挖土机连续作业，已知 $K_c=0.9$，$K_s=1.15$，$K=K_B=0.85$，$t=40s$，$l=1.3km$，$V_c=20km/h$。如何选择 WY100 反铲挖土机数量；并计算运土车辆数 N。

任务分析

对于土方的开挖，土方机械的选择，通常先根据工程特点和技术条件提出几种可行方案，然后进行技术经济比较，选择效率高、费用低的机械进行施工。土方机械配套计算时，应先确定主导施工机械，其他机械应按主导机械的性能进行配套选用。

相关知识

1.4.1 常用土方施工机械

土方工程的施工过程包括：土方开挖、运输、填筑与压实等。由于土方工程量大、劳动繁重，施工时应尽可能采用机械化、半机械化施工，以减轻繁重的体力劳动，加快施工进度、降低工程造价。

1. 推土机

推土机是土方工程施工的主要机械之一，是在履带式拖拉机上安装推土铲刀等工作装置而成的机械。按铲刀的操纵机构不同，推土机分为索式和液压式两种。索式推土机的铲刀借本身自重切入土中，在硬土中切土深度较小。液压式推土机由于用液压操纵，能使铲刀强制切入土中，切入深度较大。同时，液压式推土机铲刀还可以调整角度，具有更大的灵活性，是目前常用的一种推土机（图1.33）。

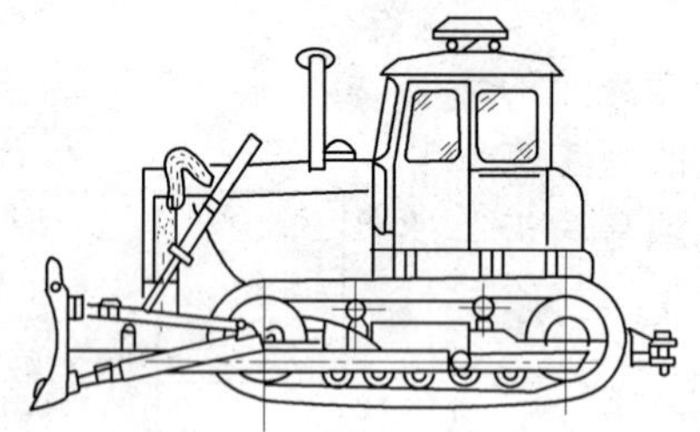
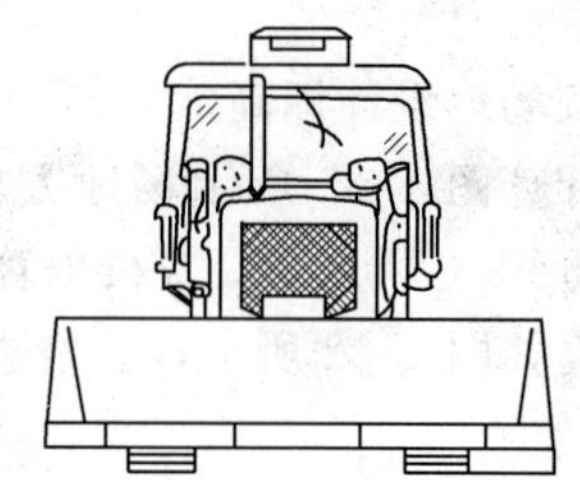

图1.33 液压式推土机外形图

推土机操纵灵活，运转方便，所需工作面较小、行驶速度快、易于转移，能爬30°左右的缓坡，因此应用范围较广。适用于开挖一至三类土。多用于挖土深度不大的场地平整，开挖深度不大于1.5m的基坑，回填基坑和沟槽，堆筑高度在1.5m以内的路基、堤坝，平整其他机械卸置的土堆；推送松散的硬土、岩石和冻土，配合铲运机进行助铲；配合挖土机施工，为挖土机清理余土和创造工作面。此外，将铲刀卸下后，还能牵引其他无动力的土方施工机械，如拖式铲运机、松土机、羊足碾等，进行土方其他施工过程的施工。

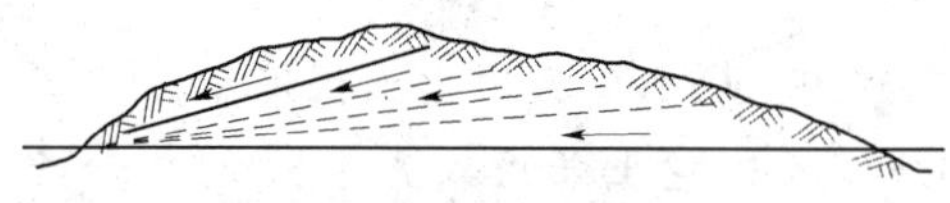

图1.34 下坡推土法

推土机的运距宜在100m以内，效率最高的推运距离为40～60m。为提高生产率，可采用下述方法：

(1) 下坡推土（图1.34）。

推土机顺地面坡势沿下坡方向推土，借助机械往下的重力作用，可增大铲刀切土深度和运土数量，可提高推土机能力和缩短推土时间，一般可提高生产率30%～40%。但坡度不宜大于15°，以免后退时爬坡困难。

(2) 槽形推土（图1.35）。

当运距较远，挖土层较厚时，利用已推过的土槽再次推土，可以减少铲刀两侧土的散漏（图1.52）。这样作业可提高效率10%～30%。槽深1m左右为宜，槽间土埂宽约0.5m。在推出多条槽后，再将土埂推入槽内，然后运出。此外，对于推运疏松土壤，且

运距较大时，还应在铲刀两侧装置挡板，以增加铲刀前土的体积，减少土向两侧散失。在土层较硬的情况下，则可在铲刀前面装置活动松土齿，当推土机倒退回程时，即可将土翻松。这样，便可减少切土时阻力，从而可提高切土运行速度。

图1.35　槽形推土　　图1.36　并列推土

（3）并列推土（图1.36）。

对于大面积的施工区，可用2～3台推土机并列推土。推土时两铲刀相距15～30cm，这样可以减少土的散失而增大推土量，能提高生产率15%～30%。但平均运距不宜超过50～75m，亦不宜小于20m；且推土机数量不宜超过3台，否则倒车不便，行驶不一致，反而影响生产率的提高。

（4）分批集中，一次推送。

若运距较远而土质又比较坚硬时，由于切土的深度不大，宜采用多次铲土，分批集中，再一次推送的方法，使铲刀前保持满载，以提高生产率。

2. 铲运机

铲运机是一种能够独立完成铲土、运土、卸土、填筑、整平的土方机械。按行走机构可分为拖式铲运机（图1.37）和自行式铲运机（图1.38）两种。拖式铲运机由拖拉机牵引，自行式铲运机的行驶和作业都靠本身的动力设备。

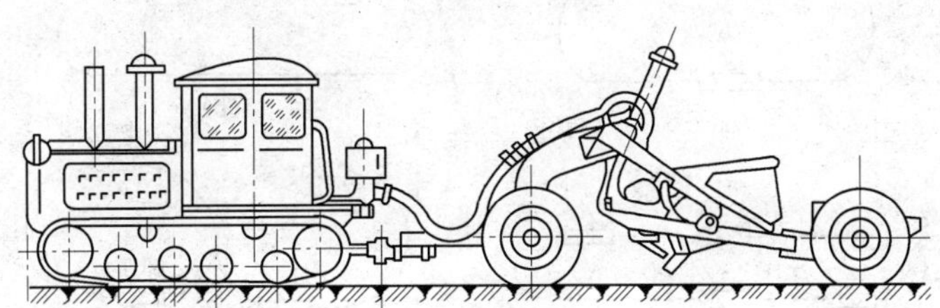

图1.37　C_6－2.5型拖式铲运机外形图

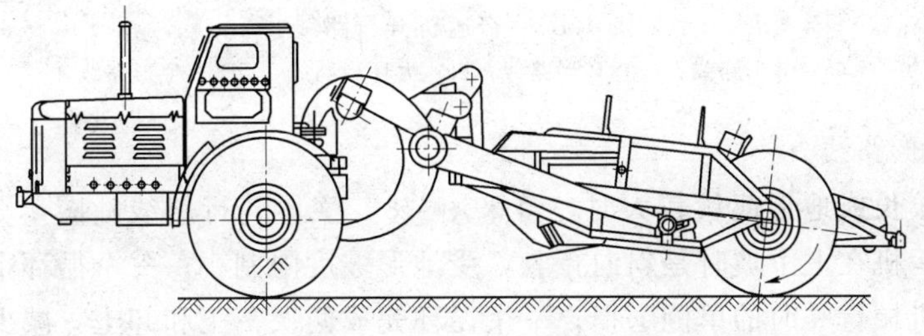

图1.38　C_3－6型自行式铲运机外形图

铲运机的工作装置是铲斗，铲斗前方有一个能开启的斗门，铲斗前设有切土刀片。切土时，铲斗门打开，铲斗下降，刀片切入土中。铲运机前进时，被切入的土挤入铲斗；铲斗装满土后，提起土斗，放下斗门，将土运至卸土地点。

铲运机对行驶的道路要求较低，操纵灵活，生产率较高。可在一至三类土中直接挖、运土，常用于坡度在20°以内的大面积土方挖、填、平整和压实，大型基坑、沟槽的开挖，路基和堤坝的填筑，不适于砾石层、冻土地带及沼泽地区使用。坚硬土开挖时要用推土机助铲或用松土机配合。

在土方工程中，常使用的铲运机的铲斗容量为2.5～8m^3。自行式铲运机适用于运距800～3500m的大型土方工程施工，以运距在800～1500m的范围内的生产效率最高；拖式铲运机适用于运距为80～800m的土方工程施工，而运距在200～350m时，效率最高。如果采用双联铲运或挂大斗铲运时，其运距可增加到1000m。运距越长，生产率越低，因此，在规划铲运机的运行路线时，应力求符合经济运距的要求。为提高生产率，一般采用下述方法：

(1) 合理选择铲运机的开行路线。

在场地平整施工中，铲运机的开行路线应根据场地挖、填方区分布的具体情况合理选择，这对提高铲运机的生产率有很大关系。铲运机的开行路线，一般有以下几种：

1) 环形路线。

当地形起伏不大，施工地段较短时，多采用环形路线［图1.39 (a)、(b)］。环形路线每一循环只完成一次铲土和卸土，挖土和填土交替；挖填之间距离较短时，则可采用大循环路线（图1.39c)，一个循环能完成多次铲土和卸土，这样可减少铲运机的转弯次数，提高工作效率。

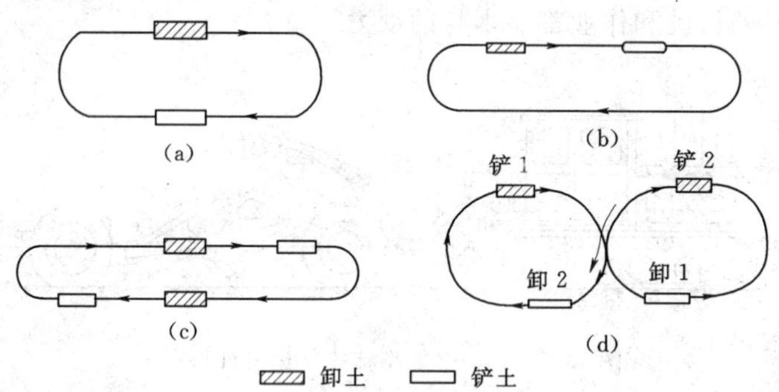

图1.39 铲运机开行路线

(a) 环形路线；(b) 环形路线；(c) 大环形路线；(d) 8字形路线

2)“8”字形路线。

施工地段较长或地形起伏较大时，多采用“8”字形开行路线［图1.39 (d)］。这种开行路线，铲运机在上下坡时是斜向行驶，受地形坡度限制小；一个循环中两次转弯方向不同，可避免机械行驶时的单侧磨损；一个循环完成两次铲土和卸土，减少了转弯次数及空车行驶距离，从而亦可缩短运行时间，提高生产率。

尚需指出，铲运机应避免在转弯时铲土，否则。铲刀受力不均易引起翻车事故。因此，为了充分发挥铲运机的效能，保证能在直线段上铲土并装满土斗，要求铲土区应有足够的最小铲土长度。

(2) 下坡铲土。

铲运机利用地形进行下坡推土，借助铲运机的重力，加深铲斗切土深度。缩短铲土时间；但纵坡不得超过25°，横坡不大于5°，铲运机不能在陡坡上急转弯，以免翻车。

(3) 跨铲法（图1.40）。

铲运机间隔铲土，预留土埂。这样，在间隔铲土时由于形成一个土槽，减少向外撒土量；铲土埂时，铲土阻力减小。一般土埂高不大于300mm，宽度不大于拖拉机两履带间的净距。

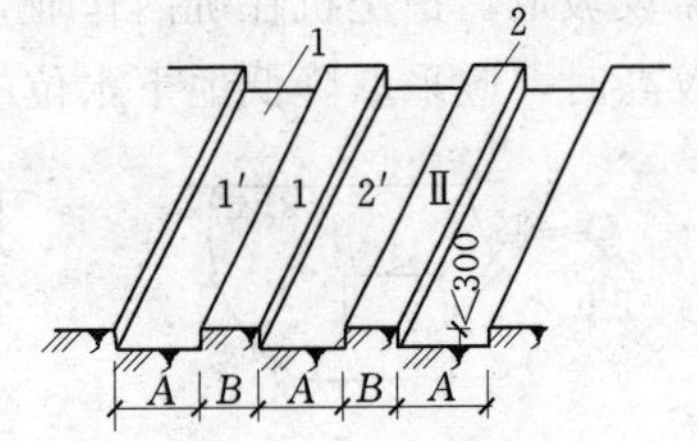

图1.40　跨铲法

1—沟槽；2—土埂；A—铲土宽；B—不大于拖拉机履带净距

(4) 推土机助铲（图1.41）

地势平坦、土质较坚硬时，可用推土机在铲运机后面顶推，以加大铲刀切土能力，缩短铲土时间，提高生产率。推土机在助铲的空隙可兼作松土或平整工作，为铲运机创造作业条件。

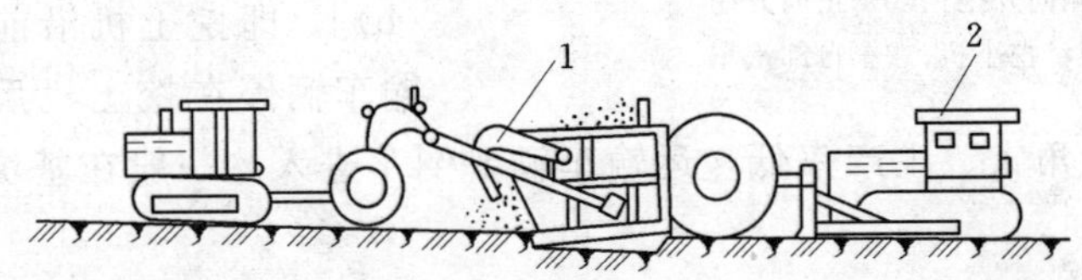

图1.41　推土机助铲

1—铲运机；2—推土机

(5) 双联铲运法（图1.42）。

当拖式铲运机的动力有富裕时，可在拖拉机后面串联两个铲斗进行双联铲运。对坚硬土层，可用双联单铲，即一个土斗铲满后，再铲另一斗土；对松软土层，则可用双联双铲，即两个土斗同时铲土。

图1.42　双联铲运法

(6) 挂大斗铲运。

在土质松软地区，可改挂大型铲土斗，以充分利用拖拉机的牵引力来提高工效。

3. 单斗挖土机施工

单斗挖土机是基坑（槽）土方开挖常用的一种机械。按其行走装置的不同，分为履带式和轮胎式两类。根据工作的需要，其工作装置可以更换。依其工作装置的不同，分为正铲、反铲、拉铲和抓铲四种。

(1) 正铲挖土机。

正铲挖土机的挖土特点是：前进向上，强制切土。它适用于开挖停机面以上的一至三类土，且需与运土汽车配合完成整个挖运任务，其挖掘力大，生产率高。开挖大型基坑时需设坡道，挖土机在坑内作业，因此适宜在土质较好、无地下水的地区工作；当地下水位较高时，应采取降低地下水位的措施，把基坑土疏干。

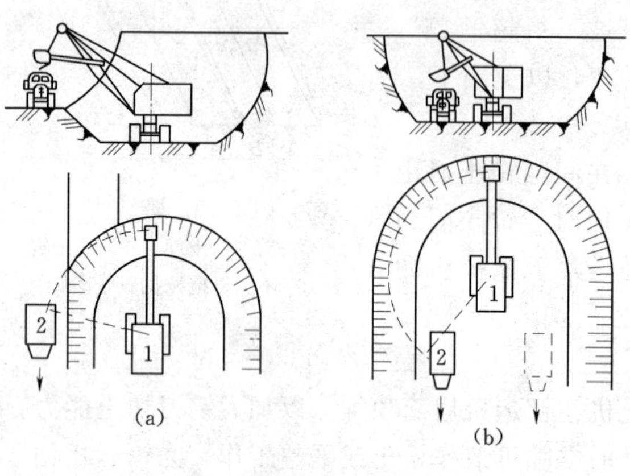

图 1.43 正铲挖土机开挖方式

(a) 侧向开挖；(b) 正向开挖

1—正铲挖土机；2—自卸汽车

1）正铲挖土机的作业方式。

根据挖土机的开挖路线与汽车相对位置不同，其卸土方式有侧向卸土和后方卸土两种。

a. 正向挖土，侧向卸土［图 1.43（a)］。即挖土机沿前进方向挖土，运输车辆停在侧面卸土（可停在停机面上或高于停机面）。此法挖土机卸土时动臂转角小，运输车辆行驶方便，故生产效率高，应用较广。

b. 正向挖土，后方卸土［图 1.43（b)］。即挖土机沿前进方向挖土，运输车辆停在挖土机后方装土。此法挖土机卸土时动臂转角大、生产率低，运输车辆要倒车进入。一般在基坑窄而深的情况下采用。

2）正铲挖土机的工作面。

挖土机的工作面是指挖土机在一个停机点进行挖土的工作范围。工作面的形状和尺寸取决于挖土机的性能和卸土方式。根据挖土机作业方式不同，挖土机的工作面分为侧工作面与正工作面两种。

挖土机侧向卸土方式就构成了侧工作面，根据运输车辆与挖土机的停放标高是否相同又分为高卸侧工作面（车辆停放处高于挖土机停机面）及平卸侧工作面（车辆与挖土机在同一标高），高卸、平卸侧工作面的形状及尺寸见图 1.44。

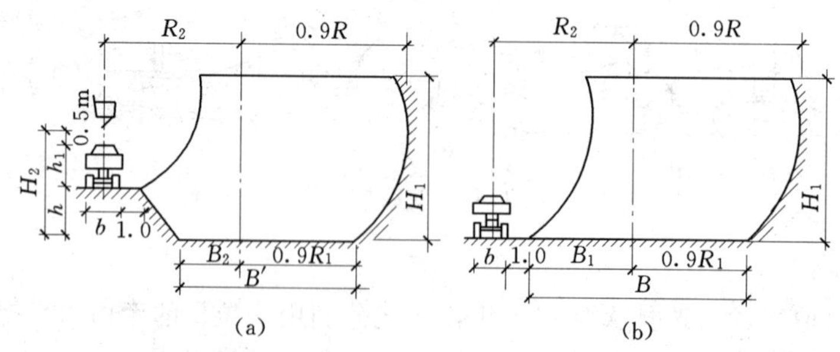

图 1.44 侧工作面尺寸

(a) 高卸侧工作面；(b) 平卸侧工作面

挖土机后向卸土方式则形成正工作面，正工作面的形状和尺寸是左右对称的，其中右半部与图 1.44（b）平卸侧工作面的右半部相同。

3）正铲挖土机的开行通道。

在正铲挖土机开挖大面积基坑时，必须对挖土机作业时的开行路线和工作面进行设计，确定出开行次序和次数，称为开行通道。当基坑开挖深度较小时，可布置一层开行通道（图1.45），基坑开挖时，挖土机开行三次。第一次开行采用正向挖土，后方卸土的作业方式，为正工作面；挖土机进入基坑要挖坡道，坡道的坡度为1∶8左右。第二次、三次开行时采用侧方卸土的平侧工作面图1.46。

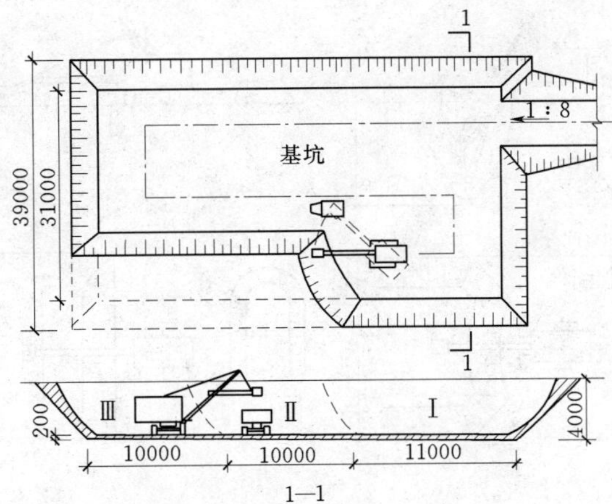

图1.45　正铲一层通道多次开挖基坑
Ⅰ、Ⅱ、Ⅲ—为通道断面及开挖顺序

（2）反铲挖土机。

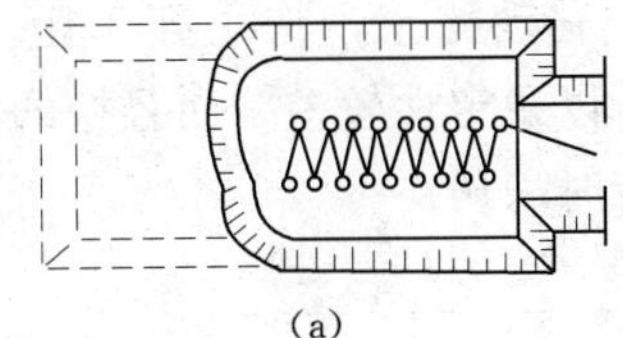

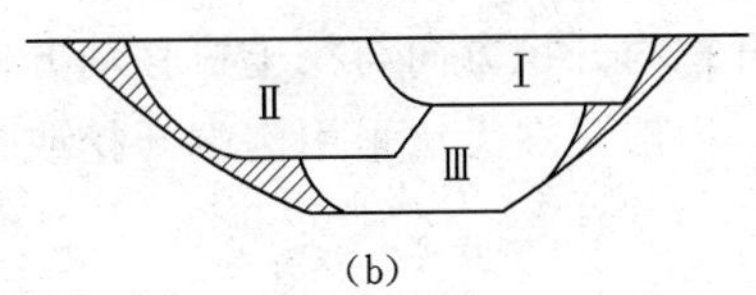

图1.46　正铲开挖基坑
(a) 一层通道Z字形开挖；(b) 三层通道布置

反铲挖土机的挖土特点是：后退向下，强制切土。其挖掘力比正铲小，能开挖停机面以下的一至三类土（机械传动反铲只宜挖一、二类土）。不需设置进出口通道，适用于一次开挖深度在4m左右的基坑、基槽、管沟，亦可用于地下水位较高的土方开挖；在深基坑开挖中，依靠止水挡土结构或井点降水，反铲挖土机通过下坡道，采用台阶式接力方式挖土也是常用方法。反铲挖土机可以与自卸汽车配合，装土运走，也可弃土于坑槽附近。履带式机械传动反铲挖土机的工作性能见图1.47，履带式液压反铲挖土机的工作性能见图1.48。

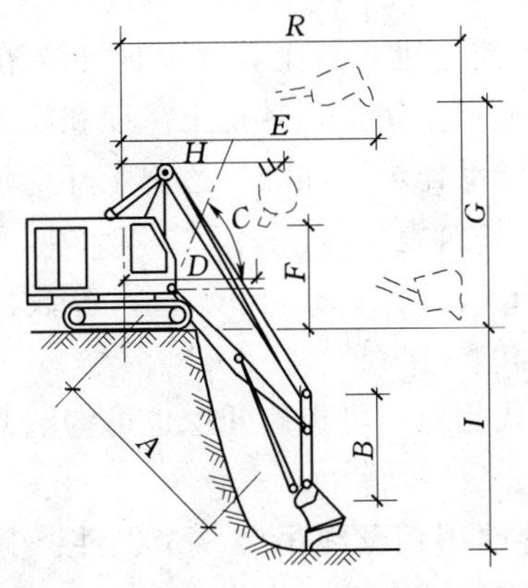

图1.47　履带式机械传动反铲挖土机

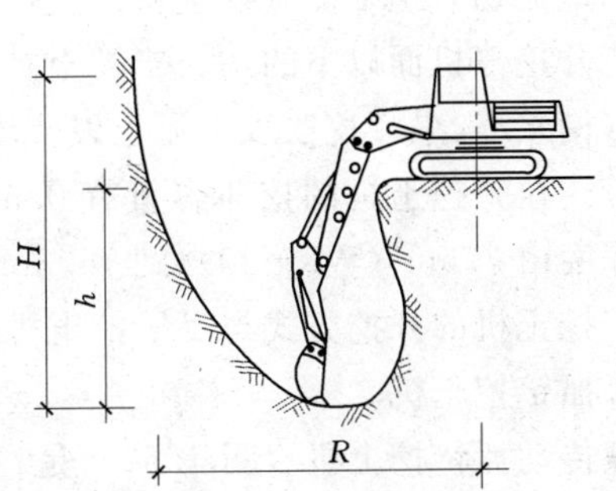

图1.48　液压反铲挖土机工作尺寸

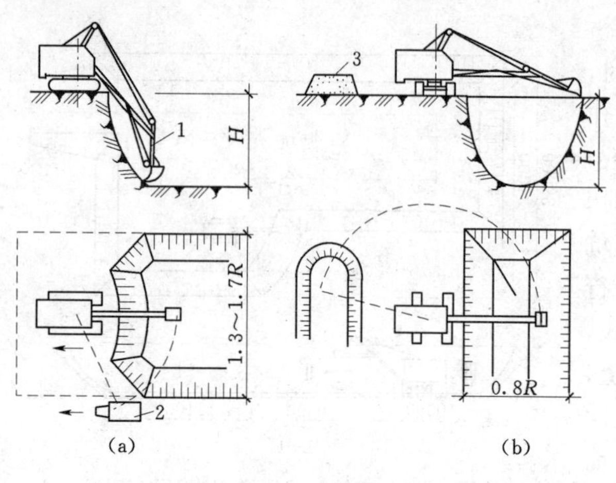

图 1.49 反铲挖土机开挖方式
(a) 沟端开挖；(b) 沟侧开挖
1—反铲挖土机；2—自卸汽车；3—弃土堆

反铲挖土机的作业方式可分为沟端开挖（图 1.49a）和沟侧开挖（图 1.49b）两种。

1）沟端开挖。

沟端开挖是挖土机停在基坑（槽）的端部，向后倒退挖土，汽车停在基槽两侧装上。其优点是挖土机停放平稳，装土或甩土时回转角度小，挖土效率高，挖的深度和宽度也较大。基坑较宽时，可多次开行开挖（图 1.50）。

2）沟侧开挖。

沟侧开挖是挖土机沿基槽的一侧移动挖土，将土弃于距基槽较远处。沟侧开挖时开挖方向与挖土机移动方向相垂直，所以稳定性较差，而且挖的深度和宽度均较小，一般只在无法采用沟端开挖或挖土不需运走时采用。

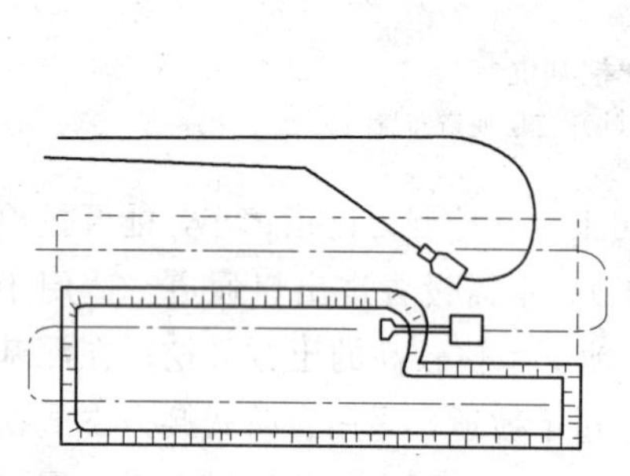

图 1.50 反铲挖土机多次开行挖土

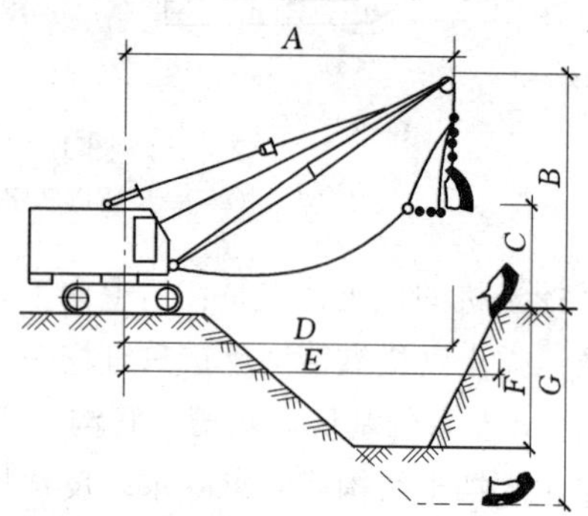

图 1.51 履带式拉铲挖土机

(3) 拉铲挖土机。

拉铲挖土机（图 1.51）的土斗用钢丝绳悬挂在挖土机长臂上，挖土时土斗在自重作用下落到地面切入土中。其挖土特点是：后退向下，自重切土；其挖土深度和挖土半径均较大，能开挖停机面以下的一、二类土，但不如反铲动作灵活准确。适用于开挖较深较大的基坑（槽）、沟渠，挖取水中泥土以及填筑路基，修筑堤坝等。

履带式拉铲挖土机的挖斗容量有 0.35m³、0.5m³、1m³、1.5m³、2m³ 等数种。其最大挖土深度由 7.6m（W3—30）到 16.3m（W1—200）。

拉铲挖土机的开挖方式与反铲挖土机的开挖方式相似，可沟侧开挖也可沟端开挖。

(4) 抓铲挖土机。

机械传动抓铲挖土机（图 1.52）是在挖土机臂端用钢丝绳吊装一个抓斗。其挖土特点是：直上直下，自重切土。其挖掘力较小，能开挖停机面以下的一、二类土。适用于开挖软土地基基坑，特别是其中窄而深的基坑、深槽、深井采用抓铲效果理想；抓铲还可用

于疏通旧有渠道以及挖取水中淤泥等，或用于装卸碎石、矿渣等松散材料。抓铲也有采用液压传动操纵抓斗作业，其挖掘力和精度优于机械传动抓铲挖土机。

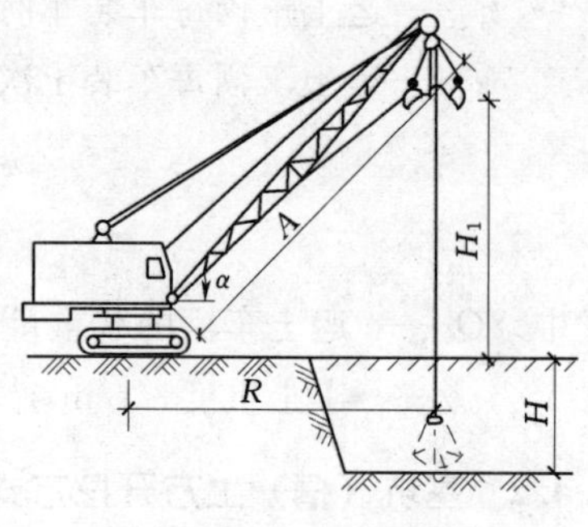

图1.52　履带式抓铲挖土机

（5）挖土机和运土车辆配套计算。

基坑开挖采用单斗（反铲等）挖土机施工时，需用运土车辆配合，将挖出的土随时运走。因此，挖土机的生产率不仅取决于挖土机本身的技术性能，而且还应与所选运土车辆的运土能力相协调。为使挖土机充分发挥生产能力，应配备足够数量的运土车辆，以保证挖土机连续工作。

1）挖土机数量的确定。

挖土机的数量 N，应根据土方量大小和工期要求来确定，可按下式计算

$$N=\frac{Q}{P}\times\frac{1}{TCK}(\text{台}) \tag{1.31}$$

式中　Q——土方量，m^3；

P——挖土机生产率，m^3/台班；

T——工期，工作日；

C——每天工作班数；

K——时间利用系数（0.8～0.9）。

单斗挖土机的生产率 P，可查定额手册或按下式计算

$$P=\frac{8\times3600}{t}\cdot q\cdot\frac{K_c}{K_s}\cdot K_B(m^3/\text{台班}) \tag{1.32}$$

式中　t——挖土机每斗作业循环延续时间，s，如 W100 正铲挖土机为25～40s；

q——挖土机斗容量，m^3；

K_c——土斗的充盈系数（0.8～1.1）；

K_s——土的最初可松性系数（查表1.2）；

K_B——工作时间利用系数（0.7～0.9）。

在实际施工中，若挖土机的数量已经确定，也可利用公式来计算工期。

2）运土车辆配套计算。

运土车辆的数量 N_1，应保证挖土机连续作业，可按下式计算：

$$N_1=\frac{T_1}{t_1} \tag{1.33}$$

式中　T_1——运土车辆每一运土循环延续时间，min：

$$T_1=t_1+\frac{2l}{V_c}+t_2+t_3 \tag{1.34}$$

式中　l——运土距离，m；

V_c——重车与空车的平均速度，m/min，一般取20～30km/h；

t_2——卸土时间，一般为1min；

t_3——操纵时间（包括停放待装、等车、让车等），一般取2～3min；

t_1——运土车辆每车装车时间，min：$t_1 = nt$

n——运土车辆每车装土次数：

$$n = \frac{Q_1}{q \cdot \frac{K_c}{K_s} \cdot \gamma} \tag{1.35}$$

式中 Q_1——运土车辆的载重量，t；

γ——实土重度，t/m^3，一般取 $1.7t/m^3$。

1.4.2 基坑（槽）土方开挖方式

基槽放线：根据房屋主轴线控制点，首先将外墙轴线的交点用木桩测设在地面上，并在桩顶钉上铁钉作为标志。房屋外墙轴线测定以后，再根据建筑物平面图，将内部开间所有轴线都一一测出。最后根据中心轴线用石灰在地面上撒出基槽开挖边线。同时在房屋四周设置龙门板（图1.53）或者在轴线延长线上设置轴线控制桩（又称引桩）图1.54，以便于基础施工时复核轴线位置。附近若有已建的建筑物，也可用经纬仪将轴线投测在建筑物的墙上。恢复轴线时，只要将经纬仪安置在某轴线一端的控制桩上，瞄准另一端的控制桩，该轴线即可恢复。

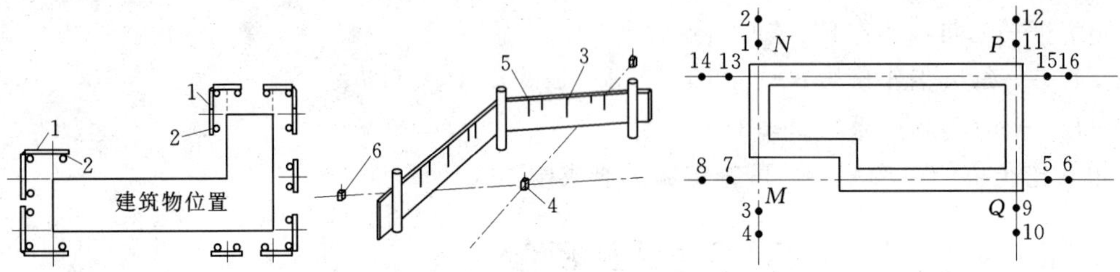

图1.53 龙门板的设置

1—龙门板；2—龙门桩；3—轴线钉；4—角桩；5—灰线钉；6—轴线控制桩（引桩）

图1.54 轴线控制桩（引桩）平面布置图

为了控制基槽开挖深度，当快挖到槽底设计标高时，可用水准仪根据地面±0.00水准点，在基槽壁上每隔2～4m及拐角处打一水平桩，如图1.55所示。测设时应使桩的上表面离槽底设计标高为整分米数，作为清理槽底和打基础垫层控制高程的依据，如图1.56所示。

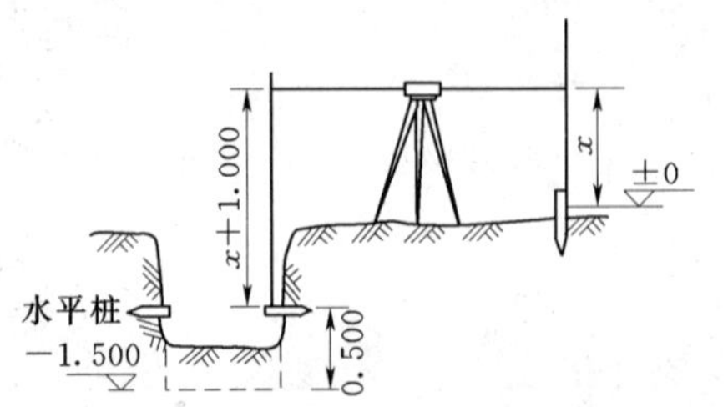

图1.55 基槽底抄平水准测量示意图

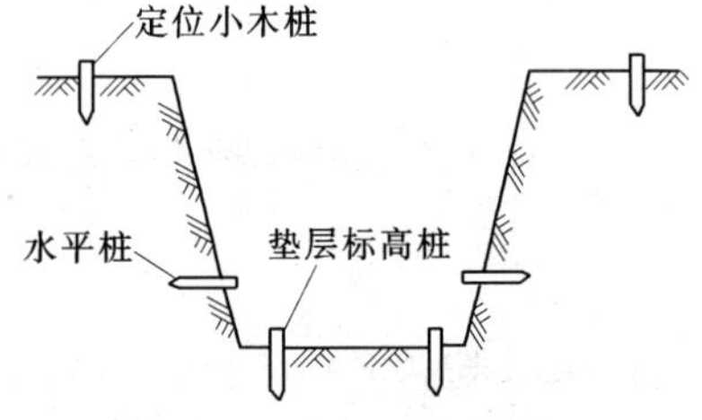

图1.56 基坑定位高程测设示意图

基坑开挖分两种情况：一是无支护结构基坑的放坡开挖，二是有支护结构基坑的

开挖。

1.4.2.1　无支护结构基坑放坡开挖工艺

采用放坡开挖时，一般基坑深度较浅，挖土机可以一次开挖至设计标高，所以在地下水位高的地区，软土基坑采用反铲挖土机配合运土汽车在地面作业。如果地下水位较低，坑底坚硬，也可以让运土汽车下坑，配合正铲挖土机在坑底作业。当开挖基坑深度超过4m时，若土质较好，地下水位较低，场地允许，有条件放坡时，边坡宜设置阶梯平台，分阶段、分层开挖，每级平台宽度不宜小于1.5m。

在采用放坡开挖时，要求基坑边坡在施工期间保持稳定。基坑边坡坡度应根据土质、基坑深度、开挖方法、留置时间、边坡荷载、排水情况及场地大小确定。放坡开挖应有降低坑内水位和防止坑外水倒灌的措施。若土质较差且基坑施工时间较长，边坡坡面可采用钢丝网喷浆进行护坡，以保持基坑边坡稳定。

放坡开挖基坑内作业面大，方便挖土机械作业，施工程序简单，经济效益好。但在城市密集地区施工，条件往往不允许采用这种开挖方式。

1.4.2.2　支护结构基坑的开挖工艺

支护结构基坑的开挖按其坑壁结构可分为直立壁无支撑开挖、直立壁内支撑开挖和直立壁拉锚（或土钉、土锚杆）开挖（图1.57）。有支护结构基坑开挖的顺序、方法必须与设计工况相一致，并遵循“开槽支撑，先撑后挖，分层开挖，严禁超挖”和“分层、分段、对称、限时”的原则。

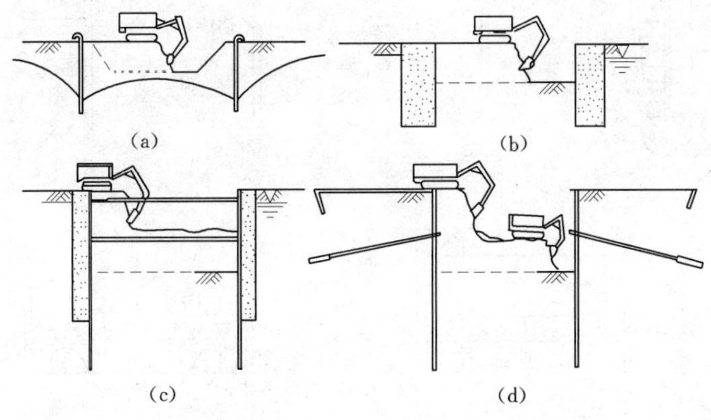

图1.57　基坑挖土方式

(a) 放坡开挖；(b) 直立壁无支撑开挖；(c) 直立壁内支撑开挖；(d) 直立壁土锚开挖

(1) 直立壁无支撑开挖工艺。

这是一种重力式坝体结构，一般采用水泥土搅拌桩作坝体材料，也可采用粉喷桩等复合桩体作坝体。重力式坝体既挡土又止水，给坑内创造宽敞的施工空间和可降水的施工环境。基坑深度一般在5～6m，故可采用反铲挖土机配合运土汽车在地面作业。由于采用止水重力坝的基坑，地下水位一般都比较高，因此很少使用正铲下坑挖土作业。

(2) 直立壁内支撑开挖工艺。

在基坑深度大、地下水位高、周围地质和环境又不允许做拉锚和土钉、土锚杆的情况下，一般采用直立壁内支撑开挖形式。基坑采用内支撑，能有效控制侧壁的位移，具有较

高的安全度，但减小了施工机械的作业面，影响挖土机械、运土汽车的效率，增加施工难度。

采用直立壁内支撑的基坑，深度一般较大，超过挖土机的挖掘深度，需分层开挖。在施工过程中，土方开挖和支撑施工需交叉进行。内支撑是随着土方的分层、分区开挖，形成支撑施工工作面，然后施工内支撑，结束后待内支撑达到一定强度以后进行下一层（区）土方的开挖，形成下一道内支撑施工工作面，重复施工，从而逐步形成支护结构体系。所以，基坑土方开挖必须和支撑施工密切配合，根据支护结构设计的工况，先确定土方分层、分区开挖的范围，然后分层、分区开挖基坑土方。在确定基坑土方分层、分区开挖范围时，还应考虑土体的时空效应、支撑施工的时间、机械作业面的要求等。

当有较密内支撑或为了严格限制支护结构的位移，常采用盆式开挖顺序，即在尽量多挖去基坑下层中心区域的土方后，架设十字对撑式钢管支撑并施加预紧力，或在挖去本层中心区域土方后，浇筑钢筋混凝土支撑，并逐个区域挖去周边土方，逐步形成对围护壁的支撑。这时使用的机械一般为反铲和抓铲挖土机。必要时，还可对挡墙内侧四周的土体进行加固，以提高内侧土体的被动土压力，满足控制挡墙变形的要求。图 1.58 所示为某广场基坑盆式开挖及支撑施工顺序示意图。

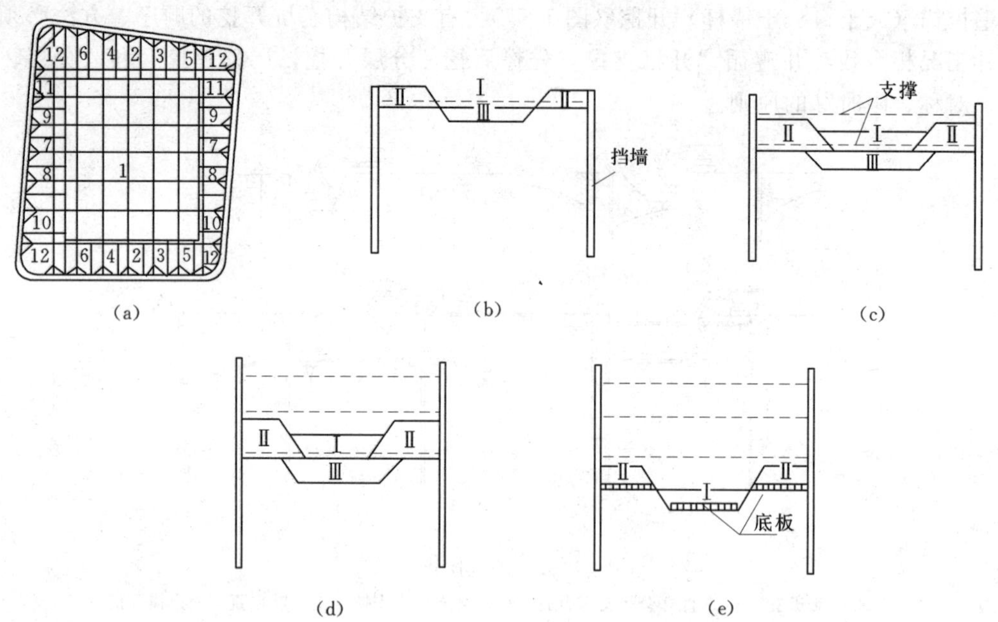

图 1.58　某广场基坑盆式开挖、支撑施工顺序示意图

（a）每层分块示意图；（b）第一道支撑工况；（c）第二道支撑工况；（d）第三道支撑工况；（e）坑底挖土及底板施工

（3）直立壁土钉（或土锚杆或拉锚）开挖。

当周围的环境和地质可以允许进行拉锚或采用土钉和土层锚杆时，应选用此方式，因为直壁拉锚开挖使坑内的施工空间宽敞，挖土机械效率较高。在土方施工中，需进行分层、分区段开挖，穿插进行土钉（或土锚杆）施工。土方分层、分区段开挖的范围应和土

钉（或土锚杆）的设置位置一致，满足土钉（土锚杆）施工机械的要求，同时也要满足土体稳定性的要求。

为了利用基坑中心部分土体搭设栈桥以加快土方外运，提高挖土速度，设直立壁土钉（或土锚杆）的基坑开挖或者采用周边桁架空间支撑系统的基坑开挖，有时采用岛式开挖顺序（如图1.59所示为某工程采用岛式开挖及支撑的施工顺序示意图），即先挖除挡墙内四周土方，待周边支撑形成后再开挖中间岛区的土方。由于中间环行桁架空间支撑系统形成一定强度后即可穿插开挖中间岛区土（图1.59中4部分），同时钢筋混凝土支撑继续养护缩短了挖土时间。缺点是由于先挖挡墙内四周的土方，挡墙的受荷时间长，在软黏土中时间效应显著，有可能增大支护结构的变形量，所以应用较少。

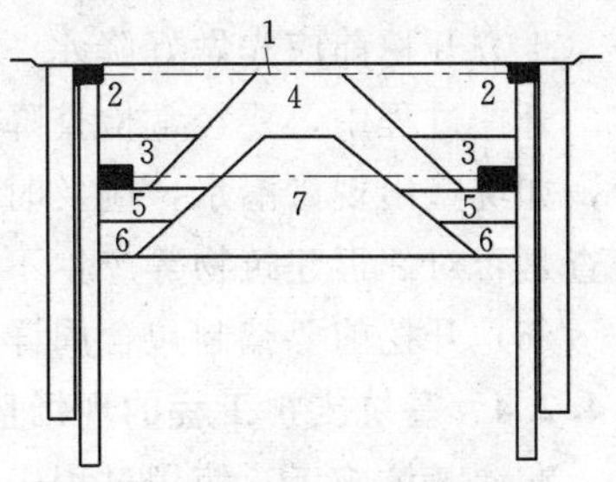

图1.59　岛式开挖及支撑的施工顺序示意图

1.4.2.3　基坑土方开挖中应注意的事项

（1）支护结构与挖土应紧密配合，遵循先撑后挖、分层分段、对称、限时的原则。

挖土与坑内支撑安装要密切配合，每次开挖深度不得超过将要加支撑位置以下500mm，防止立柱及支撑失稳。每次挖土深度与所选用的施工机械有关。当采用分层分段开挖时，分层厚度不宜大于5m，分段的长度不大于25m，并应快挖快撑，时间不宜超过1～2d，以充分利用土体结构的空间作用，减少支护结构的变形。为防止地基一侧失去平衡而导致坑底涌土、边坡失稳、坍塌等情况，深基坑挖土时应注意对称分层开挖的方法。另外，如前所述，土方开挖宜选用合适施工机械、开挖程序及开挖路线；而且开挖中除设计允许，挖土机械不得在支撑上作业或行走。

（2）要重视打桩效应，防止桩位移和倾斜。

对一般先打桩、后挖土的工程，如果打桩后紧接着开挖基坑，由于开挖时地基卸土，打桩时积聚的土体应力释放，再加上挖土高差形成侧向推力，土体易产生一定的水平位移，使先打设的桩易产生水平位移和倾斜，所以打桩后应有一段停歇时间，待土体应力释放、重新固结后再开挖，同时挖土要分层、对称，尽量减少挖土时的压力差，保证桩位正确。对于打预制桩的工程，必须先打工程桩再施工支护结构，否则也会由于打桩挤土效应，引起支护结构位移变形。

（3）注意减少坑边地面荷载，防止开挖完的基坑暴露时间过长。

基坑开挖过程中，不宜在坑边堆置弃土、材料和工具设备等，尽量减轻地面荷载，严禁超载。基坑开挖完成后，应立即验槽，并及时浇筑混凝土垫层，封闭基坑，防止暴露时间过长。如发现基底土超挖，应用素混凝土或砂石回填夯实，不能用素土回填。若挖方后不能立即转入下道工序或雨期挖方时，应在坑槽底标高上保留15～30cm厚的土层不挖，待下道工序开工前再挖掉。冬期挖方时，每天下班前应挖一步（30cm左右）虚土或用草帘覆盖，以防地基土受冻。

（4）当挖土至坑槽底50cm左右时，应及时抄平。

一般在坑槽壁各拐角处和坑槽壁每隔2～4m处测设一水平小木桩或竹片桩，作为清理坑槽底和打基础垫层时控制标高的依据（图 1.19 和图 1.20）。

（5）在基坑开挖和回填过程中应保持井点降水工作的正常进行。

土方开挖前应先做好降水、排水施工，待降水运转正常并符合要求后，方可开挖土方。开挖过程中，要经常检查降水后的水位是否达到设计标高要求，要保持开挖面基本干燥，如坑壁出现渗漏水，应及时进行处理。通过对水位观察井和沉降观测点的定时测量，检查是否对邻近建筑物等产生不良影响进而采取适当措施。

（6）开挖前要编制包含周详安全技术措施的基坑开挖施工方案，以确保施工安全。

1.4.2.4 基坑支护工程的现场监测

在深基坑施工、使用过程中，出现荷载、施工条件变化的可能性较大，设计计算值与支护结构的实际工作状况往往不很一致。因此在基坑开挖过程中必须有系统地进行监控以防不测。根据基坑工程事故调查表明，在发生重大事故前，或多或少都有预兆，如果能切实做好基坑监测工作，及时发现事故预兆并采取适当措施，则可避免许多重大基坑事故的发生，减少基坑事故所带来的经济损失和社会影响。目前，开展基坑现场监测可以避免基坑事故的发生已形成共识。《建筑基坑支护技术规程》（JGJ—99）已明确规定，在基坑开挖过程中，必须开展基坑工程监测，对于基坑工程监测项目，规定要结合基坑工程的具体情况，如工程规模大小、开挖深度、场地条件、周边环境保护要求等，可按表 1.9 进行选择。

表 1.9　　基坑监控项目表

基坑侧壁安全等级 / 监测项目	一级	二级	三级
支护结构水平位移	应测	应测	应测
周围建筑物、地下管线变形	应测	应测	宜测
地下水位	应测	应测	宜测
桩、墙内力	应测	宜测	可测
锚杆拉力	应测	宜测	可测
支撑轴力	应测	宜测	可测
立柱变形	应测	宜测	可测
土体分层竖向位移	应测	宜测	可测
支护结构界面上侧向压力	宜测	可测	可测

由于基坑开挖到设计深度以后，土体变形、土压力和支护结构的内力仍会继续发展、变化，因此基坑监测工作应从基坑开挖以前制定监控方案开始，直至地下工程施工结束的全过程进行监测。基坑监控方案应包括监控目的、监控项目、监控报警值、监控方法及精度要求、监控点的布置、检测周期、工序管理和记录制度以及信息反馈系统等。

从表 1.9 中可以看出，不管任何基坑侧壁安全等级，支护结构水平位移均属于应测项目。实际上，在深基坑开挖施工监测中支护结构水平位移一般有两个测试项目，即围护桩（墙）顶面水平位移监测和围护桩（墙）的侧向变形，而在不同深度上各点的水平位移监测，称为围护桩（墙）的测斜监测。

围护桩（墙）的顶面水平位移监测，是深基坑开挖施工监测的一项基本内容，通过围护桩（墙）顶面水平位移监测，可以掌握围护桩（墙）的基坑挖土施工过程顶面的平面变形情况，并与设计值进行比较，分析其对周围环境的影响，另外，围护桩（墙）顶面水平位移数值可以作为测斜、测试孔口的基准点。围护桩（墙）顶面水平位移测试一般选用精度为2″级的经纬仪。围护桩（墙）顶面水平位移监测点应沿其结构体延伸方向布设，水平位移观测点间距宜为10～15m，其测试方法有准直线法、控制线偏离法、小角度法、交会法等。

围护桩（墙）在基坑外侧水土压力作用下，会发生变形。要掌握围护桩（墙）的侧向变形，即在不同深度处各点的水平位移，可通过对围护桩（墙）的测斜监测来实现。

基坑变形的监控值，若设计有指标规定，以设计要求为依据；如无设计指标，可按表1.10的规定执行。

表1.10　基坑变形的监控值　单位：cm

基坑类别	围护结构墙顶位移监控值	围护结构墙体最大位移监控值	地面最大沉降监控值
一级基坑	3	5	3
二级基坑	6	8	6
三级基坑	8	10	10

注　1. 符合下列情况之一者，为一级基坑：

（1）重要工程或支护结构做主体结构的一部分。

（2）开挖深度大于10m。

（3）与临近建筑物、重要设施的距离在开挖深度以内的基坑。

（4）基坑范围内有历史文物、近代优秀建筑、重要管线等需严加保护的基坑。

2. 三级基坑为开挖深度小于7m，且周围环境无特别要求的基坑。

3. 除一级和三级外的基坑属二级基坑。

4. 当周围已有的设施有特殊要求时，尚应符合这些要求。

任务实施

（1）准备采取两班制作业，则挖土机数量 N 按式（1.31）计算

$$N=\frac{Q}{PCKT}$$

式中挖土机生产率 P 按式（1.32）求出：

$$P=\frac{8\times3600}{t}\cdot q\cdot\frac{K_c}{K_s}\cdot K_B=\frac{8\times3600}{40}\times1\times\frac{0.9}{1.15}\times0.85=479(\text{m}^3/\text{台班})$$

则挖土机数量：

$$N=\frac{9640}{479\times2\times0.85\times7}=1.69(\text{台})$$

取2台。

（2）每台挖土机运土车辆数 N_1 按式（1.33）求出：$N_1=\frac{T_1}{t_1}$

每车装土次数：

$$n=\frac{Q_1}{q\cdot\frac{K_C}{K_s}\cdot r}=\frac{8}{1\times\frac{0.9}{1.15}\times1.7}=6.0(次)$$

取6次。

每次装车时间：

$$t_1=nt=6\times40=240(\mathrm{s})=4\mathrm{min}$$

运土车辆每一个运土循环延续时间按式（1-34）求出：

$$T_1=t_1+\frac{2l}{V_C}+t_2+t_3=4+\frac{2\times1.3\times60}{20}+1+3=15.8(\mathrm{min})$$

则每台挖土机运土车辆数量 N_1：

$$N_1=\frac{15.8}{4}=3.95(辆)$$

取4辆。

2台挖土机所需运土车辆数量 N：

$$N=2N_1=2\times4=8(辆)$$

任务5 土方的填筑与压实

任务描述

土方的填筑与压实对材料有哪些要求？填筑与压实的施工方法有哪些？影响填土压实的因素主要有哪些？

相关知识

1.5.1 土料选择与填筑要求

为了保证填土工程的强度和稳定性的要求，必须正确选择土料和填筑方法。

填方土料应符合设计要求验收后方可填入。如设计无要求，一般按下述原则进行。

碎石类土、砂土（使用细、粉砂时应取得设计单位同意）和爆破石渣可用作表层以下的填料；含水量符合压实要求的黏性土，可用作各层填料；碎块草皮和有机质含量大于8%的土，仅用于无压实要求的填方。含有大量有机物的土，容易降解变形而降低承载能力；含水溶性硫酸盐大于5%的土，在地下水的作用下，硫酸盐会逐渐溶解消失，形成孔洞影响密实性；因此前述两种土以及淤泥和淤泥质土、冻土、膨胀土等均不应作为填土。

填土应分层进行，并尽量采用同类土填筑。如采用不同土填筑时，应将透水性较大的土层置于透水性较小的土层之下，不能将各种土混杂在一起使用，以免填方内形成水囊。

碎石类土或爆破石渣作填料时，其最大粒径不得超过每层铺土厚度的2/3，使用振动碾时，不得超过每层铺土厚度的3/4，铺填时，大块料不应集中，且不得填在分段接头或填方与山坡连接处。

当填方位于倾斜的山坡上时，应将斜坡挖成阶梯状，以防填土横向移动。

回填基坑和管沟时，应从四周或两侧均匀地分层进行，以防基础和管道在土压力作用下产生偏移或变形。

回填以前，应清除填方区的积水和杂物，如遇软土、淤泥，必须进行换土回填。在回填时，应防止地面水流入，并预留一定的下沉高度（一般不得超过填方高度的3%）。

1.5.2　填土压实方法

填土的压实方法一般有：碾压、夯实、振动压实以及利用运土工具压实。对于大面积填土工程，多采用碾压和利用运土工具压实。对较小面积的填土工程，则宜用夯实机具进行压实。

1. 碾压法

碾压法是利用机械滚轮的压力压实土壤，使之达到所需的密实度。碾压机械有平碾、羊足碾和气胎碾。

平碾又称光碾压路机（图1.60），是一种以内燃机为动力的自行式压路机。按重量等级分为轻型（30～50kN）、中型（60～90kN）和重型（100～140kN）三种，适于压实砂类土和黏性土，适用土类范围较广。轻型平碾压实土层的厚度不大，但土层上部变得较密实，当用轻型平碾初碾后，再用重型平碾碾压松土，就会取得较好的效果。如直接用重型平碾碾压松土，则由于强烈的起伏现象，其碾压效果较差。

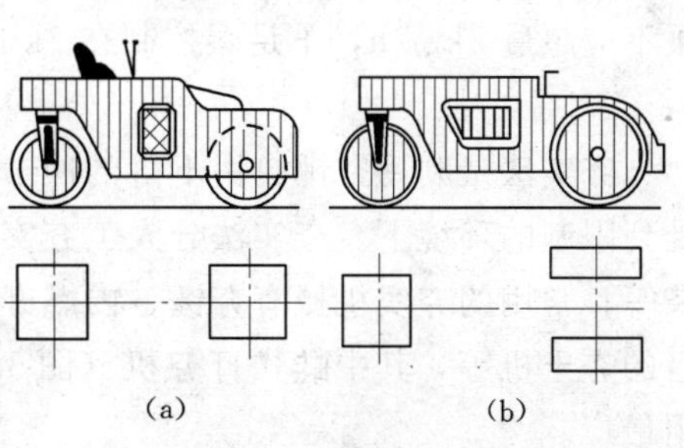

图1.60　光轮压路机

(a) 两轴两轮；(b) 两轴三轮

羊足碾见图1.61和图1.62，一般无动力靠拖拉机牵引，有单筒、双筒两种。根据碾压要求，有可分为空筒及装砂、注水等三种。羊足碾虽然与土接触面积小，但对单位面积的压力比较大，土的压实效果好。羊足碾只能用来压实黏性土。

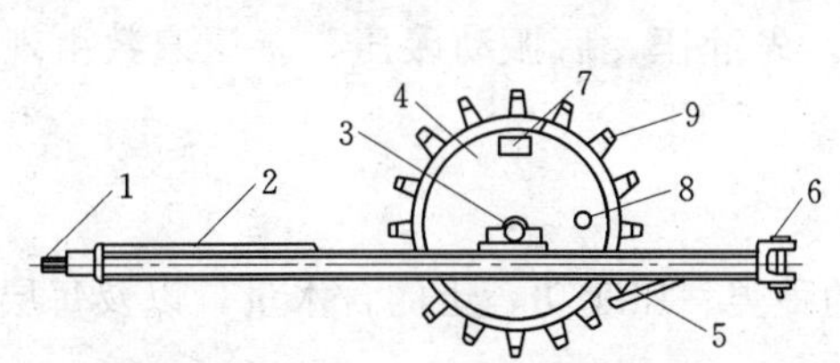

图1.61　单筒羊足碾构造示意图

1—前拉头；2—机架；3—轴承座；4—碾筒；5—铲刀；6—后拉头；7—装砂口；8—水口；9—羊足头

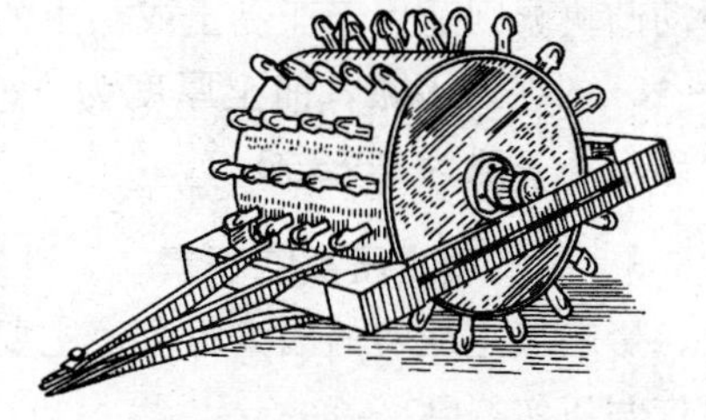

图1.62　羊足碾

气胎碾又称轮胎压路机（图1.63），它的前后轮分别密排着四个、五个轮胎，既是行驶轮，也是碾压轮。由于轮胎弹性大，在压实过程中，土与轮胎都会发生变形，而随着几遍碾压后铺土密实度的提高，沉陷量逐渐减少，因而轮胎与土的接触面积逐渐缩小，但接触应力则逐渐增大，最后使土料得到压实。由于在工作时是弹性体，其压力均匀，填土质

量较好。

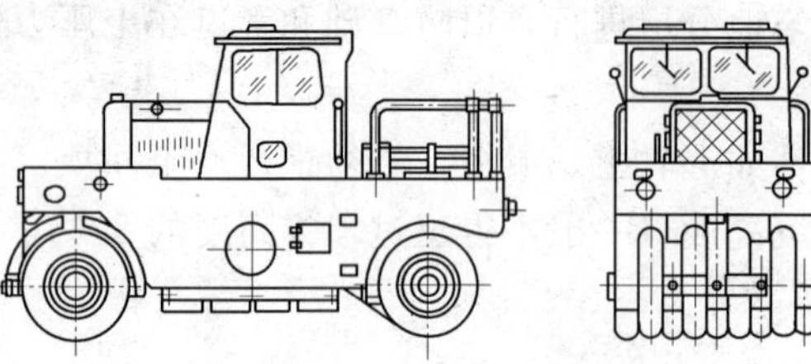

图 1.63　轮胎压路机

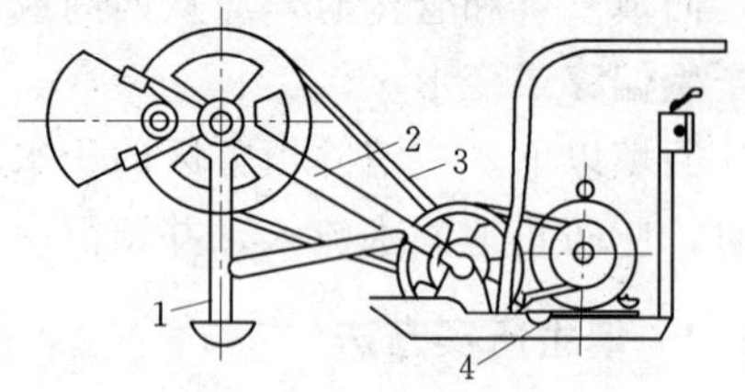

图 1.64　蛙式打夯机

1—夯头；2—夯架；3—三角胶带；4—底盘

碾压法主要用于大面积的填土，如场地平整、路基、堤坝等工程。

用碾压法压实填土时，铺土应均匀一致，碾压遍数要一样，碾压方向应从填土区的两边逐渐压向中心，每次碾压应有 15～20cm 的重叠；碾压机械开行速度不宜过快，一般平碾不应超过 2km/h，羊足碾控制在 3km/h 之内，否则会影响压实效果。

2. 夯实法

夯实法是利用夯锤自由下落的冲击力来夯实土壤，主要用于小面积的回填土或作业面受到限制的环境下。夯实法分人工夯实和机械夯实两种。人工夯实所用的工具有木夯、石夯等；常用的夯实机械有夯锤、内燃夯土机、蛙式打夯机和利用挖土机或起重机装上夯板后的夯土机等，其中蛙式打夯机（图 1.64）轻巧灵活，构造简单，在小型土方工程中应用最广。

3. 振动压实法

振动压实法是将振动压实机放在土层表面，借助振动机构使压实机振动土颗粒，土的颗粒发生相对位移而达到紧密状态。用这种方法振实非黏性土效果较好。

近年来，又将碾压和振动法结合起来而设计和制造了振动平碾、振动凸块碾等新型压实机械。振动平碾适用于填料为爆破碎石渣、碎石类土、杂填土或轻亚黏土的大型填方；振动凸块碾则适用于亚黏土或黏土的大型填方。当压实爆破石渣或碎石类土时，可选用重 8～15t 的振动平碾，铺土厚度为 0.6～1.5m，先静压，后振动碾压，碾压遍数由现场试验确定，一般为 6～8 遍。

1.5.3　影响填土压实的因素

影响填土压实的因素很多，主要有填土的种类、压实功、土的含水量，以及每层铺土厚度与压实遍数。

1. 不同种类土的影响

黏性土中的黏土颗粒小，孔隙比大，压缩性也大，但因其颗粒间的间隙小，压实时逸气排水困难，所以较难压实。砂土的颗粒大，孔隙比小，压缩性也小，但因颗粒间的间隙大，透水透气性好，所以比较容易压实。

2. 压实功的影响

填土压实后的密度与压实机械在其上所施加的功有一定的关系。当土的含水量一定，在开始压实时，土的密度急剧增加，待到接近土的最大密度时，压实功虽然增加很多，而

土的密度变化不大。所以在实际施工中，在压实机械和铺土厚度一定的条件下，碾压一定遍数即可，过多增加压实遍数对提高土的密实度并无多大作用。对于砂土一般只需碾压或夯实2～3遍，对粉土只需3～4遍，对粉质黏土或黏土只需5～6遍。此外，松土不宜用重型碾压机械直接滚压，否则土层有强烈起伏现象，效率不高。如果先用轻碾压实，再用重碾压实就会取得较好的效果。

3. 含水量的影响

在同一压实功条件下，土的含水量对压实质量有直接的影响。较干燥的土，对于土颗粒间的摩阻力较大，所以不宜压实。但若土的含水量超过一定限度，土颗粒之间的孔隙全部被水填充而呈饱和状态，故土颗粒的间隙无法减小，土也不能被压实。所以，只有当土具有适当的含水量时，土颗粒之间的摩阻力减小，土才容易被压实。在压实功相同的条件下，使填土压实获得最大的密度时土的含水量，称为土的最优含水量。土的最优含水量可由击实试验确定。每种土都有其最佳含水量。现场检验土料含水量，一般以手握成团，落地开花为宜。

为了保证填土在压实过程中具有最优含水量，当实际含水量偏高时，应先翻松晾干或均匀掺入干土或吸水性材料，再铺填压实；若含水量偏低，则应预先洒水湿润，以提高压实效果。

4. 铺土厚度和压实遍数的影响

土在压实功的作用下，其应力随深度增加而逐渐减小，其影响深度与压实机械、土的性质和含水量有关。超过一定深度后，虽经反复碾压，土的密实度变化不大，所以铺土厚度应小于压实机械压土时的作用深度。铺的过薄则会增加费用，最优的铺土厚度应使土方压实而机械功耗费用最小，每层最优铺土厚度和压实遍数可根据所填土料性质，压实的密实度要求和选用的压实机械性能确定或按表1.11选用。

表1.11　　填土施工时的分层厚度及压实遍数

压 实 机 具	分层厚度（mm）	每层压实遍数
平碾	250～300	6～8
振动压实机	250～350	3～4
柴油打夯机	200～250	3～4
人工打夯	不大于200	3～4

1.5.4　填土质量检查

填方压实后，应具有一定的密实度。密实度应按设计规定控制干密度 ρ_{cd} 作为检查标准。土的控制干密度与最大干密度之比称为压实系数 D_y。对于一般场地平整，其压实系数为0.9左右，对于地基填土（在地基主要受力层范围内）为0.93～0.97。

填方压实后的干密度，应有90%以上符合设计要求，其余10%的最低值与设计值的差，不得大于0.08g/cm^3，且应分散，不宜集中。

检查土的实际干密度，一般采用环刀取样法，或用小轻便触探仪直接通过锤击数来检验。其取样组数为：基坑回填每30～50m^{3}取样一组（每个基坑不少于一组）；基槽或管

沟回填每层按长度20～50m取样一组；室内填土每层按100～500m^{2}取样一组；场地平整填方每层按400～900m^{2}取样一组。取样部位应在每层压实后的下半部。试样取出后，先称出土的湿密度并测定含水量，然后用式（1.6）计算土的实际干密度ρ_d：

如用式（1.6）算得的土的实际干密度$\rho_d \geqslant \rho_{cd}$，则压实合格；若$\rho_d < \rho_{cd}$，则压实不够，应采取相应措施，提高压实质量。

填方施工结束后，应检查标高、边坡坡度、压实程度等，检验标准应符合表1.12的规定。

表1.12　　填土工程质量检验标准　　单位：mm

项	序	检查项目	允许偏差或允许值					检查方法
			桩基基坑基槽	场地平整		管沟	地（路）面基础层	
				人工	机械			
主控项目	1	标高	−50	±30	±50	−50	−50	水准仪
	2	分层压实系数	设计要求					按规定方法
一般项目	1	回填土料	设计要求					取样检查或直观鉴别
	2	分层厚度及含水量	设计要求					水准仪及抽样检查
	3	表面平整度	20	20	30	20	20	用靠尺或水准仪

复 习 思 考 题

1. 土按开挖的难易程度分几类？各类的特征是什么？
2. 试述土的可松性及其对土方施工的影响。
3. 试述用方格网法计算土方量的步骤和方法。
4. 土方调配应遵循哪些原则？调配区如何划分？
5. 试分析土壁塌方的原因和预防塌方的措施。
6. 试述一般基槽、一般浅基坑和深基坑的支护方法和适用范围。
7. 试述常用中浅基坑支护方法的构造原理、适用范围和施工工艺。
8. 试述人工降低地下水位的方法及适用范围，轻型井点系统的布置方案和设计步骤。
9. 试述推土机、铲运机的工作特点、适用范围及提高生产率的措施。
10. 试述单斗挖土机有哪几种类型？各有什么特点？
11. 试述正铲、反铲挖土机开挖方式有哪几种？挖土机和运土车辆配套如何计算？
12. 土方挖运机械如何选择？土方开挖注意事项有哪些？
13. 如何因地制宜选择基坑支护土方开挖方式？
14. 试述填土压实的方法和适用范围。
15. 影响填土压实的主要因素有哪些？怎样检查填土压实的质量？

项目2 地基与基础工程

知识目标

(1) 了解地基处理及加固原理。

(2) 熟悉局部地基处理及常用整体地基加固方法。

(3) 熟悉预应力管桩施工工艺、操作要点。

(4) 熟悉混凝土灌注桩施工方法、工艺要求。

(5) 了解桩基施工中常见质量缺陷及处理方法。

能力目标

(1) 能编制局部地基处理方案。

(2) 能正确识读整体地基处理方案。

(3) 能编制预应力管桩静压施工方案。

(4) 能编制钻孔灌注桩、人工挖孔施工方案。

任务1 地基处理及加固

任务描述

建筑物事故的发生，不少与地基问题有关。地基的过量变形或不均匀沉降，使上部结构出现裂缝、倾斜，削弱和破坏了结构的整体性，并影响到建筑物的正常使用，严重者地基失稳导致建筑物倒塌。所以，对某些地基的处理与加固就成为基础工程施工中的一项重要内容。

相关知识

任何建筑物都必须有可靠的地基与基础。建筑物的全部重量将通过基础传给地基。地基即指建筑物基础以下的土体，地基的主要作用是承托建筑物的基础；地基虽不是建筑物本身的一部分，但与建筑物的关系非常密切。建筑物的地基问题主要包括强度与稳定性问题、压缩与不均匀沉降问题、地下水流失与潜蚀和管涌问题以及动力荷载作用下的液化、失稳和震陷问题等。地基问题处理恰当与否，不仅影响建筑物的造价，而且直接影响建筑物的安危。

基础直接建造在未经加固的天然土层上时，这种地基称之为天然地基。若天然地基不能满足地基强度和变形的要求，则必须事先要经过人工处理后再建造基础，这种地基加固称为地基处理。常采用的人工地基处理方法有换填法、重锤夯实法、机械碾压法、挤密桩法、深层搅拌法、化学加固法等。

2.1.1 换填法

当建筑物基础下的持力层比较软弱、不能满足上部荷载对地基强度和变形的要求时，

常采用换填法进行地基处理。一般情况下是先将基础下一定范围内承载力低的软弱土层挖去，然后回填强度较大的砂、碎石或灰土等，并夯至密实。主要有以下几种处理方法：

(1) 挖：就是挖去表面的软土层，将基础埋置在承载力较大的基岩或坚硬的土层上，此种方法主要用于软土层不厚、上部结构的荷载不大的情况。

(2) 填：当软土层很厚，而又需要大面积进行加固处理，则可在原有的软土层上直接回填一定厚度的好土或砂石、矿石等。

(3) 换：就是将挖与填相结合，即换土垫层法，施工时先将基础下一定范围内的软土挖去，而用人工填筑的垫层作为持力层，按其回填的材料不同可分为砂垫层、碎石垫层、素土垫层、灰土垫层等。

换填法适用于淤泥、淤泥质土、膨胀土、冻涨土、素填土、杂填土及暗沟、暗塘、古井、古墓或拆除旧基础后的坑穴等的地基处理。

换土垫层的处理深度应根据建筑物的要求，由基坑开挖的可能性等因素综合决定，一般多用于上部荷载不大，基础埋深较浅的多层民用建筑的地基处理工程中，开挖深度不超过3m。

2.1.1.1 砂和砂石地基（垫层）

砂和砂石地基（垫层）是采用级配良好、质地坚硬的中粗砂和碎石、卵石等，经分层夯实，作为基础的持力层，提高基础下地基强度，降低地基的压应力，减少沉降量，加速软土层的排水固结作用。

砂石垫层应用范围广泛，施工工艺简单，用机械和人工都可以使地基密实，工期短，造价低；适用于3.0m以内的软弱、透水性强的黏性土地基，不适用加固湿陷性黄土和不透水的黏性土地基。

1. 材料要求

砂和砂石地基材料，宜采用颗粒级配良好、质地坚硬的中砂、粗砂、石屑和碎石、卵石等，含泥量不应超过5%，且不含植物残体、垃圾等杂质。若用作排水固结地基的，含泥量不应超过3%；在缺少中、粗砂的地区，若用细砂或石屑，因其不容易压实，而强度也不高，因此在用作换填材料时，应掺入粒径不超过50mm，不少于总重30%的碎石或卵石并拌和均匀。若回填在碾压、夯、振地基上时，其最大粒径不超过80mm。

2. 施工技术要点

(1) 铺设垫层前应验槽，将基底表面浮土、淤泥、杂物等清理干净，两侧应设边坡，防止振捣时塌方。基坑（槽）内如发现有孔洞、沟和墓穴等，应先将其填实后再做换土地基（垫层）。

(2) 地基底面标高不同时，土面应挖成阶梯或斜坡，并按先深后浅的顺序施工，搭接处应夯压密实。分层铺实时，接头应做成斜坡或阶梯搭接，每层错开0.5～1.0m，并注意充分捣实。

(3) 人工级配的砂、石材料，应按颗粒级配充分拌匀，再铺夯捣实。

(4) 砂石垫层压实机械首先应选用振动碾和振动压实机，其压实效果、分层填铺厚度、压实次数、最优含水量等应根据具体的施工方法及施工机械现场确定。如无试验资料，砂石垫层的每层填铺厚度及压实边数可参考表2.1。分层厚度可用样桩控制。施工

时，下层的密实度应经检验合格后，方可进行上层施工。一般情况下，垫层的厚度可取200～300mm。

(5) 砂石垫层的材料可根据施工方法的不同控制最优含水量。最优含水量由工地试验确定，也可参考表2.1选择。对于矿渣应充分洒水，湿透后进行夯实。

(6) 当地下水位高出基础底面时，应采取排、降水措施，要注意边坡稳定，以防止塌土混入砂石垫层中影响质量。

(7) 当采用水撼法施工或插振法施工时，应在基槽两侧设置样桩，控制铺砂厚度，每层为250mm。铺砂后，灌水与砂面齐平，以振动棒插入振捣，依次振实，以不再冒气泡为准，直至完成。垫层接头应重复振捣，插入式振动棒振完所留孔洞应用砂填实。在振动首层垫层时，不得将振动棒插入原土层或基槽边部，以避免使软土混入砂垫层而降低砂垫层的强度。

(8) 垫层铺设完毕，应及时回填，并及时施工基础。

(9) 冬季施工时，砂石材料中不得夹有冰块，并应采取措施防止砂石内水分冻结。

表2.1　砂和砂石垫层每层铺筑厚度及最优含水量

振捣方式	每层铺筑厚度(mm)	施工时最优含水量(%)	施工说明	备注
平振法	200～250	15～20	用平板式振捣器往复振捣	不宜用于细砂或含泥量较大的砂所铺筑的砂垫层
插振法	振捣器插入深度	饱和	(1) 插入式振捣器； (2) 插入间距可根据机械振幅大小决定； (3) 不应插入下卧黏性土层； (4) 插入式振捣器插入完毕后所留的孔洞，应用砂填实	
水撼法	250	饱和	(1) 注水高度应超过每次铺筑面； (2) 钢叉摇撼捣实，插入点间距为100mm，钢叉分四齿，齿的间距800mm，长300mm，木柄长90mm，重40N	湿陷性黄土、膨胀土地区不得使用
夯实法	150～200	8～12	(1) 用木夯或机械夯； (2) 木夯重400N，落距400～500mm； (3) 一夯压半夯，全面夯实	
碾压法	250～350	8～12	60～100kN压路机往复碾压	(1) 适用于大面积砂垫层； (2) 不宜用于3.00m水位以下的砂垫层

3. 质量检验

砂石垫层的施工质量检验，应随施工分层进行。检验方法主要有环刀取样法和贯入测定法。

(1) 环刀取样法。用容积不小于200cm^3的环刀压入垫层的每层2/3深处取样，测定其干密度，以不小于通过试验所确定的该砂料在中密状态时的干密度数值为合格。如是砂石地基，可在地基中设置纯砂检验点，在相同的试验条件下，用环刀测其干密度。

(2) 贯入测定法。检验前先将垫层表面的砂刮去30mm左右，再用贯入仪、钢筋或

钢叉等以贯入度大小来定性地检验砂垫层的质量，以不大于通过相关试验所确定的贯入度为合格。钢筋贯入法所用的钢筋的直径 ϕ20mm，长 1.25m，垂直举离砂垫层表面 700mm 时自由下落，测其贯入深度。

2.1.1.2 灰土地基

在我国，灰土是一种传统的建筑用料。灰土地基的使用在我国有 2000 余年的历史。灰土地基是将基础底面以下一定范围内的软弱土挖去，用一定体积配合比的石灰和土在最优含水量情况下分层回填夯实（或压实）或压实而成。

灰土地基的材料为石灰和土，石灰和土的体积比一般为 3∶7 或 2∶8。灰土地基的强度是随用灰量的增大而提高，当用灰量超过一定值时，其强度增加很小。

灰土地基施工工艺简单，费用较低，是一种应用广泛、经济、实用的地基加固方法。适用于加固处理 1～3m 厚的软弱土层。

1. 材料要求

(1) 土。地基的土料可采用就地挖出的黏性土或塑性指数大于 4 的粉土，但应过筛，其颗粒直径不大于 15mm，土内有机含量不得超过 5%。不宜使用块状的黏土和粉土、淤泥、耕植土、冻土。

(2) 石灰。应使用达到国家三等石灰标准的生石灰，使用前生石灰消解 3～4d 并过筛，其粒径不应大于 5mm。

2. 施工技术要点

(1) 铺设垫层前应验槽，基坑（槽）内如发现有孔洞、沟和墓穴等，应将其用灰土分层回填夯实再做垫层。

(2) 灰土在施工前应充分拌匀，控制含水量，一般最优含水量为 16%左右，如水分过多或不足时，应晾干或洒水湿润。在现场可按经验直接判断，方法是：手握灰土成团，两指轻捏即碎，这时即可判定灰土达到最优含水量。

(3) 灰土垫层应选用平碾和羊足碾、轻型夯实机及压路机，分层填铺夯实。每层虚铺厚度可见表 2.2。

表 2.2　灰土最大虚铺厚度

夯实机具种类	重量（t）	虚铺厚度（mm）	备注
石夯、木夯	0.04～0.08	200～250	人力送夯，落距 400～500mm，一夯压半夯，夯实后约 80～100mm
轻型夯实机械	0.12～0.4	200～250	蛙式打夯机、柴油打夯机，夯实后约 100～150mm 厚
压路机	6～10	200～300	双轮

(4) 分段施工时，不得在墙角、柱基及承重窗间墙下接缝，上下两层的接缝距离不得小于 500mm，接缝处应夯压密实。

(5) 灰土应当日铺填夯压，入槽（坑）的灰土不得隔日夯打，如刚铺筑完毕或尚未夯实的灰土遭雨淋浸泡时，应将积水及松软灰土挖去并填补夯实，受浸泡的灰土，应晾干后再夯打密实。

(6) 垫层施工完后，应及时修建基础并回填基坑，或作临时遮盖，防止日晒雨淋，夯

实后的灰土 30d 内不得受水浸泡。

（7）冬期施工，必须在基层不冻的状态下进行，土料应覆盖保温，不得使用夹有冻土及冰块的土料，施工完的垫层应加盖塑料面或草袋保温。

3. 施工质量检验

灰土地基的质量检验，宜用环刀取样，测定其干密度。质量标准可按压实系数 λ_c 鉴定，一般为 0.93～0.95。

$$\lambda_c=\frac{\rho_d}{\rho_{d\max}} \tag{2.1}$$

式中　ρ_d——实际施工达到的干密度；

$\rho_{d\max}$——室内击实试验得到的最大干密度。

如用贯入仪检查灰土质量，应先在现场进行试验，以确定贯入度的具体要求。

如无设计要求，可按表 2.3 取值。

表 2.3　　灰土质量要求

土料种类	灰土最小密度（t/m^3）
粉土	1.55
粉质黏土	1.50
黏土	1.45

2.1.2　强夯施工

强夯法具有施工速度快、造价低、设备简单，能处理的土壤类别多等特点，是我国目前最为常用和最经济的深层地基处理方法之一。

施工时用起重机将很重的锤（一般为 8～40t）起吊至高处（一般为 6～30m），使其自由落下，产生的巨大冲击能量和振动能量给地基以冲击和振动，从而在一定的范围内提高地基土的强度，降低其压缩性，达到地基受力性能改善的目的强夯法适用于碎石土、砂性土、黏性土、湿陷性黄土和回填土。

2.1.2.1　施工机具

强夯施工的主要机具和设备有：起重设备、夯锤、脱钩装置等。

（1）起重设备。

起重机是强夯施工的主要设备，施工时宜选用起重能力大于 150kN 的履带式起重机，为防起重机起吊夯锤时倾翻和弥补起重量的不足，也可在起重机臂杆端部设置辅助门架。起重机械的起重能力为：当直接用钢丝绳悬吊夯锤时，应大于夯锤的 3～4 倍；当采用自动脱钩装置时，起重能力取大于 1.5 倍锤重。

（2）夯锤。

夯锤的形状有圆台形和方形，夯锤的材料是用整个铸钢（或铸铁），或用钢板壳内填筑混凝土，夯锤的质量在 8～40t，夯锤的底面积取决于表面土层，对砂石、碎石、黄土，一般面积为 2～4m^2；黏性土一般为 3～4m^2，淤泥质土为 4～6m^2。为消除作业时夯坑对夯锤的气垫作用，夯锤上应对称性设置 4～6 个直径为 250～300mm 上下贯通的排气孔。

（3）脱钩装置。

用履带式起重机作强夯起重设备时，都采用通过动滑轮组用脱钩装置起落夯锤。脱钩装置用得较多的是工地自制的，脱钩装置由吊环、耳板、销环、吊钩等组成，要求有足够

的强度，使用灵活，脱钩快速、安全。

2.1.2.2 施工要点

(1) 施工前应进行地基勘察和试夯，试夯面积不小于 10m×10m，对试夯前后的变化情况进行对比，以确定正式夯击施工时的技术参数。

(2) 强夯前应平镇场地，并做好排水工作，地下水位高时应采取降低水位措施，其目的主要是在地表形成硬层，可用以支承起重设备，确保机械通行、施工，又可便于强夯产生的孔隙水压力消散。

(3) 夯点的布置应根据基础底面形状确定，施工时按由内向外，隔行跳打原则进行。夯实范围应大于基础边缘 3m。

(4) 冬季施工要采取防冻措施，且将冻土击碎。

2.1.2.3 注意事项

(1) 施工前应进行场地调查，查明施工范围内有无地下设施和各种地下管道等。

(2) 当强夯施工时产生的振动对临近的建筑物和设备会产生影响时，应挖防振沟，并设置相应的监测点。

(3) 注意现场安全，非强夯施工人员，不得进入夯点 30m 内，现场操作人员，当夯锤起吊后，应迅速撤离 10m 以外，以免飞石伤人。

2.1.2.4 质量检查

现场测试方法有标准贯入、静力触探、动力触探等，选用两种或两种以上的测试数据综合确定。

检验的数量：每单位工程不少于 3 处；1000m^2 以上工程，每 100m^2 至少应有 1 点；3000m^2 以上，每 300m^2 至少应有 1 点；每一个独立基础下不少于 1 点；基槽每 20m 应有 1 点。对于复杂场地或重要的建筑物应增加检测点数。

2.1.3 其他较常见的地基处理方法

(1) 压（压实地基）。压即指将地基压实，压实主要是用压路机等机械对地基进行碾压，使地基压实排水固结，也可在地基范围的地面上，预先堆置重物预压一段时间，以增加地基的密实度，提高地基的承载力，减少沉降量。

(2) 挤（挤密地基）。挤主要是用沉管、冲击或爆炸等方法在地基中挤土，形成一定直径的桩孔，然后向桩孔内夯填灰土、砂石、石灰和水泥粉煤灰等，形成灰土挤密桩、砂石挤密桩、石灰挤密桩和水泥粉煤灰挤密桩。成孔时，桩孔部分的土被横向挤开，形成横向挤密，与换土垫层相比，不需大量开挖和回填，施工的工期短，费用低，处理深度较大，桩体与挤密土共同组成人工复合地基，此种地基是一种深层地基加密处理的一种方法。

(3) 拌（搅拌法加固地基）。施工时以旋喷法或搅拌法加固地基，是以水泥土或水玻璃、丙凝等作为固化剂，通过特制的搅拌机械边钻进边往软土中喷射浆液或雾状粉体，在地基深处就地将软土和固化剂强制搅拌，使喷入软土中的固化剂与软土充分拌和在一起，由固化剂和软土之间产生一系列物理和化学变化，使土体固结，增加了地基的强度，减少沉降，形成复合地基。

任务实施

人工处理地基的原则是："将土质由松变实，将水的含水量由高变低"。常用的地基加固基本方法主要有挖、填、换、夯、压、挤、拌。

任务2 条 形 基 础

基础是房屋的墙或柱埋在地下的扩大部分。它的作用是承受上部结构的全部荷载，并把它传给下面的地基。按基础的构造型式可分为独立基础、条形基础、片筏基础、箱型基础和桩基础。

条形基础包括柱下钢筋混凝土独立基础（如图 2.1 所示）和墙下钢筋混凝土条形基础（如图 2.2 所示）。柱下独立基础常为阶梯形或锥形，基础底板常为方形和矩形。建筑结构承重墙下多为钢筋混凝土条形基础，常为板式和梁板结合式两种。这种基础的抗弯和抗剪性能良好，可在竖向荷载较大、地基承载力不高以及承受水平力和力矩等荷载作用下使用。因高度不受台阶宽高比的限制，故适用于需要"宽基浅埋"的场合下使用。

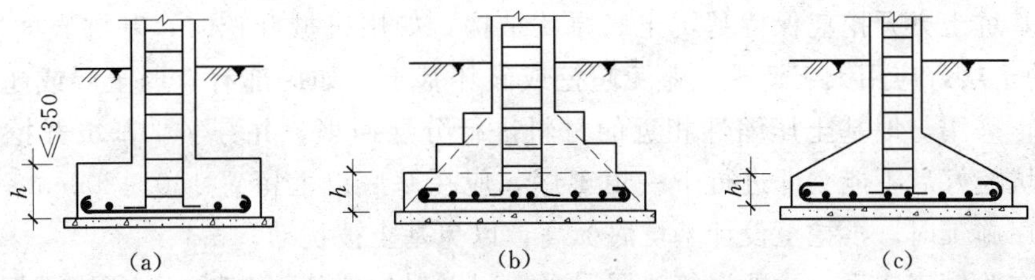

图 2.1 柱下钢筋混凝土独立基础

(a)、(b) 阶梯形；(c) 锥形

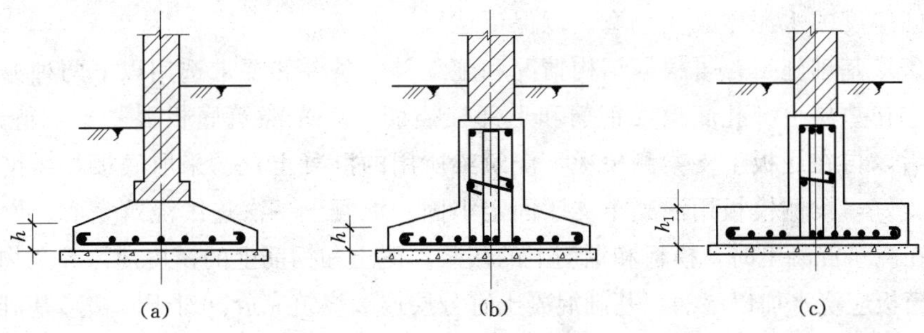

图 2.2 墙下钢筋混凝土条形基础

(a) 板式；(b)、(c) 梁、板结合式

2.2.1 施工工艺

人工清槽平整基底→地基验槽→浇垫层→定位放线→绑扎基础地梁钢筋→绑扎底板钢筋→支模→隐蔽验收→浇筑混凝土→搭设支模钢管架→柱钢筋→钢筋隐蔽验收→浇筑混凝土→隐蔽验收→回填土→砌砖→绑扎圈梁钢筋→钢筋隐蔽验收→浇筑混凝土→

回填土。

2.2.2 构造要求

(1) 在条形基础中，锥形基础边缘高度不宜小于200mm；阶梯形基础的每节高度宜为300～500mm。

(2) 垫层厚度不宜小于70mm，一般采用100mm，混凝土强度为C10，基础混凝土强度等级不宜低于C20。

(3) 底板受力钢筋的最小直径不宜小于10mm，间距不宜大于200mm，也不宜小于100mm。墙下钢筋混凝土条形基础纵向分布钢筋直径不小于8mm，间距不大于300mm。当有垫层时钢筋保护层的厚度不宜小于40mm，无垫层时不宜小于70mm。

(4) 对于现浇筑柱的基础，如与柱不同时浇筑时，其插筋的数目和直径与柱内纵向受力钢筋相同。插筋的锚固长度及与柱的纵向受力钢筋的搭接长度，应符合《混凝土结构设计规范》(GB 50010—2002) 的有关规定。

2.2.3 施工要点

(1) 地基开挖，如有地下水，应用人工降低地下水位至基坑底50cm以下部位，保持在无水的情况下进行土方开挖和基础结构施工。

(2) 基坑土方开挖应保持基坑土底原状结构，如用机械开挖时，基坑底面以上20～40cm厚的土层，应用人工清理，避免超挖或破坏基土。如局部有软弱土层或超挖，应进行换填土，采用与地基土压缩性相近的材料进行分层回填，并夯实。基坑开挖应连续进行，如基坑挖好后不能立即进行下一道工序，应在基底以上留置150～200cm一层不挖，待下一工序施工时，再挖至设计基坑底标高，以免基土被扰动。

(3) 在验槽完毕后，立即浇筑垫层混凝土，以保护地基，混凝土宜用表面振捣器进行振捣，要求表面平整，内部密实。

(4) 混凝土垫层达到一定强度后，在其上弹线、支模、铺放钢筋网片，底部用与混凝土保护层同厚度的水泥砂浆块垫塞，以保证位置正确。

(5) 条形基础施工，可根据结构情况和施工具体条件和要求选用以下两种方法之一进行施工：①在垫层上绑扎底板梁钢筋和上部柱插筋后，先浇筑底板混凝土，待达到25%以上强度后，再在底板上支梁侧模板，浇筑梁所用的混凝土；②采取底板和梁钢筋、模板一次同时支好，梁侧模板用混凝土支墩固定牢固，混凝土一次连续浇筑完成。

(6) 在浇筑混凝土时，模板和钢筋上的灰浆、泥土和钢筋上的锈皮油污等杂物，应清除干净，木模板应浇水加以湿润。基础混凝土宜分层连续浇筑完成。对于阶梯形基础，每一台阶高度内应整层作为一个浇筑层，每浇筑完一台阶应稍停0.5～1h，使其初步获得沉实，再浇筑上层，以防止下层台阶混凝土溢出，在上台阶根部出现“烂脖子”，并使每个台阶上表面基本平整。对于锥形基础，应注意控制锥形斜面坡度正确，斜面模板应随混凝土浇筑分层支设，并顶紧。边角处的混凝土必须捣实，严禁斜面部分不支模，用铁锹拍实。

(7) 当条形基础长度很长时，应考虑在中部适当部位留设贯通后浇带，以避免出现温度收缩裂缝和便于进行施工分段流水作业；对超厚的条形基础，应考虑采取降低水泥水化热和浇筑入模的温度措施，以避免出现过大温度收缩应力，导致基础底板裂缝。

(8) 基础施工时，对插筋要加以固定，以保证插筋位置正确，防止浇筑混凝土时发生移位。基础浇筑完毕后的12h以内对混凝土加以覆盖和浇水养护，混凝土中无外加剂掺入时，养护时间不得少于7昼夜，混凝土中有外加剂掺入时，不得少于14昼夜。

任务3　单　独　基　础

当建筑物上部结构采用框架结构或单层排架结构承重时，基础常采用方形或矩形的独立式基础，这类基础称为独立式基础，也称单独基础，是整个或局部结构物下的无筋或配筋基础。

独立基础按使用部位有柱下独立基础和墙下独立基础两种。

柱下独立基础：当房屋为骨架承重结构或内骨架承重结构时，承重柱下扩大形成独立基础。

墙下独立基础：当房屋为墙承重结构，地基上层为软土时，如采用条形基础则必须把基础埋在下层好土上，这时要开挖较深的基槽，土方量很大。此时可采用墙下独立基础。在墙下设基础梁承托墙身，基础梁支承在独立基础上。独立基础穿过软土层，把荷载传给下层的好土。墙下独立基础应布置在墙的转角处，以及纵横墙相交处，当墙较长时中间也应设置。独立基础的距离，一般为3～4m。墙下的基础梁可以采用钢筋混凝土梁、钢筋砖梁及砖拱。

独立基础常用断面形式有踏步形、锥形、杯形（图2.3）。适用于多层框架结构或厂房排架柱下基础，地基承载力不低于80kPa时，其材料通常采用钢筋混凝土、素混凝土等。当柱为预制时，则将基础作成杯口形，然后将柱子插入，并嵌固在杯口内，故称杯口基础。

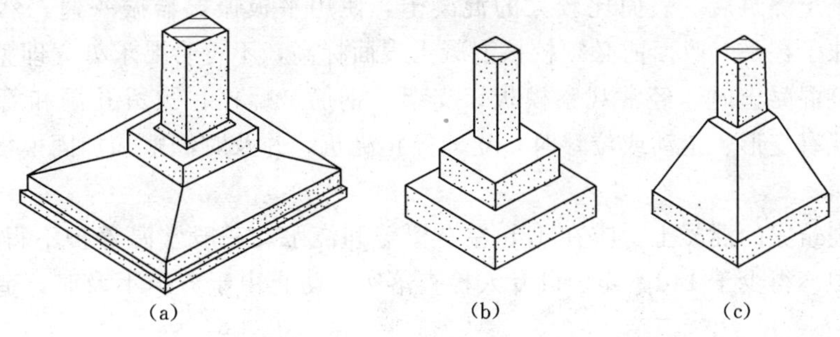

图2.3　杯形基础形式

(a) 独立杯形基础；(b) 独立阶梯形基础；(c) 独立锥形基础

2.3.1　施工工序

清理基坑→混凝土垫层→钢筋绑扎→相关专业施工→清理→支模板→清理→混凝土搅拌→混凝土浇筑→混凝土振捣→混凝土找平→混凝土养护→模板拆除。

2.3.2　施工要点

(1) 地基验槽完成后，清除表层浮土及扰动土，不留积水，立即进行垫层混凝土施工，垫层混凝土必须振捣密实，表面平整，严禁晾晒基土。

(2) 垫层浇灌完成后，混凝土达到1.2MPa后，表面弹线进行钢筋绑扎，钢筋绑扎不允许漏扣，柱插筋弯钩部分必须与底板筋成45°绑扎，连接点处必须全部绑扎，距底板5cm处绑扎第一个箍筋，距基础顶5cm处绑扎最后一道箍筋，作为标高控制筋及定位筋，柱插筋最上部再绑扎一道定位筋，上下箍筋及定位箍筋绑扎完成后将柱插筋调整到位并用井字木架临时固定，然后绑扎剩余箍筋，保证柱插筋不变形走样，两道定位筋在基础混凝土浇完后，必须进行更换。钢筋绑扎好后底面及侧面搁置保护层塑料垫块，厚度为设计保护层厚度，垫块间距不得大于100mm（视设计钢筋直径确定），以防出现露筋的质量通病。注意对钢筋的成品保护，不得任意碰撞钢筋，造成钢筋移位。

(3) 钢筋绑扎及相关专业施工完成后立即进行模板安装，模板采用小钢模或木模，利用架子管或木方加固。锥形基础坡度小于30°时，采用斜模板支护，利用螺栓与底板钢筋拉紧，防止上浮。模板上部设透气及振捣孔，坡度不大于30°时，利用钢丝网（间距30cm）防止混凝土下坠，上口设井字木控制钢筋位置。不得用重物冲击模板，不准在吊板的模板上搭设脚手架，保证模板的牢固和严密。

(4) 清除模板内的木屑、泥土等杂物，木模浇水湿润，堵严板缝及孔洞。

(5) 混凝土浇筑应分层连续进行，间歇时间不超过混凝土初凝时间，一般不超过2h，为保证钢筋位置正确，先浇一层5～10cm厚混凝土固定钢筋。台阶形基础每一台阶高度整体浇捣，每浇完一台阶停顿0.5h待其下沉，再浇上一层。分层下料，每层厚度为振动棒的有效振动长度。防止由于下料过厚、振捣不实或漏振、吊帮的根部砂浆涌出等原因造成蜂窝、麻面或孔洞。

(6) 采用插入式振捣器，插入的间距不大于振捣器作用部分长度的1.25倍。上层振捣棒插入下层3～5cm。尽量避免碰撞预埋件、预埋螺栓，防止预埋件移位。

(7) 混凝土浇筑后，表面比较大的混凝土，使用平板振捣器振一遍，然后用刮杆刮平，再用木抹子搓平。收面前必须校核混凝土表面标高，不符合要求处立即整改。

(8) 浇筑混凝土时，经常观察模板、支架、钢筋、螺栓、预留孔洞和管有无走动情况，一经发现有变形、走动或位移时，立即停止浇筑，并及时修整和加固模板，然后再继续浇筑。

(9) 已浇筑完的混凝土，应在12h左右覆盖和浇水。一般常温养护不得少于7d，特种混凝土养护不得少于14d。养护设专人检查落实，防止由于养护不及时，造成混凝土表面裂缝。

(10) 侧面模板在混凝土强度能保证其棱角不因拆模板而受损坏时方可拆模，拆模前设专人检查混凝土强度，拆除时采用撬棍从一侧顺序拆除，不得采用大锤砸或撬棍乱撬，以免造成混凝土棱角破坏。

任务4　钢筋混凝土预制桩施工

钢筋混凝土预制桩是我国目前广泛应用的桩形之一，主要有方形实心断面桩和预应力管桩两种。钢筋混凝土方形桩断面尺寸为200mm×200mm～550mm×550mm，桩长不大于27m。因受运输条件限制，工厂预制桩一般不超过13m；条件许可时，可考虑在施工现

场预制。方形桩在现场预制时采用重叠法预制，重叠层数不宜超过 4 层。预应力管桩直径有 400mm、500mm 和 550mm，管壁厚 80～100mm，桩长为 25～30m 时需分节制作，每节长度为 8～10m；其下端有桩尖，接桩可采用法兰盘和螺栓连接。预应力管桩一般采用预应力混凝土在工厂用离心法生产。

2.4.1　钢筋混凝土预制桩制作、起吊、运输和堆放

2.4.1.1　预制桩制作

预制桩较短的（10m 内）可在预制厂加工，较长的因不便运输，一般在施工现场露天制作（长桩可分节制作）。预制现场应夯实平整，排水通畅，防止因浸水而湿陷，以免桩发生变形。模板要保证桩的几何尺寸准确，使桩面平整挺直；桩顶面模板应与桩的轴线垂直；桩尖四棱锥面呈正四棱锥体，且桩尖位于桩的轴线上；底模板、侧模板及重叠法生产时，桩面间均应涂刷隔离剂，不得黏结。

钢筋混凝土预制桩所用混凝土强度等级不宜低于 30MPa。混凝土浇筑工作应由桩顶向桩尖连续进行，严禁中断，并应防止另一端的砂浆积聚过多，以防桩顶击碎。制作完后应洒水养护不少于 7d，上层桩制作应待下层桩的混凝土强度达到设计强度的 30%才可进行。桩顶与桩尖处不得有蜂窝、麻面、裂缝和掉角等缺陷。

预制桩钢筋骨架的主筋连接宜采用对焊，同一截面内主筋接头不得超过 50%，桩顶 1m 内不应有接头，钢筋骨架的偏差应符合有关规定。

2.4.1.2　预制桩起吊、运输和堆放

钢筋混凝土预制桩桩身强度达到设计强度的 70%方可起吊，达到设计强度 100%才能运输。桩在起吊和搬运时，必须做到吊点符合设计要求，如无吊环，且设计又无要求，则应符合最小弯矩原则，按图 2.4 所示的位置起吊。起吊时应平稳并不得损坏。桩的堆放场

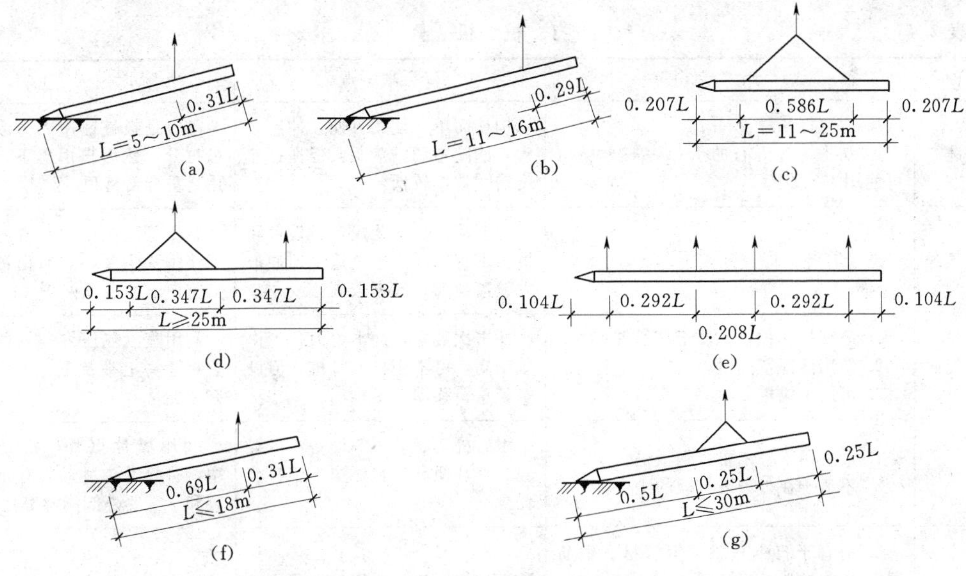

图 2.4　预制桩吊点位置

(a)、(b) 一点吊法；(c) 二点吊法；(d) 三点吊法；(e) 四点吊法

(f) 预应力管桩一点吊法；(g) 预应力管桩二点吊法

地应平整、坚实。垫木与吊点的位置应相同，并保持在同一平面内。同桩号的桩应堆放在一起，而桩尖均向一端。多层垫木上下对齐，最下层的垫木要适当加宽。堆放层数一般不宜超过4层。

打桩前桩应运到现场或桩架处以备打桩，应根据打桩顺序随打随运，以免二次搬运，在现场运距不大时，可用起重机吊运或在桩下垫以滚筒用卷扬机拖拉，距离较远时，可采用汽车或轻便轨道小平板车运输。运输过程中，支点应与吊点的位置相同。

2.4.2　施工准备

打桩的方法主要包括锤击沉桩法、静力压桩法和振动沉桩法等。以锤击沉桩法最为普遍。

2.4.2.1　锤击沉桩法

锤击法也称打入法，是利用桩锤落到桩顶上的冲击力来克服土对桩的阻力，使桩沉到预定的深度或达到持力层的一种打桩施工方法。该方法是混凝土预制桩常用的沉桩方法，施工速度快、机械化程度高，适应范围广，但施工时易产生挤土、噪音和振动现象，在城区和夜间施工有所限制。

1. 打桩机具

打桩用的机具主要包括桩锤、桩架和动力装置三部分。

(1) 桩锤：桩锤是对桩施加冲击力，将桩打入土中的主要机具，施工中常用的桩锤有落锤、单动汽锤、双动汽锤、柴油锤和振动桩锤，桩锤的选用范围见表2.4。用锤击法沉桩时，选择桩锤是关键。桩锤的选用应根据施工条件先确定桩锤的类型，后再确定锤的重量，锤的重量应大于或等于桩重；打桩时宜采用“重锤低击”，即锤的重量大而落距小，这样，桩锤不易产生回跳，桩头不容易损坏，而且桩容易打入土中。

表2.4　　打　桩　机　具

桩锤种类	适　用　范　围	优　缺　点	附　　注
落锤	1. 适宜打各种桩； 2. 黏土、含砾石的土和一般土层均可使用	构造简单，使用方便，冲击力大，能随意调整落距，但捶打速度慢，效率较低	落锤是指桩锤用人力或机械拉升，然后自由落下，利用自重夯击桩顶
单动气锤	适于打各种桩	构造简单，落距短，对设备和桩头不宜打坏，打桩速度即冲击力较落锤大，效率较高	利用蒸汽或压缩空气的压力将锤头上举，然后由锤的自重向下冲击沉桩
双动气锤	1. 适宜打各种桩，便于打斜桩； 2. 使用落锤空气时，可在水下打桩； 3. 可用于拔桩	冲击次数多，冲击力大，工作效率高，可不用桩架打桩，但设备笨重，移动较困难	利用蒸汽或压缩空气的压力将锤头上举及下冲，增加夯击能量
柴油桩锤	1. 最宜用于打木桩、钢板桩； 2. 不适于在过硬或过软的土中打桩	附有桩架、动力等设备，机架轻、移动便利，打桩快，燃料消耗少	利用燃油爆炸，推动活塞，引起锤头跳动，有重量轻和不需要外部能源等优点
振动桩	1. 适宜于打钢板桩、钢管桩、钢筋混凝土和木桩； 2 适用于砂土、塑性黏土及松软砂黏土； 3 在卵石夹砂及紧密黏土中效果较差	沉桩速度快，适应性大，施工操作简易安全，能打各种桩并帮助卷扬机拔桩	利用偏心轮引起激振，通过刚性连接的桩帽传到桩上

（2）桩架：是将桩吊到打桩位置，并在打桩过程中引导桩的方向不致发生偏移，保证桩锤能沿要求方向冲击。桩架种类和高度的选择，应根据桩锤的种类、桩的长度、施工地点的条件等确定。桩架目前应用最多的是多功能桩架、步履式桩架和履带式桩架见图 2.5。

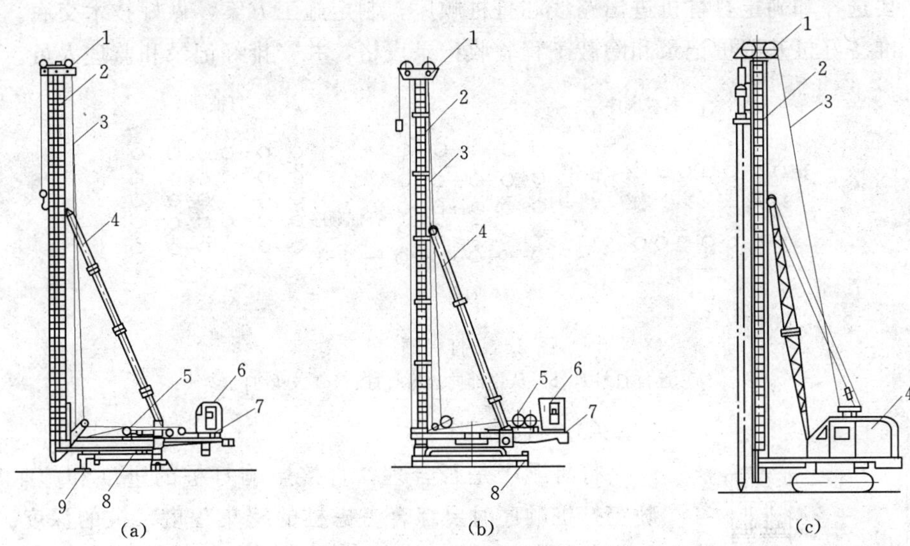

图 2.5　打桩机械

（a）轨道式打桩机

1—滑轮组；2—立柱；3—钢丝绳；4—斜撑；5—卷扬机；6—操作室；7—配重；8—底盘；9—轨道

（b）步履式打桩机

1—滑轮组；2—立柱；3—钢丝绳；4—斜撑；5—卷扬机；6—操作室；7—配重；8—步履式底盘

（c）悬挂式打桩机

1—滑轮组；2—立柱；3—钢丝绳；4—履带式起重机

多功能桩架主要有底盘、导向杆、斜撑、滑轮组和动力设备等组成。它的适应性和机动性较大，在水平方向可作 360°回转，导架可伸缩和前后倾斜。底盘上的轨道轮可沿着轨道行走。这种桩架可用于各种预制桩和灌注桩的施工。缺点是机构比较庞大，现场组装和拆卸、转运较困难。

履带式桩架以履带式起重机为底盘，增加了立柱、斜撑、导杆等。此种桩架性能灵活、移动方便，可用于各种预制桩和灌注桩的施工。

（3）动力装置：落锤以电源为动力，再配置电动卷扬机、变压器、电缆等。蒸汽锤以高压蒸汽为动力，配以蒸汽锅炉、蒸汽绞盘等；气锤以压缩空气为动力，配有空气压缩机、内燃机等；柴油锤的桩锤本身有燃烧室，不需要外部动力。

2. 打桩施工

（1）打桩前的准备工作。

1）测定桩的轴线位置和标高，并经过检查办理了预检手续。

2）处理完高空和地下的障碍物。如影响邻近建筑物或构筑物的使用或安全时，应会同有关单位采取有效措施，予以处理（尽量不扰民）。

3）根据轴线放出桩位线，用木橛或钢筋头钉好桩位，并用白灰作标志，以便于施打。

4）场地应碾压平整，排水畅通，保证桩机的移动和稳定垂直。

5）打试验桩。施工前必须打试验桩，其数量不少于2根。确定贯入度并校验打桩设备、施工工艺以及技术措施是否适宜。

6）要选择和确定打桩机进出路线和打桩顺序，制定施工方案，做好技术交底。

7）准备好桩基沉桩记录和隐蔽工程验收记录表格，并安排好记录和监理人员。

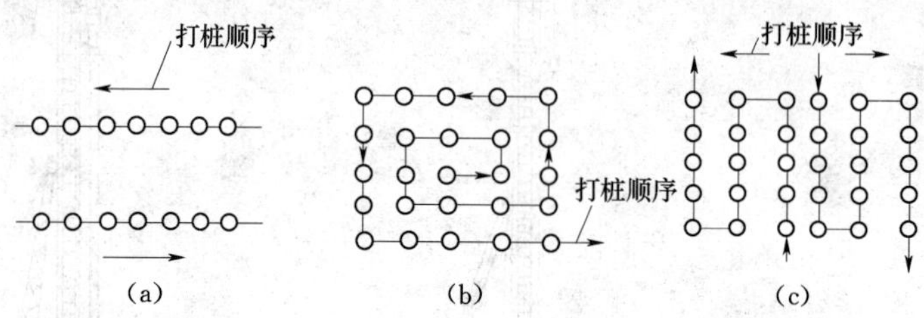

图2.6 打桩顺序

（a）逐排打桩；（b）从中部向边缘打桩；（c）分段打桩

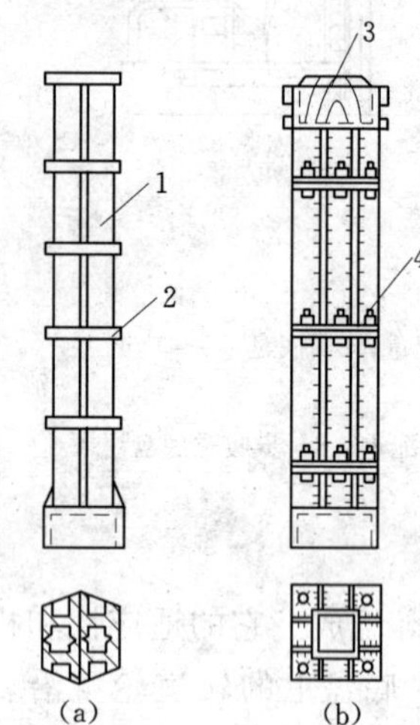

图2.7 钢送桩构造

（a）钢轨送桩；（b）钢板送桩

1—钢轨；2—15mm厚钢板箍；3—硬木垫；4—连接螺栓

（2）打桩顺序。

打桩顺序是否合理，直接影响打桩的进度和施工质量，确定打桩顺序时要综合考虑桩的密集程度、桩的深度、现场地形条件、土质情况及桩机移动是否方便等。

打桩顺序一般分为：由一侧开始向单一方向逐排打、自中央向两边打、自两边向中央打、分段打等方式见图2.6。

确定打桩顺序应遵循以下原则：

1）桩基的设计标高不同时，打桩顺序宜先深后浅。

2）不同规格的桩，宜先大后小。

3）在桩距大于或等于4倍桩径时，则与打桩顺序无关，只需从提高效率出发确定打桩顺序，选择倒行和拐弯次数最少的顺序。

4）应避免自外向内，或从周边向中央进行，以避免中间土体被挤密，桩难以打入，或虽勉强打入，但使邻桩侧移或上冒。

（3）打桩。

1）预制桩施工的工艺流程：桩机就位→起吊预制桩→稳桩→打桩→接桩→送桩→中间检查验收→移机至下一个桩位。

2）操作工艺。

① 就位桩机：打桩机就位时，应对准桩位，保证垂直稳定，在施工中不发生倾斜、移动。② 起吊预制桩：先拴好吊桩用的钢丝绳和索具，然后应用索具捆住桩上端吊环附近处，一般不宜超过30cm，再起动机器起吊预制桩，使桩尖垂直对准桩位中心，缓缓放下插入土中，位置要准确；再在桩顶扣好桩帽或桩箍，即可除去索具。③ 稳桩。桩尖插入桩位后，先用较小的落距冷锤1～2次，桩入土一定深度，再使桩垂直稳定。10m以内短桩可目测或用线坠双向校正；10m以上或打接桩必须用线坠或经纬仪双向校正，不得

用目测。桩插入时垂直度偏差不得超过0.5%。桩在打入前，应在桩的侧面或桩架上设置标尺，以便在施工中观测、记录。

3）接桩方式。多节桩的接桩，可用焊接、法兰或硫磺胶泥锚接，前两种接桩方式适用于各类土层，硫磺胶泥接桩只适用于软弱土层。各类接桩均应严格按规范执行。

4）送桩。当桩顶标高较低，需送桩入土，应用钢制送桩放于桩顶上，锤击送桩将桩送入土中（图2.7）。

（4）打桩过程中，遇见下列情况应暂停，并及时与有关单位研究处理。

1）贯入度剧变。

2）桩身突然发生倾斜、位移或有严重回弹。

3）桩顶或桩身出现严重裂缝或破碎。

（5）打桩的质量控制。

1）摩擦桩位于一般土层时，以控制桩端设计标高为主，贯入度可作参考。

2）端承桩的入土深度以最后贯入度控制为主；桩端标高作参考。

3）当贯入度已达到，而桩顶标高未达到时，应继续锤击三阵，按每阵10击的贯入度不大于设计规定的数值加以确定。

（6）常见的质量问题。

1）桩身断裂。由于桩身弯曲过大、强度不足及地下有障碍物等原因造成，或桩在堆放、起吊、运输过程中产生断裂，没有发现而致。应及时检查。

2）桩顶碎裂。由于桩顶强度不够及钢筋网片不足、主筋距桩顶面太小，或桩顶不平、施工机具选择不当等原因所造成。应加强施工准备时的检查。

3）桩身倾斜。由于场地不平、打桩机底盘不水平或稳桩不垂直、桩尖在地下遇见硬物等原因所造成。应严格按工艺操作规定执行。

4）接桩处拉脱开裂。连接处表面不干净、连接铁件不平、焊接质量不符合要求、接桩上下中心线不在同一条线上等原因所造成，应保证接桩的质量。

2.4.2.2　静力压桩法

静力压桩是在均匀软弱土中利用静力压桩机或锚杆的自重和配重，将预制钢筋混凝土桩分节压入地基土中的一种沉桩方法。

静力压桩适用于软土、填土及一般黏性土层中应用，特别适宜于居民稠密及危房附近、环境要求严格的地区沉桩，但不宜用于地下有较多孤石、障碍物或有厚度大于2m的中密以上砂夹层，以及单桩承载力超过1600kN的情况。

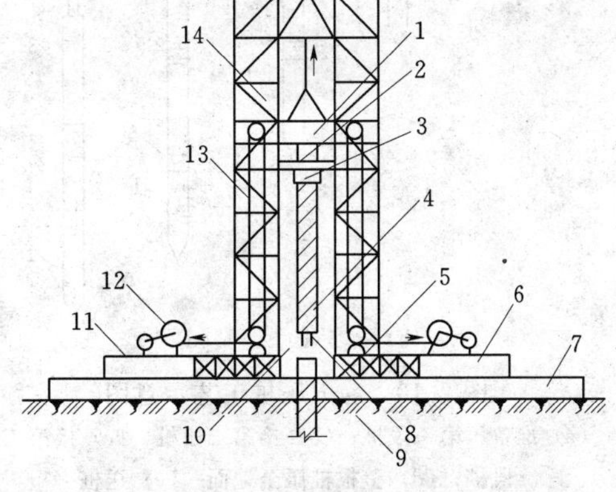

图2.8　静力压桩机示意图

1—活动压梁；2—油压表；3—桩帽；4—上段桩；5—压重；6—底盘；7—轨道；8—上段接状锚筋；9—下段接状锚筋孔；10—导笼口；11—操作平台；12—卷扬机；13—加压钢丝滑轮组；14—桩架导向笼

1. 静力压桩机具设备

静力压桩机分机械式和液压式两种。其中机械式由桩架、卷扬机、加压钢丝绳、滑轮组和活动压梁组成（图2.8），施压部分在

桩顶端部，施加静压力约600～2000kN，此种桩机装配费用较低，但设备高大笨重，行走移动不便，压桩速度较慢。液压式由压拔装置、行走机构及起吊装置等组成（图2.9），采用液压操作，自动化程度高，结构紧凑，行走方便快速，施压部分在桩身侧面，它是当前国内较广泛采用的一种新型压桩机械。

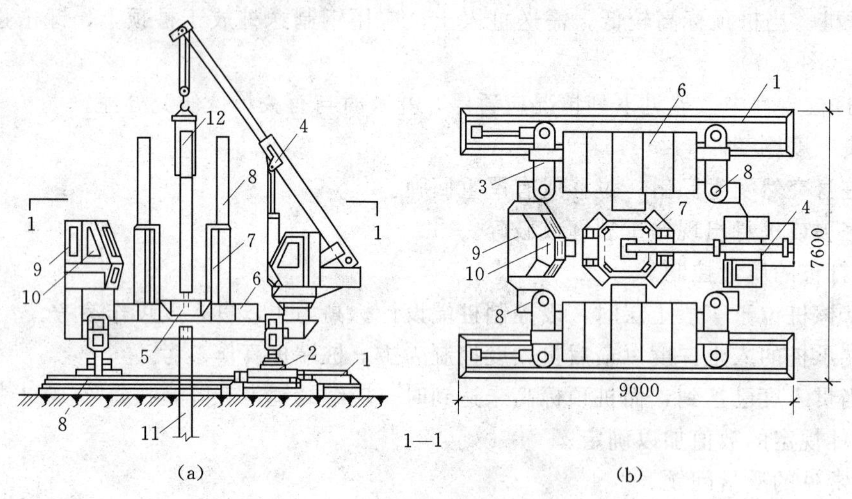

图2.9　全液压式静力压桩机

(a) 侧视图；(b) 俯视图

1—长船行走机构；2—短船行走及回转机构；3—支腿式底盘结构；4—液压起重机；5—夹持及拔桩装置；6—配重铁块；7—导向架；8—液压系统；9—电控系统；10—操纵室；11—已压入下节桩；12—吊入上节桩

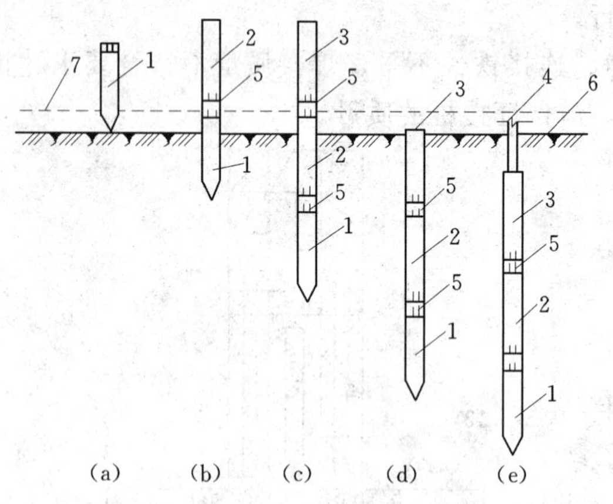

图2.10　静力压桩工艺示意图

(a) 准备压第一段桩；(b) 接第二段桩；(c) 接第三段桩；(d) 整根桩压至地面；(e) 送桩

1—第一段桩；2—第二段桩；3—第三段桩；4—送桩；5—桩接头处；6—地面线；7—压桩机操作平台线

2. 施工工艺要点

静压预制桩的施工，一般采用分段压入，逐节接长的方法进行，其主要施工程序为：测量定位→压桩机就位→吊桩→插桩→桩身对中调直→静压沉桩→接桩→再静压沉桩→送桩→终止压桩→切割桩头（图2.10）。

（1）压桩方法。

用起重机将预制桩吊运或用汽车运至桩机附近，再利用桩机自身设置的起重机将其吊入夹持器中，夹持油缸将桩从侧面夹紧，压桩油缸作伸程动作，把桩压入土层中。伸长完后，夹持油缸回程松夹，压桩油缸回程，重复上述动作，可实现连续压桩操作，直至把桩压入预定深度土层中。

（2）接桩方法。

目前接桩的方法主要有三种：焊接法、法兰螺旋连接法和硫磺浆锚法。焊接法就是将每段桩的端部预埋角钢或钢板，施工时与上下段桩身相接处，用扁钢贴焊连成整体。硫磺

浆锚法的是用硫磺水泥或环氧树脂配置成的黏结剂，把上段桩的预留插筋黏结于下段桩的预留孔内。

3. 压桩施工应注意的要点

(1) 压桩应连续进行，因故停歇时间不宜太长，否则压桩力将大幅度增大而导致桩压不下去而桩机被抬起。

(2) 静力压桩机应根据设计和土质情况配足额定重量；注意限制压桩速度。

(3) 压桩施工时桩帽、桩身和送桩的中心线应与轴线一致。

(4) 压桩施工时，当桩尖遇到夹砂层时，压桩阻力可能会突然增大，甚至超过压桩能力使桩机抬起。

(5) 采取技术措施，减小静压桩的挤土效应。

2.4.2.3　振动沉桩法

振动沉桩法的原理是借助固定于桩头上的振动沉桩机所产生的振动力，以减小桩与土壤颗粒之间的摩擦力，使桩在自重和机械力的作用下沉入土中。

振动沉桩机由电动机、弹簧支撑、偏心震动块和桩帽组成。振动机内的偏心震动块分左右对称两组，其旋转速度相同，方向相反。因此，在工作时，两组偏心块的离心力的水平分力相抵消，而垂直分力相叠加，形成垂直方向的振动力。由于桩体与振动是刚性连接在一起，所以也将随着振动力沿垂直方向上下振动而下沉。振动沉桩法主要适用于砂石、黄土、软土、亚黏土地基，在含水砂层中的效果更为显著。但在砂砾层中采用振动沉桩法时，施工比较困难，还需要配以水冲沉桩法。在沉桩施工过程中，必须连续进行，以防间歇过久难以沉桩。

任务5　混凝土及钢筋混凝土灌注桩工程

任务描述

某拟建的多层公寓二号地块，工程位于××区西山桥阮家桥村，东临西塘中路，北靠花园路，南邻市机电公司用地。共有5幢16～24层高层建筑及少量附属建筑，1个一层大型地下停车库。本工程由××房产公司开发，×××设计研究院设计，××市勘测设计研究院完成岩土勘察工作。某施工企业中标工期70天。试分析该工程如何进行施工？

相关知识

灌注桩是直接在施工现场的桩位上成孔，然后在孔内灌注混凝土或钢筋混凝土的一种成桩工艺。与预制桩相比，灌注桩具有节约钢材、施工噪声低、振动小、挤土影响小、不需要接桩及截桩等优点。但成桩工艺复杂，施工速度较慢，质量影响因素较多，因此在成孔、安放钢筋、浇筑混凝土施工过程中，应加强控制和检查，预防颈缩、断裂和吊脚桩等

质量事故的发生。

根据成孔工艺的不同，分为泥浆护壁钻孔灌注桩、沉管灌注桩、爆扩成孔灌注桩和人工挖孔灌注桩。

2.5.1 泥浆护壁钻孔灌注桩

用钻孔机械进行贯注桩成孔时，为防止塌孔，在孔内用相对密度大于1的泥浆进行护壁的一种成孔施工工艺，此种成孔方式不论地下水位高低的土层都适用。

泥浆护壁钻孔灌注桩按成孔工艺和成孔机械的不同，可分为冲击成孔灌注桩、冲抓成孔灌注桩、回转钻成孔灌注桩和潜水钻成孔灌注桩。其中以回转钻成孔灌注桩应用最多，为国内应用范围较广的成桩方式。

回转钻机具有钻头回转切削、泥浆循环排土、泥浆保护孔壁。施工时是一种湿作业方式；可用于各种地质条件。

泥浆具有排渣和护壁作用，根据泥浆循环方式，分为正循环和反循环两种施工方法（如图2.11、图2.12所示）。

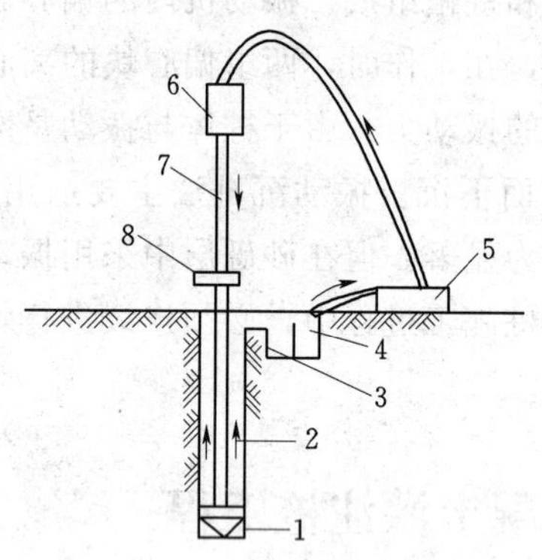

图2.11 正循环回转钻机成孔工艺原理

1—钻头；2—泥浆循环方向；3—沉淀池；4—泥浆池；5循环泵；6—水龙头；7—钻杆；8—钻机回转装置

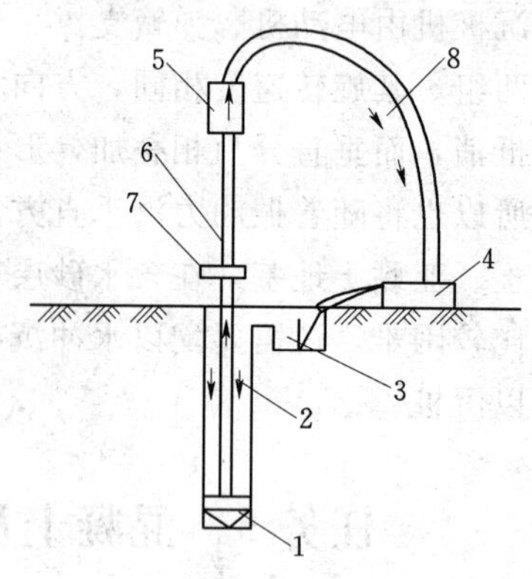

图2.12 反循环回转钻机成孔工艺原理

1—钻头；2—新泥浆流向；3—沉淀池；4—砂石泵；5—水龙头；6—钻杆；7—钻杆回转装置；8—混合液流向

正循环回转钻机成孔的工艺原理是由空心钻杆内部通入泥浆或高压水，从钻杆底部喷出，携带钻下的土渣沿孔壁向上流动，由孔口将土渣带出流入泥浆池。正循环具有设备简单，操作方便，费用较低等优点；适用于小直径孔（$\phi<0.8$m）。但排渣能力较弱。

从反循环回转钻机成孔的工艺原理中可以看出，泥浆带渣流动的方向与正循环回转钻机成孔的情况相反。反循环工艺泥浆上流的速度较高，能携带大量的土渣。反循环成孔是目前大直径桩成孔的有效的一种施工方法。适用于大直径孔（$\phi>0.8$m）。

1. 施工工艺流程

泥浆护壁钻孔灌注桩的施工工艺流程见图2.13。

2. 操作工艺

（1）施工平台。

1）场地内无水时，可稍作平整、碾压以能满足机械行走移位的要求。

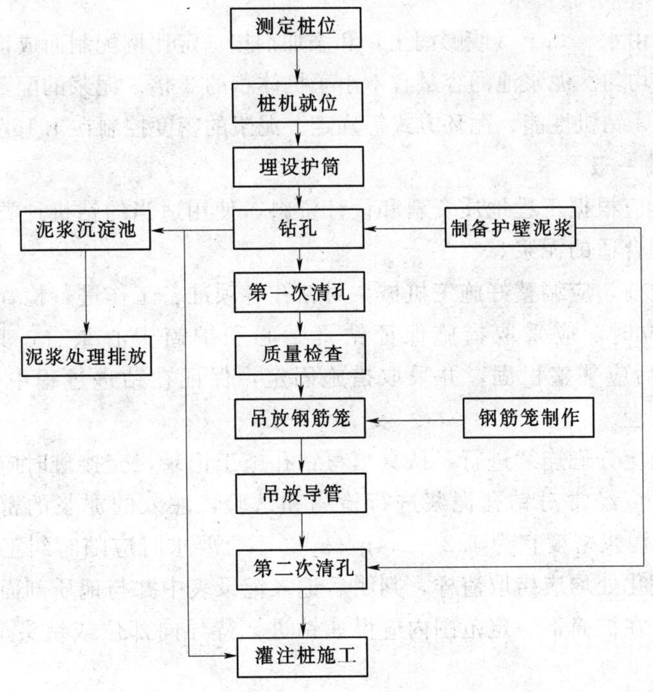

图2.13　泥浆护壁钻孔灌注桩的施工工艺流程

2）场地为浅水且水流较平缓时，采用筑岛法施工。桩位处的筑岛材料优先使用黏土或砂性土，不宜回填卵石、砾石土，禁止采用大粒径石块回填。筑岛高度应高于最高水位1.5m，筑岛面积应按采用的钻孔机械、混凝土运输浇筑等的要求决定。

3）场地为深水时，可采用钢管桩施工平台、双壁钢围堰平台等固定式平台，也可采用浮式施工平台。平台须牢靠稳定，能承受工作时所有静、动荷载，并能满足机械施工、人员操作的空间要求。

（2）护筒。

1）护筒一般由钢板卷制而成，钢板厚度视孔径大小采用4～8mm，护筒内径宜比设计桩径大100mm，其上部宜开设1～2个溢流孔。

2）护筒埋置深度一般情况下，在黏性土中不宜小于1m；砂土中不宜小于1.5m；其高度尚应满足护筒内泥浆面高度大于地下水位高度的要求。淤泥等软弱土层应增加护筒埋深；护筒顶面宜高出地面300mm。护筒内径应比钻头直径大100mm。

3）旱地、筑岛处护筒可采用挖坑埋设法，护筒底部和四周回填黏性土并分层夯实；水域护筒设置应严格注意平面位置、竖向倾斜，护筒沉入可采用压重、振动、锤击并辅以护筒内取土的方法。

4）护筒埋设完毕后，护筒中心竖直线应与桩中心重合，除设计另有规定外，平面允许误差为50mm，竖直线倾斜不大于1%。

5）护筒连接处要求筒内无突出物，应耐拉、压、不漏水。应根据地下水位涨落影响，适当调整护筒的高度和深度，必要时应打入不透水层。

3. 护壁泥浆的调制和使用

护壁泥浆一般由水、黏土（或膨润土）和添加剂按一定比例配制而成，可通过机械在泥浆池、钻孔中搅拌均匀。泥浆池的容量宜不小于桩体积的3倍。泥浆的配置应根据钻孔的工程地质情况、孔位、钻机性能、循环方式等确定。泥浆的密度控制在1.1g/cm³左右。

4. 钻孔施工的一般要求

(1) 钻孔前，应根据工程地质资料和设计资料，使用适当的钻机种类、型号，并配备适用的钻头，调配合适的泥浆。

(2) 钻机就位前，应调整好施工机械，对钻孔各项准备工作进行检查。

(3) 钻机就位时，应采取措施保证钻具中心和护筒中心重合，其偏差不应大于20mm。钻机就位后应平整稳固，并采取措施固定，保证在钻进过程中不产生位移和摇晃，否则应及时处理。

(4) 钻孔作业应分班连续进行，认真填写钻孔施工记录，交接班时应交待钻进情况及下一班注意事项。应经常对钻孔泥浆进行检测和试验，注入的泥浆的密度控制在1.1g/cm³左右，排出的泥浆密度宜为1.2～1.4g/cm³，不合要求时应随时纠正。应经常注意土层变化，在土层变化处均应捞取渣样，判明后记入记录表中并与地质剖面图核对。

(5) 开钻时，在护筒下一定范围内应慢速钻进，待导向部位或钻头全部进入土层后，方可加速钻进。

(6) 在钻孔、排渣或因故障停钻时，应始终保持孔内具有规定的水位和要求的泥浆相对密度和黏度。

5. 清孔

清孔的目的是清除孔底的沉渣和淤泥，以减少桩基的沉降量，从而提高承载能力。清孔一般分两次进行。当钻孔深度达到设计要求时，对孔深、孔径、孔的垂直度等进行检查，符合要求后进行第一次清孔。第一次清孔应根据设计要求，施工机械采用换浆、抽浆、掏渣等方法进行。以原土造浆的钻孔，清孔可用射水法，同时钻机只钻不进，待泥浆相对密度降到1.1g/cm³左右即认为清孔合格；如注入制备的泥浆，采用换浆法清孔，至换出的泥浆密度小于1.15～1.25g/cm³时方为合格。当钢筋骨架、导管安放完毕，混凝土浇筑之前，进行第二次清孔。第二次清孔应根据孔径、孔深、设计要求采用正循环、泵吸反循环、气举反循环等方法进行。第二次清孔后的沉渣厚度和泥浆性能指标应满足设计要求，一般应满足下列要求：沉渣厚度摩擦桩不大于300mm；端承桩不大于50mm；摩擦端承或端承摩擦桩不大于100mm；泥浆性能指标在浇注混凝土前，孔底500mm以内的相对密度不大于1.25g/cm³，黏度不大于28Pa·s，含砂率不大于8%。

不论采用何种清孔方法，在清孔排渣时，必须注意保持孔内水头，防止塌孔。不应采取加深钻孔深度的方法代替清孔。

6. 安放钢筋骨架

桩孔第一次清孔符合要求后，应立即吊放钢筋骨架。吊放时，要防止扭转、弯曲和碰撞，要吊直扶稳，缓慢下落，避免碰撞孔壁。钢筋骨架下放到设计位置后，应立即固定。为保证钢筋骨架位置正确，可在钢筋笼上设置钢筋环或混凝土块，以确保保护层的厚度。

钢筋笼制作应分段进行，接头宜采用焊接，主筋一般不设弯钩，加筋箍筋设在主筋外

侧，钢筋笼的外形尺寸，应严格控制在比孔径小110～120mm以内。

7. 灌注水下混凝土

泥浆护壁钻孔灌注混凝土的灌注是在水下或泥浆中进行的，故称为灌注水下混凝土。其水下混凝土一般要比设计强度提高一个强度等级，必须具备良好的和易性，配合比应通过试验确定，坍落度宜为160～220mm，水泥用量不少于330kg/m³；砂率宜为40%～50%，宜选中粗砂；加入木钙、糖蜜、加气剂等外加剂，改善其和易性和延长初凝时间。

水下混凝土的灌注通常采用导管法。导管采用直径200～250mm的钢管，每节长3～4m，接头宜用法兰或双螺旋方扣快速接头，接头要严密，不漏水漏浆。

混凝土开始灌注时，漏斗下的封水塞可采用预制混凝土塞、木塞或充气球胆。混凝土运至灌注地点时，应检查其均匀性和坍落度，如不符合要求应进行第二次拌和，二次拌和后仍不符合要求时不得使用。第二次清孔完毕，检查合格后应立即进行水下混凝土灌注，其时间间隔不宜大于30min。混凝土应连续灌注，严禁中途停止。

在灌注过程中，导管埋在混凝土中的深度应控制在2～6m。严禁导管提出混凝土面，并有专人测量导管埋深及管内外混凝土面的高差，同时进行水下混凝土灌注记录。在灌注过程中，应时刻注意观测孔内泥浆返出情况，倾听导管内混凝土下落声音，如有异常必须采取相应处理措施。在灌注过程中宜使导管在一定范围内上下窜动，防止混凝土凝固，增加灌注速度。

为防止钢筋骨架上浮，当灌注的混凝土顶面距钢筋骨架底部1m左右时，应降低混凝土的灌注速度，当混凝土拌和物上升到骨架底口4m以上时，提升导管，使其底口高于骨架底部2m以上，即可恢复正常灌注速度。

灌注的桩顶标高应比设计高出一定高度，一般为0.5～1.0m，以保证桩头混凝土强度，多余部分接桩前必须凿除，桩头应无松散层。在灌注将近结束时，应核对混凝土的灌入数量，以确保所测混凝土的灌注高度是否正确。

开始灌注时，应先搅拌0.5～1.0m³同混凝土强度的水泥砂浆放在料斗的底部。

2.5.2 套管成孔灌注桩

套管成孔灌注桩又称打拔管灌注桩，有振动沉管灌注桩和锤击沉管灌注桩两种。是目前建筑工程常用的一种灌注桩。主要应用于黏性土、淤泥、淤泥质土、稍密的砂土及杂填土。图2.14为套管成孔灌注桩施工过程图。

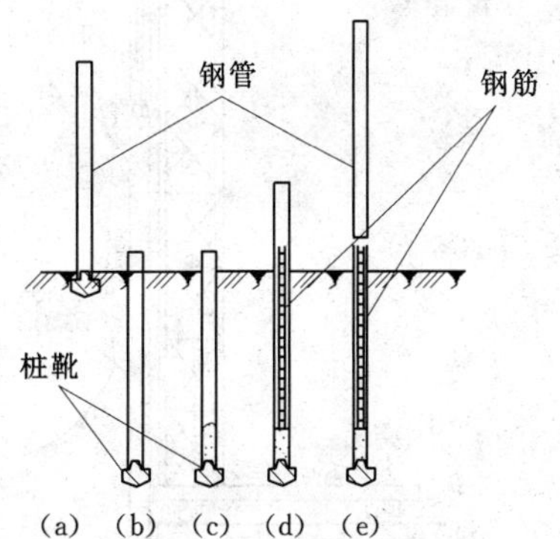

图2.14 沉管灌注桩施工程序
(a) 就位；(b) 沉套管；(c) 开始灌混凝土；(d) 安放钢筋笼继续浇混凝土；(e) 拔管成形

1. 振动沉管灌注桩

振动沉管灌注桩采用激振器或振动冲击锤沉管，其设备如图2.15所示。施工先安装好桩机，将桩管下活瓣合起来，对准桩位，徐徐放下桩管压入土中，即可开动振动器沉管。桩管在激振力作用下以一定的频率和振幅产生振动，减少了桩管与周围土体间的摩擦阻力，钢管在加压作用下而沉入土中。其施工过程见图2.16。

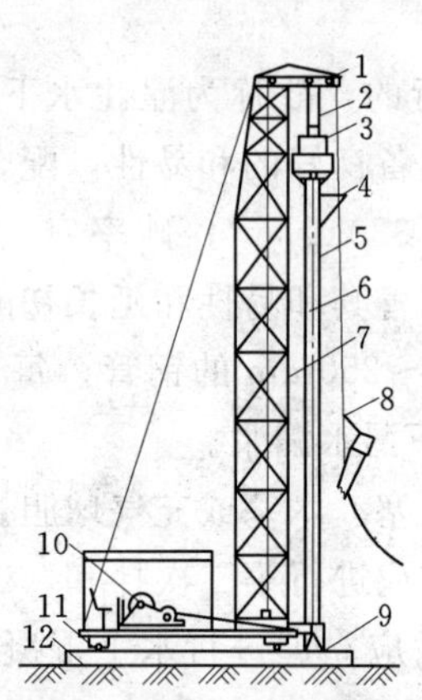

图 2.15 振动套管成孔灌注桩桩机设备
1—导向滑轮；2—滑轮组；3—振动桩锤；4—混凝土漏斗；5—桩管；6—加压钢丝绳；7—桩架；8—混凝土吊斗；9—活瓣桩靴；10—卷扬机；11—行驶用钢管；12—枕木

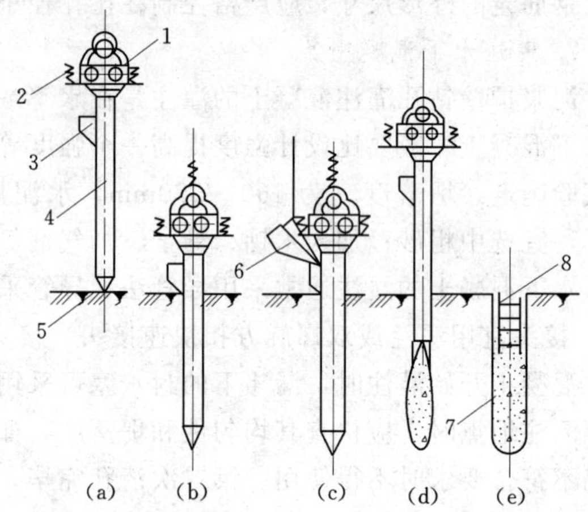

图 2.16 振动套管成孔灌注桩成桩过程
(a) 桩机就位；(b) 沉管；(c) 上料；(d) 拔出钢管；(e) 在顶部混凝土内插入短钢筋并浇满混凝土
1—振动锤；2—加压减振弹簧；3—加料口；4—桩管；5—活瓣桩尖；6—上料口；7—混凝土桩；8—短钢筋骨架

振动沉管灌注桩可采用单振法、复振法和反插法施工。

(1) 单振法。

既一次拔管法，在管内灌满混凝土后，先振动 5～10s，再开始拔管，应边振边拔，每提升 0.5m 停拔，振 5～10s 后再拔管 0.5m，再振 5～10s，如此反复进行直至地面。

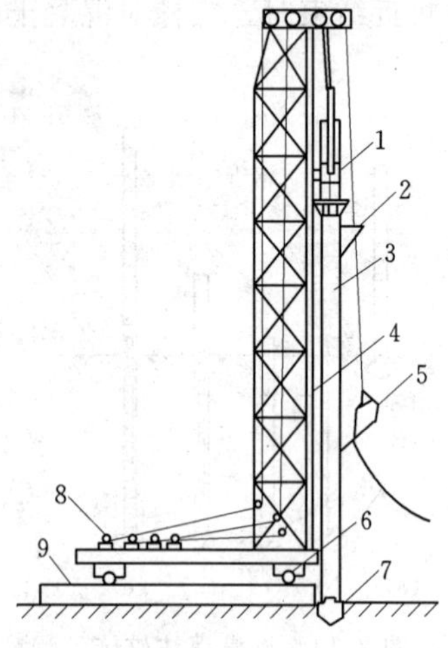

图 2.17 锤击套管成孔灌注桩桩机设备
1—桩锤；2—混凝土漏斗；3—桩管；4—桩架；5—混凝土吊斗；6—行驶用钢管；7—预制桩靴；8—卷扬机；9—枕木

(2) 复振法。

在同一桩孔内进行两次单打，或根据需要进行局部复振。复振施工必须在第一次浇筑的混凝土初凝之前完成，同时前后两次沉管的轴线必须重合。

(3) 反插法。

在套管内灌满混凝土后，先振动再拔管，每次拔管高度 0.5～1.0m，再把钢管下沉 0.3～0.5m。在拔管时分段添加混凝土，如此反复进行并始终保持振动，直到钢管全部拔出地面。反插法能使桩的截面增大，从而提高桩的承载力，宜在较差的软土地基上应用。施工时应严格控制拔管速度不得大于 0.5m/min。

2. 锤击沉管灌注桩

锤击沉管灌注桩是用锤击打桩机（图 2.17），将带活瓣桩尖或设置钢筋混凝土预制桩尖（靴）（图 2.18）的钢套管锤击沉入土中。然后边浇筑混凝土边用卷扬机拔管成桩。成桩工艺如图 2.19 所示。

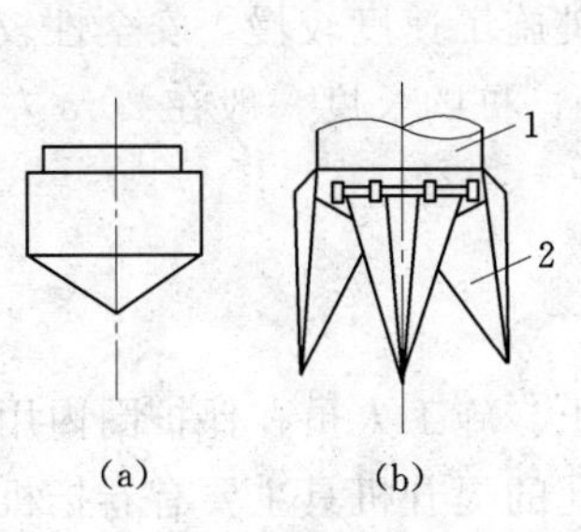

图 2.18　桩靴示意图

(a) 钢筋混凝土桩靴；(b) 钢活瓣桩靴

1—桩管；2—活瓣

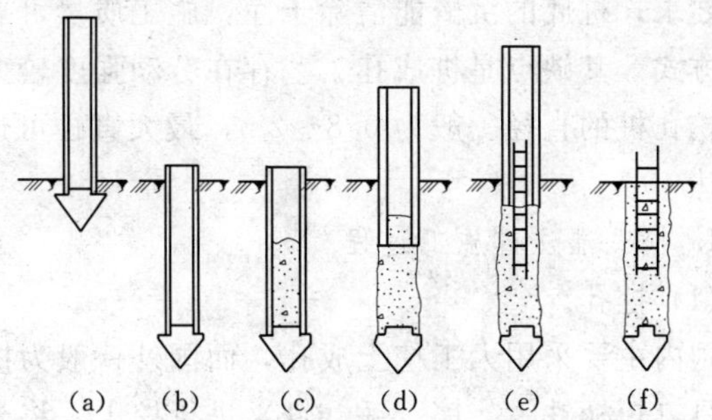

图 2.19　锤击沉管灌注桩成桩过程

(a) 就位；(b) 沉入套管；(c) 开始浇筑混凝土；

(d) 边锤击边拔管，并继续浇筑混凝土；

(e) 下钢筋笼，并继续浇筑混凝土；(f) 成形

3. 套管成孔灌注桩易产生的质量问题及处理

(1) 断桩。断桩一般发生在地面以下软硬土层的交接处，并多数发生在黏性土上。砂石和松土中很少出现。产生断桩的主要原因有：桩距过小，受邻桩施打时挤土造成的影响；软硬土层间传递水平力大小不同，对桩产生剪应力；混凝土终凝不久，强度弱，受振动和外力扰动；拔管时速度过快，混凝土来不及下落，周围的土迅速回缩，形成断桩。

避免断桩的措施有：布桩不宜过密，桩间距宜大于 3.5 倍桩径；合理制定打桩顺序和桩架行走路线以减少振动的影响；采用跳打法施工，跳打应在相邻成形的桩达到设计强度的 60%以上进行；认真控制拔管速度，一般以 1.2～1.5m/min 为宜。

如已查出断桩，应将断桩段拔出，将孔清理干净后，略增大面积或加上箍筋后，再重新浇筑混凝土。

(2) 缩颈。缩颈的桩又称瓶颈桩，桩身局部直径小于设计直径。产生的主要原因是：在含水率很高的软土层中沉桩管时，土受挤压产生很高的空隙水压，拔管后挤向新灌的混凝土而造成桩径截面缩小；拔管速度过快，混凝土流动性差或混凝土装入量少，混凝土出管时扩散差也造成缩颈现象。

预防措施：施工时每次应向桩管内尽量多装混凝土，使之有足够的扩散压力；严格控制拔管速度。处理方法是：若桩轻度缩颈，可采用反插法，局部缩颈可采用半复打法，桩身多处缩颈可采用复振法。

(3) 吊脚桩。是指桩底部混凝土隔空或混凝土中混进泥沙而形成松软层。其形成的原因是预制桩尖质量差，沉管时被破坏，泥沙、水挤入桩管。处理方法：将桩管拔出，纠正桩尖或将砂回填桩孔后重新沉管。

2.5.3　人工挖孔灌注桩

人工挖孔灌注桩是用人工挖土成孔，然后安放钢筋笼，浇筑混凝土成桩。人工挖孔灌注桩的特点是施工的机具设备简单，操作工艺简便，作业时无振动、无噪声、无环境污染，对周围建筑物影响小；施工速度快（可多桩同时进行）；施工费用低；当土质复杂时，可直接观察或检验分析土质情况；桩端可以人工扩大，以获得较大的承载力，满足一柱一

桩的要求；桩底的沉渣能清除干净，施工质量可靠。是目前大直径灌注桩施工的一种主要工艺方式。其缺点是桩成孔工艺存在劳动强度较大，单桩施工速度较慢，安全性较差。

挖孔桩的直径一般为0.8～2m，最大直径可达3.5m；桩的长度一般在20m左右，最深可达40m。

1. 挖孔灌注桩施工过程

(1) 挖孔。

国内主要采用人工挖土成孔，而国外一般为机械挖土。施工人员在保护圈内用常规挖土工具（短柄铁锹、镐、锤、钎）进行挖土，将土运出孔的提升机具主要有卷扬机或电动葫芦、活底吊桶。

(2) 辅助工程。

主要包括支护、通风、降水。为防止塌孔和保证操作安全，应根据桩径的大小和地质情况采用可靠的支护孔壁的施工，支护方法有钢筋混凝土护圈、沉井护圈和钢套管护圈。钢筋混凝土护圈一般每节高0.8～1m，施工时护圈上下搭接50～75mm，厚8～15cm，混凝土用C20或C25，中间配适量的钢筋。这种护圈应用最多（图2.20）；后两种护圈主要应用于强透水土层。通风设备主要有鼓风机和送风管，用于向桩孔中强制送入新鲜空气。地下水渗出较少时，可将其随吊桶一起吊出；大量渗水时，可设置集水井，用泵抽出井外；涌水量很大时，可选一桩超前开挖，用泵进行抽水，以起到深井降水的作用。

(3) 钢筋混凝土工程。

钢筋笼的制作与一般灌注桩的方法相同，钢筋就位用小型吊运机具或履带吊进行；混凝土用水泥强度等级32.5普通水泥或矿渣水泥，下料采用串桶或溜管，连续分层浇捣，每层厚度不超过1.5m，施工完后养护时间不少于7天。

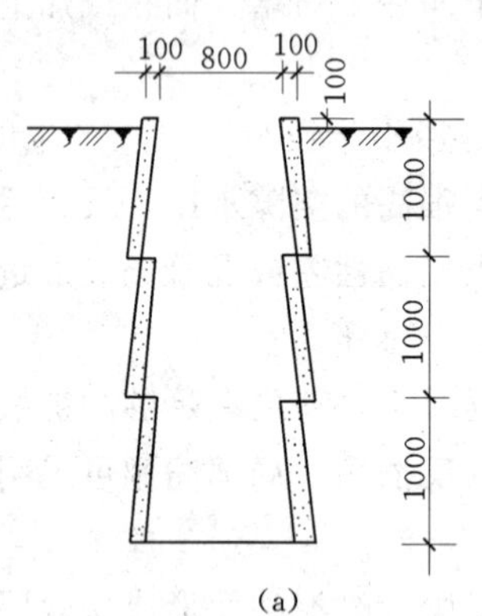

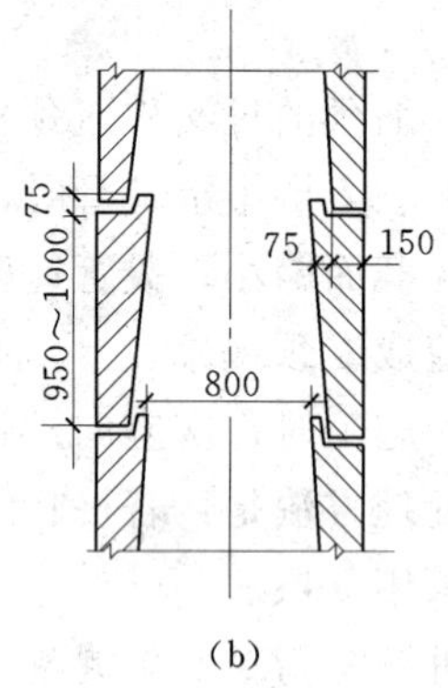

图2.20　钢筋混凝土护壁形式

(a) 外齿式护圈；(b) 内齿式护圈

2. 挖孔桩常见的问题及处理方法

挖孔桩常见的问题主要有塌孔、井涌（流泥）、护壁裂缝、淹井、截面变形和超量六种。

塌孔主要是由于地下水渗流比较严重，土层变化部位挖孔深度大于土体稳定极限高度和支护不及时所引起。施工时要连续降水，使孔底不积水，防止偏位和超挖并及时支护。对塌

方严重孔壁，用砂、石子填塞并在护壁的相应部位增加泄水孔，用以排除孔洞内的积水。

井涌发生是由于土颗粒较细，当地下水位差很大时，土颗粒悬浮在水中成流态泥土从井底上涌。当出现流动性的涌土、涌砂时，可采取减少护壁高度（护壁的高度为300～500mm），随挖随浇筑混凝土的方法进行施工。

护壁裂缝产生的主要原因是护壁过厚，其自重大于土体的极限摩擦力，因而导致下滑，引起裂缝，如过度抽水、塌方使护壁失去支撑土体也可使护壁产生裂缝。因此护壁不宜太大，尽量减轻自重，在护壁内适当配Φ10@200mm的竖向钢筋。裂缝一般可不处理，但要加强施工监视、观察，发现问题及时处理。

淹井是由于井孔内遇较大泉眼或遇到渗透系数较大的砂砾层，附近的地下水在井孔中集中。处理方法是在群桩中设置深井并用水泵抽水以降低地下水位。当施工完成后，该深井用砂砾封堵。

截面变形是在挖孔时桩的中心线与半径未及时量测，护壁支护未严格控制尺寸而引起。所以在挖孔时每节支护都要量测桩的中心线和半径，遇松软土层要加强支护，严格认真控制支护尺寸。

超量产生往往是每层未控制好截面，孔壁塌落，遇有地下土洞、下水道、古墓和坑穴等均会出现超挖。要求在施工未出现特殊原因尽量不要超挖，当遇有上述孔洞时，可用3∶7灰土或其他的地基加固材料填补并拍、夯实。

3. 挖孔桩的特殊安全措施

人工挖孔桩应采取以下特殊安全措施：

(1) 桩孔内必须设置应急软爬梯供人员上下井，不得使用麻绳和尼龙绳吊挂或脚踏井壁凸缘上下。

(2) 每日开工前必须检测井下有毒有害气体，并应有足够的安全防护措施，桩孔开挖深度超过10m时，应有专门向井下送风设备，风量不宜少于25L/s。

(3) 孔口四周必须设置不小于0.8m高的围护护栏。

(4) 挖出的土石方应及时运离孔口，不得堆放在孔口四周1m范围内，机动车辆的通行不得对井壁的安全造成影响。

(5) 孔内使用的电缆、电线必须有防磨损、防潮、防断等措施，照明应采用安全矿灯或12V以下的安全灯，并遵守各项安全用电的规范和规章制度。

任务实施

1. 工程桩数量（见表2.5）

表2.5　××钻孔灌注桩工程数量表

编号	子项名称	桩型直径(mm)	桩长(m)	桩数根	地质资料上的成孔深度(m)
1	1号楼	800	50	296	55
		600	24	24	32
2	2号楼	800	40	80	43

续表

编号	子项名称	桩型直径（mm）	桩长（m）	桩数根	地质资料上的成孔深度（m）
3	3号楼	800	50	244	58
		600	40	6	43.5
4	4号楼	800	40	62	37
5	5号楼	600	40	55	47.5

桩身混凝土强度等级C30，为预拌混凝土，混凝土坍落度18～20cm，混凝土灌注前孔底沉渣不大于50mm，桩身混凝土加灌高度1.5m。

2. 地貌、地基土工程地质特征

工程地质情况详细有××勘测设计研究院提供的岩土工程勘测报告。拟建工程场地复杂程度为中等复杂，地基复杂程度为中等复杂地基。

3. 施工准备

(1) 技术资料准备并制订相应的保证措施。

(2) 施工中要投入的仪器，如经纬仪、水准仪等送计量局检验，合格后送工地使用。

(3) 进行技术交底。

(4) 清理现场，清除施工现场地上和地下全部障碍物。

(5) 复核规划红线，进行桩基轴线放样及桩位布置，将桩基定位点、水准点引出施工影响范围外，确保基准点、水准点不受施工影响，并加以保护。

(6) 配合施工总承包方进行施工场地平整，合理安排好施工场地和材料堆场，布置好泥浆循环系统，挖好泥浆池并用砖块砌好。

(7) 打试桩，全场施工前将开打的第一根工程桩作为试桩，邀请建设单位、设计、质检、监理、勘测等有关部门的人员参加，对试桩成孔的孔径、垂直度、孔壁稳定、沉渣、岩样和嵌岩深度、充盈系数等检测，能否满足设计要求进一步核对地质资料，检验施工工艺是否符合设计、施工规范要求，以确定工程桩施工中有关参数，为工程桩全面开打做好准备。

(8) 编制施工劳动力安排表、施工机具及配套设备表、材料计划安排表（此处略）。

(9) 进行临时设施设置，引入施工用水、用电。

4. 技术准备

(1) 做好建筑物位置定位防线：定位放线以规划部门指定的红线为准，以总平面图为依据，定出标准轴线，并绘制测量定位记录。

(2) 做好高程引进。

(3) 设置坐标点并进行复测、监理复查。在测量放线时应注意：

1) 核验标准轴线桩的位置；

2) 对照施工平面图检查建筑物各轴线尺寸；

3) 校验基准点和龙门桩高程；

4) 填写工程定位测量记录和绘制定位测量图，并在图上注明方向，测量起始点，测

量顺序，测量结果，并有复测人和监理签字。

5. 大口径钻孔灌注桩施工

(1) 施工工艺流程图（见本章图2.14，此处略）。

(2) 桩位放样：桩位测量放线，应与设计提供的桩位平面图一致，并有放线控制点夹角和距离，以便检验校核数据，桩位放样用ϕ14mm钢筋全部打入至高出地面20～30cm，顶部涂上红漆做标志，及时通知监理、业主复核，保证桩位的正确性。

(3) 护筒及其埋设：本工程使用的护筒由钢板制成，厚4mm，上部留有出溢浆口，并焊有吊环，每节护筒长1.2～1.5m，护筒内径大于钻头直径100mm，埋设完毕后其平面偏差不大于20mm。

(4) 钻机移位对中，钻机就位时，必须校对桩位中心、轴线及水平位置。桩机就位必须正确水平稳固，确保在施工中不发生倾斜和移动。垂直度必须符合规范要求（≤1%）。

(5) 成孔施工要点：钻点回转中心对准护筒中心，其偏差不大于20mm，开动泥浆泵使泥浆循环2～3min，然后再开动钻机，慢慢将钻头放至孔底，在护筒刃脚处低挡慢速钻进，钻至刃脚下1m后，再根据土质情况以正常速度钻进。

根据土质情况、孔径大小、钻孔深度确定相应的钻进速度：① 淤泥质土，最大钻速不大于1m/min，其他土层以钻机不超负荷为准；② 在风化岩或其他硬土层中的钻进速度以钻机不产生跳动为准。

(6) 泥浆护壁和排渣：泥浆的稠度应适当控制，应根据地层情况，应经常测定泥浆的比重、黏度、含砂率的技术指标，造孔中泥浆比重应控制在1.23～1.35，排出泥浆比重，其随地层条件而定（见表2.6）。

表2.6　　泥浆技术指标

地质条件	比重（g/cm^3）	黏度S(Pa·s)	含砂量（%）	胶体率（%）	pH值
粉土、粉质黏土、一般黏土	1.10～1.25	16～20	≤8～4	≥95	7～9
砂砾（卵）石基岩	1.25～1.35	20～22	≤8～4	≥95	7～9

(7) 废浆处理：本工程安排6辆汽车，从现场拉运废浆，按环保条例定点进行排放，并办理有关手续。

(8) 进行第一次清孔，清孔是桩基施工关键所在。

(9) 钢筋笼制作安放。

(10) 下导管，第二次清孔。

(11) 桩身混凝土灌注。

复习思考题

1. 地基处理方法一般有哪几种？各有什么特点？
2. 换填法的材料要求及施工要点有哪些？
3. 简述灰土垫层的适用情况与施工要点。
4. 简述砂石垫层的适用情况与施工要点。

5. 简述强夯的地基加固机理。
6. 预制桩吊点位置的确定原则是什么？
7. 应用最广泛的桩锤是哪种？打桩的桩锤选用条件是什么？
8. 打桩顺序有哪些？如何确定打桩顺序？
9. 简述灌注桩的施工方法。
10. 试述正循环、反循环钻孔灌注桩的应用条件。
11. 套管成孔灌注桩的成孔方法有哪些？
12. 打桩对周围环境有什么影响？如何防止？
13. 预制桩和灌注桩各有什么优缺点？
14. 泥浆作用是什么？
15. 人工挖孔桩有什么特点？施工中应注意哪些问题？
16. 灌注桩施工时护筒的作用是什么？埋设时有哪些要求？
17. 常见易发生的灌注桩质量问题有哪些？如何防止？

项目3 建筑砌筑工程

砌筑工程是指砖石块体和各种类型砌块的施工。砖石建筑在我国有着悠久的历史，目前在土木工程中仍占有相当的比重。这种结构具有就地取材，保温隔热，隔音，耐火性能好，节约钢材和水泥，不需大型施工机械，施工组织简单等优点。但是，砖石结构自重大，以手工操作为主，劳动强度大，生产率低，而且墙体用砖量大，烧制黏土砖占用农田多，所以采用新型墙体材料代替普通黏土砖改善砌体施工工艺，已经成为砌筑工程改革的重要发展方向。

砌筑工程是一个综合的施工过程，它包括材料运输、搭设脚手架及砌体砌筑等，材料垂直运输在项目10施工机械中介绍。

任务1 脚手架

任务描述

外脚手架的类型、构造各有何特点，其适用范围如何，在摆设和使用时应注意哪些问题？脚手架的支撑体系包括哪些，如何搭设？常用里脚手架有哪些类型，其特点怎样？脚手架的安全防护措施有哪些内容？

任务分析

脚手架事故，在建筑工程中发生的频率较高，发生的主要原因有材料配件存在质量问题、搭设不规范、使用不当拆除不当等原因引起，另外还涉及管理上的问题，因此，需要全面掌握脚手架的基本知识。

(1) 熟悉脚手架基本要求。

(2) 掌握多立杆式脚手架的特点和布置原则。

(3) 熟悉其他脚手架的特点和使用。

相关知识

3.1.1 脚手架的基本要求

脚手架是建筑施工不可缺少的临时设施，它是为解决在建筑物高部位施工而专门搭设的操作平台，用于施工作业和运输通道，临时堆放施工材料和机具等。考虑砌筑工作效率及施工组织等因素，每次搭设脚手架的高度确定为1.2m左右，称为“一步架高度”，又称为砖墙的可砌高度。在地面或楼面上砌墙，砌到1.2m高度左右要停止砌砖，搭设脚手架后再继续砌筑。所以砌筑用脚手架要满足以下基本要求：

(1) 有足够的宽度，能满足工人操作，材料堆放及运输的需要。

(2) 有足够的承载力、刚度及稳定性。在施工期间，在各种荷载作用下，脚手架不变形、不摇晃、不倾斜。

(3) 脚手架应搭拆简单，搬运方便，能多次周转使用。

(4) 因地制宜，就地取材，尽量节约材料。

另外，脚手架所用材料的规格、质量应经过严格检查，符合有关规定；脚手架的构造应符合有关规定，架设要牢固，有可靠的安全防护措施，并在使用过程中应经常检查。

脚手架的种类很多，可以分为：

按照与建筑物的位置关系分为外脚手架和里脚手架两大类；按其所用材料分为木脚手架，竹脚手架与金属脚手架。其中，钢管脚手架又可分为扣件式、碗口式、门式、承插式等；按其用途分为操作脚手架；防护用脚手架，承重支撑用脚手架。操作脚手架又可分为结构作业脚手架和装修作业脚手架等；按其构架方式分为多杆件组合式脚手架、框架组合式脚手架、格构件组合式脚手架和台架等；按立杆设置排数可分为单排脚手架、双排脚手架、满堂脚手架等；按支撑固定方式可分为落地式脚手架、悬挑式脚手架、附着升降式脚手架和水平移动脚手架等。

3.1.2 外脚手架

外脚手架是在建筑物的外围从地面搭起，既可用于外墙的砌筑，又可用于外装修施工。主要形式有多立杆式、框式、桥式等，其中多立杆式应用最广。

3.1.2.1 多立杆式脚手架

多立杆式脚手架主要由立杆、纵向水平杆（大模杆）、横向水平杆（小横杆）、斜撑、脚手板等组成（图 3.1）。

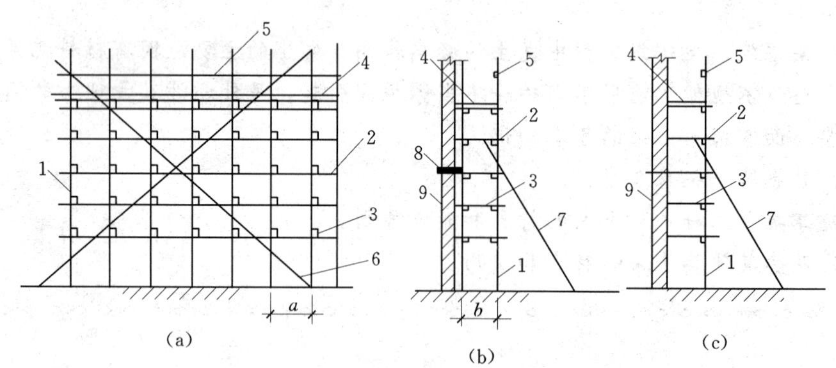

图 3.1 扣件式钢管外脚手架

(a) 立面；(b) 侧面（双排）；(c) 侧面（单排）

1—立杆；2—大横杆；3—小横杆；4—脚手板；5—栏杆；6—斜撑；7—抛撑；8—连墙杆；9—墙体

多立杆式脚手架分双排式和单排式两种形式。双排式［图 3.1 (b)］沿墙外侧设两排立杆，小横杆两端支承在内外两排立杆上，其稳定性较好，但比单排式费工费料；多、高层房屋均可采用，当房屋高度超过 50m 时，需专门设计。单排式［图 3.1 (c)］沿墙外侧仅设一排立杆，其小横杆一端与大模杆连接，另一端支承在墙上。较双排式节约材料，但稳定性差，且在墙上留有架眼，给以后的装修留下质量隐患，其搭设高度及使用范围也受

到一定的限制，工程实践中单排基本上已被禁用。尤其下列情况不适用单排脚手架：

(1) 墙体厚度不大于180mm。

(2) 建筑高度超过24m。

(3) 空斗砖墙、加气块墙等轻质墙体。

(4) 砌筑砂浆强度等级不大于M1.0的墙体。

3.1.2.2 扣件式

1. 多立杆式

多立杆式脚手架的特点是每步架高可根据施工需要灵活布置，取材方便，钢、竹、木等均可应用。其中多立杆式铜管脚手架应用最为广泛，它有扣件式和碗扣式两种。

钢管扣件式多立杆脚手架由标准钢管和特制扣件组成，采用扣件连接，既牢固又便于装拆，可以重复周转使用。

钢管：一般采用外径48.3mm、壁厚3.5mm的焊接铜管。用于立杆、纵向水平杆、横向水平杆、剪刀撑的钢管长度超过4～6.5m为宜，最大质量不宜超过25kg，以便适合人工搬运。用于小横杆的钢管长度应视脚手板的宽度而定，一般不宜超过2.2m。

扣件：用可锻铸铁或钢制，其基本形式有三种（图3.2)。直角扣件用于两根成垂直相交钢管连接；回转扣件用于除两根垂直相交外的任意角度相交的钢管连接，对接扣件用于两根对接钢管连接。扣件必须能确保节点不变形，在65kN·m力矩作用下，扣件各部位不应有裂纹。现在的脚手架事故、扣件质量问题是主要因素。

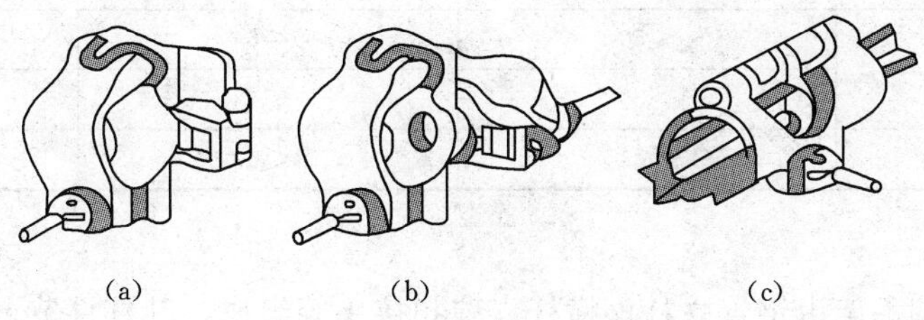

(a) (b) (c)

图3.2 扣件形式

(a) 直角扣件；(b) 回转扣件；(c) 对接扣件

脚手板：又称跳板，是用于构造作业层架面的板材，脚手板可用钢、木、竹等材料制作，每块重量不宜大于30kg。

连墙杆：连墙杆将立杆与主体结构连在一起，可有效地防止脚手架的失稳与倾覆。采用扣件式钢管脚手架时，必须设置连墙件。常用的连接形式有刚性连接与柔性连接两种。刚性连接一般通过连墙杆、扣件和墙体上的预埋件连接［图3.2(a)］。直接连接方式具有较大的刚度，既能受拉，又能受压。柔性连接则通过钢丝或小直径的钢筋、顶撑、木楔等与墙体上的预埋件连接［图3.2(b)］，其刚度较小，只能用于高度24m以下的脚手架。

落地式脚手架底部要设置底座和垫板，地基要分层夯实，并有可靠的排水措施，防止积水浸泡。

立杆之间的纵向间距不大于2m，当为单排设置时，立杆离墙1.2～1.4m；当为双排设置时，里排立杆离墙0.4～0.5m。里外排立杆之间间距为1.5m左右。对接时需用对接扣件连接，相邻的立杆接头要错开。立杆的垂直偏差不得大于架高的1/200。

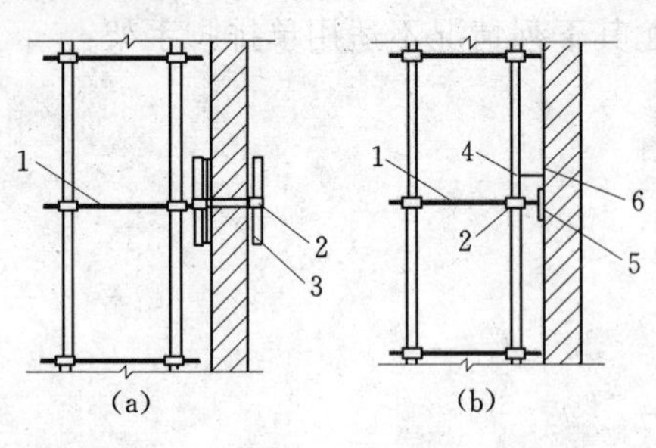

图 3.3 连墙件钢管扣件脚手架的搭设要求

(a) 刚性连接；(b) 柔性连接

1—连墙杆；2—扣件；3—刚性钢管；4—钢丝；5—木楔；6—预埋件

上下层相邻大横杆之间的间距（步架高）为1.8m左右。大横杆杆件之间应用对接扣件连接。如采用搭接连接，搭接长度应不小于1m，并用三个回转扣件扣牢。与立杆之间应用直角扣件连接，纵向水平高差不应大于50mm。小横杆的间距不大于1.5m。当为单排设置时，小横杆的一头搁入墙内不少于240mm，一头搁于大横杆上，至少伸出100mm；当为双排设置时，小横杆端头离墙距离为50～100mm。小横杆与大横杆之间用直角扣连接。

剪刀撑与地面的夹角宜在45°～60°范围内交叉的两根斜撑分别通过回转扣件在立杆及小横杆的伸出部分上，以避免两根斜撑相交时把钢管别弯。斜撑的长度较大，因此除两端扣紧外，中间尚需增加2～4个扣节点。连墙件设置需从底部第一根纵向水平杆处开始均匀布置，位置应靠近脚手架杆件的节点外，与结构连接应牢固。每个连墙件抗风荷载的最大面积应不大于40m^2，其间距可参考表3.1。

表 3.1　　连墙件的布置

脚手架类型	脚手架高度	垂直间距	水平间距
双排	≤50	≤6	≤6
	>50	≤4	≤6
单排	≤24	≤6	≤6

2. 碗扣式

碗扣式钢管脚手架由钢管立杆、横杆、碗扣接头等组成，其杆件节点处采用碗扣承插连接。由于碗扣是固定在钢管上的，构件全部轴向连接，力学性能好，连接可靠，组成的脚手架整体性好，不存在扣件丢失问题。其基本构造和搭设要求与扣件式钢管脚手架类似，不同之处主要在于碗扣接头。

碗扣接头（图3.4）是由上碗扣、下碗扣、横杆接头和上碗扣的限位销等组成。下碗扣焊在钢管上、上碗扣对应地套在钢管上，其销槽对准焊在钢管上的限位销即能上下滑动。连接时，只需将横杆接头插入下碗扣内，将上碗扣沿限位销扣下并顺时针旋转，靠上碗扣螺旋面使之与限位销顶紧，从而将横杆和立杆牢固地连在一起，形成框架结构。碗扣间距600mm，碗扣处可同时连接9根横杆，可以互相垂直或偏转一定角度，组成直线型、曲线型、直角交叉等多种形式。

碗扣式钢管脚手架搭设要求。立柱横距为1.2m，纵距可为1.2～1.4m，步架高1.6～2.0m。对搭设高度在30m以下的垂直度应控制在1/200以内，高度在30m以上的垂直度应控制在1/400～1/600；总高垂直度偏差不大于100mm。连墙体应尽可能设置在碗扣接头内（图3.5），且布置均匀。对搭设高度在30m以下的脚手架，每40m^{2}竖向面积应设置1个；对搭设高度大于40m的高层或荷载较大的脚手架，每20～25m^{2}竖向面积应设置1个。

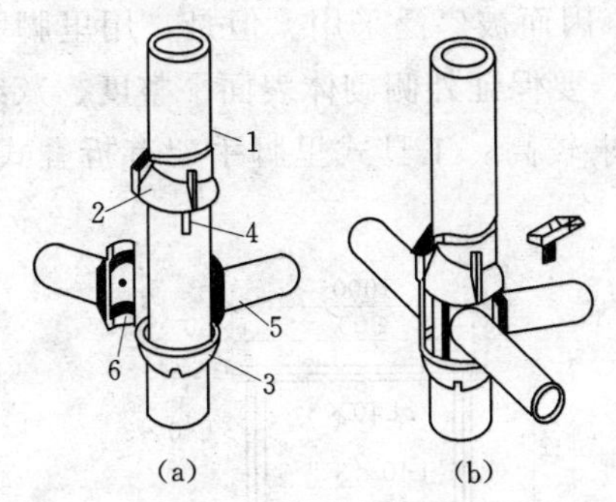

图 3.4 碗扣接头

(a) 连接前；(b) 连接后

1—立杆；2—上碗扣；3—下碗扣；4—限位销；5—横杆；6—横杆接头

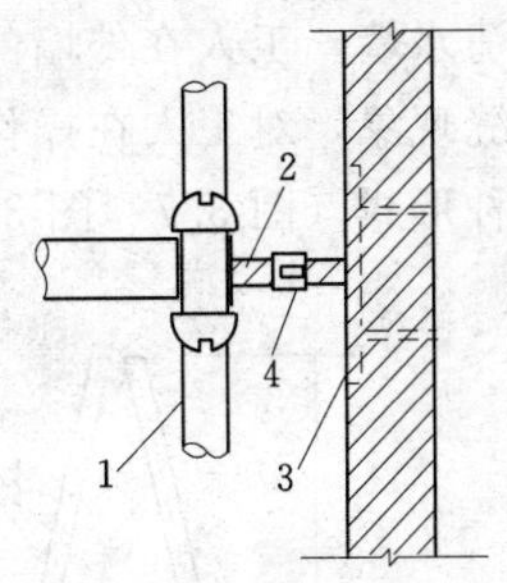

图 3.5 碗扣式脚手架的连墙件

1—脚手架；2—连墙杆；3—预埋件；4—调节螺栓

3.1.2.3 门式脚手架

基本组成。门式脚手架是一种标准化钢管脚手架，绝大多数部件有工厂定型生产，使用其他部件难以替代。它不仅可作为外脚手架，也可作为移动式里脚手架或满堂脚手架。门式脚手架因其几何尺寸已标准化，具有结构合理，受力性能好，施工中装拆容易，安全可靠，经济实用等特点。

门式脚手架是由门式框架、剪刀撑、水平梁架脚手板组合而成一个基本单元（图 3.6）。由若干个基本单元通过连接器在竖向叠加，组成一个多层框架。在水平方向，用加固杆和水平梁架使相邻单元连成整体，加上斜梯、栏杆柱和横杆组成上下步相通的外脚手架。

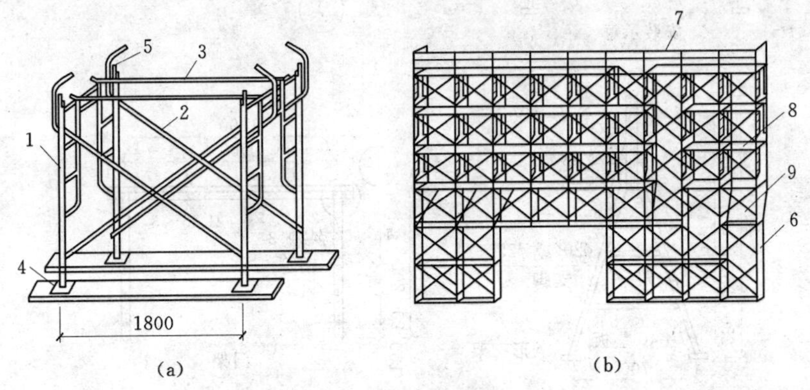

图 3.6 门式脚手架

1—门式框架；2—剪刀撑；3—水平梁架；4—调节螺栓；5—连接器；6—梯子；7—栏杆；8—脚手板；9—交叉斜杆

3.1.3 里脚手架

里脚手架是搭设在建筑物内部的一种脚手架，一般用于墙体高度不大于 4m 的房屋。混合结构房屋墙体砌筑多采用工具式里脚手架，将脚手架搭设在各层楼板上，待砌完一个楼层的墙体，即将脚手架全部运到上一个楼层上。使用里脚手架，每一层楼只需搭设 2～

3步架。里脚手架所用工料较少，比较经济，因而被广泛采用。但是，用里脚手架砌外墙时，特别是清水墙，工人在外墙的内侧操作，要保证外侧砌体表面平整度、灰缝平直度及不出现游丁缝现象，对工人在操作技术上要求较高。工具式里脚手架有折叠式、支柱式、门架式等多种形式（图 3.7、图 3.8）。

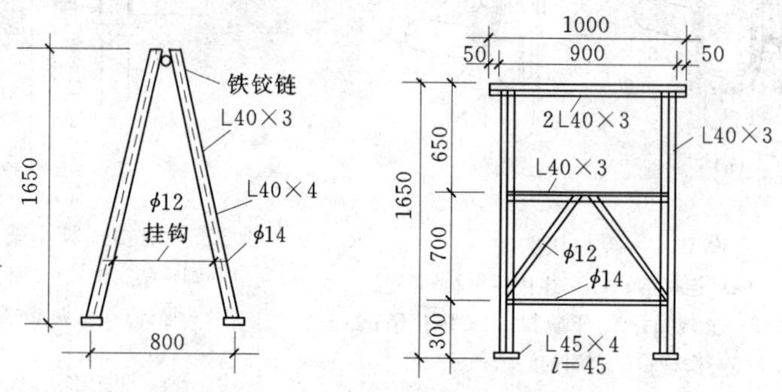

图 3.7 角钢折叠式里脚手架

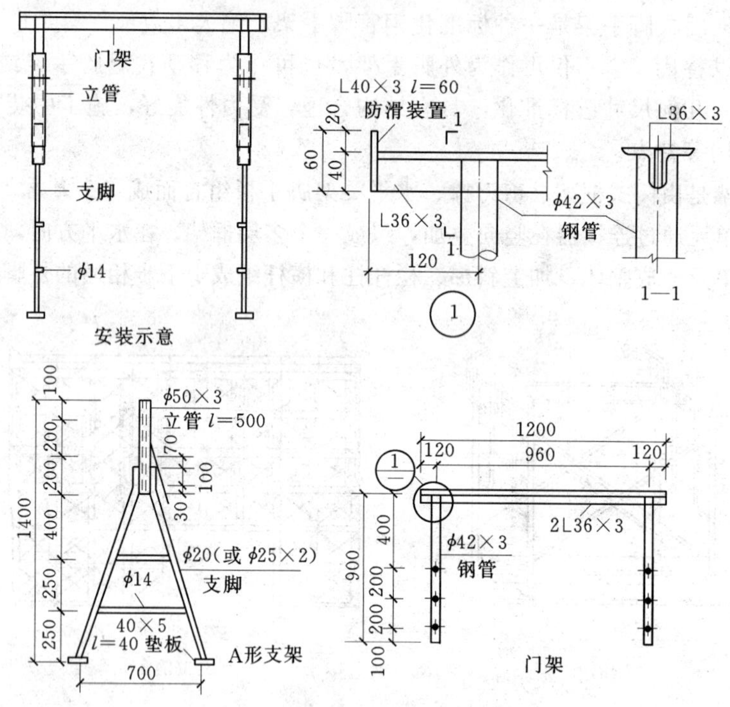

图 3.8 门架式里脚手架

3.1.4 悬挑式脚手架

悬挑式脚手架（图 3.9）简称挑架，搭设在建筑物外边缘向外伸出的悬挑结构上，将脚手架荷载全部或部分传递给建筑结构。悬挑支承结构有型钢焊接制作的三角桁架下撑式结构以及用钢丝绳斜拉住水平型钢挑梁的斜拉式结构两种主要形式。在悬挑结构上搭设的双排外脚手架与落地式脚手架相同，分段悬挑脚手架的高度一般控制在 25m 以内。由于脚手架是沿建筑物高度分段搭设的，在一定条件下，当上层还在施工时，其下层即可提

前交付使用，所以该形式的脚手架适用于高层建筑的施工。

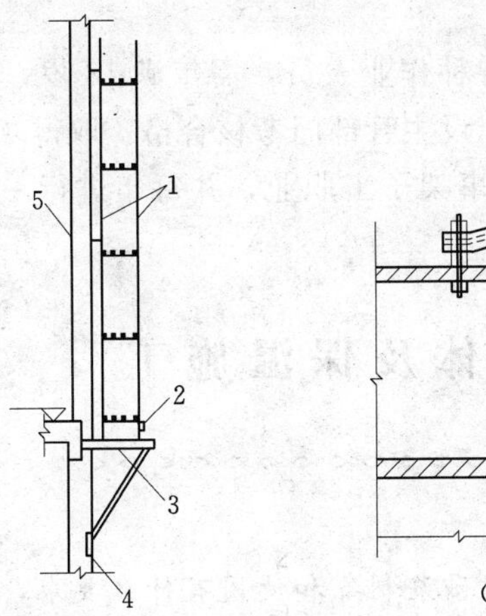

图 3.9 悬挑脚手架

1—钢管脚手架；2—型钢横梁；

3—三角支承架；4—预埋件；

5—钢筋混凝土柱（墙）

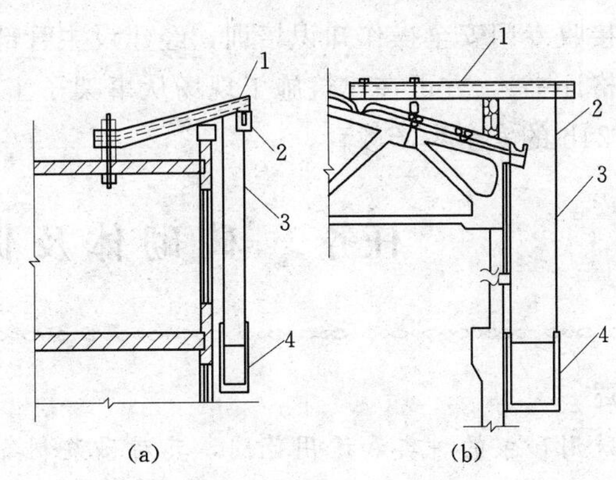

图 3.10 吊挂脚手架

(a) 在平屋顶的安装；(b) 在坡屋顶的安装

1—挑梁；2—吊环；3—吊索；4—吊篮

3.1.5 吊脚手架

吊脚手架（图 3.10）是一种能自升的悬吊式脚手架，主要由悬挑部件、吊篮、换作平台、升降设备等组成，适用于外墙装修，工业厂房或框架结构的围护墙砌筑。悬吊支承点设置在主体结构上。悬挑构件的安设务必牢固可靠，以防出现倾翻事故。吊篮的升降有手扳葫芦升降，卷扬升降，爬升升降三种方式。

3.1.6 脚手架的安全防护措施

(1) 对脚手架的基础、构件、结构、连墙件等必须合理设计，复核验算其承载力，做出完整的脚手架搭设、使用和拆除方案，并严格按照此方案执行。

(2) 必须按规定搭设安全网，以保证架上和架子周围工作人员的安全。脚手架内的安全平网至少挂设首层网、随层网和层间网，每张安全平网的重量一般不宜超过 15kg，并要能承受 800N 的冲击力。

(3) 脚手架在使用过程中，其施工荷载不准超过规定值；特殊用途架子的使用荷载，要进行设计和计算，不准在架子上用集中荷载。

(4) 钢脚手架不得搭设在距离 35kV 以上的高压线路 8m 以内处和距离 1～10kV 高压线路 6m 以内处。钢脚手架在搭设和使用期间，要严防与带电体接触，需要穿过或靠近 380V 以内的电力线路，距离在 2m 以内时，则应断电或拆除电源，否则，必须采取可靠的绝缘措施。

(5) 当脚手架在相邻建筑物、构筑物等设施的防雷装置接闪器的保护范围以外时，需做防雷接地。防雷接地的设置，主要是正确选用接闪器和接地装置，其中包括接地极、接地线和其他连接件。

(6) 在管理上应加大检查监督力度，及时消除事故隐患。对员工进行安全教育，提高员工的安全意识和自我保护能力，并做到安全警钟长鸣，克服麻痹思想，从源头上杜绝违章作业，违章指挥的现象。

（7）持证上岗制度，建筑架子工属于特种作业人员，需年满18岁，具有初中以上文化程度，接收专门安全操作知识培训，经建设主管部门考核合格，取得《建筑施工特种作业操作资格证书》，方可在建筑施工现场从事架子工职业，并每年进行一次身体检查，参加不少于24h的安全生产教育。

任务2 砖砌体及保温施工

任务描述

砌筑用砂浆的种类和适用范围，其对砂浆制备和使用有什么要求，砂浆强度检验如何规定？砌筑用砖有哪些种类，其外观质量和强度指标有什么要求？砌体工程质量有哪些要求，影响其质量的因素有哪些？

任务分析

作为施工技术人员要熟练掌握砖砌体结构工程的施工方式及工艺流程，并能达到相关规范的质量要求。

相关知识

3.2.1 砌体材料

3.2.1.1 块材

建筑工程所用的块材一般分为砖、天然石材及砌块三大类。

1. 砖

砌筑用砖分为实心砖和空心砖两种。根据使用材料和制作方法的不同，又分为烧结普通砖、蒸压灰砂砖、粉煤灰砖和炉渣砖等。黏土空心砖按用途又分为烧结空心砖和烧结多孔砖，烧结空心砖仅用于非承重部位。

常用普通标准黏土砖的尺寸为240mm×115mm×53mm，即4块砖长加4个灰缝为1m，8块砖宽加8个灰缝为1m，16块砖厚加16个灰缝为1m。通常以砖钧抗压强度为主要标准来确定砖的强度等级，同时各强度等级的砖亦要分别满足一定的抗折强度。常用砖的强度等级有MU5.0、MU7.5、MU10、MU15、MU20、MU25和MU30号等。要求砖的尺寸准确，无缺棱、掉角、裂纹和翘曲现象。

砖在砌筑前还需进行湿润，以免过多吸收砂浆中的水分，并可除去砖面上的粉末。润砖的程度对砌体质量有很大影响，若浇水不足，则会过多吸收砂浆中的水分而影响黏结力；若浇水过多，则会发生跑浆而便路走样及滑动。一般说来，普通砖、空心砖的含水率（以水重占干砖重的百分教计）以10%～15%为宜；灰砂砖、粉煤灰砖的含水率以8%～12%为宜。润砖时间，宜在砌筑前一天进行，切勿随砌随润，以免水分停留在砖面上而在

砌筑时引起跑浆。

2. 天然石材

天然石材分料石和毛石。料石按其加工的平整度分为细料石、粗料石和毛料石三种，宽度和厚度均不宜小于200mm，长度不宜大于厚度的4倍。毛石是指形状不规则的石块，包括乱毛石和平毛石（其有两个面大致平行），主要用于基础和挡土墙等砌筑。砌筑的毛石要求质地坚实，无裂纹和风化剥落。毛石每块尺寸一般在200～400mm，其中部厚度要求不小于150mm，重量为20～30kg。填心小石块数量约占毛石总重的20%。石材的强度等级：MU100、MU80、ML160、MU50、MU40、MU30、ML120、MU15和MU10。

石材的另一个重要指标是抗冻性，一般用冻融循环次数表示，在规定的冻融循环数（15、20或50次）时，无贯穿裂缝，重量损失不超过5%，强度减少不大于25%，则抗冻性合格。

3. 砌块

砌块作为一种墙体材料，具有对建筑体系适应性强、砌筑方便灵活的特点，应用日趋广泛。砌块可以利用地方材料和工业废料做原料，种类较多，可以用于承重墙和填充墙砌筑。用于承重培砌筑的砌块有：普通混凝土小型空心砌块、轻骨料混凝土小型空心砌块；用于填充墙砌筑的砌块有：加气混凝土砌块、轻骨料混凝土小型空心砌块。

砌块的强度等级必须符合设计要求，外观尺寸必须符合规范要求。

普通混凝土小砌块吸水率很小，砌筑前无需浇水，当天气干燥炎热时，可提前洒水湿润；轻骨料混凝土小砌块吸水率较大，应提前两天浇水湿润；加气混凝土砌块砌筑时，应向砌筑面适量浇水，但含水量不宜过大，以免砌块孔隙中含水过多，影响砌体量。

3.2.1.2 砂浆

砂浆是用来充填砖石之间的空隙，并将其黏结成一整体，使荷载从上层砖石均匀地传至下层砖石。

砂浆是由胶结材料、细骨料及水组成的混合物。砂浆中常用的胶结材料有水泥、石灰等。细骨料以天然砂使用最多，有时也可以用细的炉渣等代替。此外还可以加入有塑化作用的掺和料。按照组成成分不同，砂浆可分为水泥砂浆、石灰砂浆和混合砂浆等几种。

通常对新拌制的砂浆，要求必须具有良好的和易性。和易性优良的砂浆在砌筑时，即使在粗搬或不平的底面上，也能很好地铺成平整而均匀的薄层，紧密地与底面胶结成整体。这样既能提高砌体的强摩，使施工方便，同时也提高了劳动生产率。为了改善砂浆的和易性，便于施工操作，提高砌体灰缝的饱满程度，可在砂浆中掺入无机或有机塑化剂。

砂浆的强度，以抗压极限强度为主要指标，并在以多孔的底面上制成7.07cm×7.07cm×7.07cm的试件，在标准温度（20±5℃）及正常湿度条件下养护28d，以平均抗压强度确定砂浆强度等级。砂浆强度等级一般划分为M0.4、M1、M2.5、M5、M7.5、M10、M15及M20等，一般常用的为M1～M10。

砂浆和底面的黏结力，随砂浆强度等级的增大而增大。强度等级高的黏结力一般较大，强度等级低的因胶结材料中加入掺和料较多，砂浆内部易于收缩，故降低砂浆和底面的黏结力。砂浆的黏结力实质上决定于砂浆本身的抗拉强度及底面在砌筑时合宜的湿度。一般水泥砂浆在潮湿环境时的黏结力大于干燥时的黏结力。

砂浆应随拌随用。水泥砂浆和水泥混合砂浆必须分别在拌和后 3h 和 4h 内使用完毕；如施工期间最高气温超过 30℃，必须分别在拌和后 2h 和 3h 内使用完毕。

3.2.2 砖砌体施工

1. 砖格的组砌方式

根据砖墙砌筑质量要求，普通砖墙的砌筑形式主要有三种：即一顺一丁、三顺一丁和梅花丁。

(1) 一顺一丁。一顺一丁组砌方式是丁砌层与顺砌层相互交替组砌，相邻两皮竖缝均相互交错四分之一块砖长，故砌体中无任何通缝，而且丁砖数量多，能增强横向拉结力（图 3.11)。但顺砌层在拐角和丁字墙处必须使用四分之三砖长的砖。此种组砌方法效率较高，但当砖的规格参差不齐时，竖缝就难以整齐。适用于砌一砖、一砖半及二砖墙。

(2) 三顺一丁。三顺一丁组砌方式是三皮全部顺砖层与一皮全部丁砖层间隔砌成，上下层顺砖层间竖缝错开二分之一砖长，上下皮顺砖与丁砖间的竖缝错开四分之一砖长（图 3.12)。这种砌法因顺砖较多效率较高，适用于砌一砖、一砖半墙。

(3) 梅花丁。梅花丁组砌方式是每层中丁砖与顺砖相隔，上皮丁砖坐中于下皮顺砖，上下层砖竖缝相互错开四分之一砖长（图 3.13)。这种砌法内外竖缝每皮都能错开，故整体性较好，灰缝整齐，比较美观，但砌筑效率较低。适用于彻一砖及一砖半墙。

图 3.11 一顺一丁组砌

图 3.12 三顺一丁组砌

图 3.13 梅花丁组砌

2. 砖墙的施工工艺

砖墙的砌筑一般有抄平放线、摆砖样、立皮数杆、盘角、挂线、砌筑、勾缝、清理等工序。

(1) 抄平放线。砌筑完基础或每一楼层后，应校核砌体的轴线和标高。砌墙前先在基础面上按标准的水准点定出各层标高，并用 1：3 水泥砂浆或 C10 细石混凝土找平。然后根据龙门板上标志的轴线，弹出墙身轴线、边线及门窗洞口位置。二楼以上墙的轴线可以用经纬仪或垂球将轴线引测上去。

(2) 摆砖样（撂底)。按选定的组砌方法，在墙基顶面放线位置用干砖试摆砖样。目的是为了校对所放出的墨线在门窗洞口、附墙垛等处是否符合砖的模数，以尽可能减少砍砖，提高砌砖效率，并使砌体灰缝均匀，组砌得当。一般在房屋外纵墙方向摆顺砖，在山墙方向摆丁砖，摆砖由一个大角摆到另一个大角，砖与砖间留 10mm 缝隙。

(3) 立皮数杆。皮数杆是一种方木标志杆（见图 3.14)，上面画有每皮砖及灰缝的厚

度，门窗口、过梁、楼板、梁底等的标高位置。砌筑时用来控制墙体竖向尺寸及各部位构件的竖向标高，并保证灰缝厚度的均匀性。皮数杆一般设置在房屋的四大角以及纵横墙的交接处，如墙面过长时，应每隔 10～15m 立一根。皮数杆需用水平仪统一竖立，使皮数杆上的±0.000 与建筑物的±0.000 相吻合，以后就可以向上接皮数杆。

(4) 盘角、挂线。砌墙是先从墙角开始，即在墙角部位根据皮数杆先砌若干皮砖，谓之盘角，作为挂线的依据。墙角也是控制墙面横平竖直的主要依据，所以要求墙角必须双向垂直。墙角砌好后，即可挂线（见图 3.14），作为砌筑中间墙体的依据，以保证墙面平整，一般一砖墙可用单面挂线，一砖半墙以上则应用双面挂线。

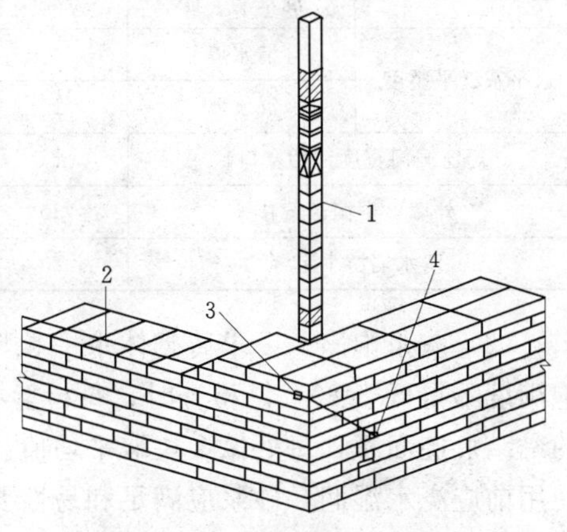

图 3.14　皮数杆及挂线示意图

1—皮数杆；2—准线；3—竹片；4—圆铁钉

(5) 砌筑。为保证砌筑质量要求，一般采用“三一砌砖法”，即一块砖，一铲灰、一揉压，并随手将挤出的砂浆刮去的砌筑方法。这种砌筑法的优点是灰缝容易饱满、黏结力好，墙面整洁。当选择铺浆法砌筑时铺浆长度不得超过 750mm；施工期间气温超过 30℃时，铺浆长度不超过 500mm。在砌筑时还要做到“上跟线下跟棱”，使砖的上棱对准挂线，下棱对准墙体的棱线。

(6) 勾缝。勾缝是砌墙的最后一道工序，可以用砂浆随砌随勾缝，称为原浆勾缝；也可砌完培后再用 1∶1.5 水泥砂浆或加色砂浆勾缝，称为加浆勾缝。勾缝具有保护墙面和增加墙面美观的作用，为了确保勾缝质量，勾缝前应清除墙面黏结的砂浆和杂物，并洒水润湿，在砌完墙后，应画出 1cm 的灰槽，灰建可勾成凹、平、斜或凸等形状。勾缝完后，应清扫墙面。

3. 砖砌体的质量要求

(1) 楼平竖直。要求砌体灰绽应横平竖直，上下对齐，无游丁走缝，具体见表 3.2。所以砌筑时必须立皮数杆、挂线砌筑，并应随时吊线、直尺检查和校正墙面的平整度和竖向垂直度。

表 3.2　　砖砌体的允许偏差

项目			允许偏差(mm)	检查方法
轴线位置偏移			10	用经纬仪和尺检查或用其他测量仪器检查
墙面垂直度	每层		5	用 2m 托线板检查
	全高	≤10m	10	用经纬仪、吊线和尺检查，或用其他测量仪器检查
		>10m	20	
基础顶面或楼面标高			±15	用水准仪和尺检查

续表

项　　　目		允许偏差(mm)	检 查 方 法
表面平整度	清水墙、柱	5	用2m靠尺和楔形塞尺检查
	混水墙、柱	8	
水平灰缝平整度	清水墙	7	拉10m线和尺检查
	混水墙	10	
门窗洞门宽度（后塞口）		±5	用尺检查
外墙上下洞口偏移		20	以底层窗口为准，用经纬仪或吊线检查
清水墙游丁走缝		20	吊线和尺检查，以每层第一皮砖为准

(2) 灰浆饱满。要求砖砌体水平和竖向灰缝砂浆应饱满，实心砖砌体水平灰缝的砂浆饱满度不得低于80%。检查时，每检验批抽查不少于5处，用百格网检查砖底面与砂浆的黏结痕迹面积，每处掀3块取平均值。为保证灰浆饱满，除要求工人的技术水平外，砖使用前应浇水湿润，砂浆应满足和易性要求。

灰缝应横平竖直，厚薄均匀。水平灰缝厚度和竖向灰缝的宽度一般为10mm，不应小于8mm，也不应大于12mm。根据门窗洞口、过梁、圈梁、层高等设计要求的标高，在保证砖砌体竖向整皮砌筑的前提下，可确定水平灰缝厚度和皮数杆上每皮砖的高度。

(3) 错缝搭接。砌体中的砖块应相互搭砌，无论表面或内部都不准出现通缝（上下二皮砖搭接长度小于25mm皆称通缝），以加强砌体的整体性。为此，应采用适宜的组砌方式，如一顺一丁。

(4) 接槎可靠。砖墙结构原则上应同时砌筑，以保证其体性，但由于施工的需要，常常不得不做临时间断即留槎，过后再接槎补齐。接槎处的砌体的水平灰缝填塞困难，如果处理不当，会影响砌体的整体性和抗震性能。

砖砌体的转角处和交接处应同时砌筑。对不能同时砌筑而又必须留直的临时间断处，应砌成斜槎，斜搓水平投影长度不应小于高度的2/3。如果留斜棱角有困难，也可留直槎，但必须砌咸阳搓，并加设拉结筋（图3.15）。拉结筋的数量为每12cm墙厚放置1根ϕ6的钢筋，间距沿墙高不得超过50cm；埋入长度从留棱处算起，每边均不应小于50cm，

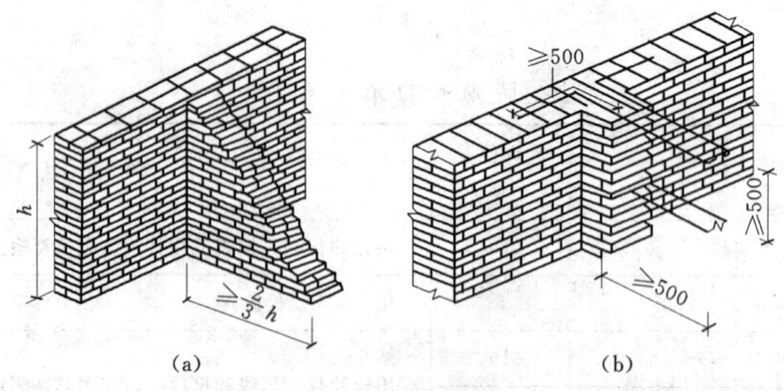

图3.15　接槎

(a) 斜槎；(b) 直槎

抗震设防烈度为Ⅵ度、Ⅶ度的地区不应小于100cm；末端应有90°弯钩。抗震设防烈度Ⅷ度及其以上地区不得留直槎。

接槎时，必须先将留槎处的表面砂浆清理干净，再浇水湿润，并保证砂浆饱满，灰缝平直通顺，使接槎处的前后砌体黏结成整体。

对于设置钢筋混凝土构造柱的墙体，构造柱与墙体的连接处应砌成马牙槎，从每层柱脚开始，先退后进，每一马牙槎沿高度方向的尺寸不宜超过300mm，并应沿墙高按设计要求设置拉结筋。施工时应先砌墙后浇构造柱。在浇混凝土前，要将模板内的落地灰、砖渣和其他杂物清理干净，再将砌体留槎部位和模板浇水湿润，并在结合面处注入适量与构造柱混凝土相同的去石水泥砂浆。振捣时应避免触及墙体，严禁通过墙体传振。

3.2.3 砌体工程冬期保温施工

根据当地多年气温资料统计，当室外日平均气温连续5d稳定低于5℃时进入冬期施工，此时砌筑用砂浆易遭冻结，影响施工操作和砌体强度，故规定砌筑工程在此期间应采取冬期施工措施，以确保工程质量。砌筑工程冬期施工常采用外加剂法、冻结法和暖棚法。

3.2.3.1 一般规定

冬期施工所用材料应符合规范规定的质量标准，普通砖、空心砖、灰砂砖、混凝土小型心砌块、加气混凝土砌块和石材在砌筑前，应清除表面污物、冰雪等，不得使用遭水和受冻后的砖或砌块。普通砖、多孔砖和空心砖在气温高于0℃条件下砌筑时，应浇水湿润，在气温不大于0℃条件下砌筑时，可不浇水，但必须增大砂浆稠度；抗震设防烈度为Ⅸ度的建筑物，无法浇水湿润时，如无特殊措施，不得砌筑。

砂浆宜优先采用普通硅酸盐水泥拌制，不得使用无水泥拌制的砂浆；石灰膏、黏土膏或电石膏等宜保温防冻，当遭冻结时，应经融化后方可使用；拌制砂浆所用的砂，不得含有直径大于10mm的冻结块或冰块；拌和砂浆时，水的温度不得超过80℃，砂的温度不得超过40℃，砂浆稠度宜较常温适当增大。

冬期施工的砖砌体，应按“三一”砌砖法施工，灰缝不应大于10mm；冬期施工中，每日砌筑后，应及时在砌筑表面进行保护性覆盖，砌筑表面不得留有砂浆，在继续砌筑前，应扫净砌筑表面。

砌筑工程的冬期施工应优先选用外加剂法，对绝缘、装饰等有特殊要求的工程，可采用其他方法；混凝土小型空心砌块不得采用冻结法施工；加气混凝土砌块承重墙及围护外墙不宜冬期施工；冬期砌筑工程应进行质量控制，在施工日记中除应按常规要求外，尚应记录室外空气温度、暖棚温度、砌筑时砂浆温度、外加剂掺量以及其他有关资料；砂浆试块的留置，除应接常温规定要求外，尚应增设不少于两组与砌体同条件养护的试块，分别用于检验各龄期强度和转入常温28d的砂浆温度。

3.2.3.2 外加剂法

外加剂法是将砂浆的拌和水预先加热，砂和石灰膏（黏石膏）在搅拌前也应保持正温，在拌和水中掺入外加剂，使砂浆经过搅拌、运输、在砌筑时具有5℃以上正温，砂浆在砌筑后可以在负温条件硬化，不必采取防止砌体沉降变形的措施的一种冬期施工方法。该法能够保证工程质量、操作方便、经济适用，是我国砌筑工程冬期施工中采用最为广泛

的一种主要施工方法。

外加剂可使用氯盐或亚硝酸钠等盐类，氯盐应以氯化钠为主，当气温低于－15℃时，也可与氯化钙复合使用，氯盐掺量应按表3.3选用。

表3.3　氯盐外加剂掺量（占用水重量）　%

氯盐及砌体材料种类			日最低气温			
			≥－10℃	－11～－15℃	－16～－20℃	－21～－25℃
氯化钠（单盐）		砖、砌块	3	5	7	—
		砌石	4	7	10	—
复盐	氯化钠	砖、砌块	—	—	5	7
	氯化钙		—	—	2	3

砌筑时砂浆温度不应低于5℃，当设计无要求，且最低气温等于或低于－15℃时，砌筑承重砌体砂浆强度等级应按常温施工提高1级；在氯盐砂浆中掺加微沫剂时，应先加氯盐溶液后加微沫剂溶液；外加剂溶液应设专人配制、并应先配制成规定浓度溶液置于专用容器中，然后再按规定加入搅拌机中拌制成所需砂浆；氯盐砂浆砌体施工时，每日砌筑高度不宜超过1.2m，墙体留置的洞口，距交接墙处不应小于50cm。

采用氯盐砂浆时，砌体中配置的钢筋及钢预埋件，应预先做好防腐处理，可参考如下防腐处理措施：

(1) 涂刷樟丹二道。干燥后就可砌筑，施工时注意表面不可擦伤。

(2) 涂刷沥青漆。配方为：30号沥青∶10号沥青∶汽油＝1∶1∶2。

(3) 涂刷防锈涂料。配方为：水泥∶亚硝酸钠∶甲基硅醇钠∶水为100∶6∶2∶30。配制时，先用约2/3的水溶解亚硝酸钠，在与水泥拌和后再加入甲基硅醇钠，搅拌3～5min，剩余的水根据稠度情况酌量加入。配好的涂料涂刷在钢筋表面约1.5mm厚，待干燥后即可使用。

掺盐砂浆有析盐现象和吸湿性，因而会降低保温性能，并对钢铁有腐蚀作用，故不适宜下列情况：对装饰工程有特殊要求的建筑物；使用湿度大于80%的建筑物；配筋、钢埋件无可靠的防腐处理措施的砌体；接近高压电线的建筑物（如变电所、发电站等）；经常处于地下水位变化范围内，以及在地下未设防水层的结构。

3.2.3.3　冻结法

冻结法是将砂浆的拌和水预先加热，砂和石灰膏（黏土膏）在搅拌前也应保持正温，使砂浆在砌筑时的温度达到10℃以上，砂浆中不使用任何防冻外加剂，但要根据气温情况提高强度等级。砂浆在砌筑后立即受冻，到融化时强度仅为零或接近于零，转入常温后强度才逐渐增长。

砂浆强度等级不得小于M2.5，重要结构其等级不得小于M5；当设计无要求，且日最低气温高于－25℃时，砌筑承重砌体砂浆强度等级应较常温施工提高1级；当日最低气温等于或低于－25℃时应提高2级。

冻结法砌筑时，当室外空气温度分别为0～－10℃、－11～－25℃、－25℃以下时，砂浆使用最低温度，分别为10℃、15℃、20℃。

为保证砌体在解冻时正常沉降，设计无规定时，应采取下列构造措施：在楼板水平面位置墙的拐角、交接和交叉处应配置拉结筋，并按墙厚计算，每 12cm 墙厚放置 1 根 $\phi6$ 的钢筋，其伸入相邻墙内的长度不得小于 1m，在拉结筋末端应设置弯钩；每一层楼的砌体砌筑完毕后，应及时吊装（或捣制）梁、板，并应采取适当的锚固措施；采用冻结法砌筑的墙，与已经沉降的墙体交接处，应留沉降缝。

采用冻结法施工的砌体，在解冻期间内应制定观测和检查方案，如发现裂缝、不均匀下沉时，应分析原因并立即采用加固措施，且应特别注意安全。在验算解冻期的砌体强度和稳定时，可按砂浆强度为零进行计算。

为保证砌体在解冻期间的稳定性和均匀沉降，施工操作时应遵守下列规定：施工应接水平分段进行，施工段宜划在变形缝处，每日的砌筑高度及临时间断处的高度差，均不得大于 1.2m；对未安装楼板或屋面板的墙体，特别是山墙，应及时采取临时加固措施，以保证墙体稳定；跨度大于 0.7m 的过梁，应采用预制构件，跨度较大的梁、悬挑结构，在砌体解冻前应在下面设临时支撑，当砌体强度达到设计值的 80%时，方可拆除临时支撑；在门窗框上部应留出缝隙，其宽度在砖砌体中不应小于 5mm，在料石砌体中不应小于 3mm；留置在砌体中的洞口和沟槽等，宜在解冻前填砌完毕；砌筑完的砌体在解冻前，应清除房屋中剩余的建筑材料等临时荷载。

冻结法施工的砂浆，经冻结、融化和硬化三个阶段，砂浆和砖石的黏结力将有不同程度的降低，从而增加了砌体在融化阶段的变形。某些砌体由于自身的结构特点或受力状态等原因，采取冻结法施工后，稳定性更差，如果采取加固措施，也比较复杂，且难于保证安全可靠。故下列砖石砌体工程不允许采用冻结法施工：空斗墙；毛石砌体；砖薄壳、双曲砖拱、筒式拱及承受侧压力的砌体；在解冻期间可能受到振动或其他动力荷载的砌体；在解冻时，砌体不允许产生沉降的结构。

3.2.3.4 暖棚法

暖棚法是利用简易结构和廉价的保温材料，将需要砌筑的砌体和工作面临时封闭起来，棚内加热，使之在正旺条件下砌筑和养护。暖棚法费用高，热效低，劳动效率不高，因此宜少采用。一般在地下工程、基础工程以及量小又急需使用的砌体结构，可考虑采用暖棚法施工。

暖棚的加热，可优先采用热风装置，如用天然气，焦炭炉等，必须注意安全防火。

用暖棚法施工时，砖石和砂浆在砌筑时的温度不应低于 5℃，而距所砌的结构底面 0.5m 处的棚内温度也不应低于 5℃。

确定暖棚的热耗时，应考虑围护结构的热量损失，基土吸收的热量（在砌筑基础时和其他地下结构时）和在暖棚内加热或预热材料的热量损耗。

砌体在暖棚内的养护时间，根据暖棚内的温度，按表 3.4 确定。

表 3.4　　暖棚法砌体的养护时间

暖棚内温度（℃）	5	10	15	20
养护时间（d）	≥6	≥5	≥4	≥3

任务3 中小型砌体砌块施工

任务描述

1. 如何绘制砌块排列图？熟悉中小型砌块安装方法和施工流程。

2. 掌握砌体工程质量要求和相关工程技术。

任务分析

作为施工技术人员要求掌握中小型砌体砌块的施工方法及流程，并根据实际情况采取相应工程技术，满足砌体工程质量和安全要求。

相关知识

砌块代替黏土砖成为墙体材料是墙体改革的一个重要途径。近年来各地因地制宜，就地取材，以天然材料或工业废料为原料制作各种中小型砌块用于建筑物墙体结构，改变了手工砌砖的落后面貌、减轻了劳动强度，提高了劳动生产率。中小型砌块按材料分为混凝土空心砌块 、粉煤灰硅酸盐砌块、煤矸石硅酸盐空心砌块和加气混凝土砌块等品种。砌块高 380～940mm 均称为中型砌块，砌块高度小于 380mm 称为小型砌块。中型砌块的施工是采用各种吊装机械及夹具将砌块安装在设计位置。一般要按建筑物的平面尺寸及预先设计的砌块排列图逐块地按次序吊装，就位固定。小型砌块的施工同砖砌体施工，也是手工操作。

3.3.1 中型砌块施工

3.3.1.1 砌块排列图

全国各地砌块的规格不统一，在施工前应根据产品目录了解砌块的规格、性能及其外观质量标准。砌块墙体在吊装施工前应绘制砌块排列图（如图 3.16 所示）。在立面图上按比例绘出纵横墙，标出楼板、大梁、过梁、楼梯孔洞等位置，在纵横墙上绘出水平灰缝线，然后以主规格为主，其他型号为辅按墙体错缝搭砌的原则和竖缝大小进行排列。主规格砌块是大量使用的主要规格型号的砌块，与之相搭配使用的砌块称为副规格砌体。若设计无具体规定，砌块排列应按下列原则：

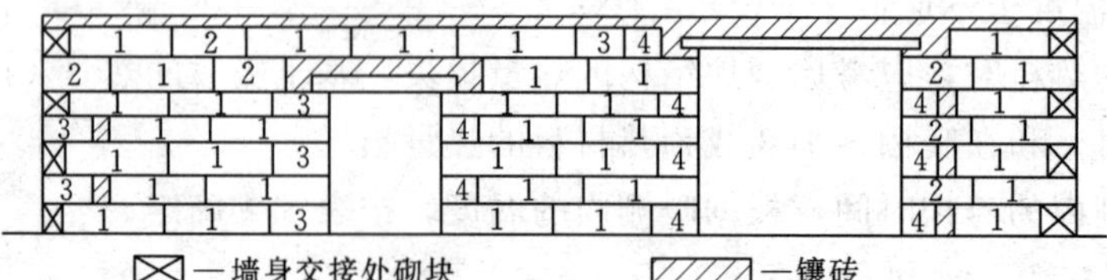

图 3.16 砌块排列图示例

1—主规格砌块；2、3、4—副规格砌块

(1) 尽量以主规格为主、副规格为辅排列，排列应符合模数。

(2) 砌块应错缝搭接，搭砌长度不得小于块高的1/3，且不应小于150mm，当搭砌长度不足时，应在水平灰缝内设2ϕ4的钢筋网片，网片两端离该垂直灰缝距离不得小于300mm。

(3) 外墙转角处及纵横墙交接处，应交错咬搓同时砌筑，与后砌半砖隔墙交接处，应沿墙高每400mm在水平灰缝内设2ϕ4的钢筋网片。

(4) 空心砌体外墙转角处，楼梯间四角的砌体孔洞内，宜配置竖向钢筋并贯通全墙高度锚固于基础或圈梁，孔洞应用C20细石混凝土浇捣密实。局部必须镶砖肘，应尽量使砖的数量达到最低限度，镶砖部分应分散布置。

3.3.1.2　中型砌块的施工

1. 砌块的安装方案

砌块的安装通常采用两种方案：

(1) 以轻型塔式起重机运输砌块、砂浆，吊装预制构件；用台灵架安装砌块。此方案适用于工程量大或两幢房屋对翻流水情况。

(2) 用砌块车进行水平运输，用带有起重臂的井架进行砌块和楼板的垂直运输；再用台灵架安装砌块。此方案适用于工程量小的房屋。

2. 砌块吊装顺序

砌块的吊装一般按施工段依次进行，一般以一个或两个单元为一个施工段，进行分段流水施工，其次序为先外后内，先远后近，先下后上，在相邻施工段之间留阶梯形斜槎。砌筑时应从转角处或定位砌块处开始，内外墙同时砌筑，错缝搭砌，横平竖直，表面清洁，按照砌块排列图进行。

3. 砌块施工工艺

(1) 铺灰。采用有较好和易性的水泥砂浆，稠度为50～70mm，铺灰应平整饱满，水平灰缝长度为3～5m，空心砌块不超过2～3m，炎热天气或寒冷天气应适当缩短。

(2) 砌块吊装就位。一般采用摩擦式夹具，夹砌块时应避免偏心，按砌块排列图将所需砌块吊装就位，注意光面放置在同侧；放置时应对准位置徐徐下落于砂浆层上，待砌块安放稳定后，方可松开夹具。

(3) 校正。砌块吊装就位后，用垂球或托线板检查砌块的垂直度，用拉准线的方法检查砌块的水平度。校正时可用人力轻微推动砌块或用撬棍轻轻撬动砌体。

(4) 灌浆。采用砂浆灌竖缝，两侧用夹板夹住砌块，超过30mm宽的竖缝采用不低于C20的细石混凝土灌缝，收水后，用刮缝板把竖缝和水平缝刮齐。此后，一般不准再撬动，以防损坏砂浆黏结力。

(5) 镀砖。当砌块间出现较大竖缝或过梁找平时，应镀砖。镀砖工作必须在砌块校正后即刻进行，采用不小于MU10级的红砖，最后一皮用顶砖镀砖。镀砖砌体的竖缝和水平缝应控制在15～30mm，竖缝应灌密实。

3.3.2　小型空心砌块砌体施工

小型空心砌块，分为普通混凝土小型空心砌块和轻骨料混凝土空心砌块两种。主规格为390mm×190mm×190mm，辅助规格为290（190、90）mm×190mm×190mm。

1. 组砌方式

小型空心砌块砌体砌筑方式只有全顺一种，即各皮砌块均为顺砌，上下皮竖缝相互错开 1/2 砌块长，错缝对孔搭接，墙厚等于砌块的宽度，如图 3.17 所示。在无法对孔搭接砌筑的个别情况下，允许错孔砌筑、搭接长度对于普通混凝土空心砌块不应小于 90mm，对于轻骨料混凝土空心砌块不应小于 120mm；如不能保证时，应在水平灰缝中设 2Φ6 的钢筋或 ϕ4 的钢筋网片，如图 3.18 所示，长度均不应小于 700mm，但竖向通缝不得超过两皮砌块。

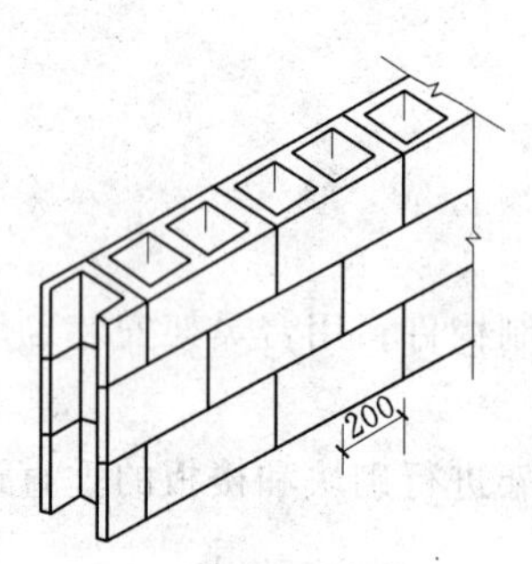

图 3.17 混凝土空心砌块墙的砌筑形式

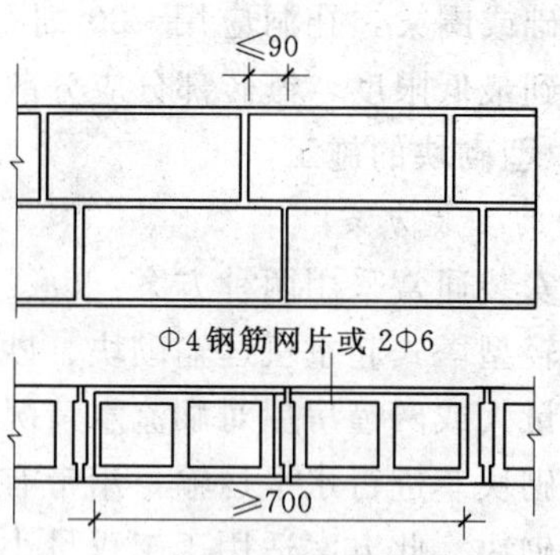

图 3.18 混凝土空心砌块墙灰缝中设置拉结钢筋或网片

2. 小型砌块砌筑施工

砌块砌筑前，应根据砌块高度和灰缝厚度计算皮数，制作皮数杆，并将皮数杆竖立于墙的转角处和交接处，皮数杆间距宜小于 15m。

砌块应从外墙转角处或定位砌块处开始砌筑。砌块应将底面朝上砌筑，即砌块孔洞上小下大“反砌”。这是因为小型砌块制作上的缘故，其成品底部的肋较厚，而上部的肋较薄，便于砌筑时铺设砂浆。若使用一端有凹槽的砌块时，应将有凹槽的一端接着平头的一端砌筑。砌块应逐块铺砌，全部灰缝均应填铺砂浆。水平灰缝宜用坐浆法铺浆。竖缝可先在砌块端头铺满砂浆，然后将砌块上墙挤压至要求的尺寸。

砌体水平灰缝应平直，砂浆应饱满，按净面积计算的砂浆饱满度不应低于 90%，竖缝砂浆饱满度不得低于 80%；砌筑中不得出现瞎缝、透明缝。水平灰缝厚度和竖向灰缝宽度应控制在 8～12mm。

小型空心砌块墙的转角处，应隔皮纵、横墙砌块相互搭砌，即隔皮纵、模墙砌块端面露头，如图 3.19 所示；T 字交接处，应隔皮使模墙砌块端面露头。当该处无芯柱时，应在纵墙上交接处砌两块一孔半的辅助规格砌块，隔皮砌在横墙露头砌块下，其半孔应位于中间，如图 3.20 所示。当该处有芯柱时，应在纵墙上交接处砌一块三孔大规格砌块，砌块的中间孔正对模墙露头砌块靠外的孔洞，如图 3.21 所示。十字交接处，当该处无芯柱时，在交接处应砌一孔半砌块，隔皮垂直相交，其半孔应在中间；当该处有芯柱时，在交接处应砌三孔砌块、隔皮垂直相交，中间孔相互对正小型空心砌块墙的转角处和交接处应同时砌筑，如不能同时砌筑，则应留槎，斜搓的长度应不小于斜槎高度，如图 3.22 所示。

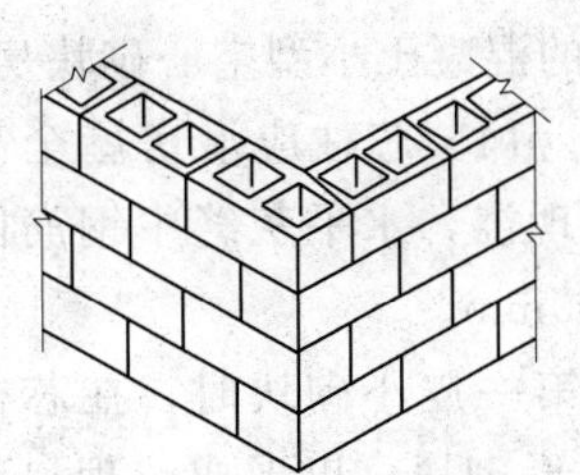

图 3.19　空心砌块墙转角砌法

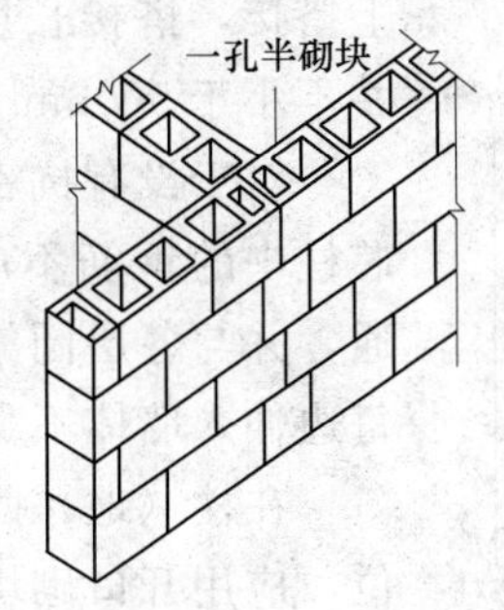

图 3.20　混凝土空心砌块墙 T 字交接处砌法（无芯柱）

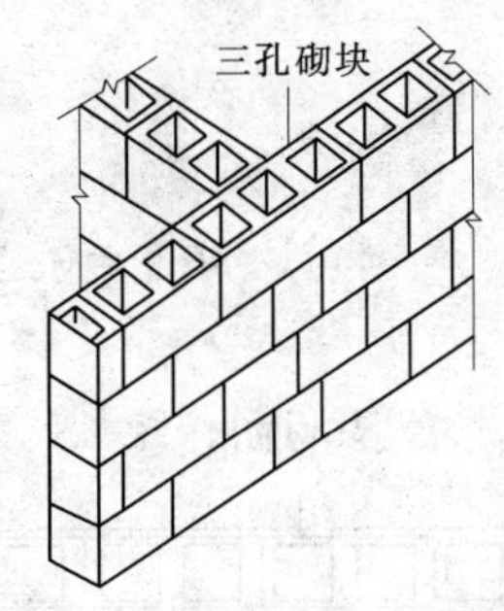

图 3.21　混凝土空心砌块墙 T 字交接处砌法（有芯柱）

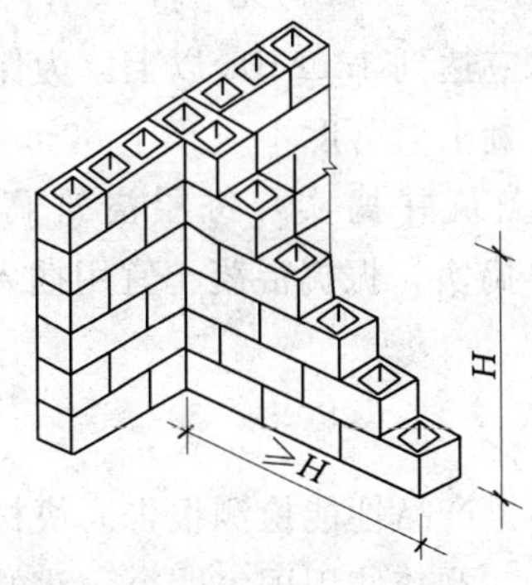

图 3.22　空心砌块墙斜槎

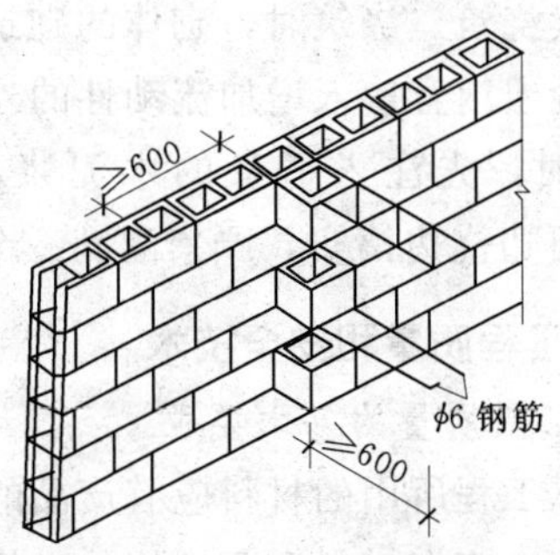

图 3.23　空心砌块墙直槎

在非抗震设防地区，除外墙转角处，空心砌块的临时间断处可以墙面伸出 200mm 砌成直槎，并每隔三皮砌块在水平灰缝设 $\phi6$ 拉结筋；拉结筋埋入长度，从留槎处算起，每边均不应小于 600mm，钢筋外露部分不得任意弯折，如图 3.23 所示。如作为后砌隔墙或填充墙时，沿墙高每隔 600mm 应与承重墙或柱内预留的钢筋网片或 $2\phi6$ 拉结筋连接，钢筋伸入墙内的长度不应小于 600mm。

对设计规定的洞口、管道、沟槽和预埋件，应在砌筑墙体时预留或预埋，空心砌块墙体不得预留、凿打水平沟槽。需要在墙上留脚手架眼时，可用辅助规格的单孔砌块侧砌，利用其空洞做架眼，墙体完工后用不低于 C15 的混凝土填实。墙体中需留设临时施工洞口时，其侧边交接处的墙面不应小于 600mm，并在顶部设置过梁。填砌临时洞口时，砌筑砂浆应提高一级。在常温条件下，每天砌筑高度宜控制在 1.5m（或一步脚手架高度）内。

对于Ⅵ～Ⅷ度抗震设防的混凝土小型空心砌块房屋应按规范要求，在墙体转角处和交接处设置混凝土芯柱并插入钢筋，其截面不宜小于 120mm×120mm，所用细石混凝土不低于 C20，所用插筋不应小于 $1\phi12$。插筋应贯通墙身且与圈梁连接。芯柱应伸入室外地下 500mm 或锚入浅于 500mm 基础圈梁内。芯柱与连接处，应设置 $\phi4$ 钢筋网片拉结，置于砌块的水平灰缝内，每边伸入墙内不宜小于 1m，且沿墙高每隔 600mm 设置一道，如图 3.24 所示。芯柱钢筋应与基础或基础梁中的预埋钢筋连接，上下楼层的钢筋可在楼板面

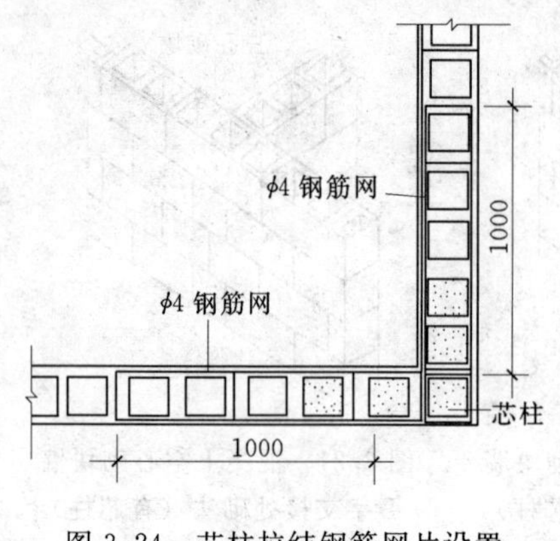

图 3.24 芯柱拉结钢筋网片设置

上搭接，搭接长度不应小于 40d（d 为钢筋直径），并不小于 500mm。

对于没有抗震设防的混凝土小型空心砌块房屋，芯柱中的钢筋不应小于 ϕ14。芯柱应沿房屋全高贯通，并与各层圈梁整体现浇，水平灰缝中钢筋网片每边伸入墙体不少于 600mm。

在楼（地）面砌筑第一皮小砌块时，在芯柱部位，应用开口砌块或 U 形砌块，以形成清理口。浇筑混凝土前，从清理口中掏出落在砌块孔洞中的杂物，并用水冲洗孔洞内壁，将积水排出，用混凝土预制块封闭清理口。在砌完一个楼层高度后，芯柱混凝土应连续浇筑。浇筑时，砌体的砌筑砂浆强度应达到 1.0MPa 以上。为保证芯柱混凝土密实，混凝土内宜掺入增加流动性的外加剂，混凝土坍落度不应小于 50mm。每层芯柱混凝土浇筑时，先注入适量的水泥浆，再分层浇筑并捣实，每层浇筑高度为 400～500mm，亦可边浇边捣实，严禁灌满一个高度后再捣实，振捣混凝土宜用插入式振动器。

3.3.3 砌体工程质量和安全技术

1. 砌筑工程质量的基本要求

（1）砌体工程所用的材料应有产品的合格证书、产品性能检测报告。块材、水泥、钢筋、外加剂等尚应有材料主要性能的进场复验报告。严禁使用国家明令淘汰的材料。

（2）砌筑基础前，应校核放线尺寸，允许偏差应符合表 3.5 的规定。

表 3.5 放线尺寸的允许偏差

长度 L、宽度 B（m）	允许偏差（mm）	长度 L、宽度 B（m）	允许偏差（mm）
L（或 B）≤30	±5	60＜L（或 B）≤90	±15
30＜L（或 B）≤60	±10	L（或 B）＞90	±20

（3）砌筑顺序应符合下列规定：基底标高不同时，应从低处砌起，并应由高处向低处搭砌，当设计无要求时，搭接长度不应小于基础扩大部分的高度；砌体的转角处和交接处应同时砌筑，当不能同时砌筑时，应按规定留槎、接槎。

（4）在墙上留置临时施工洞口，其侧边离交接处墙面不应小于 500mm，洞口净宽度不应超过 1m。抗震设防烈度为Ⅸ度的地区建筑物的临时施工洞口位置，应会同设计单位确定。临时施工洞口应做好补砌。

（5）不得在下列墙体或部位设置脚手眼：120mm 厚墙、料石清水墙和独立柱；过梁上与过梁成 60°角的三角形范围及过梁净跨度 1/2 的高度范围内；宽度小于 1m 的窗间墙；砌体门窗洞口两侧 200mm（石砌体为 300mm）和转角处 450mm（石砌体为 600mm）范围内；梁或梁垫下及其左右 500mm 范围内；设计要求不允许设置脚手眼的部位。

（6）施工脚手眼补砌时，灰缝应填满砂浆，不得用于砖填塞。

（7）设计要求的洞口、管道、沟槽应于砌筑时正确留出或预埋，未经设计同意，不得

打凿墙体和在墙体上开凿水平沟槽。宽度超过300mm的洞口上部，应设置过梁。

(8) 尚未施工楼板或屋面的墙或柱，当可能遇到大风时，其允许自由高度不得超过表3.6的规定。如超过表中限值时，必须采用临时支撑等有效措施。

表3.6　墙和柱的允许自由高度　单位：m

墙（柱）厚(mm)	砌体密度＞1600kg/m³			砌体密度1300～1600kg/m³		
	风载			风载		
	0.3(7级风)kN/m²	0.4(8级风)kN/m²	0.5(9级风)kN/m²	0.3(7级风)kN/m²	0.4(8级风)kN/m²	0.5(9级风)kN/m²
190	—	—	—	1.4	1.1	0.7
240	2.8	2.1	1.4	2.2	1.7	1.1
370	5.2	3.9	2.6	4.2	3.2	2.1
490	8.6	6.5	4.3	7.0	5.2	3.5
620	14.0	10.5	7.0	11.4	8.6	5.7

注　1. 本表适用于施工处相对标高（H）在10m范围内的情况。如10m＜H≤15m，15m＜H≤20m时，表中的允许自由高度应分别乘以0.9、0.8的系数；如H＞20m时，应通过抗倾覆验算确定其允许自由高度。
2. 当所砌筑的墙有横墙或其他结构与其连接，而且间距小于表列限值的2倍时，砌筑高度可不受本表的限制。

(9) 搁置预制梁、板的砌体顶面应找平，安装时应坐浆。当设计无具体要求时，应采用1∶2.5的水泥砂浆。

(10) 砌体施工质量控制等级应分为三级，并应符合表3.7的规定。

表3.7　砌体施工质量控制等级

项　目	施工质量控制等级		
	A	B	C
现场质量管理	制度健全，并严格执行；非施工方质量监督人员经常到现场，或现场设有常驻代表；施工方有在岗专业技术管理人员，人员齐全，并持证上岗	制度基本健全，并能执行；非施工方质量监督人员间断的到现场进行质量控制；施工方有在岗专业技术管理人员，并持上岗证	有制度；非施工方质量监督人员很少作现场质量控制；施工方有在岗专业技术管理人员
砂浆、混凝土强度	试块按规定制作，强度满足验收规定，离散性小	试块按规定制作，强度满足验收规定，离散性小	试块强度满足验收规定，离散性大
砂浆拌和方式	机械拌和；配合比计量控制严格	机械拌和；配合比计量控制一般	机械或人工拌和；配合比计量控制较差
砌筑工人	中级工以上，其中高级工不少于20%	高、中级工不少于70%	初级工以上

(11) 设置在潮湿环境或有化学侵蚀性介质的环境中的砌体灰缝内的钢筋应采取防腐蚀。

(12) 砌体施工时，楼面和屋面堆载不得超过楼板的允许荷载值。施工层进料口楼板下，宜采用临时加支撑措施。

(13) 分项工程的验收应在检验批验收合格的基础上进行。检验批的确定可根据施工

段划分。

(14) 砌体工程检验批验收时，其主控项目应全部符合本规范的规定；一般项目应有80%及以上的抽检处符合验收规范的规定，或偏差值在允许偏差范围以内。

2. 砌筑工程的安全与防护措施

在砌筑操作前，必须检查施工现场各项准备工作是否符合安全要求，如道路是否畅通，机具是否完好牢固，安全设施和防护用品是否齐全，经检查符合要求后才可施工。

砌基础时，应检查和注意基坑土质的变化情况。堆放砖石材料应离开坑边1m以上。砌墙高度超过地坪1.2m以上时，应搭设脚手架。架上堆放材料不得超过规定荷载值，堆砖高度不得超过三皮侧砖，同一块脚手板上的操作人员不应超过2人。按规定搭设安全网。

不准站在墙顶上做刮缝及清扫墙面或检查大角垂直等工作。不准用不稳固的工具或物体在脚手板上垫高操作。

砍砖时应面向墙面，工作完毕应将脚手板和墙上的碎砖、灰浆清扫干净，防止掉落伤人。正在砌筑的墙上不准走人。不准站在墙上做划线、刮缝、吊线等工作。山墙砌完后，应立即安装桁条或临时支撑，防止倒塌。

雨天或每日下班时，应做好防雨准备，以防雨水冲走砂浆，致使砌体倒塌。冬期施工时，脚手板上如有冰霜、积雪，应先清除后才能上架子进行操作。

砌石墙时不准在墙顶或架上修石材，以免振动墙体影响质量或石片掉下伤人。不准徒手移动上墙的石块，以免压破或擦伤手指。不准勉强在超过胸部的墙上进行砌筑，以免将墙体碰撞倒塌或上石时失手掉下造成安全事故。石块不得往下掷。运石上下时，脚手板要钉装牢固，并钉防滑条及扶手栏杆。

对有部分破裂和脱落危险的砌块，严禁起吊；起吊砌块时，严禁将砌块停留在操作人员的上空或在空中整修；砌块吊装时，不得在下一层楼面内进行其他任何工作；卸下砌块时应避免冲击，砌块堆放应尽量靠近楼板两端，不得超过楼板的承重能力；砌块吊装就位时，应待砌块放稳后，方可松开夹具。

凡脚手架、井架、门架搭设好后，须经专人验收合格后方准使用。

复习思考题

1. 简述砌筑用脚手架的作用及基本要求。

2. 简述外脚手架的类型、构造各有何特点，其适用范围如何，在摆设和使用时应注意哪些问题？

3. 脚手架的支撑体系包括哪些，如何设计？

4. 常用里脚手架有哪些类型，其特点怎样？

5. 脚手架的安全防护措施有哪些内容？

6. 砌筑工程中的垂直运输机械主要有哪些？设计时要满足哪些基本要求？

7. 简述砌筑用砂浆的种类和适用范围，其对砂浆制备和使用有什么要求，砂浆强度检验如何规定？

8. 砌筑用砖有哪些种类，其外观质量和强度指标有什么要求？

9. 砌体工程质量有哪些要求，影响其质量的因素有哪些？

10. 简述毛石基础的构造及施工要点。

11. 砖墙砌体主要有哪几种砌筑形式，各有何特点？

12. 简述砖墙砌筑的施工工艺和施工要点。

13. 皮数杆有何作用，如何布置？

14. 何谓“三一砌砖法”，其优点是什么？

15. 如何绘制砌块排列图？简述砌块的施工工艺。

项目4 钢筋混凝土工程

知识目标

了解模板的类型、构造、受力特点，熟悉模板的质量检查内容，掌握模板的安装与拆除。了解钢筋的种类、性能、加工工艺，熟悉钢筋检查验收方法和质量要求，掌握钢筋连接方法，能进行钢筋的配料计算。熟悉混凝土配料，掌握混凝土的搅拌、浇筑、振捣、养护等施工工艺，能对混凝土进行质量检查和缺陷修补。

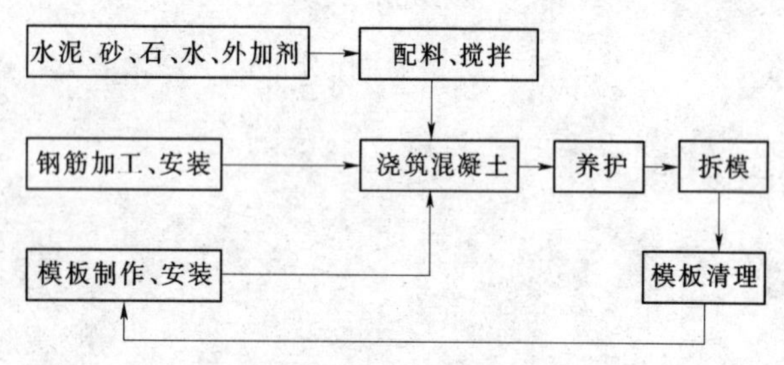

图 4.1 钢筋混凝土结构工程的施工工艺流程图

钢筋混凝土结构有现浇式和装配式两大类。现浇整体式钢筋混凝土结构整体性和抗震性好，构件布置灵活，适用性强，施工时不需大型起重机械。随着施工技术的不断革新，现场机械化水平不断提高，现浇整体式钢筋混凝土结构得到了越来越广泛的应用。本项目主要介绍现浇钢筋混凝土施工工艺。

钢筋混凝土结构工程的施工工艺流程见图 4.1。钢筋混凝土工程包括模板工程、钢筋工程、混凝土工程。

任务1 模 板 工 程

任务描述

某框架结构现浇钢筋混凝土楼板，厚 100mm，其支模尺寸为 3.3m×4.95m，楼层高度为 4.5m，采用组合钢模及钢管支架支模，要求作配板设计。

任务分析

模板的种类有很多，常用的有木模板、钢模板、塑料模板、玻璃钢模板、竹胶板模板、铝合金模板、预应力混凝土模板等。组合钢模板有不同的规格尺寸，配板时应在考虑模板和支架结构安全的前提下，尽可能减少规格类型、数量，以便于施工安装和提高经济性。

相关知识

模板系统由模板和支撑系统两部分构成。模板的作用是使硬化后的混凝土具有设计所要求的形状和尺寸；支撑系统的作用是保证模板形状和位置并承受模板和新浇混凝土的重量以及施工荷载。

在现浇钢筋混凝土结构施工中，模板应符合以下要求：①保证工程结构各部分形状尺寸和相互位置的正确性；②具有足够的承载能力、刚度和稳定性；③构造简单，装拆方便，并便于钢筋绑扎和混凝土的浇筑；④接缝严密，不得漏浆。

模板工程量大，材料和劳动力消耗多，因而正确选择模板形式、材料及合理组织施工对加快钢筋混凝土结构施工和降低工程造价具有重要意义。

4.1.1 模板的分类

按所用材料不同可分为木模板、钢模板、塑料模板、玻璃钢模板、竹胶板模板、铝合金模板、预应力混凝土模板等。

按规格型式不同可分为定型模板和非定型模板。

按施工方法不同可分为现场装拆式模板、移动式模板（如滑模、爬模等）和固定式模板。现场装拆式模板是按设计要求的形状、尺寸、空间位置在现场组装，多用定型模板和工具式支撑。固定式模板多用于制作预制构件，是按构件的形状、尺寸于现场或预制厂制作，涂刷隔离剂，浇筑混凝土，当混凝土达到规定强度后即可脱模、清理模板，再涂刷隔离剂继续下一批构件的制作。移动式模板是随着混凝土的浇筑，模板可沿垂直方向或水平方向移动，如烟囱、水塔、墙柱混凝土浇筑采用的滑升模板、爬升模板、提升模板、大模板、高层建筑楼板采用的飞模、筒壳混凝土浇筑采用的水平移动式模板等。

模板的选用要因地制宜，就地取材，装拆方便、灵活，能多次周转使用。

4.1.2 模板的构造与安装

4.1.2.1 组合钢模板

组合钢模板由钢模板和配件两大部分组成，可以拼成不同尺寸、不同形状，以适应各种类型建筑物的基础、柱、梁、板等施工所需的模板，也可用其拼成大模板、滑模、筒模、台模等。既可现场人工装拆，也可预拼成大块模板或构件模板用起重机吊运安装。

组合钢模板的安装工效比木模板高，轻便灵活，装拆方便，周转次数多，每套可重复使用50～100次以上，浇筑的混凝土尺寸准确、棱角整齐、表面光滑。

1. 组合钢模板的组成

组合钢模板由模板、连接件、支承件组成。

(1) 钢模板。钢模板有通用模板和专用模板两类。通用模板包括平面模板、阴角模板、阳角模板和连接角模；专用模板包括倒棱模板、梁腋模板、柔性模板、搭接模板、可调模板及嵌补模板。通用模板的平面模板如图4.2所示，由面板、边框、纵横肋构成。边框与面板常用2.5～3.0mm厚钢板冷轧冲压整体成型，纵横肋用3mm厚扁钢与面板及边框焊成。为便于连接，边框上有连接孔，边框的长向及短向其孔距一致，以便横竖都能拼接。平面模板的

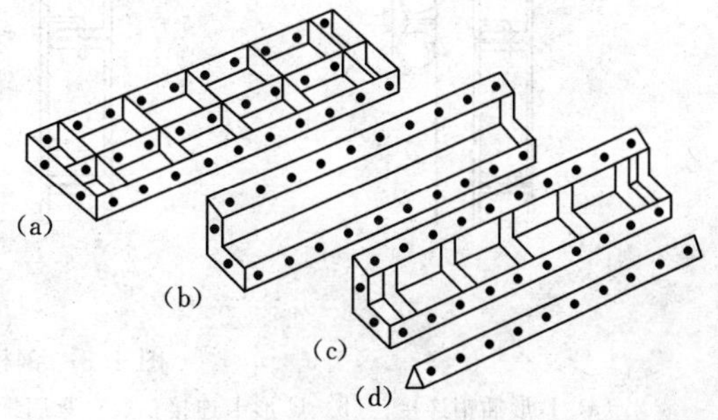

图4.2 钢模板类型
(a) 平面模板；(b) 阳角模板；(c) 阴角模板；(d) 连接角模

长度有1800mm、1500mm、1200mm、900mm、750mm、600mm、450mm七种规格，宽度有100～600mm（以50mm进级）十一种规格，其代号见表4.1，可组成不同尺寸的模板。在构件接头处（如柱与梁接头）及一些特殊部位，可用专用模板嵌补。不足模数的空缺也可用少量木模补缺，用钉子或螺栓将方木与平模边框孔洞连接。角模又分阴角模板、阳角模板及连接角模，阴、阳角模用以成型混凝土结构的阴、阳角，连接角模用作两块平模拼成90°角的连接件。

表4.1　　部分平面模板代号与规格

代号	规格（mm）	代号	规格（mm）
P3012	300×1200×55	P2007	200×750×55
P3009	300×900×55	P2004	200×450×55
P3007	300×750×55	P1512	150×1200×55
P3004	300×450×55	P1509	150×900×55
P2012	200×1200×55	P1507	150×750×55
P2009	200×900×55	P1504	150×450×55

（2）连接件。连接件包括：U形卡、L形插销、钩头螺栓、对拉螺栓、紧固螺栓、扣件等，如图4.3所示。U形卡用于相邻模板的拼接，其安装距离不大于300mm，即每隔

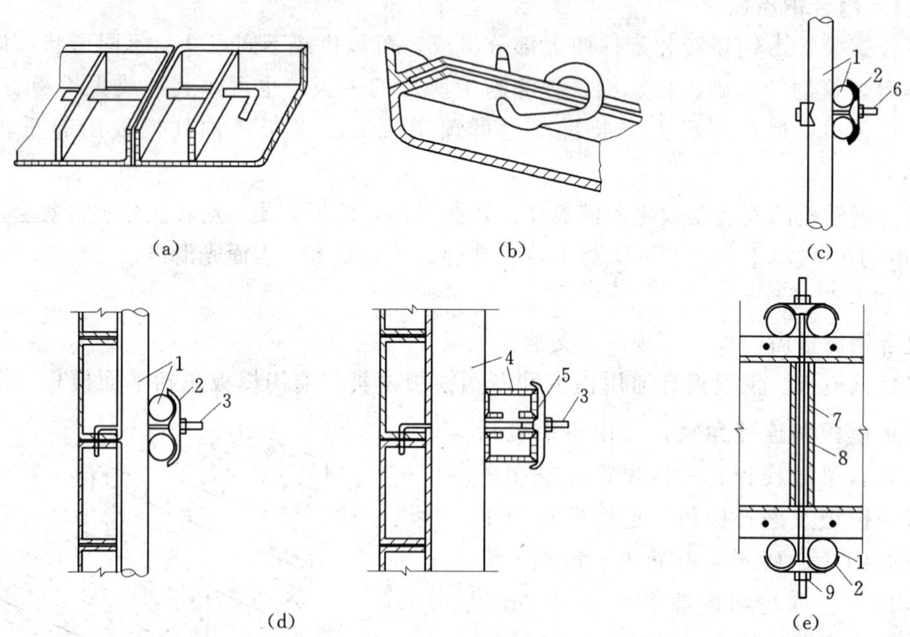

图4.3　钢模板连接件

(a) L形插销连接；(b) U形卡连接；(c) 紧固螺栓连接；(d) 钩头螺栓连接；(e) 对拉螺栓连接

1—圆钢管楞；2—“3”形扣件；3—钩头螺栓；4—内卷边槽钢钢楞；5—蝶形扣件；

6—紧固螺栓；7—对拉螺栓；8—塑料套管；9—螺母

一孔卡插一个，安装方向一顺一倒相互错开，以抵消因打紧U形卡可能产生的位移。L形插销用于插入钢模板端部横肋的插销孔内，以加强两相邻模板接头处的刚度和保证接头处板面平整。钩头螺栓用于钢模板与内外钢楞的加固，安装间距一般不大于600mm，长度应与采用的钢楞尺寸相适应。紧固螺栓用于紧固内外钢楞，长度与采用的钢楞相适应。对拉螺栓用于连接墙壁两侧模板，保持模板与模板之间的设计厚度，并承受混凝土侧压力及水平荷载，使模板不变形。扣件用于钢楞与钢楞或与钢模板之间的扣紧，按钢楞的不同形状，分别采用蝶形扣件和3形扣件。

（3）支承件。组合钢模板的支承件包括柱箍、钢楞、支架、斜撑、钢桁架等。

钢桁架两端可支承在钢筋托具、墙、梁侧模板的横档以及柱顶梁底横档上，用以支承梁或板的底模板。如图4.5所示，图4.5（a）为整榀式，一榀桁架的承载能力约为30kN；图4.5（b）为组合式桁架，可调范围为2.5～3.5m，一榀的承载能力约为20kN。

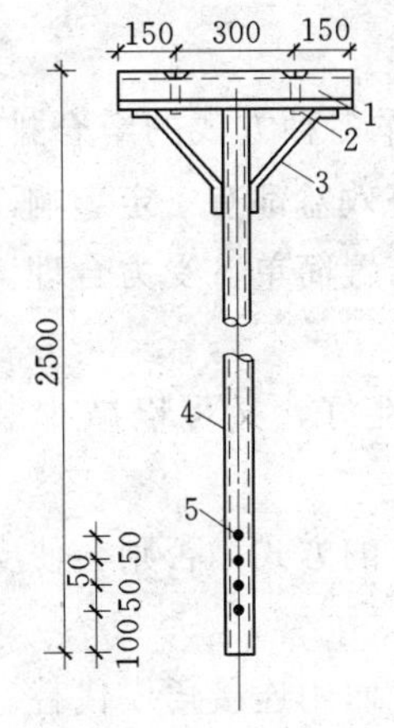

图4.4 钢管支柱

1—垫木；2—ϕ12螺栓；3—ϕ16钢筋；4—外径管；5—ϕ14孔

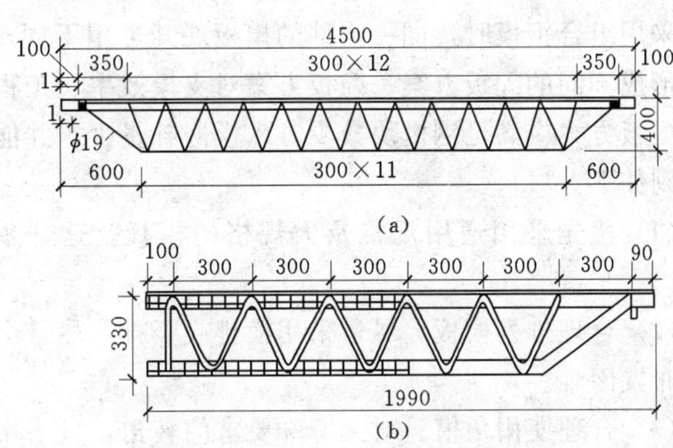

图4.5 钢桁架

(a) 整榀式；(b) 组合式

钢支架是用于支承由桁架、模板传来的垂直荷载。钢管支架由内外两节钢支架是用于支承由桁架、模板传来的垂直荷载。钢管支架由内外两节钢管制成，其高低调节距模数为100mm，支架底部除垫板外，均用木楔调整，以利于拆卸。另一种钢管支架本身装有调节螺杆，能调节一个孔距的高度，使用方便，但成本略高，如图4.4所示。当荷载较大时，单根支架承载能力不足时，可用组合钢支架或钢管井架。还可用扣件式钢管脚手架、门形脚手架作支架。

钢楞即模板的横档和竖档，分内钢楞和外钢楞。内钢楞配置方向一般应与钢模板垂直，直接承受钢模板传来的荷载，间距一般为700～900mm。外钢楞承受内钢楞传来的荷载，或用来加强模板结构的整体刚度和调整平直度。钢楞一般用圆钢管、矩形钢管、槽钢、内槽钢及内卷边槽钢，而以钢管较多。梁卡具又称梁托具，用于固定矩形梁、圈梁等构件的侧模板，可节约斜撑等材料，也可用于侧模板上口的卡固定位，其构造如图4.6所示。

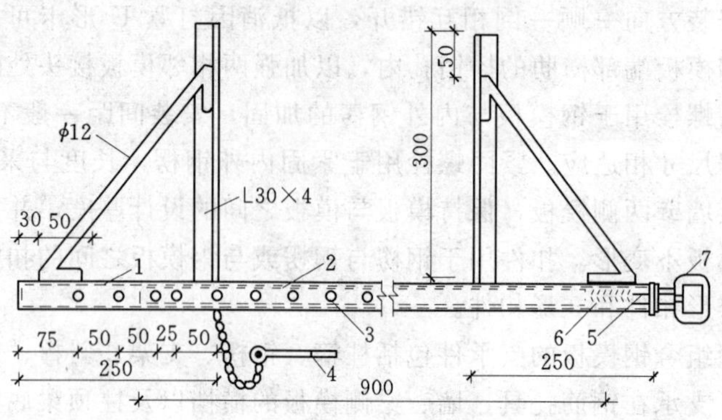

图 4.6 梁钢管卡具

1—φ32 钢管；2—φ25 钢管；3—φ10 圆孔；4—φ9 钢销；5—螺栓；6—螺母；7—钢筋环

2. 钢模板的配板原则

采用组合钢模时，同一构件的模板展开可用不同规格的钢模作多种方式的组合排列，因而形成不同的配板方案。配板方案对支模效率、工程质量和经济效益都有一定影响。合理的配板方案应满足钢模块数少，木模嵌补量少，并能使支承件布置简单，受力合理。配板原则如下：

(1) 优先采用通用规格及大规格的模板。这样模板的整体性好，又可以减少装拆工作。

(2) 合理排列模板。尽量采用横排或竖排，尽量不用横竖兼排的方式，否则会使支承系统布置困难。

(3) 合理使用角模。对无特殊要求的转角，可不用阳角模板，而用连接角模代替。阴角模板宜用于长度大的转角处，柱头、梁口及其他短边转角（阴角）处，如无合适的阴角模板，也可用方木嵌补。

(4) 便于模板支承件（钢楞或桁架）的布置。对面积较方整的预拼装大模板及钢模端头接缝集中在一条线上时，直接支承钢模的钢楞，其间距布置要考虑接缝位置，应使每块钢模都有两道钢楞支承。对端头错缝连接的模板，其直接支承钢模的钢楞或桁架的间距，可不受接缝位置的限制。

4.1.2.2 木模板

木模板周转率低，消耗木材多，但其加工方便，能适应各种复杂形状模板的需要，目前仍在一定范围内使用。木模板有两种基本构件。一种是先做成拼板，然后再在现场拼装。模板由拼板和拼条组成。拼板厚度一般为 25～50mm，宽度不宜超过 200mm，以保证干缩时缝隙均匀不翘曲，浇水后易于密缝。但梁底板的拼板宽度则不受此限制，以减少拼缝、防止漏浆。拼条规格为 25mm×35mm～50mm×100mm。另一种是将木板钉在边框上，制成一定尺寸的定型板。定型板的尺寸一般长 700～1200mm，宽 200～400mm，这种型式的模板可用短料制成，刚度较好，不易损坏，利用率高。现场常用的拼装木模板有以下几种。

(1) 基础模板。

基础模板一般直接支撑或架设在基坑或基槽的土壁上，如土质良好，基础最下一级可以不用模板，直接原槽浇筑。安装时，要保证上下模板不发生相对位移，如有杯口还需在其中放入杯口模板（图 4.7）。

（2）柱模板。

柱子的特点是断面尺寸不大而比较高，柱模板由两块相对的内拼板和两块相对的外拼板和柱箍组成。柱模板底部开有清理孔，沿高度每隔 2m 开有浇筑孔。模板顶部根据需要开有与梁模板连接的缺口。为承受混凝土的侧压力和保持模板形状，拼板外面要设柱箍。柱箍的间距取决于侧压力的大小和拼板的厚度，由于侧压力下大上小，因而柱模下部的柱箍较密（图 4.8）。

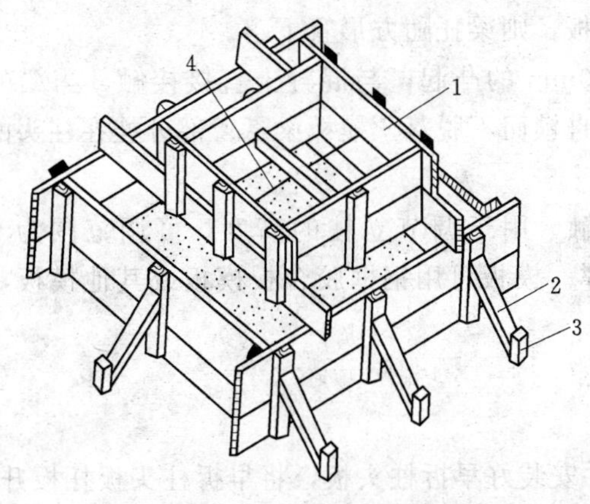

图 4.7 阶梯形基础模板

1—拼板；2—斜撑；3—木桩；4—铁丝

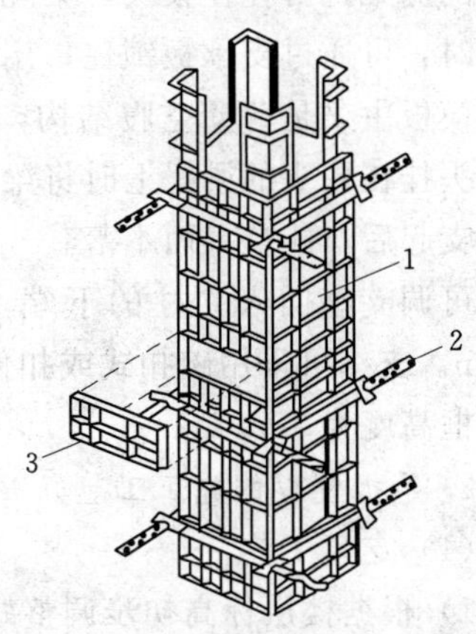

图 4.8 柱模板

1—平面模板；2—柱箍；3—浇筑孔盖板

（3）梁模板。

梁的特点是跨度较大而宽度较小，梁模板主要有侧模、底模、夹木及其支架系统组成。单梁的侧模板一般拆除较早，因此，侧模板一般包在底模板外侧。如梁和板的跨度等于或大于 4m，应使梁或板底模板起拱，以抵消部分受荷后下垂的挠度。如设计无规定时，起拱高度宜为全跨长度的 1/1000～3/1000。

（4）楼板模板。

楼板面积大而厚度较薄，楼板模板及支架系统主要承受钢筋、混凝土的自重和其他施工荷载等竖向荷载，目前多用定型模板。它支承在搁栅上，搁栅支承在梁侧模外的横档上，跨度大的楼板，搁栅中间可以再加支撑作为支架系统（图 4.9）。

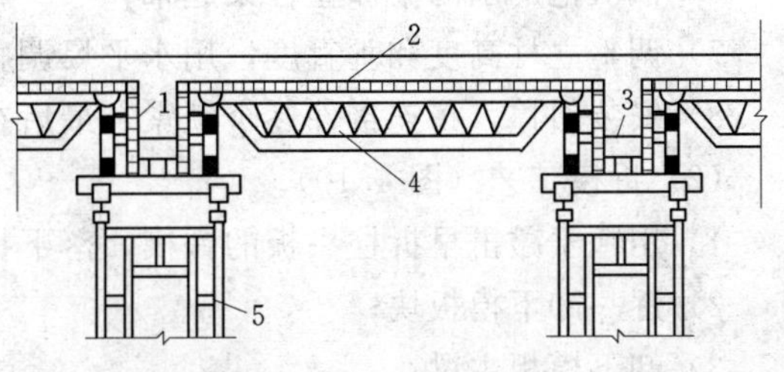

图 4.9 梁、楼板模板

1—梁模板；2—楼板模板；3—对拉螺栓；4—伸缩式桁架；5—门式支架

（5）楼梯模板。

楼梯模板的构造与楼板模板相似，不同点是要倾斜支设和做出踏步。

4.1.2.3 早拆模板

1. 早拆模板的组成构造

早拆模板原理是基于短跨支撑、早期拆模思想。早拆模板利用柱头、立柱和可调支座组成竖向支撑，支撑于上下层楼板之间，使原设计的楼板跨度处于短跨受力状态，在楼板混凝土的强度达到规定标准强度的50%（常温下3～4d）时即可拆除梁、板模板及部分支撑，柱头、立柱及可调支座仍保持支撑状态。当混凝土强度增大到足以在全跨条件下承受自重和施工荷载时，再拆去全部竖向支撑。采用早拆模板体系可加快模板与支撑的周转，节省模板和支撑，具有良好的经济效益。

早拆模体系中柱头为精密铸钢件，柱头顶板（50mm×150mm）可直接与混凝土接触，两侧梁托可挂住梁头，梁托附着在方形管上，方形管可上下移动115mm。方形管在上方时，可通过支承板锁住，用锤敲击支承板，则梁托随方形管下落。

模板主梁是薄壁空腹结构，上端带有70mm的凸起，与混凝土直接接触，当梁的两端梁头挂在柱头的梁托上时将梁支起，即可自锁而不脱落，模板梁悬臂部分挂在柱头的梁托上支起后，能自锁而不落。

可调支座插入立柱的下端，与地面接触，用于调节立柱的高度，可调范围为0～50mm。支撑可采用碗扣式或扣件式钢管支撑。模板可用钢框胶合板模板或其他模板，模板边框高度为70mm。

2. 早拆模板的施工工艺

（1）支模工艺。

1）根据楼层标高初步调整好立柱高度并安装好早拆柱头板，将早拆柱头板托板升起，并用楔片楔紧；

2）根据模板设计平面布置图，立第一根立柱；

3）将第一榀模板主梁挂在第一根立柱上；

4）将第二根立柱及早拆柱头板与第一根模板主梁挂好，按模板设计平面布置图将立柱就位，并依次再挂上第一根模板主梁，然后用水平撑和连接件做临时固定；

5）依次按照模板设计布置图完成第一格构的立柱和模板梁的支设工作，当第一个格构完全架好后，随即安装模板块；

6）依次把周围的梁和立柱架起来；

7）调整立柱高度和垂直度，用水平尺调整全部模板的水平度；

8）安装斜撑，将连接件逐个锁紧，最后在模板主梁间铺放模板即可。

（2）拆模工艺（图4.10）。

1）用锤子敲击早拆柱头板的铁楔，落下托板，模板主梁随之落下；

2）逐一卸下模板块；

3）卸下模板主梁；

4）拆除水平撑和斜撑；

5）将卸下的模板块、模板主梁、悬挑梁、水平撑、斜撑等整理码放好备用；

6）当混凝土强度达到设计要求后，调低可调支座，解开碗扣接头，拆除全部支撑立柱。

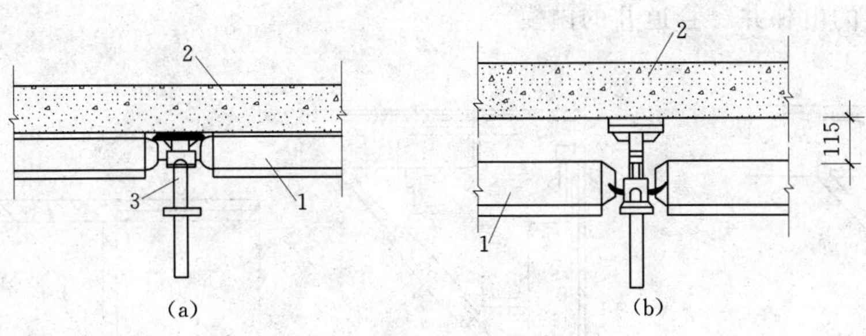

图 4.10　早期模板拆模方法

(a) 支模状态；(b) 拆模状态

1—模板主梁；2—现浇楼板；3—早期模板柱头

4.1.2.4　大模板

大模板是指单块模板的高度相当于楼层的层高、宽度约等于房间的宽度或进深的大块定型模板，在高层建筑施工中可用作混凝土墙体侧模。因其重量大，需起重机配合装拆进行施工。

大模板由于简化了模板的安装和拆除工序，工效高，劳动强度低，墙面平整、质量好，因而成为剪力墙结构工业化施工的主流施工方法。

大模板的一次投资大，通用性差。为了减少模板的不同型号，增加其利用率，用大模板施工的工程，在设计上应减少房间开间和进深尺寸的种类，并符合一定的模数，层高和墙厚应固定。外墙预制、内墙现浇的建筑应力求体形简单，加强墙与墙及板与板之间的连接，采用加强建筑物整体性和提高其抗震能力的措施。

大模板由面板、骨架、支撑架、附件组成。面板直接与混凝土接触，通常用胶合板，也有用 4～5mm 厚钢板拼焊而成的。如用组合钢模板或竹塑板拼装而成，则用完后可拆卸并用于一般工程。为增加面板刚度及与支撑架的连接，面板背后焊有水平方向的横肋和垂直方向的竖肋形成刚性骨架，横竖肋通常用槽钢制作。支撑架是架立和安装模板的依靠，与竖肋连接，每块大模板至少应有两个支撑架。支撑架下部设有用于调整大模板水平和垂直度的调整螺栓，支撑架上安装有带栏杆的操作平台。大模板的附件有穿墙套管和螺栓、模板上口卡具、门窗框模板等。面板、支撑架、操作平台通常相互焊接成一个整体。为了便于运输和堆放也可将它们之间的连接改用可拆卸的螺栓连接，成为组合式大模板。如将面板的钢板与其横竖肋的连接改用螺栓连接，即成为全装拆式大模板。

大模板按形式分为平模、小角模、大角模、筒模。平模是应用最多的一种（图 4.12)，模板高度等于层高减楼板厚度再减 20mm 的施工误差。模板长度：作内模时，按墙净宽确定，应考虑纵横连接处的构造形式及尺寸，同时还要考虑减 20mm 的施工误差；作外模时，按轴线长度确定。纵横墙平模的交接处使用小角模。小角模的形式有两种如图 4.11 所示。

大角模的做法是不用平模，整个房间用 4 块大角模拼接成 4 个内侧模板。大角模由于装、拆麻烦，拆模后墙面中间出现的接缝不易处理，故目前较少采用。

筒模是将一个房间四面墙的内模连成整体性成筒状，整体装拆，整体吊运，一般用作

平面尺寸较小的电梯井、管道井的内模。

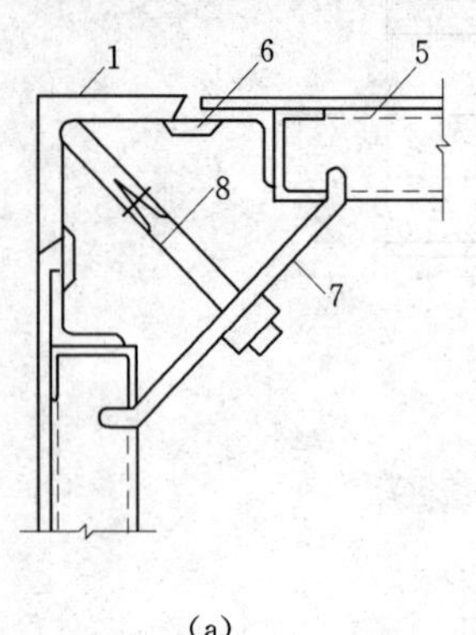

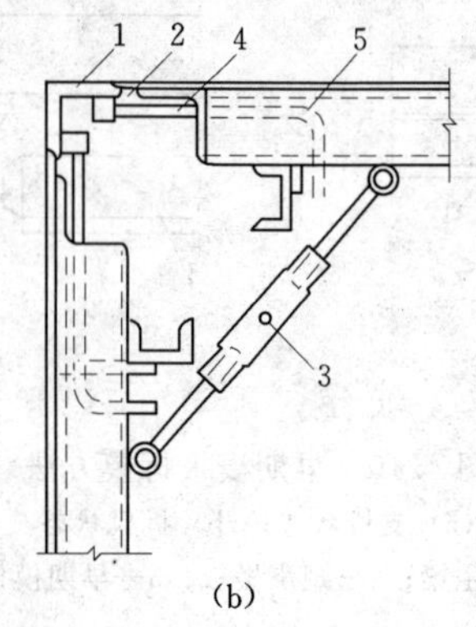

图 4.11 小角模构造

(a) 带合页的小角模；(b) 不带合页的小角模

1—小角模；2—合页；3—花篮螺栓；4—转动铁拐；5—背肋；6—扁铁；7—压板；8—螺栓

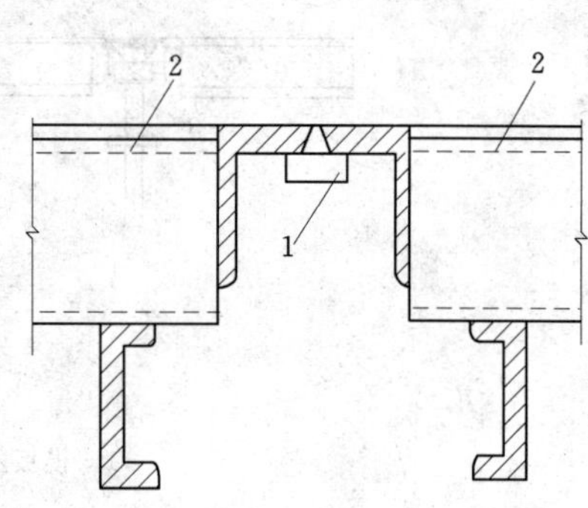

图 4.12 平模拼接构造

1—40mm×10mm 钢板焊在一边角钢上；2—平模

为了提高模板的利用率，避免施工中大模板在地面和施工楼层间上下升降，大模板施工应划分流水段，组织流水施工，使拆卸后的大模板清理后即可安装到下一段的施工墙体上。

以内外墙全现浇体系为例，大模板混凝土施工按以下工序进行：抄平放线→敷设钢筋→固定门窗框→安装模板→浇筑混凝土→拆除模板→修整混凝土墙面→养护混凝土。

4.1.2.5 滑升模板

滑升模板施工原理是在构筑物或建筑物底部，沿其墙、柱、梁等构件的周边一次性组装高 1.2m 左右的滑动模板，随着向模板内不断地分层浇筑混凝土，用液压提升设备使模板不断地向上滑动，直到需要浇筑的高度为止。用滑升模板施工可以节约模板和支撑材料，加快施工速度和保证结构的整体性。但模板的一次性投资大，耗钢量多，对建筑的立面造型和构件断面变化有一定限制。近年来，滑模施工技术因其施工速度快、质量高、现代化、智能化而被广泛应用。横向滑模施工在高速公路中逐渐被推广应用，无轨滑模施工在水利工程面板坝的面板施工中采用较多。

滑升模板主要有由模板系统、操作平台系统、液压系统、施工精度控制系统等部分组成。

模板系统包括模板、腰梁围檩和提升架等。模板的作用是承受混凝土的侧压力、冲击力和滑升时的摩阻力，并使混凝土按设计要求的截面形状成型。按其所在位置不同分为内模板、外模板、堵头模板以及变截面结构的收分模板等。腰梁的作用是使模板保持组装的平面形状，并将模板与提升架连接成一个整体。工作时，腰梁承受模板传来的水平荷载、滑升时的摩阻力和操作平台传来的竖向荷载，并将其传给提升架。提升架又称千斤顶架，它是安装千斤顶并与腰梁、模板连接成整体的主要构件。提升架的主要作用是控制模板、腰梁因混凝土的侧压力和冲击力而产生的向外变形，同时承受作用于整个模板上的竖向荷载，并将上述荷载传递给千斤顶和支承杆。

操作平台系统包括操作平台（内操作平台、外操作平台和）、吊脚手架（内吊架和外

吊架）两个部分，是施工操作的场所。

液压提升系统主要由支撑杆、液压千斤顶、液压控制台和油路等组成，是使滑升模板向上滑升的动力装置。支承杆又称爬杆，既是液压千斤顶向上爬升的轨道，又是滑升模板的承重支柱，它承受作用于千斤顶的全部荷载。液压千斤顶又称穿心式液压千斤顶，其中心可穿过支承杆，在周期式的液压动力作用下，千斤顶可沿支承杆作爬升动作，以带动提升架、操作平台、模板随之一起上升。液压控制台是液压传动系统的控制中心，主要由电动机、齿轮油泵、换向阀、溢流阀、液压分配器和油箱组成。

在进行滑模装置计算时应考虑以下荷载：模板系统、操作平台自重；操作平台的施工荷载，包括机械设备和特殊设施的自重、施工人员、工具、堆放材料的重量；操作平台上设置的垂直运输设备运转时的额定附加荷载以及垂直运输设备制动时的刹车力；混凝土对模板的侧压力和向模板内浇混凝土的冲击力；模板提升时混凝土与模板间的摩擦力；风荷载。

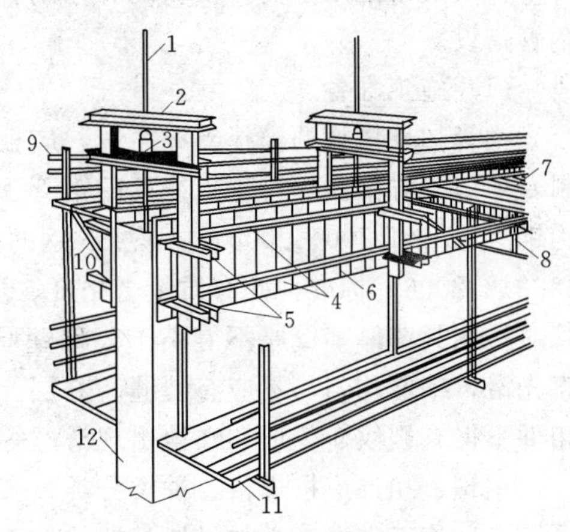

图4.13　滑升模板组成示意图

1—支撑杆；2—提升架；3—液压千斤顶；4—围圈；5—围圈支托；6—模板；7—操作平台；8—外挑三脚架；9—栏杆；10—外脚手架；11—内吊脚手架；12—墙体

滑模施工时用螺栓将千斤顶固定在提升架的横梁上，支承杆插入千斤顶的中心孔内，由于千斤顶的上下卡头分别有七个小钢球，在卡内呈环状排列，支承在七个斜孔内的卡头小弹簧上，当支承杆插入时，即被上下卡头的钢珠夹紧。通过不断地进油重复工作循环，千斤顶也就沿着支承杆向上爬升，模板也便被带着不断向上滑升（图4.13）。

滑模施工包括准备、滑模组装、混凝土浇筑与模板滑升、精度控制、楼板施工、事故处理、质量检验、缺陷修补等内容。

4.1.2.6　隧道模板

隧道模板采用由墙面模板和楼板模板组合成可以同时浇筑墙体和楼板混凝土的大型工具式模板，能将各开间沿水平方向逐间整体浇筑，故施工的建筑物整体性好，抗震性强，节约模板材料，施工方便。但由于模板钢材用量大、笨重、一次投资大等原因，国内较少采用。

4.1.2.7　台模

台模是一种大型工具模板，用于浇筑楼板。台模由面板、纵梁、横梁和台架等组成的一个空间组合体。台架下装有轮子，以便移动，有的台模没有轮子，用专用运模车移动。台模尺寸应与房间单位相适应，一般是一个房间一个台模施工时，先施工内墙墙体，然后吊入台模，浇筑楼板混凝土。脱模时，只要将台架下降，将台模推出墙面放在临时挑台上，用起重机吊至下一个单元使用。楼板施工后，再安装预制外墙板。

利用台模浇筑楼板可省去模板的装拆时间，能节约模板材料和降低劳动消耗，但一次性投资大，且须大型起重机械配合施工。

目前国内常用的台模有用多层板作面板、铝合金型钢加工制成的桁架式台模；用组合钢模板、扣件式钢管脚手架、滚轮组装成的移动式台模。

模板是钢筋混凝土工程中一个重要组成部分，国内外都很重视，新型模板亦不断出现，除上述各类型外，还有爬升模板、简易滑模、提模、装饰模板、塑料模板、塑料模壳和各种专用模板等。

4.1.3　模板支架

模板支架是用于支撑模板的、采用脚手架材料搭设的架子。模板支架广泛采用扣件式钢管搭设。

(1) 施工准备。

钢管扣件搭设的模板支撑系统，应根据施工对象的荷载大小，支承高度及使用要求编制专项施工方案。应对进入线程的钢管、扣件等配件进行验收，钢管应符合现行《碳素结构钢》(GB/T 700—2006) 中 Q235 钢的标准，扣件应符合现行《钢管脚手架扣件》(GB 15831—2006) 标准，并有质量合格证、质检报告、准用证等证明材料，对反复使用的钢管应检测其壁厚，壁厚不得小于公称壁厚的 90%，不得使用不合格的产品。钢管表面平直光滑，壁厚均匀，不应有裂缝、分层、毛刺、硬弯、电锯结疤，其表面应有防锈处理：扣件不得有裂纹、变形和螺栓出现滑丝等缺陷，并有防锈处理。

钢管、扣件应按规格、种类分类整齐堆放、堆稳。堆放的地方不得有积水。按照支撑系统专项施工方案，必须对地基的软松土、回填土进行平整、夯实，地基设有排水措施，支撑系统范围内的地基承载能力应满足支架施工时总荷载的要求。同时在模板支撑系统的搭设区域应设置安全警戒线。

(2) 搭设要求。

模板支撑系统的立杆间距应按施工方案进行设置，先在地平面放线确定立杆位置，将立杆与水平杆用扣件连接成第一层支撑架体，完成一层搭设后，应对立杆的垂直度进行初步校正，然后搭设扫地杆并再次对立杆的垂直度进行校正，扫地杆离地不大于 200mm，逐层搭设支撑架体，每搭设一层纵向横向水平杆时，应对立杆进行垂直度校正。支撑架体的水平杆位置应严格按施工方案的要求设置，应一层一层进行搭设，不得错层搭设。立杆在同一水平面内对接接长数量不得大于总数量的 1/3，接长点应在层距端部的 1/3 距离范围内，接长杆应均匀分布在支撑架体平面范围内。严禁相邻两根立杆同步接长，立杆的接长应采取满足支撑高度的最少节点原则。立杆接长后仍不能满足所需高度且接长高度小于 800m 时可以在立杆顶部采用扣件绑接，用于调节立杆标高，绑接扣件数量不得少于两只且两只扣件的距离应为 350～400mm，扣件中心离立杆顶部距离不得小于 100mm，同一支撑架体上绑接扣件的距离应一致。

搭设两层以上的支撑架体应设置登高措施。按施工方案搭设水平杆的层高，且按照支撑架体要求设置水平加强层，搭设外立面剪刀撑和中间立面剪刀撑，设置支撑架体与墙体的附着连接。满堂模板支架四边与中间每隔四排支架立杆应设置一道纵向剪刀撑，由底至顶连续设置。高于 4m 的模板支架，其两端与中间每隔 4 排立杆从顶层开始向下每隔 2 步设置一道水平剪刀撑。支架作为承重系统，一般不设置脚手板，不上人操作。剪刀撑的设置也比外脚手架复杂，包括水平剪刀撑和竖向剪刀撑。支架立杆应竖直设置，2m 高度的

垂直允许偏差为15mm。设支架立杆根部的可调底座，当其伸出长度超过300mm时，应采取可靠措施固定。当梁模板支架立杆采用单根立杆时，立杆应设在梁模板中心线外，其偏心距不应大于25mm。

(3) 使用过程。

在模板支撑系统搭设后至拆除的使用全过程中，立杆底部不得松动，不得随意拆除任何一根杆件，不得松动扣件，不得用作起重机缆风绳的拉结。混凝土浇筑应尽可能使模板支撑系统均匀受载，严格控制模板支撑系统的施工荷载，不得超过设计荷载，在施工中应有专人监控。在混凝土浇筑过程中应有专人对模板支撑系统进行监护，发现有松动、变形等情况，必须立即停止浇筑并果断采取相应的加固措施。

4.1.4 模板设计

模板及其支架应根据工程结构形式、荷载大小、地基土类别、施工设备和材料供应等条件进行设计。模板及其支架应具有足够的承载能力、刚度和稳定性，能可靠地承受浇筑混凝土的重量、侧压力以及施工荷载。对重要结构的模板、特殊形式的模板和超出适用范围的模板，应进行设计或验算以确保施工安全和经济性。

1. 荷载计算

(1) 模板及支架自重。根据模板设计图确定。肋形楼板及无梁楼板模板的自重可参考表4.2数据。

表4.2 楼板模板自重标准值 单位：kN/m^2

模板构件名称	木模板	定型组合钢模板
平板的模板及小楞	0.3	0.5
楼板（梁）模板	0.5	0.75
楼板模板及支架（楼层高≤4m）	0.75	1.1

(2) 浇筑的混凝土的重量。普通混凝土取$25kN/m^3$，其他混凝土根据实际密度确定。

(3) 钢筋重量。根据工程图纸确定。对一般梁板结构，每立方米钢筋混凝土中的钢筋重量：楼板1.1kN；梁1.5kN。

(4) 施工人员及施工设备荷载。

1) 计算模板及直接支承小楞结构构件时，均布活荷载为：$2.5kN/m^2$，集中荷载2.5kN进行验算，取两者中较大的弯矩值。

2) 计算直接支承小楞结构构件时，均布活荷载为$1.5kN/m^2$。

3) 计算支架支柱及其他支承结构构件时，均布活荷载为$1.0kN/m^2$。对大型浇筑设备如上料平台，混凝土输送泵等按实际情况计算。混凝土堆集高度超过100mm以上者按实际高度计算。如模板单块小于150mm时，集中荷载可分布在相邻两块板上。

(5) 振捣时产生的荷载（作用范围在有效压头高度之内）。水平面模板荷载$2.0kN/m^2$，垂直面模板为$4.0kN/m^2$。

(6) 新浇筑混凝土对模板的侧压力。采用内部振捣器时，新浇筑的混凝土作用于模板的最大侧压力，可按下列二式计算，并取较小值。

$$F=0.22r_c t_0 \beta_1 \beta_2 V^{1/2}$$

$$F=r_c H$$

式中　F——板的最大侧压力，kN/m^2；

r_c——混凝土的重力密度，kN/m^3；

t_0——新浇混凝土的初凝时间，h，可按实测确定；当缺乏试验资料时，可采用 $t_0=200/(T+15)$ 计算（T 为混凝土的温度，℃）；

V——混凝土浇筑速度，m/h；

H——混凝土侧压力计算位置至新浇筑混凝土顶面的总高度，m；

β_1——外加剂影响修正系数，不掺外加剂时取 1.0，掺具有缓凝作用的外加剂时取 1.2；

β_2——混凝土坍落度影响修正系数，当坍落度小于 30mm 时，取 0.85；50～90mm 时，取 1.0；110～150mm 时，取 1.15。

（7）倾倒混凝土时对垂直面模板产生的水平荷载与供料方法有关。用溜槽、串筒或导管时取 $2kN/m^2$；用容量不大于 $0.2m^3$ 的运输器具向模内倾倒混凝土时取 $2kN/m^2$；用容量为 $0.2\sim0.8m^3$ 的运输器具向模内倾倒混凝土时取 $4kN/m^2$；用容量大于 $0.8m^3$ 的运输器具向模内倾倒混凝土时取 $6kN/m^2$。

2. 模板及支架的荷载分项系数

计算模板及支架的荷载设计值，应采用荷载标准值乘以相应荷载分项系数求得。荷载分项系数参考表 4.3 。

表 4.3　　荷 载 分 项 系 数

荷载类别	分项系数
模板及支架自重	1.2
新浇筑混凝土自重	
钢筋自重	
施工人员及施工设备荷载	1.4
振捣混凝土时产生的荷载	
新浇混凝土对模板的侧压力	1.2
倾倒混凝土时产生的荷载	1.4

3. 计算规定

（1）模板荷载组合。计算模板和支架时应根据表 4.4 进行荷载组合。

（2）验算模板及支架刚度时允许的变形值：结构表面外露的模板，为模板构件跨度的 1/400：结构表面隐蔽的模板，为模板构件跨度的 1/250，支架压缩变形值或弹性挠度，为相应结构自有跨度的 1/1000。

模板系统的设计计算，原则上与永久结构相似，计算时要参照相应的设计规范。计算模板和支架的强度时，由于是一种临时性结构，钢材的允许应力可适当提高，当木材的含水率小于 25%，允许应力值可提高 15%。

表 4.4 **计算模板及其支架的荷载组合**

项次	项 目	荷载类别	
		计算强度用	验算刚度用
1	平板和薄壳模板及支架	(1) + (2) + (3) + (4)	(1) + (2) + (3)
2	梁和拱模板的底板及支架	(1) + (2) + (3) + (5)	(1) + (2) + (3)
3	梁、拱、柱(边长不大于 300mm)、墙(厚不大于 100mm)的侧面模板	(5) + (6)	(6)
4	厚大结构、柱(边长大于 300mm)墙(厚大于 100mm)的侧面模板	(6) + (7)	(6)

4.1.5 模板的拆除

现浇混凝土结构模板的拆除日期，取决于结构的性质、模板的用途和混凝土硬化速度。及时拆模，可提高模板的周转，为后续工作创造条件。如过早拆模，因混凝土未达到一定强度，过早承受荷载会产生变形甚至会造成重大的质量事故。

1. 模板拆除的规定

(1) 非承重模板(如侧板)应在混凝土强度能保证其表面及棱角不因拆除模板而受损坏时，方可拆除。

(2) 承重模板应在与结构同条件养护的试块达到表 4.5 规定的强度，方可拆除。

表 4.5 **整体式结构拆模时所需的混凝土强度**

项次	结构类型	结构跨度(m)	按设计混凝土强度的标准值百分率(%)
1	板	≤2	50
		>2，≤8	75
		>8	100
2	梁、拱、壳	≤8	75
		>8	100
3	悬臂梁构件	≤2	75
		>2	100

(3) 在拆除模板过程中，如发现混凝土有影响结构安全的质量问题时，应暂停拆除。经过处理后，方可继续拆除。

(4) 已拆除模板及其支架的结构，应在混凝土强度达到设计强度后才允许承受全部计算荷载。当承受施工荷载大于计算荷载时，必须经过核算，加设临时支撑。

2. 拆除模板的注意事项

(1) 拆模时不要用力过猛，拆下来的模板要及时运走、整理、堆放以便再用。

(2) 拆模程序一般应是先支后拆，后支先拆，先拆除侧模板，后拆除底模板，自上而下的原则进行。一般是谁安谁拆。重大复杂模板的拆除，事先应制定拆模方案。肋形模板的拆除顺序为柱模板→楼板底模板→梁侧模板→梁底模板。

(3) 拆除框架结构模板的顺序，首先是柱模板，然后是楼板底板，梁侧模板，最后梁底模板。拆除跨度较大的梁下支柱时，应先从跨中开始，分别拆向两端。

(4) 楼层板支柱的拆除，应按下列要求进行：上层楼板正在浇筑混凝土时，下一层楼板的模板支柱不得拆除，再下一层楼板模板的支柱，仅可拆除一部分；跨度4m及4m以上的梁下均应保留支柱，其间距不大于3m。

(5) 拆模时，应尽量避免混凝土表面或模板受到损坏，注意整块板落下伤人。

4.1.6 模板工程施工质量检查验收

模板工程施工质必须符合《混凝土结构工程施工及验收规范》(GB 50204—2002) 及相关规范要求。即“模板及其支架应具有足够的承载能力、刚度和稳定性，能可靠地承受浇筑混凝土的重量、侧压力以及施工荷载”。

1. 主控项目

(1) 安装现浇结构的上层模板及其支架时，下层楼板应具有承受上层荷载的承载能力，或加设支架；上下层支架的立信应对准，并铺设垫板。

检查数量：全数检查。

检验方法：对照模板设计文件和施工技术方案观察。

(2) 在涂刷模板隔离剂时，不得沾污钢筋和混凝土接槎处。

检查数量：全数检查。

检验方法：观察。

2. 一般项目

(1) 模板安装的要求。

1) 模板的接缝不应漏浆；在浇筑混凝土前，木模板应浇水湿润，但模板内不应有积水；

2) 模板与混凝土的接触面应清理干净并涂刷隔离剂；

3) 浇筑混凝土前，模板内的杂物应清理干净。

检查数量：全数检查。

检验方法：观察。

(2) 对跨度不小于4m的现浇钢筋混凝土梁、板，其模板应按设计要求起拱。

检查数量：在同一检验批内，对梁，应抽查构件数量的10%，且不应小于3件；对板，应按有代表性的自然间抽查10%，且不得小于3间；大空间结构，板可按纵横轴线划分检查面，抽查10%，且不少于3面。

检验方法：水准仪或拉线、钢尺检查。

(3) 固定在模板上的预埋件、预留孔、预留洞均不得遗漏，且应安装牢固。

检查数量：对梁，应抽查构件数量的10%，且不应小于3件；对板，应按有代表性的自然间抽查10%，且不得小于3间。

检验方法：水准仪或拉线、钢尺检查。

(4) 现浇结构模板安装的偏差应符合表4.6的规定。

检查数量：对梁，应抽查构件数量的10%，且不应小于3件；对板，应按有代表性的自然间抽查10%，且不得小于3间。检查轴线位置时，应沿纵、横两个方向量测，并取其中的较大值。

表 4.6 **现浇结构模板安装的允许偏差和检验方法**

项次	项 目		允许偏差（mm）	检验方法
1	轴线位移		5	钢尺检查
2	底模上表面标高		±5	水准仪或拉线、钢尺检查
3	截面内部尺寸	基础	±10	钢尺检查
		梁、墙、柱	+4，−5	钢尺检查
4	层高垂直度	层高不大于 5m	6	经纬仪或吊线钢尺检查
		层高大于 5m	8	
5	相邻两板表面高低差		2	钢尺检查
6	表面平整度		5	2m 靠尺或塞尺检查

注 检查轴线位置时，应沿纵横两个方向量测，并取其中较大值。

任务实施

1. 配板方案

若模板以其长边沿 4.95m 方向排列，可列出 3 种方案：

方案（1）33P3015＋11P3004，两种规格，共 44 块；

方案（2）34P3015＋2P3009＋1P1515＋2P1509，四种规格，共 39 块；

方案（3）35P3015＋1P3004＋2P1515，三种规格，共 38 块。

若模板以其长边沿 3.3m 方向排列，可列出 3 种方案：

方案（4）16P3015＋32P3009＋1P1515＋2P1509，四种规格，共 51 块；

方案（5）35P3015＋1P3009＋2P1515，三种规格，共 38 块；

方案（6）134P3015＋1P3009＋2P1509＋3P3009，四种规格，共 39 块。

综上，方案（3）、方案（5）中模板规格种类和块数均较少，比较便于施工和具有一定的经济性。方案（1）为错缝排列，刚性好，宜用于预拼吊装的情况。现取方案（3）作模板结构布置及验算。

2. 模板结构布置与荷载计算

如图 4.14 所示，其内外钢楞用矩形钢管 2□60×40×2.5，钢楞截面抵抗矩 $W=14.58\text{m}^3$，惯性矩 $I=43.78\text{cm}^4$，弹性模量 $E=2\times10^5\text{N/mm}^2$，强度设计值 $f=210\text{N/mm}^2$，内钢楞间距为 0.75m。外钢楞间距为 13m。内外钢楞交点处用 $\phi48\times3.5$ 钢管作支架，用搭接接长，各支柱间布置双向水平上下两道，并适当布置剪刀撑。

荷载计算

每平方米支承面模板荷载；

模板及配件自重	500N/m^2
新浇筑混凝土自重	2500N/m^2
钢筋重量	110N/m^2
施工荷载	2500N/m^2
合计	5610N/m^2

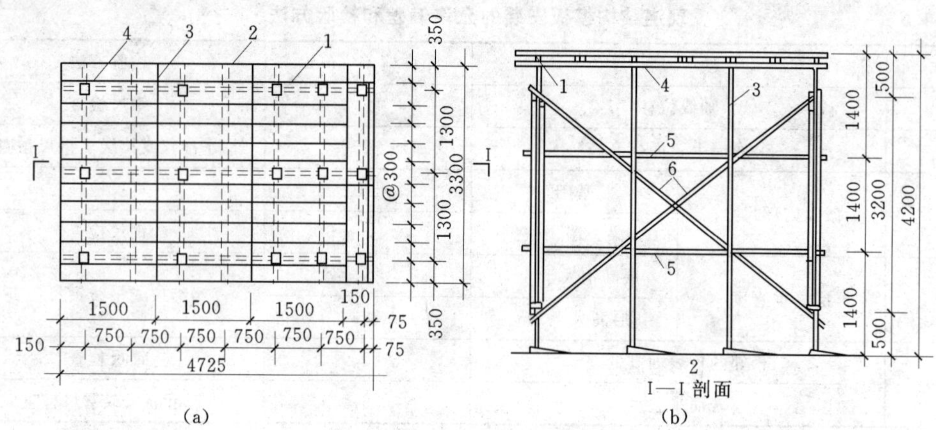

图 4.14　配板及支撑

1—ϕ48×3.5 钢管支柱；2—钢模板；3—内钢楞；4—外钢楞；5—水平撑；6—剪刀撑

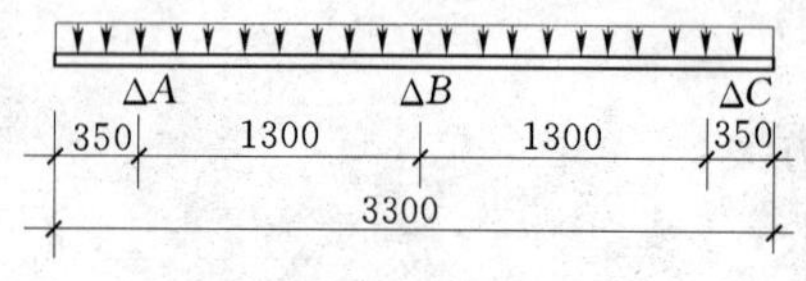

图 4.15　受力简图

3. 模板结构验算

(1) 内钢楞验算。

内钢楞计算简图如图 4.15 所示，悬臂 $a=0.35\text{m}$，内跨长 $l=1.3\text{m}$，荷载 $q=5610\times0.75=4207.5\text{N/m}$。

支点 A 弯矩：$M_A=(1/2)qa^2=(1/2)\times4207.5\times0.35^2=257.7\text{N}\cdot\text{m}$

支点 B 弯矩：$M_B=(1/8)ql^2[1-2(a/l)^2]=(1/8)\times4207.5\times1.3^2[1-2(0.35/1.3)^2]=760\text{N}\cdot\text{m}$

最大抗弯强度验算：

$$Q=\frac{M_B}{W}=\frac{760\times10^2}{14.58\times10^2}=52.1\text{N/mm}^2<f=210\text{N/mm}^2$$

悬臂端挠度：

$$q'=(5610-2500)\times0.75=2332\text{N/m}$$

$$f=\frac{q'al^3}{48EI}\left[-1+6\left(\frac{a}{l}\right)^2+6\left(\frac{a}{l}\right)^3\right]=0.19\text{mm}$$

跨内最大挠度：

$$f'=\frac{0.1q'l^4}{24EI}=\frac{0.1\times2332\times1.3^4\times10^9}{24\times2\times10^5\times43.76\times10^9}=0.317\text{mm}$$

$$\frac{f'}{l}=\frac{0.317}{1300}=\frac{1}{4100}<\frac{1}{400}$$

所以满足要求。

(2) 支柱验算。

验算支柱时，模板及支架自重取 1100N/m^2，故水平投影面上的荷载为 $1100+2500+110+2500=6210\text{N/m}^2$，每一中间支柱所受荷载为 $1.3\times1.5\times6210=12100\text{N}=12.1\text{kN}$。当采用 ϕ48×3.5 钢管，用扣件搭接接长，横杆步距为 1.5m 时，每根钢管的容许荷载为 13.3kN，大于支架支柱所受的荷载 12.1kN，故模板及支架安全。

任务2 钢 筋 工 程

任务描述

在钢筋工程中，会有各种尺寸和形状的需要，如何加工安装才能使钢筋工程符合设计要求？对于弯曲不同角度的钢筋和弯钩等，如何进行配料计算，为备料、加工等提供依据？

任务分析

钢筋的种类有很多，在工程实践中，为了满足尺寸的需要，可能需要接长；为了使形状符合设计要求，或需弯曲、弯折不同的角度。如何进行有效的连接，弯曲后怎样调整钢筋的量度差值，才能使其符合结构施工图。

相关知识

4.2.1 钢筋的种类

钢筋的种类很多，按结构构件的类型不同可分为普通钢筋和预应力钢筋。普通钢筋是指用于钢筋混凝土结构中的钢筋和预应力混凝土结构中的非预应力钢筋，有 HPB235、HRB335、HRB400 及 RRB400 等四种，级别越高，强度及硬度越高，塑性则逐级降低；预应力钢筋宜采用预应力钢绞线、消除应力钢丝，也可采用热处理钢筋（强度和伸长率符合要求的冷加工钢筋或其他钢筋也可用作预应力钢筋，但必须符合专门标准的规定）。

按化学成分，钢筋可分为碳素钢钢筋和普通低合金钢钢筋。碳素钢钢筋按含碳量多少，又可分为低碳钢（含碳量小于 0.25%）、中碳钢（含碳量 0.25%～0.60%）和高碳钢钢筋（含碳量大于 0.60%）。含碳量直接影响钢筋强度和受力变形性能。含碳量增加，钢筋强度和硬度增大，但塑性和韧性降低，脆性增大，可焊性变差；普通低合金钢钢筋是在低碳钢和中碳钢中加入含量不超过 3%的某些合金元素（如钛、钒、锰等）冶炼而成；由于加入了适量合金元素，强度提高，机械性能也得到改善。

按直径大小可分为钢丝（直径 3～5mm）、细钢筋（直径 6～10mm）、中粗钢筋（12～20mm）和粗钢筋（直径大于 20mm）。为便于运输，通常将直径为 6～10mm 的钢筋制成盘圆；直径大于 12mm 的钢筋截成每根长度为 6～12m。

按钢筋在结构中的作用不同可分为受力钢筋、架立钢筋和分布钢筋等。

按轧制外形可分为光面钢筋和刻痕钢筋（螺纹、人字纹及月牙纹）。

4.2.2 钢筋的加工

钢筋一般在钢筋车间加工，然后运至施工现场绑扎或安装。其加工过程一般有冷拉、弯曲、切断、接长、调直与除锈等。

4.2.2.1 钢筋的冷拉

钢筋的冷拉是在常温下，以超过钢筋屈服强度的拉应力拉伸钢筋，使钢筋产生塑性变

形，以提高强度，节约钢材。

冷拉时，钢筋被拉直，表面锈渣自动剥脱，因此钢筋冷拉不但可提高钢筋的屈服点，而且可以同时完成调直、除锈工作。冷拉钢筋主要用作受拉钢筋，如冷拉 HRB335、HRB400、RRB400 级钢筋通常用作预应力筋，冷拉 HPB235 级钢筋用作非预应力的受拉钢筋。在承受冲击荷载的动力设备基础中，也不应采用冷拉钢筋。

1. 钢筋冷拉特点

在拉应力超过屈服点后卸去外力，由于钢筋已产生塑性变形，如再立即重新拉伸，将出现新的屈服点。这个屈服点明显高于冷拉前的屈服点。其原因是由于塑性变形后，钢筋内部晶面滑移，晶粒变形，因而钢筋的屈服点得以提高。钢筋冷拉后屈服点提高，塑性降低，弹性模量也有所降低。

钢筋冷拉后有内应力存在，内应力将促进钢筋晶体组织自行调整，这种晶体组织调整的过程称为时效。冷拉时效后，钢筋的强度将进一步提高，塑性将进一步降低而弹性模量恢复至原值。HPB235 ～HRB335 级钢筋的时效过程在常温下（称自然时效）须经 15～28 d 方能完成；为了加速时效的完成，可采用人工时效，例如将冷拉后的 HPB235～HRB335 级钢筋放入 100℃左右的水或蒸汽中蒸煮 2h，即能完成时效过程。HRB400～RRB400 级钢筋在自然条件下一般达不到时效的效果，必须采用人工时效，一般采用通电加热，将钢筋加热至 150～300℃，保持 20min 左右，即可完成时效过程。

2. 钢筋冷拉参数与控制方法

(1) 钢筋冷拉参数。

钢筋的冷拉应力和冷拉率是影响钢筋冷拉质量的两个重要参数。钢筋的冷拉率就是钢筋冷拉时包括其弹性和塑性变形的总伸长值与钢筋原长之比值。在一定限度范围内，冷拉应力或冷拉率愈大，则屈服点提高愈多，而塑性降低也愈多。但钢筋冷拉后仍有一定的塑性，其抗拉强度与屈服点之比值不宜太小，以使钢筋有一定的强度储备。

(2) 控制方法。

钢筋冷拉可采用控制应力或和控制冷拉率的方法。

采用控制应力的方法冷拉钢筋时，其冷拉控制应力及最大冷拉率应符合表 4.7 的规定，同时，冷拉后检查钢筋的冷拉率，若冷拉率超过规定，应进行机械性能试验。

表 4.7　　冷拉控制应力及最大冷拉率

钢筋级别		冷拉控制应力（N/mm^2）	最大冷拉率（%）
HPB235 级 $d \leqslant 12$		280	10.0
HRB335 级	$d \leqslant 25$	450	5.5
	$d=28 \sim 40$	430	
HRB400 级 $d=8 \sim 40$		500	5.0
RRB400 级		700	4.0

采用控制冷拉率方法冷拉钢筋时，冷拉率必须由试验确定。对同炉批钢筋，测定的试件不应少于 4 个，每个试件都按表 4.8 规定的冷拉应力值在万能试验机上测定相应的冷拉率，取其平均值作为该炉批钢筋的实际冷拉率。如钢筋强度偏高，平均冷拉率低于 1%

时，仍应按1%进行冷拉。如冷拉一批长24m的HRB335级钢筋，根据试验确定及冷拉率为4%，则本批钢筋应拉长24m×4%=0.96m=960mm。

表4.8　　测定冷拉率时钢筋的冷拉应力

钢筋级别		冷拉控制应力（N/mm²）
HPB235级 $d\leqslant12$		320
HRB335级	$d\leqslant25$	480
	$d=28\sim40$	460
HRB400级 $d=8\sim40$		530
RRB400级		730

控制应力法能保证冷拉钢筋的质量，用作预应力筋的冷拉钢筋，宜用控制应力法。控制冷拉率法设备简单，但当材质不均匀，冷拉率波动大时，不易保证冷拉应力，为此可采用逐根取样法。不能分清炉批的热轧钢筋，不应采用控制冷拉率法。

3. 冷拉钢筋质量

冷拉后，钢筋表面不应发生裂纹活局部颈缩现象，并应按施工规范要求进行拉力试验合冷弯试验，其质量应符合表4.9各项指标。冷弯试验时不得有裂纹、起层或断裂现象。

表4.9　　冷拉钢筋的机械性能

项次	钢筋级别	直径（mm）	屈服点（MPa）	抗拉强度（MPa）	伸长率 δ_0	冷弯	
			不小于			冷弯角度（°）	弯心直径
1	冷拉HPB235级	6～12	280	380	11	180	$3d_0$
2	冷拉HRB335级	8～25	450	520	10	90	$3d_0$
		28～40	430	500	10	90	$4d_0$
3	冷拉HRB400级	8～40	500	580	8	90	$5d_0$
4	冷拉RRB400级	10～28	700	850	6	90	$5d_0$

4. 钢筋冷拉设备

冷拉设备主要由拉力装置、承力结构、钢筋夹具及测量装置等组成。拉力装置一般由卷扬机、张拉小车及滑轮组等组成（图4.16）。当缺乏卷扬机时，可采用普通液压千斤顶、长冲程千斤顶或预应力用的千斤顶等代替，但用千斤顶冷拉时生产率较低，且千斤顶

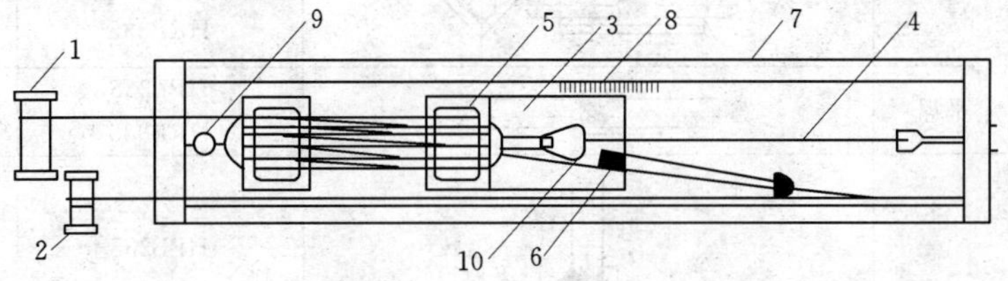

图4.16　钢筋冷拉设备示意图

1—卷扬机；2—小车回程用卷扬机；3—张拉小车；4—钢筋；5—冷拉滑轮组；6—小车回程滑轮组；7—钢筋混凝土压杆；8—标尺；9—电子秤；10—张拉夹具

容易磨损。承力结构可采用钢筋混凝土压杆或地锚。当拉力较大时，一般采用钢筋混凝土压杆，当拉力较小或临时性工程中，可采用地锚。测量冷拉长度可用标尺，测力计可采用电子秤、附有油表的液压千斤顶或弹簧测力计。测力计一般宜设置在张拉端定滑轮组处，若设置在固定端时，则应设防护装置，以免钢筋断裂时损坏测力计。为安全起见，冷拉时，钢筋应缓缓拉伸、缓缓放松，并应防止斜拉，正对钢筋两端不允许站人或跨越钢筋。

4.2.2.2　钢筋的接长

1. 钢筋的焊接

采用焊接，可改善结构受力性能，提高工效，节约钢材，降低成本。钢筋的焊接质量与钢材的可焊性、焊接工艺有关。在相同的焊接工艺条件下，能获得良好焊接质量的钢材，称其在这种条件下的可焊性好。钢筋的可焊性与其含碳及含合金元素的数量有关。含碳、锰数量增加，则可焊性差；加入适量的钛，可改善焊接性能。焊接参数和操作水平亦影响焊接质量。

钢筋焊接的接头形式、焊接工艺和质量验收，应符合《钢筋焊接及验收规程》（JGJ 18—2003）的规定。焊接方法及适用范围见表4.10。

表4.10　焊接方法及适用范围

项次	焊接方法		接头形式	钢筋级别	直径（mm）
1	电阻点焊		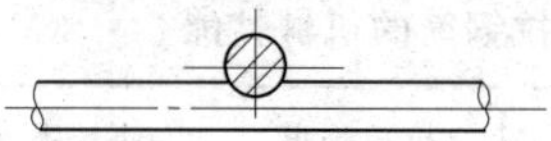	HPB235级 HRB335级	6～14 3～5
2	闪光对焊		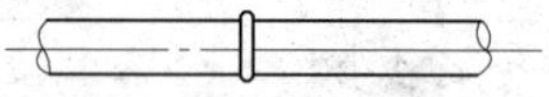	HRB335级 HRB400级	10～40
3	帮条焊	双面焊	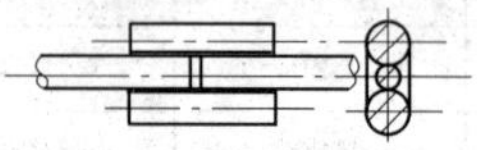	HPB235 HRB335	10～40
		单面焊	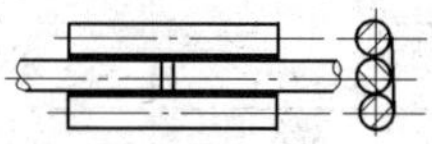	HPB235 HRB335	10～40
	搭接焊	双面焊	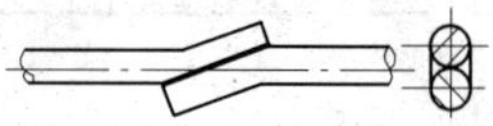	HPB235 HRB335	10～40
		单面焊	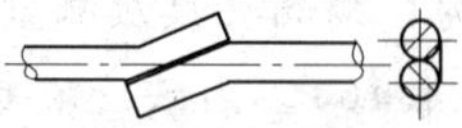	HPB235 HRB335	10～40
	熔槽帮条焊		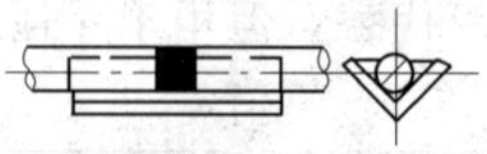	HPB235 HRB335	25～40
	坡口焊	平焊		HPB235 HRB335	18～40
		立焊	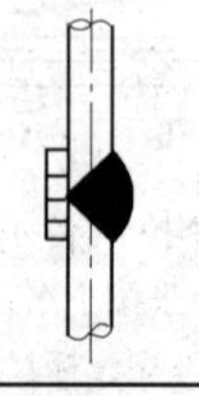	HPB235 HRB335 HRB400	18～40

续表

项次	焊接方法		接头形式	钢筋级别	直径（mm）
3	钢筋与钢板搭拉焊			HPB235 HRB335	8～40
	预埋件T型接头电弧焊	贴角焊		HPB235 HRB335	6～16
		穿孔塞焊		HPB235 HRB335	≥18
4	电渣压力焊			HPB235 HRB335	14～40
5	预埋T型接头埋弧压力焊			HPB235 HRB335	6～20

（1）闪光对焊。广泛用于钢筋接长及预应力钢筋与螺丝端杆的焊接；热轧钢筋优先选用闪光对焊；适用于焊接直径10～40mm的Ⅰ～Ⅲ级（即HPB235、HRB335、HRB400）钢筋及直径10～25mm的Ⅳ级（即RRB400）钢筋。

闪光对焊是利用对焊机使两段钢筋接触，通过低电压的强电流，使钢筋加热到一定温度变软后，进行轴向加压顶锻，形成对焊接头（图4.17）。闪光对焊焊接工艺应根据具体情况选择（见表4.11）。

表4.11　　闪光对焊工艺及适用范围

工艺名称	工艺过程	适用范围
连续闪光焊	连续闪光、顶锻	适于焊接直径25mm以内的Ⅰ～Ⅲ级钢筋，焊接端面不平整、直径较小的钢筋最适宜
预热闪光焊	预热、连续闪光、顶锻	适于钢筋端面较平整，且直径20mm以上的Ⅰ～Ⅲ级钢筋
闪光一预热一闪光焊	一次闪光、预热、二次闪光、顶锻	适于端面不平整，且直径20mm以上的Ⅰ～Ⅲ级钢筋及Ⅳ级钢筋

HRB400级钢筋中可焊性差的高强钢筋，宜用强电流进行焊接。焊后再进行通电热处理，通电热处理的目的是对焊接接头进行一次退火或高温回火处理，以消除热影响区产生的脆性组织，改善接头的塑性。

采用连续闪光对焊时应合理选择调伸长度、烧化留量、顶锻留量以及变压器级数等；采用闪光—预热—闪光焊时，除上述参数外，还应包括一次烧化留量、二次烧化留量、预热流量、预热时间等参数。焊接不同直径的钢筋时，其截面比不宜超过1.5，焊接参数按大直径的钢筋选择。负温下焊接时，由于冷却快，易产生冷脆现象，内应力也大，为此，

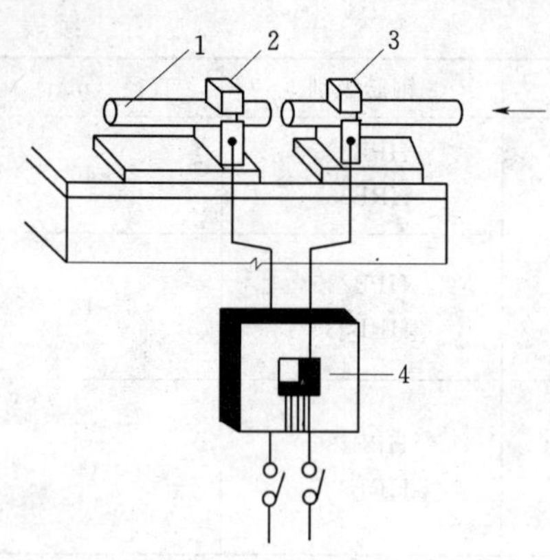

图 4.17 钢筋对焊

1—钢筋；2—固定电极；3—可动电极；4—焊接变压器

负温下焊接应减小温度梯度和冷却速度。

闪光对焊后，除了对钢筋接头进行外观检查（无裂纹和烧伤、接头弯折不大于4°，接头轴线偏移不大于1/10的钢筋直径，也不大于2mm），还应按钢筋焊接及验收规程的规定进行抗拉强度和冷弯试验。

（2）电弧焊。利用弧焊机使焊条与焊件之间产生高温电弧，使焊条和电弧燃烧范围内的焊件熔化，凝固后形成焊缝或接头。根据焊接位置和方法可分为帮条焊、搭接焊、熔槽帮条焊、坡口焊等四种形式（图4.18）。

（3）电阻点焊。电阻点焊主要用于钢筋的交叉连接，如用来焊接钢筋网片、钢筋骨架等，特别适于预制厂大量使用。它生产效率高、节约材料，应用广泛。

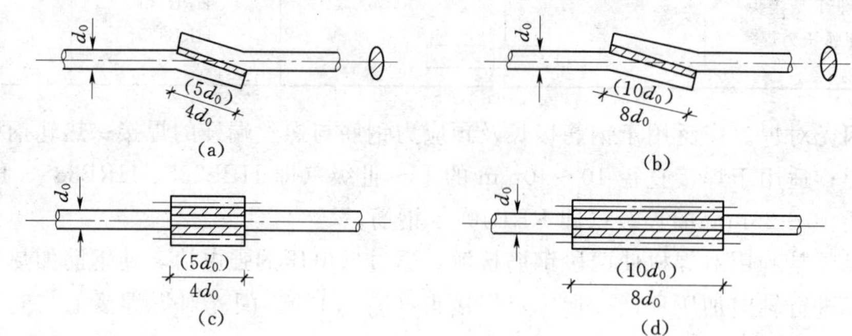

图 4.18 电弧焊接头形式

(a) 双面焊；(b) 单面焊；(c) 双面焊；(d) 单面焊

电阻点焊是将两钢筋安放成交叉叠接形式，压紧于两电极之间，使钢筋通电发热至一定温度后，加压使焊点金属焊合的一种压焊方法。常用点焊机有单点点焊机、多点点焊机、悬挂式点焊机，施工现场还可采用手提式点焊机。电阻点焊的主要工艺参数为：电流强度、通电时间、电极压力。电流强度和通电时间一般均采用电流强度大、通电时间短的参数，电极压力则根据钢筋级别和直径选择。

电阻点焊的焊点应进行外观检查和强度试验，热轧钢筋的焊点应进行抗剪试验。冷处理钢筋除进行抗剪试验外，还应进行抗拉试验。

（4）电渣压力焊。电渣压力焊是将钢筋安放成竖向对接形式，接通电路，用手柄使电弧引燃，在焊剂层下形成电弧过程和电渣过程，产生电弧热和电阻热，熔化钢筋，加压完成的一种压焊方法（图4.19）。引弧、稳弧、顶锻三个过程连续进行。电渣压力焊的参数为焊接电流、渣池电压、焊接通电时间，这些参数均根据钢筋直径选择。

这种方法比电弧焊易于掌握、工效高、节省钢材、成本低、质量可靠。适用于现浇钢筋混凝土结构中竖向或斜向（倾斜度在4：1的范围内）钢筋的连接，在高层建筑施工中

得到广泛应用。不宜用于热轧后余热处理的钢筋。

电渣压力焊的接头应按规范规定的方法检查外观质量和进行拉力试验。

(5) 气压焊。气压焊是利用乙炔—氧混合气体燃烧的高温火焰对两连接钢筋端部接缝处加热，待其达到热塑状态时，对钢筋施加 30～40N/mm^2 的轴向压力进行加压顶锻，使钢筋内的原子得以再结晶而焊接在一起。

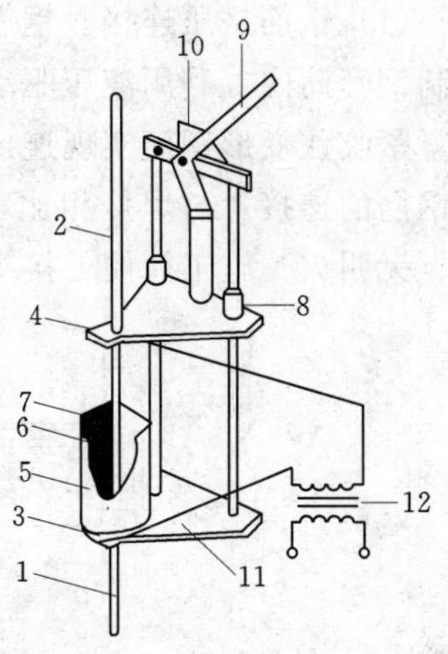

图 4.19 电渣压力焊示意图

1、2—钢筋；3—固定电极；4—滑动电极；5—焊剂盒；6—导电剂；7—焊剂；8—滑动架；9—操纵杆；10—标尺；11—固定架；12—变压器

气压焊属于热压焊。在焊接加热过程中，温度为钢材熔点的 0.8～0.9 倍，且时间短，不会出现钢筋材质劣化。另外，设备轻巧、使用灵活、效率高，焊接成本低。可进行全方位（竖向、水平向、斜向）焊接，应用广泛。气压焊接设备主要包括加热系统与加压系统两部分（图 4.20）。

气压焊的工艺过程：用砂轮锯切平钢筋端面，要求端面与钢筋轴线垂直，去掉端面周边的毛刺→用磨光机打磨钢筋端面，清除氧化层和污物，使之露出金属光泽→安装夹具夹紧钢筋，使两钢筋轴线对正，缝隙不大于 3mm，对钢筋轴心施加初压力（5～10N/mm^2）→用碳化焰加热钢筋，待钢筋接缝处呈红黄色、压力表针大幅度下降时，对钢筋施加初期压力，使缝隙闭合→用中性焰继续加热钢筋端部，使其达到合适的压接温度→当钢筋表面变成炽白色时，边加热边加压，达到 30～40N/mm^2，形成接头→拆卸夹具，进行质量检验。

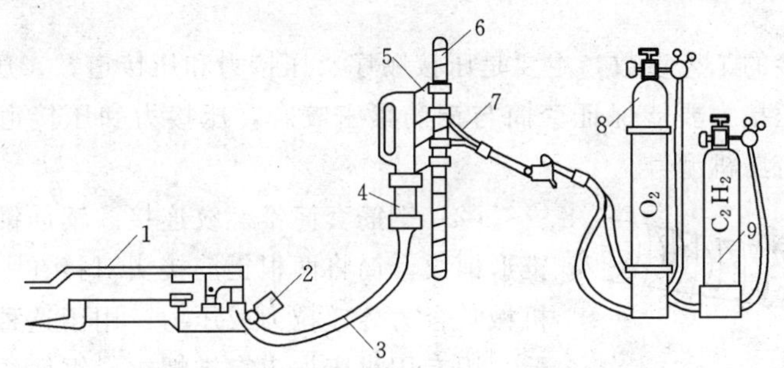

图 4.20 气压焊设备示意图

1—脚踏液压泵；2—压力表；3—液压胶管；4—活动油缸；5—钢筋卡具；6—钢筋；7—焊枪；8—氧气瓶；9—乙炔瓶

气压焊的接头应按规范规定的方法检查外观质量和进行拉力试验。

进行气压焊时掌握好火焰功率（取决于氧、乙炔流量）很重要，功率过大易引起过烧现象，过小易造成接面夹生现象，延长压接时间。

2. 钢筋的机械连接

钢筋机械连接常用套筒挤压连接、锥螺纹套筒连接、直螺纹套筒连接三种形式，是近年来大直径钢筋现场连接的主要方法。

(1) 钢筋挤压连接。钢筋挤压连接亦称钢筋冷压连接。它是将需连接的变形钢筋插入特制钢套筒内，利用液压驱动的挤压机进行径向或轴向挤压，使钢套筒产生塑性变形，使它紧紧咬住变形钢筋实现连接（图4.21）。它适用于竖向、横向及其他方向的较大直径变形钢筋的连接。与焊接相比，它具有节省电能、不受钢筋可焊性能的影响、不受气候影响、无明火、施工简便、接头可靠度高等特点。

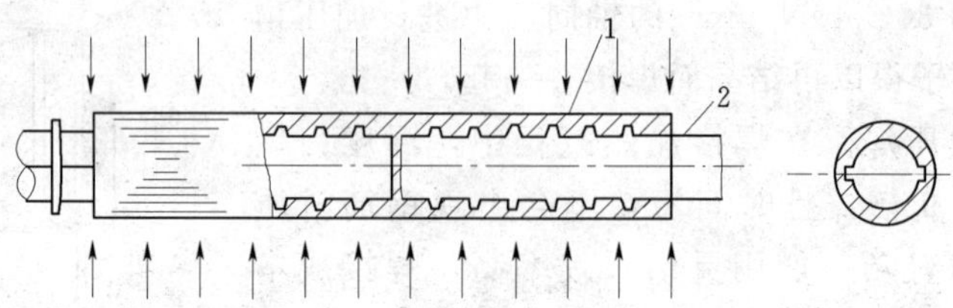

图4.21 钢筋径向挤压连接原理图

1—钢套筒；2—被连接钢筋

目前，我国应用的挤压连接主要有径向挤压连接和轴向挤压连接两种。

径向挤压连接是利用挤压机径向挤压钢套筒，使套筒产生塑性变形，套筒内壁变形嵌入钢筋变形处，由此产生抗剪力来传递钢筋连接处的轴向力。径向压接有两种方式：一种是两根连接的钢筋的全部压接都在施工现场进行；另一种是预先压接一半钢筋接头，运至工地就位后再压接另一半钢筋接头。后者可以减少现场作业，能加快连接速度。适用于直径20～40mm的带肋钢筋的连接特别适用于对接头可靠性和塑性要求较高的情况。

轴向挤压连接是用挤压机和压模对钢套筒和插入的两根钢筋沿其轴线方向进行挤压，使钢套筒产生塑性变形与变形钢筋咬合而进行的连接。它用于同直径或相差一个型号直径的钢筋连接。

钢筋挤压连接的工艺参数，主要是压接顺序、压接力和压接道数。压接顺序从中间逐道向两端压接。压接力要能保证套筒与钢筋紧密咬合，压接力和压接道数取决于钢筋直径、套筒型号和挤压机型号。

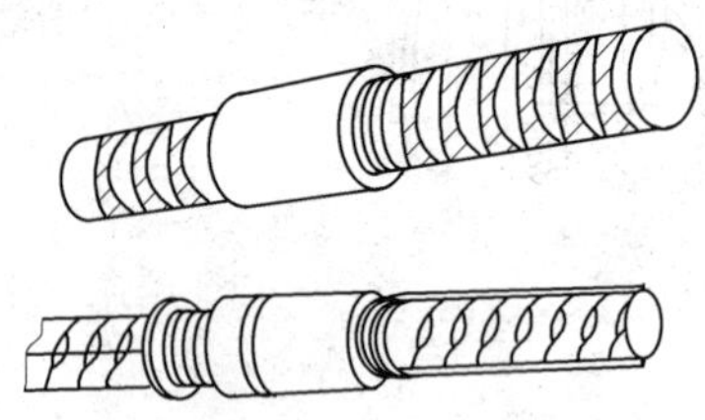

图4.22 钢筋套管锥螺纹连接示意图

(2) 钢筋套筒锥螺纹连接。钢筋锥套筒连接是利用锥形螺纹套筒将两根钢筋接头对接在一起，利用螺纹的机械咬合力传递拉力或压力。用于这种连接的钢套筒内壁，用专用机床加工有锥螺纹，钢筋的对端头亦在套丝机上加工有与套筒匹配的螺纹。连接时，在对螺纹检查无油污和操作后，先用手旋入钢筋，然后用扭矩扳手紧固至规定的扭矩即完成连接（图4.22）。它施工速度快、不受气候影响、质量稳定、对中性好。

钢筋套筒锥螺纹连接施工工艺：钢筋下料→钢筋套丝→钢筋连接。

1）钢筋下料：可用钢筋切断机或砂轮锯，要求端面垂直于钢筋轴线，端头不得挠曲或出现马蹄形。钢筋要有腐蚀合格证明，钢筋的连接套必须有明显的规格标记，锥孔两端必须用密封盖封住，应有产品出厂合格证，并按规定分类包装。

2）钢筋套丝：可以在施工现场或钢筋加工厂进行预制。为确保套丝质量，工人对每

个丝头用牙形规或卡规逐个进行检查，达到质量要求的四头，一端戴上与钢筋规格相同的塑料保护帽，另一端按规定力矩值拧紧连接套，并按规格分类堆放整齐。

3）钢筋连接：连接前，先回收塑料保护帽和密封盖，并检查钢筋规格是否与连接套规格相同，检查锥螺纹丝扣是否完好无损、清洁，如果发现杂物或锈蚀，可用铁刷清除干净，然后把已拧好连接套一头钢筋拧到被连接的钢筋上，用扭力扳手按规定的力矩值紧至发出响声，并随手画上油漆标记，以防钢筋接头漏拧。连接水平钢筋时，必须用钢筋托平，再按以上方法连接。

（3）钢筋直螺纹套筒连接。为了提高螺纹套筒连接的质量，近年来，开发了直螺纹套筒连接技术。钢筋直螺纹套筒连接是将钢筋待连接的端头用滚轧加工工艺滚轧成规整的直螺纹，再用相配套的直螺纹套筒将两钢筋相对拧紧，实现连接。钢筋端头滚轧直螺纹使钢筋端头应力大增，从而使直螺纹接头的抗拉强度均高于母材的抗拉强度。

滚压直螺纹又分为直接滚压直螺纹和挤压肋滚压直螺纹两种。采用专用滚压套丝机，先将钢筋的横肋和纵肋进行滚压或挤压处理，使钢筋滚丝前的柱体达到螺纹加工的圆度尺寸，然后再进行螺纹滚压成型，螺纹经滚压后材质发生硬化，强度约提高6%～8%，全部直螺纹成型过程由专用滚压套丝机一次完成。

直螺纹工艺流程：钢筋平头→钢筋滚压或挤压→螺纹成型→丝头检验→套筒检验→钢筋就位→拧下钢筋保护帽和套筒保护帽→接头拧紧→作标记→施工质量检验。

钢筋直螺纹套筒连接强度高；操作方便，速度快；滚丝可在工地的钢筋加工场地预制，不占工期；在施工面上连接不用电、不用气，无明火作业，可全天候施工。可用于水平、竖直等不同位置钢筋的连接。

3. 钢筋的绑扎连接

绑扎目前仍为钢筋连接的主要手段之一，尤其是板筋。钢筋绑扎时，应采用铁丝扎牢；板和墙的钢筋网，除外围两行钢筋的相交点全部扎牢外，中间部分交叉点可相隔交错扎牢，保证受力钢筋位置不产生偏移；梁和柱的钢筋应与受力钢筋垂直设置。弯钩叠合处应沿受力钢筋方向错开设置。钢筋绑扎搭接接头的末端与钢筋弯起点的距离，不得小于钢筋直径的10倍，接头宜设在构件受力较小处。钢筋搭接处，应在中部和两端用铁丝扎牢。受拉钢筋和受压钢筋的搭接长度及接头位置要符合《混凝土结构工程施工质量验收标准》（GB 50204—2002）的规定。

4.2.2.3 钢筋调直与除锈

（1）钢筋调直。

钢筋调直宜采用机械调直，也可利用冷拉进行调直。若冷拉只是为了调直，而不是为了提高钢筋的强度，则调直时的冷拉率为：HPB235级钢筋不宜大于4%，HRB 335、HRB400级钢筋不宜大于1%。如所使用的钢筋无弯钩弯折要求时，调直冷拉可适当放宽，HPB 235级钢筋不大于6%；HRB 335、HPB400级钢筋不超2%。对不准采用冷拉钢筋的结构，钢筋调直冷拉率不得大于1%。除利用冷拉调直外，粗钢筋还可采用锤直和扳直的方法；直径为4～14mm的钢筋可采用调直机进行调直。经调直的钢筋应平直、无局部曲折。

（2）钢筋除锈。

为保证钢筋与混凝土之间的握裹力，钢筋在使用之前，应将其表面的油渍、漆污、铁

锈等清除干净。钢筋的除锈，一是在钢筋冷拉或调直过程中除锈，这对大量钢筋除锈较为经济；二是采用电动除锈机除锈，对钢筋局部除锈较为方便；三是采用手工除锈（用钢丝刷、沙盘）、喷沙和酸洗除锈等。在除锈过程中发现钢筋严重锈蚀并已损伤钢筋截面或在除锈后钢筋表面有严重麻坑、斑点伤蚀钢筋截面时，应降级使用或剔除不用。

4.2.2.4 钢筋切断

钢筋切断采用钢筋切断机或手动切断器。手动切断器一般用于切断直径小于12mm的钢筋；钢筋切断机有电动和液压两种，可切断40mm的钢筋。大于40mm的钢筋常用氧—乙炔焰或电弧切割或锯断。

钢筋应按下料长度切断。钢筋的下料长度应力求准确，允许偏差为±10mm。

4.2.2.5 钢筋弯曲

钢筋下料后，应按弯曲设备特点及钢筋直径和弯曲角度进行划线，以便弯曲成设计所要求的尺寸。如弯曲钢筋两边对称时，划线工作宜从钢筋中线开始向两边进行，当弯曲形状比较复杂的钢筋时，可先放出实样，再进行弯曲。

钢筋弯曲采用弯曲机。弯曲机可弯直径6～40mm的钢筋，直径小于25mm的钢筋也可采用扳手弯曲。

加工钢筋的允许偏差：受力钢筋顺长度方向全长的净尺寸偏差不应超过±10mm；弯起筋的弯折位置偏差不应超过±20mm；箍筋内净尺寸偏差不应超过5mm。

4.2.3 钢筋的配料与代换

4.2.3.1 钢筋配料

钢筋配料是钢筋工程施工中的重要一环，是根据结构施工图，分别计算构件各钢筋的直线下料长度、根数及重量，编制钢筋配料单，作为备料、加工、结算的依据。钢筋配料应由识图能力强，同时熟悉钢筋加工工艺的人员完成。

1. 钢筋弯曲调整值的计算

设计图中所标注的钢筋尺寸是钢筋外皮至外皮之间的长度，即所谓外包尺寸，这是施工中度量钢筋长度的基本依据。钢筋弯曲后，在钢筋弯曲处，内皮缩短，外皮延伸，而中心线则保持弯曲前的长度不变，这样，钢筋弯曲后的外包尺寸和中心线长度之间存在一个差值，称为“量度差值”。在计算下料长度时必须予以扣除。因此，钢筋下料长度应为各段外包尺寸之和减去各弯曲处的量度差值再加上端部弯钩增加值。

钢筋弯曲常用形式及调整值如图4.23、图4.24、图4.25所示。

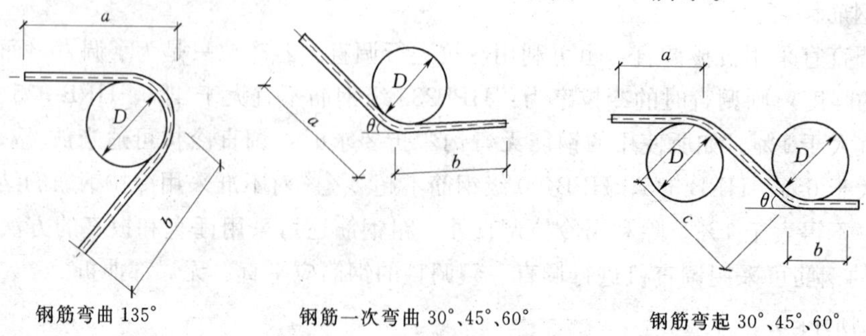

图4.23 弯曲形式

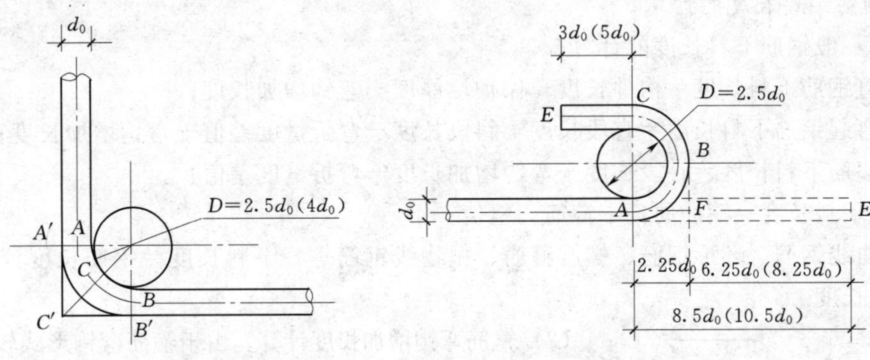

图 4.24 钢筋弯曲 90°　　　　图 4.25 钢筋弯曲 180°

(1) 钢筋弯曲直径的有关规定。

1) 受力钢筋的弯钩和弯弧规定：HPB235 级钢筋末端应作 180°弯钩，其弯弧内直径不应小于钢筋直径的 2.5 倍，弯钩的弯后平直部分长度不应小于钢筋直径的 3 倍；当设计要求钢筋末端需作 135°弯钩时，HRB335 级、HRB400 级钢筋的弯弧内直径不应小于钢筋直径的 4 倍，弯钩的弯后平直部分长度应符合设计要求；钢筋作不大于 90°的弯折时，弯折处的弯弧内直径不应小于钢筋直径的 5 倍。

2) 箍筋弯钩和弯弧规定：除焊接封闭环式箍筋外，箍筋的末端应作弯钩，弯钩形式应符合设计要求；当设计无具体要求时，应符合下列规定：箍筋弯钩的弯弧内直径除应满足与受力钢筋的弯钩和弯折相同的规定外，尚应不小于受力钢筋直径；箍筋弯钩的弯折角度：对一般结构，不应小于 90°；对有抗震等要求的结构，应为 135°；箍筋弯后平直部分长度：对一般结构，不宜小于箍筋直径的 5 倍；对有抗震等要求的结构，不应小于箍筋直径的 10 倍。

(2) 弯曲调整值计算。

1) 钢筋弯折各种角度时弯曲调整值，根据理论推算并结合实践经验，其数值见表 4.12。

2) 弯起钢筋弯曲 30°、45°、60°的弯曲调整值见表 4.13。

表 4.12　钢筋弯折各种角度时的弯曲调整值

弯折角度（°）	弯曲调整值 δ
30	$0.35d$
45	$0.5d$
60	$0.85d$
90	$2d$
135	$2.5d$

表 4.13　弯起钢筋弯曲 30°、45°、60°的弯曲调整值

弯曲角度（°）	弯曲调整值 δ
30	$0.34d$
45	$0.67d$
60	$1.23d$

3) 180°弯钩长度增加值：HPB235 级钢筋两端做 180°弯钩，其弯曲直径 $D=2.5d$，平直部分长度为 $3d$，如图 4.25 所示，每个弯钩长度增加值为 $6.25d$。箍筋做 180°弯钩时，其平直部分长度为 $5d$，则每个弯钩增加长度为 $8.25d$。

2. 钢筋下料长度的计算

(1) 一般钢筋下料长度的计算。

1) 直钢筋下料长度＝构件长度－保护层厚度＋弯钩增加长度；

2) 弯起钢筋下料长度＝直段长度＋斜段长度－弯折量度差值＋弯钩增加长度；

3) 箍筋下料长度＝直段长度＋弯钩增加长度－弯折量度差值；

或　箍筋下料长度＝箍筋周长＋箍筋调整值；

4) 曲线钢筋（环形钢筋、螺旋箍筋、抛物线钢筋等）下料长度＝钢筋长度计算值＋弯钩增加长度。

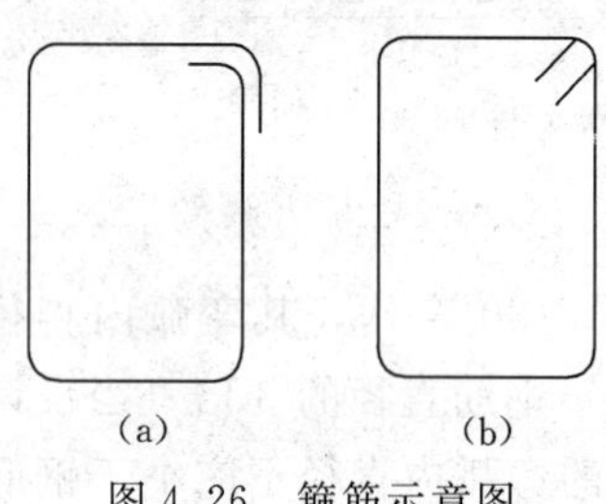

图 4.26　箍筋示意图
(a) 90°/90°；(b) 135°/135°

(2) 箍筋弯钩增加长度计算。由于箍筋弯钩形式较多，下料长度计算比其他类型箍筋弯钩的形式复杂，常用的弯钩形式有三种，即半圆弯、直弯钩、斜弯钩。图 4.26 (a) 是一般形式的箍筋，图 4.26 (b) 是有抗震要求和受扭构件的箍筋。

箍筋弯 90°/90°弯钩时，两个弯钩增加值为 $2\times(0.285D+4.785d_0)$，当取 $D=2.5d_0$、平直段为 $5d_0$ 时，两个弯钩增加值可取 $11d_0$。同样，箍筋弯 135°/135°弯钩时，两个弯钩增加值可取 $14d_0$。箍筋弯 90°/180°弯钩时，两个弯钩增加值可取 $14d_0$。

4.2.3.2　钢筋代换

钢筋的级别、钢号和直径应按设计要求采用，当施工中遇到钢筋品种或规格与设计要求不符时，在征得设计单位的同意并办理设计变更文件后可参照以下原则进行钢筋代换：

(1) 当构件按强度控制时，可按强度相等的原则代换，称“等强度代换”。如设计中所用钢筋强度为 f_{y1}，钢筋总面积 A_{s1}；代换后钢筋强度为 f_{y2}，钢筋总面积为 A_{s2}，应使代换前后钢筋的总强度相等，即

$$A_{s2}f_{y2}\geqslant A_{s1}f_{y1}$$
$$A_{s2}\geqslant(f_{y1}/f_{y2})A_{s1}$$

(2) 当构件按最小配筋率配筋时，可按钢筋面积相等的原则进行代换，称为“等面积代换”。即

$$A_{s2}\geqslant A_{s1}$$

(3) 钢筋代换注意事项。

1) 梁的纵向受力钢筋与弯起钢筋应分别进行代换，以保证正截面与斜截面强度；

2) 当构件受裂缝宽度或抗裂性要求控制时，代换后应进行裂缝或抗裂性验算，如裂缝宽度有一定增大（但不超过允许的最大裂缝宽度），还应对构件作挠度验算；

3) 钢筋代换后，应满足构造方面的要求（如钢筋间距、最小直径、最少根数、锚固长度、对称性等）及设计中提出的其他要求。

4.2.4　钢筋的绑扎与安装

钢筋绑扎、安装前，应先熟悉图纸，核对钢筋型号、直径、形状、尺寸、和数量是否与配料单和料牌相符，研究与有关工种的配合，确定施工方法。

钢筋的接长、钢筋骨架或钢筋网的成型应优先采用焊接或机械连接，如不能采用焊接

(如缺乏电焊机功率不够)或骨架过大过重不便于运输安装时，可采用绑扎的方法。钢筋绑扎一般采用20～22号铁丝，其中22号丝只用于绑扎直径12mm以下的钢筋。

钢筋绑扎程序是：画线→摆筋→穿箍→绑扎→安装垫块等。画线时应注意间距、数量，标明加密箍筋位置；板类构件摆筋顺序一般先排主筋后排负筋；梁类构件一般先排纵筋；摆放有焊接接头和绑扎接头的钢筋应符合规范规定；有变截面的箍筋，应事先将箍筋排列清楚，然后安装纵向钢筋。

4.2.4.1 钢筋绑扎

(1) 钢筋的交点须用铁丝扎牢。

(2) 板和墙的钢筋网片，除靠外周两行钢筋的相交点全部扎牢外，中间部分的相交点可间隔交错扎牢，但必须保证受力钢筋不发生位移。双向受力的钢筋网片，须全部扎牢。

(3) 梁和柱的钢筋，除设计有特殊要求外，箍筋应与受力筋垂直设置。箍筋弯钩叠合处，应沿受力钢筋方向错开设置。对于梁，箍筋弯钩在梁面左右错开50%，对于柱，箍筋弯钩在柱四角相互错开。

(4) 柱中的竖向钢筋搭接时，角部钢筋的弯钩应与模板成45°(多边形柱为模板内角的平分角；圆形柱应与柱模板切线垂直)；中间钢筋的弯钩应与模板成90°；如采用插入式振捣器浇筑小截面柱时，弯钩与模板的角度最小不得小于15°。

(5) 板、次梁与主梁交叉处，板的钢筋在上，次梁的钢筋居中，主梁的钢筋在下；当有圈梁或垫梁时，主梁的钢筋在上。

4.2.4.2 钢筋搭接长度及绑扎点位置

(1) 搭接长度的末端与钢筋弯曲处的距离不得小于钢筋直径的10倍，也不宜位于构件最大弯矩处；

(2) 受拉区域内，HPB235级钢筋绑扎接头的末端应做弯钩，HRB335、HRB400级钢筋可不做弯钩；

(3) 直径等于和小于12mm的受压HPB235级钢筋末端，以及轴心受压构件中，任意直径的受力钢筋末端，可不做弯钩，但搭接长度不应小于钢筋直径的35倍；

(4) 钢筋搭接处，应在中心和两端用铁丝扎牢；

(5) 绑扎接头的搭接长度应符合现行规范的要求。纵向受拉钢筋绑扎搭接接头面积百分率不大于25%时，其最小搭接长度应符合表4.14所示。当接头面积百分率大于25%，但不大于50%时，其最小搭接长度应按表中数值乘以系数1.2取用，当接头面积百分率大于50%时，应按表中数值乘以1.3取用。纵向受压钢筋的搭接长度按前述的相应数值乘以0.7取用；在任何情况下，受拉钢筋的搭接长度不宜小于300mm，受压钢筋的搭接长度不宜小于200mm。

表4.14　　纵向受拉钢筋的最小搭接长度

钢筋类型		混凝土强度等级			
		C15	C20～C25	C30～C35	≥C40
光圆钢筋	HPB235	$45d$	$35d$	$30d$	$25d$
带肋钢筋	HRB335	$55d$	$45d$	$35d$	$30d$
	HRB400、RRB400	—	$55d$	$40d$	$35d$

注　两根直径不同的钢筋的搭接长度，以较细钢筋的直径计算。

钢筋安装或现场绑扎应与模板安装相配合。柱钢筋现场绑扎时，一般在模板安装前进行，柱钢筋采用预制安装时，可先安装钢筋骨架，然后安装柱模板，或先安装三面模板，待钢筋骨架安装后，再钉第四面模板。梁的钢筋一般在梁模板安装后，再安装或绑扎；断面高度较大或跨度较大、钢筋较密的大梁，可留一面侧模，待钢筋安装或绑扎完后再钉。楼板钢筋绑扎应在楼板模板安装后进行，并应按设计先画线，然后摆料、绑扎。

钢筋保护层应按设计或规范的要求正确确定。工地常用预制水泥垫块垫在钢筋与模板之间，以控制保护层厚度。垫块应布置成梅花形，其相互间距不大于1m。上下双层钢筋之间的尺寸，可绑扎短钢筋或设置撑脚来控制。

4.2.5　钢筋工程施工质量检查与验收方法

钢筋工程属于隐蔽工程，在浇筑混凝土前应对钢筋及预埋件进行隐蔽工程验收，并按规定记好隐蔽工程记录，以便查验。

钢筋工程施工质量检验应按主控项目和一般项目进行检验。检验批合格质量应符合下列规定：主控项目的质量经抽样检验合格；一般项目的质量经抽样检验合格；当采用计数检验时，除有专门要求外，一般项目的合格点率达到80%及以上，且不得有严重缺陷；具有完整的施工操作依据和质量验收记录。

钢筋在运输和储存时，必须保留标牌，并按批分类堆放整齐，避免锈蚀和污染。

4.2.5.1　主要项目

(1) 钢筋进场应有出厂质量证明书或实验报告单，并按照品种、批号及直径分批验收，每批热轧钢筋重量不超过600kN，钢绞线不超过200kN，并按照有关规定取样，进行机械性能试验。

力学性能试验时，从每批外观尺寸检查合格的钢筋中任取两根，每根取两个试件分别进行拉力试验（包括屈服点、抗拉强度和伸长率）和冷弯试验。如有一项试验结果不符合规定，则从同一批中另取双倍数量的试样重做各项试验，如果仍有一个试件不合格，则该批钢筋为不合格品，应不予验收或降级使用。

检查数量：按进场的批次和产品的抽样方案确定。

(2) 对有抗震设防要求的框架结构，其纵向受力钢筋的强度应满足设计要求；当设计无具体要求时，对一、二级抗震等级，检验所得的强度实测值应符合下列规定：钢筋的抗拉强度实测值与屈服强度实测值的比值不应小于1.25；钢筋的屈服强度实测值与强度标准值的比值，不应大于1.3。

当发现钢筋脆断、焊接性能不良或力学性能显著不正常等现象时，应对该批钢筋进行化学成分检验或其他专项检验。检验有害成分如硫（S）、磷（P）、砷（As）的含量是否超过规定范围。

检查数量：按进场的批次和产品的抽样方案确定。

(3) 受力钢筋的弯钩和弯折应符合前面关于钢筋弯曲直径的有关规定。

检查数量：每工作班同一类型钢筋、同一加工设备抽查不应少于3件。

(4) 纵向受力钢筋的连接方式应符合设计要求。

检查数量：全数检查。

(5) 钢筋机械连接、焊接的接头应按国家现行标准的规定抽取试件作力学性能检验，其质量应符合有关规范规定。

检查数量：按有关规范确定。

(6) 钢筋安装时，受力钢筋的品种、级别、规格、数量必须符合设计要求。

检查数量：全数检查。

4.2.5.2 一般项目

(1) 外观检查。要求热轧钢筋平直、无损伤，表面不得有裂纹、油渍、颗粒状或片状老锈。表面凸块不得超过横肋的最大高度，外形尺寸应符合规定；钢绞线表面不得有折断、横裂和相互交叉的钢丝，无润滑剂、油渍和锈斑。

检查数量：进场时和使用前全数检查。

(2) 钢筋加工的形状、尺寸应符合设计要求，其偏差应符合表4.15规定。

检查数量：每工作班同一类型钢筋、同一加工设备抽查不应少于3件。

表4.15　钢筋加工的允许偏差

项　目	允许偏差（mm）	项　目	允许偏差（mm）
受力钢筋顺长度方向全长的净尺寸	±10	箍筋内净尺寸	±5
弯起钢筋的弯折位置	±20		

(3) 钢筋的调直应采用机械方法，当采用冷拉方法时，冷拉率应符合规范要求。

检查数量：每工作班同一类型钢筋、同一加工设备抽查不应少于3件。

(4) 接头应设在受力较小处。同一纵向受力钢筋不宜设置两个或两个以上的接头。接头末端至钢筋弯起点的距离不应小于钢筋直径的10倍。

检查数量：全数检查。

(5) 施工现场应按国家现行标准钢筋机械连接通用技术规程JGJ107、钢筋焊接及验收规程JGJ18的规定对机械连接接头、焊接接头的外观进行检查，其质量应符合有关规范规定。

检查数量：全数检查。

(6) 当采用机械连接接头或焊接接头时，设在同一构件内的接头宜相互错开，同一构件中相邻的纵向受力钢筋的绑扎搭接接头宜相互错开。

(7) 在梁、柱类构件的纵向受力钢筋搭接长度范围内，应按设计要求配置箍筋。

(8) 钢筋安装位置的偏差应符合表4.16规定。

表4.16　钢筋安装位置允许偏差和检验方法

项　目		允许偏差（mm）	检　验　方　法
绑扎钢筋网	长、宽	±10	钢尺检查
	网眼尺寸	±20	钢尺量连续三档，取其最大值
绑扎钢筋骨架	长	±10	钢尺检查
	宽、高	±5	钢尺检查

续表

<table>
<tr><th colspan="3">项　　目</th><th>允许偏差（mm）</th><th>检　验　方　法</th></tr>
<tr><td rowspan="5">受力钢筋</td><td colspan="2">间距</td><td>±10</td><td rowspan="2">钢尺量两端、中间各一点取其最大值</td></tr>
<tr><td colspan="2">排距</td><td>±5</td></tr>
<tr><td rowspan="3">保护层厚度</td><td>基础</td><td>±10</td><td>钢尺检查</td></tr>
<tr><td>梁柱</td><td>±5</td><td>钢尺检查</td></tr>
<tr><td>墙、板、壳</td><td>±3</td><td>钢尺检查</td></tr>
<tr><td colspan="3">绑扎箍筋、横向钢筋间距</td><td>±20</td><td>钢尺量连续三档，取其最大值</td></tr>
<tr><td colspan="3">钢筋弯起点位置</td><td>±20</td><td>钢尺检查</td></tr>
<tr><td rowspan="2">预埋件</td><td colspan="2">中心线位置</td><td>5</td><td>钢尺检查</td></tr>
<tr><td colspan="2">水平高差</td><td>+3.0</td><td>钢尺和塞尺检查</td></tr>
</table>

其中，(6)、(7)、(8) 检查数量：在同一检验批内，对梁、柱和独立基础，应抽查构件数量的10%，且不少于3件；对墙和板，应按有代表性的自然间抽查10%，且不少于3间；对大空间结构，墙可按相邻轴线间高度5m左右划分检查面，板可按纵、横轴线划分检查面，抽查10%，且均不少于3面。

任务实施

钢筋的加工方式有很多：冷拉可以提高屈服强度，节约钢材；在实际工程中，为了适应各种尺寸的需要，可以用焊接、机械连接等方法进行接长，也可以切断；如果为了适应形状的需要，可弯曲或弯折各种角度，然后根据相应的调整值计算钢筋的下料长度，既满足结构施工图需要，也不致造成浪费。

实践训练

1. 某墙体设计配筋为$\phi14@200$，施工现场无此钢筋，拟用$\phi12$的钢筋代换，试计算代换后的钢筋数量（每米根数）。

【解】 因钢筋的级别相同，所以可按面积相等的原则进行代换。

$$n_2 \geqslant \frac{n_1 d_1^2 f_{y1}}{d_2^2 f_{y2}}$$

代换前墙体每米设计配筋的根数：

$$n_1 = 1000/200 = 5(\text{根}) = (5\times14^2)/12^2 = 6.8$$

故取$n_2=7$，即代换后每米7根$\phi12$的钢筋。

2. 某构件原设计用7根$\phi10$钢筋，现拟用$\phi12$钢筋代换，试计算代换后的钢筋根数。

【解】 因钢筋强度和直径均不相同，应按下式进行计算：

$$n_2 \geqslant \frac{n_1 d_1^2 f_{y1}}{d_2^2 f_{y2}} = (7\times1^2\times335)/(1.2^2\times235) = 6.93$$

故$n_2=7$根$\phi12$的钢筋代换。

任务3 混 凝 土 工 程

任务描述

混凝土的施工工艺较为复杂，施工质量会直接影响混凝土的性能。在混凝土工程的质量控制中，主要应从哪些方面考虑？

任务分析

混凝土的施工环节很多，从原材料、配合比、到搅拌、浇筑、振捣、养护等，任何一个环节出现缺陷都会影响后期形成的混凝土的强度等级和耐久性。

相关知识

混凝土是由水泥、粗骨料、细骨料、水、外加剂等按一定比例拌和而成的混合物，经模板浇筑成型，再经养护硬化后所形成的一种人造石材。混凝土工程质量好坏是保证混凝土能否达到设计强度的关键，将直接影响钢筋混凝土结构的强度和耐久性。混凝土工程施工工艺包括混凝土配料、拌制、运输、浇筑、振捣、养护等。其工艺过程见图 4.1。各个施工过程既相互联系又相互影响，在混凝土施工过程中除按有关规定控制混凝土原材料质量外，任一施工过程处理不当都会影响混凝土的最终质量。

近年来，混凝土外加剂发展很快，它们的应用改进了混凝土的性能和施工工艺。此外，自动化、机械化的发展、纤维混凝土和碳素混凝土的应用、新的施工机械和施工工艺的应用，大大改变了混凝土工程的施工面貌。

4.3.1 混凝土的制备

混凝土应采用符合质量要求的原材料，按规定的配合比配料，混合料搅拌均匀，以保证达到设计所要求的混凝土强度等级，并符合施工中对混凝土和易性的要求，同时还要合理地使用材料和节约水泥。

4.3.1.1 混凝土的配料

1. 混凝土试配强度

考虑到现场实际施工条件的差异和变化，混凝土的试配强度应比设计的混凝土强度标准值提高一个数值，按下式计算：

$$f_{cu,o} \geqslant f_{cu,k} + 1.645\sigma$$

式中 $f_{cu,o}$——混凝土配制强度，MPa；

$f_{cu,k}$——混凝土立方体抗压强度标准值，MPa；

σ——混凝土强度标准差，MPa。

对混凝土强度标准差 σ，应由强度等级相同、混凝土配合比和工艺条件基本相同的混凝土 28d 强度统计求得。对预拌混凝土厂和预制混凝土构件厂，其统计周期可取为 1 个月；对现场拌制混凝土的施工单位，其统计周期可根据实际情况确定，但不宜超过 3 个月。当混凝土强度等级为 C20 和 C25 时，若计算的 $\sigma < 2.5$MPa 时，取 $\sigma = 2.5$MPa；当混

凝土强度等级为C30或以上，若计算的$\sigma<3.0$MPa时，取$\sigma=3.0$MPa。施工单位如无近期混凝土强度统计资料时，σ可按表4.17选用。

表4.17 **σ 值选用表**

混凝土强度等级	≤C15	C20～C35	≥C40
σ（MPa）	4.0	5.0	6.0

2. 混凝土施工配合比的换算

混凝土的配合比是在实验室根据混凝土的配制强度经过试配和调整而确定的，称为实验室配合比。实验室配合比中的砂、石都是干燥的，而施工现场使用的砂、石都有一定的含水率，且含水率大小随气候、季节等条件不断变化。为保证混凝土的质量，施工中应按砂、石实际含水率对原配合比进行调整，调整后的配合比称为施工配合比。

设实验室配合比为水泥：砂：石=1：x：y，水灰比W/C，现场砂、石含水率分别为W_s、W_g，则施工配合比为：

水泥：砂：石=1：x（$1+W_s$）：y（$1+W_g$），水灰比W/C不变，但用水量要减去砂、石中的含水量。

4.3.1.2 混凝土的搅拌

混凝土搅拌是将各种组成材料拌制成质地均匀、颜色一致、具备一定流动性的混凝土拌和物。如混凝土搅拌不均匀就不能获得质量均匀而密实的混凝土，影响混凝土的质量，所以搅拌是混凝土施工工艺中很重要的一道工序。由于人工搅拌质量差，消耗水泥多，而且劳动强度大，所以只有在工程量很小时才用人工搅拌。一般均采用机械搅拌。

1. 混凝土搅拌机

混凝土搅拌机按其搅拌原理分为自落式和强制式两类（图4.27）。

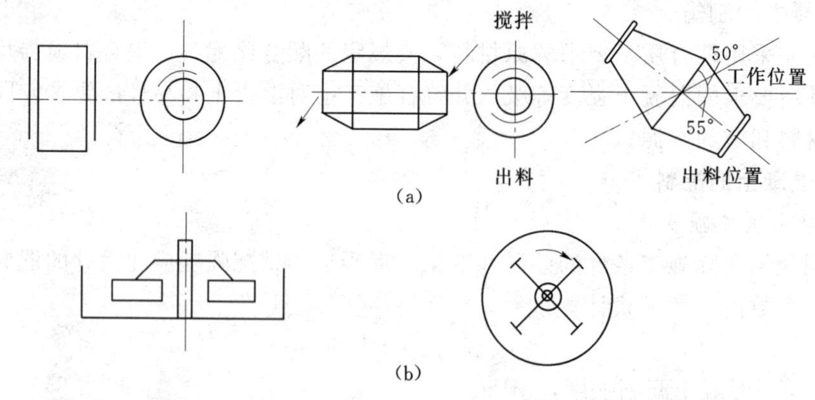

图4.27 搅拌机
(a) 自落式搅拌；(b) 强制式搅拌

自落式搅拌机的搅拌筒内壁焊有弧形叶片，当搅拌筒绕水平轴旋转时，叶片不断将物料提升到一定高度，利用重力的作用，自由落下。由于各物料颗粒下落的时间、速度、落点和滚动距离不同，从而使物料颗粒达到混合的目的。自落式搅拌机宜于搅拌塑性混凝土和低流动性混凝土。

锥形反转出料搅拌机是自落式搅拌机中较好的一种，由于它的主副叶片分别与拌筒轴线成45°和40°夹角，故搅拌时叶片使物料作轴向窜动，所以搅拌运动比较强烈，它正转搅拌，反转出料，功率消耗大。这种搅拌机构造简单，重量轻，搅拌效率高，出料干净，维修保养方便。适用于大容量、大骨料、大坍落度的混凝土搅拌，多用于水电工程。

强制式搅拌机多用于搅拌干硬性混凝土和轻骨料混凝土，也可以搅拌低流动性混凝土。其搅拌作用比自落式搅拌机强烈，但其机件磨损大。强制式搅拌机又分为立轴式和卧轴式两种。立轴式搅拌机通过底部的卸料口卸料，卸料迅速，但水泥浆易漏掉，所以不宜搅拌流动性大的混凝土。卧轴式搅拌机适用范围广、搅拌时间短、搅拌质量好，是目前国内外大力发展的机型。

我国规定混凝土搅拌机以其出料容量（m^3）×1000标定规格，现行混凝土搅拌机的系列为：50、150、250、350、500、750、1000、1500和3000。

选择搅拌机时，要根据工程量大小、混凝土的坍落度、既要满足技术上的要求，亦要考虑经济效果和节约能源。

2. 混凝土的搅拌制度

为了获得质量优良的混凝土拌和物，除正确搅拌机外，还必须正确确定搅拌制度，即投料顺序、搅拌时间和进料容量等。

(1) 投料顺序。

投料顺序应从提高搅拌质量，减少叶片、衬板的磨损，减少拌和物与搅拌筒的黏结，减少水泥飞扬改善工作条件等方面综合考虑确定。常用方法有：

1) 一次投料法。即在上料斗中先装石子，再加水泥和砂，然后一次投入搅拌机。在鼓筒内先加水或在料斗提升进料的同时加水。这种上料顺序使水泥夹在石子和砂中间，上料时不致飞扬，又不致粘住斗底，且水泥和砂先进入搅拌筒形成水泥砂浆，可缩短包裹石子的时间。

2) 二次投料法。它又分为预拌水泥砂浆法和预拌水泥净浆法。预拌水泥砂浆法是先将水泥、砂和水加入搅拌筒内进行充分搅拌，成为均匀的水泥砂浆，再投入石子搅拌成均匀的混凝土。预拌水泥净浆法搅拌的混凝土与一次投料法相比较，混凝土强度提高约15%，在强度相同的情况下，可节约水泥约15%～20%。

(2) 搅拌时间。

搅拌时间是影响混凝土质量及搅拌机生产率的重要因素之一，时间过短，拌和不均匀，会降低混凝土的强度及和易性；时间过长，不仅会使混凝土拌和物和易性降低，而且会影响搅拌机的生产率。搅拌时间与搅拌机的类型、鼓筒尺寸、骨料的品种和粒径以及混凝土的坍落度等有关，混凝土搅拌的最短时间（即自全部材料装入搅拌筒中起到卸料止）应符合表4.18的规定。

(3) 进料容量。

进料容量为搅拌前各种材料体积之和。一般情况下，进料容量 V_j 与搅拌机搅拌筒的几何容量 V_g 比值关系为：$V_j/V_g=0.22\sim0.4$，鼓筒式搅拌机可用较小值。如进料容量超过10%以上，就会使材料在搅拌筒内无充分的空间进行拌和，影响混凝土拌合物的均匀性；如装料过少，则又不能充分发挥搅拌机的效率。进料容量可根据搅拌机的出料容量按混凝土的施工配合比计算。

表 4.18 **混凝土搅拌的最短时间** 单位：s

混凝土坍落度（mm）	搅拌机机型	搅拌机出料容量		
		<250L	250～500L	>500L
≤30	自落式	90	120	150
	强制式	60	90	120
>30	自落式	90	90	120
	强制式	60	60	90

注 掺有外加剂时，搅拌时间应适当延长。

使用搅拌机时，应注意安全。在鼓筒正常转动之后，才能装料入筒子。在运转时，不得将头、手或工具伸入筒内。因故（如停电）停机时，要立即设法将筒子内的混凝土取出，以免凝结。在搅拌工作结束时，也应立即清洗豉筒内外。叶片磨损面积如超过10%左右，就应按原样修补或更换。

3. 混凝土搅拌站

混凝土拌和物在搅拌站集中拌制，可以做到自动上料、自动称量、自动出料和集中操作控制、机械化、自动化程度较高，劳动强度大大降低，同时混凝土的质量得到改善，可以取得较好的技术经济效果。施工现场可根据工程任务的大小、现场的具体条件、机具设备的情况，因地制宜的选用，如采用移动式混凝土搅拌站等。

一些城市已建立了混凝土集中搅拌站，搅拌站的机械化及自动化水平一般较高，用自卸汽车直接供应搅拌好的混凝土，然后直接浇筑入模。这种供应“商品混凝土”的生产方式，在改进混凝土的供应，提高混凝土的质量以及节约水泥、骨料等方面，有很多优点。

4.3.2 混凝土的运输

混凝土由拌制地点运至浇筑地点的运输分为水平运输和垂直运输。

4.3.2.1 混凝土运输要求

（1）运输过程中，应保持混凝土的均匀性，避免产生分层离析现象，如有离析现象，必须在浇筑前进行二次搅拌。混凝土运至浇筑地点后，应符合浇筑时所规定的坍落度，见表4.19。

表 4.19 **混凝土浇筑时的坍落度**

项 次	结 构 种 类	坍落度（mm）
1	基础或地面等垫层、无配筋的厚大结构（挡土墙、基础或厚大的块体等）或配筋稀疏的结构	10～30
2	板、梁和大型及中型截面的柱子等	30～50
3	配筋密列的结构（薄壁、斗仓、筒仓、细柱等）	50～70
4	配筋特密的结构	70～90

注 1. 本表系指采用机械振捣的坍落度，采用人工捣实时可适当增大。
2. 需要配制大坍落度混凝土时，应掺用外加剂。
3. 曲面或斜面结构的混凝土，其坍落度值，应根据实际需要另行选定。
4. 轻骨料混凝土的坍落度，宜比表中数值减少10～20mm。
5. 自密实混凝土的坍落度另行规定。

(2) 混凝土应以最少的中转次数，最短的时间，从搅拌地点运至浇筑地点，保证混凝土从搅拌机卸出后到浇筑完毕的延续时间不超过表4.20的规定。

(3) 运输工作应保证混凝土的浇筑工作连续进行。

(4) 运送混凝土的容器应严密，其内壁应平整光洁，不吸水，不漏浆，黏附的混凝土残渣应经常清除。

表4.20　　混凝土从搅拌机中卸出后到浇筑完毕的延续时间　　单位：h

混凝土强度等级	气温		混凝土强度等级	气温	
	<25℃	≥25℃		<25℃	≥25℃
C30及C30以下	2	1.5	C30以上	1.5	1

注 1. 掺用外加剂或采用快硬水泥拌制混凝土时，应按试验确定。
2. 轻骨料混凝土的运输、浇筑延续时间应适当缩短。

4.3.2.2 混凝土的运输工具

混凝土运输工作分为地面水平运输、垂直运输和楼面运输。

(1) 地面水平运输。

运距较远时，可采用自卸汽车或混凝土搅拌运输车或自卸汽车；运距较小的场内运输多用载重1t的小型机动力翻斗车，近距离亦可采用双轮手推车。

(2) 混凝土的垂直运输。

混凝土的垂直运输目前多用塔式起重机、井架、龙门架，也可采用混凝土泵。

塔式起重机运输的优点是地面运输、垂直运输和楼面运输都可以采用。混凝土在地面由水平运输工具或搅拌机直接卸入吊斗吊起运至浇筑部位进行浇筑。

使用井架运输时，在地面用双轮手推车将混凝土运至井架的升降平台上，然后井架将双轮手推车提升到数层上，再将手推车沿铺在楼面上的跳板推到浇筑地点；另外，井架可以兼运其他材料，利用率较高；但由于在浇筑混凝土时已立好模板，扎好钢筋，因此，需铺设手推车行走用的跳板。为了避免压坏钢筋，跳板可用马凳垫起，手推车的运输道路应形成回路，避免交叉和运输堵塞。

混凝土泵送混凝土是一种高效的运输方法。它以泵为动力，利用管道输送混凝土，将混凝土直接运送至浇筑地点，可以同时完成水平运输和垂直运输（图4.28）。在一些大中城市和重点工程中逐渐推广应用并取得了较好的效果。多层、高层框架结构、基础、水下工程和隧道等都可以采用混凝土泵输送混凝土。

泵送混凝土除应满足结构和设计强度外，还要满足可泵性的要求，即混凝土在甭管内易于流动，有足够的黏聚性，不泌水、不离析，并且摩阻力小。要求泵送混凝土所采用粗骨料应为连续级配，其针片状颗粒含量不宜大于10%；粗骨料的最大粒径与输送管径之比应符合规范的规定；泵送混凝土宜采用中砂，其通过0.315mm筛孔的含量不应少于15%；应选用硅酸盐水泥、普通硅酸盐水泥、矿渣硅酸盐水泥、粉煤灰硅酸盐水泥，不宜采用火山灰质硅酸盐水泥。为了改善稳定性、和易性、节约水泥，宜掺用泵送剂、减水剂、掺合料。

混凝土泵在运输混凝土前，应先用水泥浆或砂浆将管道润滑；泵送时要连续工作，如中断时间过长，应将管道内混凝土清除，以免堵塞，泵送完毕后立即将管道冲洗干

净；管线布置尽可能直，转弯宜少、缓；接头严密；料斗内应经常有足够的混凝土，防止吸入空气形成阻塞；先输送远处混凝土，使管道随混凝土浇筑工作的逐步完成而逐步拆管。

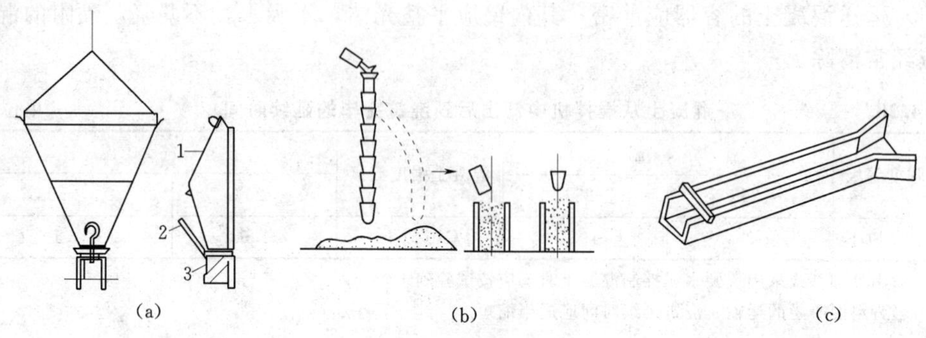

图4.28　泵送混凝土

(a) 料斗；(b) 串筒；(c) 溜槽

1—混凝土入口；2—手柄；3—扇形门

4.3.3　混凝土的浇筑与捣实

将混凝土浇筑到模板内并振捣密实是保证混凝土质量的关键。混凝土的浇筑工作要保证均匀性、密实性，保证结构尺寸准确、钢筋预埋件的位置正确，拆模后混凝土表面要平整、光洁。

浇筑前应对模板、支架、钢筋和预埋件检查。检查模板的位置、标高、尺寸、强度、刚度是否符合要求，接缝是否严密，预埋件位置和数量是否符合图纸要；检查钢筋的规格、数量、位置、接头和保护层厚度是否正确；清理模板上的垃圾和钢筋上的油污，浇水湿润木模板；填写隐蔽工程记录；浇筑混凝土前，不应发生离析或初凝现象，如已发生，须重新搅拌；根据试验室下达的混凝土配合比通知单准备和检查材料；并做好施工用具的准备。

4.3.3.1　浇筑要求

(1) 防止离析。

混凝土拌和物由料斗、漏斗、混凝土输送管、运输车内卸出时，如自由倾落高度过大，粗骨料在重力作用下，克服黏着力后的下落动能大，下落速度较砂浆快，因而可能形成混凝土离析。为避免发生离析现象，混凝土自高处倾落的自由高度不应超过2m，在竖向结构（如柱、墙等）中自由倾落高度不宜超过3m（竖向结构浇筑时，应在其底部浇筑一层50～100mm厚的水泥砂浆），否则应设串筒、斜槽、溜管、振动料管等。

(2) 连续进行。

混凝土的浇筑工作应尽可能连续进行，如必须有间歇时间应尽可能短，并在上一层混凝土凝结前将次层混凝土浇筑完毕。

(3) 分层浇筑。

混凝土的浇筑应分段、分层连续进行，随浇随捣。分层厚度，可参考表4.21。

表 4.21 **混凝土的浇筑层厚度**

项次	捣实混凝土的方法		浇筑层厚度（mm）
1	插入式振捣		振捣器作用部分的长度
2	表面振动		200
3	人工捣固	在基础、无筋混凝土或配筋稀疏的结构中	250
		在梁、墙、板、柱结构中	200
		在配筋密列的结构中	150
4	轻骨料混凝土	插入式振捣器	300
		表面振动（振动时须加荷）	200

4.3.3.2　施工缝的留设与处理

混凝土结构大多要求整体浇筑，如因技术或组织上的原因，混凝土不能连续浇筑完毕，而必须停歇较长时间，其停歇时间超过混凝土的初凝时间致使混凝土已初凝；当继续浇筑混凝土时，形成了接缝，即为施工缝。

1. 施工缝的位置

施工缝宜留在结构剪力较小且便于施工的部位，柱子的施工缝宜留在基础顶面、梁的下面，或吊车梁牛腿的下面、吊车梁的上面、无梁楼盖柱帽的下面。如图4.29所示。在框架结构中，如果梁的负筋向下弯入柱内，施工缝也可设置在这些钢筋的下端，以便绑扎。

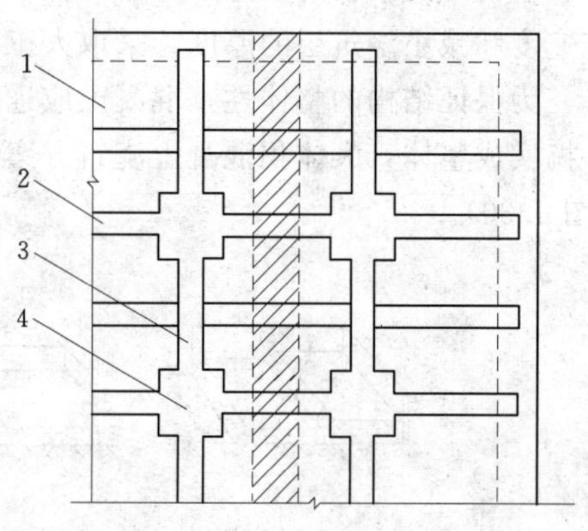

图 4.29　肋形楼盖施工缝位置

1—楼板；2—次梁；3—主梁；4—柱

高度大于1m的钢筋混凝土梁的水平施工缝应留在楼板底面以下20～30mm处，当板下有梁托时，留在梁托下部。单向平板的施工缝可留在平板短边的任何位置处，有主次梁的楼板结构宜顺着次梁方向浇筑，施工缝应留在次梁跨度的中间1/3范围内。墙可留在门洞口过梁跨中1/3范围内，也可留在纵横墙的交接处。楼梯施工缝应在梯段长度中间的1/3范围内，栏板施工缝与梯段施工缝相对应，栏板混凝土与踏步板一起浇筑。施工缝的表面应与构件的纵向轴线垂直，即柱与梁的施工缝表面垂直其轴线，板和梁的施工缝应与其表面垂直。

2. 施工缝的处理

在施工缝处继续浇筑混凝土时，待已浇筑的混凝土的强度不小于1.2MPa时才允许继续浇筑。浇筑前，先除掉水泥浮浆和松动石子，并用水冲洗干净，在结合面应先铺抹一层水泥浆或与混凝土砂浆成分相同的砂浆；在重新浇筑混凝土的过程中，施工缝处应仔细捣实，使新旧混凝土结合牢固。

4.3.3.3　浇筑方法

1. 多层钢筋混凝土框架结构的浇筑

浇筑框架结构首先要划分施工层和施工段，施工层一般按结构层划分，而每一施工层

如何划分施工段，则要考虑工序数量、技术要求、结构特点等。要做到木工在第一施工层安装完模板，准备转移到第二施工层的第一施工段上时，该施工段所浇筑的混凝土强度应达到允许工人在其上操作的强度（1.2MPa）。

混凝土的浇筑顺序：先浇筑柱子，在柱子浇筑完毕后，停歇 1～1.5h，使混凝土达到一定强度后，再浇筑梁和板。

浇筑柱子时，施工段内的每排柱子应从两端向中间推进，不可从一端向另一端推进，预防柱子模板逐渐受推倾斜使误差积累难以纠正。梁和板一般应同时浇筑，从一端开始向前推进。只有当梁高大于 1m 时才允许将梁单独浇筑，此时，施工缝留在楼板板面下 20～30mm 处。

2. 大体积混凝土结构浇筑

大体积钢筋混凝土结构多为工业建筑中的设备基础及高层建筑中厚大的桩基承台或基础底板等。整体性要求较高，往往不允许留施工缝，浇筑后水泥的水化热量大且聚集在构件内部，形成较大的内外温差，易造成混凝土表面产生收缩裂缝等。为此，应优先选用低热、初凝时间较长的矿渣水泥，降低水泥用量，掺入适量的粉煤灰和缓凝减水剂，放慢浇筑速度和减小浇筑层的厚度，采取人工降温等措施防止产生裂缝。

为保证结构的整体性，混凝土应连续浇筑，要求旧混凝土在初凝前就被新混凝土覆盖并捣实成整体，大体积混凝土浇筑方案一般有全面分层、分段分层、斜面分层等浇筑方案（图 4.30）。

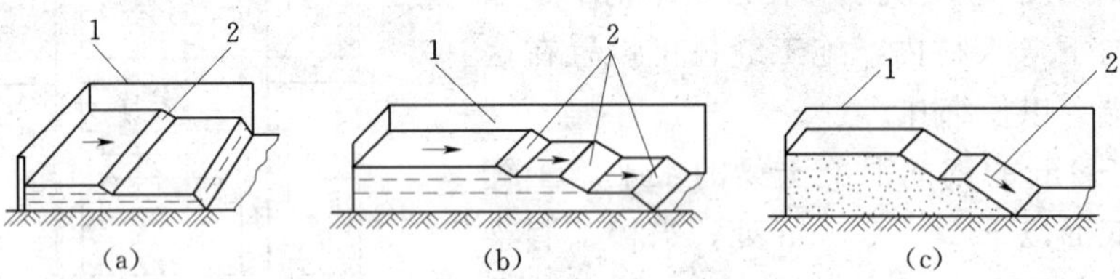

图 4.30 大体积混凝土浇筑方案

(a) 全面分层；(b) 分段分层；(c) 斜面分层

1—楼板；2—新浇混凝土

(1) 全面分层。第一层全部浇筑完毕后，再浇筑第二层，如此逐层连续浇筑，直到完工。适用于平面尺寸不太大的结构，从短边开始，沿长方向进行较好。

(2) 分段分层。将结构划分为若干段，每段又分为若干层，先浇筑第一段各层，然后浇筑第二段各层，如此逐段逐层连续浇筑，直至结束。适用于厚度不大而面积长度大的结构。

(3) 斜面分层。当结构的长度超过厚度的 3 倍时，可采用斜面分层的浇筑方案。

3. 水下浇筑混凝土

深基础、地下连续墙、沉井、钻孔灌注桩等常需在水下或泥浆中浇筑混凝土。水下或泥浆中浇筑时，应保证水或水泥浆不混入混凝土内，水泥浆不被水带走，混凝土能借压力挤压密实。水下浇筑混凝土常采用导管法，导管直径约 200～300mm，且不小于骨料粒径的 8 倍，每节管长 1.5～3m，用法兰密封连接，顶部有漏斗，导管用起重机吊住，可以升降。灌注前，用铁丝吊住球塞堵住导管下口，然后将管内灌满混凝土并使导管下口距地基

约 300mm，距离太小，容易堵塞，距离太大，则开管时冲出的混凝土不能及时封埋管口端处，而导致水或泥浆渗入混凝土内。漏斗及导管内应有足够的混凝土，以保证混凝土下落后能将导管下端埋入混凝土内 0.5～0.8m。剪断铁丝后，混凝土在自重作用下冲出管口，并迅速将管口下端埋住。此后，一边不断灌注混凝土一边缓缓提起导管，且始终保持导管在混凝土内有一定的埋深，埋深越大则挤压作用越大，混凝土越密实，但也越不易浇筑。最先浇筑的混凝土始终处于最外层，与水接触，且随混凝土的不断挤入不断上升，故水或水泥浆不会混入混凝土内，水泥浆不会被带走，而混凝土又能在压力作用下自行挤密。为保证与水接触的表层混凝土能呈塑性状态上升，每一灌注点在混凝土初凝前浇至设计标高。混凝土应连续浇筑，导管内应始终注满混凝土，以免空气进入，还应防止堵管，如堵管超半小时则应换备用管进行浇筑。一般情况下，每一导管灌注范围以 4m 为限，面积更大时，可用几根导管同时浇筑或等一浇筑点浇筑完毕后将导管插到另一浇筑点继续进行，而不应该将导管在一浇筑点作水平移动来扩大浇筑范围。浇筑完毕后，应清除与水接触的表层厚约 0.2m 厚的松软混凝土。

4.3.3.4　混凝土的振捣

混凝土浇入模板后由于骨料间的摩阻力和水泥浆的粘结作用，不能自动充满模板，内部存在空洞与气泡，不能达到要求的密实度。而混凝土的密实度直接影响强度及耐久性，因此，混凝土入模后，还需经振捣密实成型。

目前混凝土捣实主要有人工振捣或机械振捣。人工振捣是用人力的冲击来使混凝土密实成型，只有在缺乏机械、工程量不大或机械不便工作的部位采用；机械振捣将振动器的振动力传给混凝土，使之发生强迫振动而密实成型，其效率高、质量好，应用广泛。

振动机械按其工作方式可分为内部振动器、表面振动器、外部振动器和振动台（图 4.31）。内部振动器是建筑工地应用最多的一种，根据振动棒激振的原理，内部振动器有偏心式和行星滚锥式（简称行星式）两种。

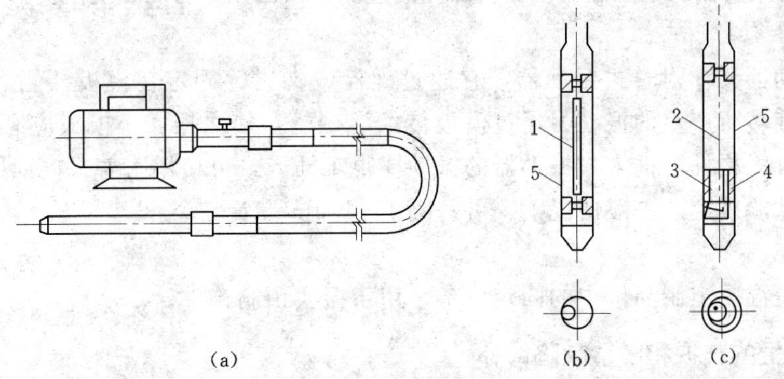

图 4.31　插入式振动器

(a) 插入式振动器；(b) 偏心式；(c) 行星式

1—偏心转轴；2—滚动轴；3—滚锥；4—滚道；5—振动棒外壳

1. 内部振动器

内部振动器又称插入式振动器，多用于振捣梁、柱、墙、厚板和基础等。

（1）插入式振动器振捣混凝土时，有垂直振捣和斜向振捣（约为40°～45°）两种。

（2）操作要快插慢拔，插点要均匀，逐点移动，顺序进行，不得遗漏，达到均匀振实（图4.32）。振动棒的移动可采用行列式或交错式。有效作用半径一般为300～400mm。

（3）分层浇筑时，应将振动棒上下来回抽动50～100mm；同时振捣上层混凝土时，还应将振动棒深入下层混凝土中50mm，以促使上下层混凝土结合成整体。

（4）每一振点的振捣延续时间，应使混凝土捣实为限（即表面呈现浮浆和不再沉落），一般为20～30s，最短不少于10s。

（5）振动器尽量避免碰撞钢筋、模板、芯管、吊环或预埋件等。

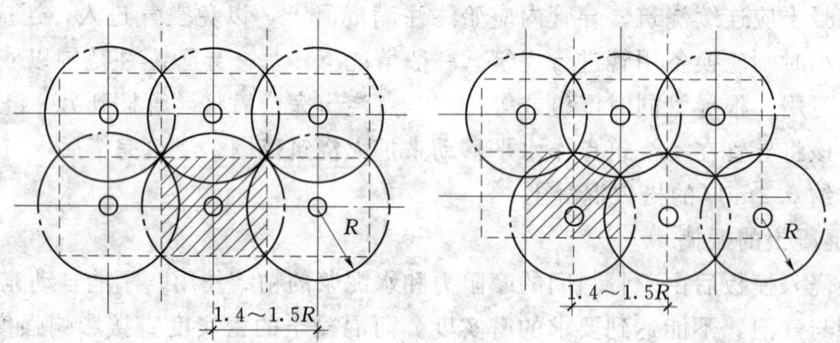

图4.32　插点布置
（a）行列式；（b）交错式

2. 表面振动器

表面振动器又称平板振动器，其振动作用可直接传递到混凝土面层上。这种振动器适用于捣实楼板、地面、板形构件和薄壳等薄壁结构。在无筋或单层钢筋结构中，每次振实的厚度不大于250mm；在双层钢筋的结构中，每次振实厚度不大于120mm。表面振动器移动间距，应保证振动器的平板覆盖已振实部分的边缘，以使该处的混凝土振实出浆为准。

3. 外部振动器

外部振动器又称附着式振动器，它通过螺栓或夹钳等固定在模板外侧的横档或竖档上，偏心块旋转所产生的振动力通过模板传给混凝土，使之振实。模板应有足够的刚度。对于小截面直立构件，插入式振动器的振动棒很难插入，可使用附着式振动器。其设置间距，应通过试验确定，一般情况下，可每隔1～1.5m设置一个。

4. 振动台

振动台是混凝土制品厂中的固定设备，用于振实预制构件。

4.3.4　混凝土的养护和质量缺陷修补

4.3.4.1　混凝土的养护

混凝土的凝结硬化是水泥水化作用的结果，而水化作用必须在适当的温度和湿度条件下才能实现。混凝土的养护就是创造一个具有合适湿度和温度的环境，使混凝土凝结硬化，逐渐达到设计要求的强度。实践证明合地养护对混凝土的强度发展至关重要。

常用的混凝土养护方法很多，最常用的是对试件的标准分养护，对预制构件的蒸气养护和对现浇混凝土的自然养护。

1. 自然养护

常温下（平均气温高于5℃），用适当材料（如草帘等）对混凝土加以覆盖并适当浇水，使混凝土在规定的时间内保持湿润状态称为自然养护。自然养护应符合下列规定：①一般情况混凝土浇筑完后应在12h以内加以覆盖和浇水，气温高于25℃时，应在6h以内开始养护；②养护时间长短视水泥品种而定，硅酸盐水泥、普通硅酸盐水泥、矿渣硅酸盐水泥拌制的混凝土不得少于7昼夜，火山灰硅酸盐水泥、粉煤灰硅酸盐水泥拌制的混凝土或有抗渗性要求的混凝土，不得少于14昼夜；③浇水次数应使混凝土保持足够的湿润状态，养护初期，水化反应较快，需水也较多，浇水次数要多，气温高时要增加浇水次数；④养护用水的要求与拌和用水相同。

2. 蒸汽养护

蒸汽养护是将构件放在充有饱和蒸汽或蒸汽空气混合物的养护室内在较高的温度和相对湿度的环境中进行养护，以加快混凝土的硬化。常压蒸汽养护过程分为四个阶段：静停阶段、升温阶段、恒温阶段、降温阶段。

对大面积结构可采用蓄水养护和塑料薄膜养护。大面积结构如地坪、楼板可采用蓄水养护，贮水池结构可在拆除内模板、混凝土达到一定强度时注水养护。塑料薄膜养护是将塑料溶液喷涂在已凝结的混凝土表面上，挥发后形成一层薄膜使混凝土表面与空气隔绝，混凝土中水分不再蒸发，内部保持湿润状态，多用于大面积混凝土工程如地坪、路面、机场跑道、楼板等。

4.3.4.2　混凝土的质量缺陷修补

模板的拆除应遵循任务1模板工程中的相关规定，拆模后如发现混凝土质量缺陷，应进行修补。

1. 混凝土的质量缺陷

(1) 麻面。麻面是结构构件表面上呈现无数的小凹点，但无露筋现象。这种现象是由于模板湿润不够，拼缝不严密而漏浆，振捣时间不足、漏振，气泡未排出，混凝土过干等原因造成的。

(2) 露筋。露筋是钢筋暴露在混凝土外面。产生原因是钢筋紧贴模板，混凝土保护层不够或浇筑时垫块移位。有时也因保护层的混凝土振捣不密实或模板吸水过多而造成掉角而露筋。

(3) 蜂窝。蜂窝是结构构件中有蜂窝形状的窟窿，骨料间有空隙存在。产生原因主要有混凝土配合不当产生离析，钢筋过密、石子粒径偏大卡在钢筋上使其产生间隙，搅拌不匀、浇筑方法不当，振捣不足或漏振，以及模板拼缝不严而产生严重漏浆等。

(4) 孔洞。孔洞是指混凝土内部存在空隙，局部部位全部没有混凝土。这种现象主要是由于混凝土浇筑方法不当、钢筋布置太密或一次下料过多，下部无法振捣而形成。混凝土受冻也可能产生孔洞。

(5) 裂缝。裂缝分表面裂缝和深度裂缝，而后者一般为结构裂缝，应高度重视。其产生的原因有：结构设计承载能力不够；施工荷载过重或过于集中；施工缝设置不当；或施工时温度因素导致等。

(6) 内部缺陷。混凝土内部缺陷主要有混凝土强度不足和保护性能不良。前者产生原

因可能是配合比设计不当，水灰比控制不严，含砂率过高，搅拌不均，养护不及时等。后者产生原因主要是混凝土保护层严重不足，钢筋外露锈蚀、膨胀开裂或过量使用氯盐外掺剂造成钢筋锈蚀，严重的可使混凝土脱落而露筋。

2. 混凝土质量缺陷的修整方法

(1) 表面抹浆修补法。

1) 对数量不多的小蜂窝、麻面、露筋、露石等缺陷，可用1：2～1：2.5水泥砂浆抹面修整。抹浆前，用钢丝刷或加压的水清洗润湿，初凝后加强养护。

2) 对结构构件承载力无影响的细小裂缝，可将裂缝加以冲洗，用水泥浆抹补；裂缝较大较深时，应将裂缝附近的混凝土表面凿毛，或沿裂缝方向凿成深为15～20mm、宽为100～200mm的V形凹槽，清理干净并用水湿润，先刷水泥浆一层，然后用1：2～1：2.5的水泥砂浆分2～3层涂抹，总厚度控制在10～20mm左右，压实抹光。

(2) 细石混凝土填补法。

1) 当蜂窝比较严重或露筋较深时，应除去有缺陷处的不密实混凝土和突出的骨料颗粒，用清水洗刷干净并充分湿润后，再用比设计强度等级高一级的细石混凝土填补并捣实。

2) 对孔洞的处理，可将孔洞周围疏松的混凝土和突出石子剔掉，用清水刷洗干净并保持湿润72h后，再用比设计混凝土强度等级高一级的细石混凝土捣实。为减少新旧混凝土之间的孔隙，水灰比宜控制在0.5以内，并掺水泥用量万分之一的铝粉，分层捣实、加强养护。

(3) 灌浆法。对于影响结构承载力和影响防水、防渗性能的裂缝，应根据裂缝的宽度、结构性质和施工条件，采用砂浆输送泵灌浆的方法予以修补。宽度小于0.5mm的裂缝，宜采用化学灌浆；宽度大于0.5mm可采用水泥灌浆材料，常用的有环氯树脂浆液和甲凝等；防渗堵漏用的灌浆材料，常用的有聚胺酯和丙凝等。

(4) 结构补强。对于混凝土质量有严重缺陷并影响结构承重的，一般用结构补强方法进行处理，以确保工程安全。

4.3.5 混凝土工程施工质量检查

混凝土工程的施工质量检验按主控项目、一般项目规定的检验方法进行检验。检验批合格质量应符合下列规定：主控项目的质量经抽样检验合格；一般项目的质量经抽样检验合格；当采用计数检验时，除有专门要求外，一般项目的合格点率应达到不小于80%及以上，且不得有严重缺陷；具有完整的施工操作依据和质量验收记录。

4.3.5.1 主要项目

(1) 水泥进场时应对其品种、级别、包装或散装仓号、出厂日期等检查，并应对其强度、安定性及其他必要的性能指标进行复检，其质量必须符合现行国家标准的要求。钢筋混凝土结构、预应力混凝土结构中，严禁使用含氯化物的水泥。当在使用中对水泥质量有怀疑或水泥出厂超过3个月（快硬硅酸盐水泥超过1个月）时，应进行复验，并按复验结果使用。

检查数量：按同一生产厂家、同一等级、同一品种、同一批号且连续进场的水泥，袋装不超过200t为一批，散装不超过500t为一批，每批抽样不少于一次。

检查方法：检查产品合格证、出厂检验报告和进场复验报告。

(2) 混凝土中掺用外加剂的质量及应用技术应符合国家标准和有关环境保护的规定。预应力混凝土结构中，严禁使用含氯化物的外加剂。钢筋混凝土结构中，当使用含氯化物的外加剂时，混凝土中氯化物的总含量应符合现行国家标准的规定。

检查数量：按进场的批次和产品的抽样检验方案确定。

检查方法：检查产品合格证、出厂体验报告和进场复验报告。

(3) 混凝土原材料每盘称量的偏差应符合的规定。水泥、掺合料±5%；粗骨料±3%；水、外加剂±2%。

检查数量：每工作班抽查不应少于一次。当遇雨天或含水率有显著变化时，应增加含水率检测次数，并及时调整水和骨料的用量。

检查方法：复称。

(4) 结构混凝土的强度等必须符合设计要求。用于检查结构构件混凝土强度的试件，应在混凝土的浇筑地点随机抽取。取样与试件留置应符合下列规定：每拌制100盘且不超过100m^3的同配合比混凝土，取样不得少于一次；每工作班拌制的同一配合比的混凝土不足100盘时，取样不得少于一次；当一次连续浇筑超过1000m^3时，同一配合比的混凝土每200m^3取样不得少于一次；每一楼层、同一配合比的混凝土，取样不得少于一次；每次取样应至少留置一组标准养护试件，同条件养护试件的留置组数应根据其实际需要确定。

检查方法：检查施工记录及试件强度试验报告。

(5) 对有抗渗要求的混凝土结构，其混凝土试件应在浇筑地点随机取样。同一工程、同一配合比的混凝土，取样应少于一次，留置组数可根据实际需要确定。

检查方法：检查试件抗渗试验报告。

(6) 混凝土运输、浇筑及间歇总时间不超过混凝土的初凝时间。同一施工段的混凝土应连续浇筑，并应在底层混凝土初凝之前将上一层混凝土浇筑完毕。当底层混凝土初凝后浇筑上层混凝土时，应按施工技术方案中对施工缝的要求进行处理。

检验数量：全数检查。

检查方法：观察，检查施工记录。

(7) 混凝土强度等级、耐久性和工作性等应按《普通混凝土配合比设计规程》(JGJ55) 的有关规定进行配合比设计。对有特殊要求的混凝土，其配合比设计尚应符合国家现行有关标准的专门规定。

检查方法：检查配合比设计资料。

(8) 现浇结构不应有影响性能和使用功能的尺寸偏差。对超过尺寸允许偏差且影响结构性能和安装、使用功能的部位，应由施工单位提出技术处理方案，并经监理（建设）单位认可后进行处理。对经处理的部位，应重新检查验收。

检验数量：全数检查。

检查方法：量测，检查技术处理方案。

(9) 现浇结构的外观质量不应有严重缺陷。对已经出现的严重缺陷，应由施工单位提出技术处理方案，并经监理（建设）单位认可后进行处理。对经处理的部位，应重新检查

验收。

检验数量：全数检查。

检查方法：观察，检查施工记录。

4.3.5.2 一般项目

(1) 混凝土中掺合料、粗、细骨料及拌和用水的质量应符合现行国家标准的规定。

检查数量：按进场的批次和产品的抽样检验方案确定。

检查方法：检查出厂合格证、进场复验报告，拌和用水水质检查试验报告。

(2) 混凝土拌制前，应测定砂、石含水率并根据测试结果调整材料用量，得出施工配合比。

检查数量：每工作班检查一次。

检验方法：检查含水率测试结果和施工配合比通知单。

(3) 首次使用的混凝土配合比应进行开盘鉴定，其工作性应满足设计配合比的要求。开始生产时应至少留置一组标准养护试件，作为验证配合比的依据。

检查数量：检查开盘鉴定资料和试件强度试验报告。

(4) 施工缝、后浇带的位置应在混凝土浇筑前按设计要求和施工技术方案确定。施工缝处理、后浇带混凝土浇筑的应按施工技术方案执行。

检验数量：全数检查。

检验方法：观察，检查施工记录。

(5) 现浇结构和混凝土设备基础拆模后的尺寸偏差应符合表4.22、表4.23规定。

检查数量：按楼层、结构缝或施工段划分检验批。在同一检验批内，对梁、柱独立基础，应抽查构件数量的10%，且不少于3件；对墙和板，应按有代表性的自然抽查10%，且不少于3间；对大空间结构，墙可按相邻轴线间高度5m左右划分检查面，板可按纵、横轴线划分检查面，抽查10%，且均不少3面；对电梯井，应全数检查。对设备基础，应全数检查。

表4.22 现浇结构尺寸的允许偏差和检验方法

<table>
<tr><th colspan="3">项目</th><th>允许偏差（mm）</th><th>检验方法</th></tr>
<tr><td rowspan="4">轴线位移</td><td colspan="2">基础</td><td>15</td><td rowspan="4">尺量检查</td></tr>
<tr><td colspan="2">独立基础</td><td>10</td></tr>
<tr><td colspan="2">柱、墙、梁</td><td>8</td></tr>
<tr><td colspan="2">剪力墙</td><td>5</td></tr>
<tr><td rowspan="2">标高</td><td colspan="2">层高</td><td>±10</td><td rowspan="2">用水准仪或拉线，钢尺检查</td></tr>
<tr><td colspan="2">全高</td><td>±30</td></tr>
<tr><td colspan="3">截面尺寸</td><td>+8，−5</td><td>钢尺检查</td></tr>
<tr><td rowspan="3">垂直度</td><td rowspan="2">层高</td><td>≤5m</td><td>8</td><td rowspan="2">用经纬仪或吊线，钢尺检查</td></tr>
<tr><td>>5m</td><td>10</td></tr>
<tr><td colspan="2">全高（H）</td><td>H/1000
且≤30</td><td>用经纬仪或吊线，钢尺检查</td></tr>
</table>

续表

项目		允许偏差（mm）	检验方法
表面平整度		8	用2m靠尺和塞尺检查
预埋设施中心线位置		10	钢尺检查
		5	
		5	
预留洞中心线位置		15	钢尺检查
电梯井	井筒长、宽对定位中心线	+25，0	钢尺检查
	井筒全高（H）垂直度	H/1000且≤30	经纬仪，钢尺检查

注　检查轴线、中心线位置时，应沿纵、横两个方向量测，并取其中的较大值。

表4.23　　混凝土设备基础的允许偏差和检验方法

项目		允许偏差（mm）	检验方法
坐标位置		20	钢尺检查
不同平面的标高		0，−20	用水准仪或拉线，钢尺检查
平面外形尺寸		±20	钢尺检查
凸台上平面外形尺寸		0，−20	
凹穴尺寸		+20，0	
平面水平度	每米	5	水平尺，塞尺检查
	全长	10	用水准仪或拉线，钢尺检查
垂直度	每米	5	用经纬仪或吊线，钢尺检查
	全高	10	
预埋地脚螺栓	标高（顶高）	+20，0	用水准仪或拉线，钢尺检查
	中心距	±2	钢尺检查
预埋地脚螺栓孔	中心线位置	10	钢尺检查
	深度尺寸	+20，0	钢尺检查
	孔垂直度	10	吊线，钢尺检查
预埋活动地脚螺栓锚板	标高	+20，0	用水准仪或拉线，钢尺检查
	中心线位置	5	钢尺检查
	带槽锚板平整度	5	钢尺，塞尺检查
	带螺纹孔锚板平整度	2	

注　检查轴线、中心线位置时，应沿纵、横两个方向量测，并取其中的较大值。

4.3.6　混凝土的冬季施工

一般情况下，混凝土冬季浇筑、养护均要求在0℃以上，在冰冻前达到受冻临界强度，为保证混凝土的施工质量，冬季施工对原材料和施工措施都有一定的要求。

4.3.6.1　对材料的要求

（1）冬期施工中配制混凝土用的水泥，应优先选用活性高、水化热大的硅酸盐水泥和普通硅酸盐水泥。水泥的强度等级不应低于32.5R级。最小水泥用量不宜少于300kg/

m^3，水灰比不应大于0.6。使用矿渣硅盐水泥时，宜采用蒸汽养护，使用其他品种水泥，应注意其中掺合材料对混凝土抗冻抗渗等性能的影响。掺用防冻剂的混凝土，严禁使用高铝水泥。

(2) 混凝土所用骨料必须清洁，不得含有冰雪等冰结物及易冻裂的矿物质。冬期骨料所用贮备场地应选择地势较高不积水的地方。

(3) 应优先考虑加热水，但加热温度不得超过表4.25所规定的数值。当水、骨料达到规定温度仍不能满足要求时，可提高水温到100℃，但水泥不得与80℃以上的水直接接触。水的常用加热方法有三种：用锅烧水、用蒸汽加热水、用电极加热水；水泥不得直接加热，使用前宜运入暖棚存放。

砂、石等骨料加热的方法有：将骨料放在底下加温的铁板上面直接加热；或者通过蒸汽管、电热线加热等。但不得用火焰直接加热骨料，并应控制加热温度（表4.24）。其中蒸汽加热法较好，优点是加热温度均匀，热效率高，缺点是骨料中的含水量增加。

表4.24　　拌和水及骨料的最高温度

项目	水泥品种及强度等级	拌和水（℃）	骨料（℃）
1	强度等级小于42.5级的普通硅酸盐水泥、矿渣硅酸盐水泥	80	60
2	强度等级等于和大于42.5级的普通硅盐水泥、硅酸盐水泥	60	40

(4) 钢筋冷拉可在负温下进行，但冷拉温度不宜低于−20℃。当采用控制应力方法时，冷拉控制应力较常温下提高30N/mm²；采用冷拉率控制方法时，冷拉率与常温时相同，钢筋的焊接宜在室内进行。如必须在室外焊接，最低气温不低于−20℃，具有防雪和防风措施。刚焊接的接头严禁立即碰到冰雪，避免造成冷脆现象。

(5) 冬期浇筑的混凝土，宜使用无氯盐类防冻剂，对抗冻性要求高的混凝土，宜使用引气剂或引气减水剂。

4.3.6.2　混凝土的搅拌、运输

混凝土尽量搭设暖棚搅拌，不宜露天，优先选用大容量的搅拌机，以减少混凝土的热损失。混凝土搅拌时间应根据各种材料的温度情况，考虑相互间的热平衡过程，可通过试拌确定延长的时间，一般为常温搅拌时间的1.25～1.5倍。拌制混凝土的最短时间应按表4.25搅拌混凝土时，骨料中不得带有冰、雪及冻团。

表4.25　　拌制混凝土的最短时间　　单位：s

混凝土坍落度（cm）	搅拌机机型	搅拌机容积		
		<250L	250～650L	>650L
≤3	自落式	135	180	225
	强制式	90	135	180
>3	自落式	135	135	180
	强制式	90	90	135

拌制掺用防冻剂的混凝土，当防冻剂为粉剂时，可按要求掺量和水泥同时投入；当防冻剂为液体时，应先配制成规定浓度溶液，然后再根据使用要求，用规定浓度溶液配制成

施工溶液，溶液应置于有明显标志的容器内，不得混淆，每班使用的外加剂溶液应一次配成。

配制与加入防冻剂，应设专人负责并做好记录，应严格按剂量要求掺入。拌和物出搅拌机的温度不宜低于10℃

混凝土的运输过程是热损失的关键阶段，应采取必要的措施减少混凝土的热损失，同时应保证混凝土的和易性。常用的主要措施为减少运输时间和距离；使用大容积的运输工具并采取必要的保温措施。保证混凝土入模温度不低于5℃。

4.3.6.3 混凝土的浇筑

冬期不得在强冻胀性地基土上浇筑混凝土。当在弱冻胀性地基土上浇筑混凝土时，地基土应进行保温，以免遭冻。浇筑前，应清除模板和钢筋上的冰雪和污垢，尽量加快混凝土的浇筑速度，防止热量散失过多。当分层浇筑厚大整体结构时，已浇完层的混凝土温度，在被上一层混凝土覆盖前，不得低于按热工计算的温度，且不得低于2℃。

混凝土冬期施工的方法，主要有蓄热法、蒸汽加热法、电热法、暖棚法和掺外加剂法等。

(1) 蓄热法。蓄热法就是将其具有一定温度的混凝土浇筑后，在其表面用草帘、锯木、炉渣等保温材料加以覆盖，避免混凝土的热量和水泥的水化热散失太快，以此来维持混凝土冻结前达到所要求强度的温度。

蓄热法适用于地下工程和表面系数（指结构冷却的表面积与结构体积之比值）不大于5及室外最低温度不低于－15℃的情况。如果能选用适当的保温材料、采用快硬早强水泥、在混凝土外部进行早期短时加热、掺早强剂等措施，则可进一步扩大蓄热法的应用范围，这是混凝土冬期施工最经济、简单而有效的方法。

(2) 蒸汽加热法。蒸汽加热法就是利用蒸汽使混凝土保持一定的温度和湿度，以加速混凝土硬化。此法除预制厂用的蒸汽养护窑外，在现浇结构中则有汽套法、毛管法和构件内部通汽法等。

采用蒸汽加热的混凝土，宜选用矿渣及火山灰水泥，严禁使用矾土水泥。为了避免温差过大，防止混凝土产生裂缝，应严格控制升温、降温速度。模板和保温层在混凝土冷却到5℃后方可拆除。当混凝土与外界温差大于20℃时，拆模后的混凝土表面还应用保温材料临时覆盖，使其缓慢冷却。未完全冷却的混凝土有较高的脆性，不能承受冲击或动荷载，以防开裂。

(3) 电热法。电热法是利用电流通过不良导体混凝土或电阻丝所发出的热量来养护混凝土。主要有电极法和电热器法两类。

电热法应采用交流电，电压为50～110V，以免产生局部过热和混凝土脱水现象，只有在无筋或少筋结构中，才允许采用电压为120～220V的电流加热。电热应在混凝土表面覆盖后进行。电热过程中，需观察混凝土外露表面的温度，当表面开始干燥时，应先断电，并浇温水湿润混凝土表面。电热温度应符合表4.26的规定，当混凝土强度达到50%时，即可停止电热。

电热法设备简单，施工方便有效，但耗电量大，费用高，应慎重选用，并注意施工安全。

表 4.26　　电热养护混凝土的温度　　单位：℃

水泥标号	结构表面系数		
	<10	10～15	>15
325	70	50	45
425	40	40	35

(4) 暖棚法。暖棚法是在混凝土浇筑地点，用保温材料搭设暖棚，在棚内采暖，使温度提高，混凝土养护如同在常温中一样。

采用暖棚法养护时，棚内温度不得低于5℃，并应保持混凝土表面湿润。

(5) 掺外加剂法。不同性能的外加剂，可以起到抗冻、早强、促凝、减水、降低冰点的作用，能使混凝土在负温下继续硬化而不采取加热保温措施，这是混凝土冬期施工的一种有效方法，可以简化施工、节约能源，还可改善混凝土的性能。

冬期施工混凝土振捣应用机械振捣，振捣时间应比常温时有所增加。

任务实施

混凝土的施工质量直接影响到建筑物的安全、坚固、耐久性。对原材料应该严格把关，优化配合比并严格按照施工配合比拌料。搅拌要均匀，但时间不宜过长或过短，以保证良好的和易性。运输时，尽可能选择短时间、短距离的运输，防止拌和物离析或配合比发生变化而影响浇筑。混凝土的浇筑工作应连续进行，如有间歇形成接缝则必须进行处理。无论采用何种振捣方式，都要振捣密实。为了使后期混凝土保持较高的强度，还需要养护。当发现混凝土有质量缺陷时，应选择适宜的方法修补，在冬季混凝土的施工中，还应该特别注意抗冻问题。

实践训练

某混凝土实验室配合比为1∶2.28∶4.47，水灰比$W/C=0.63$，混凝土水泥用量$m_c=285\text{kg/m}^3$，现场实测砂、石含水率分别为3%、1%，求施工配合比及每立方米混凝土各种材料用量。

【解】施工配合比 $1:x(1+W_s):y(1+W_g)$

$=1:2.28(1+3\%):4.47(1+1\%)$

$=1:2.35:4.51$

按施工配合比计算每立方米混凝土各组成材料用量：

水泥　$m_c'=m_c=285\text{kg}$

砂　$m_s'=m_s=285\times2.35=669.75\text{kg}$

石　$m_g'=m_g=285\times4.51=1285.35\text{kg}$

水　$m_w'=m_w=(W/C-W_s-W_g)m_c$

$=285\times(0.63-2.28\times3\%-4.47\times1\%)$

$=147.32\text{kg}$

项目5 预应力混凝土工程

主要内容：先张法和后张法施工的概念，施工设备与机具、施工方法、施工工艺与技术要求；电张法施工的概念、无黏结预应力施工的概念。

知识目标

(1) 掌握一般建筑预应力钢筋混凝土工程的常规施工工艺、施工方法及包含的原理。

(2) 掌握工程施工中遇到的一些必要计算方法。

(3) 熟悉预应力钢筋混凝土工程施工中容易出现的常见质量、安全问题及质量、安全验收规范。

(4) 熟悉预应力钢筋混凝土施工顺序及预应力钢筋混凝土所需配备的设施和设备。

能力目标

(1) 能根据施工图纸和施工实际条件，选择和制定常规预应力钢筋混凝土工程合理的施工方案。

(2) 能根据施工图纸和施工实际条件，查找资料和完成预应力钢筋混凝土施工中遇到的一些必要计算。

(3) 能根据施工图纸和施工实际条件编写一般建筑预应力钢筋混凝土工程施工技术交底。

(4) 能根据建筑工程质量验收方法及验收规范进行常规预应力钢筋混凝土工程的质量检验。

任务1 预应力混凝土的认识

任务描述

什么是预应力混凝土？为什么说预应力混凝土结构衡量一个国家建筑技术水平的重要标志之一？它有哪些优点？什么叫有黏结预应力混凝土？什么叫无黏结预应力混凝土？

任务分析

作为预应力混凝土施工技术人员了解预应力混凝土的特点、分类和适用范围。

相关知识

5.1.1 预应力混凝土

一根梁在荷载作用下，上部受压，下部受拉。如果是素混凝土（是一种脆性材料，抗压能力很强，而抗拉能力很差），在荷载作用下，很快就断裂。为解决混凝土材料抗拉不足抗压有余的矛盾。人们就在梁的受拉区配置了抗拉性能好的钢筋，用来承受梁弯曲时产生的拉力，这就是普通钢筋混凝土梁，如图 5.1 所示。

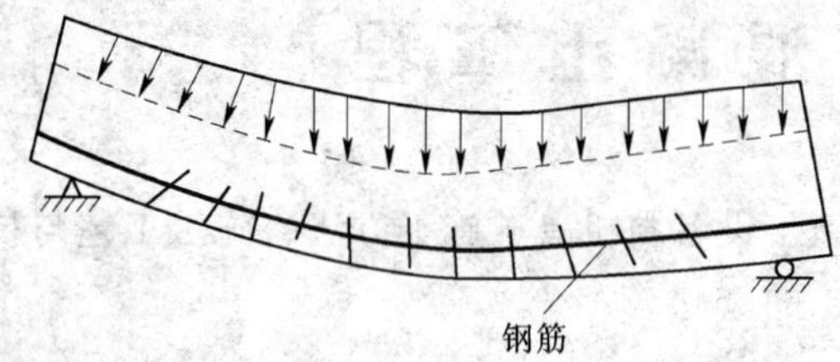

图 5.1　普通钢筋混凝土梁荷载作用下

混凝土梁配上钢筋后，仍有缺陷。主要钢筋是一种强度很高，应变能力很强的韧性材料，通常每米拉长 20～50mm 也不会产生裂缝，而混凝土则是应变能力很小的脆性材料，通常每米只能拉长 0.1～0.15mm，超过这个数值就产生断裂。而钢筋混凝土结构中混凝土和钢筋是黏结在一起构成一个整体，在荷载作用下是共同受力共同变形的。如图 5.1 所示的普通钢筋混凝土梁，在外荷载作用下虽然不会断裂，但是将产生裂缝，只是这种缝有时人看不到而已，这就大大影响了构件的耐久性。如果不产生裂缝，则钢筋中的应力达到 20～30N/mm^2，大大限制了钢筋强度的发挥（RRB400 钢筋的设计强度可达 360N/mm^2）。如果想充分利用钢筋的强度，则混凝土梁又产生很大的裂缝和挠曲变形，影响结构耐久性和使用。为解决这个新矛盾，人们采用了对混凝土受拉区施加预（压）应力，这方法是有效的方法。

即在外荷载作用于构件之前，利用钢筋张拉后的弹性回缩，对构件受拉区的混凝土预先施加压力，产生预压应力［图 5.2（a)］，使混凝土结构在预应力的作用状态下充分发挥钢筋抗拉强度高和混凝土抗压能力强的特点，可以提高构件的承载能力。当构件在荷载作用下产生拉应力时，首先抵消预应力，然后随着荷载不断增加，受拉区混凝土才受拉开裂，从而延迟了构件裂缝的出现和限制了裂缝的开展，提高了构件的抗裂度和刚度。这种利用钢筋对受拉区混凝土施加预压应力的钢筋混凝土，称为预应力混凝土。正常使用荷载下这种预应力混凝土不会产生裂缝如图 5.2（b）所示。

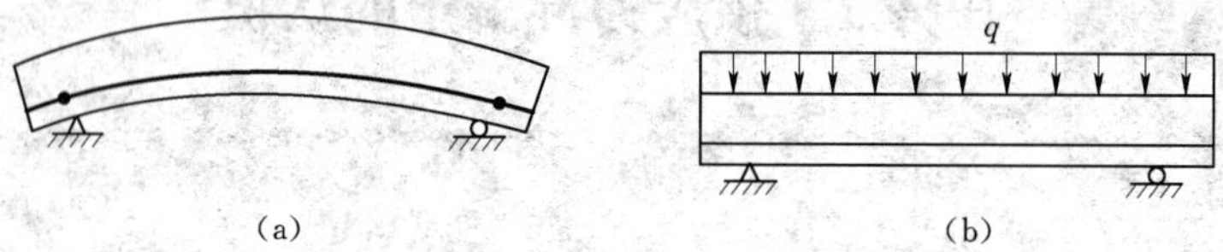

图 5.2　预应力混凝土梁荷载作用
(a) 施加预压应力时；(b) 使用时

预应力混凝土是最近几十年发展起来的一项新技术，现在世界各国都在普遍地应用，其推广使用的范围和数量，已成为衡量一个国家建筑技术水平的重要标志之一。

目前，预应力混凝土不仅较广泛地应用于工业与民用建筑的屋架，吊车梁、空心楼板、大型屋面板等，交通运输方面的桥梁、轨枕、以及电杆、桩等方面，而且已应用到矿井支架、海港码头、和造船等方面，如 60m 拱形屋架、12m 跨度 200t 吊车梁，5000t 水压机架，大跨度薄壳结构、144m 悬臂拼装公路桥和 11 万 t 容量的煤气罐等都已应用成功。淮北市火车站立交桥桥面横梁就是采用预应力的。

由于普通混凝土构件抗裂性能差，它的抗拉极限应变值 ε 只有 0.0001～0.00015，即相当于每米只能拉长 0.1～0.15mm，超过这个数值就会开裂，因此，钢筋混凝土受拉构

件，如果要保证混凝土不开裂，钢筋的应力只能用到20～30N/mm²[$f_y = E\varepsilon = 2\times10^5\times$ (0.0001～0.00015) = 20～30N/mm²]。

因而，对于在使用中不允许开裂的构件，设计时不得不把受拉区混凝土的截面增大，从而增加了结构的自重；对于允许出现裂缝的构件，由于受裂缝宽度的限制，在使用荷载下，钢筋应力也只能用到150～250N/mm²，从而限制了钢筋混凝土构件中采用高强钢材来节约钢材的可能性。普通混凝土受拉区容易出现开裂的缺点，同使用要求之间的矛盾和高强钢材不断发展与普通混凝土构件中不能充分发挥其高强性能的矛盾，促使人们在设计理论与施工工艺方面的研究有了新的突破——提出了预应力混凝土的理论和实践，由于矛盾的主要方面是混凝土的极限抗拉应变太小（容易开裂），为了解决这一矛盾，在混凝土构件受拉区先施加预压应力，当构件在荷载作用下，产生拉应力时，首先要抵消混凝土的预压应力，然后，随着荷载的不断增加，混凝土才受拉开裂，从而推迟裂缝的出现时间和限制裂缝的发展，达到提高构件抗裂度和刚度的目的，同时，能有效地采用高强钢材，大大节约钢材。因此说预应力混凝土结构衡量一个国家建筑技术水平的重要标志之一。

5.1.2　预应力技术发展的简述

人们用竹皮或绳索缠绕木桶，并通过沿桶壁鼓形轮廓收紧而使桶箍受拉，转而在桶板之间产生预压力，这样就能抵抗内部的液体所产生的环向拉力。就是说在桶箍和桶板在受荷载之前，已经作用有预应力（图5.3）。预应力是为了部分或全部抵消使用荷载而人为地引入某一量值的反向荷载。

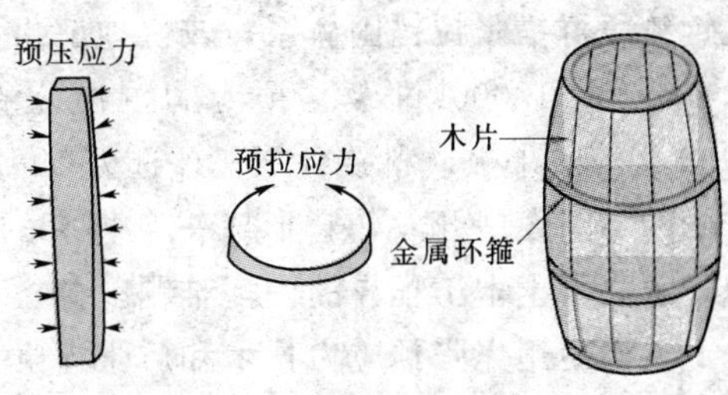

图5.3　预应力应用于木桶

法国人欧仁·费雷西奈成功地发明了可靠而又经济的张拉锚固工艺技术，从而推动了预应力材、设备和工艺的发展。

5.1.2.1　预应力材料的发展

预应力筋的发展可为三个阶段。20世纪50年代后期。当时用冷拉钢筋作预应力筋，主要用生产预制应力屋架，吊车梁等构件；20世纪70年代，中国广泛使用低碳冷拔钢丝生产预应力空心楼板等中小构件；20世纪80年代，高强度预应钢丝与钢铰线得到推广应用。目前中国后张预应力筋主要是高强度预应力钢绞线，年产量20万t，其中中低松弛、1860级钢绞线占80%以上；高强度预应力钢丝年产量约8万～10万t；钢筋类预应力筋使用量不到1万t，主要是房屋建筑标准图中用的冷拉HRB335级、HRB400钢筋、热处理钢筋和精轧螺旋钢筋。

目前欧美等发达的国家后张预应力结构中大量使用的预应力筋同样为高强钢丝、钢绞线、和粗钢筋。为防腐蚀和耐久性，欧美地区使用了钢丝、钢绞线的深加工产品，这里边有镀锌钢丝、环氧涂裹钢绞线等。环氧涂裹钢绞线用于桥梁结构以抵抗盐水化雪对桥梁的侵袭。近年在开发玻璃纤维预应筋GFRP、碳纤维预应筋CFRP和聚酯纤维预应力筋AFRP，并已经在小型工程中试用。预应力筋材料发展总趋势：高强度、低松弛、耐腐蚀、易施工操作。

预应力混凝土张拉锚固技术的成熟和发展。20世纪六七十年代，我国研究开发了多种中低强度预应力混凝土筋张拉锚固技术，主要有螺丝端杆锚固技术、高强钢丝镦头锚体系、XM锚体系、QM锚预应力群锚固体系、弗氏锚体系等。70年代中期，编制出版了常用预应力混凝土锚夹具定型图册。

5.1.2.2　预应力设备的发展

20世纪80年代以前，预应力设备以YC－60、YL－60、YC－18、YC－20等小吨位千斤顶为主，80年代中期，随着大吨位预应力锚固体系的研制开发和无黏结预应力成套技术的开发，中国后张预应力设备的品种、规格越来越多，性能越来越好。张拉设备从YC－300到目前使用的8000～10000kN，先后开发出多种大吨位群锚千斤顶和斜拉索用千斤顶。为配合无黏结预应力技术的发展，研制开发了以小油泵、前卡千斤顶为代表的单根钢绞线张拉设备。

5.1.2.3　预应力混凝土工艺技术的发展

20世纪90年代中后期，我国技术人员跟踪国际先进水平，成功地开发了预应力混凝土钢绞线群锚张拉锚固体系，较好地解决了预应力混凝土施工中的关键技术，特别是大吨位（8000～10000kN级）预应力混凝土锚具及配套张拉设备，达到了国际先进水平，1988年该成果被《科技日报》评选为1987年度全国十大科技成就之一。随着预应力工艺技术的不断发展开发，它形成一套特有的工法和专利技术，广泛用于土木工程的各个领域，解决了土木工程界的许多难题。

人们使用先张预应力技术和后张灌浆有黏结预应力技术。20世纪80年代中期，我国开发研制成功的无黏结预应力混凝土筋涂包设备、单根钢绞线张拉锚固设备、无黏结预应力混凝土结构设计技术规程等配套技术，促进了我国建筑工程中现浇预应力混凝土结构的发展。近年来体外后张预应力束技术得到较多的应用。在桥梁结构施工中，预应力技术用于水平顶推桥梁和水平移动模板支架，也用于悬臂拼装、悬臂浇筑和预制拼装施工。近20年来，无黏结预应力混凝土结构累计推广使用面积达到1000万m^2以上，出现了一大批有代表性的、达到国际先进水平的工程项目。80年代中期，我国开始兴建大跨度预应力混凝土斜拉桥，为解决工程需要，上海浦江缆索厂与多家科研设计单位配合，建成了我国最大的斜拉桥缆索成品生产线，使我国的斜拉桥技术达到世界领先水平。同时对结构加固、大坝加固和深基坑边坡支护，形成了多种工法和专利技术。

5.1.2.4　中国预应力技术的应用

50年代初，大量工业厂房和民用建筑需要兴建，而结构材料，特别是型钢和木材奇缺，由于难以解决厂房钢结构屋盖与钢吊车梁的型钢用料，迫切需要改用预应力混凝土来代替。按照预应力经典理论，生产预应力混凝土必须要用高强钢材（钢丝和钢筋）和高强混凝土，要用专门的张拉千斤顶、锚夹具及其配套的专用机械与零部件，而在我国当年除书本知识外，真是一穷二白，一无所有。在艰难时刻，原建筑工程部建筑科学技术研究所（中国建筑科学研究院前身）接受了国家计委的任务，开始了预应力混凝土的研究。

从20世纪50年代初至70年代末，我国房屋结构中开发研制了一整套预制预应力混凝土构件技术，如屋面梁、屋架、吊车梁、大型屋面板、空心楼板等，其中预应力空心板年产量达1000万m^3以上。这一时期的预应力技术特点是采用中、低强预应力钢材，采

用中国特色的预应力混凝土张拉锚固工艺技术。

从20世纪80年代初至90年代末，房屋建筑中预应力混凝土技术得到巨大发展，其显著特点是采用高强预应力混凝土钢材及相应工艺技术，对整体结构施加预应力，技术水平接近发达国家先进水平。20年间建设了一大批预应力混凝土工程，其中有代表性的工程有63层预应力混凝土楼面的广东国际大厦；214m高的青岛中银大厦；单体预应力混凝土面积最大的首都国际机场新航站楼等。

1955年，铁路部门研制成功我国第一片跨度12m的预应力混凝土铁路桥梁，1956年建成28孔24m跨的新沂河大桥，从而开始了预应力混凝土技术在我国铁路上应用的篇章。40多年来，经过铁路系统工程技术人员的辛勤努力，预应力混凝土技术不断扩大，技术水平不断提高，制造架设跨度32m以下桥梁3万多孔，桥梁跨度不断突破，大跨径桥梁不断涌现，其中有代表性的工程有主跨为168m的攀枝花金沙江铁路连续钢构桥，顶推法施工的跨度80m连续箱梁桥杭州钱塘江二桥，此外在南昆铁路线上新建了一大批各种类型的铁路桥梁。

1957年，公路部门在北京周口店建造第一座预应力混凝土公路试验桥，为单跨20m简支T梁桥。1959年在兰州建成七里河黄河桥，为7孔主跨37.5m悬臂梁桥。后又建成新城黄河桥，桥型为5孔33m T型简支梁和孔66m系杆拱桥，奠定了我国建造预应力混凝土桥的基础。

随着我国交通运输的蓬勃发展，50多年来，公路上建造了大量预应力混凝土桥，尤以大跨径桥梁居多数。如我国已建成主跨400以上斜拉桥7座，连续钢构桥继黄石大桥250m主跨后，虎门大桥达270m，主跨为世界之冠，这些桥型和其他桥型无论在跨度还是在施工方法上都已接近发达国家的先进水平。

5.1.3　预应力混凝土结构的特点

它与普通钢筋混凝土相比，具有以下明显的特点：

(1) 改善结构的使用性能，提高结构的耐久性；与钢筋混凝土同样条件下，具有构件截面小、自重轻、构件的抗裂性能较好，刚度较大、耐久性好，节约材料具有良好的经济性，充分利用高强钢材，可节约钢材40%～50%；减小构件截面高度，减轻自重，节约混凝土20%～40%，减轻构件自重可达20%～40%。

(2) 预应混凝土强度不宜低于C30，当用碳素钢丝、钢绞线、热处理钢筋时混凝土强度不宜低于C40；目前，我国在一些重要的预应力混凝土结构中，已开始采用C50～C60的高强混凝土，最高混凝土强度等级已达到C80，并逐步向更高强度等级的混凝土发展；国外混凝土的平均抗压强度每10年提高5～10MPa，现已出现抗压强度高达200MPa的混凝土。

(3) 制作预应力混凝土构件时，增加了张拉工作，反拱不易控制，相应增添了张拉机具和锚固装置，制作工艺也较复杂。

(4) 具有良好的裂缝闭合性能与变形恢复性能，提高抗剪承载力，提高抗疲劳强度；不仅用于一般的工业与民用的建筑结构，而且也应用于大型整体或特殊结构上。

5.1.4　预应力钢材品种与特性

5.1.4.1　预应力钢材的品种

用于预应力工程的预应力筋，按材料类型可分为：钢丝、钢绞线、钢筋、非金属预应

力筋。根据预应力筋深加工工艺或施工方法的不同，预应力筋又可分为有黏结预应力筋、无黏结预应力筋和体外预应力筋。在我国预应力工程中，目前大量使用的是预应力钢绞线和钢丝，粗钢筋及热处理钢筋使用量较少；非金属预应力筋尚在研究开发阶，非金属预应力筋主要是指用纤维增强塑料（简称 FRP）制成的预应力筋，主要有玻璃纤维增强塑料（GFRP）、芳纶纤维增强塑料（AFRP）及碳纤维增强塑料（CFRP）预应力筋等几种形式。

1. 碳素钢丝（高强钢丝）

其是用优质高碳钢盘条经索氏体化处理、酸洗、镀铜或磷化后冷拔制成。含碳量为0.7%～0.9%。高强钢丝根据深加工的要求不同又可分为：冷拉钢丝、消除应力钢丝、刻痕钢丝、低松弛钢丝和镀锌钢丝等。钢丝的直径为 3～7mm，抗拉强度分为 1470MPa、1570MPa 和 1670MPa 三级。

（1）冷拉钢丝。冷拉钢丝是经冷拔后直接用于预应力混凝土的钢丝。开盘后钢丝呈螺旋状，没有良好的申直性。这种钢丝存在残余应力，屈强比低，伸长率小，仅用于铁路轨枕、压力水管和电杆等（图 5.4）。

（2）消除应力钢丝（碳素钢丝）。消除应力钢丝（又称矫直回火钢丝）是冷拔后经高速旋转的矫直辊筒矫直，并经回火（350～400℃）处理的钢丝，属于普通松弛级钢丝。钢丝经矫直回火后，可消除钢丝冷拔中产生的残余应力，提高钢丝的比例极限、屈强比和弹性模量，并改善塑性；同时获得良好的申直性，施工方便（图 5.5）。

图 5.4　冷拉钢丝

图 5.5　碳素钢丝

（3）刻痕钢丝。刻痕钢丝是用冷拉或经冷拔方法使钢丝表面产生规则变化的凹痕和凸纹的钢丝。其性能与消除应力钢丝相同。表面凹痕或凸纹可增加钢丝与混凝土的握裹力。刻痕钢丝的外形有两面刻痕与三面刻痕两种，都可用于先张法预应力混凝土构件中（图 5.6）。

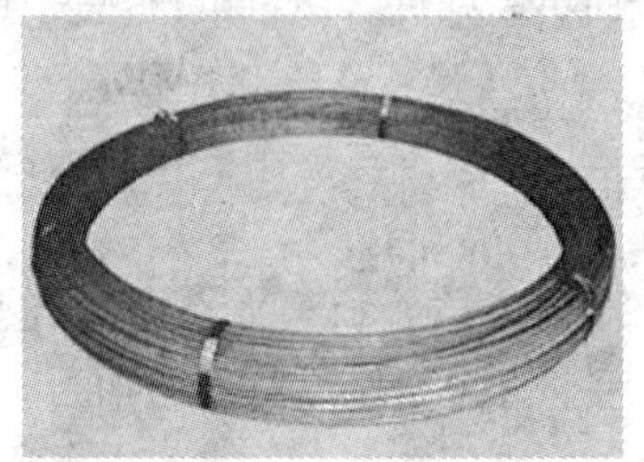

图 5.6　刻痕钢丝

图 5.7　低松弛钢丝

（4）低松弛钢丝。低松弛钢丝（又称稳定化处理钢丝）是经冷拔后在张力状态下经回

火处理的钢丝。经稳定化处理的钢丝，弹性极限和屈服强度提高，应力松弛率大大降低，但单价稍贵。现在已经广泛应用于房屋、桥梁、水利工程（图 5.7）。

（5）镀锌钢丝。镀锌钢丝是用热镀或电镀方法在表面镀锌的钢丝。其性能与低松弛钢丝相同。镀锌钢丝的抗腐蚀能力强，价格较贵，主要用于悬索桥和斜拉桥的拉索，以及环境条件恶劣的工程结构的拉杆。

高强钢丝的品种和性能应符合国家标准《预应力混凝土用钢丝》（GB 5223—95）的规定。后张预应力结构中所用的预应力钢丝为国标（GB/T 5223—95）中的光面消除应力的高强度圆形碳素钢丝（图 5.8）。

图 5.8　镀锌钢丝

2. 钢绞线

钢绞线是用 7 根钢丝在绞丝机上以一根钢丝为中心，其他 6 根钢丝围绕进行螺旋状绞合，再经低温回火制成（图 5.9）。又分成普通松弛钢绞线、低松弛钢绞线、镀锌钢绞线、模拨钢绞线等。钢绞线的规格和力学性能，除应符合国家标准《预应力混凝土用钢绞线》（GB/T 5224—1995）的规定外还要满足以下要求：

（1）表面不得带有润滑剂、油渍等，钢绞线表面可充许轻微的浮锈。

（2）钢绞线伸直性，取弦长为 1m 的钢绞线，其弦与弧的最大自然矢高不大于 25mm。

图 5.9　钢绞线

图 5.10　热处理钢筋

3. 热处理钢筋

由普通热轧中低合金钢经淬火和回火的调质热处理或轧后冷却方法制成。具有强度高、松弛值低、韧性较好、黏结力强等特点（图 5.10）。

主要用于铁路轨枕、先张法预应力混凝土楼板。其规格和力学性能应符合国家标准《预应力混凝土用热处理钢筋》。

4. 精轧螺纹钢筋

用热轧方法在整个钢筋表面上轧出不带肋的螺纹外形。钢筋接长用连接器，端头锚固用螺母。这种钢筋连接可靠，锚固简单、施工方便、无需焊接和冷拉。主要用于桥梁、房屋和构筑物（图 5.11）。

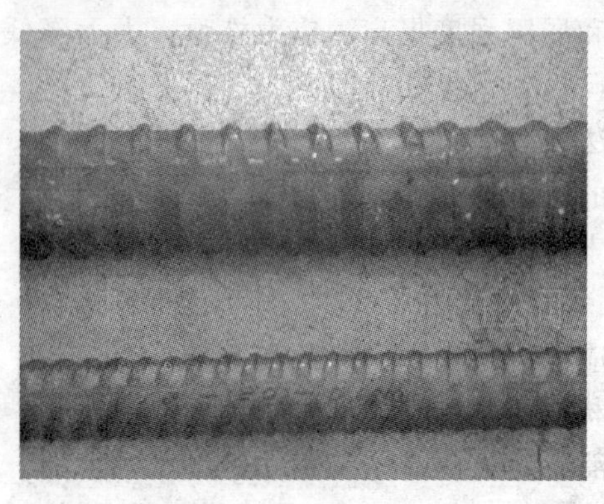

图 5.11　精轧螺纹钢筋

5.1.4.2　预应力钢筋的特性

1. 应力—应变曲线

如图 5.12 所示。当钢丝拉伸超过比例极限 σ_p 后，σ—ε 关系为非线性变化，没明显的屈服点。当超过 $\sigma_{0.2}$ 后，应变 ε 增加较快；当拉伸到最大应力 σ_b 时，应变 ε 继续发展，σ—ε 关系为水平段，然后断裂。我国取残余应力 0.2%时的应力作为屈服强度 $\sigma_{0.2}$。

2. 应力松弛

应力松弛指钢材受一定张拉力后，在长度不变的情况下，应力随时间的增长而降低的现象。其应力降低值称应力松弛损失。原因是由于金属内部错位运动，使一部分弹性变形转化为塑性变形而引起的。预应力试验要按《预应力钢材等温松弛实验规程》进行，证明了其松弛率与时间、钢种和温度有关。

(1) 应力松弛初期发展较快。第一小时相当于 1000h 钢丝应力松弛损失率的 15%～35%，以后逐渐变慢。钢丝应力松弛损失率 $Rt=A\lg t+B$，与时间 t 有较好的对数线性关系。

(2) 钢丝和钢绞线的应力松弛率比热处理钢筋和精轧螺纹钢筋大。

(3) 随温度升高，松弛损失率急剧增加。

(4) 初应力大，松弛损失率也大。

(5) 减少松弛损失的主要措施。

1) 采用低松弛钢绞线或钢丝。这是最好的措施，其损失可减少 70%～80%；

2) 采取超张拉程序。如 $0\rightarrow1.05\sigma_{con}$（持荷 2min）$\rightarrow\sigma_{con}$ 或 $0\rightarrow1.03\sigma_{con}$，比一次张拉程序 σ_{con} 减少松弛损失 3%～5%。

5.1.4.3　预应力钢材的验收与检验

1. 碳素钢材的检验

应成批验收，每批应由同一牌号，同一规格，同一生产工艺制度的钢丝组成，重量不大于 60t。

(1) 外观检查：应逐盘检查。不得有表面裂纹、小刺、劈裂、机械损伤、氧化铁皮和油迹。钢丝直径检查，按总盘数的 10%选取，但不得少于 6 盘。

(2) 拉伸试验：外观检查合格后，从每批中任意选取 10%的盘数（不少于 6 盘）进行拉伸试验。各项指取一个试样，一个做拉伸，一个做弯曲试验。符合规范要求，为合格。不合格时再从该盘取两倍数量的试样进行复验，如仍有一项指标不合格时，认定该批产品不合格。

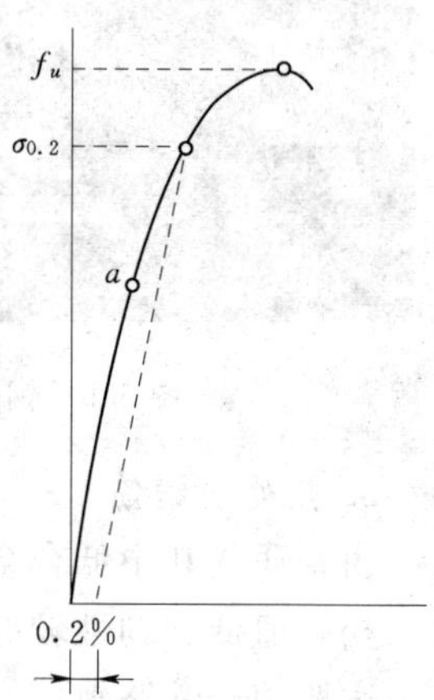

图 5.12　σ—ε 应力—应变曲线

2. 钢绞线的检验

每批应由同一牌号、同一规格、同一生产工艺制度的钢绞线组成。重量不大于60t。钢绞线的屈服强度和松弛试验，生产厂家每季度抽验一次，每次至少1根。从每批钢绞线中任意选取3盘进行表面质量、直径偏差、捻距和力学性能试验，其结果要符合规范规定的钢绞线为合格。

3. 热处理钢筋的检验

每批应由同一牌号、同一规格、同一生产工艺制度的钢丝组成。重量不大于60t。当重量不足30t时允许不多于10个炉号的钢筋组成混合批，但钢的含碳量差别不大于0.02%，含锰量差不得大于0.15%，含硅量差不得大于0.20%。

(1) 外观检查：每批中任意选取10%的盘数（不少于25盘）进行表面质量与尺寸偏差检查，不得有表面裂纹、结疤和折叠，允许有局部凸块，但不得超过螺纹钢筋的高度。钢筋各项尺寸要用卡尺测量，符合规范要求的钢筋为合格。

(2) 拉伸试验：每批中任意选取10%的盘数（不少于25盘）进行拉伸试验。各项只取一个试样，一个做拉伸，一个做弯曲试验。符合规范要求，为合格。不合格时再从该盘取两倍数量的试样进行复验，如仍有一项指标不合格时，认定该批产品不合格。

5.1.5 预应力混凝土的分类

预应力混凝土结构（构件）：在结构（构件）使用前预先施加应力，推迟了裂缝的出现或限制裂缝的开展，提高了结构（构件）的刚度。

预应力混凝土的分类：

(1) 按施工方法分为：先张法，后张法。

(2) 按钢筋张拉方式分为：机械张拉，电热张拉与自应力张拉。

1. 先张法

先张法是先张拉预应力筋，后浇筑混凝土的预应力混凝土生产方法。这种方法需要专用的生产台座和夹具，以便张拉和临时锚固预应力筋，待混凝土达到设计强度后，放松预应力筋。先张法适用于预制厂生产中小型预应力混凝土构件。预应力是通过预应力筋与混凝土间的黏结力传递给混凝土的。

2. 后张法

后张法是先浇筑混凝土后张拉预应力筋的预应力混凝土生产方法。这种方法需要预留孔道和专用的锚具，张拉锚固的预应力筋要求进行孔道灌浆。后张法适用于施工现场生产大型预应力混凝土构件与结构。预应力是通过锚具传递给混凝土的。

3. 有黏结

所谓有黏结预应力混凝土是指预应力筋沿全长均与周围混凝土相黏结。先张法的预应力筋直接浇筑在混凝土内，预应力筋和混凝土是有黏结的；后张法的预应力筋通过孔道灌浆与混凝土形成黏结力，这种方法生产的预应力混凝土也是有黏结的。

4. 无黏结

无黏结预应力混凝土的预应力筋沿全长与周围混凝土能发生相对滑动，为防止预应力筋腐蚀和与周围混凝土黏结，采用涂油脂和缠绕塑料薄膜等措施。

任务2 先张法施工

任务描述

(1) 了解先张法台座、夹具和张力机具的类型及特点，预应力混凝土先张法施工工艺、施工方法的要点，它有哪些优点？

(2) 能根据施工图纸和施工实际条件，选择和制定常规先张法预应力钢筋混凝土工程合理的施工方案。

(3) 能根据施工图纸和施工实际条件，查找资料和完成先张法预应力钢筋混凝土施工中遇到的一些必要计算。

(4) 能根据施工图纸和施工实际条件编写一般建筑先张法预应力钢筋混凝土工程施工技术交底。

任务分析

作为施工技术人员掌握预应力混凝土先张法施工工艺、施工方法的要点。

相关知识

5.2.1 先张法概述

先张拉预应力钢筋，并固定在台座或钢模上→混凝土达到一定强度，混凝土与预应力筋具有一定的黏结力→放松预应力筋→受拉区承受预压应力，受压区承受预拉应力。先张法（台座）生产如图5.13所示。

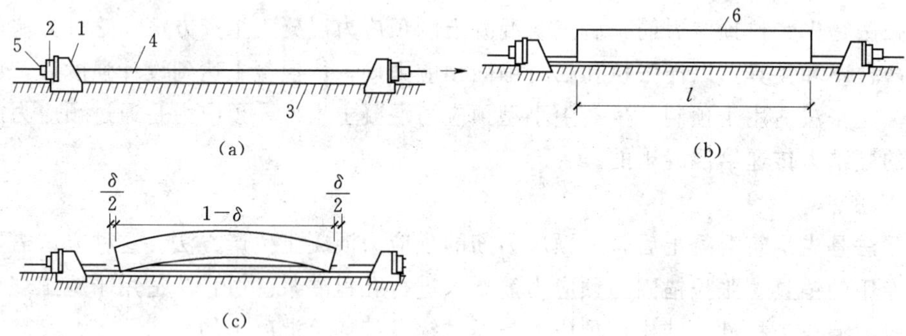

图5.13 先张法生产示意图

(a) 预应力筋张拉；(b) 混凝土浇筑和养护；(c) 放松预应力筋

1—台座；2—横梁；3—台面；4—预应力筋；5—夹具；6—构件

先张法一般用于预制构件厂生产定型的中小型构件，如楼板、屋面板、檩条及吊车梁等。

先张法生产时，可采用台座法和机组流水法。

采用台座法时，预应力筋的张拉、锚固，混凝土的浇筑、养护及预应力筋放松等均在台座上进行；预应力筋放松前，其拉力由台座承受。

采用机组流水法时，构件连同钢模通过固定的机组，按流水方式完成（张拉、锚固、混凝土浇筑和养护）每一生产过程；预应力筋放松前，其拉力由钢模承受。先张法施工工艺流程如图5.14所示。

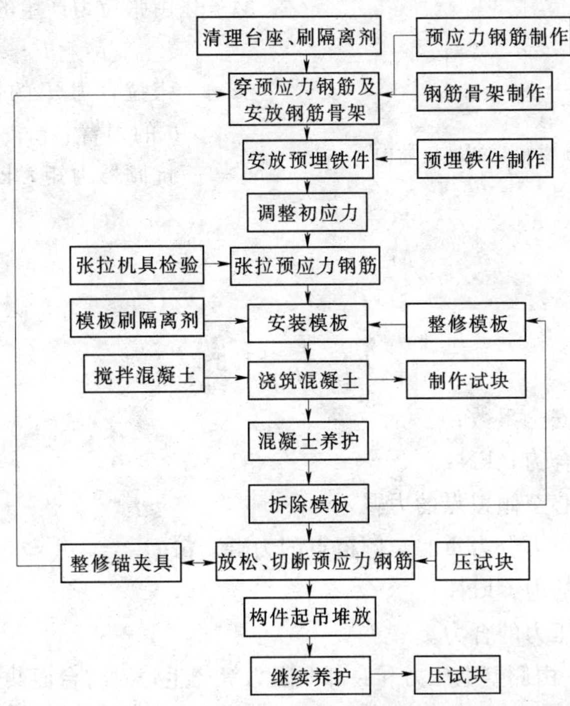

图5.14 先张法施工工艺流程

5.2.2 先张法施工准备

5.2.2.1 台座

台座由台面、横梁和承力结构等组成，是先张法生产的主要设备。预应力筋张拉、锚固，混凝土浇筑、振捣和养护及预应力筋放张等全部施工过程都在台座上完成；预应力筋放松前，台座承受全部预应力筋的拉力。因此，台座应有足够的强度、刚度和稳定性。

台座作用：预应力筋的支撑结构。

要求：强度，刚度和稳定性。

分类：墩式台座，槽式台座。

1. 墩式台座

墩式台座由台墩、台面与横梁等组成。台墩和台面共同承受拉力。墩式台座用以生产各种形式的中小型构件。

(1) 台墩。

台墩是承力结构，由钢筋混凝土浇筑而成。

承力台墩设计时，应进行稳定性和强度验算。稳定性验算一般包括抗倾覆验算与抗滑移验算。抗倾覆系数不得小于1.5，抗滑移系数不得小于1.3。

抗倾覆验算的计算简图如图5.15所示，按下式计算

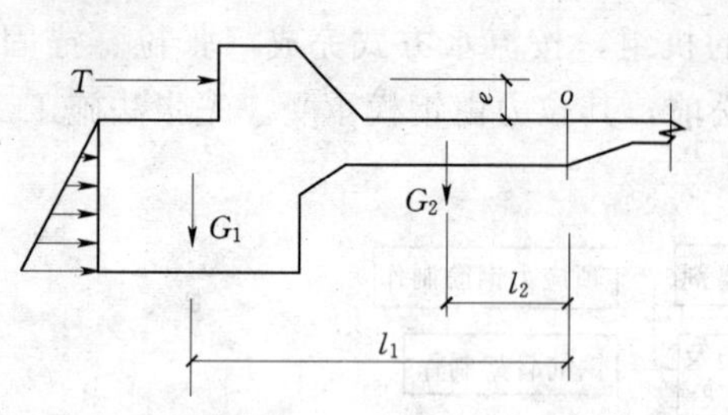

图 5.15　墩式台座抗倾覆验算的计算简图

$$K_0=\frac{M'}{M}\geqslant 1.5$$

式中　K_0——台座的抗倾覆安全系数；

M——由张拉力产生的倾覆力矩，kN·m；

$$M=T\cdot e$$

e——张拉合力 T 的作用点到倾覆转动点 o 的力臂，m；

M'——抗倾覆力矩，kN·m。

如忽略土压力，则

$$M'=G_1\cdot l_1+G_2\cdot l_2$$

抗滑移能力按下式验算：

$$K_e=\frac{T_1}{T}\geqslant 1.3$$

式中　K_e——抗滑移安全系数；

T——张拉力合力，kN；

l_1——台墩重心至倾覆点的力臂，m；

l_2——主动土压力合力重心至倾覆点的力臂，m；

G_1——抗滑移的力，kN；

G_2——主动土压力的合力。

对于独立的台墩，由侧壁上压力和底部摩阻力等产生；对与台面共同工作的台墩，其水平推力几乎全部传给台面，不存在滑移问题，可不作抗滑移计算，此时应验算台面的强度。

(2) 台面。

台面是预应力构件成型的胎模，要求地基坚实平整，它是在厚 150mm 夯实碎石垫层上，浇筑 60～80mm 厚 C20 混凝土面层，原浆压实抹光而成。台面要求坚硬、平整、光滑，沿其纵向有 3%的排水坡度。

(3) 横梁。

横梁以墩座牛腿为支承点安装其上，是锚固夹具临时固定预应力筋的支承点，也是张拉机械张拉预应力筋的支座。横梁常采用型钢或钢筋混凝土制作。

2. 槽式台座

槽式台座由端柱、传力柱、横梁和台面组成。槽式台座既可承受拉力，又可作蒸汽养护槽，适用于张拉吨位较高的大型构件，如屋架、吊车梁等。

槽式台座构造如图 5.16 所示。

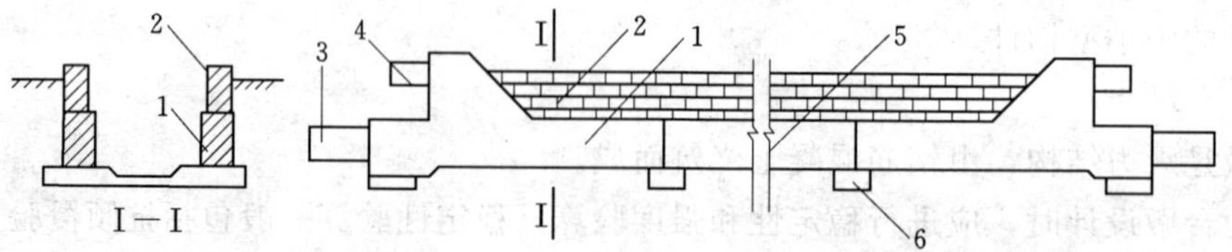

图 5.16　槽式台座

1—钢筋混凝土端柱；2—砖墙；3—下横梁；4—上横梁；5—传力柱；6—柱垫

槽式台座需进行强度和稳定性计算。端柱和传力柱的强度按钢筋混凝土结构偏心受压构件计算。槽式台座端柱抗倾覆力矩由端柱、横梁自重力矩及部分张拉力矩组成。

5.2.2.2 夹具

夹具是先张法构件施工时保持预应力筋拉力，并将其固定在张拉台座（或设备）上的临时性锚固装置。

按其工作用途不同分为锚固夹具和张拉夹具。

1. 钢丝锚固夹具

(1) 圆锥齿板式夹具（锥销夹具）：锥销夹具可分为圆锥齿板式夹具和圆锥槽式夹具，如图 5.17 所示。

(2) 镦头夹具：如图 5.18 所示，采用镦头夹具时，将预应力筋端部热镦或冷镦，通过承力分孔板锚固。

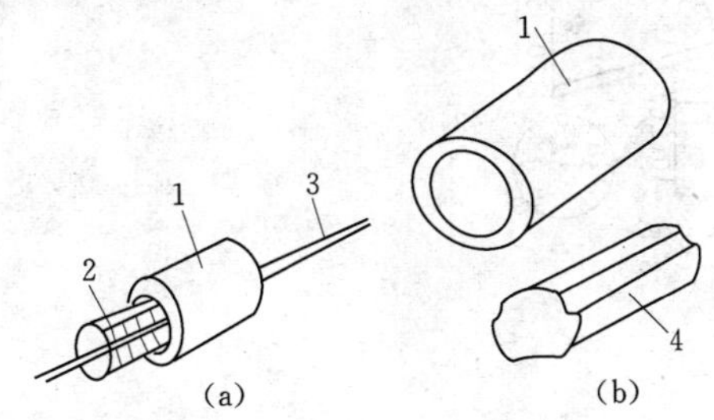

图 5.17 钢质锥形夹具

(a) 圆锥齿板式；(b) 圆锥槽式

1—套筒；2—齿板；3—钢丝；4—锥塞

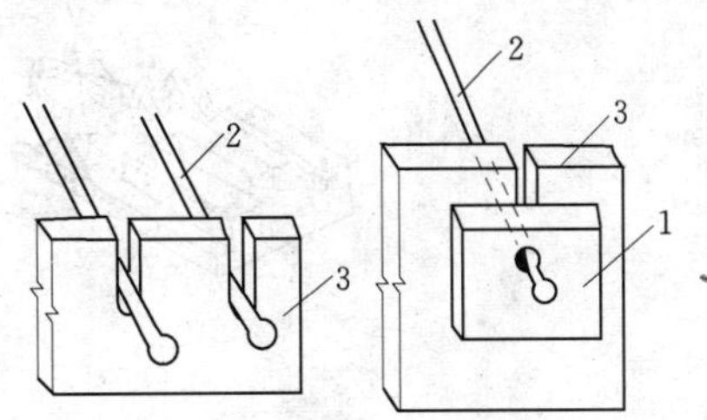

图 5.18 固定端镦头夹具

1—垫片；2—镦头钢丝；3—承力板

2. 钢筋锚固夹具

钢筋锚固常用圆套筒三片式夹具，由套筒和夹片组成如图 5.19 所示。

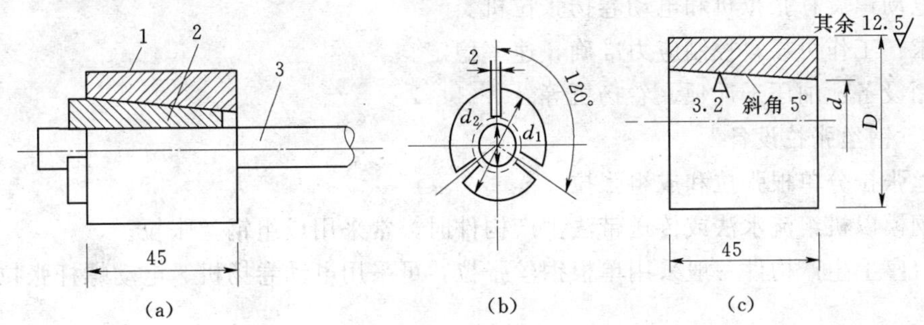

图 5.19 圆套筒三片式夹具

(a) 装配图；(b) 夹片；(c) 套筒

1—套筒；2—夹片；3—预应力钢筋

其型号有 YJ12、YJ14，适用于先张法；用 YC-18 型千斤顶张拉时，适用于锚固直径为 12mm、14mm 的单根冷拉 HRB335、HRB400、RRB400 级钢筋。

3. 张拉夹具

张拉夹具是夹持住预应力筋后，与张拉机械连接起来进行预应力筋张拉的机具。

常用的张拉夹具有月牙形夹具、偏心式夹具、楔形夹具等，如图5.20所示，适用于张拉钢丝和直径16mm以下的钢筋。

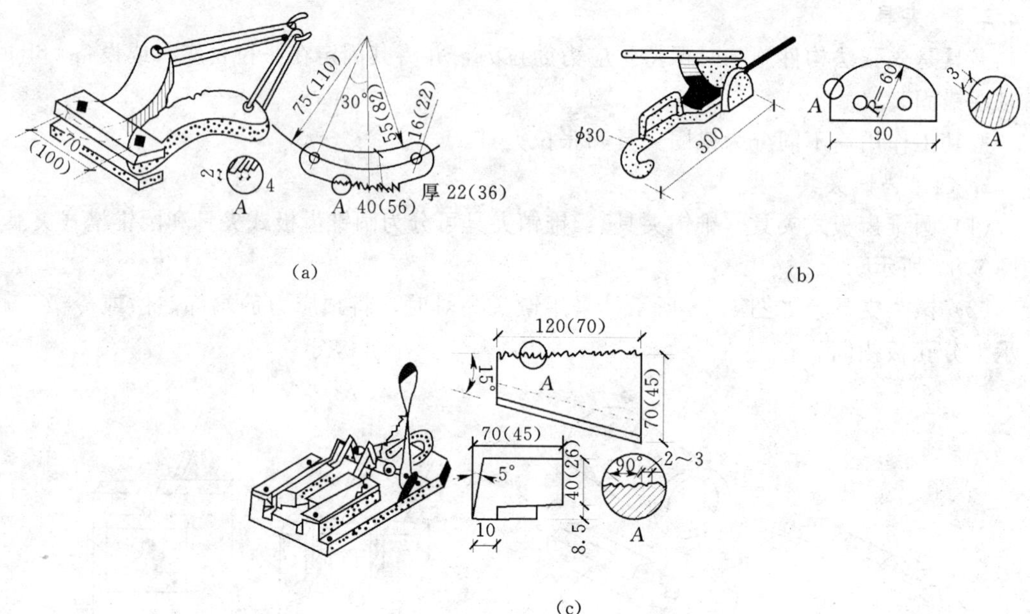

图5.20 张拉夹具

(a) 月牙形夹具；(b) 偏心式夹具；(c) 楔形夹具

5.2.3 张拉设备

张拉机具的张拉力应不小于预应力筋张拉力的1.5倍；张拉机具的张拉行程不小于预应力筋伸长值的1.1～1.3倍。在先张法常用的拉杆式千斤顶、穿心式千斤顶、台座式千斤顶、电动螺旋杆张拉机和电动卷扬张拉机。

要求：工作可靠，控制应力准确，速率稳定。

常用设备：油压千斤顶、卷扬机等。

5.2.3.1 钢丝张拉设备

钢丝张拉分单根张拉和成组张拉。

用钢模以机组流水法或传送带法生产构件时，常采用成组钢丝张拉。

在台座上生产构件一般采用单根钢丝张拉，可采用电动卷扬机、电动螺杆张拉机进行张拉。

1. 电动卷扬机张拉、杠杆测力装置

如图5.21所示。主要用于长线台座上张拉冷拔低碳钢丝。常用的是LYZ-1型电动卷扬机，其最大张拉力为10kN，最大张拉行程为5m，张拉速度为2.5m/min，电动机功率0.75kW。LYZ-1型又分成LYZ-1A型（支撑型，移动方便）和LYZ-1B（夹轨型，适用固定式大型预制厂，左右移动方便）两种。

2. 电动螺杆张拉机

如图5.22所示，电动螺杆张拉机由螺杆、顶杆、张拉夹具、弹簧测力器及电动机组

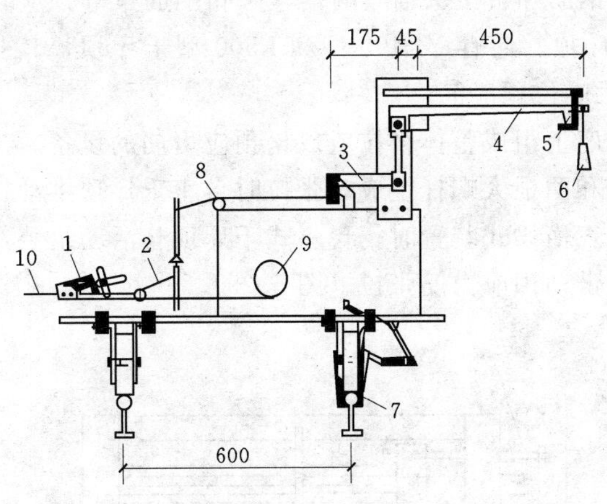

图 5.21 电动卷扬机张拉、杠杆测力装置

1—钳式张拉夹具；2—钢丝绳；3、4—杠杆；5—断电器；6—砝码；7—火轨器；8—导向轮；9—卷扬机；10—钢丝

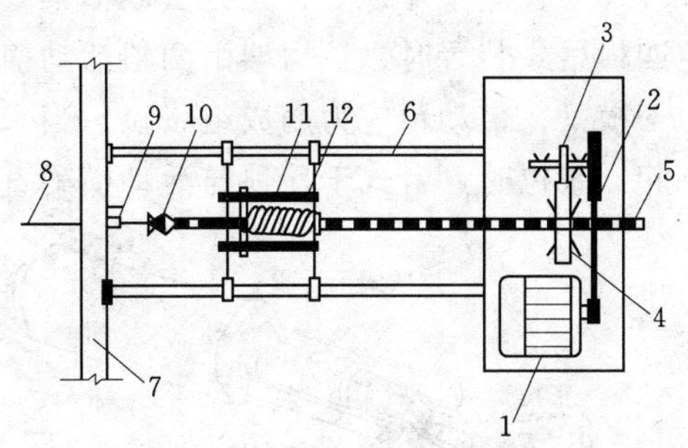

图 5.22 电动螺杆张拉机

1—电动机；2—皮带；3—齿轮；4—齿轮螺母；5—螺杆；6—顶杆；7—台座横梁；8—钢丝；9—锚固夹具；10—张拉夹具；11—弹簧测力计；12—滑动架

成。主要用于预制厂长线台座上张拉冷拔低碳钢丝。当电动机正向旋转时，通过减速箱带动螺母旋转，螺旋推动螺杆沿轴向后移动，就可张拉钢丝。锚固好钢丝后，电动机反转，螺杆向前，放松钢丝，完成张拉过程。弹簧计上装有计量尺和微动开关，当张拉力达到要求时，电动机自动停止。

常用是 DL 型电动螺杆张拉机，最大张拉力为 10kN，最大张拉行程为 780mm，张拉速度为 2m/min，适用于 ϕb3～5 的钢丝张拉。

5.2.3.2 钢筋张拉设备

(1) 穿心式千斤顶用于直径 12～20mm 的单根钢筋、钢绞线或钢丝束的张拉。

用 YC-20 型穿心式千斤顶如图 5.23 所示张拉时，高压油泵启动，从后油嘴进油，前油嘴回油，被偏心夹具夹紧的钢筋随液压缸的伸出而被拉伸。

YC-20 型穿心式千斤顶的最大张拉力为 20kN，最大行程为 200mm。适用于用圆套筒三片式夹具张拉锚固 12～20mm 单根冷拉 HRB335、HRB400 和 RRB400 钢筋。还有 YCD 型和 YCQ 型系列产品。常用 YC20 型、YC60 型和 YC120 型。

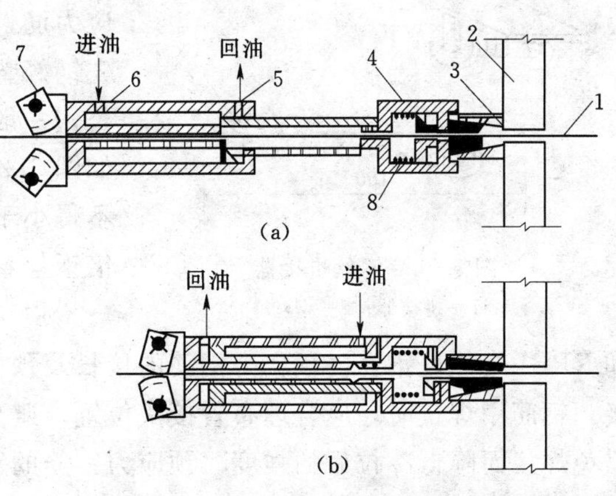

图 5.23 YC-20 型穿心式千斤顶

(a) 张拉；(b) 复位

1—钢筋；2—台座；3—穿心式夹具；4—弹性顶压头；5、6—油嘴；7—偏心式夹具；8—弹簧

(2) 拉杆千斤顶（图 5.24）上利用单活塞张拉预应力的单元作用千斤顶，主要用于

带有螺丝端杆的冷拉 HRB335、HRB400 级钢筋和带镦头锚具的钢丝束和钢筋束等预应力筋。YL60 型千斤顶是一种常用的拉杆式千斤顶。还有 YL400 型和 L500 型千斤顶，其张拉力分别为 4000kN 和 5000kN，主要用于大吨位预应筋。

（3）台座千斤顶上在先张法四横梁式台座上组成整体张拉或放松预应力筋的设备。当用四横梁式装置时，拉力架由两根活动横梁和两根大螺杆组成，张拉时台座千斤顶推动拉力架横梁，带动预应力筋成组张拉。当采用三横梁式装置时，台座式千斤顶与活动组装在一起，张拉时，台式千斤顶与活动横梁直拦带动预应力筋张拉（图 5.25）。

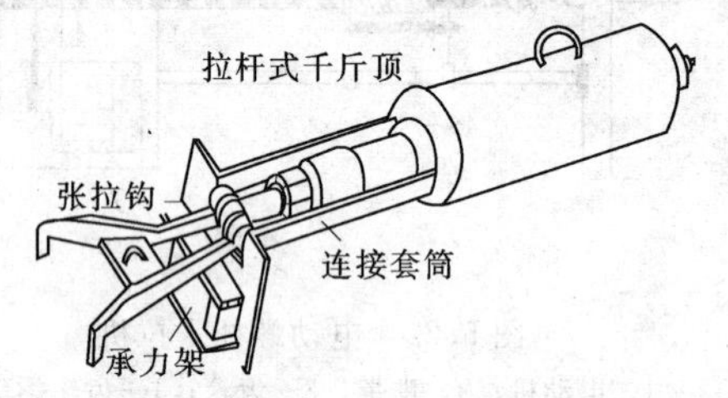

图 5.24　拉杆千斤顶

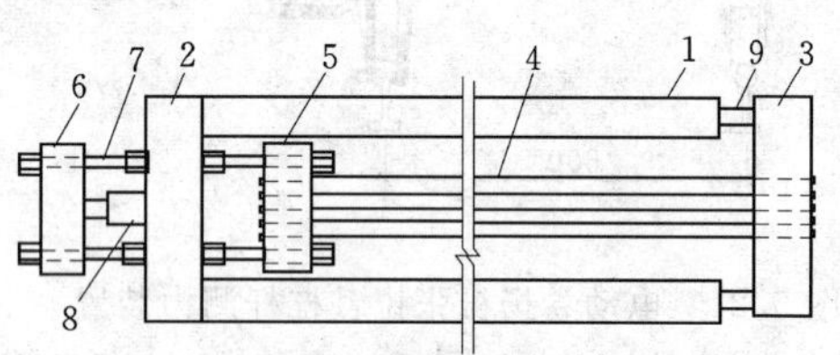

图 5.25　四横梁式成组张拉装置

1—台座；2、3—前后横梁；4—钢筋；5、6—拉力架；7—螺丝杆；8—千斤顶；9—放张装置

5.2.4　先张法施工工艺

先张法施工可分为预应力筋的铺设、预应力的张拉、混凝土浇筑与养护和预应力筋的放张等施工过程。

5.2.4.1　预应力筋的铺设

在铺预应筋之前，对台面及模板应先刷隔离剂；为避免预应力筋自重下垂破坏隔离剂，污染预应力筋，影响预应力筋与混凝土的黏结，所以要预先铺好垫块或定位钢筋后铺设预应力筋。钢丝的接长，一般用钢丝拼接器用 20～22 号铁丝密排绑扎如图 5.26 所示。绑扎长度的规定：冷拔低碳钢丝不得小于 40 倍钢丝直径；高强度钢丝不得小于 80 倍钢丝直径。

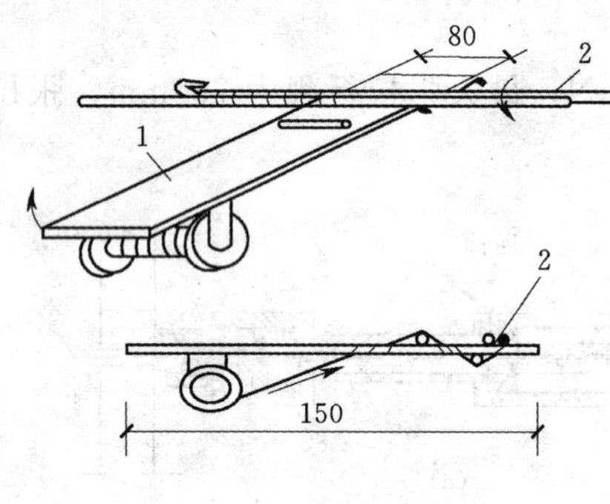

图 5.26　钢丝拼接器

1—拼接器；2—钢丝

预应力钢筋一般采用冷拉 HRB335、HRB400 和 RRB400 热轧钢筋。预应力钢筋的接长及预应力钢筋与螺丝端杆的连接，宜采用对焊连接，钢筋用焊接时，应合理布置接头位置。避免将焊接头拉入构件内且应先焊接后冷拉，以免焊接而降低冷拉后的强度。预应力钢筋的制作，一般有对焊和冷拉两道工序。

预应力钢筋铺设时，钢筋与钢筋、钢筋与螺丝端杆的连接可采用套筒双拼式连接。

5.2.4.2　预应力筋的张拉

先张法预应力筋的张接有单根和多根成组张拉。施工现场常用单根张拉，设备简单，能保证应力均匀，但生产效率低。锚固困难。预制厂常用成组张拉，工效高，减轻劳动强度，但设备构造复杂，张拉力大。

张拉工作是预应力混凝土施工中关键工序，要严格控制张拉应力、张拉程序、计算张

拉力和进行应力值校核。

1. 张拉程序

张拉时是先拉到比设计要求的控制应力稍大一些，如 1.05σ_{con}，称煤超张拉。其目的是为了减少预应力筋的应力松弛损失。应力松弛损失是指钢筋受到一定拉力后，在长度保持不变的条件下，钢筋的应力随时间的增长而降低的现象。降低值称为松弛损失。最初几分钟内会损失总值的 40%～50%，所以要超张拉 5%σ_{con}，并保持 2 分钟再回到 σ_{con}，则可大大减少应力松弛损失。

预应力钢丝可采用：0→（1.03～1.05）σ_{con} 的张拉程序，其中 σ_{con} 为预应力筋的张拉控制应力。

粗钢筋（包括Ⅱ～Ⅳ钢筋、热处理钢筋和钢铰线）可采用（锚固）的张拉程序：

$$0 \rightarrow 105\%\sigma_{con} \xrightarrow{\text{持荷 2min}} \sigma_{con}$$

成组张拉时，应调整初应力，以保证张拉时每根钢筋（丝）的应力均匀一致，初应力值一般取 10% σ_{con}。

预应力筋张拉注意事项：

(1) 为避免台座承受过大的偏心力，应先张拉靠近台座截面重心处的预应力筋。

(2) 张拉机具与预应力筋应在同一条直线，张拉应稳定的速率逐渐加大拉力。

(3) 钢质锥形夹具锚固时，敲击锥塞或楔块应先轻后重，同时倒开张拉设备并放松预应力筋，两者应密切配合，既要减少钢丝滑移，又要防止锤击力过大导致钢丝在锚固夹具处断裂。

(4) 对重要结构构件（如吊车梁、屋架等）的预应力筋，用应力控制方法张拉时，应校核预应力筋的伸长值。

(5) 同时张拉多根预应力钢丝时，应预先调整初应力（10%σ_{con}），使其相互之间的应力一致。

(6) 在拧紧螺母时，应时刻观测压力表的读数，始终保持所需要的张拉力。

(7) 预应力筋张拉结束后与设计位置偏差不得大于 5mm，且不得大于构件截面最短边长的 4%。

(8) 同一构件中，各预应力筋的应力应均匀，其偏差的绝对值不得大于设计规定控制应力值的 5%。

(9) 台座两端应有防护设施，沿台座长度方向每隔 4～5m 放一个防护架，张拉钢筋时两端严禁站人，也不准进入台座。

2. 张拉控制应力

张拉控制应力是指在张拉预应力筋时所达到的规定应力，应按设计规定采用。

控制应力的数值直接影响预应力的效果。施工中采用超张拉工艺，使超张拉应力比控制应力提高 3%～5%。

预应力筋的张拉控制应力，应符合设计要求。施工中预应力筋需要超张拉时，可比设计要求提高 3%～5%，但其最大张拉控制应力不得超过表 5.1 的规定。

表 5.1　　先张法张拉控制应力和最大超张拉应值　　(单位：fptk)

钢　筋　种　类	控制应力	最大超张拉应力
碳素钢丝、刻痕钢丝、钢绞线	0.75	0.80
冷拔低碳钢丝、热处理钢筋	0.70	0.80
冷拉热轧钢筋	0.90	0.95

预应力筋的张拉力 P 可按下式计算：

$$P=\sigma_{con}A_P\ (\text{kN})$$

式中　A_P——预应力筋截面面积，m^2。

例如预应力空心板，采用直径为 4mm 的冷拔低碳钢丝作为预应力筋，$A_P=12.6mm^2$；钢丝的标准强度 $f_{ptk}=700N/mm^2$，张拉控制力查表 5.1 为 $0.70f_{ptk}$，所以 $\sigma_{con}=0.7\times700=490kN/mm^2$；钢丝张拉应力 $0\rightarrow1.03\sigma_{con}$，单根张拉的张拉力 $P=1.03\sigma_{con}A_P=1.03\times490\times12.6=6.36kN$。

3. 预应力值校核

预应力钢筋的预应力值一般用其伸长值校核。当实测值与理论值的差值与理论伸长相比在－5%～10%之间时，表明张拉后建立的预期应力值满足设计要求。预应力钢丝的预应力值，应采用钢丝内力测定仪直接检测钢丝的预应力值来对张拉结果进行校核。其检验标准为：对台座法钢丝，预期应力值定为 95% σ_{con}；对模外张钢丝预应力值应符合表 5.2 的规定。

预应力钢筋的张拉力，一般用伸长值校核。

预应力筋理论伸长值 ΔL 按下式计算：

$$\Delta L=\frac{F_PL}{A_PE_S}$$

式中　F_P——预应力筋平均张拉力，kN；轴线张拉取张拉端的拉力；两端张拉的曲线筋取张拉端的拉力与跨中扣除孔道摩阻损失后拉力的平均值；

L——预应力筋的长度，mm；

A_P——预应力筋的截面面积，mm^2；

E_S——预应力筋的弹性模量，kN/mm^2。

表 5.2　模外张拉钢丝预应力值检测标准

检测时间	检测标准	
	钢丝长 4m	钢丝长 6m
张拉完毕 30min	92%σ_{con}	93.5% σ_{con}
张拉完毕 1h 以上	91%σ_{con}	92.5%σ_{con}

预应力筋的实际伸长值，宜在初应力约为 10%σ_{con}时测量，并加初应力以内的推算伸长值。

国产 2CN－1 型钢丝内力测定仪如图 5.27 所示。

4. 张拉前的准备

检查预应力筋的品种、级别、规格、数量（排数、根数）是否符合设计要求。

预应力筋的外观质量应全数检查，预应力筋应符合展开后平顺，没有弯折，表面无裂纹、小刺、机械损伤、氧化铁皮和油污等。

张拉设备是否完好，测力装置是否校核准确。

横梁、定位承力板是否贴合及严密稳固。

5. 预应力筋的张拉

预应力筋张拉后，对设计位置的偏差不得大于5mm，也不得大于构件截面最短边长的4%。

在浇筑混凝土前发生断裂或滑脱的预应力筋必须予以更换。

张拉、锚固预应力筋应专人操作，实行岗位责任制，并做好预应力筋张拉记录。

在已张拉钢筋（丝）上进行绑扎钢筋、安装预埋铁件、支承安装模板等操作时，要防止踩踏、敲击或碰撞钢丝。

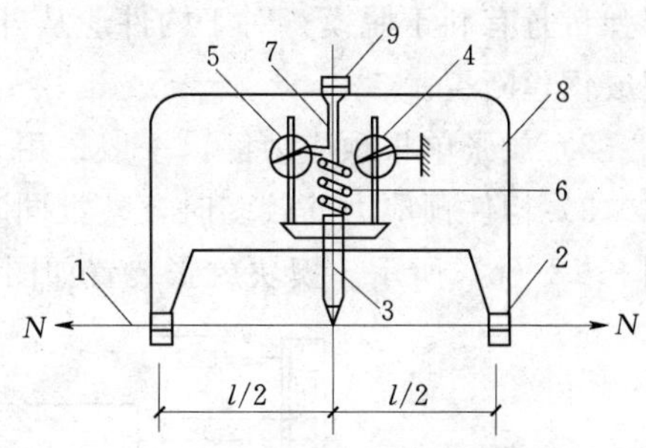

图 5.27 钢丝内力测定仪

1—钢丝；2—挂钩；3—测头；4—测挠度百分表；5—测力百分表；6—弹簧；7—推杆；8—表架；9—螺丝

混凝土的收缩是水泥浆在硬化过程中脱水密结和形成的毛细孔压缩的结果。

混凝土的徐变是荷载长期作用下混凝土的塑性变形，因水泥石内凝胶体的存在而产生。

为了减少混凝土的收缩和徐变引起的预应力损失，在确定混凝土配合比时，应优先选用干缩性小的水泥，采用低水灰比，控制水泥用量，对骨料采取良好的级配等技术措施。

5.2.4.3 混凝土的浇筑与养护

预应力钢丝张拉、绑扎钢筋、预埋铁件安装及立模工作完成后，应立即浇筑混凝土，每条生产线应一次连续浇筑完成。

采用机械振捣密实时，要避免碰撞钢丝。混凝土未达到一定强度前，不允许碰撞或踩踏钢丝。

预应力混凝土可采用自然养护或湿热养护，自然养护不得少于14d。干硬性混凝土浇筑完毕后，应立即覆盖进行养护。

当预应力混凝土采用湿热养护时，要尽量减少由于温度升高而引起的预应力损失。

为了减少温差造成的应力损失，采用湿热养护时，在混凝土未达到一定强度前，温差不要太大，一般不超过20℃。

5.2.4.4 预应力筋放张

1. 预应力筋的铺设、张拉

长线台座生产的钢弦构件，剪断钢丝宜从台座中部开始；叠层生产的预应力构件，宜按自上而下的顺序进行放松；板类构件放松时，从两边逐渐向中心进行。

(1) 放张顺序。

预应力筋放张时，应缓慢放松锚固装置，使各根预应力筋缓慢放松。

预应力筋放张顺序应符合设计要求，当设计未规定时，可按下列要求进行：

承受轴心预应力构件的所有预应力筋应同时放张；承受偏心预压力构件，应先同时放张预压力较小区域的预应力筋，再同时放张预压力较大区域的预应力筋。

(2) 放张方法。

1) 对于中小型预应力混凝土构件，预应力丝的放张宜从生产线中间处开始，以减少

回弹量且有利于脱模；对于构件应从外向内对称、交错逐根放张，以免构件扭转、端部开裂或钢丝断裂。

2）放张单根预应力筋，一般采用千斤顶放张，如图5.28（a）所示。

3）构件预应力筋较多时，整批同时放张可采用砂箱、楔块等放松装置。砂箱装置如图5.28（b）所示。楔块放张装置如图5.28（c）所示。

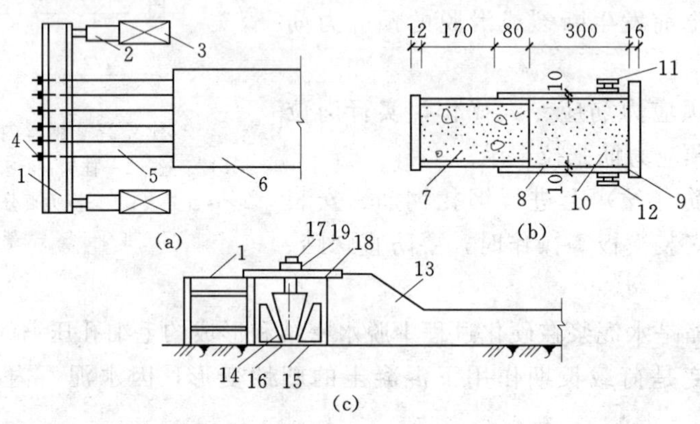

图5.28 预应力筋放张

（a）千斤顶放张装置；（b）砂箱放张装置；（c）楔块放张装置

1—横梁；2—千斤顶；3—承力架；4—夹具；5—钢丝；6—构件；7—活塞；8—套箱；9—套箱底板；10—砂；11—进砂口（M25螺丝）；12—出砂口（M16螺丝）；13—台座；14、15—钢固定楔块；16—钢滑动楔块；17—螺杆；18—承力板；19—螺母

2. 混凝土浇筑与养护

减少混凝土的收缩和徐变（减少预应力损失）：低水灰比、控制水泥用量、良好的级配、振捣密实；振动器不得碰撞预应力钢筋；混凝土未达到一定强度前，不允许碰撞和踩动预应力筋；预应力混凝土可采用自然养护、湿热养护（温度变化引起的预应力损失）。

3. 预应力筋的放张

放张预应力筋时，混凝土应达到设计要求的强度：对轴心受预压构件（如压杆、桩等）所有预应力筋应同时放张；对偏心受预压构件（如梁等）先同时放张预压力较小区域的预应力筋，再同时放张预压力较大区域的预应力筋；对称、相互交错的放张，防止构件发生翘曲、裂纹及预应力筋断裂等现象。

任务3 后 张 法

任务描述

（1）了解后张法锚具和张力机具的类型及特点，预应力混凝土后张法施工工艺、施工方法的要点，它有哪些优点？

（2）21m预应力屋架的孔道长为20.80m，预应力筋为冷拉HRB400钢筋，直径

为 22mm，每根长度为 8m，实测冷拉率 $r=4\%$，弹性回缩率 $\delta=0.4\%$，张拉应力为 $0.85f_{ptk}$。螺丝端杆长为 320mm，帮条长为 50mm，垫板厚为 15mm。计算：

1）两端用螺丝端杆锚具锚固时预应力筋的下料长度？

2）一端用螺丝端杆，另一端为帮条锚具时预应力筋的下料长度？

3）预应力筋的张拉力为多少？

（3）能根据施工图纸和施工实际条件，选择和制定常规后张法预应力钢筋混凝土工程合理的施工方案。

（4）能根据施工图纸和施工实际条件，查找资料和完成后张法预应力钢筋混凝土施工中遇到的一些必要计算。

（5）能根据施工图纸和施工实际条件编写一般建筑后张法预应力钢筋混凝土工程施工技术交底。

任务分析

了解后张锚具和张拉机具的类型及特点？预应力混凝土后张法施工工艺、施工方法的要点，它有哪些优点？如何计算预应力钢筋的下料长度，计算时应考虑什么因素？作为施工技术人员掌握预应力混凝土后张法施工工艺、施工方法的要点。

相关知识

5.3.1 后张法概述

先制作混凝土构件，并在预应力筋的位置预留出相应孔道，待混凝土强度达到设计规定的数值后，穿入预应力筋进行张拉，并利用锚具把预应力筋锚固，最后进行孔道灌浆。

预应力混凝土后张法生产工艺见图 5.29、图 5.30 所示。

后张法施工由于直接在钢筋混凝土构件上进行预应力筋的张拉，所以不需要固定台座设备，不受地点限制，它既适用于预制构件生产，也适用于现场施工大型预应力构件，而且后张法又是预制构件拼装的手段。

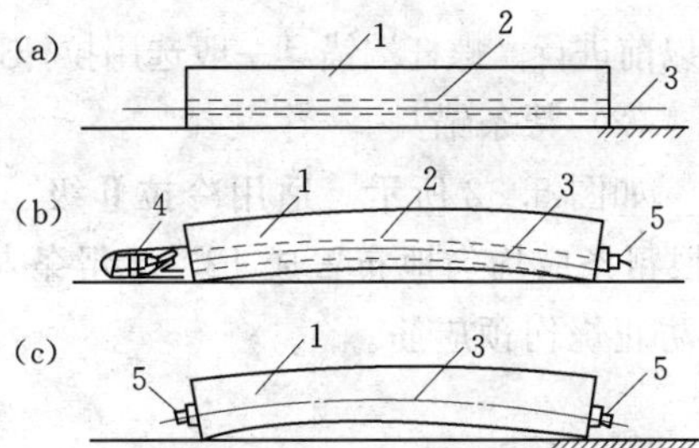

图 5.29 预应力混凝土后张法生产工艺

(a) 制作混凝土构件；(b) 张拉钢筋；(c) 锚固和孔道灌浆

1—混凝土构件；2—预留孔道；3—预应力筋；4—千斤顶；5—锚具

5.3.2 后张法锚具和张拉设备

5.3.2.1 锚具

锚具是后张结构或构件中保持预应力筋拉力，并将其传递到混凝土上用的永久锚固装置。锚具必须具有可靠的锚固性能、足够的刚度和强度储备，同时要求构造简单，施工方便，成本低廉。我国预应力锚具按锚固性能或适用范围的不同分为Ⅰ、Ⅱ两类。Ⅰ类锚具锚固性能适用于承受动、静载的无黏结或有黏结的预应力混凝土结构。Ⅱ类锚具锚固性能仅适用于有黏结的预应力混凝土结构锚具只能处于预应力筋变化不大的部位。

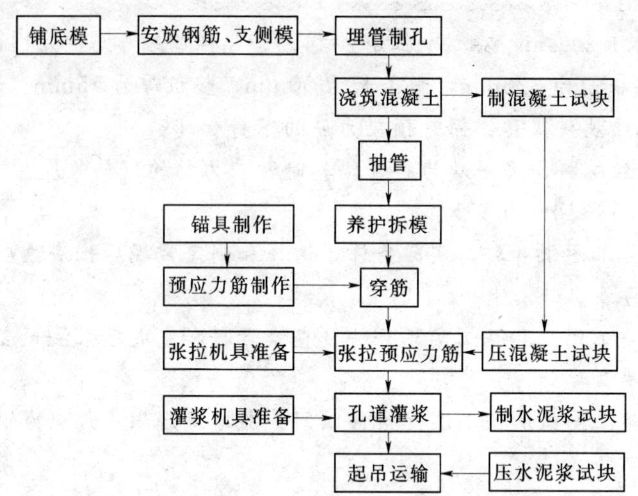

图5.30　后张法的工艺流程

预应力锚固体系通常根据锚固预应力筋的不同分为钢铰线锚固体系、钢丝束锚固体系、钢筋束锚固体系及粗钢筋锚固体系。

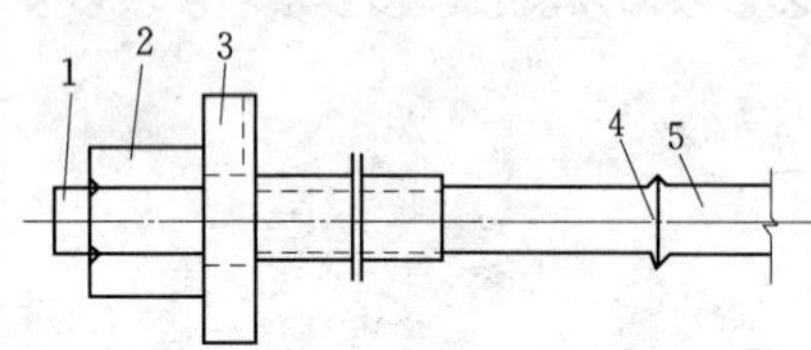

图5.31　螺丝端杆锚具

1—螺丝端杆；2—螺母；3—垫板；4—焊接接头；5—钢筋

(1) 螺丝端杆锚具。

如图5.31所示。适用于直径不大于36mm的冷拉Ⅱ级、和Ⅲ级钢筋，它由螺丝端杆、螺母、及垫片组成。锚具长度一般为320mm，当为一端张拉或预应力筋长度较长时，螺杆的长度应增长30～50mm。螺丝端杆锚具与预应力筋对焊，用张拉设备张拉螺丝端杆，然后用螺母锚固。锚具强度不得低于预应力筋的抗拉强度实测值；锚具与预应力筋焊接，应在预应力筋冷拉以前进行。螺杆端锚具一般选用拉杆式千斤顶或穿心式千斤顶精心施工。

(2) 帮条锚具。

如图5.32所示。适用冷拉Ⅱ级、和Ⅲ级钢筋固定锚具，由帮条和衬板组成，锚具和3根帮条应均匀地布置成120°，帮条与预应筋的焊接宜在钢筋冷拉之前或冷拉之后进行，并防止烧伤预应筋。

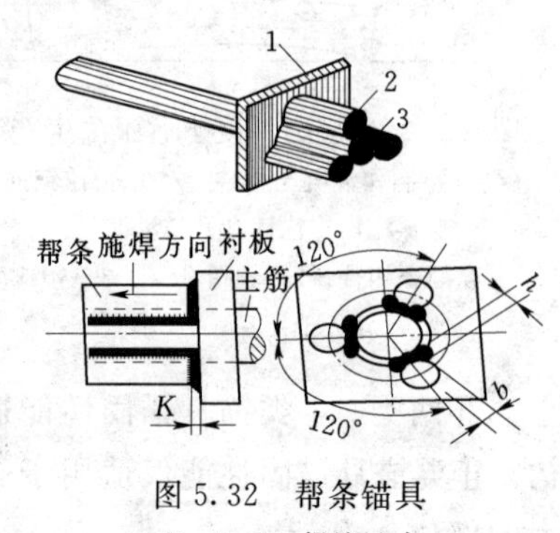

图5.32　帮条锚具

K、b、h—焊缝尺寸

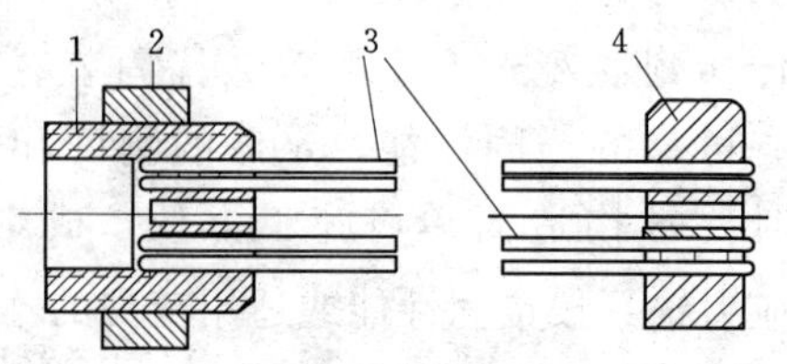

图5.33　镦头锚具

1—A型锚环；2—螺母；3—钢丝束；4—B型锚板

(3) 镦头锚具。

用于单根粗钢筋的镦头锚具一般直接在预应力筋端部热镦、冷镦或锻打成型。镦头锚具也适用于锚固多根数钢丝束。钢丝束镦头锚具分A型与B型。A型由锚环与螺母组成，可用于张拉端；B型为锚板，用于固定端，其构造如图5.33所示。

镦头锚具的工作原理是将预应力筋穿过锚环的蜂窝眼后，用专门的镦头机将钢筋或钢丝的端头镦粗，将镦粗头的预应力束直接锚固在锚环上，待千斤顶拉杆旋入锚环内螺纹后即可进行张拉，当锚环带动钢筋或钢丝伸长到设计值时，将锚圈沿锚环外的螺纹旋紧顶在构件表面，于是锚圈通过支承垫板将预压力传到混凝土上。

镦头锚具的优点是操作简便迅速，不会出现锥形锚具发生的“滑丝”现象，故不发生相应的预应力损失。这种锚具的缺点是下料长度要求很精确，否则，在张拉时会因各钢丝受力不均匀而发生断丝现象。镦头锚具用YC-60千斤顶（穿心式千斤顶）或拉杆式千斤顶张拉。

(4) 钢质锥形锚具。

钢质锥形锚具又称弗氏锚，适用于锚固6、12、18或24根直径5～7mm的钢丝束。它由锚环与锚塞组成，如图5.34所示。钢质锥形锚具张拉采用锥锚式三作用千斤顶，张拉的钢丝束，张拉以后，有千斤顶将锚塞顶入锚环，径向分力使锚塞卡住钢丝，当千斤顶卸载时，钢丝弹性回缩带动锚环。由于楔形原理，越楔越紧，径向分力越大，使锚塞与钢丝间不产生滑移。

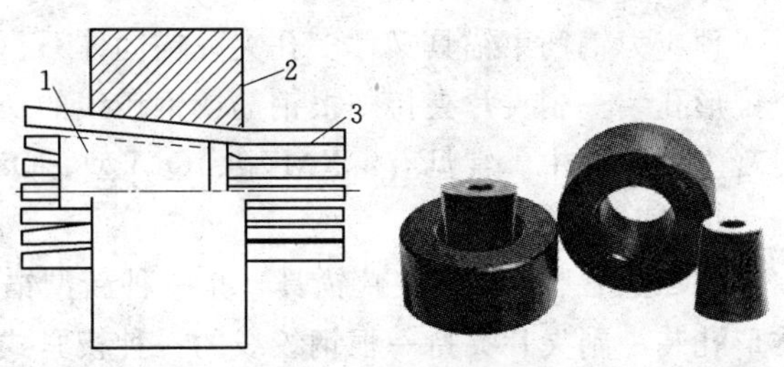

图5.34　弗氏锚

1—锚塞；2—锚环；3—钢丝束

(5) 锥形螺杆锚具如图5.35所示。适用于锚固14、16、20、24或28根直径为5mm的碳素钢丝。由锥形螺杆、套筒、螺母组成。钢丝束与锥形拉杆锚具可用穿心千斤顶或拉杆千斤顶，常用有YC60型和YL60型千斤顶进行张拉，达到预定张拉力后，拧紧螺母使其固定在垫板上。

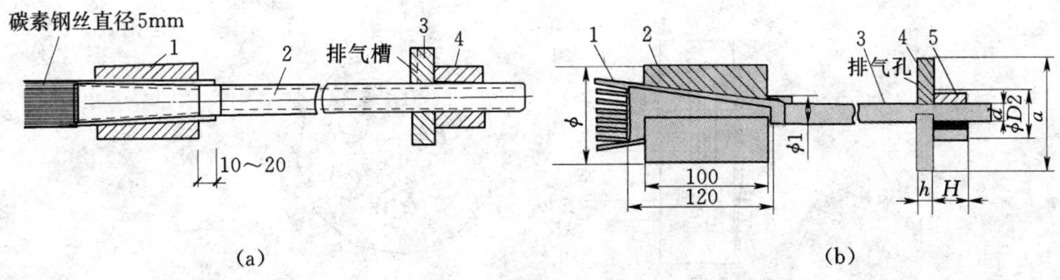

图5.35　锥形螺杆锚具

(a) 穿心千斤顶张拉

1—套筒；2—锥形螺杆；3—垫板；4—螺母

(b) 拉杆千斤顶张拉

1—直径5mm碳素钢丝；2—套筒；3—楔形螺杆；4—垫板；5—六槽螺母

（6）精轧螺纹钢筋锚具。

它由垫板和螺母组成，是一种利用与该钢筋螺纹匹配的特制螺母锚固的支撑工锚具（图5.36）。适用于锚固直径25mm和32mm的高强精轧螺纹钢筋，螺母分为平面螺母和锥面螺母两种。锥面螺母可通过锥体与锥孔的配合，保证预应力筋的正确对中；开缝的作用是增强螺母对预应力筋的夹持能力。目前，在桥梁及建筑工程应用中，尤其是多用于预应筋较短的桥梁中的竖向筋的锚固与连接。使用YC70型单作用穿心工千斤顶张拉较为方便。

图5.36　精轧螺纹钢筋锚具

（7）预应力钢筋束锚具。

预应力钢筋束锚具又称多孔夹片锚固体系（群锚），是在一块多孔的锚板上，利用每个锥形孔装一副夹片夹持一根钢筋或钢铰线的一种楔紧式锚具。它广泛应用于现代预应力混凝土的工程中。常见有：XM型、QM型、QVM型BS型等。

1）XM型锚具。

XM型锚具属多孔夹片锚具，是一种新型锚具。这是在一块多孔的锚板上，利用每个锥形孔装一副夹片夹持一根钢绞线的一种楔紧式锚具。这种锚具的优点是任何一根钢绞线锚固失效，都不会引起整束锚固失效，并且每束钢绞线的根数不受限制。

XM型锚具由锚板与三片夹片组成，如图5.37所示。它既适用于锚固钢绞线束，又适用于锚固钢丝束；既可锚固单根预应力筋，又可锚固多根预应力筋。当用于锚固多根预应力筋时，既可单根张拉、逐根锚固，又可成组张拉，成组锚固。另外，它还既可用作工作锚具，又可用作工具锚具。近年来随着预应力混凝土结构和无黏结预应力结构的发展，XM型锚具已得到广泛应用。实践证明，XM型锚具具有通用性强、性能可靠、施工方便、便于高空作业的特点。该锚具广泛应用于现代预应力混凝土工程。

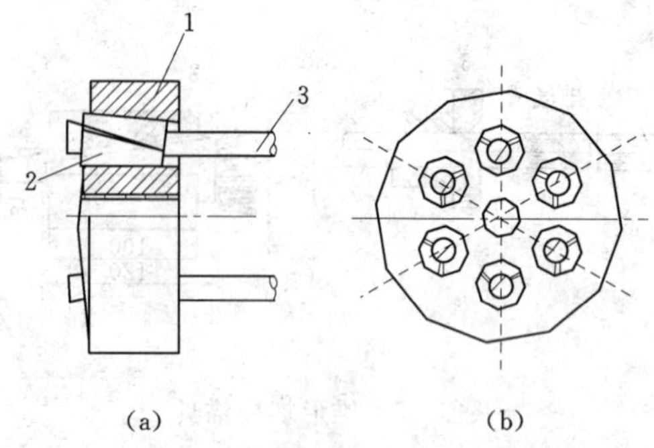

图5.37　XM型锚具

(a) 装配图；(b) 锚板

1—锚板；2—夹片（三片）；3—钢绞线

XM 型锚具的锚板上的锚孔沿圆周排列，夹片采用三片式，按 120°均分开缝，沿轴向有倾斜偏转角，倾斜偏转角的方向与钢绞线的扭角相反，以确保夹片能夹紧钢绞线或钢丝束的每一根外围钢丝，形成可靠的锚固。

XM 型锚具在充分满足自锚条件下，夹片的锥面选用了较大的锥角，使 XM 锚具可当工作锚与工具锚使用。当用作工具锚时，可在夹片和锚板之间涂抹一层能在极大压强下保持润滑性能的固体润滑剂（如石墨、石蜡等），当千斤顶回程时，用锤轻轻一击，即可松开脱落。用作工作锚时，具有连续反复张拉的功能，可用行程不大的千斤顶张拉任意长度的钢绞线。

2）QM 型锚具。

QM 型锚具也属于多孔夹片锚具，它适用于锚固 4～31 根直径 12.7mm 的钢绞线和 3～10 根直径 15mm 的钢铰线。该锚具由锚板与夹片组成，如图 5.38 所示。QM 型锚固体系配有专门自动的工具锚，以保证每次张拉后退锲方便，并减少安装工具锚所花费的时间。

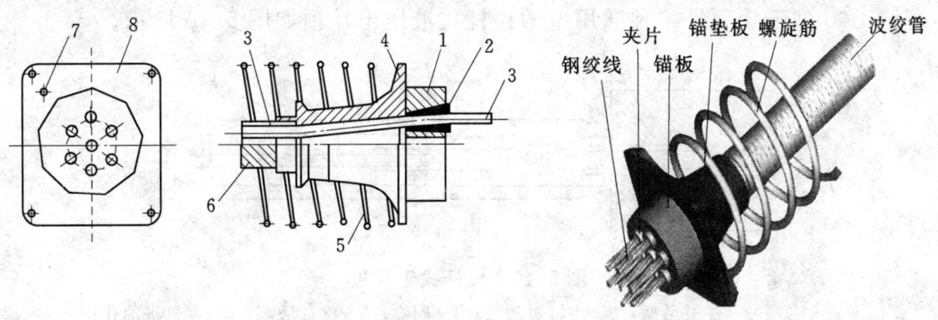

图 5.38　QM 型锚具

1—锚板；2—夹片；3—钢绞线；4—喇叭形铸铁垫板；5—螺旋筋；6—预留孔道用螺旋管；7—灌浆孔；8—锚垫板

3）OVM 型锚具。

OVM 型锚具（图 5.39）是在 QM 型锚具的基础上，将夹片改为二片式，并在夹片背部上部锯有一条弹性槽，以提高锚固性能。OVM 锚固体系锚具的锚固效率系数高，锚固性能非常稳定、可靠，适应范围广泛，一般情况下一套锚具可锚固 1～55 根钢绞线，最多锚固钢绞线的根数已达到 109 根。可锚固直径分别为 12.7mm、12.9mm、15.2mm、15.7mm、17.8mm、21.8mm、28.6mm 的钢绞线。

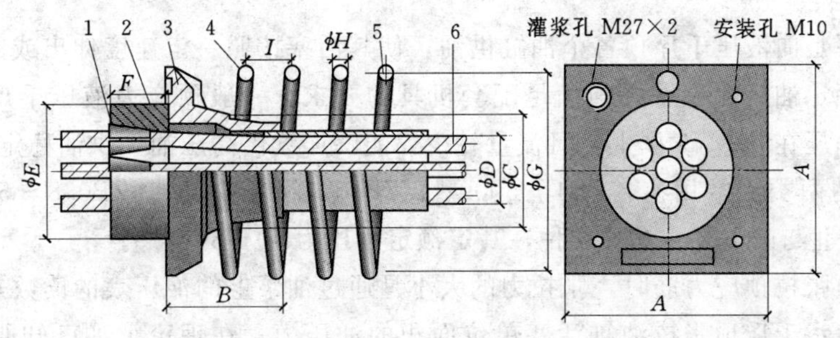

图 5.39　OVM 型锚具

1—夹片；2—锚板；3—锚垫板；4—螺旋筋；5—波纹管；6—钢绞线

4）BS 型锚具。

它采用钢垫板、焊接喇叭道与螺旋筋，灌浆孔设置在喇叭管上，并由塑料管引出。适用于锚固 3～55 根直径 15mm 钢绞线。

5.3.2.2 张拉设备

张拉设置由千斤顶、高压油泵和夹片顶楔用顶压器组成。

1. 张拉千斤顶

施工时应根据所用预应力筋的种类及张拉锚固工艺情况，选用合适的张拉设置，以确保施工质量。选用时要注意：预应力筋的张拉力不得大于设备的额定张拉力；预应力筋的一次张拉伸长值不得超过设备的最大张拉行程；当一次张拉不足时，可采取分级重复张拉的方法，但所用的锚具与夹具应适合宜重复张拉的要求。

与螺丝端杆锚具配套的张拉设备为拉杆式千斤顶。常用的有 YL20 型、YL60 型油压千斤顶。YL60 型千斤顶是一种通用型的拉杆式液压千斤顶如图 5.40 所示。

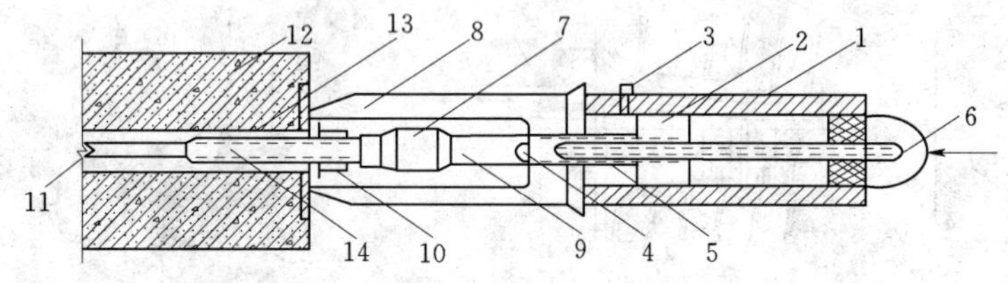

图 5.40 拉杆式千斤顶

1—主缸；2—主缸活塞；3—主缸进油孔；4—副缸；5—副缸活塞；6—副缸进油孔；
7—连接器；8—传力架；9—拉杆；10—螺母；11—预应力筋；
12—混凝土构件；13—预埋铁板；14—螺丝端杆

（1）YL60 型千斤顶适用于张拉采用螺丝端杆锚具的粗钢筋、锥形螺杆锚具的钢丝束及镦头锚具的钢筋束。

（2）锥形螺杆锚具、钢丝束镦头锚具宜采用拉杆式千斤顶（YL60 型）或穿心式千斤顶（YC60 型）（图 5.41）张拉锚固。钢质锥形锚具应用锥锚式双作用千斤顶（常用 YZ60 型）张拉锚固。

（3）锥锚式三作用千斤顶。

锥锚式三作用千斤顶构造如图 5.42 所示。其主缸和主缸活塞用于张拉预应力筋。

2. 高压油泵

高压油泵是向液压千斤顶各个油缸供油，使其活塞按照一定速度伸出或回缩的主要设备。油泵的额定油压和流量必须满足配套机具的要求。一般预应力液压千斤顶等液压机具，都要求油压在 50MPa 以上，且流量较少，能够连续供高压油，供油稳定，操作方便。分电动和手动两类。常用有：ZB4 - 500 型、ZB10/320 - 4/800、ZB0.8 - 500、ZB0.6 - 630、STDB - Ⅱ与 2ybz2 - 80 等几种，其定额定油压为 40～80MPa。

用千斤顶张拉预应力筋时，张拉力的大小是通过油泵上的油压表的读数来控制的。油压表的读数表示千斤顶张拉油缸活塞单位面积的油压力。在理论上如已知张拉力 N，活塞面积 A，则可求出张拉时油表的相应读数 P。但实际张拉力往往比理论计算值小。其原因是一部分张拉力被油缸与活塞之间的摩阻力所抵消。而摩阻力的大小受多种因素的影响

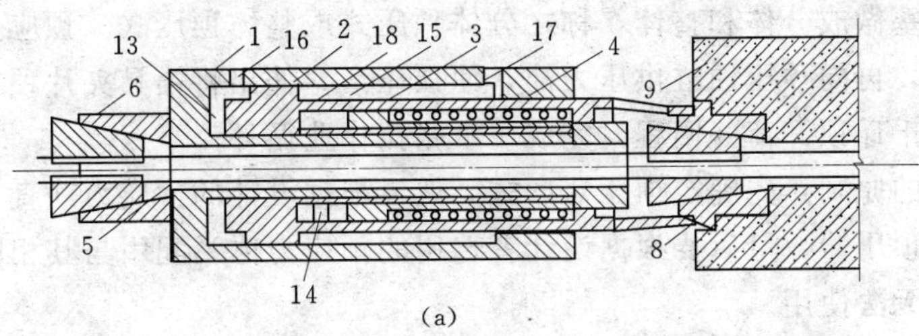

(a)

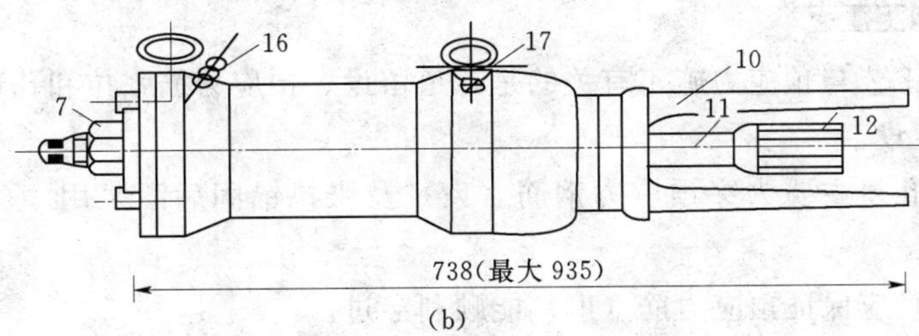

(b)

图 5.41 穿心式千斤顶

(a) 构造与工作原理图；(b) 加撑脚后的外貌图

1—张拉油缸；2—顶压油缸（即张拉活塞）；3—顶压活塞；4—弹簧；5—预应力筋；6—工具锚；7—螺帽；8—锚环；9—构件；10—撑脚；11—张拉杆；12—连接器；13—张拉工作油室；14—顶压工作油室；15—张拉回程油室；16—张拉缸油嘴；17—顶压缸油嘴；18—油孔

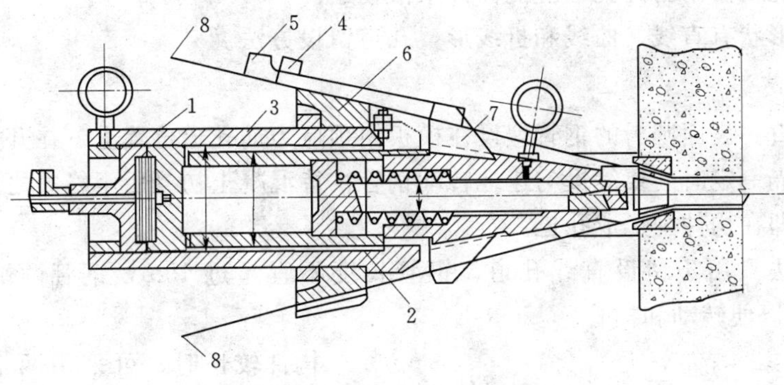

图 5.42 锥锚式三作用千斤顶

1—主缸；2—副缸；3—退楔缸；4—楔块（张拉时位置）；5—楔块（退出时位置）；6—锥形卡环；7—退楔翼片；8—预应力筋

又难以计算确定，为保证预应力筋张拉应力的准确性，应定期校验千斤顶，确定张拉力与油表读数的关系。校验期一般不超过 6 个月。校正后的千斤顶与油压表必须配套使用。

3. 顶压器

顶压器是与预应力千斤顶配套使用的一种机具。为了使锚具的夹片在锚固的过程跟进的整齐可靠，有的锚固体系，如 XM 锚固体系就要求使用顶压器。QM 体系、OVM 体系统就不要使用，也可以加顶压器。也有的如小型千斤顶 YCQ20 顶压器和千斤顶装配成一体。

根据顶压器作用原理分为液压式顶压器和弹性顶压器。弹性顶压器是靠弹簧或是橡胶的弹性对夹片施加顶压力；液压式顶压器是靠液压力推动活塞将夹片顶入锚孔中。液压顶

压器又根据各活塞做成分体和整体，称之分体顶压式或整体顶压式。预应力筋张拉达到要求后，使其持荷，再向顶压油缸供压力油，使顶压活塞伸出将锚具夹片顶入锚孔，夹紧预应力筋，然后使千斤顶卸荷并回程，完成一个张拉作业循环。

选用顶压器的原则：先确定顶压器形式，然后根据设计的预应力筋直径及数量系列选取用相同列号的顶压器，最后要根据设计者选用的预应力体系配用与其相同的顶压器，否则孔分布不同，无法使用。

5.3.3　后张法施工工艺

后张法施工工艺与预应力施工有关的是孔道留设、预应力筋张拉和孔道灌浆三部分。

5.3.3.1　孔道留设

构件中留设孔道主要为穿预应力钢筋（束）及张拉锚固后灌浆用。孔道留设的基本要求：

(1) 孔道直径应保证预应力筋（束）能顺利穿过。

(2) 孔道应按设计要求的位置、尺寸埋设准确、牢固，浇筑混凝土时不应出现移位和变形。

(3) 在设计规定位置上留设灌浆孔。

(4) 在曲线孔道的曲线波峰部位应设置排气兼泌水管，必要时可在最低点设置排水管。

(5) 灌浆孔及泌水管的孔径应能保证浆液畅通。

预留孔道形状有直线、曲线和折线形，孔道留设方法。

1. 钢管抽芯法

预先将平直、表面圆滑的钢管埋设在模板内预应力筋孔道位置上。在开始浇筑至浇筑后拔管前，间隔一定时间要缓慢匀速地转动钢管；待混凝土初凝后至终凝之前，用卷扬机匀速拔出钢管即在构件中形成孔道。

钢管抽芯法只用于留设直线孔道，钢管长度不宜超过15m，钢管两端各伸出构件500mm左右，以便转动和抽管。

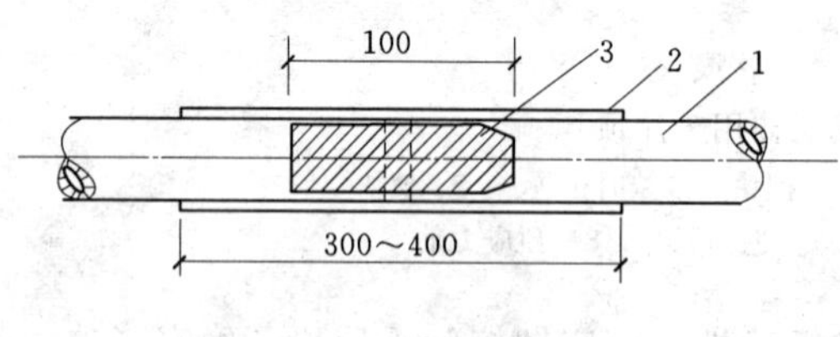

图5.43　钢管连接

1—钢管；2—白铁皮套管；3—硬木塞

构件较长时，可采用两根钢管，中间用套管连接如图5.43所示。

抽管时间与水泥品种、浇筑气温和养护条件有关。

采用钢筋束镦头锚具和锥形螺杆锚具留设孔道时，张拉端的扩大孔也可用钢管成型，留孔时应注意端部扩孔应与中间孔道同心。

2. 胶管抽芯法

胶管采用5～7层帆布夹层，壁厚6～7mm的普通橡胶管，用于直线、曲线或折线孔道成型。

胶管一端密封，另一端接上阀门，安放在孔道设计位置上；待混凝土初凝后、终凝

前，将胶管阀门打开放水（或放气）降压，胶管回缩与混凝土自行脱落。一般按先上后下、先曲后直的顺序将胶管抽出。

3. 预埋管法

预埋管法是用钢筋井字架将黑铁皮管、薄钢管或金属螺旋管固定在设计位置上，在混凝土构件中埋管成型的一种施工方法。

适用于预应力筋密集或曲线预应力筋的孔道埋设，但电热后张法施工中，不得采用波纹管或其他金属管埋设的管道。

5.3.3.2 预应力筋制作

预应力筋的制作，主要是确定其下料长度和编束。预应力筋的下料长度应计算确定，计算时要考虑结构构件的孔道长度、锚具厚度、千斤顶长度、焊接接头或镦头的预留量、冷拉伸长值、弹性回缩值等。

1. 冷拉钢筋下料长度

现以两端用螺丝端杆锚具预应力筋为例如图 5.44 所示，来说明其下料长度计算方法。

当采用 JM 型或 XM 型锚具，用穿心式千斤顶张拉时，钢筋束和钢丝束的下料长度 L 应等于构件孔道长度加上两端为张拉、锚固所需的外露长度，如图 5.44 所示。

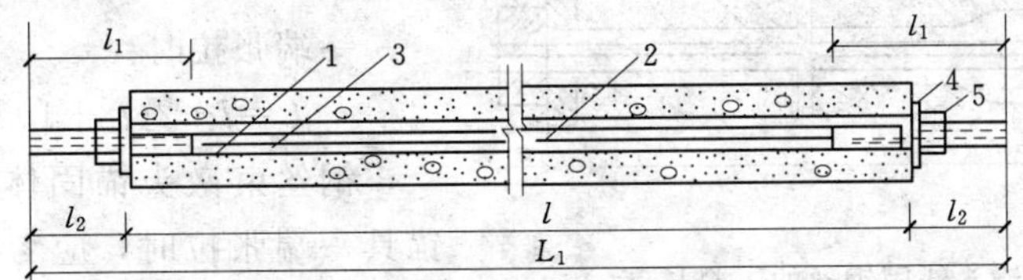

图 5.44 粗钢筋下料长度计算示意图

1—螺丝端杆；2—预应力钢筋；3—对焊接头；4—垫板；5—螺母

预应力筋的成品长度（即预应力筋和螺丝端杆对焊并经冷拉后的全长）L_1：

$$L_1 = l + 2l_2$$

预应力筋（不包括螺丝端杆）冷拉后需达到的长度 L_0：

$$L_0 = L_1 - 2l_1$$

预应力筋（不包括螺丝端杆）冷拉前的下料长度 L：

$$L = \frac{L_0}{l + r - \delta} + n\Delta$$

式中 l——孔道长度；

l_2——螺丝端杆伸出构件长度（张拉端 $l_2 = 2H + h + 5\text{mm}$，锚固端 $l_2 = H + h + 10\text{mm}$）；

r——预应力筋的冷拉率；

δ——预应力筋的冷拉率回缩率（0.4%～0.6%）；

n——对焊接头数量；

Δ——对焊接的压缩量（一般取钢筋的直径）；

H——螺母高度；

h——垫板厚度。

2. 钢丝束下料长度

当采用JM型或XM型锚具，用穿心式千斤顶张拉时，钢筋束和钢丝束的下料长度L应等于构件孔道长度加上两端为张拉、锚固所需的外露长度，如图5.45所示。可按下式计算：

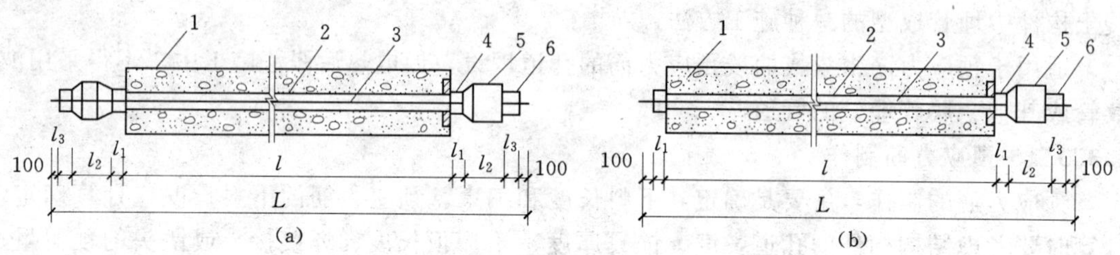

图5.45　钢丝束下料长度

(a) 两端张拉；(b) 一端张拉

1—混凝土构件；2—孔道；3—钢绞线；4—夹片式工作锚；5—穿心式千斤顶；6—夹片式

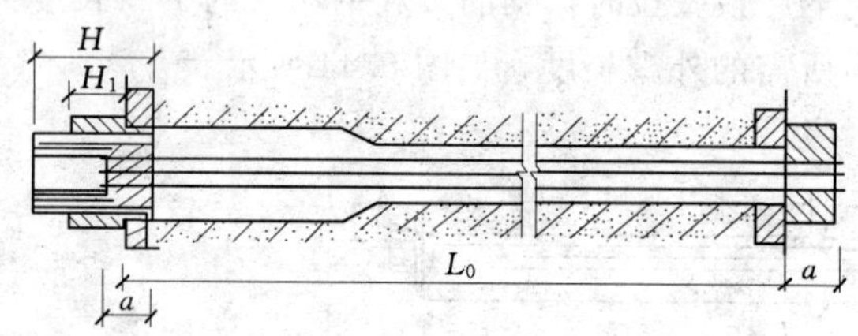

图5.46　镦头锚固钢丝的下料长度

两端张拉时：

$$L=l+2(l_1+l_2+l_3+100)$$

一端张拉时：

$$L=l+2(l_1+100)+l_2+l_3$$

钢丝束镦头锚固体系，如采用镦头锚具一端张拉时，应考虑钢丝束张拉锚固后螺母位于锚环中部，钢丝的下料长度L，可按图5.46所示，用下式计算：

$$L=L_0+2a+2\delta-0.5(H-H_1)-\Delta l-C$$

式中　L_0——孔道长度；

a——锚板厚度；

δ——钢丝束锚头留量（取钢丝直径2倍）；

H——锚环高度；

H_1——螺母高度；

Δl——张拉时钢丝伸长值，mm；

C——混凝土弹性压缩（当其值很小时可忽略不计）。

5.3.3.3　预应力筋穿束

预应力筋穿入孔道，称穿束。其可分为先穿束法和后穿束法两种。先穿束法是在浇筑混凝土前穿束。按穿束与预埋螺旋管之间的配合，又分为以下三种：

(1) 先穿束后装管。先将预应力筋穿入钢筋骨架内，后将螺旋管逐节从两端套入并连接。

(2) 先穿管后穿插束。先将螺旋管安装就位，后将预应力筋穿入。

(3) 两者组装放入。在构件外侧脚手架上将预应力筋与螺旋管组装后，从钢筋骨架顶部放入设计位置。后穿束法是在混凝土浇筑之后穿束，此法不占工期，便于用通孔器或高

压水管通孔，穿束后立即可以张拉，易于防锈，但穿束时比较费力。成束的预应力筋将一头对齐，按顺序编号套在穿束器上，如图 5.47 所示。

图 5.47 穿束器

5.3.3.4 预应力筋张拉

张拉时混凝土强度应符合设计要求，无设计要求时，不应低于设计强度的 75%。在预应力筋张拉中，主要是解决好张拉控制应力、张拉方式、张拉顺序、张拉伸长值校核和注意事项等问题。

1. 张拉控制应力和超张拉最大应力值

控制应力直接影响预应的效果，当控制应力越高，建立的预应力值就越大，构件的抗裂性也越好。但控制应力和构件抗裂性如果过高，则预应力筋在使用过程中经常处于高应力状态下，构件出现裂缝的荷载与破坏荷载很接近。往往在破坏前没明显警告，这是不允许的。因此控制应力和超张拉最大应力不宜越过表 5.3 所列数值。若控制应力过高，钢筋可能超过流限，产生塑性变形，影响预应力值的准确性和张拉工艺的安全性。而且构件混凝土预应力过大时将导致混凝土的徐变应力损失增加，所以施工中应严格控制张拉应力。

表 5.3　　后张法张拉控制应力和最大超张拉应力值　　(单位：fptk)

钢 筋 种 类	控制应力	最大超张拉应力
碳素钢丝、刻痕钢丝、钢绞线	0.70070	0.75075
冷拔低碳钢丝、热处理钢筋	0.65065	0.75075
冷拉热轧钢筋	0.85085	0.90090

2. 预应力筋的张拉方式

一端张拉方式适用于对预埋波纹管孔道直线预应力筋和长度等于或小于 30m 的直线预应力筋与锚固损失影响长度 $L_f \geqslant L/2$（L 为预应力筋的长度）的曲线预应力筋；设计可放宽上限制的，可在两端张拉；

两端张拉方式适用于大于 30m 的直线预应力筋与锚固损失影响长度 $L_f < L/2$（L 为预应力筋的长度）的曲线预应力筋。当设备不足时，也可在两端先后张拉。

分批张拉方式适用于配有多束预期应力筋的构件或结构。在确定张拉力时，应考虑束间的弹性压缩损失影响，或者将弹性压缩损失平均值统一增加到每根预应力筋的张拉力内。

分段张拉方式适用于多跨连续梁板的逐段张拉。在第一段混凝土浇筑与预应力筋张拉锚固后。第二段预应力筋利用锚头连接器接长。

分阶段张拉方式：是为了平衡各阶段荷载所采取的分阶段逐步施加预应力的方式，具有应力、挠度与反拱容易控制、省材料等优点。

补偿张拉方式：是在早期预应力损失基本完成后，再进行张拉，以弥补损失，达到预期的预应力效果的方式，在水利工程与岩土锚杆中应用较多。

3. 预应力筋的张拉顺序

预应力筋张拉顺序应按设计规定进行；如设计无规定时，应采取分批分阶段对称地

进行。

图 5.48（一）所示是预应力混凝土屋架下弦预应力筋张拉顺序。

图 5.48（二）所示是预应力混凝土吊车梁预应力筋采用两台千斤顶的张拉顺序，对配有多根不对称预应力筋的构件，应采用分批分阶段对称张拉。

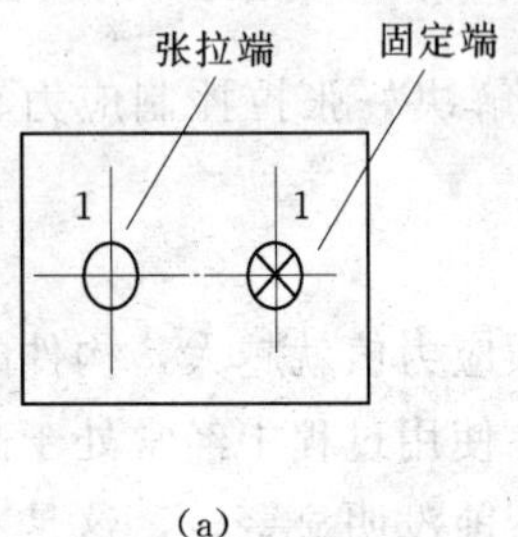

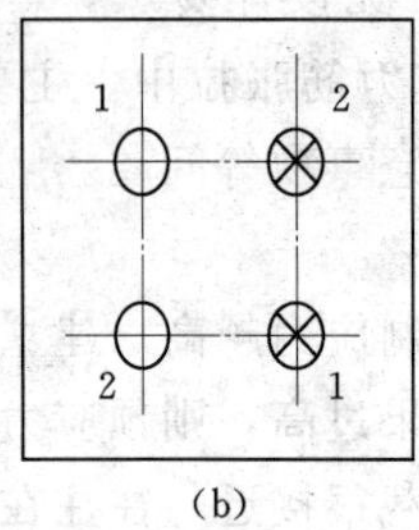

图 5.48（一）　屋架下弦杆预应力筋张拉顺序

(a) 两束；(b) 四束

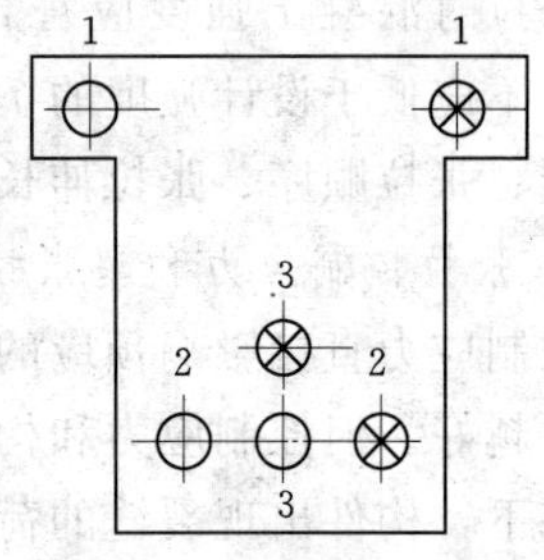

图 5.48（二）　吊车梁预应力筋的张拉顺序

1、2、3—预应力筋的分批张拉顺序

平卧重叠浇筑的预应力混凝土构件，张拉预应力筋的顺序是先上后下，逐层进行。

4. 预应力筋张拉程序

预应力筋的张拉程序，主要根据构件类型、张锚体系、松弛损失取值等因素来确定。

用超张拉方法减少预应力筋的松弛损失时，预应力筋的张拉程序宜为：

$$0 \rightarrow 105\%\sigma_{con} \xrightarrow{\text{持荷 2min}} \sigma_{con}$$

如果预应力筋张拉吨位不大，根数很多，而设计中又要求采取超张拉以减少应力松弛损失时，其张拉程序可为：

$$0 \rightarrow 103\%\sigma_{con}$$

5. 张拉伸长和预应力检验

为检查预应力值的可靠性，要对张拉的预应力筋应力及损失进行检验和测定，以便在张拉时补足和调整预应力值。检验预应力损失的最方便的方法是在后张法中将预应力筋张拉 24h 以后（未灌浆前），再重张拉一次，测读出两次应力之差，即为预应力损失。

在张拉过程中必要时还应测定预应力筋的实际伸长值，用以对预应力值进行校核。对张拉伸长值进行校核，可以综合反映张拉力是否足够，孔道摩阻力损失是否偏大，以及预应力筋是否有异常现象等。

预应力筋张拉伸长值量测，应在建立初应力后进行。规范规定如果实际伸长值大于10%或小于 5%，应暂定张拉，采取措施予双调整后，方可继续张拉。

此外在锚固时应检查张拉端预应力筋的内缩值，以免由于锚固引起的预应力损失超过设计值，则应改善操作工艺，更换锚具或采取超张拉方法以弥补。

6. 张拉注意事项

预应力筋张拉时，构件混凝土强度应按设计规定，但不宜低于设计强度的 70%，以减少混凝土收缩、徐变和弹性压缩的应力损失。块体拼装的预应力构件，其拼装立缝处的

混凝土或砂浆强度如设计无规定时、不应低于块体混凝土强度等级的40%，且不得低于15MPa。

对配有多根预应力筋的构件，不能同时张拉，只能分批、对称地进行张拉。对称张拉是为避免张拉时构件截面呈过大偏心受压状态。分批张拉，要考虑后批预应力筋张拉时产生的混凝土弹性压缩。会对先批张拉的预应力筋的应力产生影响。

对平卧叠浇的预应力混凝土构件，如后张法预应力混凝土屋架等构件，一般在现场平卧重叠制作，重叠层数为3～4层，其张拉顺序宜先上后下逐层进行。为减少上下层之间因摩擦引起的预应力损失，可逐层加大张拉力。预应力筋逐层加大值，根据试验与实践，得到不同预应力筋与不同隔离层的平卧重叠构件的张拉力百分数的参考值见表5.4。对钢丝、钢绞线、热处理钢筋，底层张拉力不宜比顶层张拉力大5%；对冷拉HRB335级、HRB400级钢筋，不宜比顶层张拉力大9%，且不得超过表5.4规定。

表5.4　　平卧重叠浇筑构件逐层增加的张拉力百分数

预应力筋类别	隔离剂类别	逐层增加的张拉力百分数（%）			
		顶层	第二层	第三层	底层
高强钢丝束	Ⅰ	0	1.0	2.0	3.0
	Ⅱ	0	1.5	3.0	4.0
	Ⅲ	0	2.0	3.5	5.0
Ⅱ级冷拉钢筋	Ⅰ	0	2.0	4.0	6.0
	Ⅱ	1.0	3.0	6.0	9.0
	Ⅲ	2.0	4.0	7.0	10.0

5.3.3.5　孔道灌浆与封锚

预应力筋张拉锚固后，应尽快地用灰浆泵将水泥浆压灌到预应力孔道中去。目的是保护预应力钢筋不生锈，增加整体性，提高结构的抗裂性和承载能力。可减少20%～30%的应力松弛损失。

灌浆用水泥浆应有足够的黏结力，且应有较大的流动性，较小的干缩性和泌水性。水泥浆的抗压强度不应小于30N/mm²。宜先用水泥标号不低于42.5号的普通硅酸盐水泥。水灰比一般不大于0.45，流动度为120～170mm，水泥浆撑拌后3h的泌水率宜控制在2%～3%范围，泌水应全部重新被水泥吸收。此外在水泥浆中掺入适量的减水剂，以提高水泥浆性能，如木质素磺酸和膨胀剂如铝粉，但不得掺入氯化物、硫化物及硝酸盐等。

灌浆前，用压力水冲洗和湿润孔道。灌浆顺序应先下后上，以免上层孔道漏浆把下层孔道堵塞。灌浆工作应缓慢均匀连续进行，不得中断。

排气通顺，防止空气压入孔道内而影响灌浆质量。在两端冒浆并封闭排气孔后，再继续加压至0.5～0.6N/mm²，但不易过大，容易胀裂孔壁。直线灌浆时，应从构件一端灌向另一端；曲线孔道灌浆时，应从最低处向两端进行。当排气不畅时，要查明原因，排除故障后才能继承灌浆。当水泥浆强度达到15N/mm² 时才能移动构件；水泥浆强度达到100%设计强度后才允许吊装。对没掺外加剂的水泥浆可采用二次灌浆以提高灌浆的密实度。根据《混凝土结构工程施工及验收规范》(GB 50204—2002)的规定，锚具的封闭保护应符合设计要求。没设计要求时，应采取防止锚具腐蚀和遭受机械损伤的有效措施；凸出式锚固端锚具的保护层厚度不应小于 50mm；对外露预应力筋的保护层厚度不应小于 20mm，处于易受腐蚀的环境时不应小于 50mm。

任务实施

螺丝端杆锚具，两端同时张拉，螺母厚度取 36mm，垫板厚度取 16mm，则螺丝端杆伸出构件外的长度 $12=2H+h+5=2\times36+16+5=93$m；对焊接头个数 $n=2+2=4$；每个对焊接头的压缩量 $\Delta=22$mm，则预应力筋下料长度：

$$L=(l-2l_1+2l_2)/(l+r-\delta)+n\Delta=19727\ (\text{mm})$$

实践训练

【例 1】 21m 预应力屋架的孔道长为 20.80m，预应力筋为冷拉 HRB400 钢筋，直径为 22mm，每根长度为 8m，实测冷拉率 $r=4\%$，弹性回缩率 $\delta=0.4\%$，张拉应力为 $0.85f_{\text{ptk}}$。螺丝端杆长为 320mm，帮条长为 50mm，垫板厚为 15mm。计算：

(1) 两端用螺丝端杆锚具锚固时预应力筋的下料长度。

(2) 一端用螺丝端杆，另一端为帮条锚具时预应力筋的下料长度。

(3) 预应力筋的张拉力为多少?

【解】 (1) 螺丝端杆锚具，两端同时张拉，螺母厚度取 36mm，垫板厚度取 16mm，则螺丝端杆伸出构件外的长度 $l_2=2H+h+5=2\times36+16+5=93$m；对焊接头个数 $n=2+2=4$；每个对焊接头的压缩量 $\Delta=22$mm，则预应力筋下料长度

$$L=(l-2l_1+2l_2)/(l+r-\delta)+n\Delta=19727\ (\text{mm})$$

(2) 帮条长为 50mm，垫板厚 15mm，则预应力筋的成品长度：$L_1=l+l_2+l_3=20800+93+(50+15)=20958$ (mm)

预应力筋（不含螺丝端杆锚具）冷拉后长度：

$$L_0=L_1-l_1=20958-320=20638\ (\text{mm})$$

$$\begin{aligned}L&=L_0/(l+r-\delta)+n\Delta=20638/(1+0.04-0.004)+4\times22\\&=20009\ (\text{mm})\end{aligned}$$

(3) 预应力筋的张拉力

$$\begin{aligned}F_P&=\sigma_{\text{con}}A_P=0.85\times500\times3.14/4\times222=161475\ (\text{N})\\&=161.475\ (\text{kN})\end{aligned}$$

【例 2】 预应力筋有效预应力值计算

采用后张法张拉直径 20mm 的冷拉二级钢筋，已知各项预应力计 80N/mm^2，试求预应力筋的有效预应力值。

【解】 已知 $\sum\sigma_{li}=8080$N/mm^2，冷拉二级钢筋标准强度（即屈服点）$f_{p\mu k}=450$N/mm^2；预应力钢筋的控制应力为：

$$\sigma_{\text{con}}=0.85f_{p\mu k}=0.85\times450=382.5\text{N/mm}^2$$

预应力筋的有效预应力值为：

$$\sigma_{\text{pc}}=\sigma_{\text{con}}-\sum\sigma_{li}=382.5-80=302.5\text{N/mm}^2$$

预应力钢筋的有效预应力值为 302.5N/mm²。

【例 3】 30m 预应力折线形屋架，预应力筋采用 4－17Φs 钢丝束，$P=350.2$kN/束；钢管抽芯成孔，$k=0.0015$，一端张拉。钢丝束长度 $l=30.5$m，试求其张拉伸长值。

【解】 当不考虑孔道摩阻影响，由式 $\Delta l=pl/(A_p\times E_s)$ 得：160.3mm

考虑孔道摩阻影响，由式得：$\Delta l=\frac{pl}{A_pE_s}\left(1-\frac{kl+\mu\theta}{2}\right)$　　156.6mm

两者比较，伸长值计算结果相差约 2.28%。

任务 4　无黏结预应力混凝土后张法

任务描述

(1) 了解无黏结预应力混凝土施工工艺、施工方法的要点，它有哪些特点优点？无黏结预应力钢筋的锚头端部如何处理？

(2) 能根据施工图纸和施工实际条件，选择和制定常规无黏结预应力钢筋混凝土工程合理的施工方案；

(3) 能根据施工图纸和施工实际条件，查找资料和完成无黏结预应力钢筋混凝土施工中遇到的一些必要计算；

(4) 能根据施工图纸和施工实际条件编写一般建筑无黏结预应力钢筋混凝土工程施工技术交底。

任务分析

作为施工技术人员掌握无黏结预应力混凝土后张法施工工艺、施工方法的要点。

相关知识

5.4.1　无黏结预应力混凝土概述

后张法无黏结预应力混凝土施工无需预留管道与灌浆，而是将无黏结预应力筋同普通钢筋一样铺设在结构模板设计位置上，用 20～22 号元丝与非预应力钢丝绑扎牢靠后浇筑混凝土；待混凝土达到设计强度后，对无黏结预应力筋进行张拉和锚固，借助于构件两端锚具传递预压应力。

无黏结预应力混凝土施工具有施工简单；张拉摩阻力小，预应力筋受力均匀；可做成多跨曲线状；构件整体性略差，锚固要求高。

适用：现场整浇结构（梁板等）。

无黏结预应力筋是由 7 根 ϕ5mm 高强钢丝组成的钢丝束或扭结成的钢绞线，通过专门设备涂包涂料层和包裹外包层构成的，如图 5.49 所示。

涂料层一般采用防腐沥青。

无黏结预应力混凝土中，锚具必须具有可靠的锚固能力，要求不低于无黏结预应力筋抗拉强度的 95%。

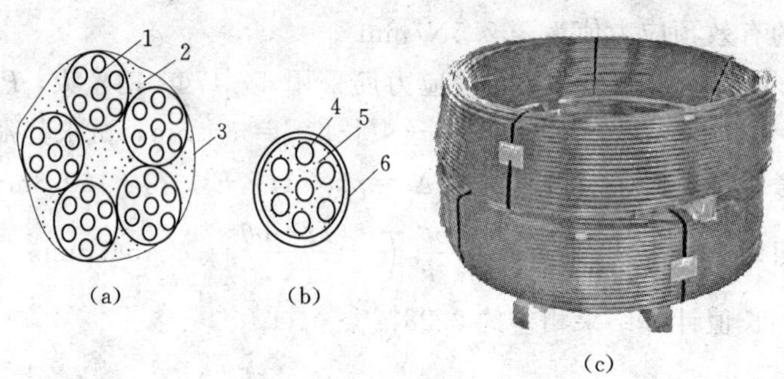

图 5.49 无黏结预应力筋

(a) 无黏结钢绞线束；(b) 无黏结钢丝束或单根钢绞线；(c) 无黏结预应力筋
1—钢绞线；2—沥青涂料；3—塑料布外包层；4—钢丝；5—油脂涂料；6—套管

5.4.2 无黏结预应力筋制作、堆放和运输

用于制作无黏结筋的钢材为由 7 根 5mm 或 4mm 的钢绞线或 7 根 5mm 的碳素钢丝束，其质量应符合现行国家标准。无黏结预应力筋制作，采用挤压涂塑工艺，外包聚乙烯或聚丙烯套管，内涂防腐建筑油脂，经过挤出成形机后，塑料包裹一层一次成形在钢绞线或钢丝束上。

涂料层应具有良好的化学稳定性，对周围材料无侵蚀作用；不透水、不吸湿、抗腐蚀性强；润滑性能好，摩阻力小；在规定的温度范围内，高温不流淌，低温不变脆，并有一定韧性。无黏结预应力筋防腐润滑油脂的技术要求见《无黏结预应力筋专用防腐润滑油脂》(JG 3007—93)。无黏结预应力筋的护套材料，宜采用高密度聚乙烯，有可靠实践经验时，也可采用聚丙烯，不得采用聚氯乙烯。

5.4.3 后张无黏结预应力施工工艺

其比有黏结预应力施工工艺要简单、方便，无需留孔、穿束、灌浆、张拉设备也极为轻巧。其施工工艺流程如图 5.50 所示。

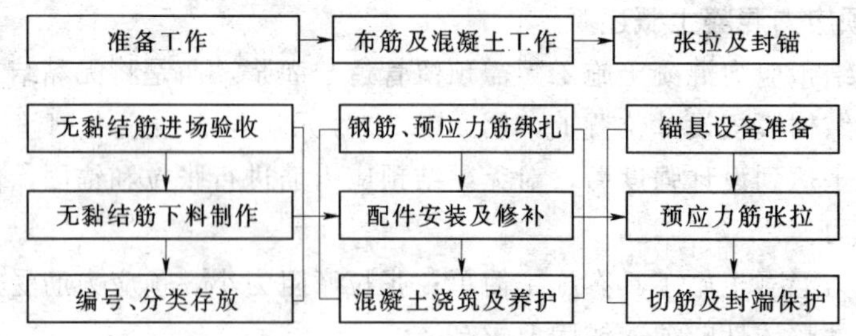

图 5.50 有黏结预应力施工工艺流程

1. 无黏结预应力筋的铺放与定位

在单向板中，无黏结预应力筋的铺设与非预应力筋铺设基本相同，比较简单。

铺设双向配筋的无黏结预应力筋时，需要配置成两个方向的悬垂曲线。无黏结预应力筋相互贯穿，施工困难，必须事先编出铺设顺序。其方法是将各向无黏结筋各搭接点的标高标出。对各搭接点相应标高分别进行比较，应先铺设各点标高低的钢丝束，再铺设各点

标高较高的钢丝束，以避免两个方向钢丝束相互穿插。以此类推铺设完成。

无黏结筋在铺设过程中，应严格按设计要求的曲线形状就位并固定，其垂直方向宜用支撑钢筋或钢筋马凳固定，其间距为 1～2m。一般施工顺序是依次放置钢马凳，然后按顺序铺无黏结预应力筋，并调整其垂线位置和水平位置，经检查无误后，用铅丝与非预应力筋绑轧牢固。无黏结预应力筋应铺放在电线管下面。铺设完毕经验收合格后，方可浇筑混凝土。

(1) 无黏结钢丝束镦头锚具。

如图 5.51 所示。张拉端钢丝束从外包层抽拉出来，穿过锚环孔眼镦粗头。

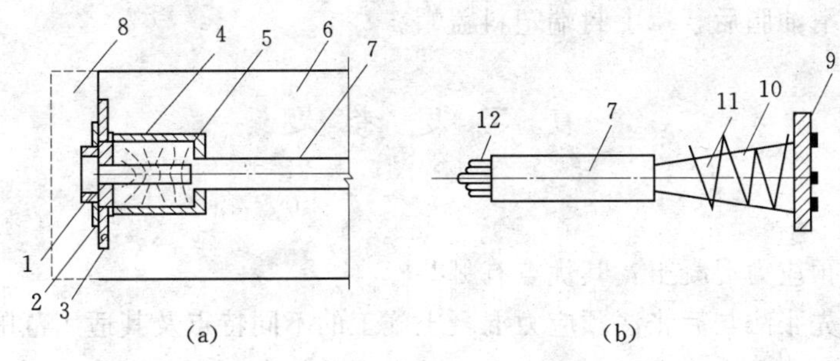

图 5.51　无黏结钢丝束镦头锚具

(a) 张拉端；(b) 锚固端

1—锚环；2—螺母；3—预埋件；4—塑料套筒；5—建筑油脂；6—构件；7—软塑料管；8—C30 混凝土封头；9—锚板；10—钢丝；11—螺旋钢筋；12—钢丝束

(2) 无黏结钢绞线夹片式锚具。

如图 5.52 所示。无黏结钢绞线夹片式锚具常采用 XM 型锚具，其固定端采用压花成型埋置在设计部位，待混凝土强度等级达到设计强度后，方能形成可靠的黏结式锚头。

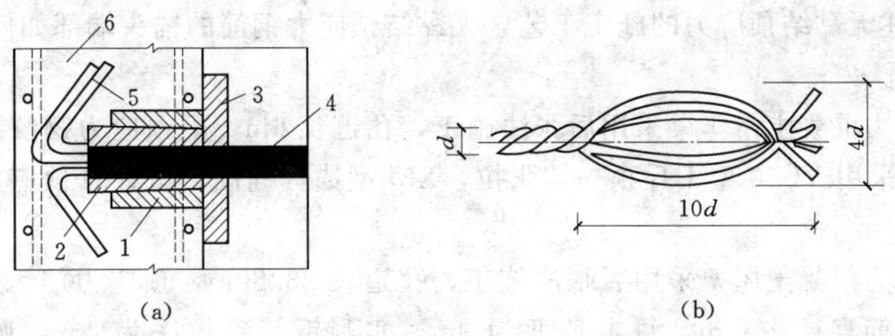

图 5.52　无黏结钢绞线夹片式锚具

1—锚环；2—夹片；3—预埋件；4—软塑料管；5—散开打弯钢丝；6—圈梁

混凝土强度达到设计强度时才能进行张拉。张拉程序采用 0→103%σ_{con} 进行。由于无黏结预应力筋一般为曲线配筋，当曲线预应力筋长度超过 25m 时，宜采取两端张拉；当筋长超过 60m 时，宜采取分段张拉。张拉前宜用千斤顶先往复抽动几次，以减少摩擦损失。如果摩擦应力损失较大时，则宜先松动一次再张拉。

张拦顺序应根据其铺设顺序，先铺设的先张拉，后铺设的后张拉。在无黏结预应力混凝土楼盖结构中，宜先张拉楼板无黏结预应力筋，后张拉梁无黏结预应力筋。板中的无黏结筋可依次张拉，梁中的无黏结筋宜对称张拉。在梁板顶面或墙壁侧面的斜槽内张拉无黏结应力筋时，宜采用变角张拉装置。

2. 无黏结预应力筋的张拉及锚头处理

混凝土强度达到设计强度时才能进行张拉。张拉程序采用 $0 \rightarrow 103\%\sigma_{con}$。

张拉顺序应根据设计顺序，先铺设的先张拉，后铺设的后张拉。

无黏结预应力张拉完毕后，应及时对锚固区进行保护。锚固区必须严格实施保护措施，严防水汽进入，锈蚀预应力筋。无黏结筋锚固后外露长度不小于 30mm 余下的部分，宜用手提砂轮机锯断。在锚具与承压板表面涂以防水涂料。为了使无黏结筋端封闭，在锚具端头涂防腐润滑油脂后，罩上封端塑料盖帽。

复 习 思 考 题

1. 概念题

(1) 什么叫预应力混凝土？其优点有哪些？

(2) 试比较先张法与后张法预应力混凝土施工的不同特点及其适用范围。

(3) 试述先张法台座、夹具和张力机具的类型及特点。

(4) 先张法施工时，预应力筋什么时候可放张？怎样进行放张？

(5) 什么叫超张拉？采用超张拉时为什么要规定最大限值？

(6) 先张法、后张法的生产工艺及其各自的特点。

(7) 建立张拉程序的根据是什么，常用的张拉程序有几种？

(8) 先张法钢筋张拉与放张应该注意哪些问题？

(9) 如何计算预应力钢筋的下料长度，计算时应考虑什么因素？

(10) 预应力钢筋张拉锚固后，为什么要进行孔道的灌浆。

(11) 试述无黏结预应力的施工工艺，无黏结预应力钢筋的锚头端部如何处理？

2. 计算题

(1) 预应力混凝土吊车梁采用后张法施工，孔道长 6m，配预应力钢绞线束 2 束 4 直径 15.2mm。采用 YC60 型千斤顶一端张拉，XM 型锚具锚固，试计算预应力钢筋的下料长度。

(2) 预应力混凝土屋架采用后张法施工，孔道长 23.80m，预应力筋为冷拉 HRB400 级钢筋束，钢筋直径 20mm，每根长度为 9m。实测钢筋冷拉率为 4%，弹性回缩率为 0.3%，试计算预应力盘的下料长度。

项目6　结构安装工程

主要介绍起重机械、单层工业厂房结构吊装、多层装配式框架式结构吊装。

通过该部分的学习，要求知道各类起重机械的类型和适用范围、多层装配式框架式结构的吊装方法，掌握单层工业厂房结构吊装的施工工艺和吊装方案。学习完以后应具备从事起重机械的选择、结构吊装方案的确定及单层工业厂房吊装施工的技术和管理工作的能力，并能够解决现场施工中的实际问题。

能力目标

(1) 能根据施工图纸和施工实际条件，选择和制定常规结构安装工程合理的施工方案；

(2) 能根据施工图纸和施工实际条件，查找资料和完成结构安装施工中遇到的一些必要计算；

(3) 能根据施工图纸和施工实际条件编写一般建筑结构安装工程施工技术交底；

(4) 能根据建筑工程质量验收方法及验收规范进行常规结构安装工程的质量检验。

知识目标

(1) 掌握一般建筑结构安装工程的常规施工工艺、施工方法及包含的原理；

(2) 掌握工程施工中遇到的一些必要计算方法；

(3) 熟悉结构安装工程施工中容易出现的常见质量、安全问题及质量、安全验收规范；

(4) 熟悉结构安装施工顺序及结构安装所需配备的设施和设备。

任务1　起重机械选择

任务描述

1. 作为混凝土构件施工技术人员了解各类起重机械的类型和适用范围，选择起重机械及吊装方案。解决现场施工中的实际问题。

2. 在实际施工中，应当根据建筑结构的特点、现场施工条件以及吊装的施工方法等合理选用起重机械，以充分发挥机械的生产率，保证工程质量，加快施工进度。

任务分析

1. 知道起重机械设备的类型及适用范围；

2. 具备从事施工机械选择工作的能力；

3. 能在钢筋混凝土结构安装中正确选用施工机械和设备。

相关知识

6.1.1　概述

6.1.1.1　起重机械的分类

结构安装工程常用的起重机械主要包括了桅杆式起重机、自行杆式起重机和塔式起重机等三大类。

其中桅杆式起重机根据构造不同，主要可又分为独脚拔杆、人字拔杆、悬臂拔杆和牵缆式拔杆等起重机；自行杆式起重机根据行走装置的不同，主要可分为履带式、汽车式、轮胎式等起重机；塔式起重机根据构造不同，主要可分为行走式、爬升式、附着式、固定式、塔桅式。

6.1.1.2　起重机械的主要参数

起重机械的主要参数主要有起重量、工作幅度（回转半径）、起升高度、各机构的工作速度等（对于塔式起重机还包括起重力矩）参数。其他还有起重力矩、生产率、外形尺寸、起重机重量等也是起重机的重要参数。这些参数表明了起重机的工作性能和技术经济指标，也是施工中选择起重机的重要依据。

1. 起重量 Q

起重机起吊重物的重量称为起重量。起重机的起重量通常是以额定起重量表示，所谓额定起重量是指起重机在各种工况下安全作业所容许起吊重物的最大重量。自行杆式起重机标定的起重量通常为最大额定起重量，最大额定起重量是指在最小工作幅度时所起吊重物的重量。

2. 工作幅度（回转半径）R

起重机的回转中心轴线至吊钩中心的距离称为工作幅度或回转半径。起重机的工作幅度则表示了起重机不移位时的工作范围。

3. 起升高度 H

起升高度是指起重机的停机面（地面或轨道的顶面）至吊钩钩口中心的距离。不是起重臂顶端定滑轮中心到地面的距离，而是吊钩钩口中心至起重臂杆顶应有 2～3.5m 的安全距离。选择起重机的起升高度应根据结构的安装高度、构件的尺寸、吊具所占高度及安装间隙来确定。

4. 工作速度 V

起重机的工作速度主要包括起升、变幅、回转和行走的速度。选择起重机各机构的工作速度应根据结构的吊装性质、安装进度而决定。

5. 起重机各主要参数间的相互关系

（1）起重量 Q 与工作幅度 R 的关系。起重量 Q 是随着工作幅度 R 的增大而下降。所以必须了解起重机的起重量 Q 和工作幅度 R 的相互关系，在工作中根据所需吊起物件的最大起重量及相应的最大工作幅度（或最大工作幅度下的相应最大起重量）选择各种额定起重机。

起重力矩 M_i。较为全面和正确地反映起重机的起重能力。

起重机的起重力矩 M_i：是指起重机的工作幅度与相应于此幅度下的起重量的乘积。

$$M_i = Q_i \cdot R_i (\mathrm{N \cdot m})$$

它综合了起重量和工作幅度二个因素的影响，对于塔式起重机的起重能力主要是以起重力矩来衡量的。

(2) 起升高度 H 和工作幅度 R 的关系。起升高度 H 与起重机吊臂长度 L 和工作幅度 R 有关。在同一吊臂长度下，起升高度 H 随工作幅度 R 的增加而减少。在结构安装工程中，必须综合考虑 Q、H、R 三者的相互关系，根据具体条件，确定 Q、H、R 的最大值，选择合理的起重机械。

6.1.2 桅杆式起重机

桅杆式起重机大都本着因地制宜，就地取材的原则在现场制作，它的特点是制作简便，装拆方便，不受场地限制，起重量及起升高度都较大。但桅杆式起重机需设有多根缆风绳固定，移动较困难，灵活性差。所以一般多用于其他起重机械不能安装的特殊工程和重大构筑物。

桅杆有木桅杆和金属桅杆两种，木桅杆的起重量可达 100kN，起升高度可达 8～15m；金属桅杆按使用材料有钢管和格构式两种，其中钢管桅杆起重量可达 300kN，起升高度可达 20m 以内；格构式桅杆起重量可达 980kN，起升高度可达 60m 以内。

6.1.2.1 独脚拔杆

独脚拔杆是由拔杆、起重滑轮组、卷扬机、缆风绳和锚碇组成。起重时，拔杆应保持一定的倾角（倾角 β 不宜大于 10°），以免吊装构件时，碰撞到拔杆，如图 6.1 所示。

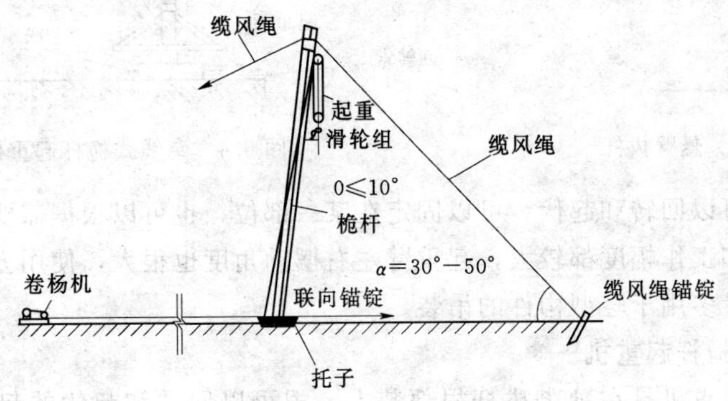

图 6.1 独脚拔杆

拔杆的稳定，主要依靠缆风绳。其数量一般为 6～12 根，依据构件的重量、起升高度、及缆风绳所用的钢丝绳强度而定，但至少不能少于 4 根，缆风绳与地面的夹角一般取 30°～50°为宜，角度过大则对拔杆产生较大的压力。

6.1.2.2 人字拔杆

人字拔杆一般是由两根圆木或两根钢管用钢丝绳绑扎或铁件铰接而成。人字拔杆上部两杆的绑扎点，离杆顶至少 600mm，并用 8 号钢丝线捆扎，起重滑轮组和缆风绳均应固定在交叉点处，两杆夹角一般为 30°。如图 6.2 所示。

6.1.2.3 悬臂拔杆

悬臂拔杆是在独脚拔杆的中部或 2/3 高处安装一根起重杆而成，如图 6.3、图 6.4

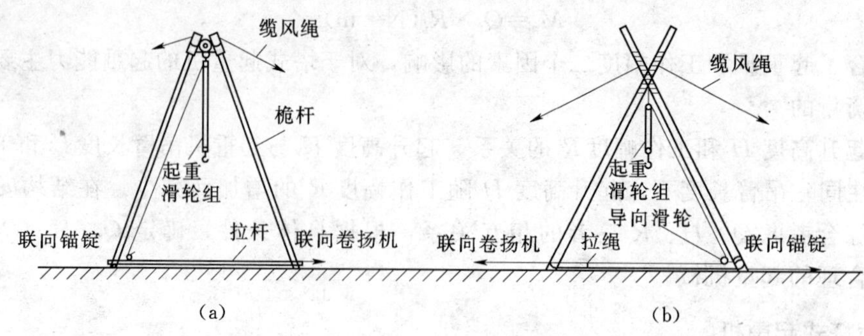

图 6.2 人字拔杆

(a) 顶端用铁件铰接；(b) 顶端用钢丝捆绑

所示。

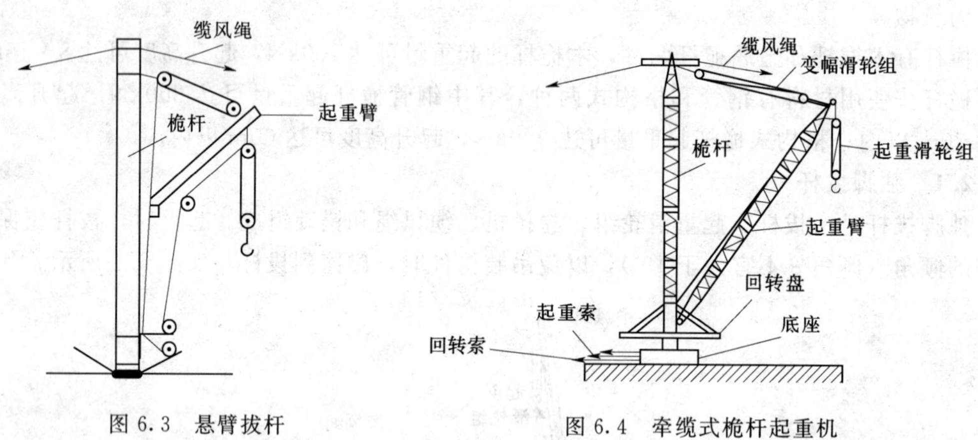

图 6.3 悬臂拔杆　　图 6.4 牵缆式桅杆起重机

悬臂起重杆可以回转和起伏，可以固定在某一部位，也可以根据需要上下升降。它的特点是起重高度和工作幅度都较大，起重臂左右摆动角度也很大，使用方便，缺点是悬臂拔杆起重量较小，多用于轻型构件的吊装。

6.1.2.4 牵缆式桅杆起重机

牵缆式桅杆起重机是在独脚拔杆根部装上一根可以回转和起伏的起重臂而成，如图 6.4 所示。这种起重机机身可以回转 360°，能在工作幅度范围内把构件吊到任何位置。

牵缆式桅杆起重机需要设较多的缆风绳，以加强自身的稳定。比较适用于构件多且集中的建筑物或构筑物的结构安装工程。

6.1.3 自行杆式起重机

自行杆式起重机具有操作灵活、使用方便、车身可以回转 360°、载荷行走、工作范围大、在一般平整坚实的道路上就能行驶和工作等优点；缺点是稳定性差，必要时需进行稳定性验算。在结构安装工程中被广泛采用，特别适合中小工业厂房构件安装，是结构安装工程中主要的起重机械。

在结构安装工程中主要采用的自行杆式起重机有：履带式起重机、汽车式起重机和轮胎式起重机等。

6.1.3.1 履带式起重机

1. 构造及分类

履带式起重机是在行走的履带底盘上装有起重装置，它由动力装置、传动机构、回转机构、行走机构、操作系统以及工作机构（起重杆、起重滑轮组、卷扬机）等组成。是自行式、全回转的一种起重机，如图6.5所示。

履带式起重机按传动方式不同可分为机械式、液压式和电动式三种。

2. 常用型号及性能

目前在结构安装工程中常用的履带式起重机，主要是国产的W1-50、W1-100、W1-200、θ-1252型等。

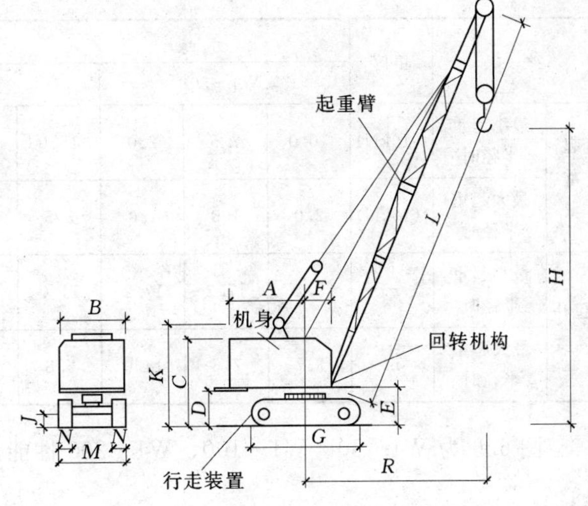

图6.5 履带式起重机

履带式起重机的外形尺寸见表6.1。

表6.1 履带式起重机的外形尺寸 单位：mm

符号	名称	型号			
		W1-50	W1-100	W1-200	θ-1252
A	机身尾部至回转中心距离	2900	3300	4500	3540
B	机身宽度	2700	3120	3200	3120
C	机身顶部距地面高度	3220	375	4125	375
D	机身底部距地面高度	1000	1045	1190	1095
E	起重臂下铰点中心距地面高度	1555	1700	2100	1700
F	起重臂下铰点中心距回转中心距离	1000	1300	100	1300
G	履带长度	3420	4005	4950	4005
M	履带架宽度	2850	3200	4050	3200
N	履带板宽度	550	75	800	75
J	行走底架距地面高度	300	275	390	270
K	机身上部支架距地面高度	3480	4170	300	3930

履带式起重机性能表见表6.2。

表6.2 履带式起重机性能表

参数	单位	型号									
		W1-50			W1-100				W1-200		
起重臂长度	m	10	18	18（带鸟嘴）	13	23	27	30	15	30	40
最大工作幅度	m	10.0	17.0	10.0	12.5	17.0	15.5	22.5	15.5	22.5	30.0
最小工作幅度	m	3.7	4.5	4.0	4.23	4.5	4.5	8.0	4.5	8.0	10.0

续表

参　数		单位	型　　号									
			W1－50			W1－100				W1－200		
起重量	最小起重半径时	t(10kN)	10.0	7.5	2.0	15.0	8.0	50.0	20.0	50.0	20.0	8.0
	最大起重半径时	t(10kN)	2.0	1.0	1.0	3.5	1.7	8.2	4.3	8.2	4.3	1.5
起升高度	最小起重半径时	m	9.2	17.2	17.2	11.0	19.0	12.0	2.8	12.0	2.8	3.0
	最大起重半径时	m	3.7	7.6	14.0	5.8	1.0	3.0	19.0	3.0	19.0	25.0

图6.6为W1－50、W1－100、W1－200性能曲线，反映出三者的相互关系。

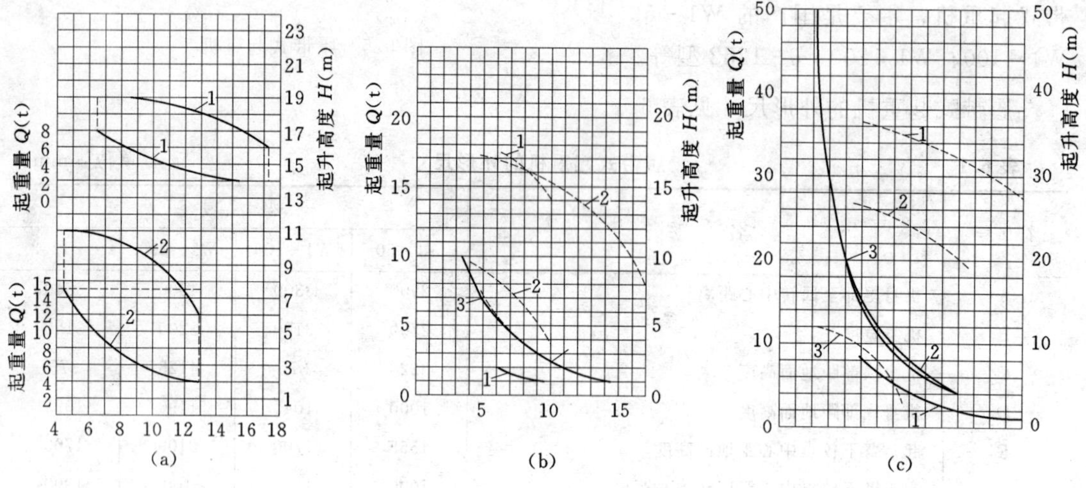

图6.6　W1－50、W1－100、W1－200性能曲线

(a) W1－50性能曲线

1—L＝18m有鸟嘴有R—H曲线；1′—L＝18m有鸟嘴有Q—R曲线；

2—L＝18m有R—H曲线；2′—L＝18m有Q—R曲线

(b) W1－100性能曲线

1—L＝23m有R—H曲线；1′—L＝23m有Q—R曲线；

2—L＝13m有R—H曲线；2′—L＝13m有Q—R曲线

3—L＝10m有R—H曲线；3′—L＝10m有Q—R曲线

(c) W1－200性能曲线

1—L＝40m有R—H曲线；1′—L＝40m有Q—R曲线；

2—L＝30m有R—H曲线；2′—L＝30m有Q—R曲线；

3—L＝15m有R—H曲线；3′—L＝15m有Q—R曲线

从起重机的性能表和起重机性能曲线可以看出，起重量Q、起升高度H、工作幅度R这三个参数之间存在着相互制约的关系，其数值的变化取决于起重臂仰角的大小和起重臂长度。

3. 稳定性验算

使用履带式起重机进行超负载吊装或接长起重臂时，必须对起重机进行稳定性验算，以保证起重机在吊装中不至于发生倾覆事故，确保安全生产。根据验算结果，采取增加配重等措施后，才能进行吊装。

履带式起重机稳定性应是起重机处以最不利的情况，即车身旋转90°去起吊重物时，如图6.7所示。假定起重机倾覆时，以履带的轨道中心点为倾覆中心验算起重机的稳定性，当不考虑附加荷载（如风荷载、刹车制动的惯性力和回转的偏心力等）时，为保证机身的稳定，必须使稳定力矩大于倾覆力矩。因此：

$$K=\frac{\text{稳定力矩}}{\text{倾覆力矩}}\geqslant 1.4$$

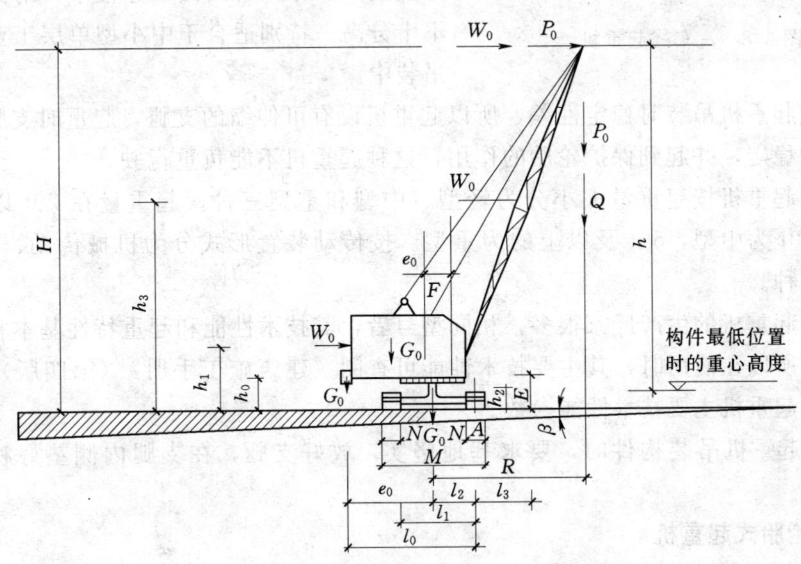

图6.7 履带式起重机稳定性验算

验算起重机稳定性时，一般不考虑附加荷载，当考虑附加荷载时，$K_1\geqslant 1.15$。为简化计算，验算起重机稳定性时，一般可不考虑附加荷载，由图6.7可得

$$K_2=\frac{G_1l_1+G_2l_2+G_0l_0-G_3l_3}{(Q+q)(R-l_2)}\geqslant 1.4$$

式中 G_0——平衡重所受的重力；

G_1——起重机机身可转动部分所受重力（地面倾斜的影响忽略不计，下同）；

G_2——起重机机身不转动部分所受重力；

G_3——起重臂所受重力；

Q——吊装荷载（包括构件和索具）；

q——起重滑轮组所受重力；

l_0——G_0 重心至 A 点的距离；

l_1——G_1 重心至 A 点的距离；

l_2——G_2 重心至 A 点的距离；

l_3——G_3 重心至 A 点的距离；

R——起重机的工作幅度。

图 6.7 中 β 为地面倾斜角度，应限制在 3°以内。

6.1.3.2 汽车式起重机

汽车式起重机是装在通用载重汽车底盘或是专用汽车载重汽车底盘上的一种起重机，其行驶的驾驶室与起重的操纵室是分开的。也是一种自行式，车身回转 30°，构造与履带式起重机基本相同，如图 6.8 所示。它的特点是机动灵活，行驶速度快，能快速转移到新的施工现场并迅速投入工作，对路面破坏性小，对路面要求也不十分高。特别适合于中小型单层工业厂房结构吊装中。

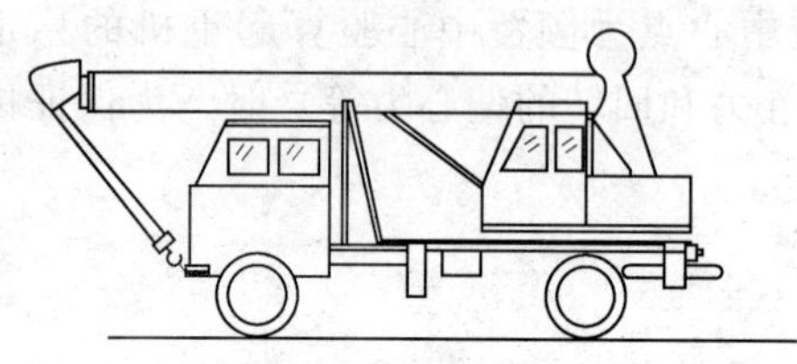

图 6.8 汽车式起重机

汽车式起重机吊装时稳定性差，所以起重机设有可伸缩的支腿，起重时支腿落地，以增加机身的稳定，并起到保护轮胎的作用，这种起重机不能负重行驶。

汽车式起重机按起重量大小分为轻型、中型和重型三种。起重量在 20t 以内的为轻型，20t～50t 为中型，50t 及以上的为重型。按传动装置形式分为机械传动、电力传动、液压传动三种。

汽车式起重机的生产厂家很多，相同型号者，其技术性能和起重特性基本相近，但不完全相同。所以在使用时，其主要技术性能可查阅《建筑施工手册》（第四版）各厂家生产的汽车式起重机主要技术性能参数。

汽车式起重机吊装构件时，要求基地坚实，放好支腿，在支腿内侧垫好枕木，调平转台。

6.1.3.3 轮胎式起重机

轮胎式起重机是一种装在专用轮胎式行走底盘的一种全回转起重机，构造与履带式起重机基本相同，但其横向尺寸较大，故横向稳定性好，并能在允许载荷下负荷行走。为了保证吊装作业时机身的稳定性，起重机设有四个支腿，如图 6.9 所示。轮胎式起重机与汽车式起重机有许多相同之处，主要差别是行驶速度慢，所以不宜做长距离的行驶，适宜于作业地点相对固定而作业量较大的结构安装工程。

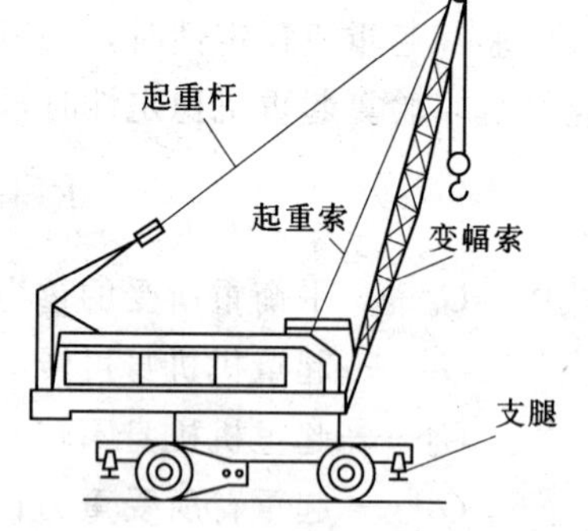

图 6.9 轮胎式起重机

轮胎式起重机按传动方式分为机械式（QL）、电动式（QLD）和液压式（QLY）。液压式发展较快，已逐渐替代的机械式和电动式。常用的轮胎式起重机有 QLY-8、QLY-1、QL3-40 等几种型号，其中 QL3-40 型轮胎式起重机，最大起重量达 40t，最大臂长 42m，可用于一般单层工业厂房的结构吊装。

6.1.4 塔式起重机

塔式起重机（简称塔吊）具有竖直的塔身，起重臂安装在塔身的顶部，起重能力和工

作幅度均较大（高度可达70～80m，工作半径可达20～30m），适合于多层和高层工业与民用建筑的结构安装工程。

6.1.4.1 塔式起重机的分类

塔式起重机按有无行走机构可分为固定式和移动式两种。固定式塔式起重机固定在混凝土基础上或安装在建筑物内部结构上随建筑物升高而升高，而行走式塔式起重机按行走装置又可分为履带式、汽车式、轮胎式和轨道式四种。轨道式塔式起重机可负重行走；按其回转形式可分为上回转和下回转两种；按其变幅方式可分为水平臂架小车变幅和动臂变幅两种；按其安装形式可分为自升式、整体快速装拆和拼装式3种。目前，我国应用最广的是下回转、快速拆装、轨道式塔式起重机和能够一机四用的自升塔式起重机。拼装式塔式起重机因拆装工作量大将被逐渐淘汰。

6.1.4.2 塔式起重机的组成及特点

1. 构造组成

常用的塔式起重机构造由门架、塔身、塔帽、起重臂和平衡臂等组成，如图6.10所示。

门架是塔身的底座，对行走式下面是由台车架、车轮组成的行走机构，对固定式一般是固定在混凝土基础上；塔身是起重机的主体，装有驾驶室、压舱（内装压铁以降低起重机的重心）、卷扬机等；塔帽套在塔顶上，起重臂、平衡臂铰接在塔帽上，通过旋转机构，可作30°水平旋转；起重臂可接长，起重臂的变幅（起重臂上下仰俯）有手动和电动两种；平衡臂后端箱内装有平衡重（一般为预制混凝土块），以平衡塔身重心，防止倾倒。

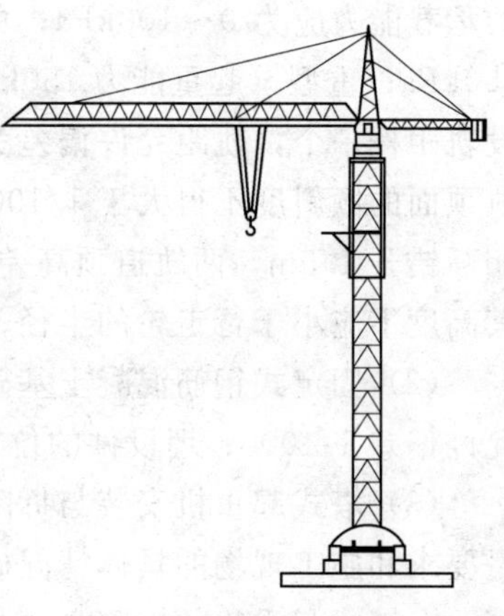

图6.10 塔式起重机

2. 特点

由于塔式起重机的起重臂支座位于顶部，起升高度及工作幅度均较大，可以获得较大的安装空间；能够最大限度地靠近建筑物，充分利用了起重机的工作幅度；对于移动式起重机可在轨道上行驶，移动灵活，工作范围更大；不论移动式或是固定式都不需要设缆风绳，便于吊装；另外，由于驾驶室设在塔身的上部，操纵人员可以观察到吊装全过程，有利于准确吊装构件或材料到达指定的部位，做到安全生产。塔式起重机的安装和拆卸，都在现场进行，时间长，费用高，适用于工期长，工程量大的结构安装工程。

塔式起重机的特点见表6.3。

表6.3 塔式起重机的特点

类型	特点
行走式塔式起重机	最大限度靠近工作位置，方便灵活，工作范围大。常用有轨式、轮胎式、履带式
自升式塔式起重机	安装在靠近建筑物塔基上，通过顶升套架将塔顶顶高，接高塔身
附着式塔式起重机	固定在建筑物近旁的钢筋混凝土基础上，利用液压自升系统将塔斯社顶顶高，接高塔身，每隔20m左右将塔身与建筑物用锚固装置联结起来
起重臂变幅塔式起重机	起重臂与塔身铰接，变幅时调整起重臂的仰角，变幅机构有电动和手动两种

续表

类　型	特　点
起重小车变幅式塔式起重机	起重臂是不变的横梁，下弦装有起重小车。变幅简单，操作方便，并能带载变幅
塔顶回转式塔式起重机	结构简单，安装方便，但起重机重心高，塔身下部要加配重，操作室低，不利于高层施工
塔身回转式塔式起重机	塔身与起重臂同时旋转，回转机构在塔身的下部，便于维修，操作室位置较高，便于施工观察，但回转机构较复杂

塔式起重机生产厂家很多，型号各异，在选用和使用时，主要根据建筑结构形式，现场施工条件，工程量的大小，工期要求及塔式起重机的性能来确定。

3. 塔式起重机的安装要求

塔式起重机的安装是根据有无行走机构，一般安装在轨道基础或是钢筋混凝土基础上两种。

(1) 行走式轨道基础施工要求。路基承载能力：轻型（起重能力 30kN 以下），路基的承载能力应为 0～100kPa；中型（起重能力 31～150kN）路基的承载能力应为 101～150kPa；重型（起重能力 150kN 以上）路基的承载能力应为 200kPa 以上。每间隔 6m 应设轨距杆一个，轨距允许偏差为公称值的 1/1000，且不超过±3mm；在纵横方向上，钢轨顶面的倾斜度不得大于 1/1000；钢轨接头间隙不得大于 4mm，并应与另一侧轨道接头相互错开 1.5m，两轨道顶高差不得大于 2mm。在轨道的终端 1m 处需设置缓冲止挡器，其高度不应小于行走轮的半径。在距轨道终端 2m 处必须设置限位开关碰块。

(2) 固定式钢筋混凝土基础要求。基础混凝土强度等级不低于 C35；基础表面平整度允许偏差 1/1000；埋设件的位置、数量、标高和垂直度以及施工工艺符合设计要求。

(3) 塔式起重机安装与拆除方法。塔式起重机的安装方法根据起重机的结构型式、质量要求和施工现场的具体情况确定，一般有整体自立法、旋转起扳法、立装自升法 3 种。同一台塔式起重机的拆除方法与安装方法相同，只是程序相反。

实践训练

起重机械设备选择案例

1. 工程概况

某厂金工车间，跨度 18m，长 54m，柱距 6m 共 9 个节间，建筑面积 $1002.m^2$，主要承重结构采用装配式钢筋混凝土工字形柱，预应力混凝土折线形屋架，1.5m×6m 大型屋面板，T 型吊车梁，车间为东西走向，北面紧靠围墙有 6m 间隙，南面有旧建筑物，相距 12m，东面为预留扩建场地，西面为厂区道路可通汽车，车间的平面位置如图 6.11 所示，主要承重结构见表 6.4。

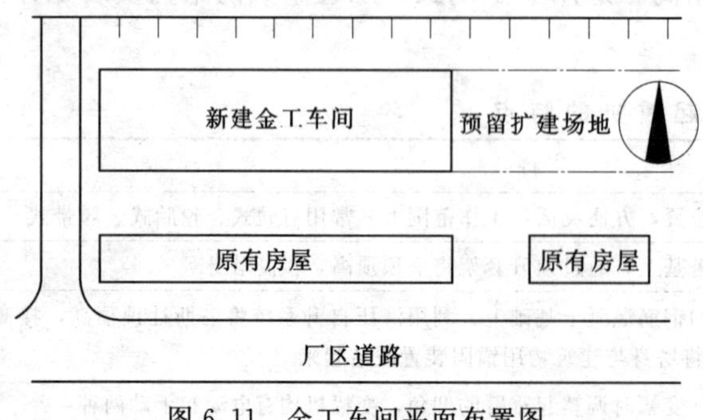

图 6.11　金工车间平面布置图

表 6.4　　　　　　　　　　　**车间主要主承重结构一览表**

项次	跨度	轴线	构件名称及编号	构件数量	构件重量	构件长度	安装标高
1	A—B跨	A、B	基础梁 YJL	18	1.43	5.97	
2		A、B ②—⑨ ①—② ⑨—⑩	连系梁 YLL1 YLL2 YLL2	42	0.79 0.73	5.97 5.97	+3.90 +7.80 +10.78
3		A 、B ②—⑨ ①、⑩ 1/A、2/A	柱 Z1 Z2 Z3	1 4 2	.04 .04 5.4	12.25 12.25 14.14	−1.25 −1.25
4			屋架 YWJ18-1	10	4.95	17.70	+11.00
5		A 、B ②—⑨ ①—② ⑨—⑩	吊车架 DCL-4Z CL-4B CL-4B	14 2 2	3. 3. 3.	5.97 5.97 5.97	+7.80 +7.80
6			屋面板	108	1.30	5.97	+13.90
7		A 、B	天沟 TGB58-1	18	1.07	5.97	+11.0

车间的柱基平面图，立面剖图如图 6.12、图 6.13 所示。

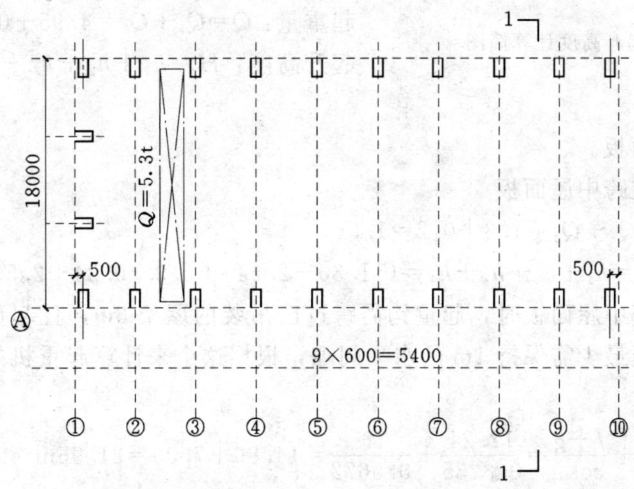

图 6.12　柱基布置图

2. 起重机选择及工作参数计算

根据现有的起重设备，选择履带式起重机 W1-100 进行结构吊装，其工作参数 Q、R 对一些有代表性的构件进行计算：如图 6.14、图 6.15 所示。

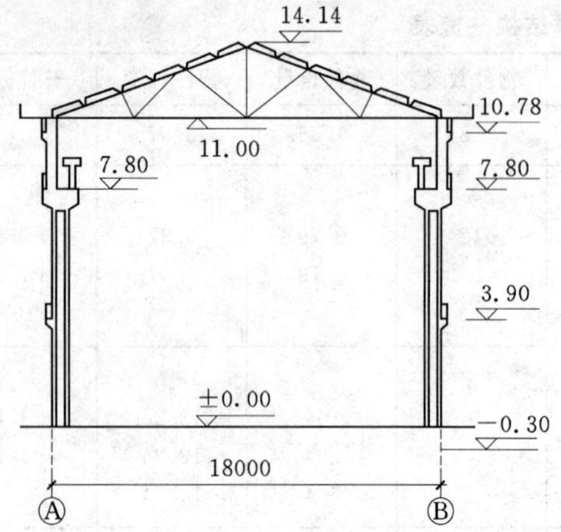

图 6.13 金工车间剖面图

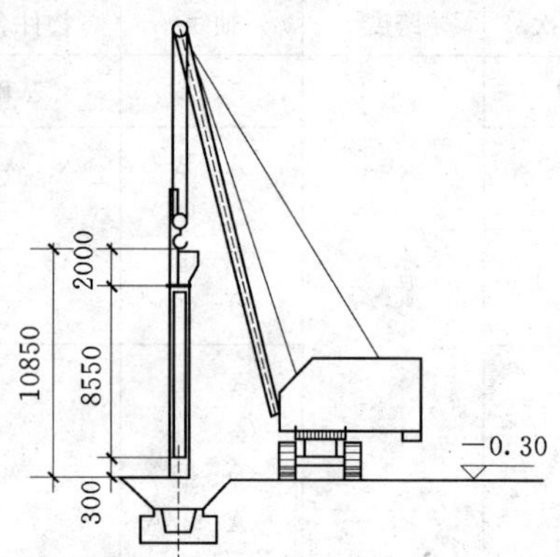

图 6.14 Z1 柱起升高度计算简图

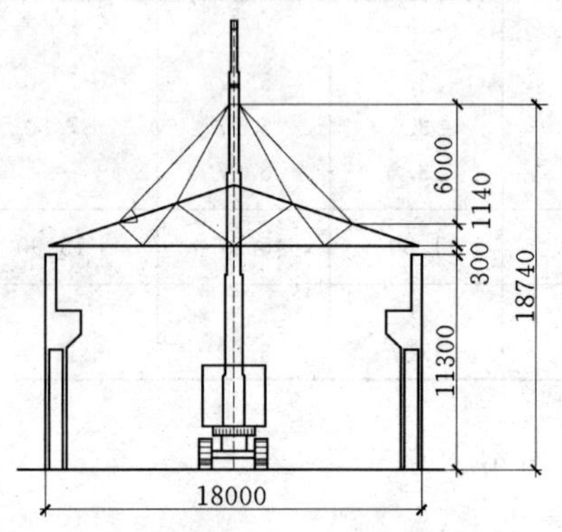

图 6.15 屋架起升高度计算简图

(1) 柱：采用斜吊绑扎法吊装，选择 Z1、Z3 两种柱分别进行计算。

Z1 柱起重量：$Q=Q_1+Q_2=6.04+0.2=6.24$t

起升高度：$H=h_1+h_2+h_3+h_4=0+0.3+8.55+2.00=10.85$m

Z3 柱起重量：$Q=Q_1+Q_2=5.4+0.2=5.6$t

起升高度：$H=h_1+h_2+h_3+h_4=0+0.3+11.0+2.0=13.3$m

(2) 屋架。

起重量：$Q=Q_1+Q_2=4.95+0.2=5.15$t

起升高度：$H=h_1+h_2+h_3+h_4=11.3+0.3+1.14+6=18.74$m。

(3) 吊装屋面板。

首先考虑吊装跨中屋面板

起重量：$Q=Q_1+Q_2=1.3+0.2=1.5$t

起升高度：$H=h_1+h_2+h_3+h_4=(11.30+2.64)+0.3+0.24+2.50=16.98$m

起重机吊装跨中屋面板时，起重钩需跨过已吊装的屋架 3m，且起重臂轴线与已安装好的屋架上弦中线最少需保持 1m 的水平间隙，根据这个来计算起重机的最小起重臂长度和起重倾角：

代入 $L=\dfrac{h}{\sin\alpha}+\dfrac{f+g}{\cos\alpha}=\dfrac{12.24}{0.8235}+\dfrac{4}{0.5672}=14.86+7.05=21.95$m

结合 W_1-100 型起重机的构造特点，采用 23m 长的起重臂，并取起重倾角 $\alpha=55°$，可得工作幅度为：

$$R=F+L-\cos\alpha=1.3+23\cos55°=14.49\text{m}$$

再对起重机起升高度进行验算，确定起重杆顶端至吊钩中心距离为 3.5m

$$H=L\cdot\sin\alpha+E-d=23\times\sin55°+1.7-3.5=17.3\text{m}>16.98\text{m}$$

即：$d=23\cdot\sin55°+1.7-16.98=3.56$m 满足要求（2～3.5m）这说明选择起重臂长 $L=23$m，起重倾角 $\alpha=55°$，可以满足吊装跨中屋面板的需要，其吊装工作参数如图 6.16 所示。

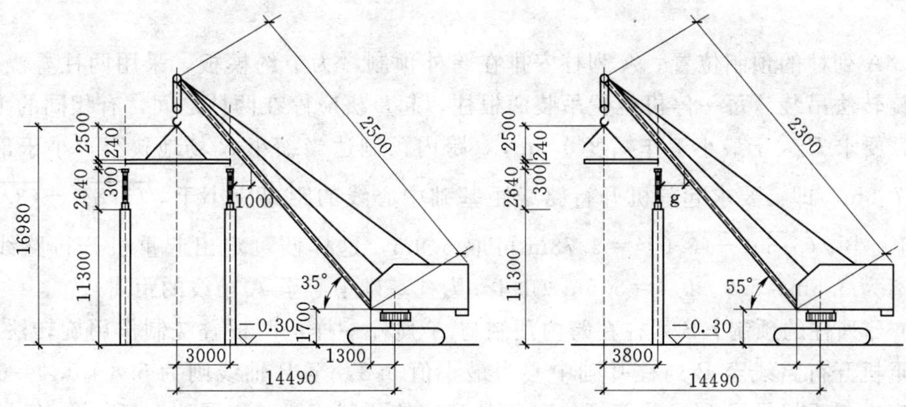

图 6.16 起重机最小杆长计算参数

再以所选定的 23m 长起重臂及 $\alpha=55°$ 倾角用作图法来复核一下能否满足吊装最边缘一块屋面板的要求。

作图以最边缘一块屋面板的中心 L 为中心，以 $R=14.49$m 为半径画弧，交起重机开行路线于 O_1 点，O_1 点即为起重机吊装边缘一块屋面板的停机位置（图 6.17）。

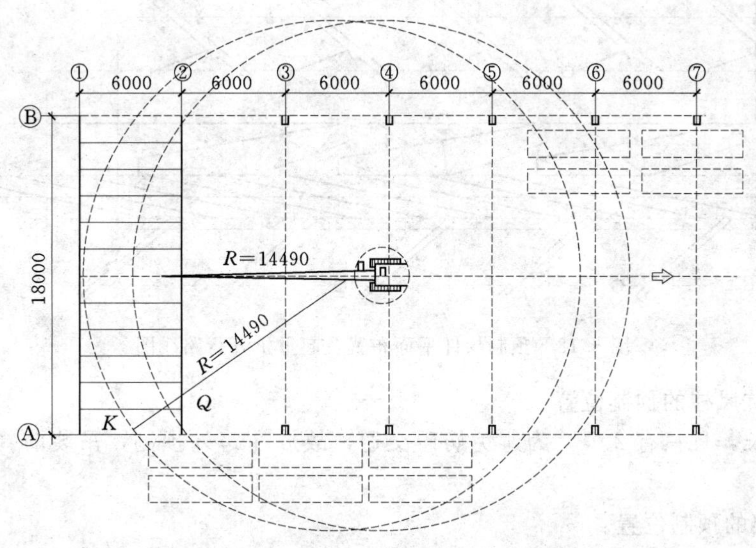

图 6.17 屋面板吊装参数计算简图及屋面板的排放布置图 单位：mm

根据以上各种构件中吊装工作参数的计算，经综合考虑之后，确定选用 23m 长度的起重臂的履带式起重机 W1-100 是可以完成结构吊装任务。

3. 现场预制构件的平面布置与起重机开行路线

（1）构件采用分件吊装法，柱与屋架在现场预制，在场地平整及杯基础浇筑后即可进行，由于吊装柱时最大工作幅度 $R=7.8$m 小于 $\frac{L}{2}=9$m，故吊装柱时需在跨边开行，吊装

屋面结构时则在跨中开行。

(2) 根据现场情况，车间南面距原有房屋有12m空地，故A列柱可在此空地上预制，B列柱至围墙只有6m距离，因此B列柱安排在跨内预制，屋架则安排在跨内靠A轴线一侧预制。

(3) A列柱的预制位置。A列柱安排在跨外预制，为节约模板，采用两柱叠浇预制，柱采用旋转法吊装，每一停机位置吊装两根柱，起重机应停在两柱之间，有相同的工作幅度R，且要求R大于最小工作幅度0.5m，(跨内预制适当缩小R场地狭窄) 小于最大工作幅度7.8m，即：要求起重机开行路线距基础中心线的距离应小于$\sqrt{(7.8)^2-(3.0)^2}=7.2$m但大小$\sqrt{(6.5)^2-(3.0)^2}=5.78$m可取5.9m，这样便可定出起重机开行路线到A轴线距离为5.5m，5.9－0.4＝5.5m (0.4m为柱基础中心至A轴线的距离)。

(4) B列柱的预制。B列柱在跨内预制与A列柱一样，两根叠浇制作用旋转法吊装，并取起重机开行路线至B列柱基础中心为最小值5.8，至B轴线则为5.8＋0.4＝6.2m，由此可定出起重机吊B列柱的停机位置及B列柱的预制位置，如图6.18所示。但吊B列柱时起重机开行路线到跨中只有9－6.2＝2.8小于起重机回转中心到尾部的距离3.3m，为使不够碰撞屋架。屋架预制位置应自跨中线后退3.3－2.8＝0.5m上，东侧为1m。

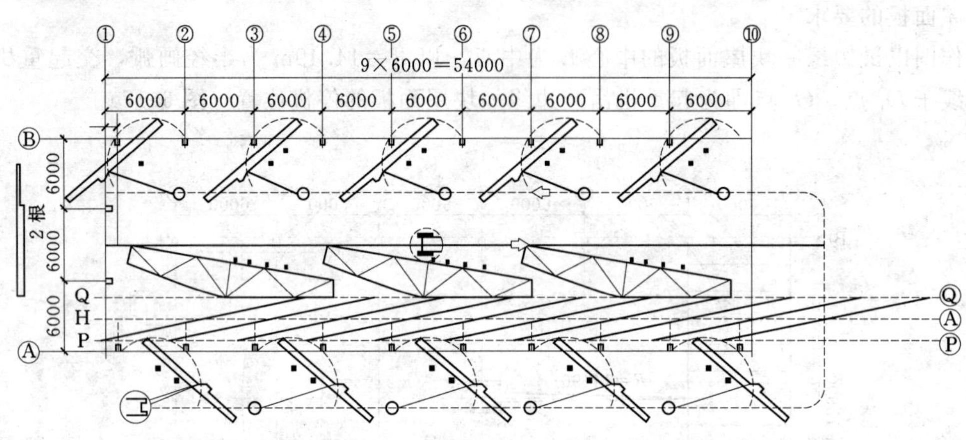

图6.18 预制构件平面布置及起重机开行路线图

(5) Z_3抗风柱的预制位置。

Z_3柱较长，且只有2根，为避免妨碍交通，故放在跨外预制，吊装前，需先排放再吊装。

(6) 屋架的预制位置。

屋架以3～4榀为一叠先安排在跨内预制，共分三步制作，在确定预制之前，应先定出各屋架排放的位置，据此来安排屋架预制的场地。

(7) 按照上述方案，起重机的开行路线及构件的安排次序如下：

起重机自A轴线跨外进场，接23m长起重臂，自①至⑩先吊装A列柱，然后沿B轴线自⑩至①吊装B列柱，再吊装两根柱风。然后自①至⑩吊装A列吊车梁，连系梁、柱间支撑等，然后自⑩至①扶直屋架，屋架就位，吊装B列吊车梁，连系梁，柱间支撑及屋面板，卸车排放等，最后起重机自①至⑩吊装屋架、屋面支撑，天窗板和屋面板退场。

任务2　单层混凝土结构厂房安装施工

任务描述

(1) 作为施工技术人员对钢筋混凝土结构安装工程设计安装方案，进行安装施工。

(2) 某车间为单层、单跨18m的工业厂房，柱距6m，共13个节间，厂房平面图、剖面图如图6.19所示，主要构件尺寸如图6.20所示，车间主要构件一览表见表6.5所示。试编制结构吊装方案？

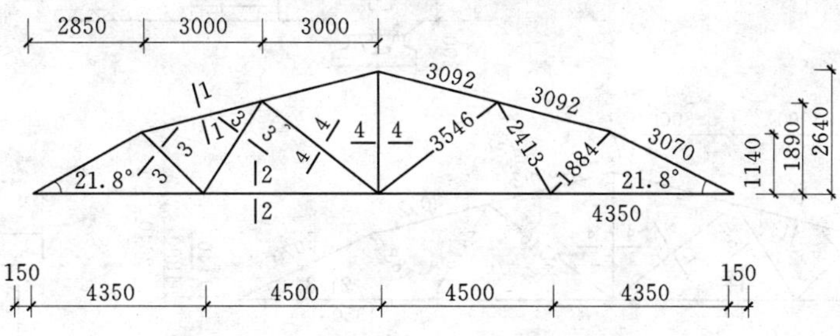

图6.19　某厂房结构的平面图和剖面图

表6.5　车间主要构件一览表

厂房轴线	构件名称及编号	构件数量	构件质量(t)	构件长度(m)	安装标高(m)
(A).(B).(1).(14)	基础梁JL	32	1.51	5.95	
(A).(B)	连系梁LL	2	1.75	5.95	+6.0
(A).(B) (A).(B) (A/1).(B/2)	柱Z1 柱Z2 柱Z3	4 14 4	7.03 7.03 5.8	12.20 12.20 13.89	−1.40 −1.40 −1.20
(1)～(14)	屋架YWJ18-1	14	4.95	17.70	+10.80
(A).(B) (A).(B)	吊车梁DL-8Z DL-8B	22 4	3.95 3.95	5.95 5.95	+6.0 +6.0
	屋面板YWB	15	1.30	5.97	+13.80
(A).(B)	天沟板TGB	2	1.07	5.97	+11.40

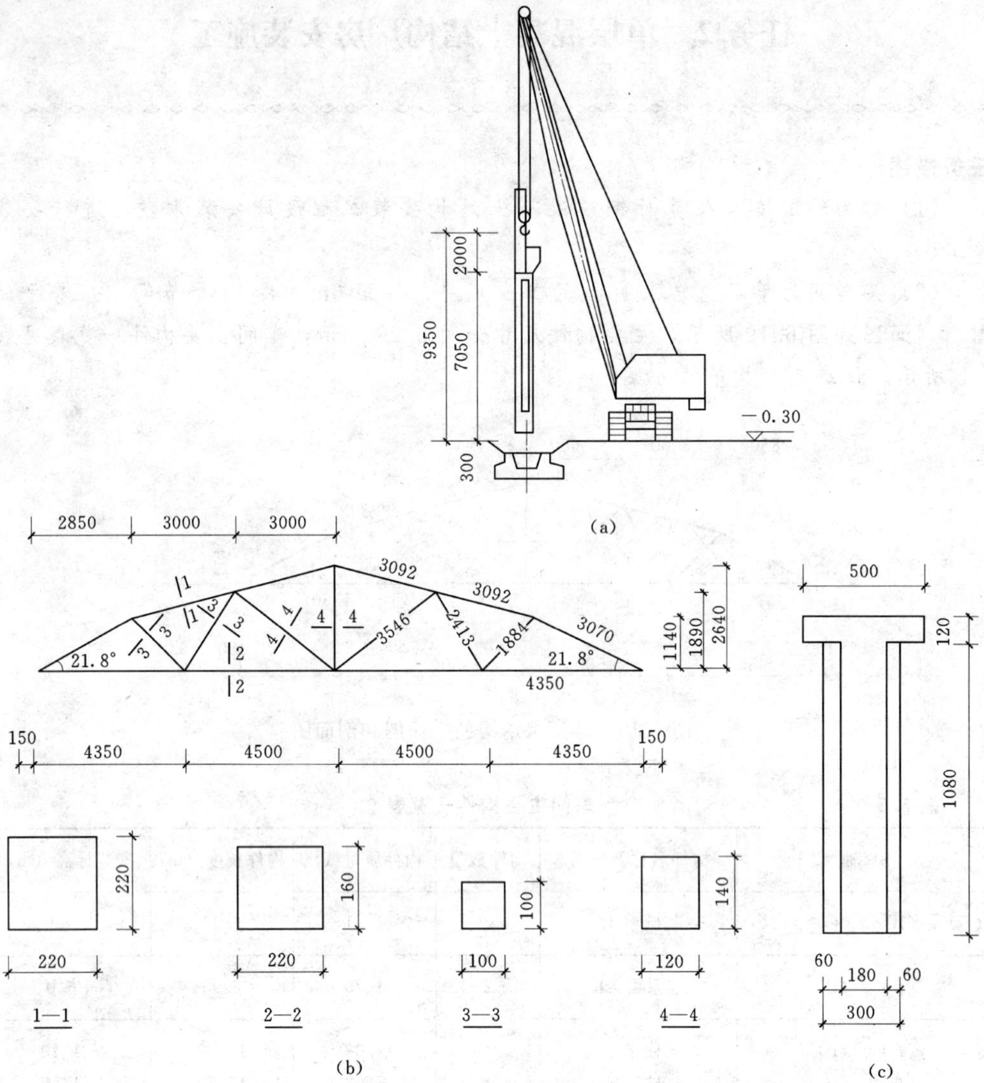

(a)

(b)

(c)

图6.20　主要构件的尺寸图

(a) 柱的外型尺寸；(b) 屋架立面几何尺寸；(c) 吊车梁剖面

任务分析

(1) 能掌握结构构件的运输和堆放要求，钢筋混凝土屋架的拼装方法步骤。

(2) 熟悉单层工厂房吊装的工艺，能够指导单厂的吊装工作。

(3) 能根据施工图纸和施工现场实际条件有效地减少施工用地面积。

相关知识

单层工业厂房是目前采用最广泛的厂房结构类型。其主要结构构件有：柱、吊车梁、

连系梁、屋架、天窗架、屋面板等。它的一般特点是：平面尺寸大、承重结构的跨度与柱距大、构件类型少、重量大、厂房内有设备基础。

6.2.1　准备工作

准备工作在结构安装工程中占有重要地位，它不仅影响施工进度和安装质量，而且直接影响安全生产和文明施工的顺利进行。结构安装准备工作可分为两大部分：一为技术准备工作；二为现场准备工作。

1. 构件的检查与清理

预制构件在生产和运输过程中，可能会出现外形尺寸方面的误差，以及构件表面产生缺陷，构件的损伤、变形、裂纹等问题。因此，必须对构件进行检查与清理，以保证吊装质量。其检查内容包括：

(1) 强度检查。构件混凝土强度是否达到了吊装的强度要求，构件在吊装时，要求普通混凝土构件强度至少达到设计强度的70%；跨度较大的梁和屋架混凝土强度达到设计强度的100%；对预应力混凝土构件中的孔道灌浆的水泥浆强度也不能低于15MPa。

(2) 构件的外形尺寸、接头钢筋、埋铁件的位置和尺寸、吊环的规格和位置等。

1) 柱子。

检查柱子的总长度、柱脚底面的平整度、截面尺寸、各部位预埋件的位置与尺寸，柱底到牛腿面的长度等，详细检查记录。

2) 屋架。

检查屋架的总长度、侧向弯曲、连接屋面板、天窗架、支撑等构件的预埋铁件的数量与位置。

3) 吊车梁。

检查总长度、高度、侧向弯曲、各埋铁件的数量与位置等。

4) 吊环。

检查吊环的位置是否正确，吊环有无变形和损伤，吊环的孔洞能否穿过钢丝索和卡环。

(3) 构件表面检查。主要检查构件表面有无损伤、缺陷、变形及裂纹。另外，还应检查预埋件上是否有被水泥浆覆盖的现象或有污物，如发现及时清除，以免影响构件拼装（焊接等）和拼装质量。

(4) 检查装配式钢筋混凝土构件的型号、规格与数量是否满足设计要求。

2. 构件弹线和编号

弹线：安装中心线、准线（柱五线，屋架三线，吊车梁二线）；在统一位置编号，并注明位置方向。

3. 杯基准备

(1) 检查杯口的尺寸并弹线（杯口顶面十字交叉定位中心线）。

(2) 各柱杯底按牛腿标高抄平一致后填细石混凝土。

4. 构件的运输

构件强度达到75%；固定牢，支撑好；控制速度；吊、垫点按设计，垫点上下对齐。保证不变形、不损坏。

5. 构件的堆放

堆放场地平整，注意构件重叠堆放数量。

6.2.2 构件的吊装工艺

装配式钢筋混凝土单层工业厂房的结构构件有柱、吊车梁、连系梁、屋架、天窗架、屋面板等。其吊装过程包括绑扎、吊升、对位、临时固定、校正、最后固定等工序。

6.2.2.1 柱子吊装

1. 绑扎

柱的绑扎方法根据柱的形状、几何尺寸、重量、配筋部位、吊装方法以及所采用的吊具和起重机性能等情况确定。绑扎应牢固可靠，易绑易拆，自重在13t以下的中、小型柱，大多绑扎一点；重型或配筋少而细长的柱，则需绑扎两点，甚至三点。有牛腿的柱，一点绑扎的位置，常选在牛腿以下，如柱上部较长，也可绑在牛腿以上。工字形截面柱的绑扎点应选在矩形截面处（实心处），否则，应在绑扎的位置用方木加固翼缘。双肢柱的绑扎点应选在平腹杆处。绑扎柱子用的吊具，有铁扁担、吊索（千斤绳）、卡环（卸甲）等。为使在高空中脱钩方便，尽量采用活络式卡环。为避免起吊时吊索磨损构件表面，在吊索与构件之间用麻袋或木板铺垫。

柱子在现场制，一般是平卧（大面向上）浇筑，在支模、浇混凝土前，就要确定绑扎方法，在绑扎点埋吊环、留孔洞或底模悬空，以便绑扎时能穿钢丝绳。

柱子常用的绑扎方法有：

(1) 斜吊绑扎法。当柱子的宽面抗弯强度能满足吊装要求时，可采用斜吊绑扎法。柱吊起后呈倾斜状态，由于吊索歪在柱的一边，起重钩可低于柱顶，这样，起重臂可以短些。另外，柱子在现场是大面向上浇筑，直接把柱子在平卧的状态下，从底模上吊起，不需翻身，也不用横吊梁。这种绑扎方法，因柱身倾斜，就位时对正底线比较困难。如图6.21所示。

(2) 直吊绑扎法。当柱子的宽面抗弯强度不能满足吊装要求时，吊装前先将柱子翻身，再经绑扎进行起吊，采用直吊绑扎法。这种绑扎法是用吊索绑牢柱身，从柱子宽面两侧分别扎住卡环，再与横吊梁相连，柱吊直后，横吊梁必须超过柱顶，柱身呈直立状态，所以需要较长的起重臂。

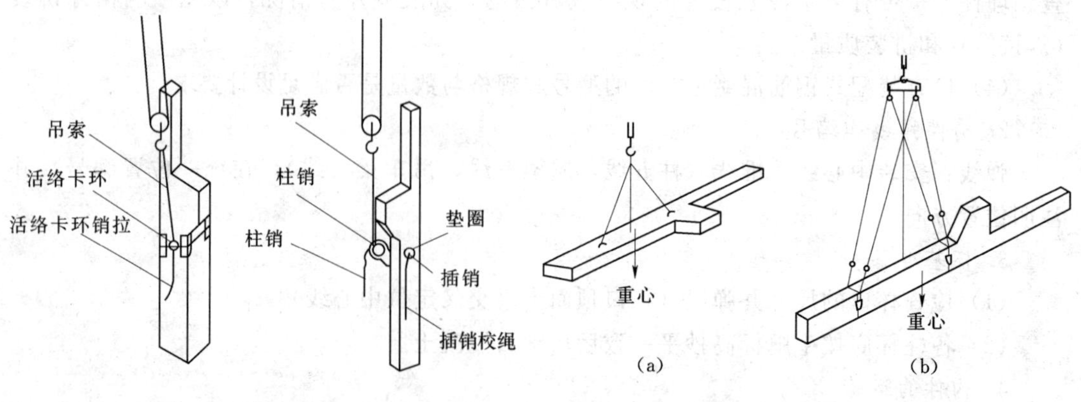

图6.21 斜吊绑扎法

图6.22 两点绑扎法
(a) 斜吊绑扎法；(b) 直吊绑扎法

(3) 两点绑扎法。当柱身较长，一点绑扎抗弯强度不能满足时，可用两点绑扎起吊。当确定柱绑扎点的位置时，应使两根吊索的合力作用线高于柱子的重心，如图 6.22 所示。即下绑扎点至柱重心的距离小于上绑扎点至柱重心的距离。这样，柱子在起吊过程中，柱身可自行转为直立状态。

2. 柱的吊升

柱的起吊方法，按柱在吊升过程中柱身运动的特点分为旋转法和滑行法；按采用起重机的数量，有单机起吊和双机起吊之分。单机起吊的工艺如下：

(1) 旋转法。起重机边起钩、边旋转，使柱身绕柱脚旋转而逐渐吊起的方法称为旋转法。其要点是保持柱脚位置不动，并使柱的吊点、柱脚中心和杯口中心三点共圆，如图 6.23 所示。

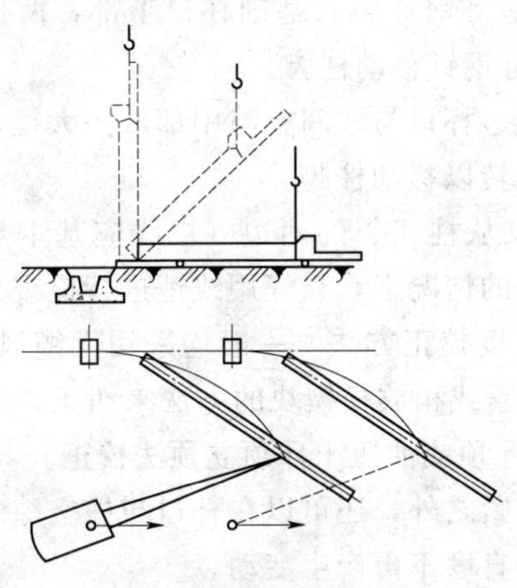

图 6.23　旋转法

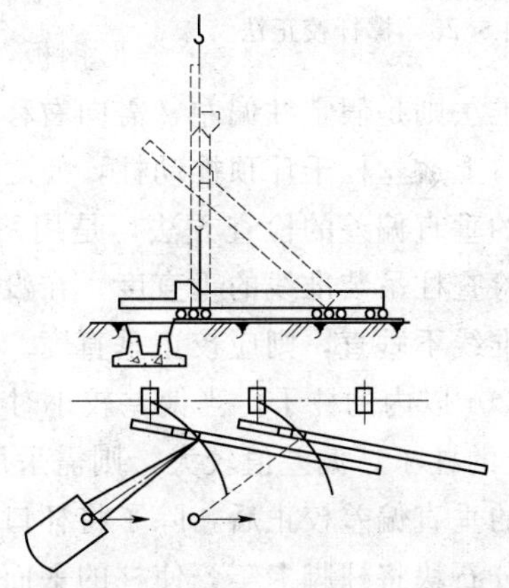

图 6.24　滑行法

(2) 滑行法。起吊时起重机不旋转，只起升吊钩，使柱脚在吊钩上升过程中沿着地面逐渐向吊钩位置滑行，直到柱身直立的方法称为滑行法，如图 6.24 所示。

(3) 双机抬吊滑行法。

单机力不够时，双机对立，同时起钩，用滑行道防振动。

(4) 双机抬吊旋转法。

双机先同时提升吊钩；柱子距地 0.3m 后，同时向杯口旋转，再落钩插入杯口。

3. 柱的就位和临时固定

柱脚插入杯口后，并不立即落至杯底，而是停在离杯底 30～50mm 处进行对位，对位的方法，是用 8 块楔块从柱的四边放入杯口，并用撬棍撬动柱脚，使柱的吊装准线对准杯口顶面上的吊装准线，并使柱基本保持垂直。对位后，略打紧楔块，放松吊钩，柱沉至杯底。经复查吊装准线对准情况，随即将四面的楔块打紧，将柱临时固定，起重机脱钩。当柱身与杯口间隙太大时，应增加楔块的厚度，选择较大规格的楔块，而不能用几个楔块叠合使用。

临时固定柱的楔块，可用硬木或铸铁制作，铸铁楔块可以重复使用，且易拔出。

当柱较高，基础的杯口深度与柱长之比小于 5%，或柱具有较大的悬臂（或牛腿）时，仅靠柱脚处的楔块将不能保证柱临时固定的稳定，这时则应采取增设缆风绳或加斜撑

等措施来加强柱临时固定的稳定。

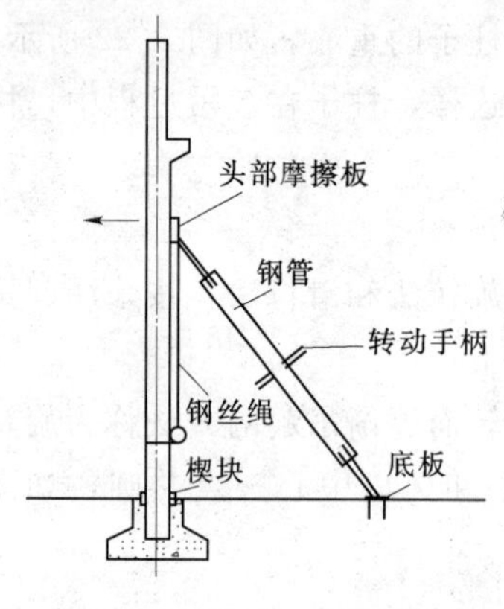

图 6.25 撑杆校正法

4. 柱的校正和最后固定

(1) 柱的校正。柱的校正是一项重要的工作，如果柱的吊装就位不够准确，就会影响到与柱相连接的吊车梁、屋架等构件后续吊装的准确性。柱的校正包括垂直度、平面位置和标高等工作。其中柱的标高校正是在杯形基础抄平时，就已完成。而柱的垂直度、平面位置的校正是在施工各个阶段进行，如图 6.25 示。

柱的平面位置校正是在柱对位时进行，校正方法有钢钎校正法和反推法

钢钎校正法是将钢钎插入基础杯口下部，两边垫以旗形钢板，然后敲打钢钎移动柱脚。

反推法则是假定柱偏左，需向右移，先在左边杯口与柱间空隙中部放一大锤，然后在右边杯口上放丝杠千斤顶推动柱，使之绕大锤旋转以移动柱脚。

柱的垂直偏差的检查方法，是用两架经纬仪从柱相邻的两边（视线应基本与柱面垂直）去检查柱吊装准线的垂直度。在没有经纬仪的情况下，只好用线锤进行检查。若发现柱吊装准线不垂直，则应校正垂直度。柱的垂直度校正方法，一般均采用无缆风校正法。重量在 20t 以内的柱子，当偏差较小时，可用打紧或稍放松楔块的方法来纠正；当重量在 20t 以上的柱子，偏差值较大，则需采用丝杠千斤顶或油压千斤顶立顶法校正。

柱的垂直偏差校正后，除了将杯口的楔块打紧之外，还可以在杯口与柱空隙的底部填入少部分石块将柱脚卡牢，使柱的平面位置与垂直度不再产生变动。

(2) 最后固定。柱校正后，应立即进行最后固定，最后固定的方法是在柱与杯口的空隙内浇筑细石混凝土，所用细石混凝土的强度等级应比构件混凝土强度等级提高一级。

在浇筑细石混凝土前，应将杯口空隙内杂质等清理干净，并用水湿润柱和杯口壁，然后浇筑细石混凝土。混凝土浇筑工作一般分两次进行。

第一次浇筑混凝土至楔块的底面，待混凝土强度达设计强度的 25%后，拔出楔块。再进行一次柱的平面位置、垂直度的复查，无误后，进行第二次浇筑混凝土至杯口的顶面。

在捣实混凝土时，不要碰到楔块，以免影响柱子的垂直度或平面位置。

6.2.2.2 吊车梁的吊装

吊车梁的吊装必须在柱子杯口第二次浇筑的混凝土强度标准值达到 75%以后进行。

1. 绑扎、吊升、就位和临时固定

吊车梁绑扎点应对称设在梁的两端，吊钩应对准梁的重心，以便起吊后梁身基本保持水平。梁的两端设溜绳控制，避免悬空时碰撞柱子。吊车梁对位时应缓慢降钩，对准牛腿顶面弹出的轴线，然后用垫铁垫平即可临时固定。当梁高与底宽之比大于 4 时，可用 8 号铁丝将梁拉结在柱上，以防倾倒。

2. 校正

吊车梁的校正工作主要包括平面位置、垂直度和标高等内容。标高的校正已经在杯形基础的杯底抄平时完成，如果有微小的偏差，可在铺机前用铁屑砂浆找平就可。

吊车梁的校正工作，要在一个车间或伸缩缝区段内全部结构安装完毕，并在最后固定后进行。因为安装屋架、支撑等构件时可能引起柱子变位，影响吊车梁的准确位置。

吊车梁垂直度与平面位置的校正应同时进行。

吊车梁的垂直度测量，一般用尺寸锤、靠尺，线锤检查。T 形吊车梁测其两端垂直度，鱼腹式吊车梁测其跨中两侧垂直度，如图 6.26 所示。

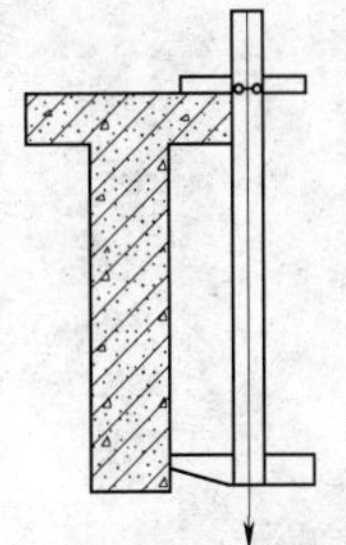
图 6.26　吊车梁垂直度检查

吊车梁平面位置的校正，主要是检查各吊车梁是否符合设计要求，并在同一纵轴线上以及两列吊车梁的纵轴线之间的跨距是否符合设计规定。

跨距为 6m 长，5t 以内的吊车梁，可用拉钢丝法或仪器放线法校正；跨距为 12m 长，重型吊车梁通常采用边吊边校正的方法。

(1) 拉钢丝法（通线法）。根据柱的定位轴线，在车间的两端地面定出吊车梁定位轴线位置，打下木桩，并设置经纬仪；用经纬仪先将两端的四根吊车梁位置校正准确，用钢尺检查两列吊车梁之间的跨距是否符合。

设计要求；在四根已校正好的吊车梁端部设置支架（或垫铁），高约 200mm，根据吊车梁的轴线拉钢丝线；发现吊车梁纵轴线与钢丝线不一致，据钢丝线逐根拨正吊车梁的吊装中心线；拨正吊车梁可用撬杠或其他工具。如图 6.27 所示。

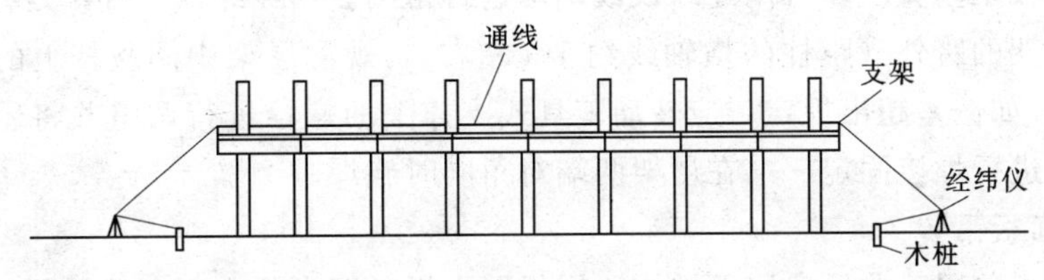

图 6.27　拉钢丝校正法

(2) 仪器放线法。用经纬仪在各个柱侧面放一条与吊车梁中线距离相等的校正基线。校正基准线至吊车梁中线距离由放线者自行决定。校正时，凡是吊车梁中线与其柱侧基线的距离不等者，用撬杠拨正即可。

6.2.2.3　屋架的吊装

1. 绑扎

屋架的绑扎点应选在上弦节点处，左右对称，并高于屋架重心。吊索与水平线的夹角不宜小于 45°。吊点的数量和位置与屋架的型式及跨度有关。

2. 扶直与排放

扶直方法：正向扶直与反向扶直，如图 6.28 所示。

要点：吊索平面与水平面夹角不小于 00；加垫木垛，端头拉住；立于便于吊装的位置。

排放：一般靠柱边斜放或以 3～5 榀为一组平行于柱边排放。

3. 吊升、对位和临时固定

屋架吊升是先将屋架吊离地面约 300mm，然后将屋架转至吊装位置下方，再将屋架

图 6.28 扶直方法

提升超过柱顶 300mm，吊升保持水平，然后将屋架缓慢降至柱顶，用拉绳旋转对位。临时固定：屋架对位后应立即进行临时固定，第一榀用四根缆风绳系于上弦，拉住或与抗风柱连接；第二榀以后用工具式支撑（校正器）与前榀连接。稳妥后，起重机方可摘钩离去。

4. 校正、最后固定

屋架主要校正垂直度，可用经纬仪或垂球进行检测。用经纬仪检查，是将经纬仪安置在被检查的屋架的跨外（距柱的横轴线约 1m 左右），观测屋架中间腹杆上的中心线（安装前已弹好），如偏差超出规定，应转动工具式支撑上的螺栓进行调整并将屋架支座用铁片垫实，然后进行焊接固定——在屋架两端对角同时施焊。

6.2.2.4 屋面板吊装

钢筋混凝土单层工业厂房屋面结构所用的屋面板一般为预应力大型屋面板，可单独安装，视起重机的起重能力和起升高度而定，其校正、临时固定亦可用缆风绳、木撑或临时屋架校正器进行。

屋面板均埋有吊环，用带钩的吊索钩住吊环即可安装。为充分发挥起重机效率，一般采用一钩多吊；大型屋面板设有 4 个吊环，起吊时，应使四根吊索拉力相等，屋面板保持水平；屋面板的安装顺序，应自两边檐口左右对称地逐块铺向屋脊，避免屋架受荷载不均匀；屋面板对位后，应用电焊固定，每块板至少焊三点，最后一块只能焊两点。

6.2.3 最后固定

吊车梁的最后固定，是在吊车梁校正完毕后，用连接钢板与柱侧面、吊车梁顶面的预埋铁件相焊接，并在接头处支模，浇筑细石混凝土。

实践训练

1. 实训目的

到安装现场观看装配式钢筋混凝土单层工业厂房结构安装施工过程，或观看施工录像。然后与同学讨论，交流，掌握单层厂房主要构件的吊装工艺及施工要点，设计安装方案。

2. 实训条件

单层钢筋混凝土结构厂房安装施工的现场或关于单层钢结构安装施工的埋件（录像）。

3. 实训工具

起重机械、吊装索具、撬杠、千斤顶等。

4. 操作步骤

在拟定单层工业厂房结构安装方案时，应着重解决起重机的选择、结构安装方法、起重机的开行路线和构件的平面布置等。

(1) 结构安装方法。单层工业厂房的结构安装方法有分件安装法和综合安装法两种。

1) 分件安装法。起重机在车间内每开行一次仅安装一种或两种构件。通常分三次开行安装完所有构件。如图 6.29 所示。

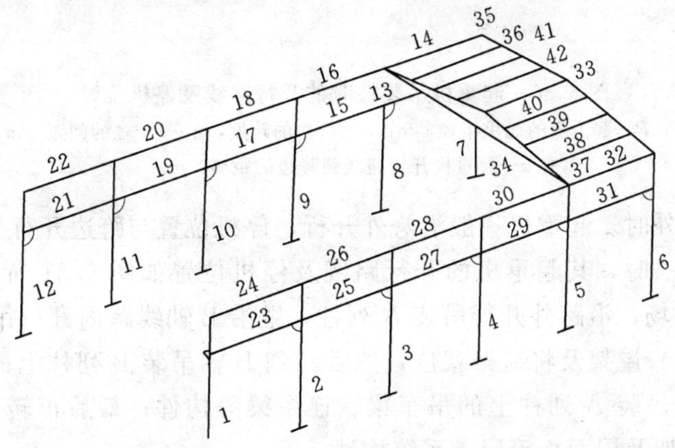

图 6.29　分件安装时的构件吊装顺序

2) 综合安装法。综合安装法是指起重机在车间内的一次开行中，分节间安装完所有的各种类型的构件。

图中数字表示构件吊装顺序，其中：

1～12—柱；

13～32—单数是吊车梁，双数是联系梁；

33、34—屋架；

35～42—屋面板。

(2) 起重机的开行路线及停机位置。

1) 吊装柱时，起重机开行路线。

吊装柱子时，视厂房的跨度大小、柱的尺寸、柱的重量及起重机性能，可沿跨中开行或跨边开行（图 6.30）。

当柱布置在跨内时。有以下两种情况：

①若 $R \geqslant L/2$ 时，则起重机可沿跨中开行，每个停机位置可吊装 2 根柱图 6.30 (a)，则起重机可沿跨中开行，每个停机位置可吊装 4 根柱图 6.30 (b)；②若 $R < L/2$ 时，则起重机可沿跨边开行，每个停机位置可吊装 1 根柱图 6.30 (c)，则起重机可沿跨边开行，每个停机位置可吊装 2 根柱图 6.30 (d)。

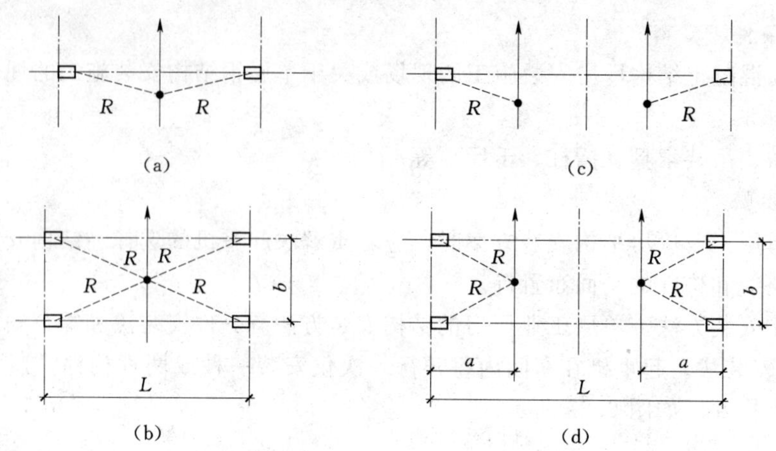

图 6.30 起重机吊装柱时的开行路线及停机位置

注：R—起重机的起重半径，m；L—厂房的跨度，m；b—柱的间距，m；a—起重机开行路线到跨边的距离，m。

当柱布置在跨外时。起重机一般沿跨外开行，停机位置与跨边开行类似。

采用分件吊装法时，其起重机的开行路线及停机位置如图 6.31 所示。从图中看出，起重机自 A 轴线进场，沿跨外开行吊装 A 列柱，继沿 B 轴线跨内开行吊装 B 列柱；再转到 A 轴扶直（跨内）屋架及将屋架就位，然后转到 B 轴吊装 B 列柱上的吊车梁、连系梁等，继而转到 A 轴吊装 A 列柱上的吊车梁、连系梁等构件；最后再转到跨中吊装屋架、天窗架、支撑、托架及屋面板等屋盖系统构件。

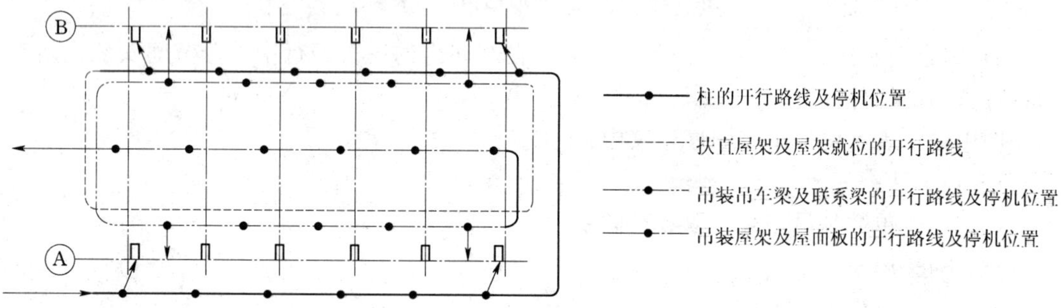

图 6.31 起重机开行路线及停机点位置

当单层工业厂房面积比较大，或具有多跨结构时，为加速工程进度，可将建筑物划分为若干区段，选用多台起重机同时进行施工。每台起重机可以独立作业，负责完成一个区段的全部吊装工作，也可以选用不同性能的起重机协同作业，有的专门吊装柱子，有的专门吊装屋盖结构，组织大流水施工。

当建筑物具有多跨并列，且有纵横跨时，可先吊装各纵向跨，然后吊装横向跨，以保证在各纵向跨吊装时，起重机械、运输车辆的畅通。当建筑物各纵向跨具有高低跨时，则应先吊装高跨，然后逐步向两边低跨吊装。

2）吊装屋架、屋面板等屋面构件时，起重机宜跨中开行。

(3) 构件预制阶段构件的平面布置。

1) 柱子的布置。一般用旋转法吊柱时，柱斜向布置；用滑行法吊柱时，柱纵向布置。

a. 柱子斜向布置。

柱子斜向布置有三种方法，三点共弧、柱脚与柱基两点共弧、吊点与柱基两点共弧，如图 6.32～图 6.34 所示。

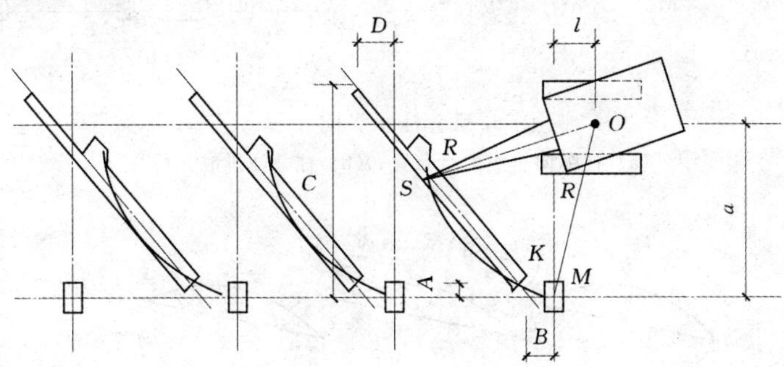

图 6.32　三点共弧

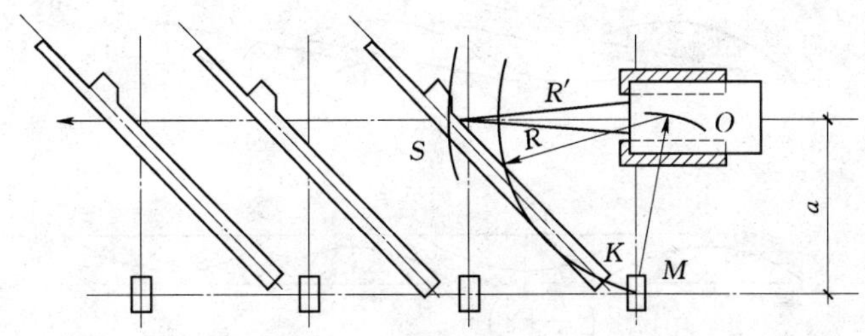

图 6.33　柱脚与柱基两点共弧

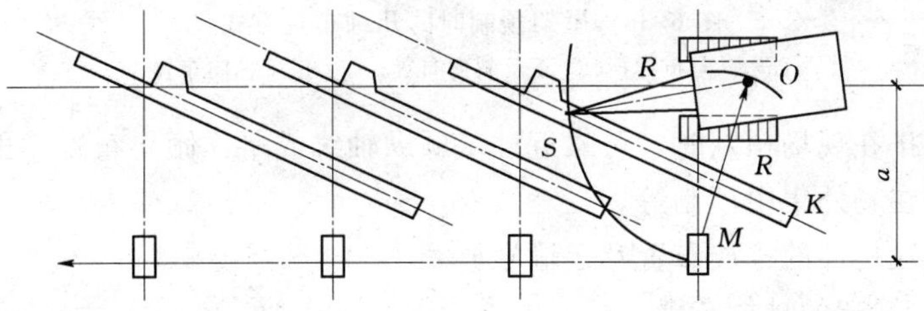

图 6.34　吊点与柱基两点共弧

b. 柱子纵向布置。

对于一些较轻的柱子，考虑到节约场地，方便构件制作，可顺柱列纵向布置。柱子纵向布置，绑扎点与杯口中心两点共弧。

若柱子长度大于 12m，柱子纵向布置宜排成两行，如图 6.35 (a) 所示。

若柱子长度小于 12m，则可叠浇排成一行，如图 6.35 (b) 所示。

2) 屋架的布置。屋架宜安排在厂房跨内平卧叠浇预制，每叠 3～4 榀，布置方式有三种：斜向布置、正反斜向布置和正反纵向布置等，如图 6.36 所示。

3) 吊车梁的布置。

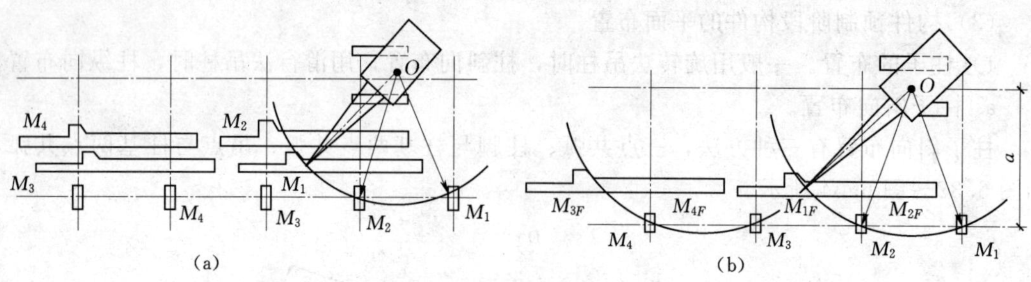

图 6.35　柱子纵向布置

(a) 柱纵向排成两行布置；(b) 柱叠浇排成一行

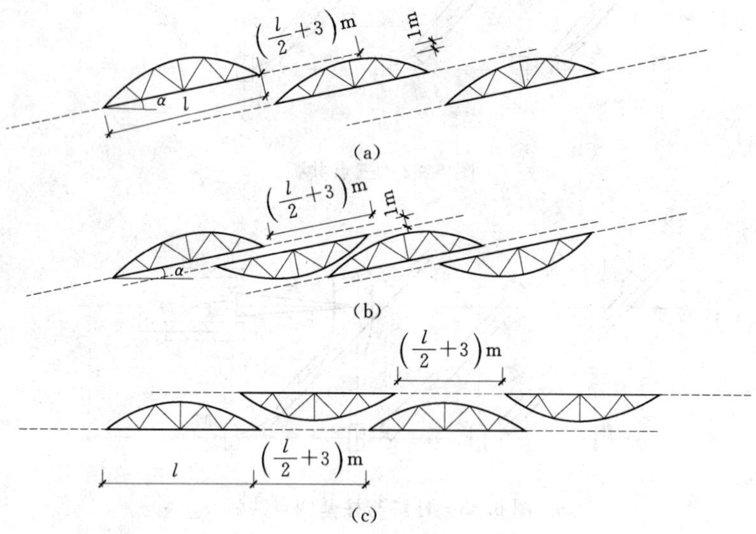

图 6.36　屋架预制时的几种布置方式

(a) 斜向布置；(b) 正反斜向布置；(c) 正反纵向布置

当吊车梁安排在现场预制时，可靠近柱基顺纵轴线或略作倾斜布置，也可插在柱子的空当中预制，或在场外集中预制等。

(4) 安装阶段构件的排放布置及运输堆放。

1) 安装阶段屋架的排放布置。

屋架的扶直排放屋架可靠柱边斜向排放或成组纵向排放。

a. 屋架的斜向排放。

确定屋架斜向排放位置的方法可按下列步骤作图：

确定起重机安装屋架时的开行路线及停机点。如图 6.37 所示。确定屋架的排放范围。确定屋架的排放位置。

b. 屋架的成组纵向排放。

屋架纵向排放时，一般以 4～5 榀为一组靠柱边顺轴线纵向排放。如图 6.38 所示。

2) 吊车梁、连系梁及屋面板的运输、堆放与排放。单层工业厂房除了柱和屋架一般在施工现场制作外，其他构件（如吊车梁、连系梁、屋面板等）均可在预制厂或附近的露

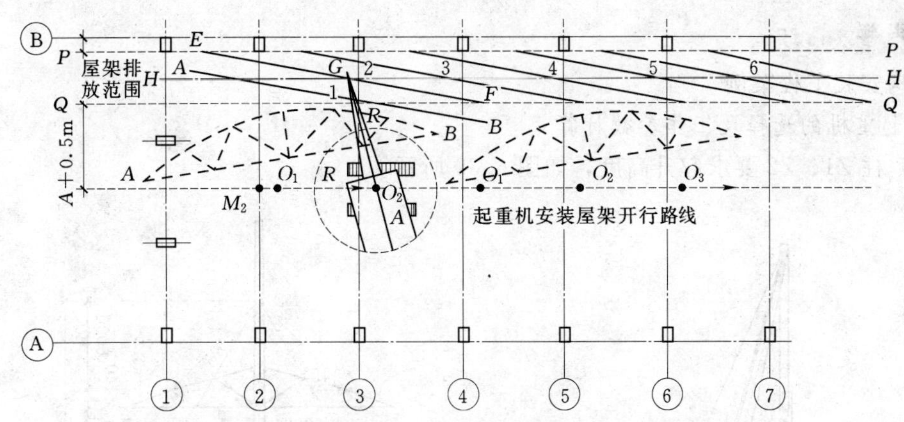

图 6.37　屋架斜向排放

注：虚线表示屋架预制时的位置。

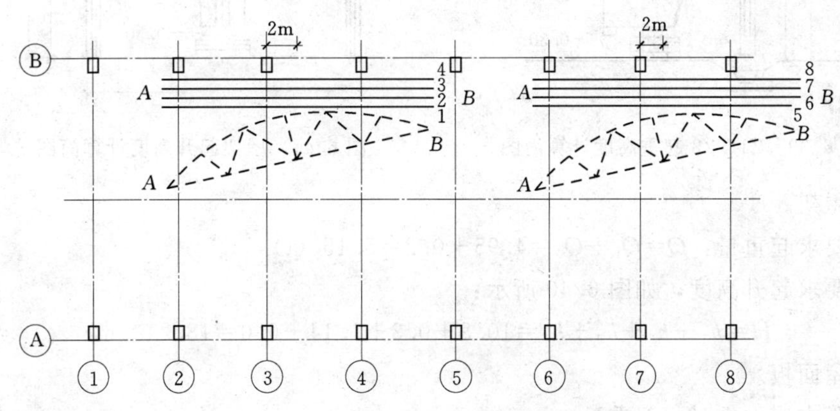

图 6.38　屋架的成组纵向排放

注：虚线表示屋架预制时的位置。

天预制场制作，然后运至施工现场进行安装。

构件运输至现场后，应根据施工组织设计所规定的位置，按编号及构件安装顺序进行排放或集中堆放。

构件的平面布置原则：①每跨构件尽可能布置在本跨内，如确有困难也可布置在跨外而便于吊装的地方；②构件布置方式应满足吊装工艺要求，尽可能布置在起重机的起重半径内，尽量减少起重机在吊装时的跑车、回转及起重臂的起伏次数；③按“重近轻远”的原则，首先考虑重型构件的布置；④构件的布置应便于支模、扎筋及混凝土的浇筑，若为预应力构件，要考虑有足够的抽管、穿筋和张拉的操作场地等；⑤所有构件均应布置在坚实的地基上，以免构件变形；⑥构件的布置应考虑起重机的开行与回转，保证路线畅通，起重机回转时不与构件相碰；⑦构件的平面布置分预制阶段构件的平面布置和安装阶段构件的平面布置。布置时两种情况要综合加以考虑，做到相互协调，有利于吊装。

吊车梁、连系梁的排放位置，一般在其吊装位置的柱列附近，跨内跨外均可。

屋面板可布置在跨内或跨外。

任务实施

结构安装工程案例

1. 起重机的选择及工作参数计算

（1）柱 Z1、Z2 要求起升高度，如图 6.39 所示。

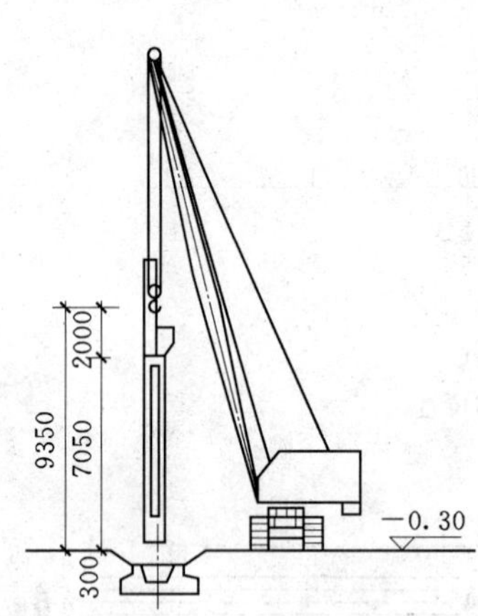

图 6.39　Z1、Z2 起重高度计算简图

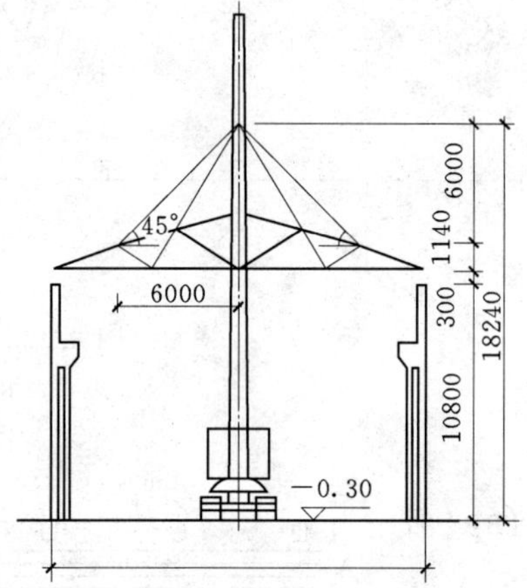

图 6.40　屋架起升高度计算简图

（2）屋架。

屋架要求起重量：$Q=Q_1+Q_2=4.95+0.2=5.15$（t）

屋架要求起升高度，如图 6.40 所示：

$$H=h_1+h_2+h_3+h_4=10.8+0.3+1.14+6.0=18.24\ (\text{m})$$

（3）屋面板。

吊装跨中屋面板时，起重量：

$$Q=Q_1+Q_2=1.3+0.2=1.5\ (\text{t})$$

起升高度，如图 6.41 所示：

$$H=h_1+h_2+h_3+h_4=(10.8+2.4)+0.3+0.24+2.5=1.48\ (\text{m})$$

起重机吊装跨中屋面板时，起重钩需伸过已吊装好的屋架上弦中线 $f=3\text{m}$，且起重臂中心线与已安装好的屋架中心线至少保持 1m 的水平距离，因此，起重机的最小起重臂长度及所需起重仰角 α 为

$$\alpha=\arctan\sqrt[3]{\frac{k}{f-g}}=\arctan\sqrt[3]{\frac{10.8+2.64-1.7}{3+1}}+55.07°$$

$$L=\frac{h}{\sin\alpha}+\frac{f+g}{\cos\alpha}=\frac{11.74}{\sin 55.7°}+\frac{4}{\cos 55.7°}=21.34$$

根据上述计算，选 W1-100 型履带式起重机吊装屋面板，起重臂长 L 取 23m，起重仰角 $\alpha=55°$，则实际起重半径为：

$$R=F+L\cos\alpha=1.3+23\times\cos 55°=14.5\ (\text{m})$$

查 W1-100 型 23m 起重臂的性能曲线或性能表知，$R=14.5\text{m}$ 时，$Q=2.3\text{t}>1.5\text{t}$，$H=17.3\text{m}>1.48\text{m}$，所以选择 W1-100 型 23m 起重臂符合吊装跨中屋面板的要求。

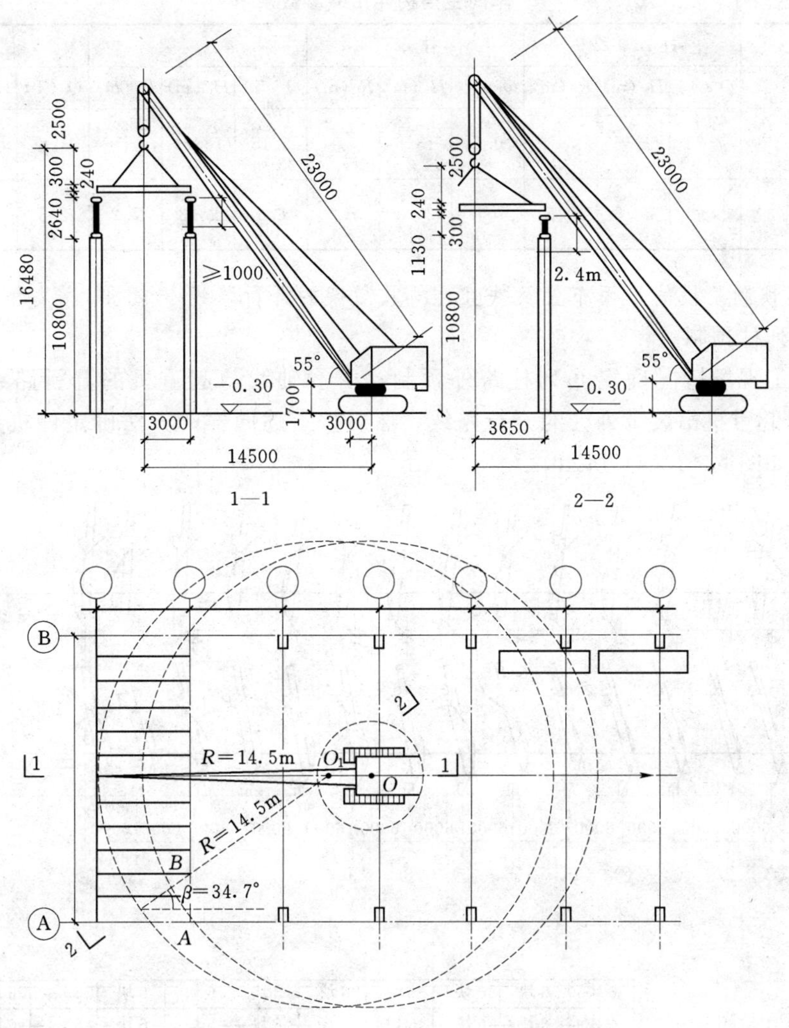

图 6.41　屋面板吊装工作参数计算简图

以选取的 $L=23\text{m}$，$\alpha=55°$复核能否满足吊装跨边屋面板的要求。

起重臂吊装（A）轴线最边缘一块屋面板时起重臂与（A）轴线的夹角 β，$\beta=34.7°$，则屋架在（A）轴线处的端部 A 点与起重杆同屋架在平面图上的交点 B 之间的距离为 $0.75+3\tan\beta=0.75+3\times\tan34.7°=2.83\text{m}$。可得 $f=3/\cos\beta=3/\cos34.7°=3.5\text{m}$；由屋架的几何尺寸计算出 2—2 剖面屋架被截得的高度 h 屋$=2.83\times\tan21.8°=1.13\text{m}$。

根据 $L=\dfrac{h}{\sin\alpha}+\dfrac{f+g}{\cos\alpha}=\dfrac{10.8+1.13-1.7}{\sin55°}+\dfrac{3.65+g}{\cos55°}$ 得 $g=2.4\text{m}$。因为 $g=2.4\text{m}>1\text{m}$，所以满足吊装最边缘一块屋面板的要求。也可以用作图法复核选择 W1－100 型履带式起重机，取 $L=23\text{m}$，$\alpha=55°$时能否满足吊装最边缘一块屋面板的要求。

根据以上各种吊装工作参数的计算，从 W1－100 型 $L=23\text{m}$ 履带式起重机性能曲线图 6.6 和表 6.6 可以看出，所选起重机可以满足所有构件的吊装要求。

表 6.6　车间主要构件吊装参数

构件名称	柱 Z1、Z2			柱 Z3			屋　架			屋面板		
吊装工作参数	Q（T）	H（m）	R（m）	Q（T）	H（m）	R（m）	Q（T）	H（m）	R（m）	Q（T）	H（m）	R（m）
计算所需工作参数	7.23	9.35		0.0	13.8		5.15	18.24		1.5	1.48	
23m 起重臂工作参数	8	20.5	0.5	0.9	20.3	7.2	6.9	20.3	7.2	2.3	17.5	14.5

2. 屋架预制阶段的平面布置及扶直、排放屋架的开行路线

(1) Ⓐ列柱预制。

根据施工现场情况确定Ⓑ列柱跨外预制，由Ⓑ轴线与起重机的开行路线的距离为4.2m，定出起重机吊装Ⓑ列柱的开行路线，然后按上述同样的方法确定停机点及柱子的布置位置，如图 6.42（a）所示。

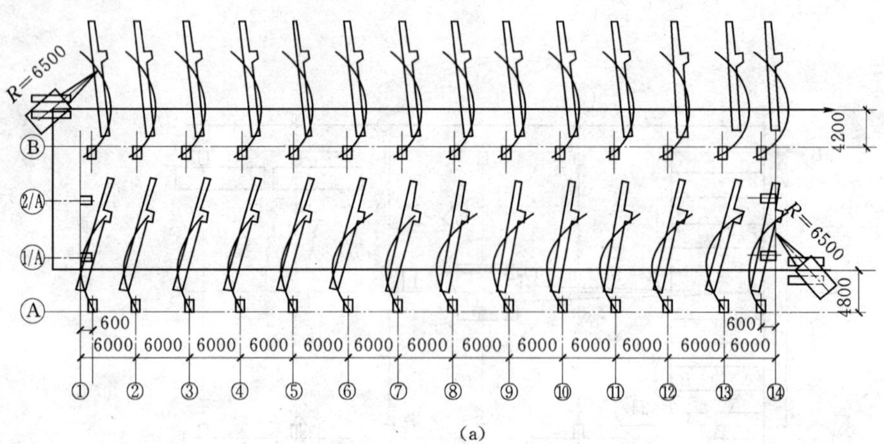

(a)

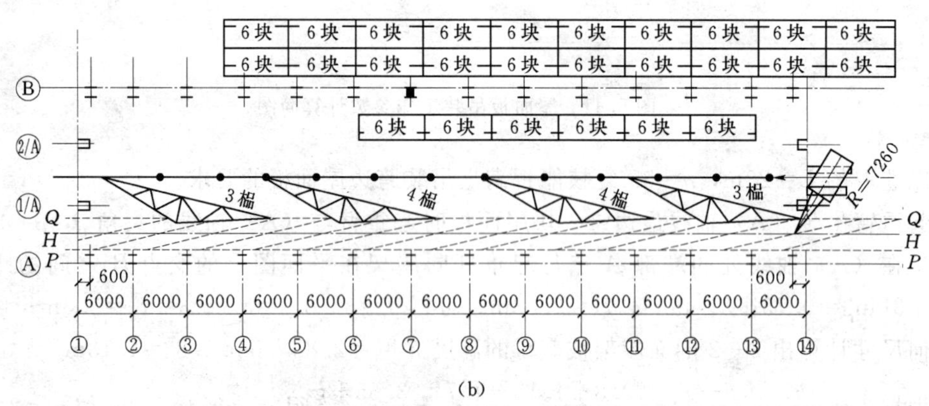

(b)

图 6.42　柱子预制阶段的平面布置及吊装时起重机的开行路线

(a) Ⓐ列柱预制；(b) 层架的预制

(2) 抗风柱的预制。

抗风柱在①轴及⑭轴外跨外布置，其预制位置不能影响起重机的开行。

（3）屋架的预制。

屋架的预制位置及排放布置如图 6.42（b）所示。

按图 6.42 的布置方案，起重机的开行路线及构件的安装顺序。

任务 3　多层混凝土结构厂房安装施工

任务描述

（1）熟悉多层厂房结构吊装的吊装方法与工艺，能够指导多层厂房结构吊装施工。

（2）能够根据现场实际情况合理选择构件的平面布置方式。

（3）能够根据实际情况合理选择吊装机械。

（4）作为施工技术人员对钢筋混凝土结构安装工程设计安装方案，进行安装施工。

任务分析

（1）熟悉多层厂房结构吊装的吊装方法与工艺，能够指导多层厂房结构吊装施工。

（2）能够根据现场实际情况合理选择构件的平面布置方式。

（3）能够根据实际情况合理选择吊装机械。

相关知识

多层混凝土结构在工业建筑、公共建筑和住宅建筑中占有很大的比重。多层钢筋混凝土框架的全部构件在工厂或预制厂预制，在现场安装。

采用这种结构有许多的优点。多层装配式建筑的主要特点：（与整体现浇钢筋混凝土结构相比较）节约用地，每公顷土地利用率可提高 56%～66%；建造速度快，工期可缩短约 30%，劳动力节约 20%；节约木材、模板材料节约 60%左右；在建筑总平面布置上可减少道路、管网、围墙；对发展建筑工业化提供有利条件；它的缺点是梁与柱，梁与板之间接头比较复杂。

6.3.1　多层装配式框架的结构的特点

6.3.1.1　全装配式框架

全装配式钢筋混凝土框架是指柱、梁、板均由装配式构件组成，按其主要的传力方向的特点可分为横向承重框架、纵向承重框架和梁柱整体式 3 种。

（1）横向承重框架（梁板结构），即主梁沿建筑物横向布置，楼板和连系梁沿纵向布置。横向框架适用于开间比较固定的房屋，在多层框架中采用横向框架居多。

（2）纵向承重框架，即主梁沿建筑物纵向布置，楼板和连系梁沿横向布置。

（3）梁柱整体式：为减少接头数目和构件数量，在起重设备工作性能满足要求的条件

下，可采用梁柱整体式结构。

6.3.1.2 装配整体式框架（半装配框架）

装配整体式主要是现浇柱，预制梁等。

（1）现浇柱。

预制梁板的装配整体式框架，这种体系克服了全装配式框架中梁柱接头施工复杂，柱预制期长及柱吊装需较大起重设备缺点。

（2）长柱无牛腿装配整体式框架。

长达20m左右的柱子整根预制、整根吊装的无牛脚柱，每层梁、柱节点处，在长柱的位置留出700mm空段，不浇混凝土，用钢筋或角钢加固，节点处用4根L50×6的角钢及缀板组成。

6.3.2 施工方案

6.3.2.1 构件的吊装顺序

多层装配式框架结构的吊装方法有分件吊装法、综合吊装法两种；按流水方式分为分层分段流水吊装、分层大流水吊装等。

确定多层装配式房屋的构件吊装时，应注意如下几点：①保证已吊装好的结构的稳定性；②尽量缩短起重机往返行驶路线，并在吊装过程中减少变幅和更换吊具次数；③妥善处理吊装、校正、焊接和灌浆工序的搭接等。

6.3.2.2 采用塔式起重机施工方案

1. 起重机型号的选择

塔式起重机型号的选择，主要根据房屋的高度，平面尺寸，构件重量和所在位置及现有设备条件决定，选择型号时，分别计算出所需的起重力矩 $M_i=Q_iR_i$ 取其最大值 M_{max} 与起重机的实际能力 M 相比较，要求：$M \geqslant M_{max}$（图6.43）。

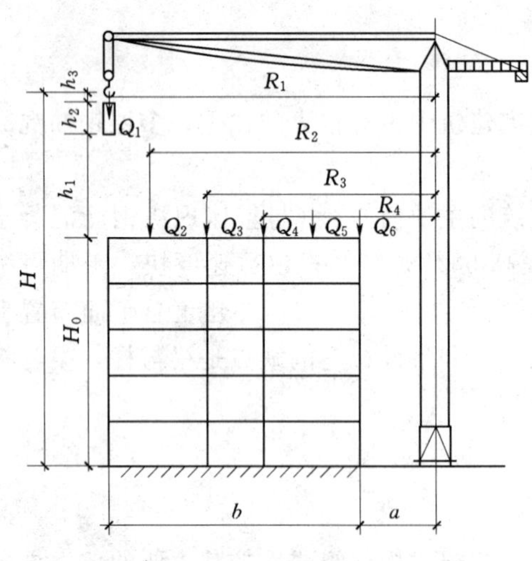

图6.43 塔式起机工作参数的计算

2. 起重机的布置

起重机的布置方案主要根据建筑物的平面尺寸、构件重量、起重机性能及现场的地形条件而定。一般情况下有下列几种：

（1）单侧布置。当建筑物宽度较小，构件重量较轻时适于采取这种方案，如图6.44（a）所示。

单侧布置时起重机的回转半径应满足下列条件：

$$R \geqslant b+a$$

式中 a——房屋外侧距塔M中心线距离；

b——建筑物宽度。

（2）双侧布置或环形布置。当建筑物较宽（b>17m）或房屋构件重量较大，单侧安

装有困难时采用如图 6.44（b）所示方案，起重机的回转半径应满足：

$$R \geqslant \frac{b}{2} + a$$

（3）跨内单行布置。当建筑物周围场地狭窄，不能在外侧布置起重机时或由于房屋宽度较大，构件较重，起重机只能布置在跨内才能满足要求时采用，如图 6.44（c）所示方案。

（4）跨内环行布置。尽可能不用［图 6.44（d）］。

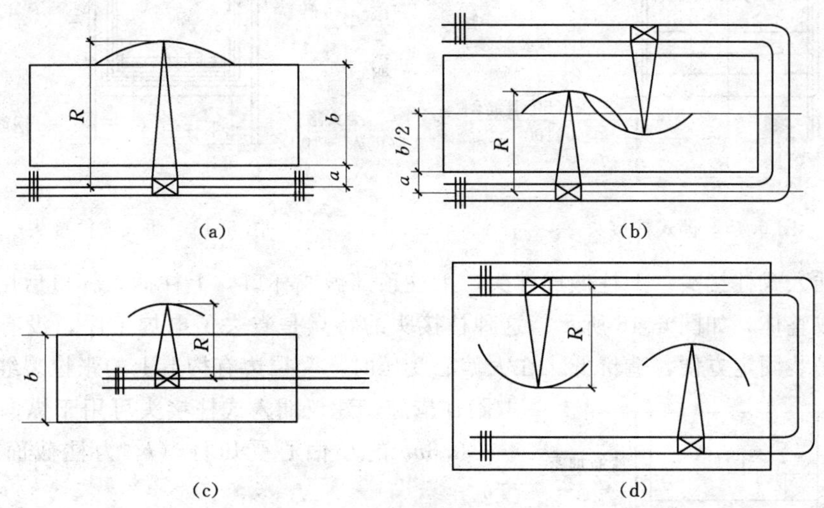

图 6.44　起重机的布置方式

（a）单侧布置；（b）双侧布置；（c）跨内单侧布置；（d）跨内双侧布置

3. 制构件的现场布置

多层装配式厂房结构的构件，除较重的柱子外，一般都在预制厂制作，运到工地，根据建筑物的特点和选用的起重机及其布置形式，现场预制构件的布置有不同的方式。

柱子是现场预制构件中最主要的构件，布置时必须优先考虑，根据柱子与塔式起重机轨道的相对位置不同有：平行布置，即柱身与轨道平行；倾斜布置，即柱身与轨道成一角度；垂直布置，即柱身与轨道互相垂直，适用起重机跨中开行。

6.3.3　主要构件的安装

6.3.3.1　柱的安装

1. 柱的接头构造

柱的接头包括榫式柱接头、插入式柱接头和浆锚式柱接头等。

（1）榫式柱接头。是上柱带有一个小榫头，承受施工阶段荷载，通过上柱与下柱外露的受力钢筋用坡口焊焊接，配置一定的箍筋，最后接头浇筑混凝土形成整体，如图 6.45 所示。此柱接头的特点是整体性好，安装、校正方便，耗钢量最小，在施工中经常采用这种柱接头，接头混凝土强度应比预制柱混凝土强度提高 10MPa。凸出的部分待达到 70％设计强度后凿去。

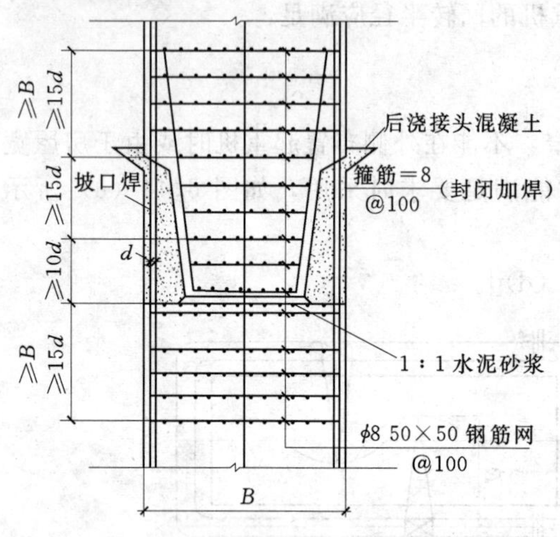

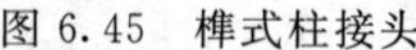
图6.45　榫式柱接头

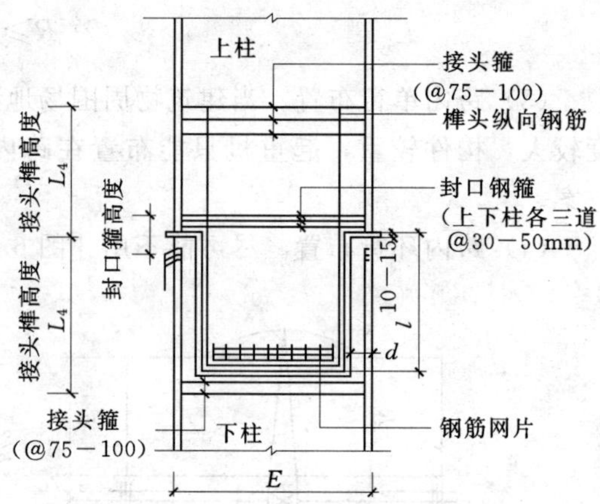

图6.46　插入式柱接头

(2) 插入式柱接头。上柱做成榫头，下柱顶部做成杯口，上柱插入杯口后用水泥砂浆填实，形成整体，如图6.46所示。这种柱接头的特点是省去了电焊工序，没有焊接应力的影响，吊装固定方便，造价低。在大偏心受压时，受拉边有构造上的张拉裂缝，需要采取附加措施。建议插入式柱接头可用于纵向力偏心距$e_0 \leqslant 0.3h_0$的小偏心受压柱（h_0为柱截面的有效高度）。

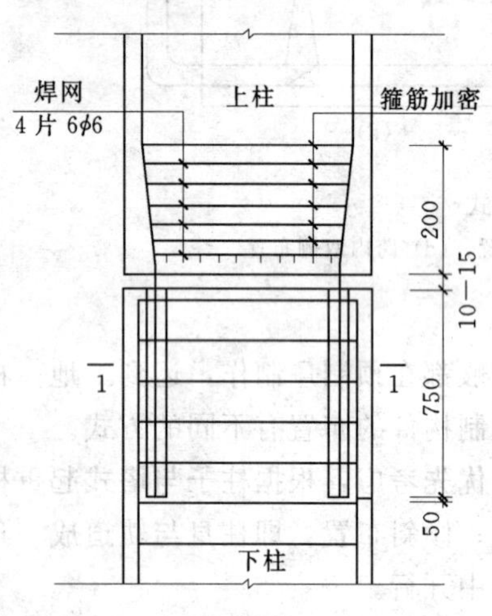

图6.47　浆锚式柱接头

(3) 浆锚式柱接头。浆锚式柱接头是将上柱钢筋插入下柱的预留孔洞中，借助于钢筋的锚固长度来传递行矩，如图6.47所示。

这种柱接头适用范围是柱纵向钢筋不多于4根，每根钢筋的锚固孔洞直径不小于80mm，且不小于柱筋4d，以保证安装时上柱钢筋能插入孔中以及满足其锚固要求。所以，要求柱截面≥400mm×400mm，接头的二次灌浆尽量用浇筑水泥配制的1∶1砂浆，在柱吊装后灌入，或用52.5普通水泥配制的不低于M30砂浆，稠度为120～140mm，浇筑前先一天将柱顶清洗干净，用砂浆将水平缝封好，灌孔时由一侧先灌，用竹片捣实。

2. 柱子的安装工艺

柱子安装就位时，要基本对线和垂直，再用两台经纬仪在相互垂直的两根轴线上校正垂直度；校正无误后，即可将梁柱间的预埋铁件焊牢，并焊接应焊的钢筋。进行焊接工序。

垂直度的校正和单层工业厂房柱一样，可采用支于四面的工具式钢管校正器。

6.3.3.2　梁与柱接头

装配式框架的梁与柱接头可做成刚接，也可做成铰接。刚接接头既承受竖向剪力又承担弯矩，甚至可抵抗地震水平力，梁柱接头一般采用刚接；铰接接头只考虑承受垂直剪

力，不承受弯矩。

1. 钢筋混凝土明牛脚式梁柱接头

这是一种常见的框架接头，多用于梁端剪力较大的工业厂房，可做成刚接，也可做成铰接，如图6.48、图6.49所示。

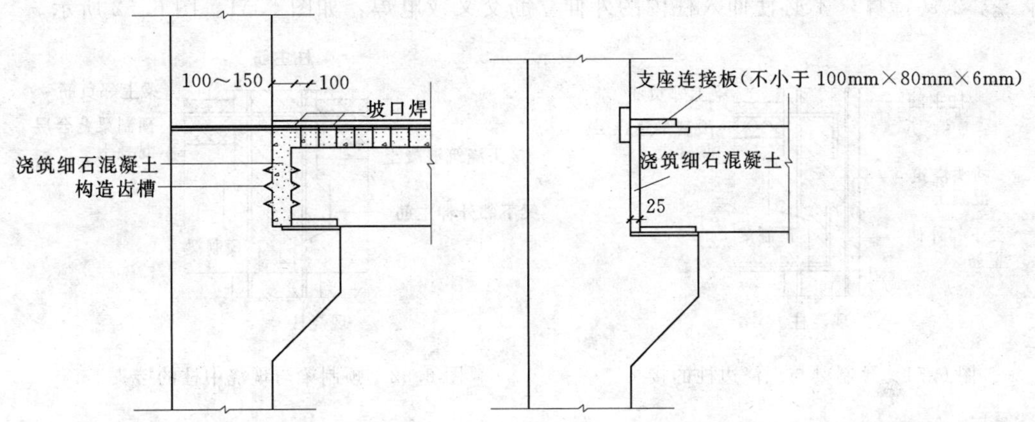

图6.48　明牛腿式梁柱刚接接头　　图6.49　明牛腿式梁柱铰接接头

明牛脚式铰接接头施工非常简单，梁搁置柱上后，用连接钢板将梁与柱的预埋板焊接，缝隙处填满细石混凝土，捣实即可，连接钢板用不小于100mm×80mm×6mm。

明牛脚式刚性接头要求承受节点负弯矩，因此，梁与柱的钢筋要进行焊接，以保证梁的受力钢筋有足够锚固长度。

这种梁柱接头的特点是接头节点刚度大，受力可靠，安装方便，适用于大荷载的重型框架的具有振动的多层工业厂房中。它存在的缺点是明牛腿占用了一部分空间，室内净空减小，建筑处理和管线布置不方便，牛腿施工较复杂，用钢量和混凝土量多。特别适合于接头节点刚度大，受力可靠，安装方便和大荷载重型框架以及具有振动的多层工业厂房中。

2. 钢筋混凝土暗牛腿式梁柱接头

钢筋混凝土暗牛腿式梁柱接头在民用建筑和中等荷载的工业厂房均可应用，暗牛腿可以用钢筋混凝土做成，也可以采用型钢制作，如图6.50所示。施工安装阶段的荷载通过暗牛腿传递，使用阶段由整个梁截面承担弯矩和剪力，形成刚性结点。这种梁柱接头的优点是与明牛腿梁柱接头相比，室内净室增大，外形平整美观。

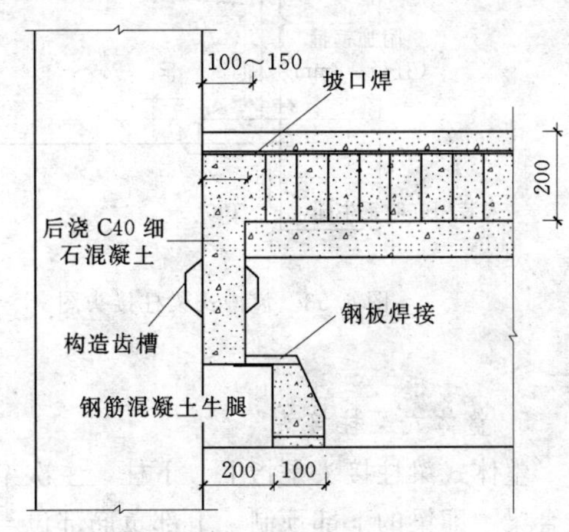

图6.50　钢筋混凝土暗牛腿式梁柱接头

梁的纵向受力钢筋与柱子外伸钢筋焊接后，形成整体，受力可靠，施工安装也较方便。

缺点是梁与柱外露钢筋不易对准，梁下浇混凝土和绑扎钢筋麻烦。

3. 现浇柱预制梁的装配整体式梁柱接头

预制梁与中柱的接头，中柱与梁的接头对预制梁下部的外伸主筋，一般采用脱开方式，施工方便，主筋脱开距离 20mm，外伸钢筋锚入柱内的外伸长度一般不按受压考虑，即 $e_m \geqslant 20d$ 计算，不必使伸入柱内的外伸立筋交叉或电焊，如图 6.51、图 6.52 所示。

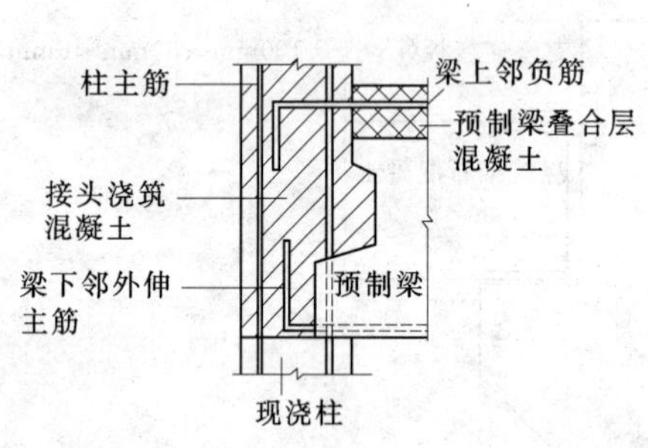

图 6.51 预制梁与现浇边柱的接头

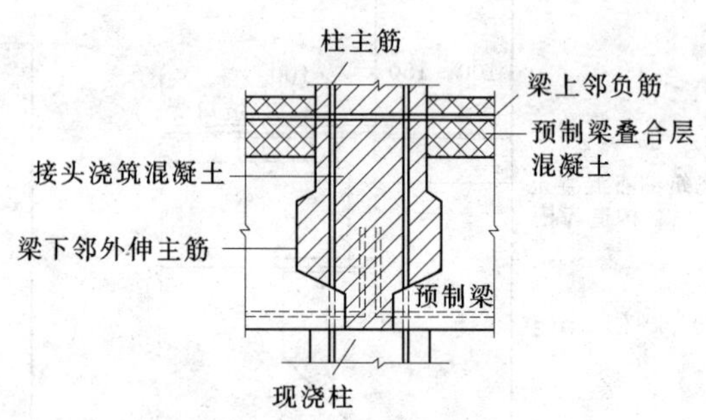

图 6.52 预制梁与现浇中柱的接头

4. 齿槽式梁柱接头

齿槽式梁柱接头的特点是取消了牛腿，利用柱与梁接头处设置的齿槽来传递梁端剪力，如图 6.53 所示。

对齿槽式接头的构造要求是齿型以三角形和梯形较好（齿高 h_c）在 40～100mm，齿深不大于 30mm，齿距要求不小于齿高；为了保证接头处的受力可靠，附加钢箍 1～2 只，直径与梁内箍筋相同，齿槽最小数目不宜小于 3 个；用高一级的混凝土强度等级进行二次浇灌，捣实、养护。

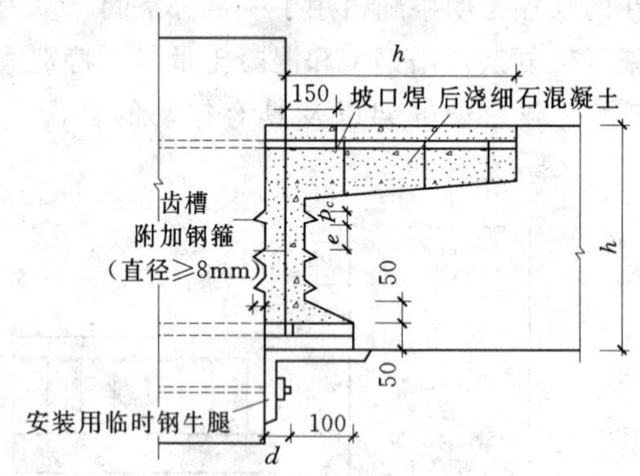

图 6.53 齿槽式梁柱接头图

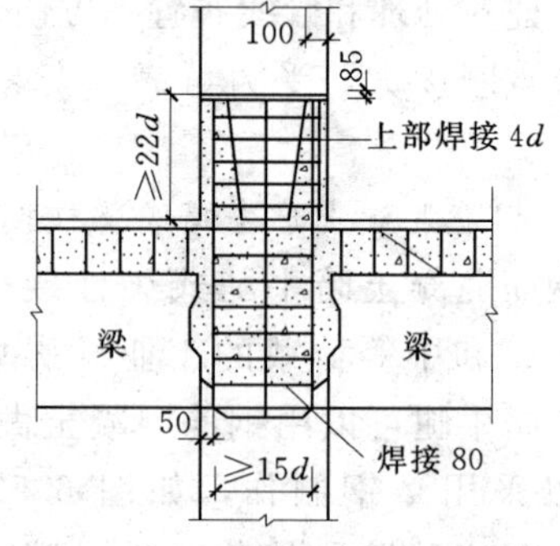

图 6.54 上柱带榫头的浇筑整体式梁柱接头

5. 整体式梁柱接头

整体式梁柱接头是指上、下柱，主次梁在节点处整体浇筑。这种型式的梁，有的采用迭合梁，即梁的下部预制，上部负筋部位与柱接头一起浇筑，形成刚性接头，为了支承上节柱，梁端顶面要设角钢焊成的钢支座（图 6.54）。

实践训练

1. 实训目的

到安装现场观看装配式钢筋混凝土多层工业厂房结构安装施工过程，或观看施工录像。然后与同学讨论，交流，掌握多层厂房主要构件的吊装工艺及施工要点，设计安装方案。

2. 实训条件

多层钢筋混凝土结构厂房安装施工的现场或关于多层混凝土结构厂房安装施工的课件（录像）。

3. 实训工具

起重机械、吊装索具、撬杠、千斤顶等。

4. 操作步骤

多层装配式框架结构的吊装方法有分件吊装法、综合吊装法两种；按流水方式分为分层分段流水吊装、分层大流水吊装等。

吊装方法同单层混凝土结构厂房安装。

工程实例

多层混凝土构件装配案例。

1. 工程概况

某工程为在原有的第一循环水场一座三间一组式冷却塔北侧新建三间一组式冷却塔一座，本工程三层装配预制梁、板走道与原一循冷却塔相连。本装置相对标高±0.00相对应于绝对标高50.50m。

主体部分为跨3层装配结构，首层层高6.5m，二层层高4.3m，三层层高5.0m，跨度8.0m，总高度约15.0m；预制牛腿柱，长15.85～1.50m，几何尺寸500mm×500mm、400mm×400mm，重量约在8～10t之间；预制梁几何尺寸300mm×800mm、300mm×750mm、300mm × 700mm、300mm × 650mm、300mm × 600mm、300mm × 500mm、250mm×600mm、250mm×500mm、180mm×500mm、150mm×300mm等多种尺寸，重量约在0.5～2t之间；预制槽形壁板及预制槽形顶板，重量约在0.5～2t之间。

建筑物南侧与原有冷却塔之间由一座15.0m轻型钢架、预制连系梁、预制板构成了连接天桥，北侧现浇外楼梯一座，混凝土标号为C25，楼梯柱、梁、踏步、休息平台板水泥砂浆抹面，冷却塔顶部以及楼梯扶手均为钢管扶手。

吊装所需材料、机械及工具见表6.7～表6.9。

表6.7　吊装主要材料计划表

序号	名　称	数　量	规　　格	说　　明
1	方木	40根	2000（mm）×220（mm）×10（mm）	柱子翻身、支垫板等
2	方木	100根	1000（mm）×100（mm）×100（mm） 1500（mm）×100（mm）×100（mm）	支垫梁、板
3	木楔	80个	250（mm）×100（mm）×100（mm） 300（mm）×50（mm）×50（mm）	柱子吊装用

续表

序号	名 称	数 量	规 格	说 明
4	电焊条	1.5t	E4303/ϕ3.2.4.0	梁、板安装焊接用
5	电焊条	2.0t	E5003/ϕ4.0	梁端钢筋剖口等
6	钢筋	100m		焊工技术培训用
7	垫铁		6mm	剖口焊和壁板连接用
8	垫铁		8～12mm	柱子和梁安装用

表 6.8　　吊装所需主要机械计划表

序号	名 称	规格型号	数量	用 途
1	轮胎式起重机	120t	1	预制柱吊装
2	轮胎式起重机	50t	1	三层预制构件装配
3	轮胎式起重机	25t	1	预制梁翻身、就位、倒运
4	平板车	10t	1	场外预制构件运输
5	电焊机			梁、柱、板装配焊接
6	轻型汽车		1	小型材料、人员进场

表 6.9　　吊装所需主要工索具计划表

序号	名 称	数 量	规 格	说 明
1	钢丝绳	20m×4	×37	起吊主绳，柱
2	钢丝绳	1.5m×4	×19	起吊主绳，梁
3	钢丝绳	100m	×19	起吊主绳，板
4	卡环	8个	17.5号	
5	白棕绳	200m	ϕ21.5	引导绳
6	经纬仪	2台		
7	水平尺	1台		
8	塔尺	1根	3m	
9	三角板	2个	50cm	
10	钢卷尺	2个	15m，50m	
11	钢钎	4根	2m	
12	钢楔	100个		
13	榔头	4个	18磅	
14	榔头	4个	1磅	
15	手动葫芦	2个	5t	
16	手动葫芦	2个	3t	
17	木梯子	2个		
18	撬棍	10个		
19	工具包	6个		电焊工用

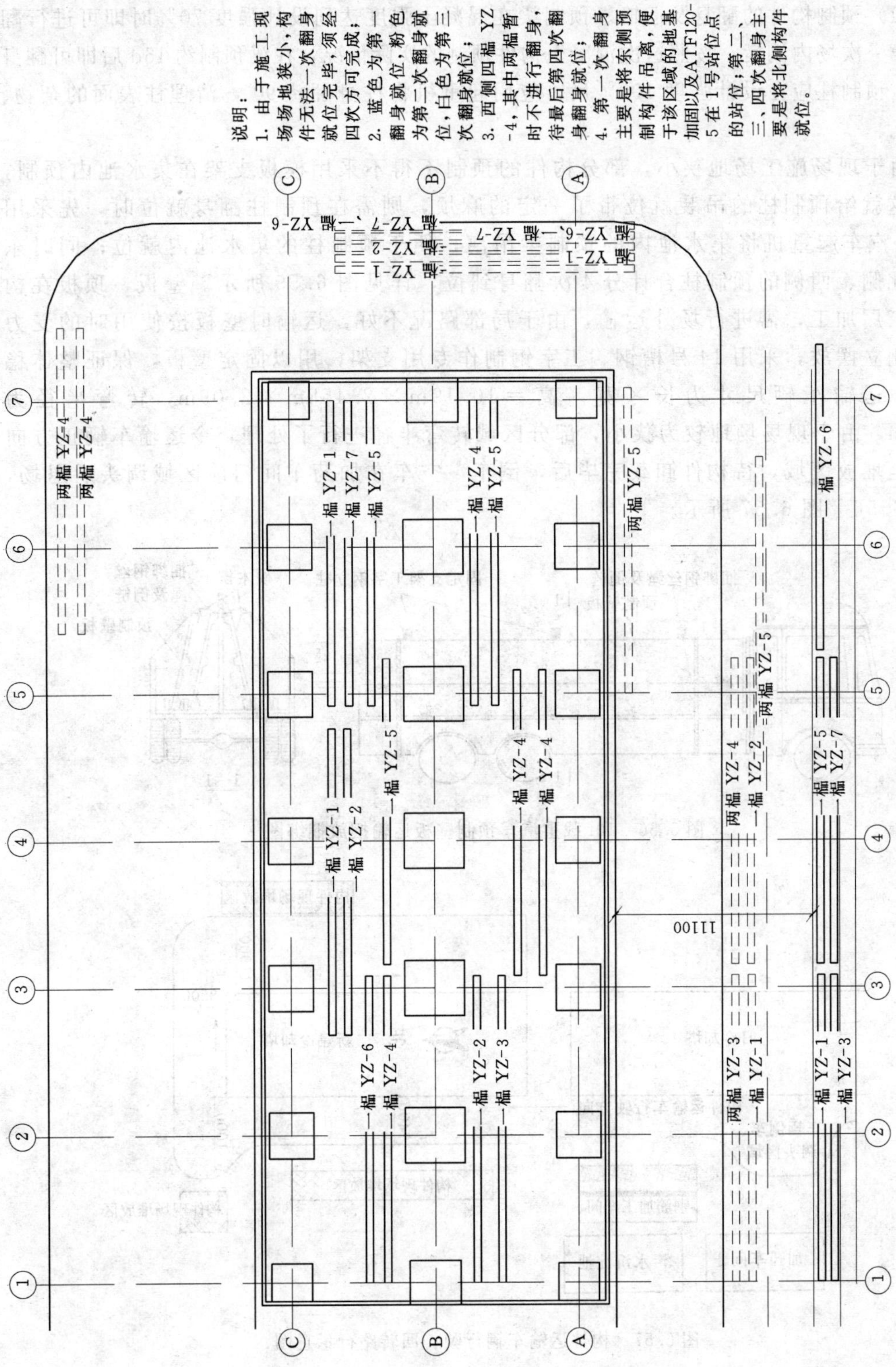

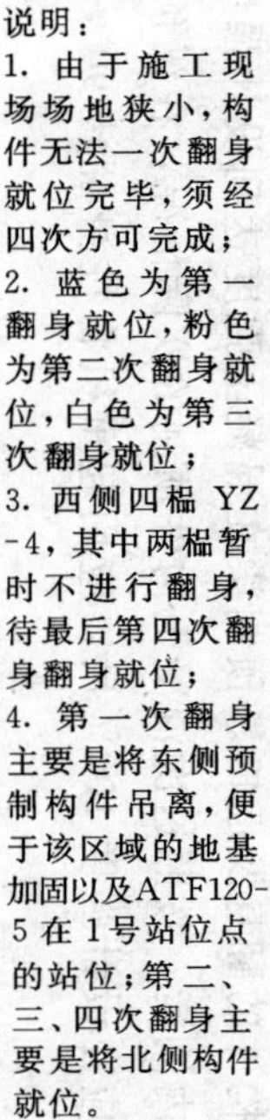

说明：
1. 由于施工现场场地狭小，构件无法一次翻身就位完毕，须经四次方可完成；
2. 蓝色为第一翻身就位，粉色为第二次翻身就位，白色为第三次翻身就位；
3. 西侧四榀 YZ-4，其中两榀暂时不进行翻身，待最后第四次翻身翻身就位；
4. 第一次翻身主要是将东侧预制构件吊离，便于该区域的地基加固以及ATF120-5 在 1 号站位点的站位；第二、三、四次翻身主要是将北侧构件就位。

图 6.55　预制柱翻身到位图

2. 结构装配

(1) 预制构件的翻身及运输。预制梁在混凝土强度达到设计强度70%时即可进行翻身和第一次场内倒运，按照这次混凝土构件预制的实际情况，在梁预制约15d后即可翻身起吊。预制柱应在设计强度100%后，应用起重机将柱身翻转90°，清理柱表面的杂物、弹线。

由于现场施工场地狭小，部分构件的预制不得不采用模板支架在集水池内预制，所有这就给预制柱的吊装就位带了一定的麻烦，则需在预制柱翻身就位时，先采用QY50汽车起重机将集水池内的预制梁吊离，便于预制柱的集水池内就位；同时东侧、北侧、西侧的预制柱合计分4次翻身到位，详见图6.55所示。壁板、顶板在构件加工厂加工，需进行场外运输，由于局部路况不好，运输时壁板按使用时的受力状况侧立摆放，采用14号槽钢、工字钢制作专用支架，用以固定壁板，保证整体稳定性，运输车辆尺寸为长×宽×高＝10.19m×2.458m×2.09m，转弯半径为10.0m，由于现场场地较为狭小，部分区域转弯半径进行了处理，令运输车辆正方向行驶至堆放区域，待构件卸载完毕后，倒车，空车在加药车间门前区域调头后退场，如图6.56、图6.57所示。

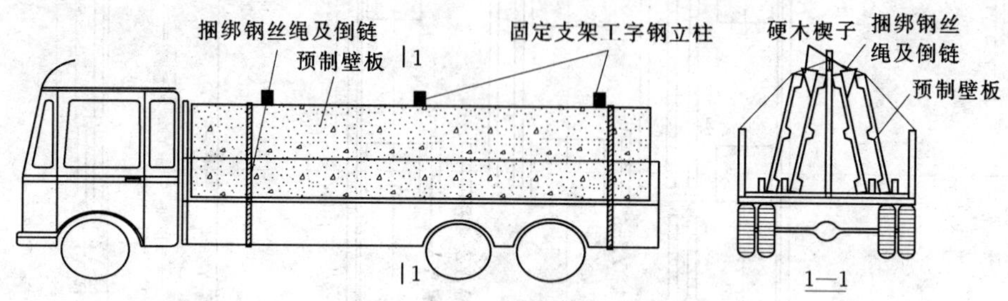

图6.56 10t载重汽车预制壁板运输摆放捆绑图

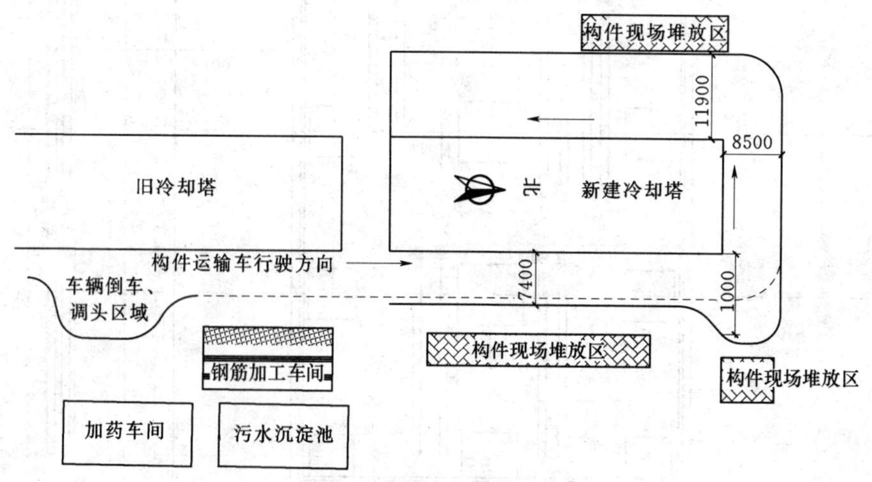

图6.57 构件运输车辆行驶、回转路行示意图

由于现场预制场地有限，凉水塔四周堆放场地又很小，因此约有95%的预制构件不能一次就位，需要进行现场二次倒运。构件堆放时依序号安装顺序进行就位和集中、堆放，同时应注意构件的方向，梁板置于跨外，构件堆放对应场地平整压实，并做好排水措施，构件按使用时的受力情况放在垫木上，重叠构件也要加垫木，上下层垫木要在同一垂直线上，构件之间有0.2m的空隙，以免吊装时互相碰坏，梁堆二至三层，顶板堆层，而壁板则预先搭设好现场摆放用脚手架，两边对称内外各三层左右为宜。

构件不论上车运输或卸车堆放，均应按设计要求进行，叠放在车上或堆放在现场上的构件，构件之间的垫木要在同一条垂直线上，且厚度相等，如图6.58所示。

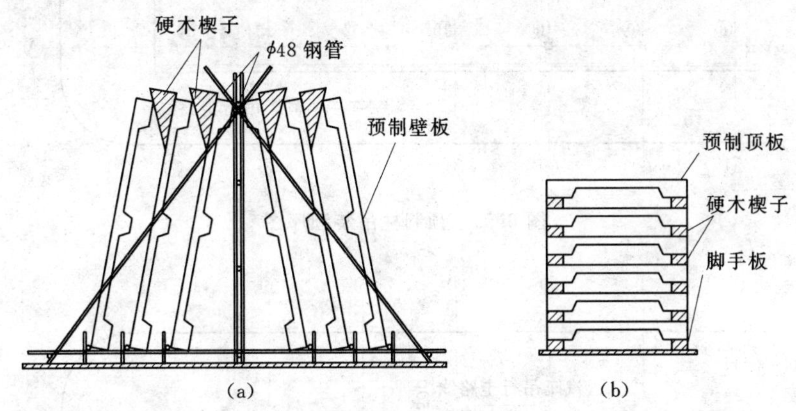

图6.58　预制壁板现场

(a) 预制壁板现场摆放图；(b) 预制顶板现场堆放图

(2) 吊装顺序。冷却塔吊装将按以下顺序分阶段分层综合吊装，吊装所有柱子，其他构件吊装沿纵向每两排柱子为一单元分层综合吊装。

第一阶段：杯口底部水泥砂浆、细石混凝土找平，调整标高→柱吊装→防溅板柱、梁现浇→第一层框架梁吊装→梁端灌注无收缩灌浆料→第一层钢筋剖口焊→梁端灌注第二次无收缩灌浆料。

第二阶段：第一层壁板吊装→第一层次梁吊装→第二层壁板吊装→第二层框架梁吊装→梁端灌注UGM无收缩灌浆料→第二层钢筋剖口焊→梁端灌注第二次UGM无收缩灌浆料→第二层次梁吊装。

第三阶段：第三层壁板安装→第三层框架梁吊装→第三层钢筋剖口焊→梁端灌注UGM无收缩灌浆料→第三层次梁吊装。

第四阶段：屋面板的吊装→防溅板吊装→灌注UGM无收缩灌浆料→塔顶找平。

预制柱的吊装顺序图，如图6.59所示，从B轴线开始依次为①→②→③1号站位点起吊→④→⑤→⑥2号站位点起吊→⑦3号站位点起吊→⑧→⑨→⑩→⑪→⑫→⑬→⑭→⑮→⑯→⑰→⑱→⑲→⑳→㉑，汽车吊行走道路如图6.60所示。

(3) 施工方法。

1) 构件参数统计（表6.10）。

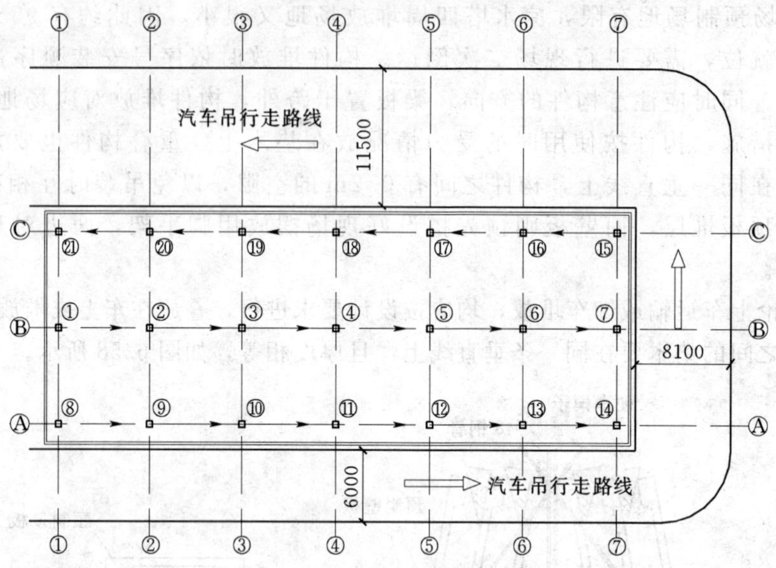

图 6.59 预制柱吊装顺序图

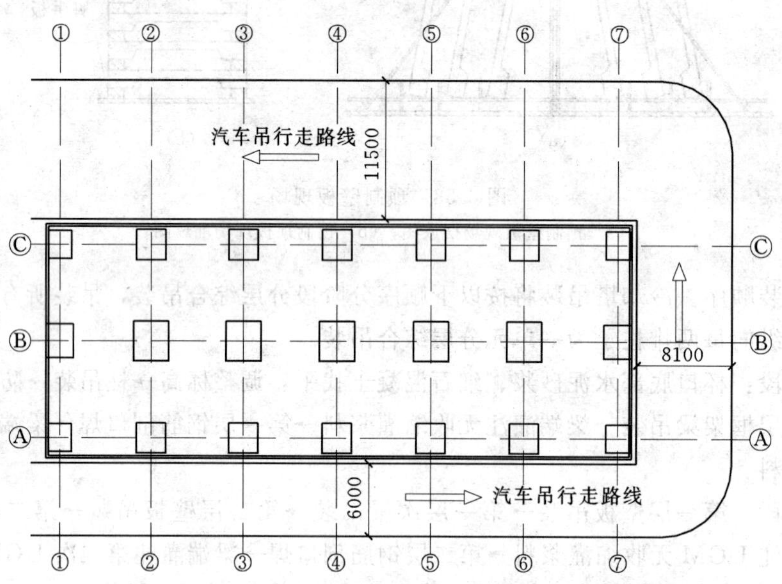

图 6.60 汽车吊行走路道路以及线图

表 6.10 构件参数统计

序号	构件名称	数量	参数说明
1	预制柱	21	YZ－1. YZ－2. YZ－3 截面尺寸为 500mm×500mm，YZ－2，YZ－3 高度为 1.5m，YZ－1 高度为 15.85m，位于水塔中间Ⓑ轴 YZ－1 柱柱顶带有风机基础，柱头形状为倒圆锥形，上口直径为 1.5m 下口直径为 0.71m 锥高 1.5m，YZ－1 柱总重约为 1t，YZ－4～7 柱截面尺寸为 400mm×400mm，柱高 1.5m，位于凉水塔的Ⓐ、Ⓒ两轴线

续表

序号	构件名称	数量	参 数 说 明
2	预制框架梁	9	一层梁共有框架梁 32 根，框架梁重约 6t；二层梁共有框架梁 32 根，框架梁重约 4t；二层梁共有框架梁 32 根，框架梁重约 4t；二层梁共有框架梁 32 根，重量在 3～4.3t 之间，最重框架梁 YKJL3－2 重约 4.3t。梁长一般在 7.2～7.5m 之间
3	连系梁	230	一层连系梁 84 根，梁长一般在 7.2～7.5m 之间，重量约 2t；二层连系梁 120 根，梁长除连系梁 YL－2 及 YL－2′为 3.97m 外，其余在 7.5m 左右，连系梁为 0.5～3t；三层连系梁 2 根，梁长一般在 7.5m 左右，重量在 3～4.3t 之间
4	预制壁板	128	一层壁板共有 28 块，二层壁板共有 40 块，三层壁板共有 60 块，板长在 7.5m 左右，板高在 2.05m、1.59m、0.7m 三种规格，重量在 1.2～2t
5	预制顶板	15	顶板共有 15 块，长 3.5m 左右，宽 1m 左右，板重约 1～1.5t
6	防溅板	192	防溅板共有 192 块，板重约为 0.5t，参见 YKBRB40—94

2）机械、索具设备选择。

a. 对Ⓑ轴柱。本工程只能进行跨外吊装，吊车的行走道路采用图纸设计的竖向车行地坪的道路路基，行走路线边缘离凉水塔水池最少要 2m。Ⓑ轴柱在所有柱中体积最大（$V=5.45m^3$，重 $Q=1t$），离吊车行走路线最远（中心线距离 15.0m），Ⓑ轴柱总高为 15.85m，根据以上数据绘图 6.61～图 6.64。

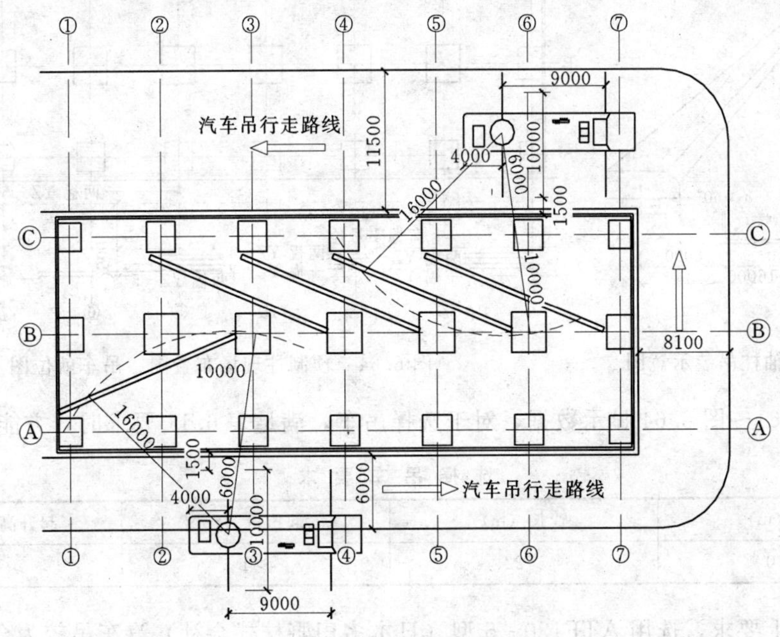

图 6.61　Ⓑ轴柱吊装平面示意图

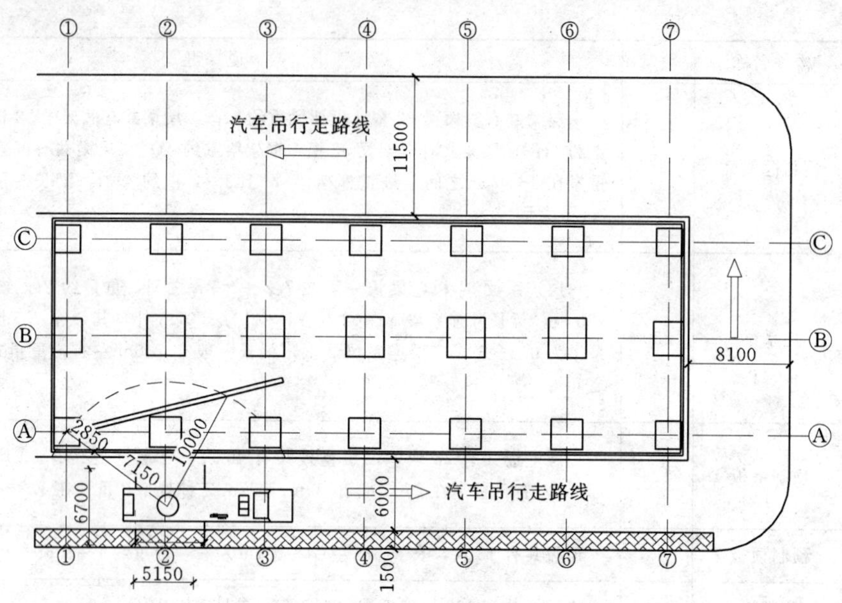

图 6.62 Ⓒ轴柱吊装平面示意图

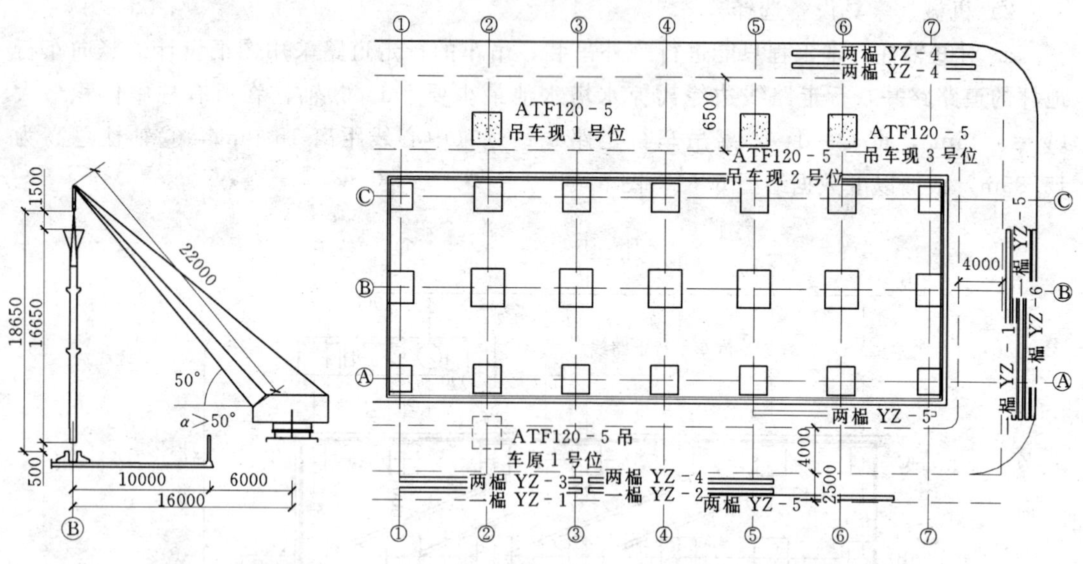

图 6.63 Ⓑ轴柱吊装示意图

图 6.64 预制柱现场布置图、吊车就位图

从图 6.61～图 6.64 显示数据，对于选择吊车，满足表 6.11 要求时，方能起吊。

表 6.11 选择吊车要求

幅度（m）	臂长（m）	起重量（t）	起升高度（m）
＞1.0	＞22	＞1	＞18.5

根据以上要求，选用 ATF120－5 型（日本多田野株式会社）汽车吊较为合适。

b. 对Ⓐ、Ⓒ轴柱，三层梁、壁板，经计算对吊车的要求见表 6.12。

表 6.12　　**对 吊 车 的 要 求**

构件名称	参数			
	起重量（t）	臂长（m）	幅度（m）	起升高度（m）
Ⓐ、Ⓒ轴柱	＞12	＞21	＞10	＞19.5
三层梁	＞5	＞25	＞12.5	＞19.5
三层壁板	＞4	＞25	＞12.5	＞19.5

根据Ⓐ、Ⓒ轴柱的吊装参数要求，Ⓐ、Ⓒ轴柱选用 QY50 型吊车较为经济实用；而三层梁、三层壁板选用 QY50 型湖南浦沅汽车吊，较为合适。

c. 对其他构件，经类似的计算，确定需要选用 25t（QY25E 徐工集团）汽车吊，详见附件三汽车起重机参数表。

d. 卡环的选择。查《建筑施工手册》（第四版缩印本）表 14.12，卡环采用 17.5 型号的螺栓式 D 形卡环。

e. 钢丝绳的选择。以 YZ－1 为例进行计算，YZ－1 重量约为 1t，吊装采用一点绑扎垂直起吊，所以每根钢丝绳所承受的拉力约 80kN，根据经验预备选用 6×37 的钢丝绳作为吊索。

钢丝绳允许拉力验算：$[Fg]=\alpha Fg/K$

式中 $[Fg]$——钢丝绳的允许拉力，kN；

Fg——钢丝绳的钢丝破断拉力总和，kN；

α——换算系数，对×19、×37、×1 钢丝绳，α 分别取 0.85、0.82、0.80；

K——钢丝绳的安全系数。

其中钢丝绳用作捆绑吊索，查表《建筑施工手册》（第四版缩印本）表 14.5，所以 $K=8\sim10$，取 8；$\alpha=0.82$；$[Fg]=80$kN。

$$Fg=\frac{[Fg]\times K}{\alpha}=\frac{80000\times8}{0.82}=780488\text{N}\approx780\text{kN}$$

查表《建筑施工手册》（第四版缩印本）表 14.38，选用直径 3.5mm，钢丝绳公称抗拉强度 1550N/mm^2 的 6×37 钢丝绳。

3）装前准备工作。

a. 现场施工道路的要求：根据选用的 ATF120－5 型汽车吊的性能要求，现场施工道路宽度为 6m，东西二条施工道路中心线与Ⓑ轴线的距离控制在 15m 以内，根据现场凉水塔四周施工道路只能形成 U 形路，为确保路基不被压塌，水池外四周土方全部分层回填至八字角上部位置，路基按图纸设计要求铺设 300mm 厚片石层、100mm 厚碎石层，另在吊车站位时使用路基箱。

如图 6.61 所示，该汽车起重机支腿全升后宽约为 10m，必然导致其中两条支腿无法支撑在路面上。而吊车自重、配重、构件合计重量约为 10t，分配到远方向 1 号、2 号两条支腿上的重量约为 2.5t，由于采用 1.5m×1.5m 的路基箱，则地基承载力不得小于 11.7t/m^2，而根据地质勘察报告显示①层土承载能力为 100kP，约为 10.2t/m^2，则需对该区域（ATF120－5 吊车 1 号位）进行 20mm 钢板加固处理。

再如图 6.62 所示，QY50 汽车起重机支腿全升后宽约为 6.7m，而东侧路面为 6.0m 宽，则其远方向两条支腿同样无法支撑在路面上，但吊车自重、构件合计重量约为50t，分配到远方向1.2号两条支腿上的重量约为12.5t，由于采用1.5m×1.5m的15m厚钢板，则地基承载力不得小于5.0t/m²，而根据地质勘察报告显示①层土承载能力为100kPa，约为10.2t/m²，则仅需对上图的阴影区域采用12t内燃振动压路机进行碾压加固。

b. 构件复测校对工作：吊装前对杯基进行复测，主要包括：杯底标高、杯基尺寸及纵横轴线的尺寸；对柱、梁、板所有预制构件进行外形尺寸进行复测，对预制柱、梁进行分中、弹线；对柱、梁、板预埋件位置及尺寸进行核对，对预埋件表面的砂浆进行清理；对所有预制构件混凝土的标号进行核对，发现问题及时向甲方和设计部门提出；待处理后方可吊装。

c. 杯底找平和基础放中心线：根据设计要求，施工时杯底混凝土一般比柱底标高低5cm左右，吊装前要对杯底标高和柱子长短进行一次实测，然后根据它们的偏差，抹上找平层对杯底进行调整，使柱子安装后，其牛腿标高能符合要求。还需把柱距中心线引到杯口，以此作为柱子吊装时对中的依据。

d. 杯口壁槽和预制柱插入深度面凿毛，以及所有框架柱、梁连接点（需二次浇筑）均需在地面凿毛，待吊装机械进场，构件翻身后，再将另一面凿毛。

e. 吊装前预先按表6.13加工垫铁、钢楔及木楔，钢楔及木楔用于临时固定和调整垂直度，斜垫铁用于在柱子牛腿面预埋件平整度偏差时调整其平整度，以确保梁底标高一致、梁身的垂直度符合要求。

表6.13　加工垫铁、钢楔及木楔要求

名称	尺寸				数目
	a	*b*	*c*	*d*	
斜垫铁	0	35	20	0	200
钢楔	230	200	40	100	100
木楔	230	200	35	50	150

4）构件吊装及计算。

a. 预制柱吊装。柱子翻身脱模就位采用两点起吊，由于施工现场狭小，行车路线东侧预制柱需翻身后在水池内就位，这样才能确保在道路东侧在吊装Ⓐ、Ⓑ两轴线柱有足够的吊装作业半径，具体绑扎点已经按照图纸设计位置，预埋了$\phi28$的一级钢冷弯而成的吊环，严禁进行冷拉，如图6.65所示。

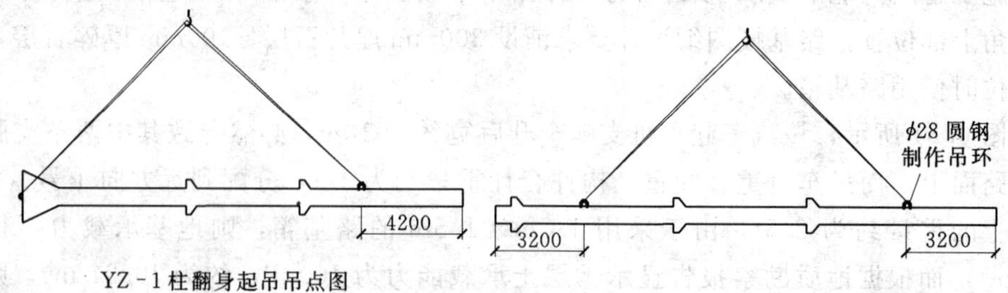

图6.65　预制柱吊装

吊环的形式与构造，如图 6.67 所示。图 6.66(a) 吊环用于 YZ-1 柱顶预埋，具体尺寸见图纸；图 6.66 (b) 吊环用于其他的预制柱柱身。

按照《建筑施工手册》(第四版缩印本) 中吊环设计的各项要求，吊环的弯心直径为 2.5d (d 为吊环钢筋直径)，且不得小于 60mm。

吊环的埋入深度不应小于 30d，并与主筋钩牢。埋深不够时，可焊在受力钢筋上。

吊环露出混凝土的高度，应满足穿卡环的要求；但也不宜超过 100mm，以免遭到反复弯折。

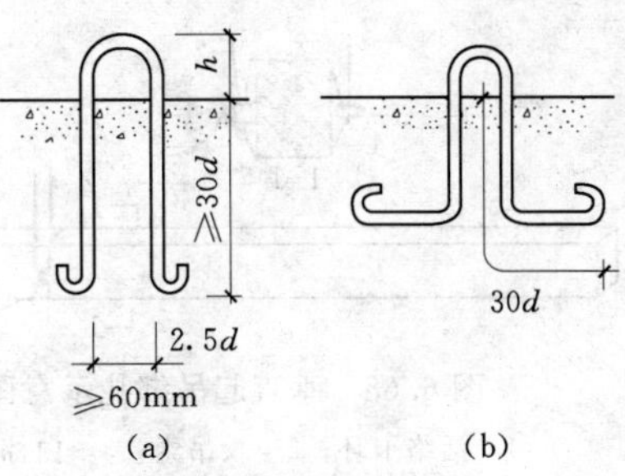

图 6.66　吊环形式

(a) 用于 YZ-1 柱顶预埋；(b) 用于其他预制柱

在构件自重标准值作用下，每个吊环按两个截面计算的吊环应力不大于 50N/mm²(已考虑超载系数、吸附系数、动力系数、钢筋弯折引起的应力集中系数、钢筋角度影响系数等)。

现场 YZ-1 的吊环施工图纸设计采用 ϕ28 的一级钢制作吊环，我项目部已经严格按照图纸设计要求采用 ϕ28 的一级钢进行制作预留结束，而除 YZ-1 外的其他预制柱设计要求，施工单位按需进行预留，所以此处仅对除 YZ-1 外的吊环进行应力验算。

吊环 (YZ-2～7) 的应力验算计算公式：

$$\sigma=\frac{9800G}{n\cdot A_s}=\frac{9800\times12}{4\times3.14\times14^2}=47.7\text{N/mm}^2\leqslant50\text{N/mm}^2$$

式中　A_s——一个吊环的钢筋截面面积，mm²；

G——构件重量，t，YZ-2～7 中重量为 YZ-2 最大，约 12t；

σ——吊环的拉应力，N/mm²；

n——吊环截面个数；两个吊环时为 4 (已考虑超载系数、吸附系数、动力系数、钢筋弯折引起的应力集中系数、钢筋角度影响系数等)。

柱的吊装采用一点垂直起吊，则吊点的选择同样考虑到预制所承受的弯矩最小的原则，经计算等截面柱在柱顶距 0.293×16.65=4.878m 的位置施加集中力，即柱子在此吊点吊装时，由自重力产生的最大正弯矩等于最大负弯矩。对整根柱子说来，这种情况下产生的弯矩绝对值最小。两种绑扎点弯矩如图 6.67 所示。

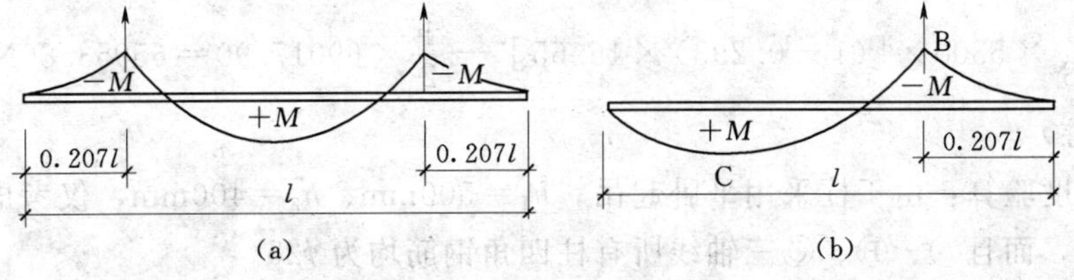

图 6.67　两种绑扎点弯矩图

(a) 两点起吊弯矩图；(b) 一点起吊弯矩图

而由于柱的截面普遍较大，故采用在柱两点翻身完成后用长短吊索各一根绑扎，具体绑扎如图 6.68 所示。

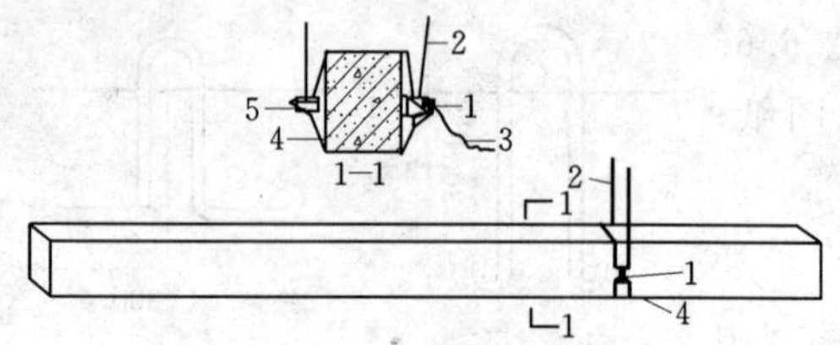

图 6.68 垂直起吊绑扎示意图

1—活络卡环；2—长吊索；3—白棕绳；4—短吊索；5—普通卡环

柱吊装验算：由于采用一点起吊，可以简化为一端带悬挑的简支梁进行计算，承受自重均布荷载 q 的作用，吊点的合理位置如图 6.69 所示。

$q_1=2450\text{kg/m}^3\times0.5\times0.5\times1\times1.5\times9.8\text{N/kg}\approx9000\text{N/m}$（Ⓑ轴柱）

$q_2=2450\text{kg/m}^3\times0.4\times0.4\times1\times1.5\times9.8\text{N/kg}\approx5800\text{N/m}$（Ⓐ、Ⓒ轴柱）

吊点确定后，用力学方法计算柱子的吊装弯矩。一点起吊法最危险的两个截面分别为最大负弯矩处以及最大正弯矩处，也就是上面弯矩图上表示的两个峰值，荷载即柱子自重力，但应考虑吊装动力系数（一般取 1.5，必要时根据吊装实际情况酌减），分别计算如下。

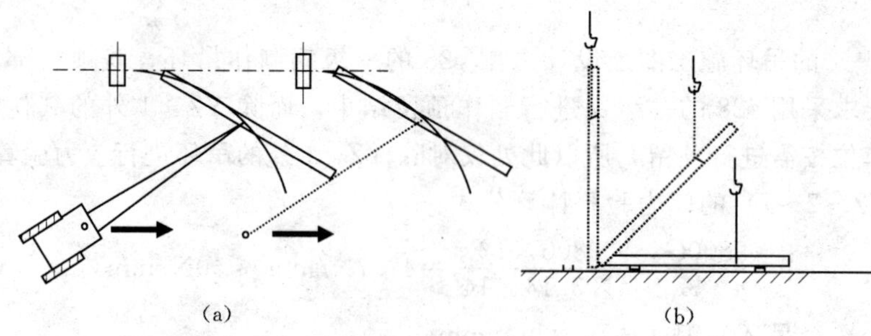

图 6.69 柱一点起吊

(a) 平面布置；(b) 旋转直立过程

则 $M_{Bk}=9000\times\dfrac{(0.293\times16.65)^2}{2}=107096.74\text{N}\cdot\text{m}$（Ⓑ轴柱）

$M_{Ck}=\dfrac{1}{8}\times9000\times[(1-0.293)\times16.65]^2-\dfrac{1}{2}\times107096.74=102342.19\text{N}\cdot\text{m}<M_{Bk}$（Ⓑ轴柱）

$M_{Bk}=5800\times\dfrac{(0.293\times16.65)^2}{2}=69017.90\text{N}\cdot\text{m}$（Ⓐ、Ⓒ轴柱）

$M_{Ck}=\dfrac{1}{8}\times5800\times[(1-0.293)\times16.65]^2-\dfrac{1}{2}\times69017.90=65953.86\text{N}\cdot\text{m}<M_{Bk}$（Ⓐ、Ⓒ轴柱）

抗弯强度验算：由于柱采用平卧起吊，$h_1=500\text{mm}$、$h_2=400\text{mm}$，仅考虑四角钢筋，且对称布筋，而且Ⓐ、Ⓑ、Ⓒ三轴线所有柱四角钢筋均为 $\phi25$。

则 $A_s=A_s'=3.14\times\left(25\times\dfrac{1}{2}\right)^2\times2=9.81\times10^2\text{mm}^2$（2 Φ 25）

$h_0=500-35=465\text{mm}$（Ⓑ轴柱）

$h_0=400-35=365\text{mm}$（Ⓐ、Ⓒ轴柱）

吊装时的强度验算按受弯构件考虑。按双筋梁计算截面强度。该截面能承受的弯矩分

别是：

$$M_B=\alpha_1 f_c bx\left(h_0-\frac{x}{2}\right)+f_y'A_s'(h_0-a_s')=1.0\times11.9\times500\times70\times\left(465-\frac{70}{2}\right)+$$

$$300\times9.81\times10^2\times(465-35)=305644.00\text{N}\cdot\text{m}>M_{Bk}=107096.74\text{N}\cdot\text{m}\ (\text{Ⓑ轴线柱})$$

Ⓑ轴线柱B截面抗弯强度满足要求，因为 $M_{Bk}>M_{Ck}$，B与C截面配筋相同，则截面C满足抗弯强度要求。

$$M_B=\alpha_1 f_c bx\left(h_0-\frac{x}{2}\right)+f_y'A_s'(h_0-a_s')=1.0\times11.9\times400\times70\times\left(365-\frac{70}{2}\right)+$$

$$300\times9.81\times10^2\times(365-35)=207075.00\text{N}\cdot\text{m}>M_{Bk}=69017.90\text{N}\cdot\text{m}\ (\text{Ⓐ、Ⓒ轴线柱})$$

式中　M_k——吊装时柱子承受的弯矩，N·mm；

M——弯矩设计值，N·mm；

α_1——系数，当混凝土强度等级不超过C50时，$\alpha_1=1.0$，当混凝土强度等级为C80时，$\alpha_1=0.94$，其间按线性内插法确定；

f_c——混凝土轴心抗压强度设计值，N/mm²；

b——柱子截面宽度，mm；

x——混凝土受压区高度，近似取 $x=2a_s'$；

h_0——柱子截面有效高度，mm；

f_y'——钢筋的抗压强度设计值，N/mm²；

A_s'——受压区纵向钢筋截面面积，mm²；

a_s'——受压区纵向钢筋合力点至截面受压边缘的距离，mm。

Ⓐ、Ⓒ轴线柱B截面抗弯强度满足要求，因为 $M_{Bk}>M_{Ck}$，B与C截面配筋相同，则截面C满足抗弯强度要求。

因为本工程柱四角钢筋均为 $\phi25$，则当柱子从预制时的平卧位置不经翻身而直接吊装，平卧柱子的截面及宽面内的配筋均能满足吊装要求。

裂缝宽度验算（柱子吊装中的裂缝宽度应控制在0.2mm内）：

柱子吊装时裂缝宽度的验算，需通过计算柱内纵向受拉钢筋的应力 σ_{sk} 近似判断其是否满足要求，由于吊装将组织富有经验从事过三循吊装人员进行吊装，所以在裂缝宽度验算时考虑动力系数为1.5，则 M_k 直接选用前面的计算值，对于Ⓐ、Ⓒ轴线柱抗拉区钢筋为2⌀25.1⌀20，则 $A_s=129\text{mm}^2$；对于Ⓑ轴线柱抗拉区钢筋为3⌀25，$A_s=1480\text{mm}^2$。

$$\sigma_{sk}=\frac{M_k}{0.87h_0A_s}=\frac{107096.74}{0.87\times465\times1480}\approx179\text{N/mm}^2<200\text{N/mm}^2\ (\text{Ⓑ轴线})$$

$$\sigma_{sk}=\frac{M_k}{0.87h_0A_s}=\frac{69017.90}{0.87\times365\times1296}\approx168\text{N/mm}^2<200\text{N/mm}^2\ (\text{Ⓐ、Ⓒ轴线})$$

式中　A_s——受拉区钢筋的截面面积，mm²。

上述公式计算的钢筋应力 $\sigma_{sk}=179\text{N/mm}^2$ 与 $\sigma_{sk}=18\text{N/mm}^2$ 均小于 200N/mm^2（热扎带肋钢筋）时，可认为满足裂缝宽度要求。

柱的就位和临时固定：柱脚插入杯口后，先使其悬空进行就位，用8只楔块从柱的边沿插入杯口，并用撬棍撬动柱脚，使柱子的安装中心线对准杯口的安装中心线，并使柱身基本保持垂直，即可落钩，将柱脚放到杯底，并复查对线。随后，由两人面对面打紧楔子，并用坚硬石块将柱脚卡死，特别注意在宽面范围卡紧，以防发生柱子倾倒事故，杯口之间空隙太大时，应增加楔块厚度，不得将几个楔块叠合使用。本工程柱子较重，起重机的起重杆仰角很大，有时可达到 80°，一般机后还增加配重，起重机脱钩后，前轻后重，容易发生机身倾倒事故，因此，起重机吊柱时，应先落起重杆，再落吊钩，以保持机身的稳定性。

柱的校正：柱子的校正有平面位置的校正和垂直度的校正。前者在临时固定时已对准中心线，校正时如发现走动，可用敲击楔块的方法（一侧放松，另外一侧必须卡牢）进行校正，为便于在校正时使柱脚移动，插柱前可在杯基底放少量粗砂，垂直度用两台经纬仪从柱子相邻两面观测中心线是否垂直，观测点与柱轴线夹角小于 15°，水平距离应尽量在 15m 以外。若垂直度不满足要求，则用螺旋千斤顶校正，如图 6.70 所示。

由于阳光照射对柱子产生的温差影响在校正时，也要考虑阴阳两面应温差影响会是柱顶产生水平位移，所以宜在早晨或阴天进行校正。

柱的最后固定：灌缝工作在校正后立即进行，灌缝前，应将杯口空隙内屑等垃圾清除干净，用水湿润柱身与杯壁，浇捣混凝土时，不得碰动楔块。如柱脚与杯底有较大空隙时，先灌一层砂浆坐实。UGM 无收缩灌浆料浇灌分两次进行，第一次先浇至楔块下端，当所浇混凝土强度达到 25%设计强度时，即可拔去楔块，浇第二批混凝土，将杯口灌满。在浇灌过程中，还应对柱子的垂直度进行观测。发现偏差要及时纠正。

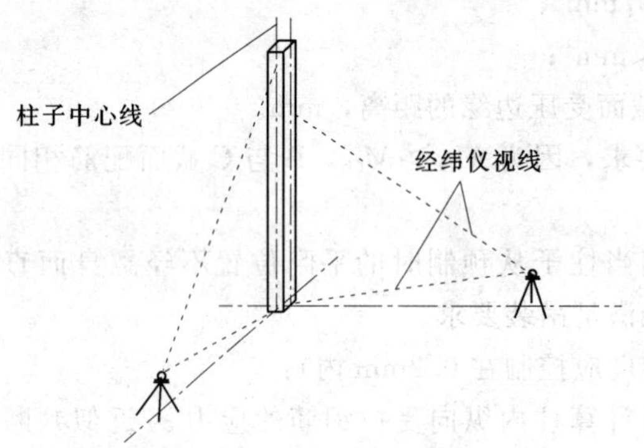

图 6.70 预制柱垂直校正测量示意图

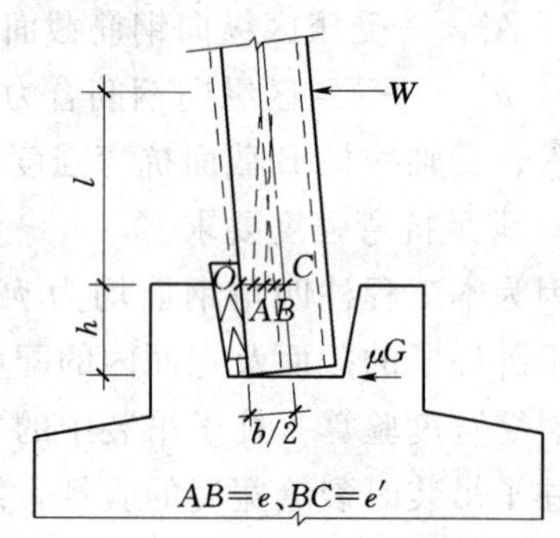

图 6.71 无风缆校正验算简图

Ⓑ轴柱无缆风校正稳定性验算（图 6.71）：

柱子最大质量 $G=16000\times9.8=157\text{kN}$；

柱子校正前重心的偏心值和固定柱子的木楔变形引起的柱子偏心值，一般取 $e+e'=100\text{mm}$；

取 $\mu=0.6$；

取 $\omega_0=0.8\text{kPa}$；

$h=0.85\text{m}$。

则

$$K=\frac{G(0.5b-e-e')+G\mu_h}{\omega l}=\frac{157\times(0.5\times0.5-0.1)+157\times0.6\times0.85}{0.8\times0.5\times16.65\times(16.65\times0.5-0.85)}=2.08>1.5$$

式中 K——抗倾覆稳定系数，$K\geqslant1.5$；

G——柱子总重力；

b——柱子截面短边的宽度；

e、e'——柱子校正前重心的偏心值和固定柱子的木楔变形引起的柱子偏心值，一般取 $e+e'=10\text{cm}$；

μ——混凝土与混凝土之间的摩擦系数，$\mu=0.6\sim0.7$；

l——柱子重心位置至杯口的距离；

h——杯口深度；

W——总风压，$W=w_0S$；

其中　w_0——基本风压，按建筑结构荷载规范取用；

S——柱子截面长边的挡风面积。

由上式计算可知，Ⓑ轴柱可采用无缆风绳校正。

b. 预制梁吊装。框架梁吊装前要对剖口焊钢筋进行检查，弯曲的要在地面先调直。安装时，在满足设计和规范要求的前提下，尽量兼顾梁两端预留钢筋与柱预留钢筋的间隙，为剖口焊接尽可能创造较好条件。

连系梁的吊装前要预先对已经吊装结束的框架梁上拉通线，在框架梁上画出每道；连系梁的位置，防止由于预埋件的偏差，导致连系梁就位不准，如果由于预埋件埋设偏差导致连系梁与框架梁焊接不牢固时，需采取加固措施。

c. 壁板吊装。受钢筋剖口焊的影响，柱上端间距有轻微缩小现象发生，影响壁板正常安装，因此，在壁板吊装前要对壁板和相应的柱间净宽度进行复核，如影响安装，及时在地面处理。梁、板吊装时，要用麻绳作导向绳，防止在空中与柱等构件碰撞。

d. 构件连接。框架梁采用钢筋剖口焊的连接方式，连系梁、预制板与框架柱、梁之间的连接采用预埋件满焊的连接方式。

钢筋剖口焊接顺序：在同一层应遵循由里向外，由中间向两边的焊接顺序详见图 6.72。

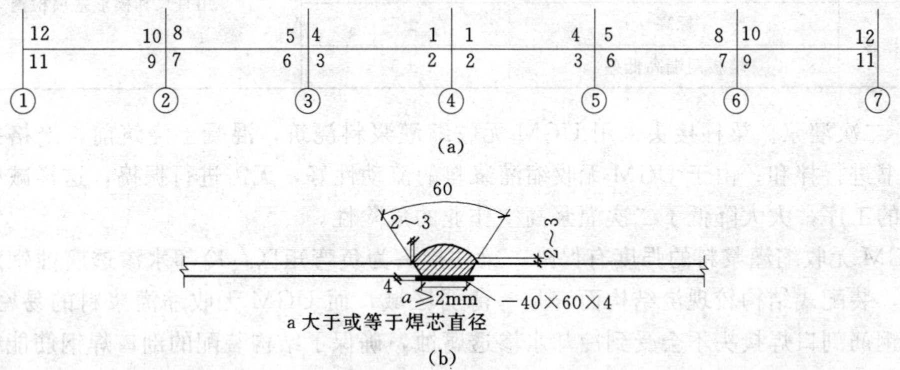

图 6.72　钢筋剖口焊

(a) 钢筋剖口焊顺序图；(b) 钢筋剖口焊施工图

施焊方法：钢筋打剖口时角度应控制在 0°±5°，间隙不小于焊芯直径。先由剖口根部引焊，横向施焊数层，接着焊条作之字形运弧，将剖口逐层堆焊起来，直至焊缝略高出钢

筋表面为止，随即进行加强焊缝的焊接，焊毕，弧坑及咬边均予补焊。

钢筋剖口加工宜采用氧乙炔焰切割或割锯，不得采用电弧切割。

采用 E5003 焊条，使用前必须先行烘干（一般在 100°～350°以下烘 3～4h）。

焊接场所应采用防风、防雨、防雷等措施。施焊前应检查剖口型式、加工精度、组对间隙、剖口表面及剖口边缘外侧不小于 20mm 范围内油、污、锈、毛刺等应清除干净。

选用直流电焊机焊接，焊条直径及焊机电流见表 6.14。

表 6.14　　焊条直径及焊机电流

钢筋直径（mm）	焊条直径（mm）	焊接电流（A）
1～20	3.2	90～130
22～28	4	10～210

焊缝表面应均匀平顺，无裂缝、夹渣、明显咬肉、凹陷、焊瘤和气孔等缺陷，焊缝尺寸符合有关规定。

e. 构件安装验收要求（表 6.15）。

表 6.15　　柱、梁、板等构件安装的允许偏差和检验方法

项次	项目			允许偏差（mm）	检验方法
1	柱	中心线对定位轴线位置偏移		−5	尺量检查
		垂直度	＞5m	−10	用经纬仪或吊线和尺量检查
		牛腿上表面和柱顶标高	≤5m	+0，−5	用水准仪或尺量检查
			＞5m	+0，−8	
2	梁	中心线对定位轴线位置偏移		5	尺量检查
		梁上表面标高		+0，−5	用水准仪或尺量检查
3	顶板	相邻板下表面平整度	抹灰	5	用直尺和楔形塞尺检查
			不抹灰	3	
4	壁板	标高		±5	
		墙板两端高低差		±5	

5）二次灌浆。梁柱接头采用 UGM 无收缩灌浆料浇筑，混凝土浇筑前，严格按照材料说明书进行拌和；由于 UGM 无收缩灌浆料的流动性好，无需进行振捣，这样减少了高空作业的工序，大大降低了二次灌浆高空作业的危险性。

UGM 无收缩灌浆料的强度有保障，梁柱接头为负弯矩区，冷却水渗透腐蚀钢筋剖口焊接头，装配式结构较现浇结构而言是一薄弱区域，而 UGM 无收缩灌浆料的易密实性，保证了钢筋剖口焊接头不会受到冷却水渗透腐蚀，确保了结构装配的剖口焊钢筋能很好的受拉工作。

由于设计要求二次灌浆的强度达到设计强度的 70%，方可吊装上部构件，UGM 无收缩灌浆料的强度成长迅速，能在 1～2d 内强度上升到 C30～C40，这样就可以大大节省养护时间，为构件吊装赢得了宝贵的时间，更为工程的整个实施工期的实现提供了技术保障。

冷却塔的梁柱接头养护非常重要，浇筑完毕后，立即覆盖塑料薄膜、草袋，要使接头混凝土在湿润条件下养护。

6）构件嵌缝。根据图纸设计构件嵌缝为刚性方式，材料选用石棉水泥嵌缝，为防止刚性连接方式的石棉水泥受冷却塔内外温度的高差影响下开裂、渗水，影响结构的使用年限，则在外壁板的内外侧设计变更增设了 200mm 宽、1.5mm 厚的聚氨酯防水涂料一道。

外壁板施工流程：外石棉水泥嵌缝→内石棉水泥嵌缝→内外防水涂料施工；冷却塔内部壁板嵌缝材料直接采用水泥砂浆。

项目7 屋面及防水工程

主要介绍屋面防水工程、地下防水工程、楼层防水工程。

建筑防水工程，按其构造分为防水层防水和结构自防水两大类。防水层防水是在建筑物构件的迎水面或背水面以及接缝处，附加防水材料做成防水层，以起到防水作用，如卷材防水、涂膜防水、刚性材料防水层防水等。结构自防水主要是依靠建筑物构件材料的密实性及某些构造措施（坡度、埋设止水带等），使结构构件起到防水作用。同时防水层做法又可分为柔性防水，如卷材防水、涂膜防水等；刚性防水，如结构自防水，刚性材料防水层防水等。

知识目标

(1) 掌握一般建筑防水工程的常规施工工艺、施工方法及包含的原理；

(2) 掌握工程施工中遇到的一些必要计算方法；

(3) 熟悉防水工程施工中容易出现的常见质量、安全问题及质量、安全验收规范；

(4) 熟悉防水施工顺序及防水所需配备的设施和设备。

能力目标

(1) 能根据施工图纸和施工实际条件，选择和制定常规防水工程合理的施工方案；

(2) 能根据施工图纸和施工实际条件，查找资料和完成防水施工中遇到的一些必要计算；

(3) 能根据施工图纸和施工实际条件编写一般建筑防水工程施工技术交底；

(4) 能根据建筑工程质量验收方法及验收规范进行常规防水工程的质量检验。

任务1 防 水 材 料

任务描述

(1) 能根据防水卷材的外观要求，判断沥青防水卷材、高聚物改性沥青防水卷材、合成高分子类防水卷材是否符合要求。

(2) 能根据建筑工程结构部位防水等级，合理选用防水卷材。

任务分析

作为工程施工技术人员要熟悉沥青防水卷材、高聚物改性沥青防水卷材、合成高分子类防水卷材三大类卷材特性、外观质量要求和应用范围。

相关知识

7.1.1 防水卷材

7.1.1.1 防水卷材及分类

防水卷材是建筑工程防水材料的重要品种之一。目前防水卷材主要包括沥青防水卷

材、高聚物改性沥青防水卷材、合成高分子防水卷材三大系列，共有数十个品种规格，其主要分类如图7.1所示。

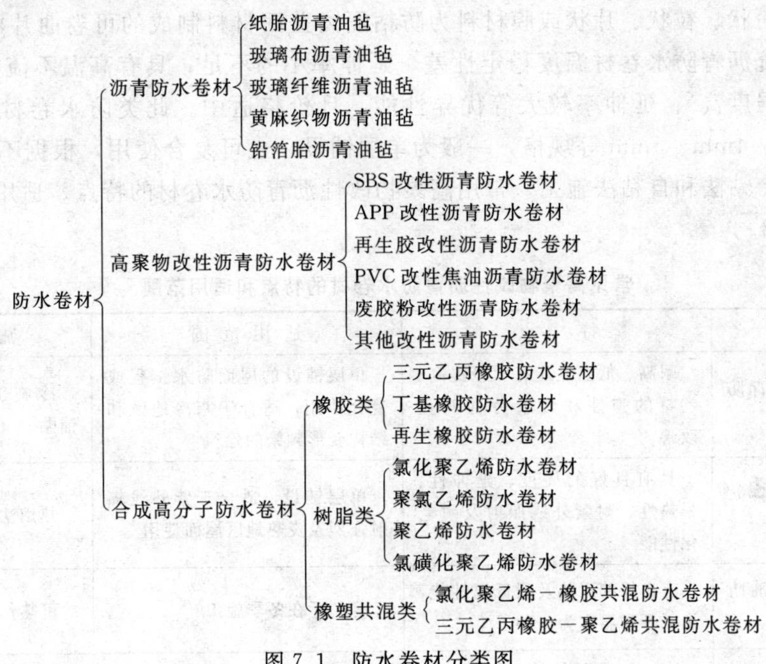

图7.1　防水卷材分类图

1. 沥青防水卷材

沥青防水卷材是用原纸、纤维织物、纤维毡等胎体浸涂沥青，表面散布粉状、粒状或片状材料制成可卷曲的片状防水材料。沥青防水卷材一般为叠层铺设、热粘贴施工。常用的沥青防水卷材的特点、适用范围和施工工艺见表7.1。

表7.1　沥青防水卷材的特点及适用范围

卷材名称	特　点	适用范围	施工工艺
石油沥青纸胎油毡	是我国传统的防水材料，目前在屋面工程中仍占主导地位，其低温柔性差，防水层耐用年限较短，但价格较低	三毡四油、二毡三油叠层铺设的屋面工程	热玛琋脂，冷玛琋脂粘贴施工
玻璃布沥青油毡	抗拉轻度高，胎体不易腐烂，材料柔韧性好，耐久性比纸胎油毡提高一倍以上	多用做纸油毡的增强附加层和突出部位的防水层	热玛琋脂，冷玛琋脂粘贴施工
玻璃纤维毡沥青油毡	有良好的耐水性，耐腐蚀性和耐久性、柔韧性也优于纸胎沥青油毡	常用做屋面或地下防水工程	热玛琋脂，冷玛琋脂粘贴施工
黄麻胎沥青油毡	抗拉强度高，耐水性好，但胎体材料易腐烂	常用做屋面增强附加层	热玛琋脂，冷玛琋脂粘贴施工
铝箔胎沥青油毡	有很高的阻隔蒸汽的渗透能力，防水功能好，且具有一定的抗拉强度	与带孔玻璃纤维毡配合或单独使用，宜用于隔气层	热玛琋脂粘贴

2. 高聚物改性沥青防水卷材

高聚物改性沥青防水卷材是以合成高分子聚合物改性沥青为涂盖层，纤维织物或纤维毡为舱体，粉状、粒状、片状或膜材料为防粘隔离盖面材料制成的可卷曲片状防水材料。它克服了传统沥青防水卷材温度稳定性差、延伸率小的不足，具有高温不流淌 、低温不脆裂、拉伸强度高 、延伸率较大等优异性能，且价格适中。此类防水卷材按厚度可分2mm、3mm、4mm、5mm等规格，一般为单层铺设，也可复合使用，根据不同卷材可采用热熔法、冷粘法和自粘法施工。常用高聚物改性沥青防水卷材的特点、适用范围和施工工艺见表7.2。

表7.2 常见高聚物改性沥青防水卷材的特点和适用范围

卷材名称	特　点	适用范围	施工工艺
SBS改性沥青防水卷材	耐高、低温性能有明显提高、卷材的弹性和耐疲劳性明显改善	单层铺设的屋面防水工程或复合使用，适合于寒冷地区和结构变形频繁的建筑	冷施工铺贴或热熔铺贴
APP改性沥青防水卷材	具有良好的硬度、延伸性、耐热性、耐紫外线照射及耐老化性能	单层铺设，适合于紫外线辐射强烈及炎热地区屋面使用	热熔法或冷粘法铺设
PVC改性焦油防水卷材	有良好的耐热及耐低温性能，最低开卷温度为－18℃	有利于在冬季施工	可热作业亦可冷施工
再生胶改性沥青防水卷材	有一定的延伸性，且低温柔性较好，有一定的防腐蚀能力，价格低廉，属低档防水卷材	变形较大或档次较低的防水工程	热沥青粘贴
废橡胶粉改性沥青防水卷材	比普通石油沥青纸胎油毡的抗拉强度、低温柔性均明显改善	叠层使用于一般屋面防水工程，宜在寒冷地区使用	热沥青粘贴

3. 合成高分子防水卷材

合成高分子防水卷材是以合成橡胶、合成树脂或它们两者的共混体为基料，加入适量的化学助剂和填充料，经混炼、压延或挤出等工序加工而成的可卷曲的片状防水材料，其中又可分为加筋增强与非加筋增强型两种。合成高分子防水卷材具有拉伸强度和抗撕裂强度高，断裂延伸率大，耐热性和低温柔性好，耐腐蚀，耐老化等一系列优异的性能，是新型高档防水卷材。此类卷材按厚度分为1mm、1.2mm、1.5mm、2.0mm等规格，一般为单层铺设，可采用冷粘法或自粘法施工。常见合成高分子防水卷材的特点、适用范围和施工工艺见表7.3。

表7.3 常见合成高分子防水卷材的特点及适用范围

卷材名称	特　点	适用范围	施工工艺
三元乙丙橡胶防水卷材	防水性能优异，耐候性好，耐臭氧性、耐化学腐蚀性、弹性和抗拉强度大，对基层变形开裂的适应性强，质量轻，使用温度范围宽，寿命长，但价格高，粘贴材料尚需配套完善	防水要求较高、防水层耐用年限要求长的工业与民用建筑，单层或复合使用	冷粘法和自粘法

续表

卷材名称	特　点	适 用 范 围	施工工艺
丁基橡胶防水卷材	有较好的耐候性、耐油性、抗拉强度和延伸率，耐低温性能低于三元乙丙防水卷材	单层或复合使用于要求较高的防水工程	冷粘法施工
氯化聚乙烯防水卷材	具有良好的耐候、耐臭氧、耐热老化、耐油、耐化学腐蚀及抗撕裂的性能	单层或复合作业宜用于紫外线强的炎热地区	冷粘法施工
氯磺化聚乙烯防水卷材	延伸率较大、弹性较好，对基层变形开裂的适应性较强、耐高、低温性能好，耐腐蚀性能优良，有很好的难燃性	适合于有腐蚀介质影响及在寒冷地区的防水工程	冷粘法施工
聚氯乙烯防水卷材	具有较高的拉伸和撕裂强度，延伸率较大，耐老化性能好，原材料丰富，价格便宜，容易粘结	单层或复合适用于外露或有保护层的防水工程	冷粘法或热风焊接法施工
氯化聚乙烯－橡胶共混防水卷材	不但具有氯化聚乙烯特有的高强度和优异的耐臭氧、耐老化性能，而且具有橡胶所特有的高弹性、高延伸性以及良好的低温柔性	单层或复合使用，尤其宜用于寒冷地区或变形较大的防水工程	冷粘法施工
三元乙丙橡胶－聚乙烯共混防水卷材	是热塑性弹性材料，有良好的耐臭氧和耐老化性能，使用寿命长、低温柔性好，可在负温条件下施工	单层或复合外露防水屋面，宜在寒冷地区使用	冷粘法施工

7.1.1.2 防水卷材特性

(1) 水密性：即具有一定的抗渗能力，吸水率低，浸泡后防水能力降低少。

(2) 大气稳定性好：在阳光紫外线、臭氧老化下性能持久。

(3) 温度稳定性好：高温不流淌变形，低温不脆断，在一定温度条件下，保持性能良好。

(4) 一定的力学性能：能承受施工及变形条件下产生的载荷，具有一定强度和伸长率。

(5) 施工性良好：便于施工，工艺简便。

(6) 污染少：对人身和环境无污染。

7.1.2 防水涂料

防水涂料是一种流态或半流态的高分子物质，可用刷、喷等工艺涂布在基层表面，经溶剂或水分挥发或各组分间的化学反应，形成具有一定弹性和一定厚度的连续薄膜，使基层表面与水隔绝，起到防水、防潮作用。

防水涂料固化成膜后的防水涂膜具有良好的防水性能，特别适合于各种复杂不规则部位的防水，能形成无缝的完整防水膜。它多采用冷施工，施工快捷、方便；涂布的防水涂料既是防水层的主体，又是粘结剂，因而施工质量容易保证，维修也较简单。但是，防水涂料须采用刷子或刮板等逐层涂刷（刮），故防水膜的厚度较难保持均匀一致。防水涂料广泛用于工业与民用建筑的屋面防水、墙身防水和楼地面防水、地下室和设备管道的防水，也用于旧房屋的维修等。

防水涂料按构成类型分为溶剂型、水乳型和反应型。按成膜物质的主要成分可分为沥青防水涂料、高聚物改性沥青防水涂料和合成高分子防水涂料三大类。典型品种有石灰乳化沥青涂料，是以石油沥青为基料石灰膏为乳化剂，在机械强制搅拌下将沥青乳化制成的厚质防水涂料；水乳型氯丁橡胶沥青防水涂料，以沥青为基料，用合成高分子聚合物改性后配制而成；合成高分子防水涂料以合成橡胶或合成树脂为主要成膜物质，配制成单组分或多组分的防水涂料。

防水涂料的使用，应考虑建筑的特点、环境条件和使用情况等因素，结合防水涂料的特点和性能指标选择。

7.1.3 建筑密封材料

建筑密封材料是能承受位移并具有高气密性及水密性而嵌入建筑接缝中的定形和不定形的材料。定形密封材料是具有一定形状和尺寸的密封材料，如密封条带、止水带等；不定形密封材料通常是黏稠状的材料，分为弹性密封材料和非弹性密封材料。

为保证防水密封的效果，建筑密封材料应具有高水密性和气密性，良好的粘结性，良好的耐高低温性和耐老化性能，一定的弹塑性和拉伸—压缩循环性能。密封材料的选用，应首先考虑它的粘结性能和使用部位。密封材料与被粘基层的良好粘结，是保证密封的必要条件，因此，应根据被粘基层的材质、表面状态和性质来选择粘结性良好的密封材料；建筑物中不同部位的接缝，对密封材料的要求不同，如室外的接缝要求较高的耐候性，而伸缩缝则要求较好的弹塑性和拉伸—压缩循环性能。

1. 不定形密封材料

目前，常用的不定形密封材料有：沥青嵌缝油膏、聚氯乙烯接缝膏和塑料油膏、丙烯酸类密封膏、聚氨酪密封以及聚硫类防水密封材料。

(1) 沥青嵌缝油。它是以石油沥青为基料，加入改性材料、稀释剂及填充料混合制成的密封膏。主要作为屋面、墙面和沟槽的防水嵌缝材料。施工时，缝内应清洁干燥、先涂刷冷底子油一道，干燥后即可嵌填油膏，油膏表面可加石油沥青、油毡、砂浆、塑料等覆盖层。

(2) 聚氯乙烯接缝和塑料油膏。聚氯乙烯接缝膏是以煤焦油和一定比例加入聚氯乙烯树脂为基料、增塑剂、稳定剂及填充料，在140℃温度下塑化而成的热施工防水接缝材料，简称PVC接缝。塑料油膏是利用废旧聚氯乙烯（PVC）塑料代替聚氯乙烯树脂，其他原料和生产方法同聚氮乙烯接缝膏。上述两种胶泥具有弹性大、粘结力强、耐候性、低温柔性好、老化缓侵、耐酸碱、耐油等优点，可用于屋面工程、构配件嵌缝防水防渗、防潮和防腐；以及水渠、管道的接缝。

(3) 丙烯酸类密封。该种油是丙烯酸树脂掺入增塑剂、分散剂、碳酸钙、增量剂等配制而成，有溶剂型和水乳型两种，常用水乳型。它具有良好的粘结性能、弹性和低温柔性，无溶剂污染，无毒，具有优异的耐候性，主要用于屋面、墙板、门、窗嵌缝，属于中等价格和性能的产品，一般在常温下用挤枪填于各种清洁、干燥的缝内。

(4) 聚氨醋密封。一般用双组分配制，甲组分是含有异氰酸基的预聚体，乙组分含有多羧基的固化剂与增塑剂、填充料、稀释剂等。使用时，将甲乙两组分按比例混合，经固

化反应成弹性体。这种具有弹性、粘结性、耐候性和与混凝土粘结性好等优点，可作为屋面、墙面的接缝，尤其是游泳池工程，公路及机场跑道的补缝和接缝。

（5）聚硫类防水密封材料。它是以液态聚硫橡胶为主剂和金属过氧化物等硫化剂反应，是一种在常温下固化的单组分或双组分型密封材料。这种材料具有优异的耐候性、气密性和良好的低温柔性，使用温度范围广，对金属、非金属材质有良好的粘结力，可常温或加温固化。主要适用于高层建筑接缝及窗框周围的防水、防尘密封，中空玻璃周边密封，建筑门窗玻璃装嵌密封，游泳池、贮水槽、上下管道和冷藏库等接缝的密封。

2. 定形密封材料

定形密封材料包括封条带和止水带，如铝合金门窗橡胶封条、丁腈胶－PVC门窗封条、自粘性橡胶、橡胶止水带、塑料止水带等。定形密封材料按密封机理的不同可分为遇水非膨胀型和遇水膨胀型两类。

7.1.4 防水剂

防水剂是由化学原料配制而成的一种能起到速凝和提高水泥浆或混凝土不透水性的外加剂。按一定比例掺入水泥砂浆或混凝土中以形成防水砂浆或防水混凝土。以往使用的防水剂有化物金盾盐类防水剂、金属皂类防水剂和硅酸钠防水剂，近年来又有有机硅建筑防水剂、无机铝盐防水剂、M1500水泥密封剂、V形混凝土膨胀剂和FS系列混凝土防水剂等。

任务2 屋面防水工程

任务描述

了解屋面防水等级划分；掌握卷材防水屋面施工技术要求；熟悉涂膜防水屋面施工技术要求。

任务分析

作为施工技术人员应掌握屋面防水工程涉及到的措施、工艺流程和具体施工操作。

相关知识

屋面防水工程主要包括卷材防水屋面、防水涂料屋面和刚性防水屋面。其根据建筑的性质、重要程度、使用功能要求以及使用年限等，分为4个等级，如表7.4所示。

表7.4 屋面防水等级和设防要求

项目	屋面防水等级			
	Ⅰ	Ⅱ	Ⅲ	Ⅳ
建筑物类别	特别重要或对防水有特殊要求的建筑	重要的建筑和高层建筑	一般的建筑	非永久性的建筑

续表

项目	屋面防水等级			
	Ⅰ	Ⅱ	Ⅲ	Ⅳ
防水层合理使用年限（a）	25	15	10	5
防水层选用材料	宜选用合成高分子防水卷材、高聚物改性沥青防水卷材、金属板材、合成高分子防水涂料、细石混凝土等材料	宜选用高聚物改性沥青防水卷材、金属板材、合成高分子防水涂料、细石混凝土、平瓦、油毡瓦等材料	宜选用三毡四油沥青防水卷材、高聚物改性沥青防水卷材、合成高分子防水卷材、金属板材、高聚物改性沥青防水涂料、合成高分子防水涂料、细石混凝土、平瓦、油毡瓦等材料	可选用二毡三油沥青防水卷材、高聚物改性沥青防水涂料等材料
设防要求	三道或三道以上防水设防	二道防水设防	一道防水设防	一道防水设防

7.2.1 卷材防水屋面施工

卷材防水屋面属于柔性防水屋面，它具有重量轻，防水性能较好，尤其是防水层具有良好的柔韧性，能适应一定程度的结构振动和胀缩变形，但它造价高，特别是沥青卷材易老化、起鼓、耐久性差，施工工序多，工效低，维修工作量大，产生渗浪时修补找漏困难。

卷材防水屋面一般由结构层、隔气层、保温层、找平层、防水层和保护层组成，其中隔气层和保温层在一定的气温和使用条件下可不设。

7.2.1.1 对结构层的要求

现浇钢筋混凝土屋面板应连续浇筑，不宜留施工缝，振捣密实，表面平整，并符合规定的排水坡度；预制楼板则要求安放平稳牢固，板缝间应嵌填密实。结构层表面应清理干净并平整。

7.2.1.2 找平层施工

找平层基层或保温层上表面的构造层。为使卷材铺贴平整，粘结牢固并有一定强度。平层一般采用1∶3水泥砂浆、细石混凝土或1∶8沥青砂浆，其表面应平整、粗糙，按设计留置坡度，屋面转角处设半径不小于100mm的圆角或斜边长100～150mm的钝角垫坡。为了防止由于温差和结构层的伸缩而造成防水层开裂，顺屋架或承重墙方向留设20mm左右的分格缝。

水泥砂浆找平层应由远而近，由高到低；每分格内应一次连续铺成，用2m左右长的木条找平；待砂浆稍收水后，用抹子压实抹平。完工后尽量避免踩踏。

沥青砂浆找平层施工，基层必须干燥，然后满涂冷底子油1～2道，待冷底子油干燥后，可铺设沥青砂浆，其虚铺厚度约为压实后厚度的1.3～1.4倍，刮干后，用火滚进行滚压至平整、密实、表面不出现蜂窝和压痕为止。滚筒应保持清洁，表面可涂刷柴油。滚压不到之处，可用烙铁贸压、平整，沥青砂浆铺设后，当天应铺第一层卷材，否则要用卷材盖好，防止雨水、露气浸入。

找平层施工质量对卷材粘贴质量影响很大，应严格按照找平层施工质量要求和技术标准操作，见表7.5及表7.6。

表7.5 找平层厚度技术要求

类别	基层种类	厚度（mm）	技术要求
水泥砂浆找平层	整体混凝土	15～20	1：2.5～1：3（水泥：砂）体积比，水泥强度等级不低于32.5
	整体或板状材料保温层	20～25	
	装配式混凝土板、松散材料保温层	20～30	
细石混凝土找平层	松散材料保温层	30～35	混凝土强度等级C15
沥青砂浆找平层	整体混凝土	15～20	重量比为1：8（沥青：砂）
	装配式混凝土板、整体或块状材料保温层	20～25	

表7.6 找平层施工质量要求

项目	施工质量要求
材料	水泥砂浆、细石混凝土或沥青砂浆，其材料、配合比必须符合要求
平整度	找平层应粘结牢固，没有松动、起壳、翻砂等现象。表面平整，用2m长的直尺检查，找平层与直尺间空隙不应超过5mm，空隙仅允许平缓变化，每米长度内不得多于一处
坡度	找平层坡度应符合设计要求，一般天沟纵向坡度不小于1%；内部排水的水落口周围应做成半径约0.5m和坡度不宜小于5%的杯形洼坑
转角	两个面的相接处，如墙、天窗壁、伸缩缝、女儿墙、沉降缝、烟囱、管道泛水处以及檐口、天沟、斜沟、水落口、屋脊等，均应做成半径不小于100～150mm的圆弧或斜边长度为100～150mm的钝角垫坡，并检查泛水处的预埋件位置和数量
分格	找平层宜留设分格缝，缝宽一般为20mm，分格缝应留设在预制板支承边的拼缝处，其纵横向的最大间距：水泥砂浆或细石混凝土找平层，不宜大于6m；沥青砂浆找平层，不宜大于4m，分格缝兼作排气屋面的排气道时，可适当加宽，并应与保温层连道。分格缝应附加200～300mm宽的卷材，用沥青胶结材料单边点贴覆盖
水落口	内部排水的水落口杯应牢固固定在承重结构上，水落口所有零件上的铁锈均应预先清除干净，并涂上防锈漆。水落口与竖管承口的连接处，应用沥青与纤维材料拌制的填料或油膏填塞

7.2.1.3 隔气层施工

隔气层可采用气密性好的卷材或防水涂料。一般是在结构层（或找平层）上涂刷冷底子油一道和热沥青二道，或铺设一毡两油。

隔气层必须是整体连续的。在屋面与垂直面衔接的地方，隔气层还应延伸到保温层顶部并高出150mm，以便与防水层相接。采用油毡隔气层时，油毡的搭接宽度不得小于70mm。采用沥青基防水涂料时，其耐热度应比室内或室外的最高温度高出20～25℃。

7.2.1.4 保温层施工

根据所使用的材料，保温层可分为松散、板状和整体三种形式。

(1) 松散材料保温层。施工前应对松散保温材料的粒径、堆积密度、含水率等主要指标抽样复查，符合设计或规范要求时方可使用。施工时，松散保温材料应分层铺设，每层

虚铺厚度不宜大于150mm，边铺边适当压实，使表面平整。压实程度与厚度应经试验确定；压实后不得直接在保温层上行车或堆放重物。保温层施工完成后应及时进行下道工序——铺抹找平层。铺抹找平层时，可在松散保温层上铺一层塑料薄膜等隔水物，以阻止找平层砂浆中水分被保温材料所吸收。

(2) 板状保温层。板状保温材料的外形应整齐，其厚度允许偏差为5%，且不大于4mm，其表观密度、导热系数以及抗压强度也应符合规范规定的质量要求。板状保温材料可以干铺，应紧靠基层表面、铺平、垫稳，接缝处应用同类材料碎屑填嵌饱满；也可用胶粒剂粘贴形成整体。多层铺设或粘贴时，板材的上下层接缝要错开，表面要平整。

(3) 整体保温层。目前常用的有水泥、沥青膨胀珍珠岩及膨胀蛭石，分别选用不低于32.5号水泥和10号建筑石油沥青作胶结料。水泥膨胀珍珠岩、水泥膨胀蛭石宜采用人工搅拌，避免颗粒破碎，并应拌和均匀，随拌随铺，虚铺厚度应根据试验确定，铺后拍实抹平至设计厚度、压实抹平后应立即抹找平层；沥青膨胀珍珠岩、沥青膨胀蛭石宜采用机械搅拌，拌至色泽一致、无沥青团，沥青的加热温度不高于240℃，使用温度不低于190℃，膨胀珍珠岩、膨胀蛭石的预热温度宜为100～120℃。

7.2.1.5 防水层施工

1. 施工前的准备工作

卷材防水层施工前应在屋面上其他工程完工后进行。施工前应先在阴凉干燥处将油毡打开，清除云母片或滑石粉，然后卷好直立放于干净、通风、阴凉处待用；准备好熬制、拌和、运输、刷油、清扫、铺贴油毡等施工操作工具以及安全和灭火器材；设置水平和垂直运输的工具、机具和脚手架等，并检查是否符合安全要求。

2. 卷材铺贴的一般要求

铺贴多跨和高低跨的房屋卷材防水层时，应接先高后低、先远后近的顺序进行；铺贴同一跨房屋防水层时，应先铺排水比较集中的水落口、檐口、斜沟、天沟等部位及卷材附加层，按标高由低到高向上施工；坡面与立面的油毡，应由下开始向上铺贴，使油毡接流水方向搭接。

油毡铺贴的方向应根据屋面坡度或屋面是否有存在振动而确定。当坡度小于3%时，油毡宜平行屋脊方向铺贴；坡度在3%～5%时，油毡可平行或垂直屋脊方向铺贴，坡度大于15%或屋面受振动时，应垂直屋脊铺贴。卷材防水屋面坡度不宜超过25%。油毡平行屋脊铺贴时，长边搭接不小于70mm；短边搭接平屋顶不应小于100mm，坡屋顶不宜小于150mm。当第一层油毡采用条粘、点粘或空铺时，长边搭接不应小于100mm，短边不应小于150mm，相邻两幅毡短边搭接缝应错开不小于500mm，上下两层油毡应错开1/3或1/2幅宽；上下两层油毡不宜相互垂直铺贴；垂直于屋脊的搭接缝应顺主导风向搭接；接头顺水流方向，每幅油毡铺过屋脊的长度应不小于200mm。为保证油毡搭接宽度和铺贴顺直，铺贴油毡时应弹出标线。油毡铺贴前，找平层应干燥。一般现场找平层干燥程度的简易检验方法是：将1m^{2}卷材平坦地干铺在找平层上，静置3～4h后掀开卷材，检查找平层覆盖部位与卷材上有无水印，如果未见水印即可铺设隔气层或防水层。

3. 油毡热铺贴施工

该法分为满贴法、条粘法、空铺法和点粘法四种。满贴法是将油毡下满涂玛瑞脂，使

油毡与基层全部粘结。铺贴油毡时，如保温层和找平层干燥有困难，需在潮湿的基层上铺贴油毡时，常采用空铺法、条铺法、点粘法与排气屋面相结合。空铺法是指铺贴防水卷材时，卷材与基层仅四周一定宽度内粘结，其余部分不粘结的施工方法。点粘法是铺贴防水卷材时，卷材或打孔卷材与基层采用点状粘结的施工方法，每平方米粘结不少于5个点，每点面积为100mm×100mm。条粘法铺贴卷材时，卷材与基层粘结面不少于两条，每宽度不少于150mm。

(1) 满贴法。其铺贴的工序为：浇油—铺贴—收边—滚压等。

1) 浇油。一种方法是用带嘴油壶将玛琋脂来回在油毡前浇油，其宽度比油毡每边少约10～20mm，速度不宜太快，浇油量以油毡铺贴后，中间满撒玛琋脂，并使两边有少量挤出，其厚度控制在1～1.5mm为宜；另一种方法是用长柄棕刷（或粗帆布刷等）将玛琋脂均匀涂刷，宽度比油毡稍宽，不宜在同一地方反复多次刷涂，以免玛琋脂很快冷却而影响粘结质量。

2) 铺贴。铺贴时两手按住油毡，均匀地用力将油毡向前推滚，使油毡与下层紧密粘结，避免辅料、扭曲和出现未粘结玛琋脂之处。

3) 收边滚压。在推铺油毡时，操作的其他人员应将毡边挤出的玛琋脂及时刮去，并将毡边压紧粘住、刮平和赶出气泡。如出现粘结不良处，用小刀将油毡划破，再用玛琋脂贴紧 、封死、赶平，最后在上面加贴一块油毡将缝盖住。

(2) 条粘法。在铺贴第一层油毡时，不满涂浦浇玛琋脂，而采用蛇形和条形涂撒的做法，使第一层油毡与基层之间有若干互相连通的空隙，在屋脊或屋面上设置排气槽、出气孔，互相连通构成“排气屋面”，便于排出水气，避免油毡起泡，也可节省玛琋脂。但用花撒玛琋脂铺贴每一层油毡时，操作要细致，搭接处的毡边必须粘住。油毡不宜过紧过松，否则容易产生开裂或折皱。屋面四周、塘口、屋脊和屋面转角处及突出屋面的连接处，至少有800mm宽的油毡满撒玛琋脂进行实铺。同时基层涂刷冷底子油。第二层及以上油毡均要求实铺。也可采用在基层中留置20～40mm宽的纵横连通的排气道沟槽，并单边点贴200～300mm宽的油毡条，然后实铺第一层油毡；或直接在找平层上先空铺纵横连通的300mm宽的油毡条，形成连通的排气通道然后再实铺第一层油毡。空铺法、点粘法锅贴防水卷材的施工方法与条粘法基本相同。

4. 油毡冷粘法施工

油毡冷粘法施工具有劳动条件好、工效高、工期短等优点，也可避免热作业，熬制热沥青玛琋脂对周围环境无污染。冷粘法是卷材防水屋面施工工艺发展的方向。冷玛琋脂粘贴油毡施工方法和要求与热玛琋脂粘贴油毡施工基本相同，不同之处在于：冷玛琋脂使用时应搅拌均匀，当稠度过大时，可加入少量溶剂稀释并拌匀；涂布冷玛琋脂时，每层玛琋脂厚度宜控制在0.5～1mm，面层玛琋脂厚度宜为1～1.5mm。

5. 高聚物改性沥青卷材施工

高聚物改性沥青热熔卷材是在工厂生产过程中底面即涂有一层软化点较高的改性沥青热熔胶的卷材。其铺贴时不需涂刷胶粘剂，而用火焰烘烤热熔胶后直接与基层粘结。这种方法施工时受气候影响小，对基层表面干燥程度要求相对较宽松，但烘烤时对火候的掌握要求适度。热熔卷材可采用满粘法或条枯法铺贴，铺贴时要稍紧一些，不能太松弛。施工

方法有滚铺法和展铺法。

(1) 滚铺法。这是一种不展开卷材而边加热烘烤边滚动卷材铺贴的方法。

1) 起始端卷材的镜贴。将卷材置于起始位置，对好长、短方向搭接缝，滚展卷材1000mm左右并掀开，用火焰同时加热卷材底面、热熔胶面和基层至热熔胶层出现黑色光泽，发亮至稍有微泡出现，放下卷材平铺于基层，然后进行排气滚压使卷材与基层粘结牢固。当铺贴至剩下300mm左右长度，将其翻放在隔热板上，用火焰加热余下起始端基层后，再加热卷材起始端余下的部分，然后将其贴于基层。

2) 滚铺。卷材起始端粘完成后即可进行大面积滚铺。持火焰喷枪的人位于卷材滚铺的前方，按上述方法同时加热卷材和基层，条粘时只需加热两侧边，加热宽度各为150mm左右，推滚卷材的人在已铺好的卷材起始端上面，等卷材充分加热后缓缓推压卷材，并随时注意卷材的平整顺直和搭接的宽度。其后紧跟一人用滚子从中间向两边抹压卷材、赶出气泡，并用刮刀将溢出的热熔胶刮压接边缝。另一人用压辊压实卷材，使之于基层粘贴密实。

(2) 展铺法。是将卷材平铺于基层，再沿边掀开卷材予以加热粘贴。此方法主要适用于条粘法铺贴卷材。

先将卷材展铺在基层上，对好搭接缝，按滚铺法先贴好起始端。拉直整幅卷材，使其平坦地与基层相贴，然后对末端做临时固定。由起始端开始熔贴卷材，掀起卷材边缘约200mm高，将火焰喷枪头伸入侧边卷材下，同时加热卷材边宽约200mm的底面，热熔胶和基层，边加热边铺贴。铺至距末端1000mm左右，撤去临时固定按滚铺法铺贴末端卷材。

在进行热熔粘按缝之前，应先将下层卷材表面的隔离纸烧掉，以利于搭接牢固严密。所有搭接缝应用密封材料封严，涂封的宽度不应小于10mm。在复杂部位附加增强层时，基层需涂刷一遍密封材料，以便粘贴。

6. 高聚物改性沥青卷材冷粘法施工

它是在基层和卷材底面涂布胶粘剂进行卷材与基层、卷材与卷材的粘结。主要工序有胶粘剂的选择、涂刷胶粘剂、铺贴卷材、搭接缝处理等。

粘胶剂一般由厂家配套供应，对单组分胶粘剂只需开棉搅拌均匀后即可使用，而双组分胶粘剂则必须严格按厂家提供的配合比例和配制方法进行计量、掺合、搅拌均匀后才能使用。

施工前应清除基层表面的突起物，并将尘土杂物等扫除干净，随后用基层处理剂进行基层处理，基层处理剂系由汽油等溶剂稀释胶粘剂制成，涂刷时要均匀一致。待基层处理剂干燥后，可先对排水口、管根等容易发生渗漏的薄弱部位均匀涂刷一层胶粘剂，涂刷厚度以1mm左右为宜。基层表面涂刷胶粘剂时，切忌在一处来回滚涂，以免将底胶“咬起”，形成凝胶而影响质量。某些卷材要求底面和基层均涂胶粘剂、涂刷时注意卷材背面的胶粘剂不得涂刷得太薄而露底，也不得涂刷过多而产生聚胶，还应注意在卷材搭接宽度的搭接缝部位不得涂刷胶粘剂而应留作涂刷接缝胶粘剂。空铺法、条粘法、点粘法应按规定的位置与面积涂刷胶粘剂。

一般要求基层及卷材上涂刷的胶粘剂达到表干程度才能铺贴卷材，施工时可凭经验

定，用手指触压胶粘剂不粘手时即可开始粘贴卷材。平面上铺贴卷材可以用滚铺法或抬铺法进行铺贴。抬铺法是将涂布好胶粘剂的卷材经过对折、抬起、对位、翻平铺压等工序把卷材贴在基层上。卷材铺贴后应平整顺直，搭接尺寸准确，不得扭曲、皱折。搭接部位的接缝应满涂胶粘剂、辊压粘结牢固，溢出的胶粘剂随即刮平封口。接缝口应用密封材料封严、密封时用刮刀沿缝刮涂，不能留有缺口，密封宽度不应小于10mm。

7. 合成高分子防水卷材施工

可采用冷粘法、自粘法、热风焊接法施工。自粘贴卷材施工方法是施工时只需剥去隔离纸后即可直接铺贴；带有防粘层时，在粘贴搭接缝前应将防粘层先溶化掉，方可达到粘结牢固。

7.2.1.6 保护层施工

为了减少阳光辐射对沥青老化的影响，降低沥青表面的温度，防止暴雨和冰雪对防水层的侵蚀，在防水层表面设置绿豆砂或板块等各种保护层。

(1) 绿豆砂保护层。在卷材铺设完毕后，经检查合格后，应立即进行绿豆砂保护层施工，以免油毡表面遭受损坏。施工时，应选用色浅、耐风化、清洁、干燥，粒径为3～5mm的绿豆砂，在锅内或钢板上加热至100℃左右均匀撒铺在涂刷过2～3mm厚的沥青胶结材料的油毡防水层上，并使其1/2的粒径嵌入到沥青中，未粘结的绿豆砂应随时清扫干净。

(2) 预制板块保护层。一般采用砂或水泥砂浆作为结合层。当采用砂结合层时，铺砌块体前应将砂洒水压实刮平；块体应对接铺砌，缝隙宽度为10mm左右；板缝用1∶2水泥砂浆勾成凹缝；为防止砂子流失，保护层四周500mm范围内，应改用低强度等级水泥砂浆做结合层。

采用水泥砂浆做结合层时，应先在防水层上做隔离层，隔离层可用单层油毡空铺，搭接边宽度不小于70mm，块体预先湿润后再铺砌。铺砌可用铺灰法或摆铺法。为防止因热胀冷缩造成板块拱起或板缝开裂，块体保护层每100m^{2}以内应留设分格缝，缝宽200mm，缝内嵌填密封材料。

7.2.2 涂膜防水屋面施工

在屋面基层上涂刷防水涂料，经固化后形成一定厚度的弹性整体涂膜层的柔性防水面。该类防水屋面主要适用于防水等级为Ⅰ～Ⅳ级的屋面防水，涂膜防水层的厚度应符合规范要求，具体做法要根据屋面构造和涂料本身性能要求而定，其施工要点如下：

(1) 施工顺序。基层表面清理、修整—喷涂基层处理剂（底涂料）—特殊部位附加增强处理—涂布防水涂料—保护层施工。涂膜防水屋面的基层表面清理、修整与卷材防水屋面基本相同。

(2) 喷涂基层处理剂。基层处理剂应与上部涂料的材性相容，常用防水涂料的稀释液进行刷涂或喷涂。喷涂前应充分搅拌，喷涂均匀，覆盖完全，干燥后方可进行涂膜防水层施工。

(3) 特殊部位附加增强处理。在管道根部、阴阳角等部位，应做不少于一布二涂的附加层；在无沟、格沟与屋面交接处以及找平层分格处均应空铺宽度不小于200～300mm的附加层，构造作法应符合设计要求。

（4）涂布防水涂料。防水涂料可采用手工抹压、涂刷和喷涂分层施工。涂层厚度应均匀一致，表面平整，防水涂膜应有两层及以上涂层组成，一道涂层完毕并待干燥结膜后，方可涂布下一遍涂料，总厚度应符合设计要求或规范规定。为了加强防水涂料层对基层开裂、房屋伸缩变形和结构较小沉陷的抵抗能力，可铺设胎体增强材料，边涂刷防水涂料边铺设，并刮平粘牢，排出气泡，其搭接宽度：长边不少于50mm，短边不少于70mm，上、下层及相邻两幅的搭接缝应错开，其间距不应小于幅宽的1/3，上下两层不得相互垂直铺贴；对天沟、梭沟、格口、泛水等特殊部位必须加铺胎体增强材料附加层，以提高防水层适应变形的能力。涂膜防水层的收头应用防水涂料多遍涂刷或用密封材料封严。

（5）保护层施工。为了防止涂料过快老化，涂膜防水层应设置保护层。在涂刷最后一道涂料时，如采用细石、云母作保护层，可边涂刷边均匀地散布，不得露底，待涂料干燥后，将多余的散布材料清除。当采用浅色涂料作保护层时，应在涂膜固化后进行。

遇雨、雪、五级风及其以上天气或预计涂膜固化前可能下雨时，严禁进行防水涂膜施工。水乳型涂料的施工环境气温为5～35℃，溶剂型涂料宜为－5～35℃。

7.2.3 屋面防水工程施工质量要求与安全措施

1. 屋面防水工程施工的质量要求

卷材屋面防水施工所使用的材料（包括防水材料、找平层、保温层、保护层、隔气层及外加剂、配件等）必须符合设计要求和质量标准；天沟、格沟、泛水和变形缝等构造，应符合设计要求；卷材防水层的基层，卷材防水层搭接宽度，附加层、天沟、橡沟、泛水和变形缝等细部作法，刚性保护层与卷材防水层之间设置的隔离层，密封防水处理部位等，应作隐蔽工程验收，并有记录；卷材铺贴方法和搭接顺序应符合设计要求，搭接宽度正确、接缝严密，无皱折、鼓泡和翘边现象。

涂膜防水层面施工所用的防水涂料、胎体增强材料、配套进行密封处理的密封材料及复合使用的卷材和其他材料，应有产品合格证书和性能检测报告。材料进场后，应接有关规范的规定进行抽样复验，并提出试验报告。不合格的材料，不得在屋面工程中应用。屋面坡度必须准确、找平层平整度不得超过5mm，不得有酥松、起砂、起皮等现象，出现裂缝应做修补。找平层的水泥砂浆配合比、细石混凝土的强度等级及厚度应符合设计要求，基层应平整、干净、干燥；水落口杯和伸出屋面的管道应与基层固定牢固，密封严密。各节点做法应符合设计要求，附加层设置正确，节点封固严密，不得开缝翘边；防水层与基层应粘结牢固，不得有裂纹、脱皮、流淌、鼓泡、露胎体和皱皮等现象，厚度应符合设计要求。

屋面不得有渗漏和积水现象，可采用雨后或持续淋水2h进行检查，特种屋面应采用24h蓄水检查。

2. 安全措施

屋面防水工程施工是在高空、高温环境下进行，大部分材料易燃并含有一定的毒性，必须采取必要的措施，防止发生火灾、中毒、烫伤、坠落等工伤事故。

（1）施工前应进行安全技术交底工作，施工操作过程符合安全技术规定。

（2）皮肤病、支气管炎病、结核病、眼病以及对沥青、橡胶刺激过敏的人员，不得参加操作。

(3) 按有关规定配给劳保用品，合理使用，沥青操作人员不得赤脚或穿短袖衣服进行作业，应将裤脚袖口扎紧，手不得直接接触沥青。接触有毒材料需戴口罩并加强通风。在通风不良的部位进行含有挥发性溶剂的涂料施工时，宜采用人工通风措施。

(4) 操作时应注意风向、防止下风操作人员中毒、受伤。熬制玛蹄脂（或涂料）和配制冷底子油时，应注意控制沥青锅的容量和加热温度，防止烫伤。

(5) 防水卷材、防水涂料和粘结剂多为易燃易爆产品，在仓库、工地现场存放及在运输过程中应严禁烟火、高温和曝晒。施工现场应有禁烟火标志，并配备足够的灭火器具。

(6) 运输线路应畅通、各项运输设施应牢固可靠，屋面孔洞及椽口应有安全措施。

任务3　地 下 防 水 工 程

任务描述

(1) 熟悉地下防水工程常用方法及施工程序。

(2) 能够根据现场实际情况合理选择提高防水质量的技术措施。

(3) 能够根据实际情况正确合理的对特殊部位进行防水处理。

(4) 了解涂膜防水、水泥砂浆抹面防水和防水混凝土施工工艺。

任务分析

作为施工技术人员要求熟悉地下防水工程卷材防水外防外贴法和外防内贴法的相关施工程序及根据工程特点提高防水质量的技术措施。

相关知识

由于地下工程长期经受地下水或潮湿环境的浸泡，所以地下防水工程比屋面防水工程要求更高，难度更大，其防水方案需根据工程具体情况确定，大致有防水混凝土结构、加防水层、防排结合三类。地下防水等级和设防要求见表7.7。

表7.7　　地下防水等级和设防要求

防水等级	标　准
1级	不允许漏水，结构表面无湿渍
2级	不允许漏水，结构表面可有少量湿渍。 工业与民用建筑：湿渍总面积不大于总防水面积的1%，单个湿渍面积不大于0.1m^2，任意100m^2防水面积不超过1处。 其他地下工程：湿渍总面积不大于总防水面积的6%，单个湿渍面积不大于0.2m^2，任意100m^2防水面积不超过4处
3级	有少量漏水点，不得有线流和漏泥沙。 单个湿渍面积不大于0.3m^2，单个漏水点的漏水量不大于2.5L/d，任意100m^2防水面积不超过7处
4级	有漏水点，不得有线流和漏泥沙。 整个工程平均漏水量不大于2L/(m^2·d)，任意100m^2防水面积的平均漏水量不大于4L/(m^2·d)

7.3.1 卷材防水层

地下卷材防水层是一种柔性防水层，是用胶粘剂将几层卷材粘贴在地下结构基层的表面上而形成的多层防水层，它具有较好的防水性和良好的韧性，能适应结构振动和微小变形，并能抵抗酸、碱、盐溶液的侵蚀，但卷材吸水率大，机械强度低，耐久性差，发生渗漏后难以修补。因此，卷材防水层只适应形式简单的整体钢筋混凝土结构基层和以水泥砂浆、沥青砂浆或沥青混凝土为找平层的基层。一般把地下卷材防水层设置在建筑结构的外侧，称为外防水。外防水的防水层在迎水面，受压力水作用紧压在结构上，防水效果好，因而应用广泛。外防水卷材的铺贴方法可有外防外贴法和外防内贴法。

1. 外防外贴法

外防外贴法施工是在地下防水结构墙体做好以后，把卷材防水层直接铺贴在外表面上，然后再砌筑保护墙。其构造如图7.2。

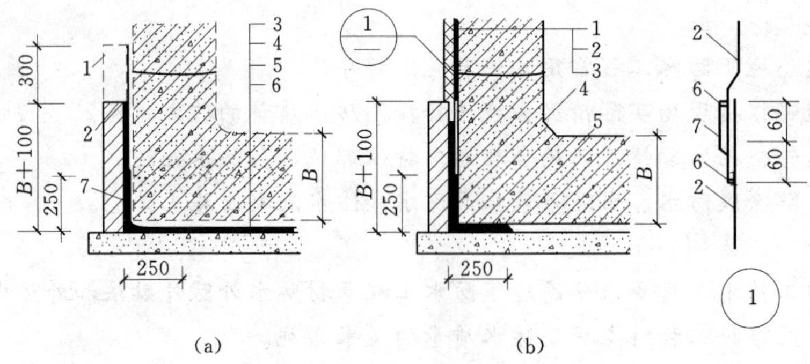

图7.2 卷材防水层甩槎、接槎做法

(a) 甩槎

1—临时保护墙；2—永久保护墙；3—细石混凝土保护层；4—卷材防水层；5—水泥砂浆找平层；6—混凝土垫层；7—卷材加强层

(b) 接槎

1—结构墙体；2—卷材防水层；3—卷材保护层；4—卷材加强层；5—结构底板；6—密封材料；7—盖缝条

施工程序如下：

(1) 先浇筑需防水结构的底层混凝土垫层。

(2) 在垫层上砌筑永久性保护墙，墙下铺一层干油毡。墙的高度不小于需防水结构底板厚度再加100mm。

(3) 在永久性保护墙上用石灰砂浆接砌保护墙，墙高为300mm。

(4) 在永久性保护墙上抹1∶3水泥砂浆找平层，在临时保护墙上抹石灰砂浆找平层，并刷石灰浆。如用模板代替临时性保护培，应在其上涂刷隔离剂。

(5) 待找平层基本干燥后，即可根据所选卷材的施工要求进行铺贴。

(6) 在大面积铺贴卷材之前，应先在转角处粘贴一层卷材附加层，然后进行大面积铺贴，先铺平面，后铺立面。在垫层和永久性保护墙上应将卷材防水层空铺，而在临时保护墙（或模板）上应将卷材防水层临时贴附，并分层临时固定其顶揣。

(7) 当不设保护墙时，从底面折向立面的卷材的接槎部位应采取可靠的保护措施。

(8) 浇筑需防水结构的混凝土底板和墙体。

(9) 在需防水结构外墙外表面抹找平层。

(10) 主体结构完成后，铺贴立面卷材时，应先将接搓部位的各层卷材揭开，并将其表面清理干净，如卷材有局部损伤，应及时进行修补。卷材接搓的搭接长度，高聚物改性沥青卷材为150mm，合成高分子卷材为100mm。当使用两层卷材时，卷材应错搓接缝，上层卷材应盖过下层卷材。卷材的甩槎、接槎做法如图7.2所示。

(11) 待卷材防水层施工完毕，并经过检查验收合格后，即应及时做好卷材防水层的保护结构。保护结构的几种做法：

1) 砌筑永久保护墙，并每隔5～6m及在转角处断开，断开的缝中填以卷材条或沥青麻丝；保护墙与卷材防水层之间的空隙应随砌随用砌筑砂浆填实，保护墙完工后方可回填土。注意在砌保护墙的过程中切勿损坏防水层。

2) 抹水泥砂浆。在涂抹卷材防水层最后一道沥青胶结材料时，趁热撒上干净的热砂或散麻丝，冷却后随即抹一层10～20mm的1∶3水泥砂浆。水泥砂浆经养护达到强度后，即可回填土。

3) 贴塑料板。在卷材防水层外侧直接用氯丁系胶剂花贴固定5～6mm厚的聚乙烯泡沫塑料板，完工后即可回填土。

2. 外防内贴法

外防内贴法是浇筑混凝土垫层后，在垫层上将永久保护墙全部砌好，将卷材防水层铺贴在垫层和永久保护墙上，其构造如图7.3所示。

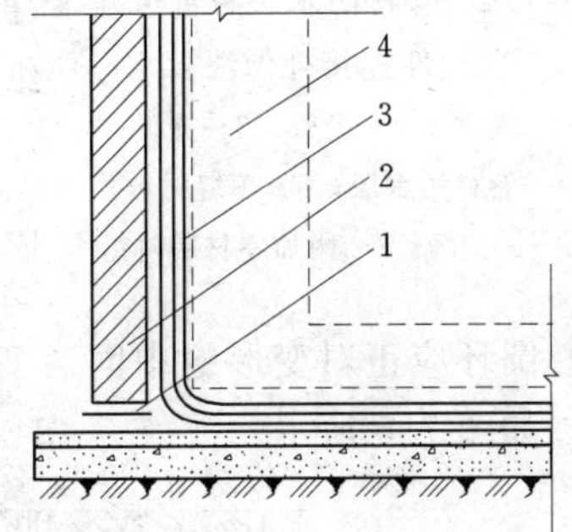

图7.3 外防内贴法卷材防水构造
1—平铺油毡层；2—砖保护墙；3—油毡防水层；4—待施工的地下构筑物

(1) 在已施工好的混凝土垫层上砌筑永久保护墙，保护墙全部砌好后，用1∶3水泥砂浆在垫层和永久保护墙上抹找平层。保护墙与垫层之间须干铺一层油毡。

(2) 找平层干燥后即涂刷冷底子油或基层处理剂，干燥后方可铺贴卷材防水层，铺贴时应先铺立面、后销平面，先铺转角，后铺大面。在全部转角处应锅贴卷材附加层，附加层可两层同类油毡或一层抗拉强度较高的卷材，并应仔细粘贴紧密。

(3) 卷材防水层铺完经验收合格后即应做好保护层。立面可抹水泥砂浆、贴塑料板，或用丁系肢贴剂粘铺石油沥青纸胎油毡；平面可抹水泥砂浆，或浇筑不少于50mm厚的细石混凝土。

(4) 施工需防水结构，将防水层压紧。如为混凝土结构，则永久保护墙可当一侧模板，结构顶板卷材防水层上的细石混凝土保护层厚度不应小于70mm，防水层如为单层卷材，则其与保护层之间应设置隔离层。

(5) 结构完工后，方可回填土。

3. 提高卷材防水质量的技术措施

(1) 卷材的点粘、条粘及空铺。卷材防水层是粘附在具有足够刚度的结构层或结构层上的找平层上面，当结构层因种种原因产生变形裂缝时，要求卷材有一定的延伸率来适应这种变形，采用点粘、条粘、空铺的措施可以充分发挥卷材的延伸性能，有效地减少卷材被拉裂的可能性。具体做法是：点粘法，每平方米卷材下粘五点（100mm×100mm），粘贴面积不大于总面积的6%；条粘法，每幅卷材两边各与基层粘贴150mm宽；空铺法，卷材防水层周边与基层粘贴800mm宽。

(2) 增铺卷材附加层。对变形较大、易遭破坏或易老化部位，如变形缝、转角、三面角以及穿墙管道周围、地下出入口通道等处，均应铺设卷材附加层。

(3) 做密封处理。为使卷材防水层增强适应变形的能力，提高防水层整体质量，在分格缝、穿墙管道周围、卷材搭接缝，以及收头部位应做密封处理。

(4) 施工中，应重视对卷材防水层的保护。

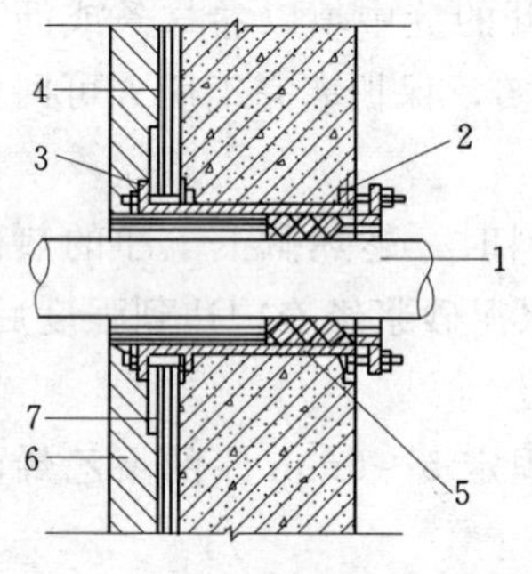

图7.4　卷材防水层与管道埋设件连接处做法

1—管道；2—套管；3—夹板；4—卷材防水层；5—填缝材料；6—保护墙；7—附加卷材层衬垫

4. 特殊部位的防水处理

(1) 管道埋设件防水处理。管道埋设件与卷材防水层连接处做法如图7.4所示。为了避免因结构沉降造成管道变形破坏，应在管道穿过结构处设套管，套管上附有法兰盘，套管应于浇筑结构时设计位置预埋准确。卷材防水层应粘贴在套管的法兰盘上，粘贴宽度至少为100mm，并用夹板将卷材压紧。粘贴前应将法兰盘及夹板上的尘垢和铁锈清除干净，刷上沥青。夹紧卷材的夹板下面，应用软金属片、石棉纸板、防水卷材等衬垫。

(2) 变形缝防水处理。在变形缝处应增加卷材附加层，附加层可视实际情况采用合成高分子防水卷材、高聚物改性沥青防水卷材等。在结构厚度的中央埋设止水带，止水带的中心圆环应正对变形缝中间。变形缝内可用浸过沥青的木丝板填塞，缝口用优质密封膏封，如图7.5所示。

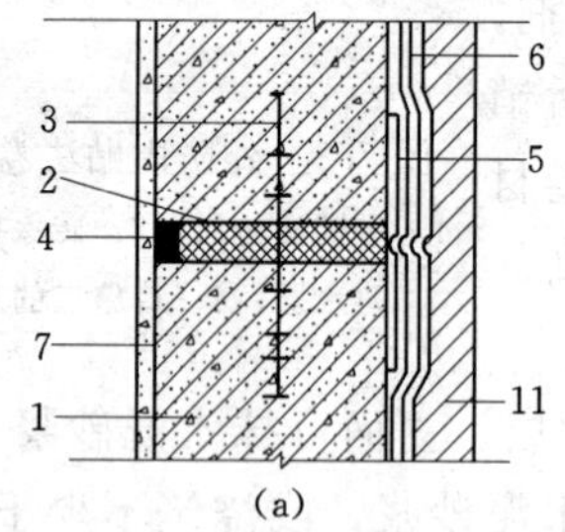

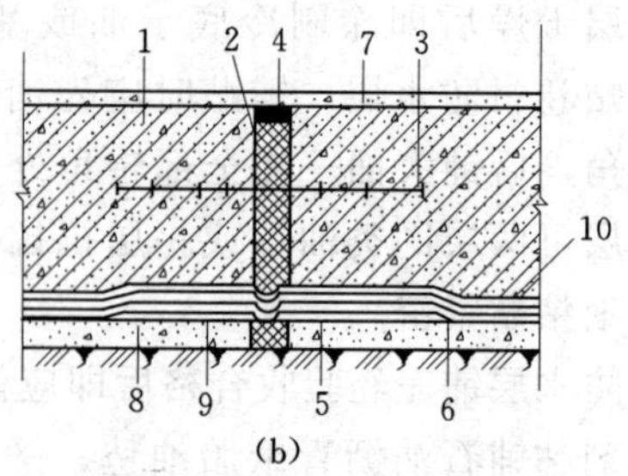

图7.5　变形缝处防水做法

(a) 墙体变形缝；(b) 底板变形缝

1—需防水结构；2—浸过沥青的木丝板；3—止水带；4—填缝油膏；5—卷材附加层；6—卷材防水层；7—水泥砂浆面层；8—混凝土垫层；9—水泥砂浆找平层；10—水泥砂浆保护层；11—保护墙

7.3.2 涂膜防水

涂膜防水是在需防水结构表面基层上涂以一定厚度的防水涂料，经固化后形成封闭的具有良好弹性性能的涂膜防水层。涂膜防水具有重量轻，耐候性、耐水性、耐蚀性优良，

适用性强，冷作业，易于维修等优点；但又有涂膜时其厚度不易做到均匀一致，抵抗结构变形能力差，与潮湿基层黏结力差，抵抗动水压力的能力差等缺点。

常用的防水涂料有：合成高分子防水涂料、高聚物改性沥青防水涂料、沥青基防水涂料、无机物一水泥类防水。涂膜防水层总厚度小于 3mm 为薄质涂料，总厚度大于 3mm 为厚质涂料。

1. 涂膜防水层的施工顺序

地下工程涂膜防水层的设置可分为内防水（即防水涂膜涂刷于结构内壁）、外防水（防水涂膜涂刷于结构外壁）两种形式，如图 7.6 所示。涂膜外表面应设置砂浆、砖或饰面等保护层。涂膜防水层的施工顺序应遵循“先远后近、先高后低、先细部后大面、先立面后平面”的原则。一般为：基层处理—涂刷底层涂料—（增强涂布或补涂）—涂布第一道涂膜防水层—（增强涂布或补涂）—涂布第二道涂膜防水层—做保护层。

涂膜施工时、环境温度在 10～30℃为宜；在低温或高温、霜、雪、大风（5 级风以上）的天气不宜进行涂膜施工。对于薄质涂料和厚质涂料的施工工艺具有不同的方法。

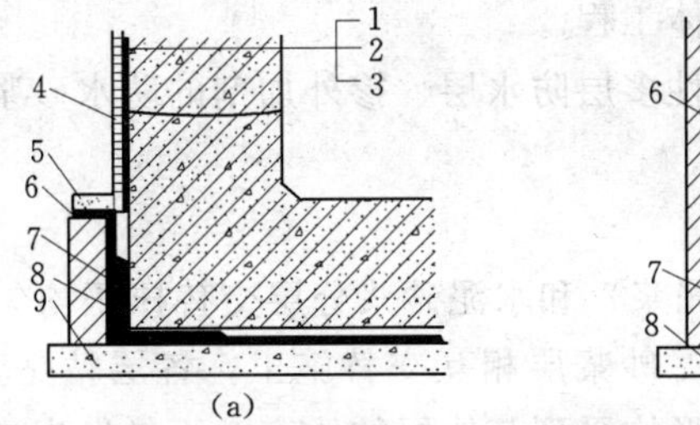

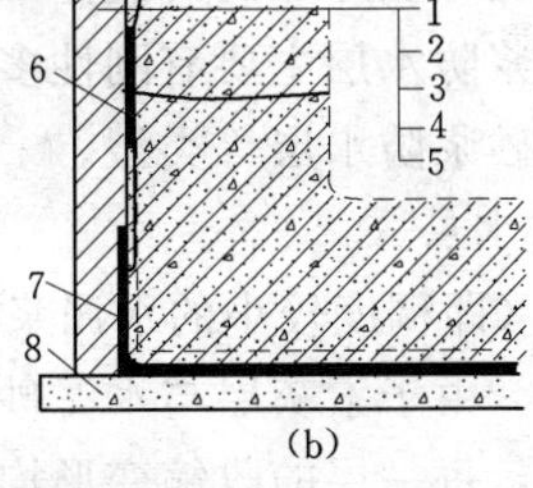

图 7.6　涂膜防水层构造

(a) 防水涂料外防外涂做法

1—结构墙体；2—涂料防水层；3—涂料保护层；4—涂料防水加强层；5—涂料防水层搭接部位保护层；6—涂料防水层搭接部位；7—永久保护墙；8—涂料防水加强层；9—混凝土垫层

(b) 防水涂料外防内涂做法

1—结构墙体；2—砂浆保护层；3—涂料防水层；4—砂浆找平层；5—保护墙；6、7—涂料防水加强层；8—混凝土垫层

2. 薄质涂料施工

薄质涂料一般指水乳型或溶剂型的高聚物改性防水涂料及合成高分子防水涂料。薄质涂料施工一般采用涂刷法或喷涂法，胎体材料施工有湿铺法（先刷涂料，后铺胎体，再用滚刷滚压使胎体布孔眼浸满涂料）和干铺法（先干铺胎体，再满刮涂料，使涂料浸入胎体布孔眼，并与下层已固化的涂膜结成整体）。涂膜施工过程要注意涂布均匀、厚薄一致，且不得漏涂。涂膜防水层一般分为三道涂布，底层涂料一般为 0.15～0.20kg/m³；底层涂布 24h 以上，固化干燥后方可根据设计或施工要求进行增强涂布或增补涂布，增强涂布是采用条形或块状加设玻璃纤维布，在第一道涂膜固化后，可涂刮第二道涂膜，前后两道工序的涂刮方向应相互垂直。在第二道涂膜固化前，在其表面稀撒粒径约 2mm 的石渣，增强涂膜与保护层的粘结能力。最后一道涂膜固化干燥后，即可设置保护层。

3. 厚质涂料施工

厚质涂料一般指沥青基防水涂料，其施工工艺与簿质涂料基本相同，不同之处在于涂

料中含有较多的填充料，故而涂料厚、成膜干围时间长。为此，施工前应试验测定后来确定涂膜的厚度和总厚度以及涂布间隔时间，并且应考虑人工干燥法加速成膜。

4. 保证施工质量的要求

首先，应保证原材料质量合格，应有出厂合格证、质量指标证明文件及现场复检报告单。其次，要使涂膜防水层与基层粘结牢固，厚、薄均匀，无空鼓、开裂、脱层以及收头不平等缺陷，就要对防水层厚度、边角和特殊部位的处理严格把关，应符合设计与施工规定要求。施工中对防水涂料的配制应进行 2～5min 的强力搅拌。基层应清理干净。及时处理气泡和起鼓，应认真清理基层，细心修补填实。当涂膜防水层出现翘边、破损现象时，可采取增强和增补法进行修补。

7.3.3 水泥砂浆抹面防水

水泥砂浆抹面防水是一种刚性防水层。即在建筑物的底面和两侧分别涂抹一定厚度的水泥砂浆，利用砂浆本身的憎水性和密实性来达到抗渗防水的效果。但这种防水层抵抗变形能力差，故不宜用于受振动荷载影响的工程或结构上易产生不均匀沉陷的工程，亦不适用于受腐蚀、高温及反复冻融的砖砌体工程。

常用的水泥砂浆防水层主要有刚性多层防水层、掺外加剂的防水砂浆防水层和膨胀水泥或无收缩性水泥砂浆防水层等类型。

1. 刚性多层防水层

这是利用素灰（即稠度较小的水泥浆）和水泥砂浆分层交替抹压均匀密实，构成一个多层的整体防水层。由于素灰层与水泥砂浆层相互交替施工，各层粘贴紧密、密实性好，当外界温度变化时，每一层的收缩变形均受到其他层的约束，不易发生裂缝；同时各层配合比、厚度及施工时间均不同，毛细孔形成也不一致，后一层施工能对前一层的毛细孔起堵塞作用，所以具有较高抗渗能力，能达到良好的防水效果。将这种防水层做在迎水面时，宜采用五层交叉抹面，如图 7.7 所示，做在背水面时，宜采用四层，交叉抹面，即将第四层表面抹平压光即可。第一、三层为素灰层，水灰比为 0.37～0.4，稠度为 70mm 的水泥浆，其厚度为 2mm，分两次抹压密实、主要起防水作用。第二、四层为水泥砂浆层，配合比为 1∶1.5（水泥∶砂），水灰比为 0.6～0.65，稠度为 70～80mm，每层厚度 4～5mm，主要起着以素灰层的保护、养护和加固作用，也起一定的防水作用。第五层为水泥浆层，厚度为 1mm，水灰比为 0.55～0.6，在第四层水泥砂浆抹压两遍后，用毛刷均涂刷水泥浆一道并随第四层一道压光。

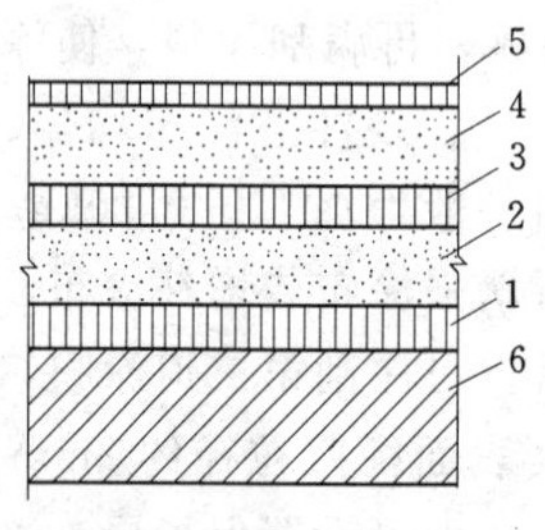

图 7.7 五层交叉抹面

1、3—素灰层；2、4—砂浆层；5—水泥浆层；6—结构基层

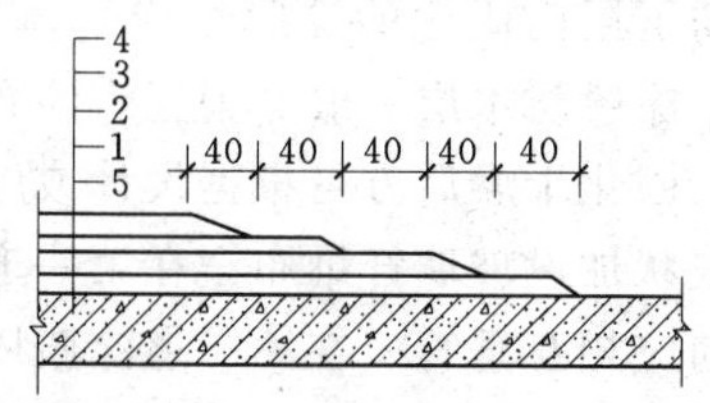

图 7.8 防水层留槎方法

1、3—素灰层；2、4—砂浆层；5—结构基层

每层防水层施工要连续施工，不留施工缝。若必须留施工缝，则应留成阶梯坡形槎，如图7.8所示，接槎要依照层次顺序操作，层层搭接紧密。接槎一般宜留在地面上，亦可留在墙面上，但均需离开阴阳角处200mm。阴阳角均应做成圆弧形或钝角，圆弧半径，阳角宜为10mm，阴角宜为50mm。抹完后养护时间不宜少于15d。

2. 掺防水剂水泥砂浆抹面防水层

在普通水泥砂浆中掺入一定量的防水剂形成防水砂浆，由于防水剂与水泥水化作用而形成不溶性物质或憎水性薄膜，可填充或封闭水泥砂浆中的毛细管道，从而获得较高的密实性，提高其抗渗能力。

防水剂的品种繁多，常用的有防水浆、避水浆、防水粉、氯化铁防水剂、硅酸盐防水剂等。以常用的氯化铁防水砂浆防水层施工为例，在基层清理完成后，先刷水泥浆一道，然后分两次抹垫层的防水砂浆，其配合比为1：2.5：0.3（水泥：砂：防水剂），水灰比为0.45～0.5，其厚度为12mm，抹垫层防水砂浆后，隔12h左右，再刷一道水泥浆，并随刷随抹面层防水砂浆，其配合比为1：3：0.3（水泥：砂：防水剂），水灰比为0.5～0.55，其厚度为13mm，也分二次抹。面层防水砂浆抹完后，在终凝前应反复多次抹压密实并压光。抹面完成后，应覆盖湿草袋进行养护，定期浇水，至少14d，养护温度不低于5℃。

3. 膨胀水泥或无收缩性水泥砂浆防水层

主要是利用水泥膨胀和无收缩的特性来提高砂浆的密实性和抗渗性，其砂浆的配合比为1：2.5（水泥：砂），水灰比为0.4～0.5。涂抹方法与防水砂浆相同，但由于砂浆凝结快，故在常温下配制的砂浆必须在1h内使用完毕。

在配制防水砂浆时，宜采用强度等级不低于32.5的普通硅酸盐水泥或膨胀水泥，也可采用矿渣硅酸盐水泥；采用中砂或粗砂。基层表面要坚实、粗糙、平整、洁净。涂刷前基层应洒水湿润，以增强基层与防水层的粘结力。

7.3.4 防水混凝土

防水混凝土既是承重结构及围护结构，同时还应具有良好防水渗透的性能。防水混凝土是依靠调整混凝土配合比，掺外加剂和精心施工等方法来提高自身的密实性，憎水性和抗渗性而达到防水的目的。防水混凝土具有取材容易、施工简便、工期较短、耐久性好、工程造价低等优点。所以，在地下工程中防水混凝土得到了广泛应用。

目前，常用的防水混凝土主要有普通防水混凝土、外加剂防水混凝土等。

1. 防水混凝土原材料及其配制的要求

（1）普通防水混凝土是在普通混凝土骨料级配的基础上，通过调整和控制配合比来提高自身密实度和抗渗性，且还要满足结构强度的一种混凝土。

1）对普通防水混凝土原材料的要求：采用强度等级不低于32.5的水泥，在不受侵蚀介质和冻融作用时，宜采用普通硅酸盐水泥、火山灰硅酸盐水泥和粉煤灰硅酸盐水泥；若选用矿渣硅酸盐水泥，则必须掺用高效减水剂。在受侵蚀性介质作用的条件下，应按介质的性质选用相应的水泥；在受冻融作用的条件下，应优先选用普通硅酸盐水泥，不宜采用火山灰质硅酸盐水泥和粉煤灰硅酸盐水泥。不得使用过期或受潮结块的水泥；不得使用混入有害杂质的水泥；不得将不同品种或不同强度等级的水泥混合使用。骨料级配要好，可采用碎石、卵石和碎矿渣，石子含泥量不大于1%，针状、片状颗粒不大于15%，最大粒径不宜大于40mm，吸水率不大于1.5%；宜采用含泥量不大于3%的中、粗砂，平均粒径为0.4mm左右。所用的水应为不含有害物质的洁净水。

2）普通防水混凝土配制的要求：水泥用量不得少于320kg/m³；当掺有活性掺和料时，不得少于280kg/m³。砂率宜为35%～45%；泵送混凝土的砂率可为45%。灰砂比为1∶2～1∶2.5，水灰比不得大于0.55，坍落度不宜大于50mm。防水混凝土配制的最优方案，应根据这些相互制约因素确定，除此之外，还应考虑设计对抗掺的要求，通过初步配合比计算、试配和调整，最后确定出施工配合比。在试验室试配时，应考虑试验室条件与实际施工条件的差别，应将设计抗渗等级提高0.2MPa，有时还要采用掺外加剂的方法来满足防水的要求。

（2）外加剂防水混凝土是在混凝土中加入一定量的有机或无机物，以改善混凝土的性能和结构组成，提高其密实性和抗渗性，达到防水要求。外加剂种类很多，不同的外加剂，其性能、作用各异，应根据工程结构和施工工艺等对防水混凝土的具体要求，适宜的选择相应的外加剂。下面仅对常用的引气剂防水混凝土，减水剂防水混凝土和三乙醇胺防水混凝土做简单介绍。

1）引气剂防水混凝土。在混凝土拌和物中加入引气剂后，会产生大量微小、密闭、稳定而均匀的气泡，使其黏滞性增大，不易松散离析，显著地改善了混凝土的和易性，还可以使毛细管的形状及分布发生改变、切断渗水通路，从而提高了混凝土的密实性和抗渗性。引气剂防水混凝土适用于对抗渗性和抗冻性要求较高的工程结构，特别适合寒冷地区使用。常用的引气剂有松香酸钠（松香皂）、松香热聚物；另外还有烷基磷酸钠、烷基苯磺酸钠等。根据现行规范规定，混凝土含气量应控制在3%～5%，此时可获得较高的抗渗性和抗冻性；相应引气剂最佳掺量为：松香酸钠0.01%～0.03%；松香热聚物0.01%；水灰比宜控制在0.5～0.6之间；水泥用量为250～300kg/m³，砂率为28%～35%。砂石级配、坍落度与普通混凝土要求相同。

2）减水剂防水混凝土。减水剂是一种表面活性剂，它以分子定向吸附作用将凝聚在一起的水泥颗粒絮凝状结构高度分散解体，并释放出其中包裹的拌和水，使在坍落度不变的条件下，减少了拌和用水量；此外，由于高度分散的水泥颗粒更能充分水化。使水泥石结构更加密实，从而提高了混凝土的密实性和抗渗性。减水剂防水混凝土适用于一般防水工程及对施工工艺有特殊要求的防水工程。常用的减水剂有木质素磷酸钙、多环芳香族磺酸钠、糖蜜等。采用木钙、糖蜜为水泥质量的0.2%～0.3%；采用NNO、MF为水泥用量的0.5%～1.0%。在保持混凝土和易性不变的情况下，减水剂可使混凝土用水量减少10%～20%，混凝土强度提高10%～30%，抗渗性可提高一倍以上。

3）三乙醇胺防水混凝土。三乙醇胺防水剂对水泥的水化起加快作用，水化生成物增多，水泥石结晶变细、结构密实，因此提高了混凝土的抗渗性、抗渗压力可提高3倍以上。其抗渗性良好，且具有早强和强化作用，施工简便、质量稳定，适合工期紧，要求早强及抗渗的地下防水工程。在冬季施工时，除了掺入占水泥质量0.05%的三乙醇胺以外，再加入0.5%的氯化钠及1%的亚硝酸钠，其防水效果会更好。

2. 防水混凝土施工

防水混凝土工程质量的优劣，除了取决于设计材料及配合成分等因素以外，还取决于

施工质量，所以，应对施工中各主要环节均应严格遵循施工验收规范和操作规程的规定进行精心施工。

(1) 模板应平整且拼缝严密不渗浆，模板支撑应牢固稳定，结构内的钢筋或绑扎钢丝不得接触模板，以免水沿其缝隙渗入。当需要对拉螺栓固定模板时，应在预埋套管或螺栓上加焊止水环，阻止渗水通路。

(2) 绑扎钢筋时，应按设计要求留足保护层，不得有负误差。留设保护层应以相同配合比的细石混凝土或水泥砂浆制成垫块，严禁垫钢筋或将钢筋用铁钉、铅丝直接固定在模板上，以防止水沿钢筋侵入。

(3) 应采用机械搅拌防水混凝土，搅拌时间不应少于120s；对掺入外加剂的混凝土，应根据外加剂的技术要求确定搅拌时间。

(4) 在运输过程中，应采取措施防止混凝土拌和物产生离析。如出现离析，则必须进行二次搅拌。当坍落度损失后不能满足施工要求时，应加入原水灰比的水泥浆或二次掺加减水剂进行搅拌，严禁直接加水搅拌。

(5) 混凝土浇筑应分层，每层厚度不宜超过30～40cm，相邻两层浇筑时间间隔不应超过2h，夏季可适当缩短。在浇筑地点须检查坍落度，每工作班至少检查两次。

(6) 防水混凝土必须采用高频机械振动，振动时间宜为10～30s，以混凝土泛浆和不冒气泡为准。要依次振捣密实，应避免浪振、欠振和超振。掺加引气剂或引气型减水剂时，应采用高频插入式振捣器振捣密实，以保证防水混凝土的抗渗性。

(7) 施工缝的留置。为了保证地下结构的防水效果，施工时应尽可能不留或少留施工缝。施工缝分为水平和垂直两种，工程中多用水平施工缝，垂直施工缝尽量利用变形缝。留施工缝必须征求设计人员的同意，留在弯矩最小、剪力也最小，且施工方便的位置。地下室墙体与底板之间的施工缝，应在高出底板表面300mm的墙体上；地下室顶板、拱板与墙板的施工缝，应留在拱板、顶板与墙交接处之下150～300mm处。

水平施工缝皆为墙体施工缝，现行规范只推荐平面交接施工缝，构造如图7.9所示。水平施工缝浇混凝土前，应将其表面浮浆和杂物清除，先铺净浆，再铺30～50mm厚的1∶1水泥砂浆或涂刷混凝土界面处理剂，并及时浇筑混凝土。选用的遇水膨胀止水条应具有缓胀性能，其7d的膨胀率不应大于最终膨胀率的60%，这主要是为逢雨天或清理杂时水冲之后留够操作时间；遇水膨胀止水条应牢固地安装在缝表面或预留槽内；采用中埋式止水带时，应确保位置准确、固定牢靠。

(8) 防水混凝土的养护对其抗渗性能影响极大，特别是早期湿润养护更为更要，一般在混凝土进入终凝（浇筑后4～6h）即应覆盖，浇水湿润养护不少于14d。防水混凝土不宜采用电热养护和蒸汽养护。

7.3.5 地下防水工程质量要求与安全措施

1. 施工质量要求

防水混凝土的原材料、配合比、坍落度、抗压强度和抗渗压力必须符合设计要求，其中抗渗性能试件应在浇筑地点制作，连续浇筑混凝土每500m^{3}应留置一组（6个）抗渗试件，每项工程不得少于两组，预拌混凝土的抗渗试件留组数应视结构的规模和要求而定，试件应在标准条件养护；防水混凝土的变形缝、施工缝、后浇带、穿墙管道、埋设件等设

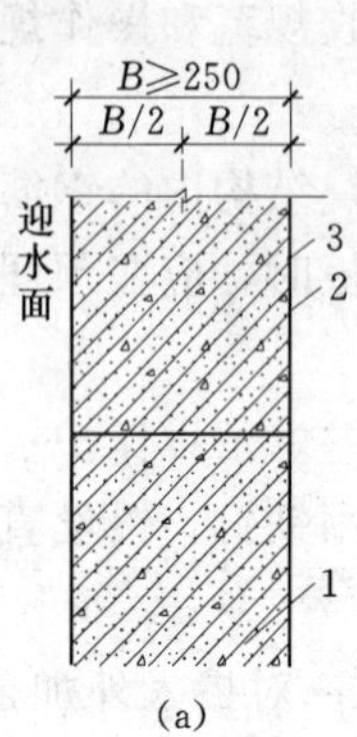

(a)

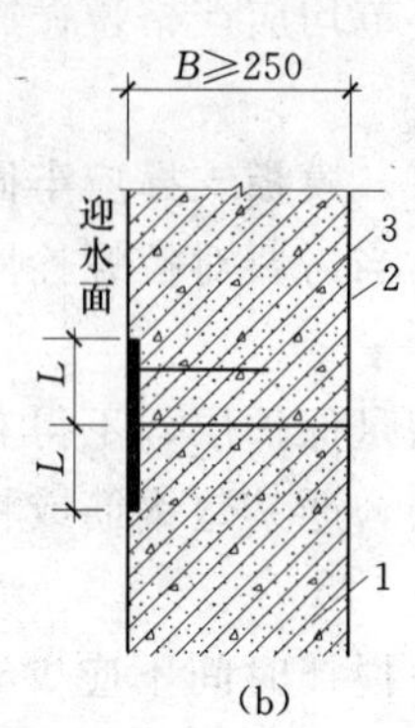

(b)

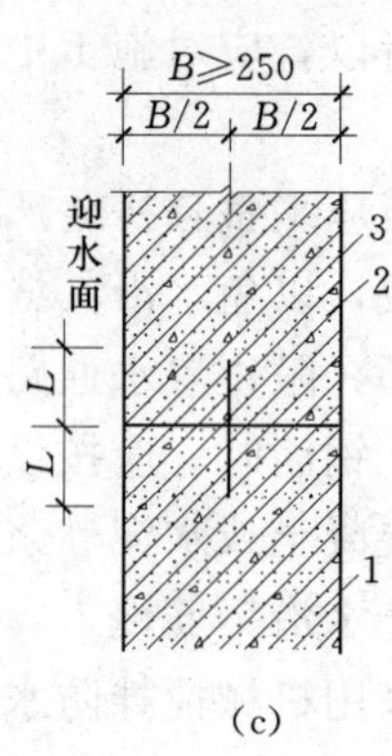

(c)

图7.9　施工缝防水基本构造

(a) 施工缝中设置遇水膨胀止水条

1—先浇混凝土；2—遇水膨胀止水条；3—后浇混凝土外贴止水带 $L \geqslant 150$；外涂防水涂料 $L=200$；外抹防水砂浆 $L=200$

(b) 外贴止水带

1—先浇混凝土；2—外贴防水层；3—后浇混凝土钢板止水带 $L \geqslant 100$；橡胶止水带 $L \geqslant 125$；钢边橡胶止水带 $L \geqslant 120$

(c) 中埋止水带

1—先浇混凝土；2—中埋止水带；3—后浇混凝土

置和构造，均须符合设计要求，严禁有渗漏；防水混凝土结构表面的裂缝宽度不应大于0.2mm，并不得贯通；防水混凝土结构表面应坚实、平整、不得有露筋、蜂窝等缺陷，埋设件位置应正确；防水混凝土结构厚度不应小于250mm，其允许偏差为15mm、10mm；迎水面钢筋保护层厚度不应小于50mm，其允许偏差为±10mm。卷材防水层和涂膜防水层施工的质量要求同屋面防水工程。

2. 施工安全措施

(1) 地下防水工程施工首先检查基坑护坡和支护是否可靠。

(2) 材料堆放应距坑边沿1m以外，重物应距土坡在安全距离以外。

(3) 操作人员应穿戴工作服、安全帽、口罩和手套等劳动保护用品。

(4) 熬制沥青、铺贴油毡和防水涂料的施工等，安全操作的要求同屋面防水工程。

任务4　楼面防水施工

任务描述

了解楼面防水构造要求；掌握楼面防水刚性及柔性施工要求。

任务分析

作为施工技术人员应掌握楼面防水工程构造要求及刚性、柔性防水施工。

相关知识

楼层地面防水是房屋建筑防水的重要组成部分，其防水质量的保证将直接关系着建筑

地面工程的使用功能，特别是厕浴间、厨房和有防水要求的楼层地面（含有地下室的底层地面），如若发生有渗透、漏水等现象，则严重影响人们的正常活动和居住条件。因此，做好防水层（即隔离层）铺设，实为建筑地面工程中一项极其重要的大问题，不应作为质量通病来对待，规范中已列为强制条文，必须严格实施。

楼面防水按所用材料也分为柔性防水和刚性防水。柔性防水有聚氨酯涂膜、氯丁胶乳沥青防水涂料、硅橡胶防水涂料和 SBS 弹性沥青涂料；刚性防水是用 UEA 刚性砂浆。

1. 构造要求

(1) 合理设置防水层。防水层应设置在面层及其基层的下面，这样就避免了渗透现象，改善了卫生条件，保护正常的使用功能。对有防水要求的房间应先全部铺设防水层，不可待一些设施（如蹲台、水池等）完工后再进行防水。

(2) 地漏标高确定的原则应是偏低不偏高。这样土建施工较易处理，能使大量地面水从地漏排走，少量地面水渗到防水层再排入地漏。

(3) 排水坡度应从垫层找起。垫层坡向地漏的排水坡度为 2%，而地漏处的排水坡度应为 3%～5%。

(4) 结构层设计。对有防水要求的厕浴间、厨房等，结构层设计标高必须满足排水坡度的要求。

(5) 预留、预埋管道孔位。依房间轴线确定预留、预埋管道孔位置、标高及排水坡向。将孔模具牢固地固定在模板上，待混凝土浇筑后，终凝前进行二次校核，以消除因预留位置不准而发生再凿洞，扩孔等现象。

(6) 管道缝隙处理。厕浴间、厨房等楼层地面穿过管道较多，如上水管、洗浴下水管、坐便下水道、地泥、酸气管等，各种管道不易区别，对于管径较小的一律加套管。管道（含套管）与楼板之间的缝隙，应用刚性防水砂浆勾抹，以确保穿过楼板孔洞的防水效果，套管与地面防水层之间的缝应用优质建筑防水密封膏封堵严密，以形成整体防水层。

(7) 基层处理方法。

1) 厕浴间、厨房等的防水基层必须用 1∶3 的水泥砂浆抹找平层，要求抹平压光无空鼓，表面要坚实，不应有起砂、掉灰现象。抹找平层时，凡管道根部的周围，在 200mm 范围内的原标高基础上提高 10mm 坡向地漏，避免管道根部积水。在地漏的周围，应做成略低地面的洼坑，一般在 5mm。

2) 厕浴间、厨房等找平层的坡度以 1%～2%为宜，凡遇到阴阳角处、要抹成半径小于 10mm 的小圆弧。

3) 穿过楼面或墙面的管道、套管、地漏等以及卫生洁具等，必须安装牢固，收头圆滑，转角培处的下水管四周向外的坡度以 5%为宜，下水管外皮距承重墙、轻质隔墙的距离分别不小于 50mm 和 80mm。

4) 基层应基本干燥，一般在基层表面均匀泛白无明显水印时，方可进行涂膜层的施工。施工时要把基层表面的尘土杂物清扫干净。

2. 柔性防水施工

以 SBS 弹性沥青涂料防水施工为例。其施工程序为：基层处理—细部构造加强处理—涂刷第一遍防水涂料—铺设玻璃纤维布的同时涂刷第二遍防水涂料—蓄水试验—铺设面层。

柔性防水施工的房间，应有足够的自然光线和良好的通风条件，否则应采取技术措施；防水涂料每次用后应注意密封，并存放在阴凉处。禁止日晒和在负温度下贮料；防水层完工后，经蓄水试验无渗漏，方可铺设面层。蓄水高度不超过200mm，蓄水时间为24～48h。

3. 刚性防水施工

厨、厕间采用UEA刚性砂浆做防水层，可以获得好的技术经济效果。UEA砂浆厚度的微膨胀可以使垫层和防水层不裂不渗，对面积较小的厨厕间更具有独特的优异性，而采用大膨胀的UEA砂浆填充对管件与楼板等节点空隙封堵更严密，与防水层紧密连接形成整体防水结构。其施工程序为：基层处理—铺设垫层（UEA砂浆拌制）—铺设防水层（UEA砂浆拌制）—细部构造铺设—养护—蓄水试验—铺设面层。

UEA刚性砂浆的配合比可按不同的防水部位进行配制，采用人工或机械拌制砂浆，均应先将水泥、UEA膨胀剂和砂干拌均匀，使之色泽一致后，再加水搅拌，机械拌制应在加水后搅拌2min，加水量要根据现场材料、气温和铺设操作要求等进行调整，拌制好的UEA刚性砂浆应在2～3h以内铺完。防水层按四层抹面做法施工，具体方法和要求参见本项目任务三中关于地下防水工程中的水泥砂浆抹面防水的刚性多层防水层施工。

复习思考题

1. 试述防水卷材的种类、特点及适用范围。
2. 试述防水涂料的种类、防水机理及特点。
3. 试述密封材料的种类及其适用范围。
4. 试述卷材防水屋面各构造层的做法及施工工艺。
5. 试述油毡热销法和冷镜法施工的要点。
6. 试述卷材屋面的质量保证措施。
7. 试述涂膜防水层施工要点。
8. 试述防水混凝土施工缝防水基本构造，如何保证其质量。
9. 试述地下刚性多层防水的施工步骤。
10. 试述地下防水工程卷材贴法的施工步骤。
11. 试述楼地面防水的施工要点及其质量要求。
12. 地下防水工程中变形缝的施工做法及质量要求是什么？
13. 屋面防水工程施工质量和安全措施是什么？

项目8　钢结构工程

知识目标

(1) 掌握一般建筑钢结构工程的常规施工工艺、施工方法及包含的原理。

(2) 熟悉钢结构工程施工中容易出现的常见质量、安全问题及质量、安全验收规范。

(3) 熟悉钢结构施工顺序及钢结构所需配备的设施和设备。

能力目标

(1) 能根据施工图纸和施工实际条件，选择和制定常规钢结构工程合理的施工方案。

(2) 能根据施工图纸和施工实际条件编写一般建筑钢结构工程施工技术交底。

(3) 能根据建筑工程质量验收方法及验收规范进行常规钢结构工程的质量检验。

任务1　建筑钢结构认识

任务描述

(1) 什么是钢结构？了解单层厂房钢柱有哪几类？高层建筑钢结构柱有哪几种？钢桁架有哪几种类型？网架结构有何优越性，有几种安装方法？知道钢结构的几种连接方法。常用的焊接方法及特点是什么？

(2) 知道建筑钢结构的类型及适用范围。

(3) 具备从事建筑钢结构施工工作的能力。

任务分析

作为建筑钢结构工程施工技术人员了解建筑钢结构的类型和适用范围，解决现场施工中的实际问题。

相关知识

8.1.1　概述

1. 钢结构

钢结构是钢材（钢板和型钢）经过设计、加工，形成各种基本构件，如拉杆（有时还包括钢索）、压杆、梁、柱及桁架等，然后将这些基本构件按一定的方式通过焊接和螺栓等方式连接组成的工程结构形式。例如“银色弯弓”架浦江——全钢结构卢浦大桥，大跨度钢结构屋盖，钢结构高层建筑，体育场膜结构工程。

2. 钢结构的主要形式及应用

钢结构工程从广义上讲是指以钢铁为基材，经过机械加工组装而成的结构。一般意义上的钢结构仅限于工业厂房、高层建筑、塔桅、桥梁等，即建筑钢结构。由于钢结构具有

强度高、结构轻、施工周期短和精度高等特点，因而在其他土木工程也被广泛采用。

（1）主要形式。

1）桁架（图8.1）。

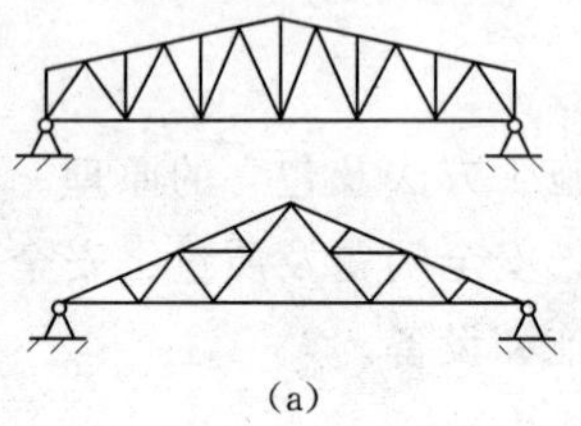

(a)

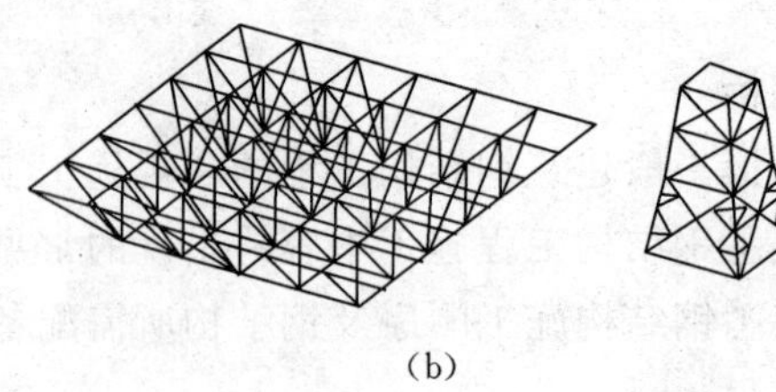

(b)

图8.1　桁架

(a) 平面桁架；(b) 空间桁架（网架）

2）框架。

3）拱架（图8.2）。

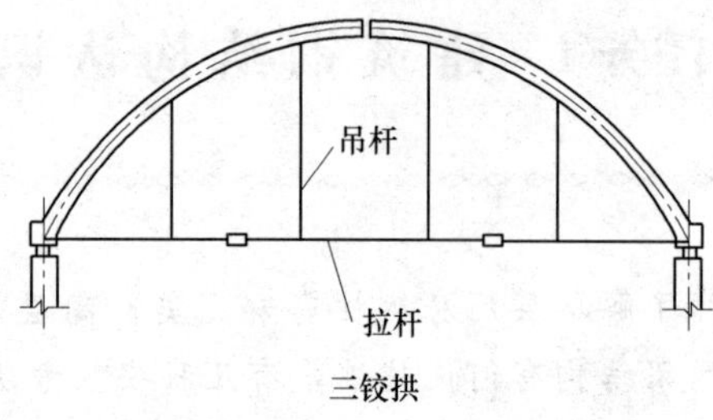

三铰拱

图8.2　拱架

4）索（图8.3）。

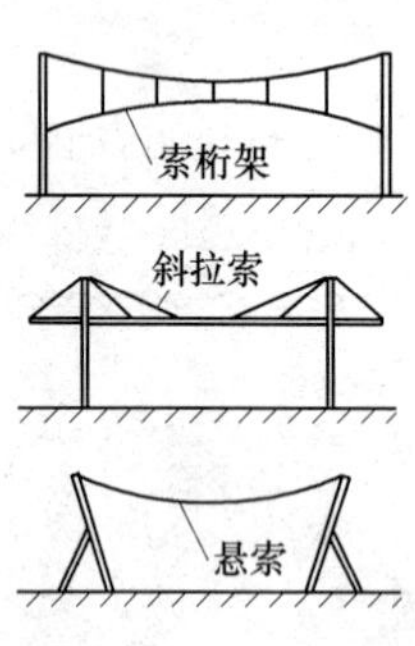

图8.3　索

5）壳体（图8.4）。

（2）应用。

1）大跨度建筑物：体育馆、展览馆、影剧院、会议中心、机库。

2）多层、高层和超高层建筑。

3）轻型钢结构。

4）塔桅结构；电视塔、天线、发射架、海洋平台。

5）可拆卸和搬迁的结构：流动展览馆、舞台、施工时的临时房屋、温室大棚等。

6）板壳结构：储油库、煤气库、高炉等各种容器。

7）大跨度桥梁。

8）特种结构。

（3）钢结构是由钢板、热轧型钢和冷加工成型的薄壁型钢制造而成。与其他材料的结构相比具有以下优点：

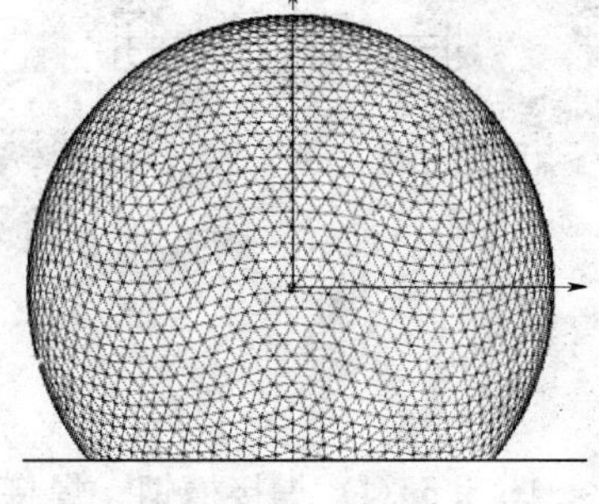

图8.4 壳体

1）材料强度高，钢材质量轻。

2）韧性、塑性好。

3）材质均匀。

4）制造简单，施工周期短。

5）密封性好。

（4）钢结构的缺点有：

1）耐热但不耐火：150℃时强度无变化，600℃时强度约为0。

2）钢材耐腐蚀性能差，维护费用高。

8.1.2 钢结构的类型

8.1.2.1 钢柱（单层）

（1）等截面柱。

实腹式柱和格构式柱两种。构造简单扼，适用于无吊车或吊车起重量<150kN、柱距为12m的轻型厂房。

（2）阶型柱。

也分为实腹式柱和格构式柱两种。由于吊车梁或吊车桁架支撑在下段柱顶而使上下段柱的阶型发生变化。上段采用实腹式截面、下段柱截面较大（>1000mm）时，为节约材料，一般采用格构式截面。

（3）分离式柱。

由支撑屋盖结构的排架柱与一侧独立承受吊车荷载的分离工柱肢相结合组成。

适用情况：邻跨为扩建跨，其吊车的柱肢可以在扩建时设置；相邻两跨吊车轨道标高相差悬殊而低跨吊车起重量又大。

单层厂房框架按截面又分：实腹式和格构式两种：

1）实腹式。

图8.5（a）为焊接工字形式柱，常用轻型平台柱、阶形柱的上柱。

图8.5（b）由两个槽钢与一块钢板焊成。可用于无吊车或吊车起重量小于100kN的厂房等截面柱。

图8.5（c）由热轧槽钢、热轧工字钢和一块钢板焊成，可用于吊车起重量小于200kN的厂房边列柱。

图8.5（d）、（e）热轧工字钢或焊接工字钢与二块钢板焊成，可用于吊车起重量小于320kN的厂房边列柱。

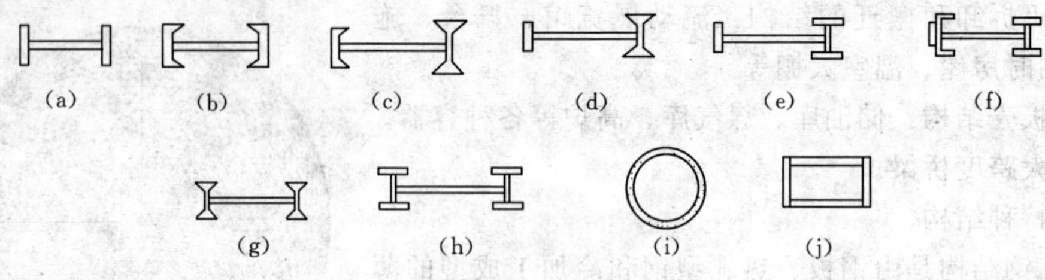

图 8.5 实腹式柱截面形式

图 8.5（f）焊接槽钢、焊接工字钢和一块钢板焊成，可用于吊车起重量小于 320kN 的厂房边列柱的下段。

图 8.5（g）、（h）由两个焊接工字钢或两个热轧工字钢和一块钢板焊成，可用于吊车起重量小于 320kN 的厂房中列柱的下段。仅适用于有观感或特殊要求的建筑中。

图 8.5（i）、（j）仅适用于有观感或特殊要求的建筑中。

2）格构式柱的截面形式。

图 8.6（a）由二块热轧槽钢组成，可用于无吊车或吊车起重量小于 100kN 的厂房等截面柱。

图 8.6（b）由热轧槽钢与热轧工字钢组成，一般用于吊车起重量小于 150kN 的厂房边列阶形柱的下段。

图 8.6（c）为焊接槽钢与焊接工字钢组成，可用于吊车起重量不小于 320kN 的厂房边列柱的下段。

图 8.6（d）、（e）由两个热轧工字钢或焊接工字钢组成的截面，可用于厂房中列阶形柱下段。

图 8.6（f）由两钢管组成的截面，可用于厂房阶形柱的上段。

图 8.6（g）、（h）由三个或四个钢管组成，常用于厂房阶形柱的下段。

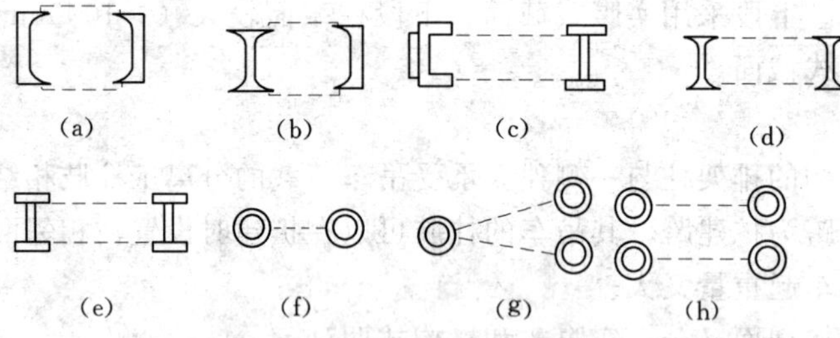

图 8.6 格构式柱的截面形式

柱的截面尺寸是根据厂房的跨度、高度、柱距、吊车起重量等确定的，以满足刚度的要求。

8.1.2.2 高层建筑框架柱

高层建筑框常用工字形或箱形截面柱，型钢混凝土部分多用十字形截面柱。

（1）工字形柱。工字形一般用宽翼 H 形钢，其截面力学性能好，制造加工比较简单。

（2）箱形柱。由四块钢板组成的截面形式，它对两个主轴的惯性矩相等。与梁连接设加劲隔板。

(3) 十字形柱。由工字形截面和两个 T 形截面斜交组成，或者由两个 H 形钢组成。

8.1.2.3 角钢桁架

(1) 三角形桁架：适用于跨度不大，但屋面坡度较大的轻型屋面，如图 8.7 所示。

图 8.7 (a) 为芬克式桁架：特点是较长的腹杆受拉，较短的腹杆受压，所以腹杆截面较小。

图 8.7 (b) 为三角形桁架，一般用于跨度较小的屋面。是较好的结构形式。

图 8.7 (c) 优点是短小的腹杆受压，较长腹杆受拄。缺点是节点多而且杆件交角太小，节点板所用钢材太多。适用于吊顶的房屋。

图 8.7 (d) 对跨度大或屋面坡度很陡的屋架，可以减少跨中高度和运送单元高度。

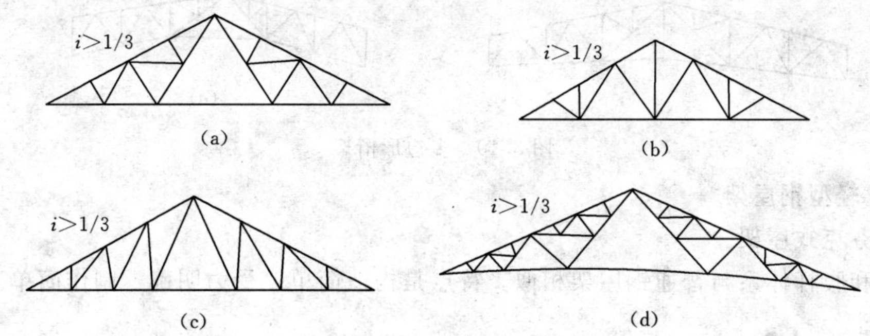

图 8.7 三角形桁架

(2) 梯形桁架（图 8.8)。

图 8.8 (a)、(b) 坡度较陡，受力比三角形桁架好，适用屋面坡度小于 1/3 而跨度较大的屋架。

图 8.8 (c)、(d) 坡度较缓 (1/12～1/8) 梯形桁架，适应于防水屋面。

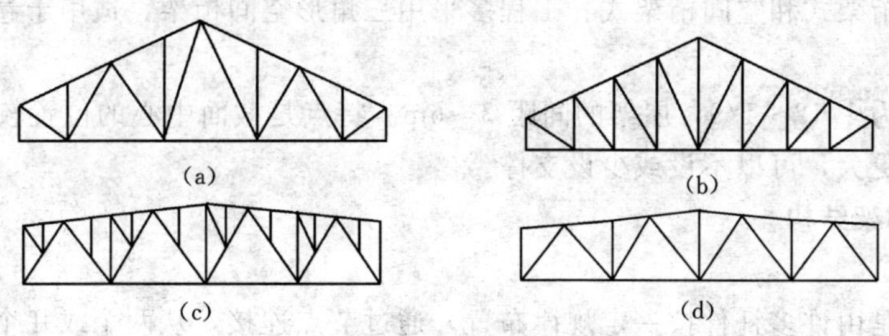

图 8.8 梯形桁架

(3) 平行弦桁架。

上下弦相互平行，如图 8.9 所示。优点是节点构造类型少，拼接量少，这桁架在屋盖结构中常用作托架。

(4) 多边形桁架。

图 8.10 (a) 上弦为五边形桁架。

图 8.10 (b) 下弦为五边形桁架。

图 8.10 (c)、(d) 是由梯形桁架演变的多边形桁架。跨中高度小，腹杆总长度较短。但有一定的拱的推力。

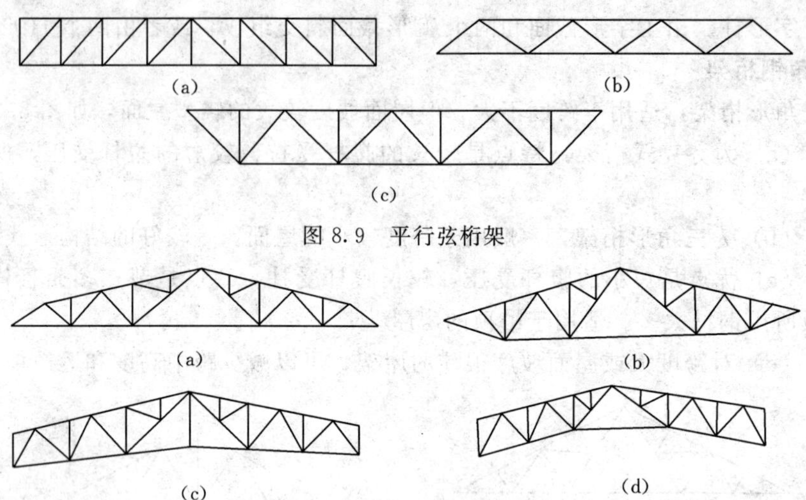

图 8.9 平行弦桁架

图 8.10 多边形桁架

8.1.2.4 轻型钢屋架

（1）芬克式屋架。

外形和腹杆体系与普通钢屋架相似。特点是构造简单，受力明确，制作简单。常用自防水屋盖。

（2）三铰拱屋架。

斜杆可采用平面桁架和空间桁架。受力合理，构造简单，但侧向刚度较差。仅用于小跨度和小檩距的建筑。当斜杆为空间桁架、杆件较多，构件较复杂，但侧向刚度大，用于大跨度和檩距都较大的屋盖。

（3）梭形屋架。

可用平面桁架式和空间桁架式。工程多采用三角形空间桁架，适用于卷材防水的无檩屋盖。

坡度一般为 1/12～1/9，屋架的间距 3～6m。特点是截面中心的位置较低，铺混凝土屋面板后刚度更大，可以不设或少设支撑。

8.1.2.5 钢网架结构

1. 特点

网架结构是由许多杆件按一定规律布置，通过节点连接，从两个或几个方向有规律地组成的高次超静定结构，改变了一般平面桁架受力状态，属于空间结构体系，可分为平板网架和曲面网架。其空间刚度大、整体性好、有良好的抗震性能、能适应不同的建成筑造型的要求。

（1）整体性好、能承受各方向的荷载、受力合理、抗震性能好。

（2）造型美观、轻巧、大方；适用大跨度建筑物，也适用于中、小跨度的建筑。可组成矩形、也可组成圆形、扇形和各种多边形式的平面。

（3）可用小规格杆件建成大跨度的结构，取材容易，自重轻，节材料。

（4）便于设计标准化，制造标准化。

（5）结构占有空间小，能利用其空间设置各种管道。

2. 形式和应用

平板网架在国内主要用于大、中跨度的体育馆、展览馆、俱乐部、候车大厅。按网架组成分成三大类：

(1) 平面桁架系组成，由上、下平行的平面桁架交叉地连成整体。有两向正交放网架、两向正交斜放网架、三向网架、单向折线形网架。

(2) 由四角锥体组成。

上、下弦平面均为正方形网格，上、下弦网格相互错开半格，使下弦平面的四个顶点对应于上弦平面正方形的中心。

1) 正放四角锥网架，是由四角锥体组成网架最基本的形式。是以锥尖向下的倒四角锥单元组成，锥底边相连成上弦，锥尖相连为下弦，锥棱就是腹杆。上下弦杆都与相应的边界平行。当腹杆与下弦平面夹角为45°时都所有杆件都相等。

2) 正放抽空四角锥网架：有规律地隔一个网格抽掉四角锥体中的腹杆和下弦杆。但周边的网格不能抽。它的下弦网格比上弦网格大一倍。

3) 棋盘形四角锥网架。

按国际象棋棋盘形式抽空网格。下弦改为正交斜放，下弦网格尺寸是上弦网格的$\sqrt{2}$倍。

(3) 由三角锥体组成。

这类网架的上弦杆就是三角锥底正三角形的三边，斜腹杆是三角锥的棱。包括三角锥网架、抽空三角锥网架、蜂窝形三角网架。又可分为平板单跨平板网架和多跨平板网架。

单跨平板网架分为：四点支撑；多点支撑；边点混合支撑。

任务2 钢结构的施工

任务描述

掌握钢结构有几种连接方法？常用的焊接方法及特点是什么？焊接钢结构的拼装应注意哪些问题？高强螺栓施工应注意哪些问题？结构单层厂房安装前应做好哪几项准备工作？为保证钢结构高层建筑安装顺利进行，应做哪些准备工作？

任务分析

钢结构的加工工艺很多，从放样和样板、号料、切割、边缘加工、弯制成型、卷板、弯曲、折边、制孔、矫正到组装实际是一个流程，当然，其中部分工艺不是在所有的钢结构加工中都出现，了解了这些加工工艺，就可知道整个构件的制作过程，对其中的加工要求应予重视。

作为建筑钢结构工程施工技术人员能够了解建筑钢结构的加工制作、拼装与连接，掌握钢结构连接（焊接与螺栓连接）的施工工艺和质量要求，掌握钢结构工程安装和涂装工艺，解决现场钢结构工程施工中安装的实际问题。

相关知识

钢结构的构件一般在工厂加工制作，然后运至工地进行结构安装。钢结构制作的工序较多，因此，对加工顺序要周密安排，避免工件倒流，以减少往返运输时间。

8.2.1 钢结构的制作、拼装与连接

1. 钢材验收、堆放

进厂的材料要有钢厂出厂证明书，并按规定抽验，对各种钢号、规格、机械力学指标、化学成分极限含量复验。对焊条、焊丝、焊剂、螺栓进行相应的验收；验收后的钢材要妥善堆放、保管、保持清洁、避免雨水和污物侵蚀。有变形的钢材要先进行矫正。

2. 钢结构制作

钢结构制作工艺流程如图8.11所示。

加工过程中每一道工序的公差都应满足规范的要求；对设计进行图纸会审；以设计图为依据，绘制其施工详图和编写施工方案并报业主和监理审批。

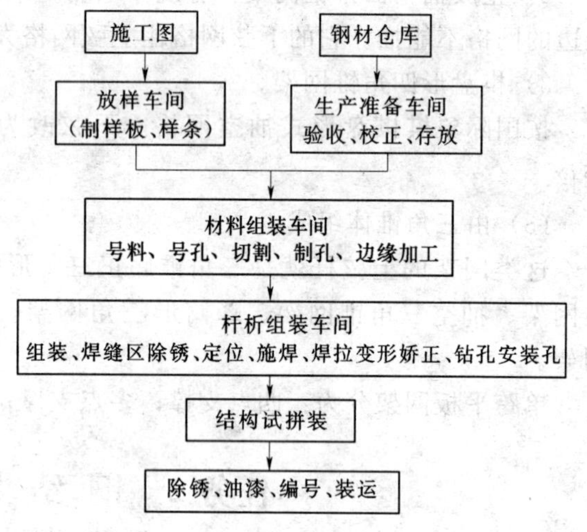

图8.11 钢结构制作工艺流程

8.2.2 钢结构的加工制作

8.2.2.1 加工制作前的准备工作

(1) 加工制作图。

(2) 加工制作前的施工条件分析。

(3) 钢卷尺。

(4) 上岗培训、操作考核、技术交底。

8.2.2.2 钢结构加工制作的工艺程序

1. 放样

放样是钢结构制作工艺中的第一道工序，其工作的准确与否将直接影响到整个产品的质量，至关重要。

放样工作包括如下内容：核对图纸的安装尺寸和孔距；以1:1的大样放出节点；核对各部分的尺寸；制作样板和样杆作为下料、弯制、铣、刨、制孔等加工的依据。

2. 号料

号料（也称划线），即利用样板、样杆或根据图纸，在板料及型钢上画出孔的位置和零件形状的加工界线。号料的一般工作内容包括：检查核对材料；在材料上划出切割、铣、刨、弯曲、钻孔等加工位置，打冲孔，标注出零件的编号等。

通常采用以下几种号料方法：

(1) 集中号料法；

(2) 套料法；

(3) 统计计算法；

(4) 余料统一号料法。

3. 切割下料

目的就是将放样和号料的零件形状从原材料上进行下料分离。钢材的切割可以通过切削、冲剪、摩擦机械力和热切割来实现。

常用的切割方法有：机械剪切、气割和等离子切割三种方法。

4. 边缘加工

在钢结构加工中一般需要边缘加工，除图纸要求外，在梁翼缘板、支座支承面、焊接坡口及尺寸要求严格的加劲板、隔板、腹板和有孔眼的节点板等部位应进行边缘加工。常用的边缘加工方法主要有：铲边、刨边、铣边、碳弧气刨、气割和坡口机加工等。

5. 弯制

在钢结构制作中，弯制成型的加工主要是卷板（滚圆）（图 8.12）、弯曲（煨弯）（图 8.13）、折边和模具压制等几种加工方法。弯制成型的加工工序是由热加工或冷加工来完成的。

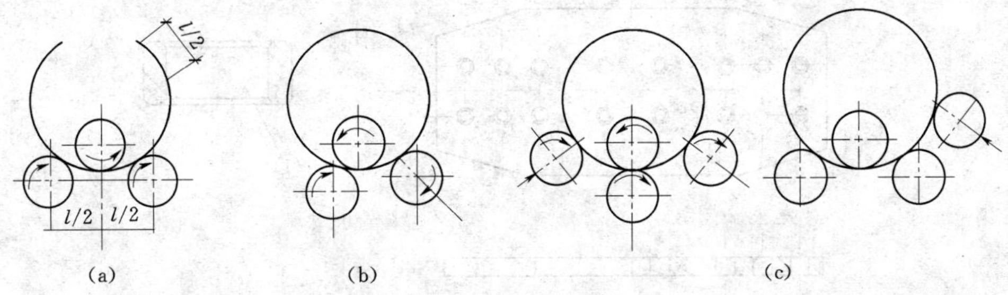

图 8.12　滚圆机原理

(a) 对称式三辊卷板机；(b) 不对称式三辊卷板机；(c) 四辊卷板机

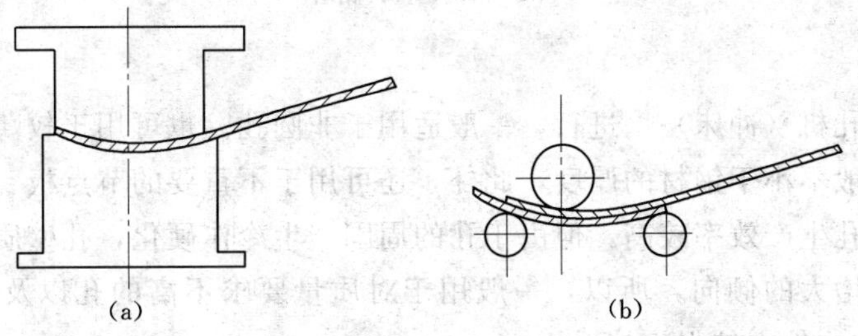

图 8.13　钢板预弯示意

(a) 用压力机模压预弯；(b) 用托板在滚圆机内预弯

6. 折边

在钢结构制造中，将构件的边缘压弯成倾角或一定形状的操作称为折边。折边广泛用于薄板构件，它有较长的弯曲线和很小的弯曲半径。薄板经折边后可以大大提高结构的强度和刚度。

板料的弯曲折边是通过折边机来完成的。板料折弯压力机用于将板料弯曲成各种形

状，一般在上模作一次行程后，便能将板料压成一定的几何形状，当采用不同形状模具或通过几次冲压，还可得到较为复杂的各种截面形状，当配备相应的装备时，还可用于剪切和冲孔。

7. 制孔

在钢结构制孔中包括铆钉孔、普通螺栓连接孔、高强度螺栓孔、地脚螺栓孔等，制孔方法通常有冲孔和钻孔两种。

(1) 钻孔。

钻孔的加工方法分为划线钻孔、钻模钻孔和数控钻孔。

划线钻孔在钻孔前先在构件上划出孔的中心和直径，并在孔中心打样冲眼，作为钻孔时钻头定心用；在孔的圆周上（90°位置）打 4 只冲眼，作钻孔后检查用。划线工具一般用划针和钢尺。

当钻孔批量大、孔距精度要求较高时，应采用钻模钻孔。钻模有通用型、组合式和专用钻模，图 8.14 是一种节点板的钻模示意图。

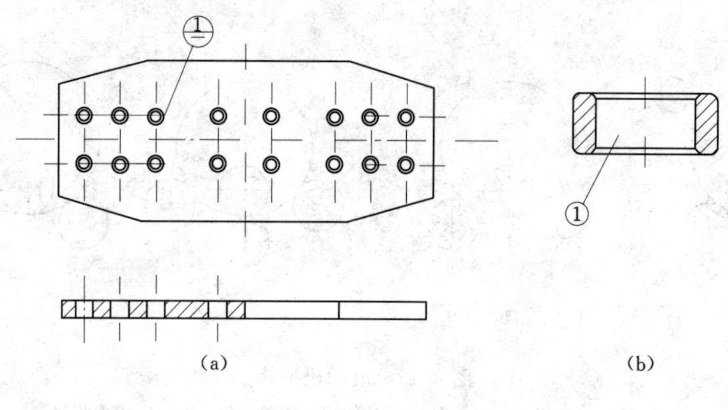

图 8.14 节点板钻模

(a) 钻模；(b) 钻套

(2) 冲孔。

冲孔是在冲孔机（冲床）上进行，一般适用于非圆孔。也可用于较薄的钢板和型钢上冲孔，单孔径一般不小于钢材的厚度，此外，还可用于不重要的节点板、垫板和角钢拉撑等小件加工。冲孔生产效率较高，但由于孔的周围产生冷作硬化，孔壁质量较差，有孔口下塌、孔的下方增大的倾向，所以，一般用于对质量要求不高的孔以及预制孔（非成品孔），在钢结构主构件中较少直接采用。

8. 矫正组装

由于材料内部的残余应力及存放、运输、吊运不当等原因，会引起钢结构原材料变形；在加工成型过程中，由于操作和工艺原因会引起成型件变形；构件连接过程中会存在焊接变形等。为了保证钢结构的制作及安装质量，必须对不符合技术标准的材料、构件进行矫正。

矫正的主要形式有矫直、矫平及矫形矫直。矫正是利用钢材的塑性、热胀冷缩的特性，以外力或内应力作用迫使钢材反变形，消除钢材的弯曲、翘曲、凹凸不平等缺陷。

矫正按加工工序分有原材料矫正、成型矫正、焊后矫正等。矫正可采用机械矫正、火焰矫正、手工矫正等。根据矫正时的温度分有冷矫正、热矫正。

8.2.2.3 钢结构的成品的表面处理、油漆、堆放和运输

1. 钢结构的成品表面处理

(1) 钢构件表面处理：分为喷射、抛射除锈和手工或工具除锈。其除锈方法和等级应符合设计要求。

(2) 高强度螺栓摩擦面处理：它是指高强度螺栓作连接节点处的钢材表面加工。方法包括喷砂、喷丸、酸洗、砂轮打磨，其中喷砂、喷丸处理效果最好。处理好的表面严禁有飞边、毛刺、焊疤和污损，运输中要防止磨擦损伤。

出厂前构件应按批做试件检验抗滑移系数，试件处理方法应与构件处理方法相同。检验的最小值要符合设计要求，并附三组试件供安装复验抗滑移系数。

2. 钢结构的油漆

经质量检验合格后，要进行油漆涂刷，以防锈蚀。油漆时应注意：

(1) 涂料、遍数、厚度均应符合设计要求。当无设计要求时，宜涂4～5遍。

(2) 涂料配置应当天用完。稀释剂应按说明书，不得随意洗添加。

(3) 涂刷时温度和相对湿度应符合设计要求，当无设计要求时，室内温度宜在5～38℃，相对湿度不应大于85%。构件不得在结露、雨雪下作业。做好防水工作。

(4) 施工图注明不涂的部分不得涂装。安装焊缝应留30～50mm。暂不涂。

(5) 涂装均匀，无明显起皱、流挂，附着应良好。

(6) 涂装好后应在构件上标注构件原编号。大构件应标明重量、重心位置和定位标志。

3. 钢结构成品的堆放

成品堆放应注意到：

(1) 场地要平整干燥，备有足够的垫木、垫块。

(2) 侧向刚度较大的构件可以水平堆放。多层堆放时必需各层垫木在同一垂直线上。

(3) 大型构件的小零件应挂在它的空档上，用铁丝或螺栓固定。

(4) 同一工程的构件应分类堆放在同一地区，以便发运。

4. 钢结构的装运

应根据构件的长短、重量选用车辆和运输方式。钢构件在车辆的支点、两端伸出长度及绑扎方法均应保证钢构件在运输过程不发生变形。

8.2.2.4 钢结构的拼装

拼装是把制备好半成品和零件（运输单元）或其部件，连接成为整体。必须按工艺要求的顺序进行，当有隐藏焊缝，必须预先施焊，经检验合格后覆盖。为减少变形、尽量采取小组件焊，经短矫正后再大件组装。胎具及装出首件必须经过严格检验，方可大批进行装配工作。

拼装好构件及时用油漆编号，写明图号、构件号和件数，以便查找。

(1) 桁架拼装应注意下述事项：

1) 无论弦杆、腹杆，应先单肢拼配焊接矫正，然后进行大拼装。

2）支座、与钢柱连接的节点板等，应先焊小件组焊，矫平后再定位大拼装。

3）放拼装胎时放出收缩量，一般放至上限（$L<24$m 时放 5mm，$L>24$m 时放 8mm）。

4）按设计规范规定：三角形屋架跨度在 15m 以上，梯形屋架跨度在 24m 以上，当下弦无曲折时应起拱 1/500。当小于上述跨度者，可以少起拱（10mm），以防下挠。

5）桁架的大拼装有胎模装配法和复制法两种。前者较为精确，适合大型桁架，后者则拼装速度快，适合中、小型桁架。

6）对于磨光顶紧的端部加劲角钢，最好在加工时把 4 只角钢夹在一起同时加工使之等长。

7）用自动焊施焊时，在主缝两端都应点焊引弧板，引弧板大小视板厚和焊缝高度而异，一般宽度为 60～100mm。长度为 80～100mm。

（2）实腹式工字形吊车梁拼装应注意下述事项：

1）腹板应先刨边，以保证宽度和拼装间隙。

2）翼缘板进行反变形。翼缘板与腹板的中心偏移小于 2mm。翼缘板装腹板面的主焊缝部位 50mm 以内先行清除油、锈等杂质。

3）点焊距离小于 200mm，双面点焊，并加撑杆，点焊高度为焊缝的 2/3，且不应大于 8mm，焊缝长度不宜小于 25mm。

4）按设计规范规定，实腹式吊车梁的跨度超过 24m 时才起拱。跨度小于 24m 时，为防止下挠最好先焊下翼缘板的主缝和横缝，焊好主缝，矫正翼缘，然后装加劲板和端板。

（3）高层钢结构拼装应注意的事项：

1）组装必须按工艺流程规定次序进行。

2）严格检查零件部件的加工质量。

3）编制拼装工艺，确定组装次序、收缩量的分配、定位点及偏差要求，制作必要的工装胎具。

4）箱形管柱内隔板、柱翼缘板与焊接垫板要紧密贴合，装配缝隙大于 1mm 时，应采取措施进行修整和补救。

5）十字形柱子上牛腿较多，伸出较长时，牛腿孔应在总装前钻好，组装时必须做好定位点，然后进行定位拼装配，伸制组装次序、逐个检查牛腿位的正确与否。

（4）铆接结构的拼装应注意以下事项：

1）铆接结构的各部件在拼装前应清除表面的杂质和毛刺。

2）铆接结构装后应至少离地面 800mm 以上，以便装卸零件和螺栓。

3）每隔一个孔眼拧紧一个螺栓。螺孔密集时，拧紧螺栓不得少于孔眼总数的 25%～35%，其间距不大于 300mm。

4）构件拧紧后，应保证板叠之间的间隙小于 0.3mm。磨光顶紧面的间隙也不得超过 0.3mm。

5）装配检验合格后方许进行扩孔。扩孔目的是消除各孔位偏移和铣去冲制孔边的冷作硬化区。

6）当垫板厚度与翼缘厚度的偏差超过 0.55mm 时，加劲角钢就不能密合，此时应配

用适当厚度的垫板，必要时垫板用较厚的材料切削加工配件。

8.2.3 钢结构的连接

钢结构是由钢板、型钢拼合连接成基本构件，如梁、柱、桁架等，运到现场后通过安装连接成整体结构。在钢结构施工中，连接占有很重要的地位无论是工厂加工，还是现场安装，都会遇到连接问题。钢结构的连接通常有焊接、螺栓连接及铆钉连接。前两种应用广泛，铆钉连接费钢费工，现在已很少使用，但其韧性和塑性较好，传力可靠，因此在一些重型结构或承受动力荷载作用的结构中有时仍会采用。

8.2.3.1 焊缝连接

焊缝连接是现代钢结构最主要的连接方式，它适用任何形状的结构，连接构造简单，省钢省工，能实现自动化操作，焊接质量受材料、操作影响较大。因此，建筑钢结构焊接时应考虑以下问题：

(1) 焊接方法的选择应考虑焊接构件的材质和厚度、接头的形式和焊接设备。

(2) 焊接工艺及作业程序。

(3) 焊接质量检验。

焊缝连接常用的有三种形式：电弧焊、电阻焊及气焊。电弧焊是工程中应用最普遍的焊接形式，电弧焊是通过电弧产生热量，使焊条和焊件局部熔化，经冷却凝结成焊缝，从而将焊件连接成一体。

优点：任何形式的构件一般都可直接相连，不削弱构件截面，用料经济，构造简单，加工方便，连接刚度大，密封性能好，可采用全自动或半自动作业，生产效率高。

缺点：焊缝附近钢材，在高温作用下形成热影响区，其金相组织和力学性能发生变化，导致局部材质变脆；焊接过程中钢材受到不均匀的加温和冷却，使结构产生焊接残余应力和残余变形，对结构的承载力、刚度和使用性能有一定的影响。

1. 焊接原理

钢结构常用的焊接方法包括：手工电弧焊、自动或半自动埋弧焊及气体保护焊等，如图 8.15 所示。根据焊件的厚度、使用条件、结构形状的不同又分为对接接头、角接接头、T 形接头和搭接接头等形式。在各种形式的接头中，为了提高焊接质量，较厚的构件往往要开坡口。开坡口的目的是保证电弧能深入焊缝的根部，使根部能焊透，以便清除熔渣，获得较好的焊缝形态。

手工电弧焊电路由焊条、焊钳、焊件、电焊机与导线组成。

通电引弧后，在涂有焊药的焊条端与焊件间产生电弧，使焊条熔化，熔滴滴入被电弧吹成的焊接溶池中，焊药燃烧在熔池周围形成保护气体，稍冷后在焊缝熔化金属表面形成熔渣，以隔绝熔池中液体金属与氧、氮等气体的接触，避免形成脆性易裂化合物，焊缝金属冷却后与焊件熔成一体。

2. 焊接施工

首先进行焊前准备工作，焊前准备包括坡口制备、预焊部位清理、焊条烘干、预热、预变形及高强度钢切割表面探伤等。焊条、焊剂使用前必须烘干。焊条烘焙时，应注意随箱逐步升温。

按施焊的空间位置焊缝形式可分为平焊缝、横焊缝、立焊缝及仰焊缝四种。平焊的熔

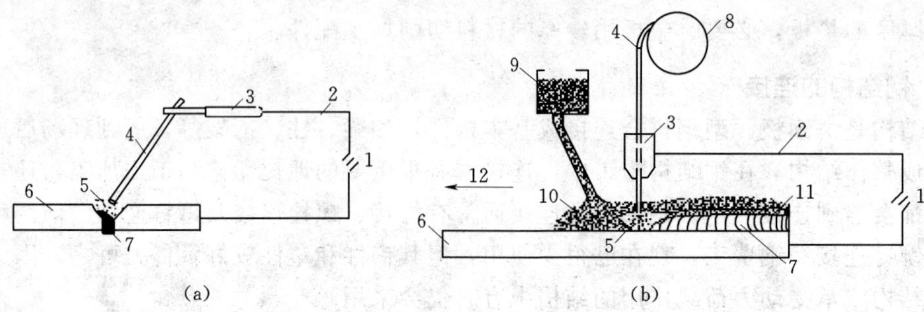

图 8.15 电弧焊

(a) 手工电弧焊；(b) 自动电弧焊

1—电源；2—导线；3—夹具；4—焊条；5—电弧；6—焊件；7—焊缝；8—转盘；9—漏斗；10——熔剂；11—熔化的熔剂；12—移动方向

滴靠自重过渡，操作简单，质量稳定；横焊时，由于重力熔化金属容易下淌，而使焊缝上侧产生咬边，下侧产生焊瘤或未焊透等缺陷；立焊焊缝成形更加困难，易产生咬边、焊瘤、夹渣、表面不平等缺陷；仰焊施工最为困难，施焊时易出现未焊透、凹陷等质量问题。

焊接施工包括以下几个步骤：

(1) 引弧与熄弧。引弧有碰击法和划擦法两种。碰击法是将焊条垂直于工件进行碰击，然后迅速保持一定距离；划擦法是将焊条端头轻轻划过工件，然后保持一定距离。施工中，严禁在焊缝区以外的母材上打火引弧。在坡口内引弧的局部面积应熔焊一次，不得留下弧坑。

(2) 运条方法。电弧点燃之后，就进入正常的焊接过程。焊接过程中焊条同时有三个方向的运动：①沿其中心线向下送进；②沿焊缝方向移动；③横向摆动。由于焊条被电弧熔化逐渐变短，为保持一定的弧长，就必须使焊条沿其中心线向下送进，否则会发生断弧。

(3) 完工后的处理。焊接结束后的焊缝及两侧，应彻底清除飞溅物、焊渣和焊瘤等。无特殊要求时，应根据焊接接头的残余应力、组织状态、熔敷金属含氢量和力学性能决定是否需要焊后热处理。

3. 手工电弧焊焊条

焊条有碳钢焊条和低合金钢焊条，其牌号为 E43、E50 和 E55 型等，E 表示焊条，数字表示熔敷金属抗拉强度的最小值（单位为 kgf/mm^2）。一般情况下，焊条与母材的对应关系如下：

Q235 钢材，采用 E43 焊条；Q345 钢材，采用 E50 焊条；Q390、Q420 钢材，采用 E55 焊条。

4. 自动或半自动埋弧焊

自动或半自动埋弧焊主要设备是自动电焊机，沿轨道按设定速度移动，通电引弧后，使埋于焊剂下的焊丝和附近的焊剂熔化，熔渣浮在熔化的焊缝金属上面，使融化金属不与空气接触，并供给焊缝金属以必要的合金元素，随焊机的移动，颗粒状焊剂不断从料斗漏

下，电弧完全被埋在焊剂之内，同时焊丝自动地边熔化边下降，称为自动埋弧焊。（沿轨道推移过程由人工控制时，称为半自动埋弧焊）

5. 气体保护焊

气体保护焊是利用惰性气体或二氧化碳气体作为保护介质的一种电弧熔焊方法。直接依靠保护气体在电弧周围形成局部的保护层，以防止有害气体侵入，从而保持焊接过程的稳定，气体保护焊又称气电焊。（最常用的惰性气体是氩气）

6. 焊缝的形式与构造

焊缝连接方式分为：对接连接、搭接连接、T 形连接、角接连接四种，如图 8.16 所示。

<table>
<tr><th>接头式样</th><th colspan="2">焊缝式样</th></tr>
<tr><td>对接</td><td>埋弧自动焊时
$S\leqslant15$
$S=10\sim55$ $20°\sim30°$
$S\leqslant15$
$S>10$ $60°$
$S\leqslant15$ $15°\sim20°$</td><td>手工焊时
$S=3\sim8$
0.5
$S=3\sim10$
$S=2\sim3$
$S=12\sim40$
$S=8\sim15$ $60°$
$40°$
$S=12\sim40$</td></tr>
<tr><td>搭接</td><td colspan="2">填角　切口　塞形</td></tr>
<tr><td>正交</td><td colspan="2">双面填角　单面 V 形　K 形　填角　V 形填角</td></tr>
<tr><td>正交</td><td colspan="2">双面填角　单面 V 形　K 形　填角　V 形填角</td></tr>
</table>

图 8.16　焊缝的形式与构造

（1）对接焊缝的形式与构造。

1）直边缝：适合板厚 $t=10$mm。

2）单边 V 形：适合板厚 $t=10\sim20$mm。

3）双边 V 形：适合板厚 $t=10\sim20$mm。

4）U 形：适合板厚 $t>20$mm。

5）K 形：适合板厚 $t>20$mm。

6）X 形：适合板厚 $t>20$mm。

(2) 对接焊缝的优缺点。

1) 优点：用料经济、传力均匀、无明显的应力集中，利于承受动力荷载；

2) 缺点：需剖口，焊件长度要精确。

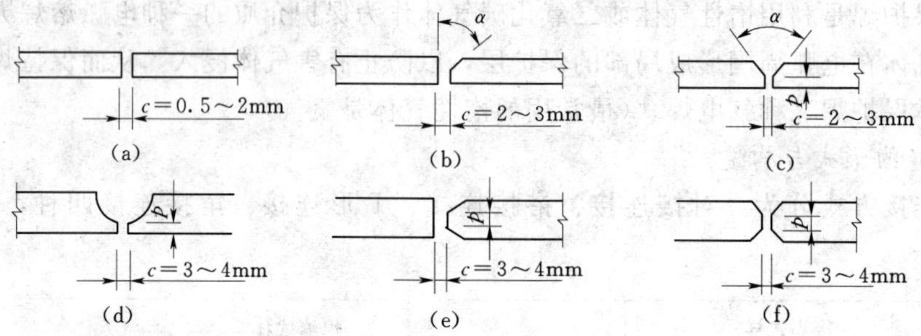

图 8.17　对接焊缝的坡口形式

(a) 直边缝；(b) 单边 V 形坡口；(c) V 形坡口；(d) U 形坡口；(e) K 形坡口；(f) X 形坡口

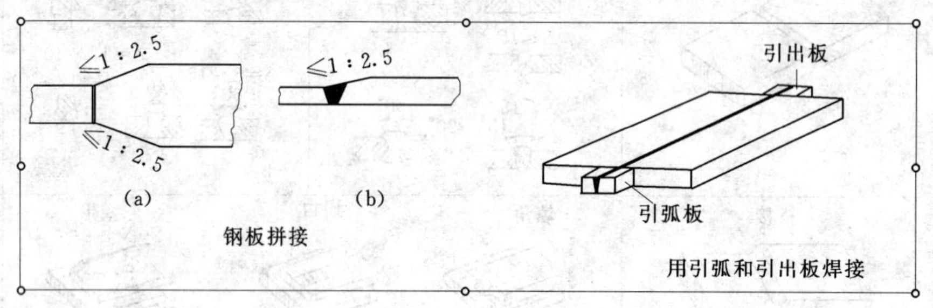

图 8.18

(a) 改变宽度；(b) 改变厚度

(3) 起落弧处易有焊接缺陷，所以用引弧板。但采用引弧板施工复杂，除承受动力荷载外，一般不用，计算时将焊缝长度两端各减去 5mm，如图 8.18 所示。

(4) 变厚度板对接，在板的一面或两面切成坡度不大于 1：4 的斜面，避免应力集中。

(5) 变宽度板对接，在板的一侧或两侧切成坡度不大于 1：4 的斜边，避免应力集中。

有引弧板的对接焊缝在受压时与母材等强，但焊缝的抗拉强度与焊缝质量等级有关。

7. 焊缝的质量检验

焊缝的质量检验分三级：

(1) 1 级检验的要求是全部焊缝进行外观检查。和超声波检查，焊缝长度的 2%进行 X 射线检查。至少有一张底片。

(2) 2 级检验的要求是全部焊缝进行外观检查。并有 50%的焊缝长进行超声波检查。

(3) 3 级检验的要求是全部焊缝进行外观检查。

高层建筑的焊缝质量检验属于 2 级检验。焊缝除全部外观检查外，有些工程超声波检查数量可按层而定。

1) 外观检查：普通碳素结构钢焊缝的外观检查，应在焊缝冷却后进行。低合金结构钢应在焊好 24h 后进行。金属表面焊缝应均匀，不得有裂纹，未熔合、夹渣、焊瘤、咬边、烧穿、弧坑和针状等缺陷。质量标准如下表。焊缝位置、外形尺寸必须符合国家规

范，见表8.1。

表8.1 **焊缝外观检验质标准**

项次	项目		焊缝外观检验质量标准		
			1级	2级	3级
1	气孔		不允许	不允许	直径小于或等于1.0mm的气孔在100mm长度范围内不得超过5个
2	咬边	不要求修磨的焊缝	不允许	深度不超过0.5mm累计长度不得超过焊缝的10%	深度不超过0.5mm累计长度不得超过焊缝的20%
			不允许	不允许	

2）无损检验：X射线检查分2级，应符合下表。检验方法要按国家规范要求进行。详见表8.2。

表8.2 **X射线检验质量标准**

项次	项目		质量标准	
1	裂纹		1级	2级
2	未熔合		不允许	不允许
3	未焊透	对接焊用要求焊透的K形焊缝	不允许	不允许
		管件单面焊	不允许	深度≤10%δ，但不得大于1.5mm；长度≤条状夹渣总长
4	气孔和点状夹渣	母材厚度B	点数	点数
		5.0	4	6
		10.0	6	9
		20.0	8	12
		50.0	12	18
		120.0	18	24
5	条状夹渣	单个条状夹渣	(1/3) δ	(2/3) δ
		条状夹渣总长	在12δ的长度内不得超过δ	在6δ的长度内不得超过δ
		条状夹渣间距（mm）	61	31

8.2.3.2 铆接

铆接主要用钢桥的连接。优点是塑性韧性好，质量保证，但工艺复杂，费工费料，已被高强度螺栓连接代替。

8.2.3.3 螺栓连接

螺栓作为钢结构连接紧固件，通常用于构件间的连接、固定、定位等。钢结构中的连接螺栓一般分普通螺栓和高强度螺栓两种。普通螺栓或高强度螺栓而不施加紧固力，该连接即为普通螺栓连接；高强度螺栓并对螺栓施加紧固力，该连接称高强度螺栓连接。图8.19为两种螺栓连接工作机理的示意。普通螺栓连接在受外力后，节点连接板即产生滑动，外力通过螺栓杆受剪和连接板孔壁承压来传递［图8.19（a）］。摩擦型高强度螺栓连接，通过对高强度螺栓施加紧固轴力，将被连接的连接钢板夹紧产生摩擦效应，受外力作用时，外力靠连接板层接触面间的摩擦来传递，应力流通过接触面平滑传递，无应力集中现象［图 8.19（b）］。

优点：施工工艺简单，安装方便，特别适用于工地安装连接，工程进度和质量易得到保证。

缺点：因开孔对构件截面有一定的削弱，且被连接的板件需要相互搭接或另加拼接板或角钢等连接件，因而比焊接连接用材较多，构造也较繁。

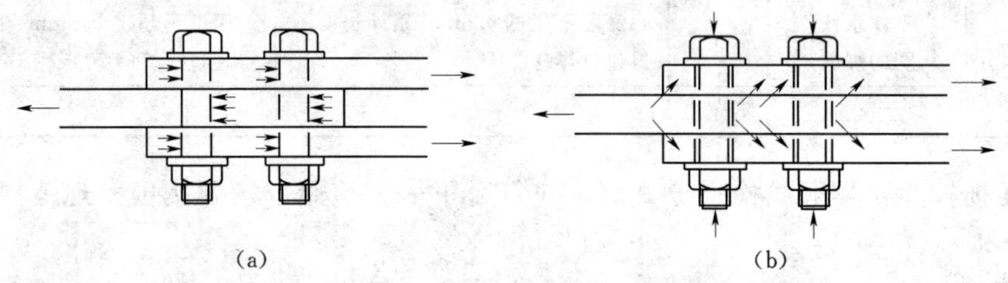

图 8.19 螺栓连接工作机理示意

（a）普通螺栓连接；（b）高强度螺栓摩擦连接

1. 普通螺栓连接

螺栓连接施工简单，固定可靠，无需专用设备，广泛用于临时固定构件及可拆卸结构的安装。分为 A、B、C 三级。

A、B 级螺栓（旧称精制螺栓），C 级螺栓（旧称粗制螺栓）。钢结构采用的普通螺栓形式为大六角头型，粗牙普通螺栓，其代号用字母 M 和公称直径的毫米数表示。

建筑工程中常用 M16、M20、M22、M24 等。

A、B 级螺栓加工精制，精度高要求Ⅰ类孔，孔径与栓径相同，栓杆和螺孔间空隙仅为 0.3mm 左右。在钢结构中已很少采用。

C 级螺栓由圆钢压制成，表面粗糙，要求Ⅱ类孔，孔径比螺栓杆径大 1.5～3mm。传递剪力时，变形大，但传递拉力时性能尚好，且成本低，故多用于承受拉力的安装螺栓连接和次要结构中。

钢结构普通螺栓连接即将普通螺栓、螺母、垫圈机械地和连接件连接在一起形成的一种连接形式。

普通螺栓的施工要求：

（1）安装螺栓前应检查建筑物各部位的位置是否正确，精度应满足规范的要求。

（2）精制螺栓安装孔，在结构安装后应能均匀放入临时螺栓和冲钉，临时螺栓和冲钉的数量不应少于安装总孔的 1/3。每个节点应至少 2 个临时螺栓，冲钉数量不多于临时螺栓数量的 30%。扩孔后 A、B 级螺栓不允许用冲钉。

（3）永久普通螺栓，每个螺栓不得垫 2 个及以上的垫圈，更不能作大螺母代替垫圈。螺栓拧紧后，外露螺纹不应少 2 个螺距。

（4）螺栓孔不得用气割扩孔。

2. 高强度螺栓连接

优点是施工简便、受力好、耐疲劳、可拆换、工作安全可靠；已广泛用于钢结构连接中，

尤其适用于承受动力荷载的结构中。按传力方式分可分为摩擦型连接、摩擦—承压型连接、承压型连接和张拉型连接等几种类型，其中摩擦型连接是目前广泛采用的基本连接形式。

摩擦型高强螺栓靠被连接板件间的强大摩擦阻力传递剪力，以摩擦阻力刚被克服作为连接承载力的极限状态。

承压型高强螺栓靠被连接板件间的摩擦力和螺栓杆共同传递剪力，以螺栓杆被剪坏或被压（承压）坏作为承载力的极限。

承压型的承载力比摩擦型高，可节约螺栓。但承压型的剪切变形比摩擦型的大，故只适用于承受静力荷载和对结构变形不敏感的结构中，不得用于直接承受动力荷载的结构中。

高强度螺栓连接传递剪力的机理和普通螺栓连接不同，普通螺栓连接靠螺栓杆承压和抗剪来传递剪力，高强度螺栓连接靠被连接板件间的强大摩擦阻力来传递剪力。

高强度螺栓连接已经发展成为与焊接并举的钢结构主要连接形式之一，它具有受力性能好、耐疲劳、抗震性能好、连接刚度高，施工简便等优点，被广泛地应用在建筑钢结构和桥梁钢结构的工地连接中。

高强度六角头螺栓：钢结构用高强度大六角头螺栓，分为8.8和10.9两种等级，一个连接副为一个螺栓、一个螺母和两个垫圈。高强度螺栓连接副应同批制造，保证扭矩系数稳定，同批连接副扭矩系数平均值为0.110～0.150，其扭矩系数标准偏差应不大于0.010。

扭剪型高强度螺栓：钢结构用扭剪型高强度螺栓一个螺栓连接副为一个螺栓、一个螺母和一个垫圈，它适用于摩擦型连接的钢结构。

(1) 高强度螺栓施工。

1) 施工的机具。

a. 手动扭矩扳手。

各种高强度螺栓在施工中以手动紧固时，都要使用有示明扭矩值的扳手施拧，使达到高强度螺栓连接副规定的扭矩和剪力值。一般常用的手动扭矩扳手有指针式、音响式和扭剪型三种（图8.20）。

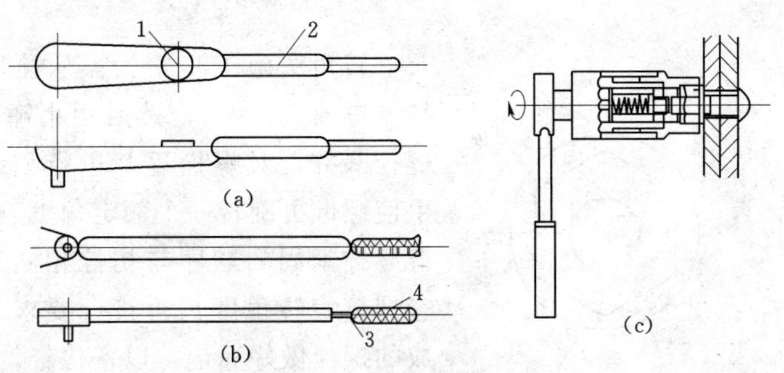

图8.20 手动扳手

(a) 指针式；(b) 音响式；(c) 扭剪型

1—扳手；2—千分表；3—主刻度；4—副刻度

b. 扭剪型手动扳手。

这是一种紧固扭剪型高强度螺栓使用的手动力矩扳手。配合扳手紧固螺栓的套筒，设有内套筒弹簧、内套筒和外套筒。这种扳手靠螺栓尾部的卡头得到紧固反力，使紧固的螺栓不会同时转动。内套筒可根据所紧固的扭剪型高强度螺栓直径而更换相适应的规格。紧固完毕后，扭剪型高强度螺栓卡头在颈部被剪断，所施加的扭矩可以视为合格。

c. 电动扳手。

钢结构用高强度大六角头螺栓紧固时用的电动扳手有：NR－9000A，NR－12和双重绝缘定扭矩、定转角电动扳手等，是拆卸和安装六角高强度螺栓机械化工具，可以自动控制扭矩和转角，适用于钢结构桥梁、厂房建设、化工、发电设备安装大六角头高强度螺栓施工的初拧、终拧和扭剪型高强度螺栓的初拧，以及对螺栓紧固件的扭矩或轴力有严格要求的场合。

2）大六角头高强度螺栓的施工。

a. 扭矩法施工。

在采用扭矩法终拧前，应首先进行初拧，对螺栓多的大接头，还需进行复拧。初拧的目的就是使连接接触面密贴，一般常用规格螺栓（M20、M22、M24）的初拧扭矩在200～300N·m，螺栓轴力达到10～50kN即可。初拧、复拧及终拧一般都应从中间向两边或四周对称进行，初拧和终拧的螺栓都应做不同的标记，避免漏拧、超拧等不安全隐患，同时也便于检查人员检查紧固质量。

b. 转角法施工。

转角法就是利用螺母旋转角度以控制螺杆弹性伸长量来控制螺栓轴向力的方法。采用转角法施工可避免较大的误差。

转角法施工分初拧和终拧两步进行（必要时需增加复拧），初拧的要求比扭矩法施工要严，因为起初连接板间隙的影响，螺母的转角大都消耗于板缝，转角与螺栓轴力关系不稳定。初拧的目的是为消除板缝影响，使终拧具有一致的基础。转角法施工在我国已有30多年的历史，但对初拧扭矩尚没有一定的标准，各个工程根据具体情况确定，一般地讲，对于常用螺栓，初拧扭矩定在200～300N·m比较合适，初拧应该使连接板缝密贴为准。终拧是在初拧的基础上，再将螺母拧转一定的角度，使螺栓轴向力达到施工预拉力。

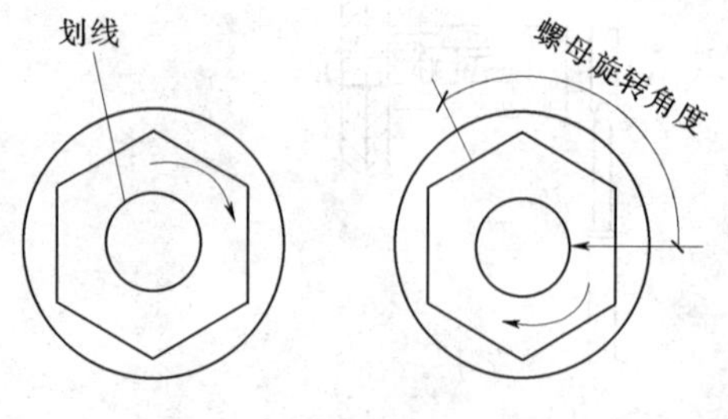

图8.21　转角施工方法

转角法施工步骤为：从栓群中心顺序向外拧紧螺栓（初拧），然后用小锤逐个检查，防止螺栓漏拧，对螺栓逐个进行划线，再用专用扳手使螺母再旋转一个额定角度（图8.21），螺栓群终拧紧固的顺序与初拧相同。终拧后逐个检查螺母旋转角度是否符合要求。最后对终拧完成的螺栓做好标记，以备检查。

3）扭剪型高强度螺栓的施工。

扭剪型高强度螺栓连接副紧固施工比大六角头高强度螺栓连接副紧固施工要简便得多，正常的情况采用专用的电动扳手进行终拧，梅花头拧掉标志着螺栓终拧的结束。

图8.22为扭剪型高强度螺栓紧固过程。先将扳手内套筒套入梅花头上，再轻压扳手，再将外套筒套在螺母上；按下扳手开关，外套筒旋转，使螺母拧紧、切口拧断；关闭扳手

开关，将外套筒从螺母上卸下，将内套筒中的梅花头顶出。

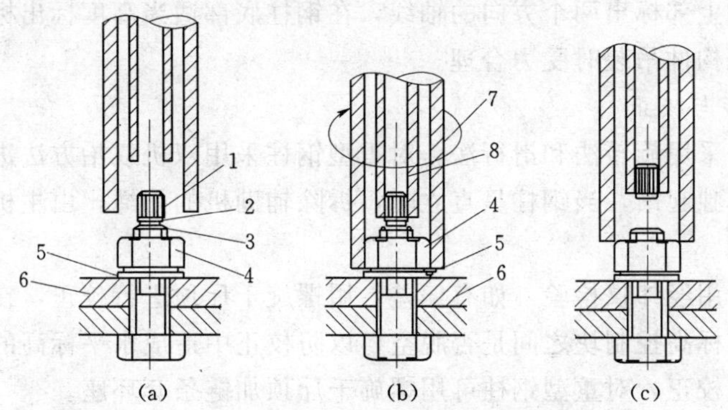

图 8.22 扭剪型高强度螺栓紧固过程

(a) 紧固前；(b) 紧固中；(c) 紧固后

1—梅花头；2—断裂切口；3—螺栓；4—螺母；5—垫圈；6—被紧固的构件；7—扳手外套筒；8—扳手内套筒

8.2.4 钢结构安装

钢结构单层工业厂房一般由柱、柱间支撑、吊车梁、制动梁（桁架）屋架、天窗架、上下支撑、檩条及墙体骨架等构件组成。柱基通常采用钢筋混凝土阶梯或独立基础。

8.2.4.1 结构安装前的准备工作

(1) 编制钢结构工程施工组织设计：选择吊装机械，确定构件吊装方法，规划施工现场平面布置，确定流水作业程序及进行计划，制定质量标准和安全措施。

①移动式起重机宜用于面积较大的工业厂房吊装。②起重量大的履带式起重机宜用于重型钢结构厂房吊装。③安装流水程序是明确每台吊机的工作内容和各台吊机之间相互配合。

(2) 定位弹线、标高和地脚螺栓检查。安装前应对建筑物定位轴线、平面封闭角、底层柱的位置线、混凝土基础的标高等进行复查，合格后方能进行安装。

基础支撑面和地脚螺栓的允许偏差见表 8.3。

表 8.3 支撑面和地脚螺栓的允许偏差

项目		允许偏差
支撑面	标高	±3.0
	水平度	1/1000
地脚螺栓（锚固）	螺栓中心偏移	5.0
	螺栓露出长度	+20.0
	螺纹长度	20.0
预留孔中心偏移		10.0

(3) 钢构件检验：安装单位对柱、梁、支撑等主要构件在安装前应进行复查。主要对构件外形尺寸、螺栓位置及孔径、连接件位置及角度、焊缝剖口、栓钉焊、高强螺栓接头摩擦面加工质量、构件表面油漆等进行检查，符合设计文件和有关标准后方能进行安装。

凡偏差大于有关规范、规程规定的允许误差者，安装前应在地面修理。

在钢柱底部和上部标出两个方向的轴线，在钢柱底部适当高度标出标高准线，同时也标出吊点，以保证构件吊装时受力合理。

1. 钢柱的安装与校正

钢柱的吊装法采用旋转法和滑行法。对重型钢柱采用双机双抬方法进行吊装，双机抬到位后，由主机单独起吊，当钢柱呈直立时，拆除辅助机的吊绳，由主机单独将钢柱插进锚固螺栓柱固定。

钢柱的垂直度用经纬仪检验，如有偏差，用螺旋千斤顶进行校正，在校正过程中，要随时观察柱底部和标高控制块之间是否脱空，以防校正中造成水平标高的误差。

钢柱的位置的校正，对重型钢柱可用螺旋千斤顶加链条套环座。

钢柱校正：对垂直度、轴线、牛腿面标高进行初验，柱间间距用液压千斤顶与钢楔或倒链与钢丝绳校正。

柱底灌浆：先在柱脚四周立模板、将基础上表面清除干净，用高强聚合砂浆从一侧自由灌入至密实。

2. 吊车梁安装与校正

准备工作：

①检查钢柱是否存在位移和垂直度的偏差；②实测吊车梁搁置处的梁高制作的误差；③做好临时标高垫块工作；④严格控制定位轴线。

吊车梁安装机械多用自行杆式起重机，以履带式起重机应用较多。具体详见项目9。

吊车梁校正主要为标高、垂直度、轴线和跨度等。用锤球检查其轴线。也可以用经纬仪校正。

8.2.4.2 钢结构单层厂房屋盖安装

(1) 对分段出厂的大型桁架，现场组装应符合现场组装平台、支点间距 L、支点高度差不应大于 $L/1000$ 且不超过 10mm。

(2) 构件组装时，应按制作单位的编号和顺序进行，不得随意调换。

(3) 桁架组装应先用临时螺栓和冲钉固定，腹杆应同时连接，经检合格后，方可永久连接。

(4) 屋面系统结构可采用扩大组合拼装后，扩大组合单元宜成一定刚度的空间结构，也可进行局部加固达到此目的。

(5) 有托架且上部为重屋盖的屋面结构，应将一个柱间的全部屋面结构构件安装完，并且连接固定后再吊装其他部分。

(6) 安装机械多用自行杆式起重机，以履带式起重机应用较多，塔式起重机和桅杆起重机等进行吊装。具体详见下章节。

钢屋架要检验校正其垂直度和弦杆的平直度，屋架的垂直度可用挂线锤球检验，而弦杆的水平度则可用拉紧的测绳进行检验。

钢结构单层厂房的柱、梁、屋架、支撑等主要结构安装就位后，应进行校正、固定。若采用综合安装时，应划分成独立的单元，使每一个单元全部安装完成，形成空间度单元，以保证施工期间建筑物和整体稳定性。钢桁架的最后固定，用电焊或高强

度螺栓。

8.2.4.3 钢网架安装

钢网架安装的常用方法有：高空拼装法、整体安装法和高空移滑法。

1. 高空拼装法

先在设计位置处搭设支架，然后用起重机将网架分件吊到空间的设计位置，在支架上进行安装。如图 8.23 所示。

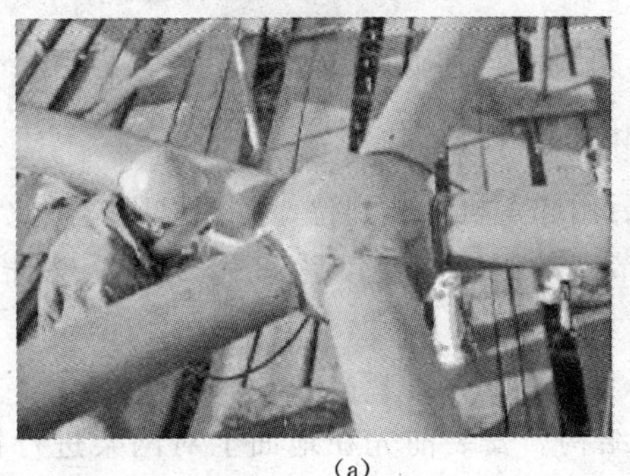

(a)

(b)

图 8.23 高空拼装法

(a) 空间散件拼装（满堂脚手架）；(b) 球面网壳小拼单元散装（悬挑法）

(1) 拼装前的准备工作。

大型网架为多支撑结构，支撑结构的轴线与标高是否准确，影响网架的内力和支撑反力。因此，支撑网架的柱子的轴线和标高的偏差应小，拼装前应校对。拼装网架为保证其标高和各榀屋架轴线的准确，拼装前需要预先放出标高控制线和各榀屋架轴线的辅助线，以检查和调整网架的标高和各榀屋架的轴线偏差。

(2) 吊装机械的选择主要根据结构特点、构件重量、安装高度以及现场施工的设备条件而定。

(3) 拼装支架搭设：拼装支架用于拼装网架、支撑网架、控制标高和作为操作平台使用。其布置形式和方式，取决于安装单元的尺寸和刚度。

网架安装完毕并全面检查后，拆除支架的方木和千斤顶。分 6 次下降，中央、中间、边缘 3 个区分阶段按比例（2：1.5：1）地下降支撑。下降支撑时要严格控制同步下降，避免由于个别支点受力而使这些支点处的网络杆件变形过大而破坏。

(4) 螺栓球正方四角锥网架高空散装法工艺流程：

放线、验线→安装下弦平面网络→安装上弦倒三角网络→安装下弦正三角网络→调整、紧固→安装屋面帽头→支座焊接、验收。

(5) 焊接球地面安装高空合拢法工艺流程：

放线、验线→安装平面网格→安装立体网格→安装上弦网格→网架整体提升→网架高空合拢→网架验收。

2. 整体安装法

整块安装法就是先将网架分为几大块，利用少数支架在空中拼装，如图 8.24 所示。

图 8.24 整体安装示意图

整体安装就是在地面是拼装成整体，然后用起重机吊装到位，并加以固定。此法不要支架、高空作业少，但起重作业复杂。对球节点的钢管网架较且采用。分为多机抬吊法、拔杆提升法、千斤顶提升法和千斤顶顶升法。

(1) 多机抬吊法。

适用高度和重量都不大的中、小型网架结构。安装前先在地面上对网架进行错位拼装，然后用多台起重机将拼装好的网架整体提升到位并加固定。如图 8.25 所示。

图 8.25 整体安装示意图

(2) 拔杆提升法。

球节点的大型钢管网架的安装，国内多采用此法。网架在地面错位拼装，用多根独脚桅杆将其整体提升到柱顶以上，然后进行空中旋转和移位，落下就位安装，本法起重量大，可达 1000～2000kN，桅杆高度可达 50～60m，但所需设备数量大、准备工作的操作较复杂，适用于安装高、重、大（跨度 80～100m）的大型网架屋盖吊装。

3. 高空滑移法

网架多在建筑物前厅顶板上设拉装平台进行拉装，待第一个拼装单元拼装完，将其下落至滑移轨道上，用牵引设备通过滑轮组将拼装好的网架向前移一定距离。接下来在拼装平台上拼装第二个单元，然后也是拼装好后连同第一个单元一同向前滑移，如此逐段拼装不断向前滑移，直至全部拼装并滑移。网架滑移，可在网架支架下设滚轮，使滚轮在滑移轨道上滑动，也可以在网架支座下设支座底板，使支座底板沿在梁上预埋的钢板滑动。(图 8.26、图 8.27)。

图 8.26　高空滑移法

图 8.27　滑移轨道与临时支座

8.2.4.4　钢结构门式刚架安装

1. 安装方案

门式刚架结构一般跨度较大、坡度陡、侧向刚度小、容易变形，所以合理选择方案尤为重要。目前常用方案：半榀刚架就地拼装，单机安装或双机抬吊安装，同时合拢；两个半榀刚架在基础上组装，双机或多机整榀扳起等。图 8.28～图 8.31 为吊装门式刚架安装工艺。

图 8.28　门式刚架单根钢柱吊装

图 8.29 门式刚架横梁吊装

图 8.30 门式刚架屋面檩条安装

图 8.31 门式刚架屋面板安装

2. 就位与绑扎

半榀刚架的就位位置，根据履带式起重机的回转半径和场地条件而定。履带式起重机的开行路线距建筑物轴线 10m，正好在半榀刚架的重心位置处。在吊装时，左右两半榀刚架同时起吊，到位后先将柱脚固定，然后工人站在临时工作台上安装固定两个半榀刚架用的顶铰销子。

3. 临时固定和校正

吊装后，第一榀用缆风绳临时固定（每半榀两侧各拉二根），待第二榀装好后，先不要松吊钩，需待装好全部檩条和水平支撑，同时进行刚架校正，两榀刚架形成一个整体后

再松去吊钩。从第三榀刚架开始，只要安装几根檩条临时固定刚架就可以了。

刚架的校正，主要是校正刚架顶铰处和柱脚中间、垂直于柱脚的横向轴线及刚架上弦的直线度。

8.2.4.5 钢结构高层建筑安装

1. 钢结构安装前的准备工作

(1) 钢构件预检和配套。

出厂前制作厂应将每个构件的质量检查记录及产品合格证交安装单位；安装单位对柱、梁、支撑等主要构件在安装前应进行复查。

主要对构件外形尺寸、螺栓位置及孔径、连接件位置及角、焊缝剖口、栓钉焊、高强螺栓接头摩擦面加工质量、构件表面油漆等进行检查，符合设计文件和有关标准后方能进行安装。凡偏差大于有关规范、规程规定的允许误差者，安装前应在地面修理。

关于检查用的钢尺，构件制作、安装、监理、验收及土建施工用者应按同一标准进行核定，并具有相同的精度。

凡端部进行现场焊接的梁柱：

1) 柱的长度应增加柱端焊接产生的收缩变形值和荷载使柱产生的压缩变形值；

2) 梁的长度应增加梁接头焊接产生的收缩变形值。

如现场条件有限，有时需设置中转堆场，其主要作用：

1) 储存制造厂的钢构件（工地现场没有条件储存大量构件）；

2) 根据安装施工流水顺序进行构件配套，组织供应；

3) 对钢构件质量进行检查和修复，保证合格的构件送到现场。

构件配套按安装流水顺序进行：堆场→配套场地→构件预检处理修复→工地现场。

(2) 定位周线、标高和地脚螺栓检查。

安装前应对建筑物定位轴线、平面封闭角、底层柱的位置线、混凝土基础的标高等进行复查，合格后方能进行安装。

规范的允许偏差：建筑物定位轴线 $L/2000$（L 为建筑长度或宽度），且不大于 3mm；基础上柱的定位轴线 1mm；基础上柱底标高±2mm；地脚螺栓（锚栓）位移 2mm。

(3) 钢构件现场堆放。按照安装流水顺序由中转堆场配套运入现场的钢构件，利用现场的装卸机械尽量将其就位到安装机械的回转半径内；由运输造成的构件变形，在施工现场要加以矫正；一般情况下，结构安装用地面积宜为结构占地面积的 1.5 倍。

(4) 安装机械的选择。高层钢结构安装皆用塔式起重机，臂杆长度应具有足够的覆盖面；要有足够的起重能力，满足不同部位构件起吊要求；钢丝绳容量要满足起吊高度的要求；起吊速度要有足够档次，满足安装需要；多机作业时，臂杆要有足够的高差，能不碰撞地安全运转；各塔式起重机之间应有足够的安全距离，确保臂杆不与塔身相碰。

2. 钢柱的安装

(1) 绑扎与起吊。根据钢柱的重量和起重机起重量、钢柱的吊装可用双机抬吊或单机吊装。单机吊装时需要在柱子根部以垫木，以回转法起吊，严禁柱根拖地。双机抬吊时，钢柱吊离地面后在空中进回直。

(2) 钢结构构件安装与校正。钢结构高层建筑的柱子，多为 3～4 层一节，节与节之

间用剖口焊连接；吊装第一节钢柱时，应在预埋的地脚螺栓上假设保护套；钢柱吊装前，应预先在地面上把操作挂篮、爬梯等固定在施工需要的柱子部位上；钢柱的吊点在吊耳处，根据钢柱重量和起重机的起重量，可采用双机抬吊或单机吊装单机吊装时在柱子根部垫以垫木，以回转法起吊，严禁柱根拖地；钢柱就位后，先调整标高，再调整位移，最后调整垂直度；柱子安装地允许误差为：底层柱柱底轴线与定位轴线偏移3mm；柱子轴线与定位轴线偏移1mm；单节柱的垂直度h/100（h为柱高），且不大于10mm；为了控制安装误差，对高层钢结构先确定能控制框架平面轮廓的标准柱；一般取标准柱的柱基中心线为基准点，用激光经纬仪以基准点为依据对标准柱的垂直度进行观测，于柱子顶部固定有测量目标。

钢柱标高的调整，每安装一节钢柱后，对柱顶进行一次标高实测，标高误差超过6mm时，需进行调整；为了控制安装误差，对高层钢结构先确定能控制框架平面轮廓的标准柱；一般取标准柱的柱基中心线为基准点，用激光经纬仪以基准点为依据对标准柱的垂直度进行观测，于柱子顶部固定有测量目标。激光仪测量时，为了纠正由于钢结构振动产生的误差和仪器安置的误差、机械误差，激光仪每测一次转动90°，在目标上共测4个激光点，以这4个激光点相交为准，测量安装误差。

为使激光束通过，在激光仪上方的金属或混凝土楼板皆需求回定或预埋一个小钢管。激光仪设在地下室底板上的基准点处。

其他柱子的误差测量用丈量法，以标准柱为依据，在角柱上沿柱子外侧拉设钢丝绳组成平面方格封闭状，用钢尺丈量距离，超过允许偏差者则进行调整。

钢柱标高的调整，每安装一节钢柱后，对柱顶进行一次标高实测，标高误差超过6mm时，需进行调整；多用低碳钢板垫到规定要求。如误差过大（大于20mm），不宜一次调整，可先调一部分，待下一次再调整，否则一次调整过大会影响支撑的安装和钢梁表面标高。中间柱的标高稍高一点，因其荷载重较大。基础沉降也大。

3. 钢梁的安装

钢梁在吊装前，应于柱子牛腿处检查标高和柱子间距，在梁上装好扶手杆和扶手绳；一般在钢梁上翼缘处开孔，作为吊点；有时将梁、柱在地面组装成排架进行整体吊装，可以减少高空作业，保证质量，加快吊装速度；安装框架主梁时，要根据焊缝收缩量预留焊缝变形量；安装主梁时对柱子垂直度的监测，除注意两端垂直度变化外，还要注意相邻与主梁相接的各根柱子的垂直度变化情况。保证柱子预留焊缝收缩值外，各项偏差均要符合规范要求。同一根梁两端顶面高差为$1/1000L$（且不宜大于10mm），主次梁表面高差为±2mm。

当一节柱的各层梁安装完毕，宜立即安装该节柱范围内的各层楼梯，并铺设各层楼面的压型钢板，铺放时要对正相邻两排压型钢板端头波形槽口。

4. 剪力墙板安装

剪力墙板有钢制墙板和混凝土墙板二种。

(1) 先安好框架，然后再装墙板，进行墙板安装时，选用索具吊到就位部位附近临时搁置，然后调换索具，在分离器两侧同时下放对称索具绑扎墙板，再起吊安装到位。此法效率不高。

(2) 先同上部框架梁组合，然后再安装剪力墙板，四周与钢柱和框架梁用螺栓连接，再用焊接固定，安装前在地面先将墙板与上部框架梁组合，然后一并安装，定位后再连接其他部位。是个较合理的安装方法。剪刀撑安装部位与剪力墙板吻合。

5. 钢扶梯安装

钢扶梯一般以平台部分为界限分段制作，构件是空间体，与框架同时进行安装，然后再进行位置和标高的调整。

6. 钢结构构件的连接施工

现场连接主要用高强度螺栓和电焊连接。钢柱多为坡口电焊连接，梁与柱、梁与梁的连接约束要求而定，有的用高强度螺栓，有的则坡口焊和高强度螺栓共用。高层钢结构安装需按照建筑物平面形状、结构形式、安装机械数量和位置等划分流水段。平面流水段划分应考虑钢结构安装过程中的整体稳定性和对称性，安装顺序一般由中央向四周扩展，以减少焊接误差。

8.2.5 钢结构的涂装防护

涂装防护工艺流程：基面清理→底漆涂装→面漆涂装→检查验收。

1. 钢结构的涂装防护

钢结构涂装前，钢材表面除锈应符合设计和规范要求。处理后表面不应有焊渣、焊疤、灰尘、油污、水和毛刺等。当无设计要求时，钢材表面除锈等级应符合相关规定。

涂料、涂装遍数、涂层厚度均应符合设计要求。当设计对涂层厚度无要求时，涂层干漆膜总厚度：室外应为150μm，室内应为125μm，其允许偏差为－25μm，每遍涂层干涂膜厚度的允许偏差为－5μm。

构件表面不应误涂、漏涂，涂层表面不应脱皮和返锈现象。涂层要均匀，无明显邹皮、流坠、针眼和气泡。

当钢结构处有腐蚀介质球境或外露且设计有要求时，应进行涂着力测试，在检测范围内，当涂层完整程度达到70%以上时，涂着力达到合格质量标准有要求。

2. 钢结构防火涂料涂装防护

防火涂料涂装防护工艺流程：作业准备→防火涂料配料、搅拌→喷涂→检查验收。

当钢材表面除锈及防锈漆验收合格后，才能进行防火涂料的涂装。

防火涂料的黏结强度、抗压强度和检验方法均应符合国家现行规范的要求。

薄涂型防火涂料的厚度应符合有关耐火极限的设计要求。厚涂型防火涂料的厚度，80%的面积应符合有关耐火极限的设计要求，且最薄处的厚度不应低于设计要求的85%。薄涂型的防火涂料层表面裂纹宽度不应大于0.5mm；厚涂型防火涂料层表面裂纹宽度不应大于1mm。

防火涂料不应有误涂、漏涂，涂导厚度应闭合无脱皮层、空鼓、明显示凹陷、粉化松散和浮浆等外观缺陷，乳突应已剔除。

项目9 建筑装饰装修工程

建筑装饰装修是为了保护建筑物的主体结构、完善建筑物的使用功能和美化建筑物，采用装饰装修材料或饰物，对建筑物的内外表面及空间进行的各种处理过程。

知识目标

(1) 掌握一般建筑装饰工程的常规施工工艺、施工方法及包含的原理。

(2) 掌握工程施工中遇到的一些必要计算方法。

(3) 熟悉装饰工程施工中容易出现的常见质量、安全问题及质量、安全验收规范。

(4) 熟悉装饰施工顺序及装饰所需配备的设施和设备。

能力目标

(1) 能根据施工图纸和施工实际条件，选择和制定常规装饰工程合理的施工方案。

(2) 能根据施工图纸和施工实际条件，查找资料和完成装饰施工中遇到的一些必要计算。

(3) 能根据施工图纸和施工实际条件编写一般建筑装饰工程施工技术交底。

(4) 能根据建筑工程质量验收方法及验收规范进行常规装饰工程的质量检验。

任务1 门窗与玻璃安装工程

常见的门窗类型有木门窗、铝合金门窗、塑料门窗等。门窗工程的施工可分为两类：一类是由工厂预先加工拼装成型，在现场安装；另一类是在现场根据设计要求加工制作即时安装。

子任务1 木门窗安装工程

任务描述

作为施工技术人员对木门窗施工方案作出合理选择，并根据该选择方案成功进行木门窗工程的施工。

任务分析

1. 能力标准与要求

(1) 能掌握木门窗的品种及质量要求。

(2) 熟悉木门窗工程的施工工艺。

(3) 能根据其施工工艺正确引导施工。

2. 重点与难点分析

(1) 作为木门窗工程对材料的质量要求。

(2) 木门窗安装的作业条件及安装要点。

(3) 木门窗扇的安装工艺流程。

3. 相关知识

常见木门窗工程的施工工艺以及其质量检验保证措施和要求。

9.1.1.1　木门窗的品种及质量要求

1. 类型

木门窗分为夹板门、镶板门、半截玻璃门、拼板门、双扇门、门连窗、推拉门、平开大门、钢木大门、弹簧门、平开窗、中悬窗、立转窗、提拉窗、推拉窗、百叶窗。

2. 质量要求

(1) 由木材加工厂供应的木门窗框和扇必须是经检验合格的产品，并具有出厂合格证，进场应对型号、数量及加工质量全面进行检查。

(2) 门窗框和扇应无窜角、翘钮、弯曲、劈裂，如有以上情况应先进行修理。

9.1.1.2　木门窗的安装

1. 木门窗安装的作业条件

门窗框进场后，应将靠墙的一面涂刷防腐涂料，刷后分类码放平整。准备安装木门窗的砖墙洞口已按要求预埋防腐木砖，木砖中心距不大于1.2m，并应满足每边不少于2块木砖的要求。门窗框安装应在砌墙前或室内、外抹灰前进行，门窗扇安装应在饰面完成后进行。

2. 木门窗框的安装要点

安装门窗框时，先把门窗框塞进门窗洞内，用木楔临时固定，用线锤和水平尺校正后，再用钉子把门窗框钉牢在木砖上，每个木砖上应钉两颗钉子，钉帽砸扁冲入挺内。

3. 木门窗扇的安装

工艺流程：找规矩弹线，找出门窗框安装位置→掩扇及安装样板→窗框、扇安装→门框安装→门扇安装。

(1) 找规矩弹线。

从顶层开始用大线坠吊垂直，检查窗口位置的准确度，弹出墨线，结构凸出窗框线时进行剔凿处理。安装前应核查安装的高度、门框应按图纸位置和标高安装，每块木砖应钉2个10cm长的钉子并应将钉帽砸扁钉入木砖内，使门窗安装牢固。轻质隔墙应预先按设带木砖的混凝土块，似保证其牢固性。

(2) 掩扇及安装样板。

掩扇即把窗扇根据图纸要求安装到窗框上，并应检查缝隙大小、五金位置、尺寸及牢固等，符合标准要作为样板，对其他的门窗进行验收。

(3) 门框安装。

木门框安装，应在地面工程施工前完成，门框安装应保证牢固，门框应与木砖钉牢，一般每边不少于2点固定，间距不大于1.2m。

(4) 本门扇的安装。

先确定门的开启方向及小五金型号的安装位置，然后检查门口是否尺寸正确、边角方正，有无窜角。将门扇靠在框上划出相应的尺寸，如果扇大，则应根据框的尺寸将其刨去，扇小应帮木条。将门扇塞入口内，塞好后用木楔顶住临时固定。然后划第二条修刨线，标上合页槽的位置。同时应注意口与扇安装的平整。第二次修好后即可安装合页。按要求剔出合页槽，然后先拧一个螺丝，检查缝隙是否合适，口与扇是否平整，无问题后方可将螺丝全部拧上拧紧。如安装对开扇，应将门扇的宽度用尺量好再确定中间对口缝的裁口深度。五金安装应按设计图纸要求，不得遗漏。

9.1.1.3 木门窗安装的质量要求

门窗框、扇安装位置，开启方向，使用功能必须符合设计要求。门窗框必须安装牢固，隔声、防火、密封做法正确，符合设计要求和施工规范的规定。门窗框与墙体间隙填塞保温材料应填塞饱满，嵌填材料和方法符合设计要求。门窗扇安装应裁口顺直；刨面平整、光滑、无锤印，开关灵活、严密，无回弹、翘曲和变形等。

子任务2 铝合金门窗安装

任务描述

作为施工技术人员对铝合金门窗施工方案作出合理选择，并根据该选择方案成功进行铝合金门窗工程的施工。

任务分析

1. 能力标准与要求

(1) 能掌握铝合金门窗的品种及质量要求。

(2) 熟悉铝合金门窗工程的施工工艺。

(3) 能根据其施工工艺正确引导施工。

2. 重点与难点分析

(1) 作为铝合金门窗工程对材料的质量要求。

(2) 铝合金门窗安装的作业条件及安装要点。

(3) 铝合金门窗扇的安装工艺流程。

3. 相关知识

常见铝合金门窗工程的施工工艺以及其质量检验保证措施和要求。

9.1.2.1 铝合金门窗的类型及质量要求

1. 类型

铝合金门窗分为推拉窗（门）、平开窗（门）、固定窗、悬挂窗、回转窗（门）、百叶窗、纱窗等。

具体形状及尺寸见有关铝合金门窗图集。

2. 质量要求

(1) 铝合金门窗的规格、型号应符合设计要求，五金配件齐全，并具有产品的出厂合格证。

(2) 防腐材料、保温材料符合图纸要求。

(3) 密封膏、嵌缝材料、防锈漆、铁纱、压纱条等均应根据图纸要求准备。

9.1.2.2　铝合金门窗的安装

1. 工艺流程

弹线找规矩→门窗洞口处理→防腐处理及埋设连接铁件→铝合金门窗拆包、检查→就位和临时固定→门窗固定→铝合金门窗扇安装→门窗口四周堵封、密封嵌缝→清理→安装五金配件→安装门窗纱扇封条。

2. 弹线找规矩

在最顶层找出外门窗口边线，用大线锤将门窗边线下引，并在每层门窗口处划线标记，对个别不直的口边应处理。高层建筑宜用经纬仪找垂直线，水平位置应以+50cm水平线为准，向上量出窗下皮标高，弹性找直，每层窗下皮（若标高相同）则应在同一水平线上。

3. 门窗洞口处理

根据对墙大样图集窗台板的宽度确定铝合金门窗在墙厚方向的安装位置，如外墙厚度有偏差时，原则上应以同一房间窗台板外漏尺寸一致为准。窗台板应深入铝合金窗5mm为宜。

4. 防腐处理及埋设连接铁件

门窗框两侧的防腐处理应按设计要求进行，如设计无要求时，可涂刷防腐材料，如橡胶型防腐涂料或聚丙烯树脂保护装饰膜，也可粘贴塑料膜进行保护，避免填缝水泥砂浆直接与铝合金门窗表面接触，铝合金门窗安装时若采用连接铁件固定，铁件应进行防腐处理、连接件最好选用不锈钢。

5. 运输及安装铝合金窗披水

按设计要求将披水条固定在铝合金窗上，应保证安装位置正确牢固。

6. 就位固定

根据位置线安装，并将其吊直找正后用木楔临时固定。固定有两种方法，一种用ϕ6mm钢筋打入钻好的孔中，另一种是与预埋钢板或结构钢筋焊接，铁角至窗角的距离不应大于180mm，铁角间距应小于600mm。

7. 缝隙处理

铝合金门窗固定以后，应及时处理门窗框与墙体缝隙。设计无要求时，应采用矿棉或玻璃毡条分层填塞缝隙，外表面留5～8mm深槽口填嵌缝膏。

8. 门框安装

首先将尺寸找好，在门框的侧边钉好连接件或木砖，然后安装门框，门框安装并找好垂直度及几何尺寸后，用射钉枪或自攻螺钉将其门框与墙上预埋件固定。用低碱性水泥砂浆将门框与砖墙四周的缝隙填实。

9. 地弹簧座的安装

根据地弹簧位置，提前剔洞，将地弹簧放入凹坑内用水泥砂浆固定，上平应与室内地面平，砖轴线要与门框横斜的定位销轴心线一致。

10. 门扇安装

门框扇的安装采用铝角固定，具体做法与门框连接相同。

11. 安装五金配件

待油漆完成并修理后再安装五金配件，安装工艺应按产品说明进行，要求安装牢固，使用灵活。

12. 安装纱门窗工序

安装纱窗的顺序为：绷铁纱→裁纱→压条固定→挂纱扇→装五金配件。

9.1.2.3 铝合金门窗安装的质量要求

铝合金门窗及其附件和玻璃的类型、规格、质量必须符合设计要求及国家现行有关标准的规定。铝合金门窗安装的位置、开启方向和隔声门的间隔指标必须符合设计要求。铝合金门窗框安装必须牢固扩预埋件的数量、位置、埋设连接方法及防腐必须符合设计要求。铝合金门窗与非不锈钢紧固件接触面之间应做防腐处理。铝合金门窗外观质量应满足表面洁净，颜色一致，无划痕、锈蚀、污迹，无毛边、飞刺，涂胶表面光滑平整，无气泡等。

子任务3 硬PVC塑料门窗安装

任务描述

作为施工技术人员对塑料门窗施工方案作出合理选择，并根据该选择方案成功进行塑料门窗工程的施工。

任务分析

1. 能力标准与要求

(1) 能掌握塑料门窗的品种及质量要求。

(2) 熟悉塑料门窗工程的施工工艺。

(3) 能根据其施工工艺正确引导施工。

2. 重点与难点分析

(1) 作为塑料门窗工程对材料的质量要求。

(2) 塑料门窗安装的作业条件及安装要点。

(3) 塑料门窗扇的安装工艺流程。

3. 相关知识

常见塑料门窗工程的施工工艺以及其质量检验保证措施和要求。

9.1.3.1 塑料门窗的类型及质量要求

1. 类型

(1) 钙塑门：室门、壁橱门、单元门、商店门及不同规格的窗。

(2) 改性聚氯乙烯内门：用于公共建筑、宾馆及民用住宅的内部。

(3) 改性聚氯乙烯塑料夹层门：适用于住宅学校、办公楼、地下室工程及化工厂房的内门。

(4) 改性全塑整体门：适用于宾馆、医院、办公楼及民用建筑的内门。

(5) 全塑折叠门：适用于屏幕、浴室内门、临时隔断等。

(6) 折叠式塑料异形组合屏风：适用于间隔装饰、浴室及内门等。

(7) 玻璃钢门窗：特别适用于有腐蚀性介质的车间及冷库的保温门窗。

(8) 塑料百叶窗：适用于湿度大的建筑工程及各种窗的遮阳和通风。

2. 质量要求

塑料门窗的类型、型号应符合设计要求，并应有生产厂家的产品合格证，进场后应进行检查验收，合格后方可使用。

9.1.3.2 塑料门窗的安装

1. 塑料门窗的特点

塑料门窗不但具有良好的装饰性，而且保温性能与密闭性能比其他门窗明显优越，其耐久性能随着塑料材质的不断改进也有显著提高。为了提高塑料门窗的刚度，用增强型钢插入塑料门、窗框扇的空腔中形成的“塑钢”门窗，近年来得到大力地推广和发展。

2. 塑料门窗的安装

(1) 无气窗塑料门安装要点。

1) 直樑与上冒头45°拼角处用塑料角尺拍合，正确垂直放入门洞内。

2) 在预埋木砖处，门框钻孔，旋入3寸木螺丝紧固。

3) 门框外嵌条45°拼角处，同样塑料角尺拍合，随后压入前门框凹痕处。

4) 整体门扇插入门框上铰链中，按门锁说明书装上球形门锁。

(2) 有气窗塑料门安装要点。

1) 中贯樑与直樑缺口吻合，用螺母搭牢。

2) 上冒头内旋气窗铰链处预埋木芯。

3) 直樑与上冒头45°拼合处用塑料角尺拍合，正确垂直放入门洞内。

4) 门洞预埋木砖处在门框上钻洞，旋入10cm木螺丝紧固。

5) 窗边挺四角用塑料或木角尺拍合，并用木螺丝固定，装铰链处，木角尺稍长。

6) 装上百页铰链。

7) 整扇门扇插入门框上铰链中，按门锁说明书装上球形门锁。

(3) 全塑整体门的安装要点。

1) 先修好砖洞口，检查是否符合图纸要求。

2) 把塑料门框按规定位置立好，并在门框的一侧将木螺丝拧在木钻上。

3) 将塑料门装在门框上，找正位置后，用木块找好垂直和地坪标高，方位和立木门框相同，完成后将门从框中卸下。

4) 将门框另一侧再用木螺丝固定在木钻上。

5) 在安装合页的地方，剔好合页槽。

6) 把门装入框中，用合页固定，再进行修整，做到不崩扇，不坠扇，开关自如。

(4) 玻璃钢门窗安装要点。

1) 门的安装与木门相似，门洞需要留木砖或预埋铁件，安装时先在框上打孔，然后拧螺丝。如有预埋铁板，可先钻孔拧入平机螺丝。

2) 窗的安装，在窗洞上应预埋木钻或预埋铁件，在框上钻孔，用木螺丝拧入墙内。

3）在安装前必须检查，如发现窗框有翘曲变形，窗角等有脱落及松动现象，均应进行修整。

9.1.3.3 塑料门窗安装的质量要求

塑料门窗的类型、规格、尺寸、开启方向、安装位置、连接方式及填嵌密封处理应符合设计要求，内衬增强型钢的壁厚及设置应符合国家现行标准的有关规定。塑料门窗框、副框和扇的安装必须牢固。塑料门窗扇应开关灵活、关闭严密，无倒翘等。塑料门窗框与墙体间缝隙应采用闭孔弹性材料填嵌饱满，表面应采用密封胶密封。密封胶应粘结牢固，表面应光滑、顺直、无裂纹等。

任务2 吊顶隔墙工程

吊顶是现代室内装饰的重要组成部分，按使用材料分有轻钢龙骨吊顶、铝合金龙骨吊顶、木龙骨吊顶、石膏板吊顶、金属板天花吊顶、装饰板吊顶和采光板吊顶。由于顶棚表面的反射作用，增加了室内亮度，并且有防寒保温、隔热、隔声等功能，又为空调、灯具提供了安装条件，为人们的生活创造了舒适的环境。吊顶除了具有优美的造型外，在功能和技术上常常要处理好声学（吸收和反射音响）、人工照明、空气调节（通风和换气）以及防火和消防等有关技术问题。

隔断工程通过设计手段并且采用一定的材料，来分割房间和建筑物内部大空间。作用是使空间大小更加适用，并保持通风、采光的效果。隔断工程的发展较快，并已普遍采用。

子任务1 吊顶工程

任务描述

作为施工技术人员对吊顶工程施工方案作出合理选择，并根据该选择方案成功进行吊顶工程的施工。

任务分析

1. 能力标准与要求

（1）能掌握吊顶的类型及组成。

（2）熟悉吊顶工程的施工工艺。

（3）能根据各施工工艺正确引导施工。

2. 重点与难点分析

（1）作为吊顶工程对材料的质量要求。

（2）吊杆、龙骨、饰面板的施工工艺。

3. 相关知识

吊顶有哪些类型？常见的吊顶工程的施工工艺以及各种类型吊顶工程的优缺点、工程做法及其质量检验保证措施。

9.2.1.1 吊顶的类型及组成

悬吊式顶棚是由吊杆、龙骨和饰面板组成的空间顶棚体系。吊顶的种类很多，随着新型建筑材料的发展，装配式吊顶、成品或半成品新型吊顶材料不断涌现，目前我国新型吊顶有活动式装配吊顶、隐蔽式装配吊顶、金属装饰板吊顶及开敞式吊顶四种类型。

1. 吊杆（吊筋）

吊杆是连接龙骨与楼板（或屋面板）的承重结构，它的形式与选用和楼板的形式、龙骨的形式及材料有关，也与吊顶质量有关。常见的有以下几种：

（1）在现浇板上安放吊杆。在现浇混凝土楼板上安放吊杆时，将钢筋吊杆一端放在现浇层中，在木模板上钻孔，孔径稍大于钢筋吊杆直径，吊杆另一端从此孔中穿出，如图9.1所示。

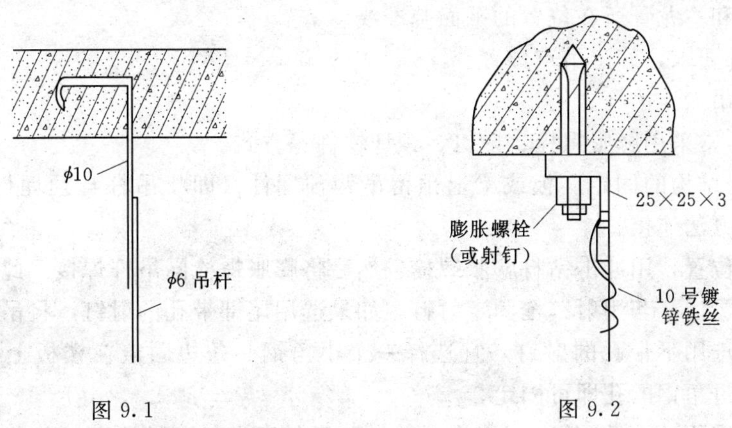

图 9.1　　图 9.2

（2）在已硬化楼板上安装吊杆。

用射钉枪将射钉打入板底，可选用尾部带孔与不带孔的两种射钉规格。在带孔射钉上穿铜丝（或镀锌铁丝）绑扎龙骨；或在射钉上直接焊接吊杆。

在吊点的位置，用冲击钻打膨胀螺栓，然后将膨胀螺栓同吊杆焊接。此种方法可省去预埋件，比较灵活，对于荷载较大的吊顶，比较适用，如图9.2所示。

（3）在梁上设吊杆。在屋架的下弦、木梁或木条上设吊杆，若系钢筋吊杆，可直接绑上即可，若系木吊杆，可用铁钉将吊杆钉上，每个木吊杆不少于两个钉子。

2. 龙骨（搁栅）

龙骨是吊顶中承上启下的构件，它与吊杆连接，并为面层罩面板提供安装节点。普通的不上人吊顶一般用木龙骨、型钢或轻钢龙骨及铝合金龙骨；上人顶棚的龙骨，因承载要求高，要用型钢或大断面木龙骨，然后在龙骨上做人行通道（或称马道）。在吊顶上安装管道以及大型设备的龙骨要加强。

3. 饰面层（面板）

吊顶饰面层分为湿抹灰面层和饰面板面层两大类。由于吊顶龙骨较高，抹灰施工不方便，而且施工速度慢，实际工程中利用各种饰面板面层的较多，它既便于施工，又便于管道设备安装和检修。常用的饰面板材有各种石膏板（装饰石膏板、纸面石膏板、吸声穿孔

石膏板及嵌装式装饰石膏板）；金属板（金属微穿孔吸声板、铝合金装饰板、铝合金单体构件）以及其他饰面板（纤维板、胶合板、塑料板、玻璃棉及矿棉板等）。

9.2.1.2 吊顶龙骨安装

龙骨实际上是吊顶体系的骨架，龙骨的断面及安装、固定方法很多，但不论何种断面、何种材料，都要力求安全、简便。现以轻钢吊顶龙骨安装为例介绍。

1. 龙骨安装施工

施工工艺：放线→固定吊点、吊杆→安装主龙骨→调平主龙骨→固定次龙骨、横撑龙骨。

(1) 放线。

1) 确定标高线。采用水平仪或水注法等方法，根据吊顶设计标高在四周墙壁或柱壁上弹线，弹线应准确、清晰，其水平允许偏差为±5mm。按吊顶设计标高线再分别确定并弹出次龙骨和主龙骨所在位置的平面基准线。

2) 按设计要求，确定吊点位置。

(2) 固定吊点、吊杆。

1) 吊点。常采用膨胀螺栓、射钉、预埋铁件等方式。

2) 吊杆与结构的固定。板或梁上预留吊钩预埋件，即将吊杆与预埋件焊接、勾挂、拧固或以其他方法连接。

在吊点的位置，用冲击钻打膨胀螺栓，然后将膨胀螺栓同吊杆焊接。此种方法可省去预埋件，比较灵活。若用射钉枪固定射钉，如果选用尾部带孔的射钉，将吊杆穿过尾部的孔即可。如果选用不带孔的射钉，宜选择一个小角钢一条边固定在楼板上，另一条边钻孔，将吊杆穿过角钢的孔即可固定。

吊杆一般采用 $\phi6 \sim \phi8$ 的钢筋制作，并做防腐处理，如下端要套丝的，要注意丝扣的长度留有余地，以备螺母紧固和吊杆的高度调节。

(3) 安装主龙骨。

主龙骨与吊杆连接，可采用焊接，也可采用吊挂件连接，焊接虽然牢固，但维修麻烦。吊挂件一般与龙骨配套使用，安装方便。吊挂件同主龙骨相连，在主龙骨底部弹线，然后再用连接件将次龙骨与主龙骨固定。最后再依次安装中龙骨、小龙骨。也可以主、次龙骨一齐安装，二者同时进行。至于采用哪种形式，应视不同部位、所吊面积大小决定。轻钢龙骨吊顶，如图 9.3 所示，连接节点，如图 9.4 所示。

(4) 调平主龙骨。

在安装龙骨前，因为已经接好标高控制线，根据标高控制线，使龙骨就位，调平主要是调整主龙骨，只要主龙骨标高正确，中、小龙骨一般不会发生什么问题。待主龙骨与吊件及吊杆安装就位以后，以一个房间为单位进行调整平直。调平时按房间的十字和对角拉线，以水平线调整主龙骨的平直；也可同时使用 60mm×60mm 的平直木方条，按主龙骨的间距钉圆钉将龙骨卡住作临时固定，木方两端顶到墙上或梁边，再依照拉线进行龙骨的升降调平。

较大面积的吊顶主龙骨调平时应注意，其中间部分应略有起拱，起拱高度一般不小于房间短向跨度的 1/200。

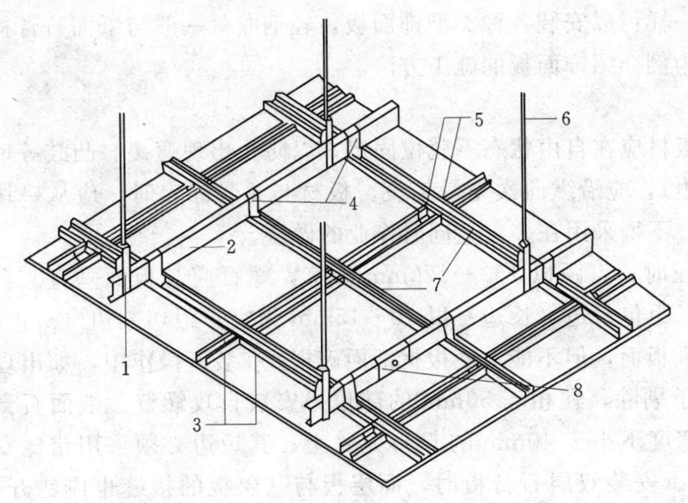

图9.3　轻钢龙骨吊顶连接节点

1—吊件；2—主龙骨；3—次龙骨；4—挂件；5—挂插件

6—吊杆；7—次龙骨连接件；8—主龙骨连接件

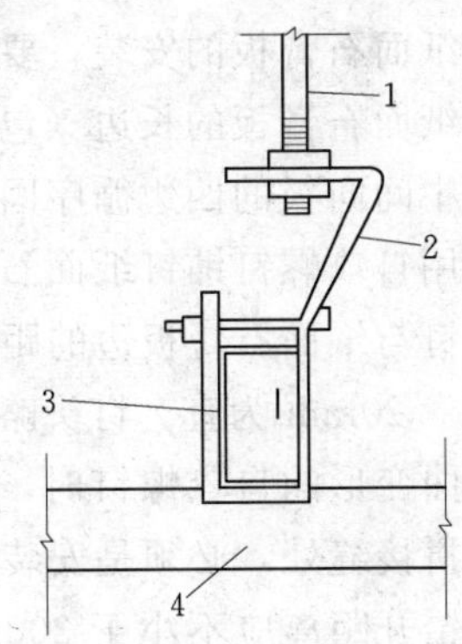

图9.4　轻钢龙骨吊点连接节点

1—吊筋；2—主龙骨吊件；

3—主龙骨；4—次龙骨

(5) 固定次龙骨、横撑龙骨。

在覆面次龙骨与承载主龙骨的交叉布置点，可使用其配套的龙骨挂件（或称吊挂件、挂搭）将二者上下连接固定，龙骨挂件的下部勾挂住覆面龙骨，上端搭在承载龙骨上，将其U形或W形腿用钳子嵌入承载龙骨内。

中龙骨的位置根据大样图按板材尺寸而定，如果间距较大（大于800mm）时，在中龙骨之间增加小龙骨，小龙骨与中龙骨平行，与大龙骨垂直用小吊挂件固定。

固定横撑龙骨。横撑龙骨用中、小龙骨截取，其位置与中、小龙骨垂直，装在饰面板的拼接处，如装在饰面板内部或者作为边龙骨时，宜用小龙骨截取。

横撑龙骨与中、小龙骨的连接，采用中、小接插体连接牢固。再安装沿边异型龙骨。横撑龙骨与中、小龙骨的底面必须平顺，所有接头处不得有下沉感，以便于饰面板安装。

横撑龙骨的间距与中龙骨的间距，都必须根据所使用饰面板的每块实际尺寸决定。主、次骨长度方向可用接插件连接，接头处要错开。

龙骨的安装一般是按照预选好的位置，从一端依次安装到另一端。如果有高低跨，常规做法是先安装高跨部分，然后再安装低跨。对于检修孔、上人孔、通风篦子等部位，在安装龙骨的同时，应将位置留出，将封边的横撑龙骨安装完毕。如果有吊顶下部悬挂大型灯饰，龙骨与吊杆在此方面都应做好配合，有些龙骨还需断开，另外，在构造上还应采取相应的加固措施。若为大型灯饰，悬挂最好同龙骨脱开，以便安全使用。若为一般灯具，对于隐蔽式装配吊顶来说，可以将灯具直接固定在龙骨上。

2. 饰面板安装施工

龙骨安装完毕后要进行认真检查，符合要求后才能安装饰面板。对安装完毕的轻钢龙骨架，特别要检查对接和连接处的牢固性，不得有虚接、虚焊现象。

安装饰面板同木龙骨吊顶一样可以安装各种类型饰面板，轻钢龙骨一般与纸面石膏板相配使用，下面以纸面石膏板为例介绍饰面板的施工方法。

(1) 纸面石膏板的钉装。

纸面石膏板的安装，要求板材应在自由状态下就位固定，以防止出现弯棱、凸鼓等现象。纸面石膏板的长边（包封边），应沿纵向次龙骨铺设。板材与龙骨固定时，应从一块板的中间向板的四边循序固定，不得采用在多点上同时作业的做法。

用自攻螺钉铺钉纸面石膏板时，钉距以150～170mm为宜，螺钉应与板面垂直。自攻螺钉与纸面石膏板边的距离：距包封边（长边）以10～15mm为宜；距切割边（短边）以15～20mm为宜。钉头略埋入板面，但不能致使板材纸面破损。在装钉操作中，如出现有弯曲变形的自攻螺钉时，应予剔除，在相隔50mm的部位另安装自攻螺钉。纸面石膏板的拼接缝处，必须是安装在宽度不小于40mm的C形龙骨上；其短边必须采用错缝安装，错开距离应不小于300mm。安装双层石膏板时，面层板与基层板的接缝也应错开，上下层板各自的接缝不得同时落在同一根龙骨上。

(2) 纸面石膏板的嵌缝处理。

整个吊顶面的纸面石膏板铺钉完成后，应进行检查，并将所有自攻螺钉的钉头涂刷防锈涂料，然后用石膏腻子嵌平。此后即作板缝的嵌填处理，其程序如下：

1) 清扫板缝。用小刮刀将嵌缝石膏腻子均匀饱满地嵌入板缝，并在板缝处刮涂约60mm宽、1mm厚的腻子。随即贴上穿孔纸带（或玻璃纤维网格胶带），使用宽约60mm的腻子刮刀顺穿孔纸带（或玻璃纤维网格胶带）方向压刮，将多余的腻子挤出，并刮平、刮实，不可留有气泡。

2) 用宽约150mm的刮刀将石膏腻子填满宽约150mm的板缝处带状部分。

3) 用宽约300mm的刮刀再补一遍腻子，其厚度不得超出2mm。

4) 待腻子完全干燥后（约12h），用2号砂布或砂纸将嵌缝石膏腻子打磨平滑，其中可部分略微凸起，但要向两边平滑过渡。

设计中考虑选用的纸面石膏板作为基层板，要想获得满意的装饰效果，必须在其表面饰以其他装饰材料。吊顶工程的饰面做法很多，常用的有裱糊壁纸、涂乳胶漆、喷涂、镶贴各种类型的镜板，如玻璃镜片、金属抛光板、复合塑料片等。

3. 吊顶工程的质量要求

(1) 吊顶标高、尺寸、起拱和造型、饰面材料的材质、品种、规格、图案和颜色等应符合设计要求。

(2) 吊杆、龙骨的材质、规格、安装间距及连接方式应符合设计要求，金属吊杆、龙骨应经表面防腐处理，木吊杆、龙骨应进行防腐、防火处理。

(3) 吊杆、龙骨和饰面材料的安装必须牢固。

(4) 饰面材料表面洁净、色泽一致、不得有翘曲，裂缝及缺损。

(5) 饰面板上的灯具、烟感器、喷淋头等设备的位置应合理、美观，与饰面板交接应吻合、严密。

(6) 允许偏差和检查方法应符合表9.1的规定。

表 9.1　　吊顶工程安装的允许偏差和检验方法（暗龙骨）

项次	项目	允许偏差（mm）				检验方法
		纸面石膏板	金属板	矿棉板	木板、塑料板、格栅	
1	表面平整度	3	2	2	2	用 2m 靠尺和塞尺检查
2	接缝直线度	3	1.5	3	3	拉 5m 线，不足 5m 拉通线，用钢直尺检查
3	接缝高低差	1	1	1.5	1	用钢直尺和塞尺检查

子任务2　隔墙（隔断）工程

任务描述

作为施工技术人员对隔墙（隔断）施工方案作出合理选择，并根据该选择方案成功进行隔墙（隔断）工程的施工。

任务分析

1. 能力标准与要求

(1) 能掌握隔墙在不同分类方法下隔墙（隔断）的类型及组成。

(2) 熟悉隔墙（隔断）工程的施工工艺。

(3) 能根据各施工工艺正确引导施工。

2. 重点与难点分析

(1) 作为隔墙（隔断）工程对材料的质量要求。

(2) 轻钢龙骨纸面石膏板隔墙、木龙骨轻质罩面板隔墙施工、独立木隔墙、石膏空心条板隔墙、钢网泡沫塑料夹心墙板（泰柏板）隔墙、石膏空心条板隔墙、钢弦石膏板隔墙（新工艺）和活动隔断的施工工艺。

3. 相关知识

隔墙的分类，常见隔墙工程的施工工艺以及各种类型隔墙工程的优缺点、工程做法及其质量检验保证措施。

9.2.2.1　隔墙的种类

1. 按构造方式划分

(1) 砌块式：砖砌块隔墙、砌块砌体隔墙。

(2) 立筋式：钢龙骨隔墙、木龙骨隔墙。

(3) 板材式：增强石膏条板隔墙、增强水泥条板隔墙、轻质陶粒混凝土条板隔墙、加气混凝土板隔墙、泰柏板隔墙。

2. 隔断按外部形式分

按外部形式分为：空透式、移动式、屏风式、帷幕式。

9.2.2.2 常见隔墙（隔断）的施工方法及施工要点

1. 轻钢龙骨纸面石膏板隔墙施工

(1) 纸面石膏板特点：轻质、高强、防火、防蛀、隔热保温、隔声、可加工性、施工方便。(常用)。

(2) 纸面石膏板分类：普通纸面石膏板、防火纸面石膏板、防水纸面石膏板。

(3) 纸面石膏板适用：普通纸面石膏板不宜用于厨房、卫生间及相对湿度大于70%的潮湿环境。

(4) 纸面石膏板的规格：规格尺寸长宽 厚为(2400～4000)mm×(900～1200)mm×(9～25)mm。

(5) 基本构造要求：作隔墙的石膏板应竖向排列，龙骨两侧的石膏板应错缝；有防火和防潮要求的隔墙，面层分别以改性防火和防水石膏板代替。

(6) 隔墙的墙基做法。

隔墙下部构造做法：石膏龙骨隔墙：做墙基；轻钢龙骨隔墙：直接安装在楼地面上。

墙基两种做法：

1) 先墙基后隔墙：在地面上浇制或放置混凝土条块，亦可用砖砌，然后立龙骨，粘或钉石膏板形成墙体；

2) 先隔墙后墙基（塞隙）：先将石膏复合板用胶粘剂与顶板粘结，下面用木楔垫起，墙板立完后1～2h用于硬性细石混凝土将空隙填满捣实。

(7) 轻钢龙骨安装的基本要求。

1) 沿顶龙骨及边框龙骨：应按弹线位置固定，龙骨的边线应与弹线重合。龙骨的端部应固定牢固，龙骨与基体的固定点间距应不大于1m。

2) 安装竖向龙骨：应垂直，龙骨间距应符合设计要求。一般竖龙骨间距为403mm或603mm。潮湿房间和钢板网抹灰墙，龙骨间距不宜大于400mm。

3) 安装贯通龙骨：低于3m的隔墙安装一道，3～5m隔墙安装两道。

4) 横撑龙骨固定：饰面板横向（水平）接缝处不在沿地、沿顶龙骨上时，应加横撑龙骨固定。

5) 门窗或特殊节点处：安装附加龙骨应符合设计要求。

6) 踢脚板的处理：当设计采用水泥、水磨石大理石踢脚板时，墙的下端应做墙垫；如采用木或塑料等踢脚板时，则墙的下端可直接与地面连接。

(8) 面板的固定。

1) 轻钢龙骨石膏板隔墙：用自攻螺钉或螺栓固定，螺钉长度由厚度确定，间距由隔墙面积确定，一般为200～500mm；固定后的螺钉头要沉入板面2～3mm，但不得破坏面纸。

2) 石膏龙骨石膏板隔墙：用胶粘剂粘贴，将胶粘剂均匀涂抹在龙骨和石膏板上，要找平贴牢。

3) 木龙骨石膏板隔墙：用圆钉固定。直接将石膏板用圆钉固定在木龙骨上，钉距为200mm。

墙面石膏板之间的缝，有暗缝、压缝和凹缝三种方法。

a. 暗缝作法：一遍石膏腻子找平→贴接缝纸带→二遍石膏腻子刮平；

b. 压缝作法：接缝处压进木压条、金属压条或塑料压条；

c. 凹缝作法：又称明缝作法，用特制工具（针锉和针锯）将板与板之间的立缝勾成凹缝。

9.2.2.3 木龙骨轻质罩面板隔墙施工

木龙骨轻质隔墙分为靠建筑墙体的单面木墙与独立的隔墙两种，施工方法不同。

1. 靠建筑墙面的木墙身结构施工

(1) 制作、安装木骨架。

1) 制作方式：木墙身结构通常用 25mm×30mm 的带凹槽木方作龙骨，木龙骨架可在地面上进行拼装。规格通常为@300（即 300mm×300mm）或@400 方框架；

2) 固定方式：整体固定、分片固定（墙身大小选择）。用冲击钻在地上弹线的交叉点位置上钻孔，孔距 600mm 左右，深度不小于 60mm，在钻出的孔中打入木楔。

(2) 固定木骨架。对校正好的本骨架进行固定，用垂线法和水平线检查、调整骨架的垂直度和平整度。木骨架与墙面间如有缝隙，应用木片或木块垫实。

(3) 安装罩面板。将木夹板按色差进行挑选，选好的木夹板正面四边宽约 3mm 处刨出 45 倒角；用枪钉把木夹板固定到木龙骨上，钉距约为 100mm，要把钉枪的嘴压在板上，以使钉头埋入板内。

2. 独立木隔墙的施工

(1) 制作木骨架。

1) 双层骨架：为了使木隔墙有一定的厚度，常用 25mm×30mm 带凹槽木方作成双层骨架的框体，每片规格为@300 或@400，间隔为 150mm 用木方横杆连接。

2) 单层骨架：小木方构架常用 25mm×30mm 的带凹槽木方组装，框体@300，多用于 3m 以下隔墙或隔断。

(2) 安装木骨架。

1) 弹隔墙的边缘线和中心线：需要固定木隔墙的地面和建筑墙面上弹出隔墙的边缘线和中心线。

2) 画固定点的位置：间距 300～400mm。

3) 打孔：深度在 45mm 左右。

4) 固定骨架方式：膨胀螺栓固定（深度 45mm）、木楔固定（孔深应不小于 50mm）。

(3) 固定木骨架。

通常在沿墙、沿地和沿顶面处；靠地面和端头的建筑墙面；如端头无法固定，常用铁件来加固端头；主要是地面与竖木方之间。木隔墙的门框竖向木方，均应用铁件加固，否则会使木隔墙颤动、门框松动以及木隔墙松动。

(4) 安装罩面板。

墙面木夹板安装方式：主要有明缝和拼缝两种。

(5) 门窗框安装。

1) 木隔墙中的门框的组成：是以门洞两侧的竖向木方为基体，配以挡位框、饰边板或饰边线条组合而成。

2）大木方骨架隔墙门洞特点：竖向木方较大，其挡位框可直接固定在竖向木方上。

3）小木方双层构架的隔墙门洞特点：因其木方小，应先在门洞内侧钉上厚夹板或实木板之后，再固定挡位框。

4）木隔墙中的窗框是在制作时预留的，然后用木夹板和木线条进行压边定位。

5）隔断墙的窗的分类：分固定窗和活动窗，固定窗是用木压条把玻璃板固定在窗框中，活动窗与普通活动窗一样。

9.2.2.4　石膏空心条板隔墙施工

（1）概念：石膏空心条板是以建筑石膏为主料，掺加适量的粉煤灰、水泥和增强纤维制浆拌和、浇筑成型、抽芯、干燥等工艺制成的轻质板材。

（2）特点：质量轻、强度高、隔热、隔声、防火等性能，可进行钉、锯、刨、钻等加工，施工简便。

（3）隔墙安装施工工艺：重点把握相墙板的固定。

9.2.2.5　钢网泡沫塑料夹心墙板（泰柏板）隔墙施工

（1）特点。

1）泰柏板的物理性能：轻质、高强、防火、防水、隔声、保温、隔热，泰柏板在结构上轻质高强，在性能上也具有多种优点，如隔热保温、隔声防火、防潮防冻等。

2）泰柏板的加工性能：易剪裁和拼接、可预设管道。

（2）泰柏板的常规厚度为76mm，由14号钢丝桁条排列组成。

（3）泰柏板的品种：普通型泰柏板（各桁条间距为50.8mm），轻型泰柏板（各桁条间距为20.3mm）。

（4）安装施工步骤。

1）弹线：先按设计图弹隔墙位置线，后用线坠引至墙面及楼顶板。

2）放板：将裁好的隔墙板按弹线位置放好。

3）拼缝处理：板与板拼缝用配套箍码连接，再用铅丝绑扎牢固。隔墙板之间的所有拼缝须用联结网或“之”字条覆盖。

4）门窗洞口处理：隔墙的阴角、阳角和门窗洞口等也须采取补强措施。阴阳角用网补强，门窗洞口用“之”字条补强。

9.2.2.6　活动隔断施工

（1）适用：活动隔断多用于室内，利用隔断可以形成半封闭的空间。

（2）优点：自由分隔室内空间、既可将大空间分成小空间，又可将小空间恢复成大空间。

（3）常用的室内活动隔断：单侧推拉、双向推拉活动隔断。

（4）按活动隔断铰合方式分为：单对铰合、连续铰合。

（5）按存放方式分类：明露式和内藏式。

（6）活动隔断的施工。

9.2.2.7　轻质隔墙工程施工质量验收

1. 一般规定

（1）轻质隔墙工程验收时应检查下列文件和记录：

1）轻质隔墙工程的施工图、设计说明及其他设计文件。

2）材料的产品合格证书、性能检测报告、进场验收记录和复验报告。

3）隐蔽工程验收记录。

4）施工记录。

（2）轻质隔墙工程应对人造木板的甲醛含量进行复验。

（3）轻质隔墙工程应对下列隐蔽工程项目进行验收：

1）骨架隔墙中设备管线的安装及水管试压。

2）木龙骨防火、防腐处理。

3）预埋件或拉结筋。

4）龙骨安装。

5）填充材料的设置。

（4）各分项工程的检验批应按下列规定划分：轻质隔墙工程施同一品种的轻质隔墙工程每50间（大面积房间和走廊按轻质隔墙的墙面30m^{2}为一间）应划分为一个检验批，不足50间也应划分为一个检验批。

（5）轻质隔墙与顶棚和其他墙体的交接处应采取防开裂措施。

（6）民用建筑轻质隔墙工程的隔声性能应符合现行国家标准《民用建筑隔声设计规范》（GBJ 118—88）的规定。

9.2.2.8　钢弦石膏板隔墙（新工艺）

（1）概念：一般的轻质隔墙大都由木龙骨或轻钢龙骨加覆面板材构成，而钢弦石膏板隔墙则用钢弦（8号或10号镀锌低碳钢丝）替代木龙骨或轻钢龙骨，具有用料省、取材方便、施工便捷等优点，尤其适用于各种弧形曲面墙和折线墙。它是一种具有广阔应用前景的新型轻质隔墙。

（2）钢弦石膏板隔墙具有以下特点：

1）墙体刚柔结合，稳定性、整体性和抗震性较好，墙面不易产生裂缝。

2）重量轻，每平方米隔墙重量约50kg。

3）墙面平整，装修方便，适宜刮腻子刷涂料，也可粘壁纸和贴面砖。

4）干作业施工，省工、省力、省时，在－7℃时仍可施工，施工工期和质量控制有保证。

5）墙体可随时拆卸和切割，灵活方便。

（3）钢弦石膏板隔墙适用范围

本工法适用于多层、高层工业与民用建筑的内隔墙施工，它不但适用于一般的直墙，而且适用于折线墙、圆弧形曲面墙和变层高隔墙的施工。墙体的厚度可在60～200mm之间灵活掌握，它适用于普通隔墙，也适用于需要隔热、保温和防水的隔墙。

（4）工艺流程

基层清理→测量放线→打上下孔、安装带钩膨胀螺栓→挂钢弦并拧紧→安装电缆管线和暖气支架→浇筑混凝土基座→安装门、窗混凝土抱框→制作石膏粘结块并粘结在钢弦上→粘贴一侧石膏板斗填充保温岩棉→隐蔽验收→粘贴另一侧石膏板→安装门窗框→嵌缝→刮腻子找平→装饰面层施工。

任务3　抹　灰　工　程

任务描述

作为施工技术人员对墙面抹灰工程设计抹灰方案，进行抹灰施工。

任务分析

1. 能力标准与要求

(1) 能掌握一般抹灰和装饰抹灰的施工工艺。

(2) 熟悉什么是贴灰饼、做标筋，阴阳角找方，做护角。

(3) 能根据要求合理选择装饰方案。

2. 重点与难点分析

(1) 抹灰工程的类型。

(2) 什么是一般抹灰，什么是装饰抹灰，二者在组成上的不同。

(3) 一般抹灰工程施工工艺，装饰抹灰工程施工工艺。

(4) 水磨石，水刷石，干粘石，斩假石与仿斩假石，拉毛灰和洒毛灰，喷涂、滚涂与弹涂的定义及其施工工艺。

3. 相关知识

一般抹灰工程和装饰抹灰工程的施工工艺，各工艺中常见的一些重要术语或名词，水磨石、干粘石、斩假石与仿斩假石，水刷石等的定义以及这些装饰的优缺点及适用范围。

抹灰工程是用灰浆涂抹在建筑物表面，起到找平、装饰、保护墙面的作用。一般主要在建筑物的内外墙面、地面、顶棚上进行的一种装饰工艺。

9.3.1　抹灰工程的分类和抹灰层的组成

1. 抹灰工程的分类

按所用材料和装饰效果的不同，抹灰工程可分为一般抹灰和装饰抹灰两大类。它们所包含的内容见表9.2。

表9.2　　抹灰工程的分类

类　别	内　容
一般抹灰	石灰砂浆、水泥混合砂浆、水泥砂浆、聚合物水泥砂浆，膨胀珍珠岩水泥砂浆、麻刀灰、纸筋石灰、石膏灰等
装饰抹灰	水刷石、水磨石、斩假石、干粘石、假面砖、拉条灰、拉毛灰、洒毛灰、扒拉石、喷毛灰以及喷涂、滚涂、弹涂等

(1) 一般抹灰。

一般抹灰是指一般通用型的砂浆抹灰工程，见表9.2。按质量要求和相应的主要工序，一般抹灰可分为普通抹灰和高级抹灰两种。它们的做法、主要工序和质量要求见表9.3。

表 9.3　　一般抹灰的分类

级别	构造做法	要　求	适　用　范　围
普通抹灰	一底层、一中层、一面层	表面光滑、洁净、接槎平整，阳角方正、分格缝清晰	一般居住、公用和工业建筑（如住宅、宿舍、教学楼、办公楼）以及高标准建筑物中的附属用房等
高级抹灰	一底层、数中层、一面层	表面光滑、洁净，颜色均匀、无抹纹，阴阳角方正、分格缝和灰线清晰美观	大型公共建筑物、纪念性建筑物（如剧院、礼堂、宾馆、展览馆等和高级住宅）以及有特殊要求的高级建筑等

(2) 装饰抹灰。

装饰抹灰是利用普通材料模仿某种天然石花纹抹成的具有艺术效果的抹灰。其种类很多，其底层多为 1∶3 水泥浆打底，面层见表 9.2 所述。

按工程部位的不同，抹灰工程又可分为墙面（包括内、外墙）抹灰、顶棚抹灰和地面抹灰三种。

2. 抹灰层的组成

抹灰层一般分为底层、中层（或几遍中层）和面层，如图 9.5 所示。

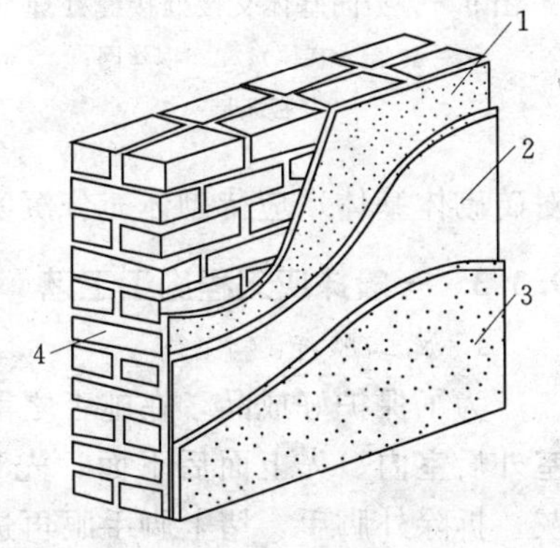

图 9.5　抹灰层组成

1—底层；2—中层；3—面层；4—基体

底层的作用是粘牢基体并初步找平；中层的作用是找平；面层使表面光滑细致，起装饰作用。之所以分层抹灰，是为了黏结牢固、控制平整度和保证质量。如一次涂抹太厚，由于内外收水快慢不同会产生裂缝、起鼓或脱落，造成材料浪费。

各抹灰层的厚度宜根据基体的材料、抹灰砂浆种类、墙体表面的平整度和抹灰质量要求以及各地气候情况而定。抹水泥砂浆每遍厚度宜为 5～7mm；抹石灰砂浆和水泥混合砂浆每遍厚度宜为 7～9mm；抹麻刀灰、纸筋灰、石膏灰等罩面时，经赶平压实后，其厚度一般不大于 3mm。因为罩面层厚度太大，容易收缩产生裂缝，影响质量与美观。抹灰层的总厚度，应视具体部位及基体材料而定，不同部位的抹灰层平均总厚度见表 9.4。

表 9.4　　不同部位抹灰层平均总厚度

部位	平均总厚度（不大于）
顶棚	板条、空心砖、现浇混凝土为 15mm；预制混凝土板为 18mm；金属网为 20mm
内墙	普通抹灰为 18～20mm；高级抹灰为 25mm
外墙	砖墙面 20mm；勒脚及突出墙面部分为 25mm；石材墙面 35mm

装配式混凝土大板和大模板建筑的内墙面和大楼板底面，如平整度较好，垂直偏差小，其表面可以不抹灰，用腻子分遍刮平，待各遍腻子黏结牢固后，进行表面刮浆即可，总厚度为 2～3mm。

9.3.2　抹灰基体的表面处理

为了使抹灰砂浆与基体表面黏结牢固，防止抹灰层产生空鼓现象，抹灰前应对基层进行必要的处理。

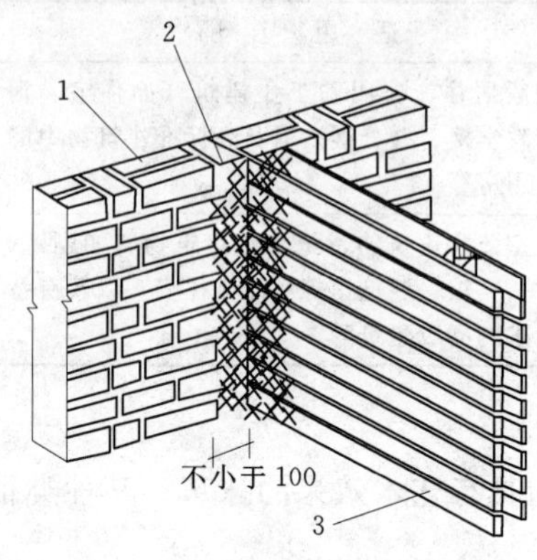

图9.6 不同基体交接处接缝处理
1—砖墙（基体）；2—钢丝网；
3—板条墙

（1）对凹凸不平的基层表面应剔平，或用1∶3水泥砂浆补平。对楼板洞、穿墙管道及墙面脚手架洞、门窗框与立墙交接缝处均应用1∶3水泥砂浆分层嵌缝密实。

（2）对表面上的灰尘、污垢和油渍等事先均应清除干净，并提前1～2d洒水湿润（渗入8～10mm）。

（3）墙面太光的要凿毛，或用掺加10%108胶的1∶1水泥砂浆薄抹一层。不同材料（如砖墙与木隔墙）相接处，应先铺钉一层金属网或纤维丝绸布或用宽纸质胶带黏结，如图9.6所示，搭接宽度从缝边起两侧均不小于100mm，以防抹灰层因基体温度变化胀缩不一致产生裂缝。在内墙面的阳角和门洞口侧壁的阳角、柱角等易于碰撞之处，宜用强度较高的1∶2水泥砂浆制作护角，其高度应不低于2m，每侧宽度不小于50mm，对砖砌体基体，应待砌体充分沉实后方可抹底层灰，以防砌体沉陷拉裂抹灰层。

9.3.3 一般抹灰工程施工工艺

1. 施工顺序

为了保护好成品，在施工之前应安排好抹灰的施工顺序。一般应遵循的施工顺序是先室外后室内、先上面后下面、先顶棚、墙面后地面。先室外后室内，是指先完成室外抹灰，拆除外脚手，堵上脚手眼再进行室内抹灰。先上面后下面，是指在屋面防水工程完成后室内外抹灰最好从上层往下层进行。高层建筑施工，当采用立体交叉流水作业时，也可以采取从下往上施工的方法，但必须采取相应的成品保护措施。先顶棚后墙地面，是指室内抹灰一般可采取先完成顶棚和墙面抹灰，再开始地面抹灰。外墙由屋檐开始自上而下，先抹阳角线、台口线，后抹窗和墙面，再抹勒脚、散水坡和明沟等。一般应在屋面防水工程完工后进行室内抹灰，以防止漏水造成抹灰层损坏及污染，一般应按先房间、后走廊、再楼梯和门厅等顺序施工。

2. 一般抹灰施工

一般抹灰的工艺流程：基层清理→浇水湿润→吊垂直、套方、找规矩、抹灰饼→抹水泥→踢脚或墙裙→做护角抹水泥窗台→墙面充筋→抹底灰→修补预留孔洞、配电箱、槽、盒等→抹罩面灰。

（1）墙面抹灰。

为了控制抹灰层的厚度和墙面平直度，在抹灰前还必须先找好规矩，即四角规方，横线找平，竖线吊直，弹出准线和墙裙、踢脚板线，并在墙面用灰饼（宜用1∶3水泥砂浆抹成5cm见方形状）和标筋做出标志，如图9.7所示。

1）底层抹灰。待标筋稍干后即可以其为平整度的基准进行底层抹灰，其厚度为5～9mm。抹了底层后，应间隔一定时间，让其干燥，再抹中层或面层灰。如用水泥砂浆或混合砂浆，应待前一抹灰层凝结后再抹后一层。如用石灰砂浆，则应待前一层达到七八成干后，方可抹后一层。

2）中层抹灰。中层厚度为5～12mm。在中层砂浆凝固前，可在层面上交叉划痕，以增强与面层的黏结。待中层干至五六成时，即可抹面层。

3）面层抹灰。面层又称罩面，厚度为2～5mm，应细心操作，保证表面平整、光滑、无裂痕。

（2）顶棚抹灰。

应先在墙顶四周弹出水平线，以控制抹灰层厚度，然后沿顶棚四周抹灰并找平。顶棚面要求表面平顺，无抹灰接搓，与墙面交角应成一直线。如有线脚，宜先用准线拉出线脚，再抹顶棚大面，罩面应两遍压光。抹灰质量要求见表9.5所列。

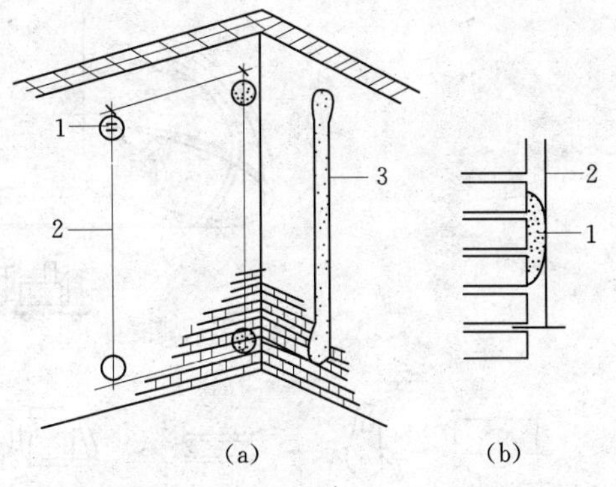

图9.7 灰饼和标筋示意图
（a）灰饼和冲筋的做法；（b）灰饼的剖面
1—灰饼；2—引线；3—标筋（冲筋）

表9.5　一般抹灰的允许偏差和检验方法

项次	项目	允许偏差（mm）		检验方法
		普通抹灰	高级抹灰	
1	立面垂直度	4	3	用2m垂直检测尺检查
2	表面平整度	4	3	用2m靠尺和塞尺检查
3	阴阳角方正	4	3	用直角检测尺检查
4	分格条（缝）直线度	4	3	拉5m线，不足5m拉通线，用钢直尺检查
5	墙裙、勒脚上口直线度	4	3	拉5m线，不足5m拉通线，用钢直尺检查

抹灰还可以使用机械喷涂，喷涂抹灰亦称喷毛灰，即把按照一定配合比配制、搅拌好的砂浆，经过振动筛后倾入输送泵，通过管道，再借助于空气压缩机的压力，将灰浆及压缩空气送入喷枪，在喷嘴前形成灰浆射流，把灰浆连续均匀地喷涂于墙面和顶棚上，再经过抹平搓实，完成底子灰抹灰。

喷涂抹灰的砂浆材料为石灰砂浆、混合砂浆或水泥砂浆；其适用部位为内墙、外墙和顶棚。

喷涂抹灰的特点：砂浆与基层黏结牢固，黏结强度一般比手工的大50%～100%；生产效率高，可达1000m²/台班；人工劳动强度大大降低；砂浆稠度大，如砂浆较稀，则易裂。机械喷涂把砂浆搅拌、运输和喷涂有机衔接起来进行机械化施工，其工艺流程如图9.8所示，是抹灰施工的发展方向。

墙面喷涂可根据设计要求分档进行，厚度在8mm以下者，可1遍喷成，8mm以上者，应分2遍或多遍喷成。最后用刮杆刮平，再用木抹刀搓平。

喷枪的构造如图9.9所示，喷嘴直径有10mm、12mm、14mm三种。进行墙面喷涂时，喷嘴应距墙面100～450mm，当喷涂干燥、吸水性强、冲筋较厚的墙面时，为100～350mm左右，并与墙面成90°角，喷枪移动速度应稍慢，压缩空气量宜小些；对较潮湿、吸水性差、冲筋较薄的墙面，喷嘴离墙面为150～450mm，并与墙面成65°角，喷枪移动

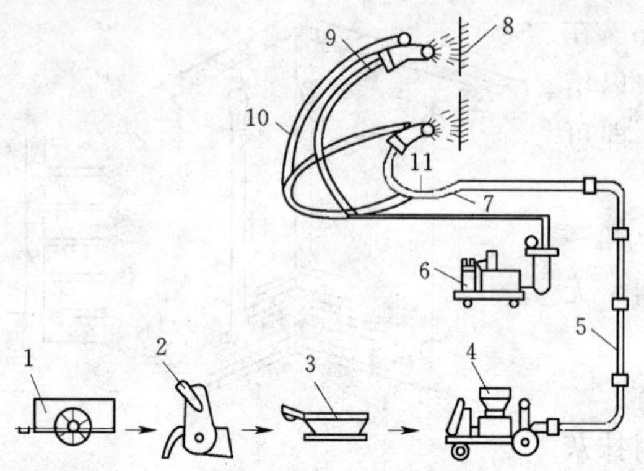

图 9.8　机械喷涂抹灰施工工艺流程图

1—手推车；2—砂浆搅拌机；3—振动筛；4—灰浆输送泵；5—输浆钢管；6—空气压缩机；7—输浆胶管；8—基层；9—喷枪头；10—输送压缩空气胶管；11—分叉管

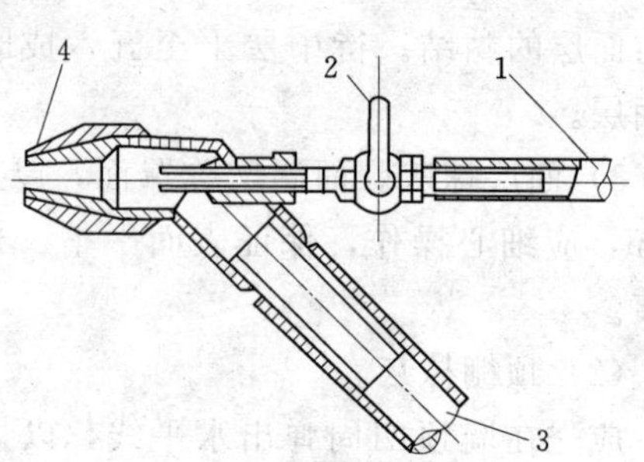

图 9.9　喷枪

1—压缩空气管；2—空气阀门；3—灰浆输送管；4—喷嘴

稍快，空气量宜大些，这样喷射面较大，灰层较薄，灰浆不易流淌。喷射压力可控制在0.15～0.2MPa，压力过大，射出速度快，会使砂子弹回；压力过小，冲击力不足，会影响黏结力，造成砂浆流淌。一般应先喷基层吸收性较小的墙面，再喷吸收性较大的墙面。

喷涂前，应先进行运转、疏通和清洗管路，先用清水后加少量石灰膏，用灰浆泵将其压入管道起润滑作用。每次喷涂完毕，也要加少量石灰膏，再压送清水冲洗管道中的剩余砂浆，以保持管道内壁光滑。

机械喷涂亦需设置灰饼和标筋。喷涂所用砂浆的稠度比手工抹灰为稀，故易干裂，为此应分层连续喷涂，以免干缩过大。喷涂目前只用于底层和中层，而找平、搓毛和罩面等仍需手工操作。但近年来"挤压式灰浆泵"问世后，已广泛用于喷涂面层，从而为实现抹灰工程的全面机械化创造了条件。

9.3.4　装饰抹灰工程施工工艺

装饰抹灰不但有一般抹灰工程同样的功能，而且在材料、工艺、外观上更具有特殊的装饰效果。其特殊之处在于可使建筑物表面光滑、平整、清洁、美观，在满足人们审美需要的同时，还能给予建筑物独特的装饰形式和色彩。其价格稍贵于一般抹灰，是目前一种物美价廉的装饰工程。

装饰抹灰的种类很多，但底层的做法基本相同（均为1：3水泥砂浆打底），仅面层的做法不同。现将常用装饰抹灰的做法简述如下。

1. 水磨石

水磨石多用于地面或墙裙。水磨石的制作过程如下：在12mm厚的1：3水泥砂浆打底的砂浆终凝后，洒水湿润，刮水泥素浆一层（厚1.5～2mm）作为黏结层，找平后按设计的图案镶嵌分格条（黄铜条、铝条、不锈钢条或玻璃条，宽约8mm），其作用除可做成花纹图案外，还可防止面层面积过大而开裂。安设时两侧用素水泥浆黏结固定。然后再刮一层素水泥浆，随即将具有一定色彩的水泥石子浆［水泥：石子＝1：(1～2.5)］填入分格网中，抹平压实，厚度要比嵌条稍高1～2mm，为使水泥石子浆罩面平整密实，可均匀

补撒一些小石子。待收水后用滚筒滚压，再浇水养护，然后应根据气温、水泥品种，2～5d后开磨，以石子不松动、不脱落，表面不过硬为宜。

水磨石要分三遍进行，采用磨石机洒水磨光。

2. 水刷石

水刷石多用于外墙面。它的施工过程如下：在12mm厚的1∶3水泥砂浆打底的砂浆终凝后，在其上按设计分格弹线，根据弹线安装分格条（8mm×10mm的梯形木条），用水泥浆在两侧黏结固定，以防大片面层收缩开裂。然后将底层浇水湿润后刮水泥浆（水灰比0.37～0.4）一道，以增强与底层的黏结。随即抹上稠度为5～7cm、厚8～12mm的水泥石子浆［水泥∶石子＝1∶(1.25～1.5)］面层，分遍拍平压实，使石子密实且分布均匀。待面层凝结前，即用棕刷蘸水自上而下刷掉面层水泥浆，使表面石子完全外露，注意勿将面层冲坏。为使表面洁净，可用喷雾器自上而下喷水冲洗。水刷石的质量要求是石粒清晰、分布均匀、色泽一致、平整密实，不得有掉粒和接茬痕迹。

3. 干黏石

干黏石多用于外墙面。在水泥砂浆上面直接干黏石子的做法，称为干黏石。其做法同样是先在已硬化的12mm厚的1∶3底层水泥砂浆层上按设计要求弹线分格，根据弹线镶嵌分格木条，将底层浇水润湿后，抹上一层6mm厚1∶（2～2.5）的水泥砂浆层，同时将配有不同颜色或同色的粒径4～6mm的石子甩在水泥砂浆层上，并拍平压实。拍时不得把砂浆拍出来，以免影响美观，要使石子嵌入深度不小于石子粒径的一半，待达到一定强度后洒水养护。上述为手工甩石子，也可用喷枪将石子均匀有力地喷射于黏结层上，用铁抹子轻轻压一遍，使表面平整。干黏石的质量要求是石粒黏结牢固、分布均匀、不掉石粒、不露浆、不漏粘、颜色一致、阳角处不得有明显黑边。

4. 斩假石与仿斩假石

斩假石，又称剁假石、剁斧石，是在抹灰层上做出有规律的槽纹，做成像石砌成的墙面，要求面层斩纹或拉纹均匀，深浅一致，边缘留出宽窄一样，棱角不得有损坏，具有较好的装饰效果，但费工较多。它的底层、中层和面层的砂浆操作，都同水刷石一样，只是面层不要将石子刷洗外露出来。

先用1∶3水泥砂浆打底（厚约12mm）并嵌好分格条，洒水湿润后，薄刮素水泥浆一道（水灰比0.3～0.4），随即抹厚为10mm，1∶1.25的水泥石子浆罩面两遍，使与分格条齐平，并用刮尺赶平。待收水后，再用木抹子打磨压实，并从上往下竖向顺势溜直。抹完面层后须采取防晒措施，洒水养护3～5d后开始试剁，试剁后石子不脱落，即可用剁斧将面层剁毛。在墙角、柱子等边棱处，宜横向剁出边条或留出15～20mm的窄条不剁。待斩剁完毕后，拆除分格条、去边屑，即能显示出较强的琢石感。外观质量要求剁纹均匀顺直，深浅一致，不得有漏剁处，阳角处横剁和留出不剁的边条，应宽窄一致、棱角无损，最后洗刷掉面层上的石屑，不得蘸水刷浇。

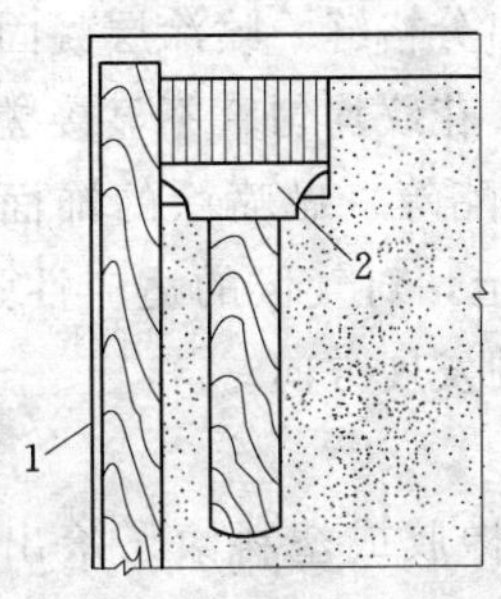

图9.10 仿斩假石做法

1—长木引条；2—钢篦子

剁、斩工作量很大，后来出现仿斩假石的新施工方法。其做法与斩假石基本相同，只面层厚度减为8mm，不同处是表面

纹路不是剁出，而是用钢篦子拉出。钢篦子用一段锯条夹以木柄制成。待面层收水后，钢篦子沿导向的长木引条轻轻划纹，随划随移动引条。待面层终凝后，仍按原纹路自上而下拉刮几次，即形成与斩假石相似效果的外表。仿斩假石做法如图 9.10 所示。

水刷石、干黏石、斩假石装饰抹灰的允许偏差和检查方法，见表 9.6。

表 9.6 水刷石、干黏石、斩假石的允许偏差和检查方法

项次	项目	允许偏差（mm）			检验方法
		水刷石	干黏石	斩假石	
1	立面垂直度	5	4	3	用 2m 垂直检测尺检查
2	表面平整度	3	4	2	用 2m 靠尺和塞尺检查
3	阴阳角方正	3	4	2	用直角检测尺检查
4	分隔条（缝）直线度	3	2	2	拉 5m 线，不足 5m 拉通线，用钢直尺检查
5	墙裙、勒脚上口直线度	3		2	拉 5m 线，不足 5m 拉通线，用钢直尺检查

5. 拉毛灰和洒毛灰

拉毛灰是将底层用水湿透，抹上 1∶0.5∶1 的水泥石灰砂浆，随即用硬棕刷或铁抹子进行拉毛。棕刷拉毛时，用刷蘸砂浆往墙上连续垂直拍拉，拉出毛头。铁抹子拉毛时，则不蘸砂浆，只用抹子黏结在墙面随即抽回，要拉得快慢一致，均匀整齐，色彩一样，不露底，在一个平面上要一次成活，避免中断留搓。

洒毛灰（又称甩毛灰、撒云片）是用竹丝刷蘸 1∶2 水泥砂浆或 1∶1 水泥砂浆或石灰砂浆，由上往下洒在湿润的墙面底层上，洒出的云朵须错乱多变、大小相称、纵横相间、空隙均匀。亦可在未干的底层上刷上颜色，然后不均匀地洒上罩面灰，并用抹子轻轻压平，使其部分地露出带色的底子灰，则洒出的云朵具有浮动感。

6. 喷涂、滚涂与弹涂

（1）喷涂饰面。

用挤压式灰浆泵或喷斗将聚合物水泥砂浆经喷枪均匀喷涂在墙面基层上。根据涂料的稠度和喷射压力的大小，以质感区分，可喷成砂浆饱满、呈波纹状的波面喷涂和表面布满点状颗粒的粒状喷涂。基层为厚 10～13mm 的 1∶3 水泥砂浆，喷涂前须喷或刷一道胶水溶液（108 胶∶水＝1∶3），使基层吸水率趋于一致和喷涂层黏结牢固。喷涂层厚 3～4mm，粒状喷涂应连续三遍完成，波状喷涂必须连续操作，喷至全部泛出水泥浆但又不致流淌为好。在大面积喷涂后，按分格位置用铁皮刮子沿靠尺刮出分格缝。喷涂层凝固后再喷罩面一层甲基硅酸钠疏水剂。质量要求表面平整，颜色一致，花纹均匀，不显接搓。

近年来还广泛采用塑料涂料（如水性或油性丙烯树脂、聚氨酯等）做喷涂的饰面材料。它具有防水、防潮、耐酸、耐碱的性能，面层色彩可任意选定，对气候的适应性强，施工方便，工期短等优点。实践证明，外墙喷塑是今后建筑装饰的发展方向。

（2）滚涂饰面。

在基层上先抹一层厚 3mm 的聚合物砂浆，随后用带花纹的橡胶或塑料滚子滚出花纹，滚子表面花纹不同即可滚出多种图案，最后喷罩甲基硅酸钠疏水剂。

滚涂砂浆的配合比为水泥∶骨料(沙子、石屑或珍珠岩)＝1∶(0.5～1)，再掺入占水泥

20%量的108胶和0.25%的木钙减水剂。手工操作，滚涂分干滚和湿滚两种。干滚时滚子不蘸水、滚出的花纹较大，工效较高；湿滚时滚子反复蘸水，滚出花纹较小。滚涂工效比喷涂低，但便于小面积局部应用。滚涂是一次成活，多次滚涂易产生翻砂现象。

(3) 弹涂饰面。

在基层上喷刷或涂刷一遍掺有108胶的聚合物水泥色浆涂层，然后用弹涂器分几遍将不同色彩的聚合物水泥浆弹在已涂刷的涂层上，形成1～3mm大小的扁圆花点。通过不同的颜色组合和浆点所形成的质感，相互交错、互相衬托，有近似于干黏石的装饰效果。

弹涂的做法是：在1∶3水泥砂浆打底的底层水泥砂浆上，洒水润湿，待干至六七成时进行弹涂。先喷刷底色浆一道，弹分格线，贴分格条，弹头道色点，待稍干后即弹第二道色点，最后进行个别修弹，再进行喷射或涂刷树脂罩面层。

弹涂器有手动和电动两种，后者工效高，适合大面积施工。

任务4 饰面板（砖）工程

任务描述

作为施工技术人员对饰面板与饰面砖工程设计安装方案，进行安装施工。

任务分析

1. 能力标准与要求

(1) 能掌握常见饰面板、饰面砖的类型及材料。

(2) 熟悉常见饰面板、饰面砖的施工工艺。

(3) 能根据各施工工艺正确选出施工方案。

2. 重点与难点分析

(1) 饰面材料的选用及质量要求。

(2) 装饰常用饰面板的类型，饰面板的施工工艺。

(3) 装饰常用饰面砖的类型，饰面砖的施工工艺。

(4) 石材饰面板、金属饰面板的类型。

(5) 石材饰面板、金属饰面板的安装工艺。

3. 相关知识

饰面工程的概念，常见的饰面板和饰面砖的类型，各种饰面板和饰面砖的施工工艺及其优缺点，安装时分别应该注意的事项，以及其分别适用的范围。

饰面工程就是将天然或人造石饰面板、饰面砖等安装或镶贴在基层上的一种装饰方法。饰面板（砖）的种类繁多，常用的饰面板有天然石饰面板（大理石、花岗岩）、人造石饰面板（人造大理石、花岗岩、预制水磨石）、金属饰面板（铝合金、不锈钢、镀锌钢板、彩色压型钢板、塑铝板）、塑料饰面板、有色有机玻璃饰面板、饰面混凝土墙板；饰面砖有釉面瓷砖、面砖、陶瓷锦砖等。随着建筑工业化的发展，墙板构件转向工厂生产、现场安装，一种将饰面与墙板制作相结合并一次成型的装饰墙板也日益得到广泛应用。此外，还有大块安装的玻璃幕墙等，进一步丰富和扩大了装饰工程的内容。

9.4.1 饰面材料的选用及质量要求

1. 天然石饰面板

大理石饰面板用于高级装饰，如门头、柱面、墙面等。要求表面不得有隐伤、风化等缺陷，光洁度高，石质细密，无腐蚀斑点，色泽美丽，棱角齐全，底面平整。要轻拿轻放，保护好四角，切勿单角码放和码高，要覆盖好存放。

花岗石饰面板宜用于台阶、地面、勒脚、柱面和外墙等。要求棱角方正，颜色一致，不得有裂纹、砂眼、石核等隐伤现象，当板面颜色略有差异时，应注意颜色的和谐过渡，并按过渡顺序将饰面板排列放置。

2. 人造石饰面板

人造石饰面板用于室内外墙面、柱面等。要求表面平整，几何尺寸准确，面层石粒均匀、洁净，颜色一致。

3. 金属饰面板

金属板饰面具有典雅庄重，质感丰富的特点，尤其是铝合金板墙面是一种高档次的建筑装饰，装饰效果别具一格，应用较广。究其原因，主要是价格便宜，易于加工成型，具有高强、轻质、经久耐用、便于运输和施工，表面光亮，可反射太阳光及防火、防潮、耐腐蚀的特点。同时，当表面经阳极氧化或喷漆处理后，便可获得所需要的各种不同色彩，更可达到“蓬荜增辉”的装饰效果。

4. 塑料饰面板

塑料板饰面，新颖美观，品种繁多，常用的有聚氯乙烯塑料板（PVC）、三聚氰氨塑料板、塑料贴面复合板、有机玻璃饰面板等。其特点是：板面光滑、色彩鲜艳，有多种花纹图案，质轻、耐磨、防水、耐腐蚀，硬度大，吸水性小，应用范围广。

5. 饰面墙板

随着建筑工业化的发展，结构与装饰合一是装饰工程的发展方向。饰面墙板就是将墙板制作与饰面相结合，一次成型，从而进一步扩大了装饰工程的内容，加快了施工进度。

6. 饰面砖

釉面瓷砖有白色、彩色、印花图案等多样品种，常用于卫生间、厨房、游泳池等饰面。面砖有毛面和釉面两种，颜色有米黄、深黄、乳白、淡蓝等多种。广泛用于外墙、柱、窗间墙和门窗套等饰面。要求饰面砖的表面光洁、色泽一致，不得有暗痕和裂纹。釉面砖的吸水率不得大于10%。

9.4.2 饰面板（砖）施工

饰面板（砖）可采用传统法和胶黏法施工，胶黏法施工是今后的发展方向，现分别简介如下。

1. 传统法施工

(1) 小规格饰面板施工。

小规格的饰面板（边长小于400mm）一般采用镶贴法施工，即先用1∶3水泥砂浆打底划毛，待底子灰凝固后，找规矩，弹出分格线，按镶贴顺序，将已湿润的板材背面抹上厚度为2～3mm的素水泥浆进行粘贴，再用木锤轻敲，并注意随时用靠尺找平找直。

（2）大规格饰面板施工。

大规格的饰面板（边长大于400mm）或安装高度超过1m时，则多采用安装法施工。安装的工艺有湿法工艺、干法工艺和G.P.C工艺。

1）湿法工艺。

a. 安装前的准备工作。板材安装前，应先检查基层平整情况，如凹凸过大应先进行平整处理；墙面、柱面抄平后，分块弹出水平线和垂直线进行预排和编号，确保接缝均匀；在基层事先绑扎好钢筋网，与结构预埋件连接牢固；按设计要求在饰面板的四周侧面钻好绑扎钢丝或铁丝用的圆孔。

b. 安装。用铜丝或不锈钢丝把板块与基层表面的钢筋骨架绑扎固定，如图9.11、图9.12所示。

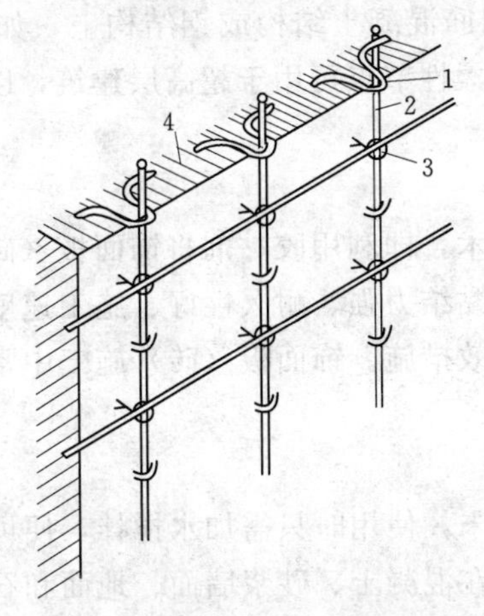

图9.11 墙面、柱面绑扎钢筋

1—墙、柱预埋件；2—绑扎立筋；3—绑扎水平筋；4—墙体或柱体

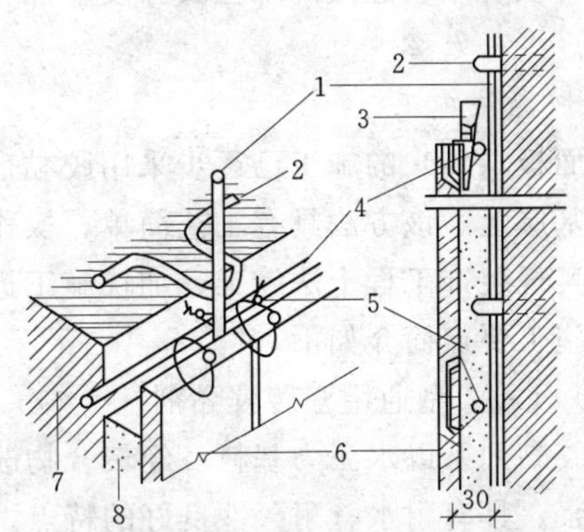

图9.12 大理石板安装固定示意图

1—立筋；2—铁环；3—定位木楔；4—横筋；5—铜丝或不锈钢丝绑牢；6—大理石板；7—墙体；8—水泥砂浆

从中间开始往左右两边，或从一边依次拼贴，离墙面留20～50mm的空隙，上下口的四角用石膏临时固定，确保板面平整。然后用1∶3的水泥砂浆（稠度80～120mm）分层灌缝，每层约为100～200mm，待终凝后再继续灌浆，直到离板材水平接缝以下50～l00mm为止；待安装好上一行板材后再继续灌缝处理，依次逐行往上操作。

安装后的饰面板，其接缝处应用与饰面相同颜色的水泥浆或油腻子填抹，并将饰面板清理干净，如饰面层光泽度受到影响，可以重新打蜡出光。

湿法（水泥砂浆固定）安装的缺点是：易产生回潮、返碱、返花等现象，影响美观。

2）干法工艺。

干法工艺直接在板上打孔，然后用不锈钢连接器与埋在混凝土墙体内的膨胀螺栓相连，板与墙体间形成80～90mm宽的空气层，如图9.13所示。该工艺一般多用于30m以下的钢筋混凝土结构，不适用砖墙或加气混凝土基层。由于这一方法可有效地防止板面回潮、返碱、返花等现象，因此是目前应用较多的方法。

3）G.P.C工艺。

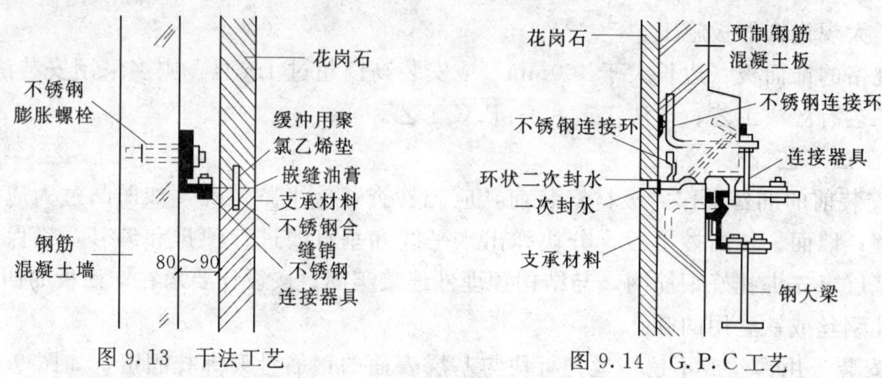

图 9.13 干法工艺　　图 9.14 G.P.C工艺

G.P.C工艺是干法工艺的发展，以钢筋混凝土作衬板，用不锈钢连接环与饰面板连接后浇筑成整体的复合板，再通过连接器悬挂到钢筋混凝土结构或钢结构上，如图 9.14 所示，衬板与结构连接的部位其厚度应加大。这种柔性节点可用于超高层建筑，以满足抗震要求。

2. 胶黏法施工

饰面板（砖）的施工已逐步采用胶黏剂固结技术，即利用胶黏剂将饰面板（砖）直接粘贴于基层上。该方法具有工艺简单、操作方便、黏结力强、耐久性好、施工速度快等优点，是实现装饰工程干法施工、加快施工进度的有效措施。饰面板（砖）施工中常用的胶黏剂及施工要点简介如下。

(1) TAM 型通用瓷砖胶黏剂。

该胶黏剂系以水泥为基料、经聚合物改性的粉末，使用时只需加水搅拌，便可获得黏稠的胶浆。具有耐水、耐久性良好的特点。适用于在混凝土、砂浆墙面、地面和石膏板等表面粘贴瓷砖、陶瓷锦砖、天然大理石、人造大理石等饰面。施工时，基层表面应洁净、平整、坚实，无灰尘；胶浆按水：胶粉＝1：3.5 配制，经搅拌均匀静置 10min 后，再一次充分拌和即可使用；使用时先用抹子将胶浆涂抹在基层上，随即铺贴饰面板，注意应在 30min 内粘贴完毕，24h 后便可勾缝。

(2) SG－8407 内墙瓷砖黏结剂。

SG－8407 适用于在水泥砂浆、混凝土基层上粘贴瓷砖、面砖和陶瓷锦砖。其施工方法包括：

1) 基层处理。基层必须洁净、干燥、无油污、灰尘。可用喷砂、钢丝刷或以 3：1（水：工业盐酸）的稀酸溶液进行酸洗处理，20min 后将酸冲洗干净，待基层干燥。

2) 料浆制备。将通过 2.5mm 筛孔的干砂和 325 号及以上强度等级的普通硅酸盐水泥以（1～2）：1 干拌均匀，加入 SG－8407 拌和至适宜施工的稠度，注意不得加水；当黏结层厚度小于 3mm 时，不加砂，仅用纯水泥与 SG－8407 调配。

3) 粘贴。铺贴瓷砖、陶瓷锦砖时，先在基层上涂刷浆料，随即将瓷砖、陶瓷锦砖敲打入浆料中，24h 后即可将陶瓷锦砖纸面撕下。注意瓷砖如吸水率大时，使用前应浸泡。

(3) TAS 型高强度耐水瓷砖胶黏剂。

TAS 系双组分的高强度耐水瓷砖胶，具有耐水、耐候、耐各种化学物质侵蚀等特点。适用于在混凝土、钢铁、玻璃、木材等基层表面粘贴瓷砖、墙面砖、地面砖；尤其适用于

长期受水浸泡或其他化学物侵蚀的部位。胶料配制和粘贴方法同 TAM 型胶黏剂。

(4) AH－03 大理石胶黏剂。

该胶黏剂系由环氧树脂等多种高分子合成材料组成基材，增加适量的增稠剂、乳化剂、增黏剂、防腐剂、交联剂及填料配制成单组分膏状的胶黏剂，具有黏结强度高、耐水、耐气候变化等特点。适用于大理石、花岗石、陶瓷锦砖、面砖、瓷砖等与水泥基层的黏结。施工时，要求基层坚实、平整，无浮灰及污物；大理石等饰面材料应干净，无灰尘、污垢。先用锯齿形的刮板或腻子刀将胶黏剂均匀涂刷于基层或饰面板上，厚度不宜大于 3mm；粘贴时用手轻轻推拉饰面板，使气泡排出，然后轻轻将饰面板的下沿与水平基准线对齐黏合，并用橡皮锤敲实；由下往上逐层粘贴，最后用湿布将饰面板表面的余胶擦净。

(5) YJ－Ⅱ型建筑胶黏剂。

YJ－Ⅱ系双组分水乳型高分子胶黏剂，具有黏结力强、耐水、耐湿热、耐腐蚀、低毒、低污染等特点，适用于混凝土、大理石、瓷砖、玻璃锦砖、木材、钙塑板等的黏结，配胶按甲组分 100，乙组分 130～160，填料为 650～800（质量比），先将甲、乙组份混合均匀再加入填料搅拌均匀即可。墙面粘贴玻璃砖时，将胶黏剂均匀涂于砖板或基层上（厚 1～2mm）进行粘贴。注意施工及养护温度在 5℃以上，以 15～20℃为佳。施工完毕，自然养护 7d，便可交付使用。

(6) YJ－Ⅲ型建筑胶黏剂。

与 YJ－Ⅱ型建筑胶黏剂属于同一系列。配胶按甲组分 100，乙组分 240～300，填料为 800～1200 的比例配制。配制时先将甲、乙组分胶料称量混合均匀，然后加入填料拌匀即可。填料可用细度为 60～120 目的石英粉；为加速硬化，也可采用石英、石膏混合粉料，一般石膏粉的用量为填料总量的 1/5～1/2；如需用砂浆，则以石英粉、石英砂（粒径 0.5～2mm）各一半为填料，填料比例也应适当增加，其施工要求为：

1）基层处理应平整、洁净、干燥，无浮灰、油污。

2）在墙面粘贴大理石、花岗石块材时，先在基层上涂刷胶黏剂，然后铺贴块材，揉挤定位，静置待干即可，无须钻孔、挂钩。

3）在石膏板上黏结瓷砖时，先用抹刀将胶料涂于石膏板上（厚 1～2mm），再用梳形刀梳刮胶料，再粘贴瓷砖。

4）在墙面粘贴玻璃锦砖时，先在基层薄涂一层胶黏剂，再进行粘贴（擦缝用素泥浆）。这两种胶黏剂的主要性能区别见表 9.7。

表 9.7　YJ－Ⅱ型与 YJ－Ⅲ型建筑胶黏剂的主要性能区别

建筑胶黏剂		YJ－Ⅱ型	YJ－Ⅲ型
黏结强度（MPa）	瓷砖	3～4	3～5
	玻璃砖	2～3	2～4
抗压强度（MPa）		30～40	15～25
弹性模量（MPa）		2.32×10^3	3.2×10^3
收缩率（%）		0.20	1.02

3. 饰面砖施工工艺

饰面砖的一般工艺流程为：基层处理→吊垂直、套方、找规矩→贴灰饼→抹底层砂

浆→弹线分格→排砖→浸转→镶贴饰面砖→面砖勾缝及擦缝。

(1) 釉面砖。

釉面砖，又称瓷砖、瓷片、釉面陶土砖，是上釉的薄片状精陶建筑材料，主要用于厨房、厕所、浴室等处内墙装修。釉面瓷砖有白色、彩色及带花纹图案等多种。形状有正方形和长方形两种，另有阳角、阴角、压顶条等。

底层约为15mm厚的1：2水泥砂浆，抹后找平划毛。镶贴前墙面找方，弹出底层水平线，定出纵横皮数。黏结层为厚约5～7mm水泥砂浆。施工时将砂浆涂于瓷砖背面粘贴于底层上，用小铲轻轻敲击，使之贴实粘牢。横竖缝宽必须控制在1～1.5mm范围内，贴后用同色水泥擦缝。最后用稀盐酸刷洗，并用清水冲洗。

室内瓷砖按铺贴地点分为墙砖和地砖，两者不能混用。严格地讲，墙瓷砖属于陶制品，地砖通常是瓷制品，两者物理特性不同，从选黏土配料到烧制工艺都有很大区别，墙面砖吸水率大概10%左右，比吸水率只有1%的地面砖要高出数倍。卫生间和厨房的地面应铺设吸水率低的地面砖，因为地面会经常用大量的清水洗刷，这样瓷砖才能不受水汽的影响、不吸纳污渍。墙面砖是釉面陶制的，含水率比较高，其背面一般比较粗糙，这也有利于黏合剂把墙砖贴上墙，墙砖铺贴前应充分浸泡。地砖不易在墙上贴牢固，墙砖用在地面会吸水太多而变得不易清洁。

(2) 面砖。

面砖分毛面、釉面两种，有多种颜色，规格亦有多种。面砖主要用于外墙饰面。底层为厚7mm的1：3水泥砂浆，抹后找平划毛，养护1～2天后才镶贴。镶贴前按设计要求弹线分格，按分格排砖，尽量避免切砖。黏结层用12～15mm厚的1：0.2：2（水：石灰膏：砂）的混合砂浆，将砂浆涂抹于面砖背面，将面砖贴于底层上并用小铲轻敲，使其位置正确并粘牢固。贴后用1：1原色水泥砂浆填缝，用稀盐酸洗去表面黏结的水泥浆，最后用清水清洗。

(3) 陶瓷锦砖。

陶瓷锦砖的外来语叫马赛克。由于成品按不同图案贴在纸上，故也称纸皮石。用它拼成的图案形似织锦，于是最终将它定名为陶瓷锦砖。

陶瓷锦砖镶贴前，应按照设计图案及图纸，核实墙面实际尺寸，根据排砖模数和分格要求，绘制出施工大样图，加工好分格条，并对陶瓷锦砖统一编号，便于镶贴时对号入座。基层上用12～15mm厚1：3水泥砂浆打底，找平划毛，洒水养护。镶贴前弹出水平、垂直分格线，找好规矩。然后在湿润的底层上刷素水泥浆一道，再抹一层2～3mm厚1：0.3水泥纸筋灰或3mm厚1：1水泥砂浆（砂过窗纱筛，掺2%乳胶）黏结层，用靠尺刮平，抹子抹平。同时将锦砖底面朝上铺在木垫板上，缝里洒灌1：2干水泥砂，并用软毛刷子刷净底面浮砂，涂上薄薄一层水泥纸筋灰浆（水泥：石灰膏=1：0.3），然后逐张拿起，清理四边余灰，按平尺板上口沿线由下往上对齐接缝粘贴于墙上。粘贴时应仔细拍实，使其表面平整。待水泥砂浆初凝后，用软毛刷将护纸刷水湿润，约半小时后揭纸，并检查缝的平直大小，校正拨直。待全部铺贴完、黏结层终凝后，用白水泥稠浆将缝嵌平，并用力推擦，使缝隙饱满密实，随即拭净每层。待嵌缝材料硬化后，用稀盐酸溶液刷光，并随即用清水冲洗干净。饰面砖粘贴的允许偏差和检验方法，见表9.8。

表 9.8　饰面砖粘贴的允许偏差和检验方法

项次	项　目	允许偏差（mm）		检　验　方　法
		外墙面砖	内墙面砖	
1	立面垂直度	3	2	用2m垂直检测尺检查
2	表面平整度	4	3	用2m靠尺和塞尺检查
3	阴阳角方正	3	3	用直角检测尺检查
4	接缝直线度	3	2	拉5m线，不足5m拉通线，用钢直尺检查
5	接缝高低差	1	0.5	用钢直尺和塞尺检查
6	接缝宽度	1	1	用钢直尺检查

9.4.3　石材饰面板安装工艺

石材饰面板的安装主要包括大理石、花岗石、青石板等，根据规格大小的不同，石材饰面板的安装主要有粘贴法、挂贴法和干挂法等，其中粘贴法适用于板材面积小于400mm×400mm厚度小于12mm的饰面板安装。

1. 粘贴法施工

粘贴法施工工艺为：基层处理→抹底灰→弹线定位→粘贴饰面板→嵌缝。

（1）基层处理。对墙、柱等基体的缺陷进行修复，清除基体上的灰尘、污垢，并保证平整、粗糙和湿润。

（2）抹底灰。一般用1∶3的水泥砂浆在基体上抹底灰，厚度为12mm，用短木杠刮平、并划毛。

（3）弹线定位。按照设计图样和实际粘贴的部位，以及所有饰面板的规格及接缝宽度，在底灰上弹出水平线垂直线。

（4）粘贴饰面板。饰面板粘贴前，应在底灰上刷一道素水泥浆。同时将挑选好的饰面板，用水浸泡并取出晾干。粘贴时在饰面背面抹上2～3mm厚的素水泥浆（可加入适量的107胶），贴上后用木锤或橡皮锤轻轻敲击使之粘牢。

（5）嵌缝。待饰面板粘贴2～4d后可用与饰面板底色相近的水泥浆进行嵌缝。并清除板材表面多余的浆液。

2. 挂贴法

挂贴法的施工工艺为：基层处理→绑扎钢筋网→钻孔、剔槽、挂丝→安装饰面板→灌浆→嵌缝。

（1）基层处理。对墙、柱等基体的缺陷进行修复，清除基体上的灰尘、污垢等，并保证表面平整粗糙、湿润。

（2）绑扎钢筋网。根据设计要求用$\phi8$～$\phi10$的钢筋采用焊接或绑扎的方法形成钢筋网片，竖向钢筋的间距可按饰面板宽度距离设置，横向钢筋其间距比饰面板竖向尺寸低20～30mm为宜。随后采用与预埋铁环绑扎或预埋铁件、膨胀螺栓焊接等方式，将钢筋网片固定在基体上。

（3）钻孔、剔槽、挂丝。为保证饰面板与钢筋网片进行连接，应在饰面板上钻孔或剔槽，常用的有“牛轭孔”、“斜孔”和“三角形槽”，如图9.15所示。孔或槽一般距板材两端为板边长的 1/4～1/3，孔的直径及槽的大小应符合有关规定及施工要求。孔或槽形成后用铜丝或不锈钢丝穿入其中。

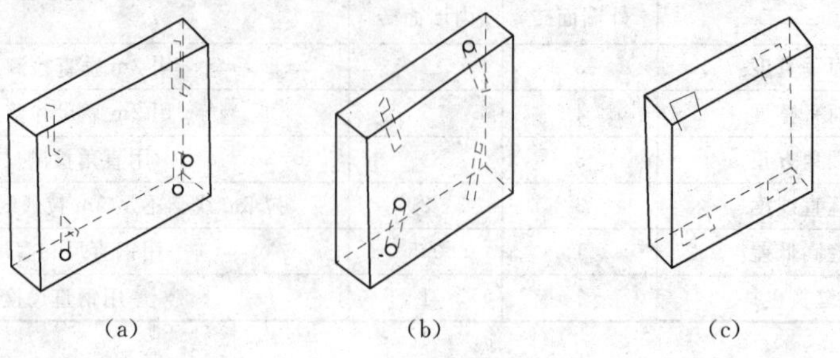

图 9.15　在饰面板上钻孔或剔槽

(a) 中轭孔；(b) 斜孔；(c) 三角形槽

(4) 安装饰面板。饰面板的安装一般自下而上逐层进行，每层板块由中间或一端开始，饰面板的位置要根据板厚、灌浆厚度以及钢筋网片焊绑所占的位置来确定。安装时，理顺铜丝或不锈钢丝，板材就位，通过铜丝或不锈钢丝绑扎在钢筋网片上，板材的平整度、垂直度和接缝宽度可利用木楔进行调整。

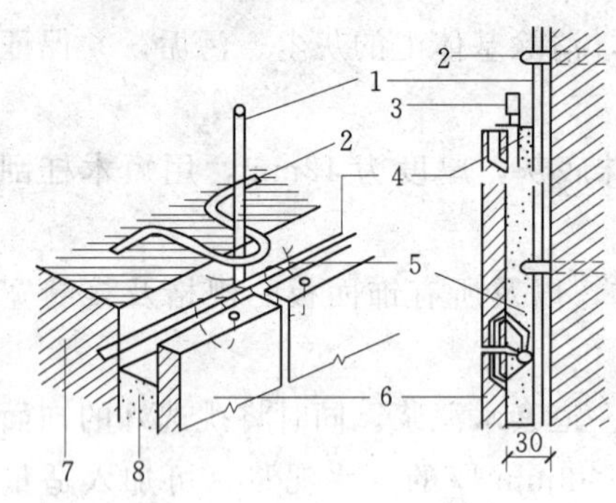

图 9.16　临时固定饰面板

1—立筋；2—铁环；3—定位木楔；4—横筋；5—铜丝或不锈钢丝绑牢；6—大理石板；7—墙体；8—水泥砂浆

板材就位后，要做临时固定。目前常采用熟石膏外贴固定的方法。石膏在调制时掺入 20%的水泥加水搅拌成粥状，在已调整好的板面上，将石膏水泥浆贴于板外表面纵横板缝交接处，由于石膏水泥浆固结后有较大的强度且不易开裂，所以每个拼缝固定后就成了一个支撑点，起到临时固定的作用，如图 9.16 所示。

(5) 灌浆。板材经校正垂直、平整、方正后，临时固定完毕，即可灌浆，灌浆一般采用 1∶3 水泥砂浆，稠度 8～15cm，将盛砂浆的小桶提起，然后向板材背面与基体间的缝隙中徐徐灌入，注意不要碰动板材，全长均匀灌注。灌浆应每层进行，第一层灌入高度不大于 150mm，并应不大于 1/3 板材高，灌时用小铁钎轻轻插捣，切忌猛捣猛灌，第一层灌完 1～2h 后，检查板材无移动，即可进行第二层灌浆，高度 100mm 左右，即板材的 1/2 高度，第三层灌浆应低于板材上口 50mm 处，余量作为上层板灌浆的接缝（采用浅色材板时，可采用白水泥，以免透底影响美观）。

(6) 嵌缝。当整面墙板材逐层安装、灌浆后，可铲除外表面的石膏块，并将板材外表面清理干净。然后用与板材接近的颜料调制水泥色浆嵌缝，边嵌边擦拭清洁，使缝隙密实干净，颜色一致。

3. 干挂法施工

干挂法施工的工艺为：基层处理→弹线→板材打孔→固定连接件→安装饰面板→嵌缝。

(1) 基层处理。剔除突出基体表面影响扣件安装的部分。

（2）弹线。根据设计图样和实际需要弹出安装饰面板的位置线和分块线。

（3）板材打孔根据设计尺寸和图样要求，将板材用专用模具固定在台钻上进行打孔（或剔槽），板材上下两边各形成两个孔洞（或沟槽）。

（4）固定连接件。连接件一般是由不锈钢板或角钢等金属构件组成，如图9.17所示。连接件的安装位置应根据设计要求和板材钻孔的位置确定，连接件可通过膨胀螺栓等方法与墙、柱基体连接，如图9.18所示。

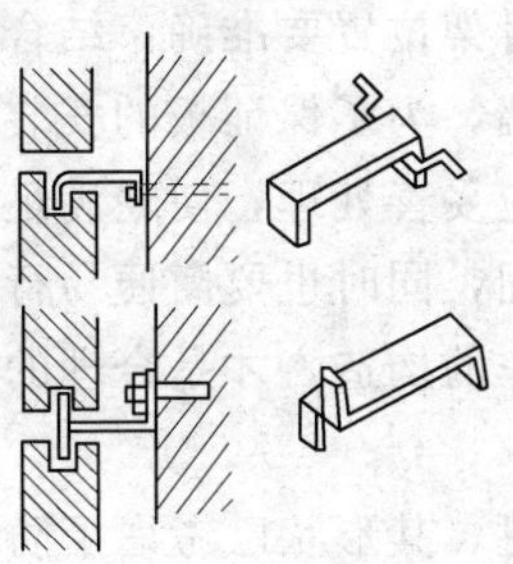

图9.17　固定连接件

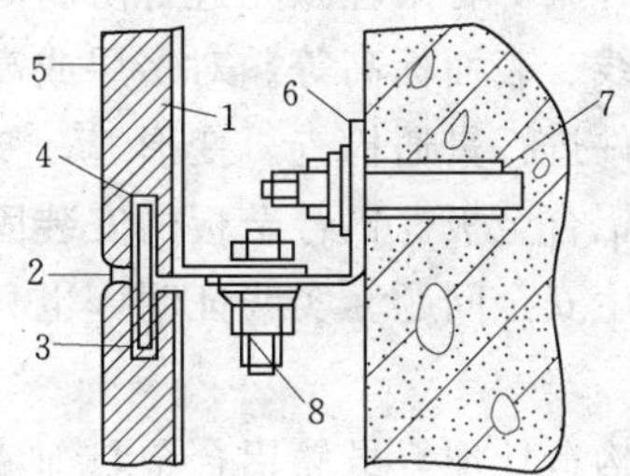

图9.18　连接方法

1—防水层；2—嵌缝；3—不锈钢销钉；
4—缓冲垫；5—饰面板；6—不锈钢板或角钢；
7—不锈钢膨胀螺栓；8—不锈钢连接螺栓

（5）安装饰面板。安装时从底层开始，干挂板材时应保证板材的水平度及垂直度满足有关规定，水平方向的相邻板材之间用直径5mm的不锈钢销钉销牢，经找平吊直后，将板固定在上下连接件上并用环氧树脂胶密封。

（6）嵌缝。每一施工段安装后经检查无误后，方可清扫拼接缝，填入橡胶条（或素水泥浆）。然后用打胶机进行硅胶涂封，清理表面杂物。

9.4.4　金属饰面板安装工艺

金属装饰板按材料可分为单一材料板和复合材料板两类。单一材料板为用一种质地的材料制成，如钢板、铝板、铜板、不锈钢板等。复合材料板是由两种或两种以上质地的材料组成，如铝合金板、烤漆板、镀锌板、金属夹心板、塑料膜板等。金属装饰板按板面形状可分为光面平板、纹面平板、波纹板、压型板、立体盒板等。

1. 铝合金装饰板安装工艺

铝合金板墙面主要由铝合金板和骨架组成。骨架的横、竖杆通过连接件与结构固定，合金板作为饰面板固定在骨架上，骨架的横、竖杆一般采用铝合金型材或型钢（如角钢、槽钢等）也可用方木做骨架。

铝合金板固定在骨架上的方法多种多样。常用的固定方法主要有两大类型：一种是将板条或方板用螺钉拧到型钢或木骨架上；另一种是采用特制的龙骨，将板条卡在特制的龙骨上。

铝合金装饰板墙安装的施工工艺为：放线→安装连接件→安装骨架→安装铝合金装饰板→收口构造处理。

（1）放线。放线前要检查结构的质量，如果结构垂直度与平整度误差较大，势必影响骨架的垂直与平整。放线最好一次放完，如有差错，可随时进行调整，确保骨架施工的准确性。

(2) 固定骨架的连接件。骨架的横竖杆件通过连接件与结构固定，而连接件与结构之间可以与结构的预埋件焊牢，也可以在墙上打膨胀螺栓。因后一种方法较灵活，尺寸误差小，容易保证位置的准确性，故而较多采用。

连接件施工，主要是保证牢固。如焊缝的长度、高度、膨胀螺栓的埋入深度等方面，都应严格把关，对于关键部位，如大门入口的上部膨胀螺栓，最好做拉拔试验，看其是否符合设计要求。型钢一类的连接件，其表面应镀锌，焊缝处应刷防锈漆。

(3) 固定骨架。骨架应预先进行防腐处理。安装骨架位置要准确，结合要牢固。安装后，检查中心线、表面标高等。对多层或高层建筑外墙，为了保证板的安装精度，宜用经纬仪对横竖杆件进行贯通检查。变形缝、变截面等处应妥善处理，使之满足使用要求。

(4) 安装铝合金板。铝合金板的安装固定既要牢固，同时也要简便易行。在任何情况下，都不应发生安全问题。实践证明，也只有便于操作的构造，才是合理的构造，才能更好地保证安全。

(5) 收口构造处理。虽然铝合金装饰墙板在加工时，其形状已考虑了防水性能，但若遇到材料弯曲，接缝处高低不平，其形状的防水功能可能失去作用，在边角部位这种情况尤为明显，诸如水平部位的压顶，端部的收口，伸缩缝、沉降缝的处理，两种不同材料的交接处理等。这些部位往往是饰面施工的重点，因为它不仅关系到美观问题，同时对功能影响较大。因此，一般用特制的铝合金成型板进行妥善处理。

2. 彩色不锈钢饰面板安装

彩色不锈钢饰面板的安装技术与铝合金饰面板相同，其施工程序为：放线→固定骨架的连接件→固定骨架→安装彩色不锈钢饰面板→收口构造处理。

9.4.5 饰面板（砖）工程质量控制与检验

1. 饰面板安装工程

(1) 安装用预埋件连接件的数量、规格、位置，连接方法和防腐处理必须符合设计要求，饰面板安装必须牢固。

(2) 表面平整、洁净，色泽一致、无泛碱等污染。

(3) 嵌缝密实、平直，色泽一致，宽度和深度应符合设计要求。

(4) 允许偏差和检验方法应符合表9.9的规定。

表9.9 饰面板安装的允许偏差和检验方法

项次	项 目	允许偏差（mm）							检 验 方 法
		石材			瓷板	木材	塑料	金属	
		光面	剁斧石	蘑菇石					
1	立面垂直度	2	3	3	2	1.5	2	2	用2m垂直检测尺检查
2	表面平整度	2	3	—	1.5	1	3	3	用2m靠尺和塞尺检查
3	阴阳角方正	2	4	4	2	1.5	3	3	用直角检测尺检查
4	接缝直线度	2	4	4	2	1	1	1	拉5m线，不足5m拉通线，用钢直尺检查
5	墙裙、勒脚上口直线度	2	3	3	2	2	2	2	拉5m米线，不足5m拉通线，用钢直尺检查

续表

项次	项目	允许偏差（mm）							检验方法
		石材			瓷板	木材	塑料	金属	
		光面	剁斧石	蘑菇石					
6	接缝高低差	0.5	3	—	0.5	0.5	1	1	用钢直尺和塞尺检查
7	接缝宽度	1	2	2	1	1	1	1	用钢直尺检查

2. 饰面砖粘贴工程

(1) 饰面砖的品种、规格、图案、颜色和性能、粘贴的手法，勾缝材料等应符合设计要求及现行的标准及规范，粘贴牢固。

(2) 阴阳角处搭接方式等应符合设计要求。

(3) 墙面突出物周围的饰面砖应整砖套割吻合，边缘整齐，墙裙、贴脸突出墙面的厚度应一致。

(4) 接缝平直、光滑，填嵌应连续，密实，宽度和深度一致。

(5) 允许偏差和检查方法应符合表9.10的规定。

表9.10　饰面砖粘贴的允许偏差和检验方法

项次	项目	允许偏差（mm）		检验方法
		外墙面砖	内墙面砖	
1	立面垂直度	3	2	用2m垂直检测尺检查
2	表面平整度	4	3	用2m靠尺和塞尺检查
3	阴阳角方正	3	3	用直角检测尺检查
4	接缝直线度	3	2	拉5m线，不足5m拉通线，用钢直尺检查
5	接缝高低差	1	0.5	用钢直尺和塞尺检查
6	接缝宽度	1	1	用钢直尺检查

任务5　楼地面工程

任务描述

作为施工技术人员对楼地面工程设计施工方案，进行装修施工。

任务分析

1. 能力标准与要求

(1) 能掌握常见楼地面工程的类型及材料；

(2) 熟悉常见楼地面工程的施工工艺；

(3) 能根据各施工工艺正确选出施工方案。

2. 重点与难点分析

(1) 楼地面工程材料的选用及质量要求。

(2) 装饰常用楼地面工程的类型，楼地面工程的施工工艺。

楼地面是房屋建筑底层地坪与楼层地坪的总称。主要由面层、垫层和基层构成，楼地面按面层材料分有整体面层（水泥砂浆、细石混凝土、现浇水磨石等），块料面层（预制）水磨石、大理石板材、花岗岩板材、木地板、瓷砖、塑料地板等。

9.5.0.1　楼地面的构成和作用

建筑楼、地面工程的构造分别如图9.19和图9.20所示。其构成层次及作用如下。

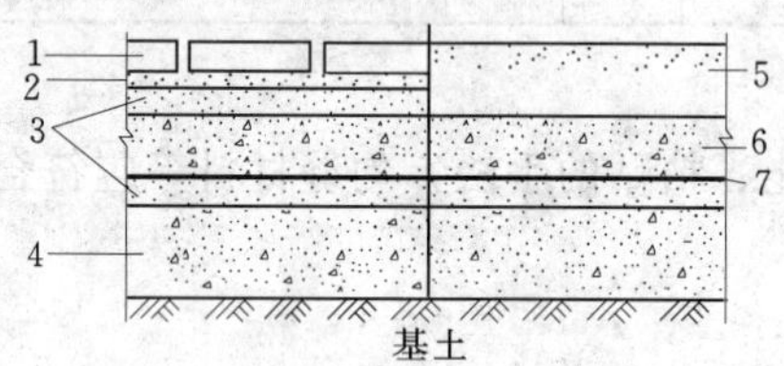

图9.19　地面工程构造

1—块料面层；2—结合层；3—找平层；4—垫层；5—整体面层；6—填充层；7—隔离层

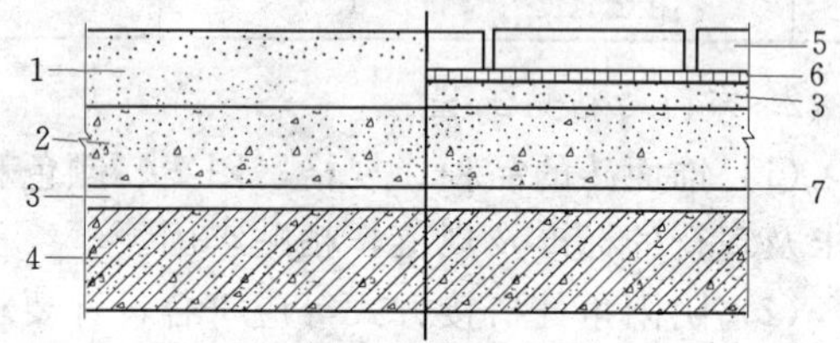

图9.20　楼面工程构造

1—整体面层；2—填充层；3—找平层；4—楼板；5—块料面层；6—结合层；7—隔离层

1. 面层

面层——直接承受各种物理和化学作用的表面层。

2. 构造层

结合层——面层与下一构造层相连接的中间层，也可作为面层的弹性基层。

找平层——在垫层上、楼板上或填充层上起整平、找坡或加强作用的构造层。

填充层——当面层、垫层和基土（或结构层）尚不能满足使用要求或因构造上需要，而增设的构造层。主要在建筑地面上起隔声、保温、找坡或敷设管线等作用。

隔离层——防止地面上各种液体或地下水、潮气渗透地面作用的构造层，也称作防水（潮）层。

3. 基层

垫层——承受并传递地面荷载于基土上的构造层。

基土——地面垫层下的土层（结构层）。

楼板——楼层地面的结构层。

9.5.0.2　楼地面施工

1. 垫层处理

（1）灰土垫层。

灰土垫层是用熟化石灰和黏土拌和均匀，然后分层夯实而成。施工时应分层随铺随夯，夯实的密实度应符合设计要求。灰土垫层的厚度不应小于100mm。用做灰土的熟石灰应过筛，其粒径不得大于5mm。灰土的土料，宜采用就地开挖的土，但不得含有有机杂质，使用前应过筛，其粒径不得大于15mm。灰土的体积配合比是3：7或2：8，常用3：7（一般称为“三七灰土”）。一般适用于地下水位较低处。

（2）砂垫层和砂石垫层。

砂垫层厚度不得小于60mm，砂石垫层厚度不宜小于100mm。砂垫层和砂石垫层材料，宜采用颗粒级配良好、质地坚硬的中砂、粗砂、砾砂、卵石和碎石。所用砂石材料都

不得含有草根、垃圾等杂质；含泥量要低于3%。压实前应洒水湿润，并宜采用机械碾压。砂石垫层捣实方法根据不同条件，可选用振实、夯实、压实或水冲等方法。砂、石垫层具有施工简便，压缩模量较大，变形小，造价较低等优点。一般适用于处理软土透水性强的黏性土基土。

此外还有碎石垫层、碎砖垫层、三合土垫层和炉渣垫层等，应根据当地情况由设计选用。

(3) 混凝土垫层。

混凝土垫层适用较广泛，其厚度不得小于60mm，混凝土强度等级不应小于C10。混凝土垫层浇筑前，垫层的下一层表面应浇水湿润。浇筑时应分区段进行，宜采用平板振动器进行捣实，捣实后用木抹子搓平。

2. 找平层及防水（潮）层

(1) 找平层。

找平层应采用水泥砂浆或混凝土铺设而成，其厚度应符合设计要求。水泥砂浆体积比不宜小于1∶3；混凝土强度等级不应小于C15。在铺设找平层前，应将下一基层表面清理干净，当找平层下有松散填充料时，应予铺平振实。在预制楼板上铺设找平层前；必须认真做好板缝间的灌缝填嵌这一重要工序，并确保灌缝的施工质量。

(2) 防水（潮）层。

厕浴间、厨房等有防水（潮）要求的楼地面必须铺设防水隔离层。在铺设隔离层时，其下一层的表面应平整、干燥。防水材料铺设应粘实、平整，不得有皱折、空鼓、翘边和封口不严等缺陷。在穿过楼板面管道四周处，防水材料应向上铺涂，并应超过套管的上口；在靠近墙面处，防水材料应向上铺涂，并应高出面层200～300mm。铺设完毕后，应作蓄水试验，蓄水深度宜20～30mm，24h内无渗漏为合格，并应做好记录。

(3) 面层施工。

面层的铺设宜在室内装饰工程基本完成后进行，并做好楼地面工程的基层处理工作。

子任务1　整体面层施工

任务描述

作为施工技术人员对水泥砂浆面层和水磨石面层施工方案作出合理选择，并根据该选择方案成功进行整体面层的施工。

任务分析

1. 能力标准与要求

(1) 能掌握水泥砂浆面层和水磨石面层的构成。

(2) 熟悉水泥砂浆面层和水磨石面层的施工工艺。

(3) 能根据各施工工艺正确引导施工。

2. 重点与难点分析

(1) 作为楼地面面层的水泥砂浆和水磨石对材料的质量要求。

(2) 水泥砂浆和水磨石的施工工艺。

3. 相关知识

整体楼地面工程中什么是水泥砂浆面层、什么是水磨石面层，二者各自的优缺点及工程做法。

9.5.1.1　水泥砂浆面层施工

水泥砂浆面层在房屋建筑工程中运用较为广泛，其构造做法如图9.21所示，厚度不应小于20mm。水泥砂浆面层所用的砂，一般应采用中砂或粗砂，含泥量不应大于3%，水泥强度等级不应低于32.5R，不同强度等级的水泥严禁混用。水泥砂浆的体积比宜为1∶2或1∶2.5（水泥∶砂），强度等级不应小于M15。

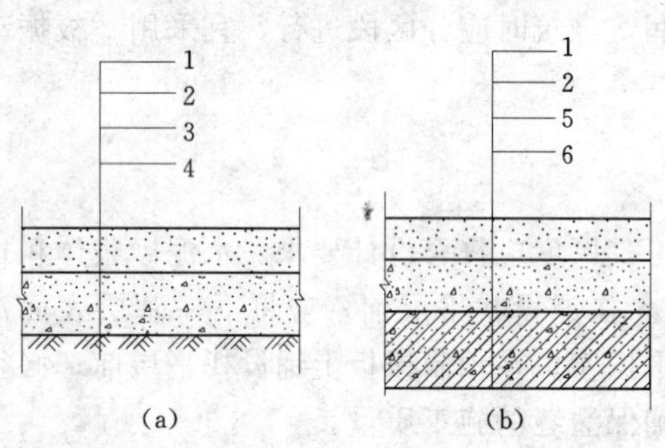

图9.21　水泥砂浆面层构造做法示意图
(a) 地面工程；(b) 楼面工程
1—水泥砂浆面层；2—刷水泥浆；3—混凝土垫层；4—基土；5—混凝土找平层；6—楼层结构层

施工时，应清理干净基层，并浇水湿润。待表面无明水后，弹准线、做标筋。铺设面层时，先刷一道素水泥浆作黏结层，随即铺设水泥砂浆。以标筋为准，用木杠刮平，木抹子搓平，然后用钢皮抹子进行三遍压光。第一遍压光在木抹子搓平后随即进行，第二遍压光应在水泥砂浆开始初凝时进行，第三遍压光应在水泥砂浆终凝前进行。每遍抹压的时间要掌握得当，确保施工质量。终凝后要立即洒水养护，以防面层开裂。养护时间一般不少于7d，面层砂浆强度达到5MPa时才可允许上人行走。

9.5.1.2　水磨石面层施工

水磨石面层是采用水泥与石粒的拌合料在1∶3水泥砂浆基层上铺设而成的，厚度一般为12～18mm，所用石粒粒径为9～14mm。其具有表面平整光滑、外观美、不起灰等特点，适用于有一定防潮（防水）要求的地段和较高防尘、清洁等要求的建筑地面工程。

水磨石面层施工一般工艺流程为：打底灰→弹线→嵌分格条→铺设水泥石粒浆→磨光→草酸清洗→打蜡。

(1) 打底灰、弹线、嵌分格条。

在已清理干净的基层上抹1∶3水泥砂浆找平层（厚约20mm），终凝后洒水湿润。按设计要求弹线分格，嵌分格条。分格条有铜条、铝条或玻璃条，安装时两侧用水泥砂浆黏结，抹成八字形镶嵌固定（图9.22）。分格条对缝应严格，表面要平直。

(2) 铺设水泥石粒浆。

分格条镶嵌后应经过适当的养护（3～4d）后，即可铺设水泥石粒浆。先刮一道素水泥浆，随即将不同色彩的水泥石子浆（水泥∶石子＝1∶1～1∶1.25）填入分格网中，抹平压实，厚度要比嵌条稍高1～2mm。为使水泥石子浆罩面平整密实，可补洒一些小石子。待收水后用滚筒滚压，再浇水养护。

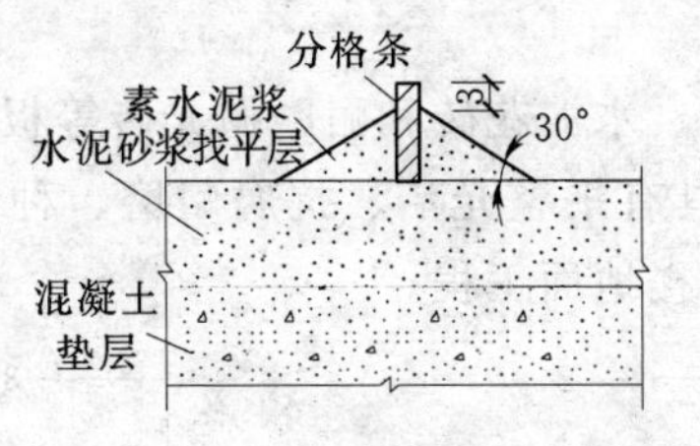

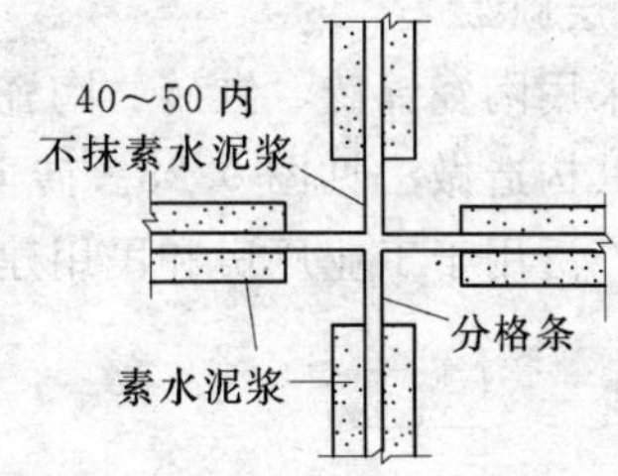

图 9.22　设置分格嵌条示意图

(3) 磨光。

根据气温、水泥品种及强度等级来确定水磨石面层的开磨时间，常温下一般为 24～36h。开磨前应先试磨，以面层石子不松动，不脱落，表面不过硬为准即可开磨。采用磨石机（砂轮）洒水磨平，直至露出嵌条，石子均匀光滑为止。水磨石要有粗磨至细磨分三遍进行，每次磨光后要用相同颜色的水泥砂浆填补砂眼。待填补的水泥终凝后，并养护 2～4d，方可进行下一遍的磨光。

(4) 草酸清洗、打蜡。

要求高的高档水磨石需用草酸水溶液擦洗，使石子表面残存的水泥浆全部分解清除掉，石子清晰显露。最后在面层上涂蜡，用磨光机研磨，直至光滑洁亮为止。

水磨石面层要求表面质量平整光滑，无裂纹、缺棱掉角，石粒密实、显露均匀，颜色图案一致，分格条牢固、顺直和清晰。

子任务 2　板块面层施工

任务描述

作为施工技术人员对砖面层和大理石、花岗石面层施工方案作出合理选择，并根据该选择方案成功进行整体面层的施工。

任务分析

1. 能力标准与要求

(1) 能掌握砖面层和大理石、花岗石面层的构成以及各自的种类。

(2) 熟悉砖面层和大理石、花岗石面层的施工工艺。

(3) 能根据各施工工艺正确引导施工。

2. 重点与难点分析

(1) 作为楼地面面层的砖和大理石、花岗石对材料的质量要求。

(2) 砖和大理石、花岗石的施工工艺。

3. 相关知识

整体楼地面工程中什么是砖面层？常见的砖面层有哪几种？什么是大理石、花岗石面层，常用的大理石、花岗石面层有哪些？砖面层和大理石、花岗石面层二者各自的优缺点及工程做法。

9.5.2.1　砖面层施工

砖面层是采用陶瓷锦砖、缸砖、陶瓷地砖、水泥花砖和耐磨抛光砖等板块材在结合层上铺贴而成。其构造做法见图9.23。砖面层具有平整光洁、抗腐耐磨、种类繁多、施工方便等特点，广泛用于工业厂房和民用建筑的楼地面工程。

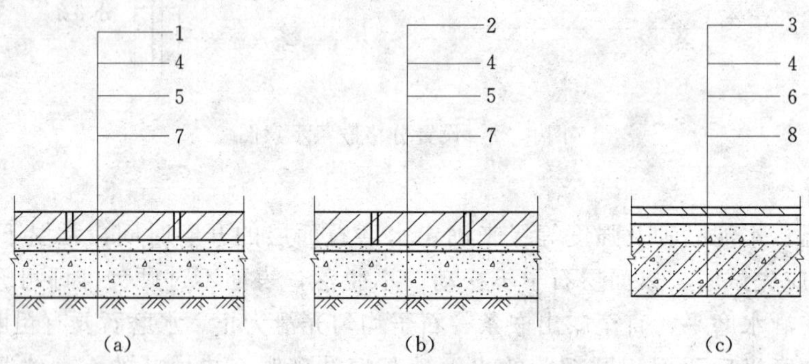

图9.23　砖面层构造示意图

(a)、(b) 地面工程；(c) 楼面工程

1一陶瓷锦砖；2一缸砖；3一耐磨抛光砖；4一结合层；5—垫层（或找平层）；6—找平层；7—基土；8—楼层结构层

铺贴砖面层前，应对砖的规格尺寸、外观质量和色泽等进行预选，并应浸水湿润后晾干待用。铺贴时宜采用1∶3或1∶4干硬性水泥砂浆，面砖应紧密、结实，砂浆应饱满，面砖缝隙宽度应符合设计要求。面层铺贴应在24h内进行擦缝、勾缝和压缝工作。砖面层的质量要求表面洁净、图案清晰、色泽一致、接缝平整，深浅一致、周边顺直等。

9.5.2.2　大理石、花岗石面层施工

大理石、花岗石面层是分别采用天然大理石和花岗石板材在结合层上铺设而成，其构造做法见图9.24。其特点是质地坚硬、抗压强度高、耐磨性和耐久性好、施工速度快等。一般应用于高级公共场所、民用建筑及耐化学反应的工业生产车间等地面工程。

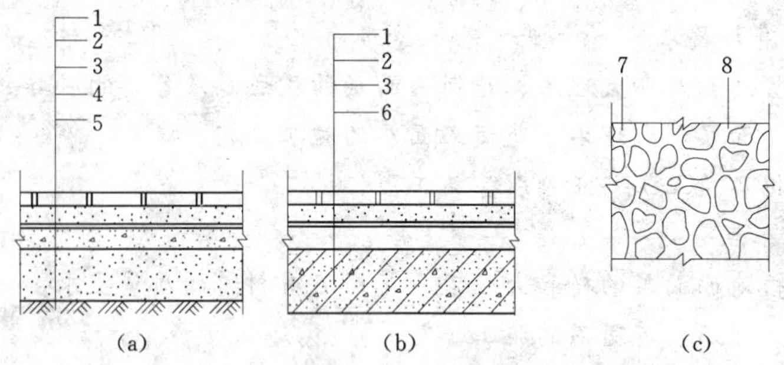

图9.24　大理石、花岗石面层构造示意图

(a) 地面构造；(b) 楼层构造；(c) 碎拼大理石面层平面

1—大理石（或碎拼大理石）、花岗石面层；2—水泥砂或水泥砂浆结合层；3—找平层；4—垫层；5—素土夯实；6—结构层（钢筋混凝土楼板）；7—拼块大理石；8—水泥砂浆或水泥石粒浆填缝

大理石、花岗石面层，一般应在顶棚、立墙抹灰后进行，先铺面层再铺踢脚板。其施

工工艺流程一般为：基层清理→弹线→试排→板块浸水→铺结合层砂浆→铺放板块→灌缝→贴踢脚板→上蜡。

(1) 基层清理、弹线。

首先将基层清理干净。然后根据墙面水平基准线，在四周墙面上弹出面层标高线和水泥砂浆结合层线。结合层厚度一般为10～15mm。再在四周墙面上取中，在地面上弹出十字中心线，按板块尺寸加预留线往两侧分块放样，将非整块尽量排到边角不显眼处。

(2) 试排。

铺贴前，应先对色、拼花并编号。根据大样图，拉线校正方正，对板块进行试排、试拼，核对板块与墙边、柱边、门洞口的相对位置，检查板块间缝隙宽度（如无设计要求，则不得大于1mm，并对板块的自然花纹和色调进行挑选排列，将花色好的放在显眼部位。

(3) 板块浸水。

板块在铺砌前应先浸水湿润，阴干或擦干后备用。

(4) 铺结合层砂浆。

在铺结合砂浆之前，先洒水润湿基层，并刷素水泥浆一道，随刷随铺结合层砂浆。结合层砂浆具有基层找平层和面层黏结层的双重作用。一般采用1∶2干硬性水泥砂浆，强度等级不应小于M15，稠度宜为25～35mm。摊铺结合层砂浆时，摊铺长度不应小于1m，宽度宜超出板宽20～30mm，厚度宜为10～15mm。铺设完毕后，用木杠刮平，木抹子找平。

(5) 铺放板块。

结合层砂浆抹平后，即可试铺板块，应从中间开始十字铺设，再向各边角延伸。将板块对好纵横缝，铺放在结合层上，用木锤或皮锤敲击平实。当板块面与标高控制线吻合后，将板块搬移出。检查结合层砂浆表面，确保平整密实。然后在结合层上均匀撒布一层干水泥面并淋水一遍，同时在板块背面抹一层2～3mm厚水泥浆，正式铺放。铺放时，板块要四周同时下落，对准纵横缝后，用木锤轻敲振实，并用水平尺找平。

(6) 灌缝。

板块铺放24h后，要洒水养护，使表面处于潮湿状态。一般在2d后，即可灌缝。先用稀水泥浆或1∶1稀水泥砂浆灌入板块之间的缝隙中，灌入深度约为缝高的2/3，溢出的水泥浆应在凝结前及时清理干净。然后选择与板材颜色相同的矿物颜料和水泥拌和成稀水泥浆或专用填缝料将缝补满。待缝内水泥浆凝结后，再将面层清洗干净。面层需进行养护并加以保护，3d内禁止上人走动。

(7) 贴踢脚板。

踢脚板铺贴前应清理墙面，提前1d浇水湿润。铺贴时由阳角开始向两侧试贴，检查合格后方可实贴。先在墙面两端各贴一块踢脚板，沿这两块踢脚板上口拉通线，按顺序逐块铺贴。一般采用粘贴法铺贴，即在踢脚板背面抹2～3mm厚的水泥浆，然后将踢脚板粘贴到墙面上。用木锤轻敲粘实，靠尺找直找平，方尺找方正。次日，再用与地面同色水泥浆嵌缝。

(8) 打蜡。

待板块的结合层砂浆强度达到强度标准值的70%以上后，方可打蜡抛光。

子任务3 木（竹）面层施工

任务描述

作为施工技术人员对木板面层施工方案作出合理选择，并根据该选择方案成功进行整体木板面层的施工。

任务分析

1. 能力标准与要求

(1) 能掌握木板面层的优缺点，面层木板的材料及适用条件。

(2) 熟悉砖面木板面层的施工工艺。

(3) 能根据各施工工艺正确引导施工。

2. 重点与难点分析

(1) 作为楼地面面层的木板对材料的质量要求。

(2) 木板面层的施工工艺。

3. 相关知识

整体楼地面工程中什么是木板面层？常见的木板面层有哪几种？木板面层有什么优缺点及其工程做法。

木板面层一般指采用木板铺设，然后再进行涂料饰面的木板地面。具有自重轻、弹性好、易清洁、不起尘、保温隔热性能好等特点。一般适用于高级民用建筑，室内体育训练、比赛、练习用房和舞厅、舞台等公共建筑，以及有特殊要求的硬木楼、地面工程等。

木板面层有单层面层和双层面层两种做法（图 9.25）。单层木板面层是在木搁栅上直接钉企口板；双层木板面层是在木搁栅上先钉一层毛地板，再钉一层企口板。木搁栅两端应垫实钉牢，搁栅之间应加钉剪刀撑或横撑。毛地板铺设时，应与搁栅成 30°或 45°斜向钉牢。为防止使用中发生声响和潮气侵蚀，可在毛地板上干铺一层沥青泊纸（或油毡）。木格栅和毛地板都应做好防腐处理。企口板铺设时，应与搁栅成垂直方向钉牢。若采用拼

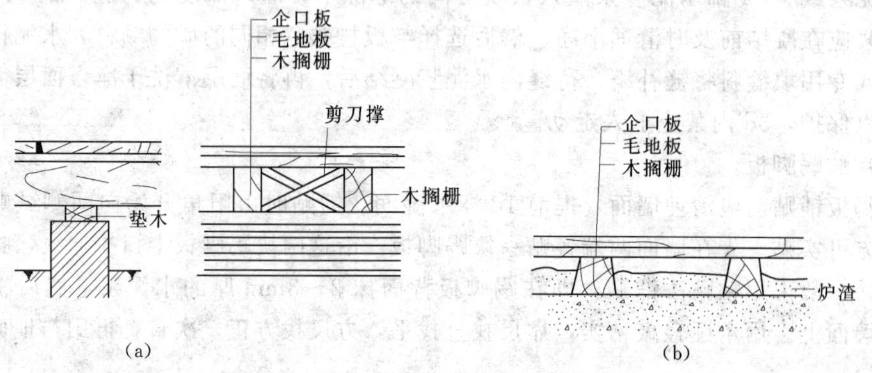

图 9.25 木板面层构造示意图

(a) 空铺式；(b) 实铺式

花木板面层，宜采取将拼花木板铺钉在毛地板上或以沥青胶结料（或胶粘剂）粘贴在水泥砂浆或混凝土的基层上的方法。面层的涂油（或上蜡）工作应在室内装饰工程完工后进行，并应做好面层保护。

木板面层质量要求表面应刨平、磨光，无明显刨痕、毛刺等缺陷，图案清晰，颜色均匀一致等。

任务6　涂料刷浆及表糊工程

涂敷于建筑构件的表面，并能与建筑构件材料很好地黏结，形成完整而坚韧的保护膜的材料，称为"建筑涂料"，简称"涂料"。建筑涂料具有保护、装饰建筑物的功能，以及为改善建筑物的某些特殊要求而需要的特殊功能。

涂料的品种繁多，可按以下方法分类。

按装饰部位不同有：内墙涂料、外墙涂料、顶棚涂料、地面涂料及屋面防水涂料等。按成膜物质不同分为：油性涂料（也称油漆）、有机高分子涂料、无机高分子涂料、有机无机复合涂料。

按分散介质的不同分为：溶剂型涂料，传统的油漆就属于这种涂料；水溶性涂料，是以水分为分散介质，以水溶性高聚物作为成膜物质（如聚乙烯醇水玻璃涂料，即106涂料），这种涂料耐水性差；水乳型涂料，它也是以水为介质，以各种不饱和单体烃浮液聚合得到的乳液为基础，配合各种颜色填料和助剂后就成为水乳型涂料。

按成膜质感可分为：薄质涂料（一般用刷涂法施工）、厚质涂料（一般用滚涂、喷涂、刷涂法施工）和复层建筑涂料（一般用分层喷塑法施工，包括封底涂料、主层涂料、罩面涂料）。按涂料功能分类有：装饰涂料、防火涂料、防水涂料、防腐涂料、防霉涂料及防结露涂料等。

子任务1　建筑涂料施工

任务描述

作为施工技术人员对建筑涂料施工方案作出合理选择，并根据该选择方案成功进行建筑涂料工程的施工。

任务分析

1. 能力标准与要求

(1) 熟悉建筑涂料工程的施工工艺。

(2) 能根据其施工工艺正确引导施工。

2. 重点与难点分析

(1) 作为建筑涂料工程对材料的质量要求。

(2) 建筑涂料工程的工艺流程。

3. 相关知识

常见建筑涂料工程的施工工艺以及其质量检验保证措施和要求。

9.6.1.1 新型外墙涂料及其施工方法

1. JDL－82A 着色砂丙烯酸系建筑涂料

该涂料由丙烯酸系乳液，人工着色石英砂及各种助剂混合而成。其特点是结膜快，耐污染、耐褪色性能良好，色彩鲜艳，质感丰富，黏结力强。适用于混凝土、水泥砂浆、石棉水泥板、纸面石膏板、砖墙等基层。

施工时，先处理好基层。喷涂前将涂料搅拌均匀，加水量不得超过涂料质量的5%，喷涂厚度要均匀，待第一遍干燥后再喷第二遍。喷涂机具采用喷嘴孔径为5～7mm的喷斗，喷斗距离墙面300～400mm，空气压缩机的压力为0.5～0.7MPa。

2. 彩砂涂料

彩砂涂料是丙烯酸树脂类建筑涂料的一种，有优异的耐候性、耐水性、耐碱性和保色性等，它将逐步取代一些低劣的涂料产品，如106涂料等。从耐久性和装饰效果看，它是一种中、高档涂料。它是用着色骨料代替一般涂料中的颜料、填料，从根本上解决了褪色问题。同时，着色骨料由于是高温烧结、人工制造，可做到色彩鲜艳、质感丰富。彩砂涂料所用的合成树脂乳液涂料的耐水性、成膜温度、与基层的黏结力、耐候性等都有所改进，从而提高了涂料的质量。

基层要求平整、洁净、干燥，应用107或108胶水泥腻子（水泥：胶＝100：20，加适量水）找平。在大面积墙面上喷涂彩砂涂料时，均应弹线做分格缝，以便于涂料施工接搓。

彩砂涂料的配合比为BB－01（或BB－02）乳液：骨料：增稠剂(2%水溶液)：成膜助剂：防霉剂和水＝100：(400～500)：20：(4～6)：适量。无论是单组分或双组分包装的彩砂涂料，都应按配合比充分搅拌均匀，不能随意加水稀释，以免影响涂层质量。

喷涂时，喷斗要把握平稳，出料口与墙面垂直，距离约400～500mm，空气压缩机压力保持在0.6～0.8MPa，喷嘴直径以5mm为宜。喷涂后用胶辊滚压两遍，把悬浮石粒压入涂料中，使饰面密实平整，观感好。然后隔2h左右再喷罩面胶两遍，使石粒黏结牢固，不致掉落。风雨天不宜施工，防止涂料被风吹跑或被雨水冲淋走。

3. 丙烯酸有光凹凸乳胶漆

该涂料是以有机高分子材料苯乙烯、丙烯酸酯乳液为主要胶黏剂，加上不同颜料、填料和集料而制成的厚质型和薄质型两部分涂料。厚质型涂料是丙烯酸凹凸乳胶底漆；薄质型涂料是各色丙烯酸有光乳胶漆。

丙烯酸凹凸乳胶漆具有良好的耐水性和耐碱性。涂饰的方法有两种：一种是在底层上喷一遍凹凸乳胶底漆，经过辗压后再喷1～2遍各色丙烯酸有光乳胶漆；另一种方法是在底层上喷一遍各色丙烯酸有光乳胶漆，等干后再喷涂丙烯酸凹凸乳胶底漆，然后经过辗压显出凹凸图案，等干后再罩一层苯－丙乳液。这样，便可在外墙面显示出各种各样的花纹图案和美丽的色彩，装饰质感甚佳。施工温度要求在5℃以上，不宜在大风雨天施工。

4. JH80－1 无机高分子外墙涂料

该涂料为碱金属硅酸盐系无机涂料，以硅酸钾为胶黏剂，掺入固化剂、填充料、分散剂、着色剂等制成的水溶性涂料。可在常温和低温条件下成膜，耐水、耐酸碱、耐污染，附着力好，遮盖力强，适用于混凝土预制板、水泥砂浆、石棉板等基层，也可用于室内

装饰。

要求基层含水率不大于10%，有足够的强度，表面洁净。涂料使用前应搅拌均匀，使用中不得随意加水，施工可用刷涂和喷涂。由于涂料干燥快，刷涂应勤蘸短刷，涂刷方向和长短要一致，接搓必须设在分格处，一般涂刷两遍成活，施工后24h内应避免雨淋。喷涂一般是一遍成活，喷嘴距墙面500mm，并应与墙面垂直，以防流坠和漏喷。

5. JH80－2无机高分子外墙涂料

该涂料是以胶体二氧化硅为主要胶黏剂，掺入成膜助剂、填充剂、着色剂、表面活性剂等混合搅拌均匀，再经研磨而成的单组分水溶性涂料。具有耐酸碱、耐沸水、耐冻融、不产生静电和耐污染等性能。以水为分散介质，适宜刷涂，也可喷涂。

9.6.1.2 新型内墙涂料及其施工方法

1. 双效纳米瓷漆

这是一种最新推出的新型装饰材料，可替代传统腻子粉及乳胶漆涂料。这种具有国内领先水平的双效纳米瓷漆可广泛用于室内各种墙体壁面的装饰装修。

双效纳米瓷漆属国家大力提倡推广的绿色建材产品。其施工工艺简单，只需加清水调配均匀成糊状，刮涂两遍（第二遍收光）打底做面一次完成，墙面干后涂刷一遍耐污剂就大功告成。双效纳米瓷漆耐水耐脏污性能好、硬度强、黏结度高、附着力强，墙面用指甲和牙签刮划不留痕迹。

利用纳米材料亲密无间的结构特点，采用荷叶双疏（疏水、疏油）滴水成珠机理研制出的双效纳米瓷漆，用于外墙刮底，可以解决开裂、脱漆的难题。

2. 乳胶漆

乳胶漆是以合成树脂乳液为主要成膜物质，加入颜料、填料以及保护胶体、增塑剂、耐湿剂、防冻剂、消泡剂、防霉剂等辅助材料，经过研磨或分散处理而制成的乳液型涂料。

乳胶漆作为内外墙涂料可以洗刷，易于保持清洁，安全无毒，操作方便，涂膜透气性和耐碱性好，适于混凝土、水泥砂浆、石棉水泥板、纸面石膏板等各种基层，可采用喷涂和刷涂施工。

3. 喷塑涂料

喷塑涂料是以丙烯酸酯乳液和无机高分子材料为主要成膜物质的有骨料的建筑涂料（又称“浮雕涂料”或“华丽喷砖”）。它是用喷枪将其喷涂在基层上，适用于内、外墙装饰。

喷塑涂层结构分为底油、骨架、面油三部分。底油是涂布乙烯－丙烯酸酯共聚乳液，既能抗碱、耐水，又能增强骨架与基层的黏结力；骨架是喷塑涂料特有的一层成型层，是主要构成部分，用特制的喷枪、喷嘴将涂料喷涂在底油上，再经过滚压形成主体花纹图案；面油是喷塑涂层的表面层，面油内加入各种耐晒彩色颜料，使喷塑涂层带有柔和的色彩。

喷塑涂料可用于水泥砂浆、混凝土、水泥石棉板、胶合板等面层上，按喷嘴大小分为小花、中花、大花，施工时应预先做出样板，经选定后方可进行。其施工工艺为：基层处理→贴分格条→喷刷底油→喷点料（骨架层）→压花→喷面油→分格缝上色。

4. JHN84－1耐擦洗内墙涂料

该涂料是一种黏结度较高又耐擦洗的内墙无机涂料，它以改性硅酸钠为主要成膜物质，成膜物是无机高分子聚合物，掺入少量成膜助剂和颜料等。它以水为分散介质，操作方便，耐擦洗、耐老化、耐高温、耐酸碱，价格便宜，适用于住宅及公共建筑内墙装饰。可喷涂、刷涂和滚涂施工，施工时要防暴晒和雨淋。

5. 其他内墙涂料

其他内墙涂料如改进型107耐擦洗内墙涂料及SJ－803内墙涂料等，属聚乙烯醇类水溶性内墙涂料，是介于大白色浆与油漆和乳胶漆之间的品种，其特点是不掉粉、无毒、无味、施工方便，原材料资源丰富，是目前使用较多的一种内墙涂料。

子任务2 油漆涂料施工

任务描述

作为施工技术人员对油漆涂料施工方案作出合理选择，并根据该选择方案成功进行油漆涂料工程的施工。

任务分析

1. 能力标准与要求

(1) 熟悉油漆涂料工程的施工工艺。

(2) 能根据其施工工艺正确引导施工。

2. 重点与难点分析

(1) 作为油漆涂料工程对材料的质量要求。

(2) 油漆涂料工程的工艺流程。

3. 相关知识

常见油漆涂料工程的施工工艺以及其质量检验保证措施和要求。

油漆是一种胶结用的胶体溶液，主要由胶黏剂、溶剂（稀释剂）及颜料和其他填充料或辅助材料（如催干剂、增塑剂、固化剂）等组成。胶黏剂常用桐油、梓油和亚麻仁油及树脂等，是硬化后生成漆膜的主要成分。溶剂为稀释油漆涂料用，常用的有松香水、酒精及溶剂油（代松香水用），溶剂掺量过多，会使油漆的光泽不耐久。如需加速油漆的干燥，可加入少量的催干剂，如燥漆，但掺量太多会使漆膜变黄、发软或破裂。颜料除使涂料具有色彩外，尚能起充填作用，能提高漆膜的密实度，减小收缩，改善漆膜的耐水性和稳定性。

为此，对于品种繁多的油漆涂料，应按其性能和用途予以认真选择，并结合相应的施工工艺，就可以取得良好效果。选择涂料应注意配套使用，即底漆和腻子、腻子与面漆、面漆与罩光漆彼此之间的附着力不致有影响和胶起等。

9.6.2.1 建筑工程常用的油漆涂料

1. 清油

清油多用于调配厚漆和红丹防锈漆，也可单独涂刷于金属、木料表面或打底子及调配

腻子，但漆膜柔软、易发黏。

2. 厚漆（又称铅油）

厚漆有红、白、淡黄、深绿、灰、黑等色，漆胶膜较软。使用时需加清油、松香水等稀释。漆膜柔软，与面漆黏结性好，但干燥慢，光亮度、坚硬性较差。可用于各种涂层打底或单独做表面涂层，亦可用来调配色油和腻子。

3. 调和漆

调和漆分油性和瓷性两类。油性调和漆的漆膜附着力强，耐大气作用好，不易粉化、龟裂，但干燥时间长，漆膜较软，适用于室内外金属及木材、水泥表面层涂刷。瓷性调和漆则漆膜较硬，光亮平滑，耐水洗，但耐气候性差，易失光、龟裂和粉化，故仅适宜于室内面层涂刷。有大红、奶油、白、绿、灰黑等色。

4. 防锈漆

防锈漆用于各种金属表面防锈，常见的有红丹油性防锈漆和铁红油性防锈漆。

5. 清漆

清漆分油质清漆和挥发性清漆两类。油质清漆又称凡立水，常用的有酯胶清漆、酚醛清漆、醇酸清漆等。漆膜干燥快，光泽透明，适于木门窗、板壁及金属表面罩光。挥发性清漆又称泡立水，常用的有漆片，漆膜干燥快、坚硬光亮，但耐水、耐热、耐大气作用差，易失光，多用于室内木质面层打底和家具罩面。

6. 乳胶漆

常用的乳胶漆有聚醋酸乙烯乳胶漆。漆膜坚硬、平整、表面无光，色彩明快柔和，附着力强，干燥快（约2h），耐大气污染、耐暴晒、耐水浇，涂刷方便，新墙面稍经（3d以上）干燥即可涂刷。适用于高级建筑室内抹灰面、木材的面层涂刷，也可用于室外抹灰面。是一种性能良好的新型水性涂料和优良墙漆。

此外，尚有硝基外用、内用清漆、硝基纤维漆素（即腊克）、丙烯酸磁漆及耐腐蚀油漆等。

9.6.2.2　油漆涂饰施工

油漆施工包括基层处理、打底子、刮腻子和涂刷油漆等工序。

1. 基层处理

(1) 混凝土及水泥砂浆抹灰基层：应满刮腻子、砂纸打光，表面应平整光滑、线角顺直。

(2) 纸面石膏板基层：应按设计要求对板缝、钉眼进行处理后，满刮腻子、砂纸打光。

(3) 清漆木质基层：表面应平整光滑、颜色协调一致、表面无污染、裂缝、残缺等缺陷。

(4) 调和漆木质基层：表面应平整光滑、无严重污染。

(5) 金属基层：应进行除锈和防锈处理。

基层如为混凝土和抹灰层，涂刷溶剂型涂料时，含水率不得大于8%；涂刷水性涂料时，含水率不得大于10%。基层为木质时，含水率不得大于12%。

2. 打底子

在处理好的基层表面上刷底子油一遍（可适当加色），并使其厚度均匀一致。目的是使基层表面有均匀吸收色料的能力，以保证整个油漆面的色泽均匀一致。

3. 抹腻子

腻子是由涂料、填料（石膏粉、大白粉）、水或松香水等拌制成的膏状物。

抹腻子的目的是使表面平整。对于高级油漆需在基层上全面抹一层腻子，待其干后用砂纸打磨，然后再满抹腻子，再打磨，至表面平整光滑为止。有时还要和涂刷油漆交替进行。

4. 涂刷油漆

木料表面涂刷混色油漆，按操作工序和质量要求分为普通、中级、高级三级。金属面涂刷也分三级，但多采用普通或中级油漆；混凝土和抹灰表面涂刷只分为中级、高级二级。油漆涂刷方法有喷涂、滚涂、刷涂、擦涂及揩涂等。方法的选用与涂料有关，应根据涂料能适应的涂漆方式和现有设备来选定。

喷涂法是用喷雾器或喷浆机将油漆喷射在物体表面上。喷枪压力宜控制在 0.4～0.8N/mm^2 范围内。喷涂时喷枪与墙面应保持垂直，距离宜在 500mm 左右，匀速平行移动。两行重叠宽度宜控制在喷涂宽度的 1/3 范围内。一次不能喷得过厚，要分几次喷涂。其优点是工效高，漆膜分散均匀，平整光滑，干燥快；缺点是油漆消耗量大，需要喷枪和空气压缩机等设备，施工时还要注意通风、防火、防爆。

滚涂法是将蘸取漆液的毛辊（用羊皮、橡皮或其他吸附材料制成）先按 W 字形方式运动将涂料大致涂在基层上，然后用不蘸取漆液的毛辊紧贴基层上下、左右来回滚动，使漆液均匀展开，最后用蘸取漆液的毛辊按一定方向满滚一遍。阴角及上下口宜采用排笔刷涂找齐。滚涂法适用于墙面滚花涂刷，可用较稠的油漆涂料，漆膜均匀。

刷除法是用鬃刷蘸油漆涂刷在表面上。宜按先左后右、先上后下、先难后易、先边后面的顺序施工。其设备简单、操作方便，用油省，且不受物件大小形状的影响。但工效低，不适于快干和扩散性不良的油漆施工。

擦涂法是用棉花团外包纱布蘸油漆在表面上擦涂，待漆膜稍干后再连续转圈揩擦多遍，直到擦亮均匀为止。此法漆膜光亮、质量好，但效率低。

揩涂法仅用于生漆涂刷施工，是用布或丝团浸油漆在物体表面上来回左右滚动，反复搓揩，达到漆膜均匀一致。

在油漆时，后一遍油漆必须待前一遍油漆干燥后进行。每遍油漆都应涂刷均匀，各层必须结合牢固，干燥得当，以达到均匀而密实。如果干燥不当，会造成涂层起皱、发黏、麻点、针孔、失光、泛白等。

一般油漆工程施工时的环境温度不宜低于 10℃（适宜温度为 10～35℃），相对湿度不宜大于 60%，并应注意通风换气和防尘。当遇有大风、雨、雾天气时，不可施工。

9.6.2.3　油漆工程的安全技术

油漆材料、所用设备必须有专人保管，且设置在专用库房内，各类储油原料的桶必须有封盖。

在油漆材料库房内，严禁吸烟，且应有消防设备，其周围有火源时，应按防火安全规

定，隔绝火源。

油漆原料间照明，应有防爆装置，且开关应设在门外。

使用喷灯，加油不得加满，打气不应过足，使用时间不宜过长，点火时，灯嘴不准对人。

操作者应做好人体保护工作，坚持穿戴安全防护用具。

使用溶剂（如甲苯等有毒物质）时，应防护好眼睛、皮肤等，且随时注意中毒现象。熬胶、烧油桶应离开建筑物 10m 以外，熬炼桐油时，应距建筑物 30～50m。

在喷涂硝基漆或其他挥发、易燃性溶剂稀释的涂料时不准使用明火。

为了避免静电集聚引起事故，对罐体涂漆应有接地线装置。

子任务3　裱糊工程施工

任务描述

作为施工技术人员对裱糊工程施工方案作出合理选择，并根据该选择方案成功进行裱糊工程的施工。

任务分析

1. 能力标准与要求

(1) 熟悉裱糊工程的施工工艺。

(2) 能根据其施工工艺正确引导施工。

2. 重点与难点分析

(1) 作为裱糊工程对材料的质量要求。

(2) 裱糊工程的工艺流程。

3. 相关知识

常见裱糊工程的施工工艺以及其质量检验保证措施和要求。

裱糊工程是指将壁纸、墙布用胶黏剂裱糊于建筑物的内墙、顶棚和室内其他构件的表面上。从表面装饰效果看，有仿锦缎、静电植绒、印花、压花、仿木、仿石等。由于现代壁纸和墙布具有色彩鲜艳、质感丰富，图案装饰性强，且耐用、耐水擦洗、施工方便等优点，因而采用裱糊的施工方法在当今的建筑物中所占的比例越来越重。而且其施工的速度和最终的装饰效果被许多业内人士所看好，在高级酒店、宾馆的内装修中得到广泛的应用。

9.6.3.1　裱糊工程主要材料

目前应用较广的内墙裱糊材料主要有塑料壁纸和玻璃纤维墙布等。

1. 塑料壁纸

塑料壁纸是目前应用较为广泛的壁纸。塑料壁纸主要以聚氯乙烯（PVC）为原料生产。在国际市场上，塑料壁纸大致可分为三类，即普通壁纸、发泡壁纸和特种壁纸。

普通壁纸以 80g/m^2 的木浆纸作为基材，表面再涂以约 100g/m^2 的高分子乳液，经印花、压花而成。这种壁纸花色品种多，适用面广，价格低廉，耐光、耐老化、耐水擦洗，

便于维护、耐用，广泛用于一般住房和公共建筑的内墙、柱面、顶棚的装饰。

发泡壁纸，又称浮雕壁纸，是以100g/m^2 的木浆纸做基材，涂刷300～400g/m^2 掺有发泡剂的聚氯乙烯糊状料，印花后，再经加热发泡而成。壁纸表面呈凹凸花纹，立体感强，装饰效果好，并富有弹性。这类壁纸又有高发泡印花、低发泡印花、压花等品种。其中，高发泡纸发泡率较大，表面呈比较突出的、富有弹性的凹凸花纹，是一种装饰、吸声多功能壁纸，适用于影剧院、会议室、讲演厅、住宅天花板等装饰。低发泡纸是在发泡平面印有图案的品种，适用于室内墙裙、客厅和内廊的装饰。

特种壁纸，是指具有特殊功能的塑料面层壁纸，如耐水壁纸、防火壁纸、抗腐蚀壁纸、抗静电壁纸、健康壁纸、吸声壁纸等。

壁纸的质量要求如下。

(1) 壁纸应整洁、图案清晰。印花壁纸的套色偏差不大于1mm，且无漏印。压花壁纸的压花深浅一致，不允许出现光面。此外，其褪色性、耐磨性、湿强度、施工性均应符合现行材料标准的有关规定。材料进场后经检验合格方可使用。

(2) 运输和储存时，所有壁纸均不得日晒雨淋，压延壁纸应平放，发泡壁纸和复合壁纸则应竖放。

(3) 胶黏剂应根据壁纸的品种选用。

2. 玻璃纤维墙布

玻璃纤维墙布是以中碱纤维布为基材，表面印以各种色彩的图案花纹，经喷涂耐磨树脂保护层加工而成。其色泽鲜艳，有布纹质感，防火、防潮，不易老化、退色，粘贴方便，可用肥皂水清洗；但盖底性能差，涂层磨损后容易散发少量的纤维。

9.6.3.2 塑料壁纸和玻璃纤维墙布的裱糊施工

工艺顺序一般为：材料选择→基层处理→弹垂直线→裁纸→湿润（仅对PVC和带背胶壁纸）→刷胶→裱糊→清理修整。

(1) 材料选择。

塑料壁纸的选择包括选择壁纸的种类、色彩和图案花纹。选择时应综合考虑建筑物的用途、保养条件、有无特殊要求、造价等因素。

胶黏剂应有良好的黏结强度和抗老化性，以及防潮、防霉和耐碱性，干燥后也要有一定的柔性，以适应基层和壁纸的伸缩。

商品壁纸胶黏剂有液状和粉状两种。液状的大多为聚乙烯醇溶液或其部分缩醛产物的溶液及其他配合剂，粉状的多以淀粉为主。液状胶黏剂的使用方便，可直接使用，粉状的胶黏剂则需按说明配制。用户也可自行配制胶黏剂。

(2) 基层处理。

基层处理好坏对整个壁纸粘贴质量有很大的影响。各种墙面抹灰层只要具有一定强度，表面平整光洁，不疏松掉面都可直接粘贴塑料壁纸。

对基层总的要求是表面坚实、平滑、基本干燥，无毛刺、砂粒、凸起物、剥落、起鼓和大的裂缝，否则应做适当的基层处理。

批嵌视基层情况可局部批嵌，凸出物应铲平，并填平大的凹槽和裂缝；较差的基层则宜满批。干后用砂纸磨光磨平。批嵌用的腻子可自行配制。

为防止基层吸水过快，引起胶黏剂脱水而影响壁纸黏结，可在基层表面刷一道用水稀释的108胶作为底胶进行封闭处理。刷底胶时，应做到均匀、稀薄、不留刷痕。

(3) 弹垂直线。

为使壁纸粘贴的花纹、图案、线条纵横连贯，在底胶干后，应根据房间大小，门窗位置、壁纸宽度和花纹图案进行弹线，从墙的阴角开始，以壁纸宽度弹垂直线，作为裱糊时的操作准线。

(4) 裁纸。

裱糊壁纸时，纸幅必须垂直，才能保证壁纸之间花纹、图案纵横连贯一致。分幅拼花裁切时，要照顾主要墙面花纹的对称完整。对缝和搭缝应按实际弹线尺寸统筹规划，纸幅要编号，并按顺序粘贴。裁切的一边只能搭缝，不能对缝。裁边应平直整齐，不得有纸毛、飞刺等。

(5) 湿润。

以纸为底层的壁纸遇水会受潮膨胀，约5～10min后胀足，干燥后又会收缩。因此，施工前，壁纸应浸水湿润，充分膨胀后粘贴上墙，可以使壁纸贴得平整。

(6) 刷胶。

胶黏剂要求涂刷均匀、不漏刷。在基层表面涂刷胶黏剂应比壁纸刷宽20～30mm，涂刷一段，裱糊一张。如用背面带胶的壁纸，则只需在基层表面涂刷胶黏剂。裱糊顶棚时，基层和壁纸背面均应涂刷胶黏剂。

(7) 裱糊。

裱糊施工时，应先贴长墙面，后贴短墙面，每个墙面从显眼的墙角以整幅纸开始，将窄条纸的现场裁切边留在不显眼的阴角处。裱糊第一幅壁纸前，应弹垂直线，作为裱糊时的准线。第二幅开始，先上后下对缝裱糊。对缝必须严密，不显接搓，花纹图案的对缝必须端正吻合，拼缝对齐后，再用刮板由上向下赶平压实。挤出的多余胶黏剂用湿棉丝及时揩擦干净，不得有气泡和斑污，上下边多出的壁纸用刀切齐。每次裱糊2～3幅后，要吊线检查垂直度，以免造成累积误差。阳角转角处不得留拼缝，基层阴角若不垂直，一般不做对接缝，改为搭缝。裱糊过程中和干燥前，应防止穿堂风劲吹和温度的突然变化。冬期施工，应在采暖条件下进行。

(8) 清理修整。

整个房间贴好后，应进行全面细致的检查，对未贴好的局部进行清理修整，要求修整后不留痕迹。

9.6.3.3　玻璃纤维墙布的裱糊施工

玻璃纤维墙布的裱糊工艺与塑料壁纸的裱糊工艺基本相同，但应注意以下几点：

(1) 基层处理。

玻璃纤维墙布布料较薄，盖底力较差，故应注意基层颜色的深浅和均匀程度，防止裱糊后色彩不一，影响装饰效果。

(2) 裁剪。

裁剪前应根据墙面尺寸进行分幅，并在墙面弹出分幅线，然后确定需要粘贴的长度，并应适当放长100～150mm，再按墙布的花色图案及深浅选布剪裁，以便同幅墙面颜色一致，图案完整。

(3) 刷胶黏剂。

宜用聚醋酸乙烯乳液作为胶黏剂（聚醋酸乙烯乳胶：羧甲基纤维素=60：40)，其中羧甲基纤维素应先用水溶化（2.5%溶液)。

玻璃纤维墙布无吸水膨胀现象，故裱糊前勿需用水湿润。粘贴时墙布背面不用刷胶，否则胶黏剂容易渗透到墙布表面影响美观。

(4) 裱糊墙布。

在基层上用排笔刷好胶黏剂后，把裁好成卷的墙布自上而下按对花要求缓缓放下，墙布上边应留出50mm左右，然后用湿毛巾将墙布抹平贴实，再用活动裁纸刀割去上下多余布料。阴阳角、线角以及偏斜过多的部位，可以裁开拼接，也可搭接，对花要求可适当放宽，但切忌将墙布横拉斜扯，以免造成整块墙布歪斜变形甚至脱落。

9.6.3.4 塑料壁纸和玻璃纤维墙布裱糊工程的施工质量要求

塑料壁纸和玻璃纤维墙布裱糊工程的质量应符合下列规定：

(1) 壁纸、墙布的种类、规格、图案、颜色和燃烧性能等级必须符合设计要求及国家现行标准的有关规定。

(2) 裱糊后的壁纸、墙布应粘贴牢固，不得有漏贴、补贴、脱层、空鼓和翘边等缺陷。

(3) 壁纸或墙布表面应平整，色泽一致，不得有波纹起伏、气泡、裂缝、皱折及斑污，斜视时应无胶痕。

(4) 裱糊后各幅拼接应横平竖直，拼接处花纹、图案应吻合，不离缝，不搭接，距离墙面1.5m处正视，不显拼缝。

(5) 复合压花壁纸的压痕及发泡壁纸的发泡层应无损坏。

(6) 壁纸、墙布边缘应平直整齐，不得有毛边、飞刺。

(7) 壁纸、墙布与各种装饰线、设备线盒应交接严密。

(8) 壁纸、墙布阴角处搭接应顺光，阳角处应无接缝。

项目10 高层建筑施工

本项目主要介绍高层建筑框架结构、框剪结构建筑施工设备、技术、方案。通过该部分的学习，要求知道高层建筑基础施工、主体施工、防水施工、装饰装修工程施工的方法，掌握高层建筑施工工艺和方案。学习完以后应具备从事高层建筑施工机械设备的选择、结构施工方案的确定及高层建筑施工的技术和管理工作的能力，并能够解决现场施工中的实际问题。

知识目标

了解高层建筑施工的特点、掌握高层建筑垂直运输和脚手架的搭设；熟悉现行高层建筑施工规范、标准；熟悉高层建筑深基坑施工方法；掌握高层建筑施工质量检验的方法和内容；掌握高层建筑施工安全知识；掌握高层建筑施工方案的编制方法；掌握高层建筑施工工艺与施工方法；熟悉高层建筑施工机械的种类和选用的基本知识。

能力目标

1. 能编制高层建筑基础：桩基础、筏板基础工程施工方案
2. 能编制高层建筑结构：框架结构、框剪结构主体工程施工方案
3. 会正确搭设、拆除高层建筑脚手架
4. 能进行高层建筑安全交底、技术交底
5. 能确定高层建筑：框架结构、框剪结构施工质量关键控制点并进行质量控制
6. 会利用工具进行高层建筑质量验评
7. 能准确进行高层建筑施工测量放线
8. 能运用所学知识解决高层建筑施工现场的一般技术问题
9. 具有应变能力

高层建筑及其施工特点：

(1) 高层建筑是指10层以上的住宅及总高度超过24m的公共建筑和综合建筑。

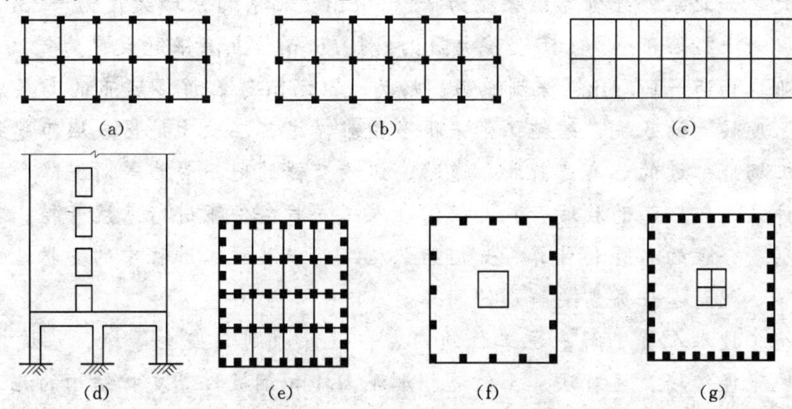

图10.1　高层建筑结构体系

a) 框架；(b) 框架－剪力墙；(c) 剪力墙；(d) 框肢；(e) 组合筒；(f) 框筒；(g) 筒中筒

(2) 高层建筑结构按使用材料划分，主要有钢筋混凝土结构、钢结构、钢－钢筋混凝土组合结构，其中以钢筋混凝土结构在高层建筑中的应用最为广泛。

(3) 高层建筑的结构体系主要有：①框架体系；②剪力墙体系；③框架－剪力墙体系；④筒体体系（图10.1）。

(4) 高层建筑施工的特点：①基础埋置深度大；②垂直运输量大；③浇筑钢筋混凝土工程是高层建筑施工的主导工程。

任务1 高层建筑深基坑工程

任务描述

(1) 了解深基坑工程的内容、设计原则与安全等级的概念，了解基坑的工程勘察内容和要求。

(2) 了解支护结构的选型，掌握地下连续墙、逆筑法、土钉墙、水泥土墙和钢板桩的施工工艺和施工注意事项。

(3) 了解基坑工程的地下水流的基本性质，掌握基坑涌水量的计算，理解明排法和基坑降水法的计算和施工方法。

(4) 了解放坡开挖和有支护结构开挖等两种土方开挖施工方法，了解土方开挖过程中的边坡稳定问题。

(5) 了解基坑工程监测的概念，了解支护结构监测项目、监测方法以及常用监测仪器。

(6) 能在深基坑工程施工中正确选用施工机械和方案。

(7) 具备从事深基坑工程施工的工作能力。

任务分析

高层建筑上部结构传到地基上的荷载很大，为此多建造补偿性基础。为了充分利用地下空间，有的设计有多层地下室，所以高层建筑的基础埋深较深，施工时基坑开挖深度较大，如北京外经贸委综合楼为－26.68m、北京的京城大厦为－23.76m、北京中银大厦为－22.715m、上海金茂大厦为－19.65m、上海银冠大厦为－19.5m、武汉中南商业广场为－17.4m、深圳鸿昌广场为－20.7m等。许多城市的高层建筑施工都需开挖深度较大的基坑，给施工带来很多困难，尤其在软土地区或城市建筑物密集地区。施工场地邻近的已有建筑物、道路、纵横交错的地下管线等对沉降和位移很敏感，不允许采用较经济的放坡开挖，而需在人工支护条件下进行基坑开挖。对支护结构如何选型、合理的布置和计算、如何组织施工，以及施工过程中的支护结构监测和环境保护等，就是本任务需要解决的问题。

作为施工技术人员了解基坑工程的内容、设计原则与安全等级，基坑工程的勘察，掌握地下连续墙、逆筑法、土钉墙、水泥土墙和钢板桩等支护结构的施工。掌握基坑土方开挖的施工方法。会选择基坑工程施工方案。解决现场施工中的实际问题。

相关知识

10.1.1　基坑工程的内容

基坑土方开挖的施工工艺一般有两种：放坡开挖（无支护开挖）和在支护体系保护下外挖（有支护开挖）。前者既简单又经济，但需具备放坡开挖的条件，即基坑不太深而且基坑平面之外有足够的空间供放坡之用。因此，在空旷地区或周围环境允许放坡而又能保证边坡稳定条件下应优先选用。在城市中心建筑物稠密地区，往往不具备基坑放坡开挖的条件，此时就只能采用在支护结构保护下垂直或基本垂直进行开挖。

支护结构的设计和施工，影响因素众多，如土层种类及其物理力学性能、地下水情况、周围环境、施工条件和施工方法、气候等因素都对支护结构产生影响；再加上荷载取值的精确性和计算理论方面存在的问题，要想使支护结构的设计完全符合客观实际，目前还存在一定的困难。为此，如施工过程稍有疏忽或未严格按照设计规定的工况进行施工，都易产生恶性事故，造成巨大的经济损失和社会影响，并严重拖延工期，在这方面已有不少教训。为此，虽然支护结构多数皆施工期间挡土、挡水、保护环境等所用的临时结构，但其设计和施工都要采取极端慎重的态度，在保证施工安全的前提下，尽力做到经济合理和便于施工。

在有支护开挖的情况下，高层建筑深基坑工程一般包括下述内容：

（1）基坑工程勘察。

（2）基坑支护结构的设计和施工。

（3）控制基坑地下水位。

（4）基坑土方工程的开挖和运输。

（5）基坑土方开挖过程中的工程监测。

（6）基坑周围的环境保护。

10.1.2　基坑工程勘察

为了正确地进行支护结构设计和合理组织基坑工程施工，事先需对基坑及其周围进行下述勘察。

1. 岩土勘察

在建筑地基详细勘察阶段，宜同时对基坑工程需要的内容进行勘察。勘察范围取决于开挖深度及场地的岩土工程条件，宜在开挖边界外开挖深度1～2倍范围内布置勘探点，对于软土勘察范围尚宜扩大。

勘探点的间距可为15～30m，地层变化较大时，应增加勘探点查明分布规律。基坑周边勘探点的深度不宜小于1倍开挖深度，软土地区应穿越软土层。

2. 水文地质勘察

水文地质勘察应提供下列情况和数据：

（1）地下各含水层的视见水位和静止水位。

（2）地下各含水层中水的补给情况和动态变化情况，与附近水体的连通情况。

（3）基坑底以下承压水的水头高度和含水层的界面。

（4）分析施工过程中水位变化对支护结构和基坑周边环境的影响，提出应采取的

措施。

3. 基坑周边环境勘察

基坑周边环境勘察应包括以下内容：

(1) 查明影响范围内建（构）筑物类型、层数、基础类型和埋深、基础荷载大小及上部结构现状。

(2) 查明基坑周边各类地下设施，包括给水、排水、电缆、煤气、污水、雨水、热力等管线的分布与性状。

(3) 查明基坑四周道路的距离及车辆载重情况。

(4) 查明场地四周和邻近地区地表水汇流和排泄情况，地下水管渗漏情况及对基坑开挖的影响。

10.1.3 支护结构形式

10.1.3.1 支护结构的类型

支护结构按其工作机理和挡墙形式，一般分为图10.2中的一些类型。下面简单介绍各种形式支护结构的特点及其适用范围，供支护结构选型时参考。

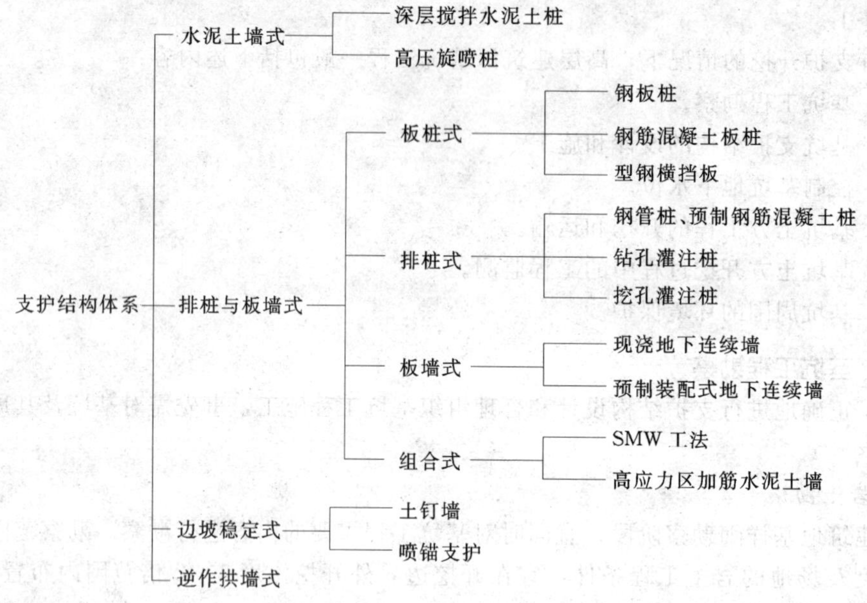

图10.2 支护结构体系

支护结构中常用的挡墙结构有下列一些类型：

(1) 钢板桩。

钢板桩常用的有简易的槽钢钢板桩和热轧锁口钢板桩：其形式有U形、Z形、一字形、H形和组合型。我国一般常用者为U形，即互相咬接形成板桩墙，只有在基坑深度很大时才用组合型。板桩特别适用于地下水位较高且土质为细颗粒、松散饱和土的支护，可防治流砂现象产生。

(2) 钢筋混凝土板桩。

这是一种传统的支护结构，截面带企口有一定挡水作用，顶部设圈梁，用后不再拔除，永久保留在地基土中，过去多用于钢板桩难以拔除的地段。

（3）钻孔灌注桩排桩挡墙。

常用 ϕ600～1000mm 做成排桩挡墙，顶部浇筑钢筋混凝土圈梁，设内支撑体系。我国各地都有应用，是支护结构中应用较多的一种，如图 10.3 所示。

图 10.3　钻孔灌注桩排桩挡墙

灌注桩挡墙的刚度较大，抗弯能力强，变形相对较小，在土质较好的地区已有 7～8m 悬臂者，在软土地区坑深不超过 14m 皆可用之，经济效益较好。但其永久保留在地基土中，可能为日后的地下工程施工造成障碍。由于目前施工时它难以做到相切，桩之间留有 100～150mm 的间隙，挡水效果差，有时将它与深层搅拌水泥土桩挡墙组合应用，前者抗弯，后者做成防水帷幕起挡水作用。

（4）H 形钢支柱、木挡板支护挡墙。

这种支护结构适用于土质较好、地下水位较低的地区，国外应用较多，国内亦有应用。如北京京城大厦深 23.5m 的深基坑即用这种支护结构，它将长 27m 的 488mm×300mm 的 H 形钢按 1.1m 间距打入土中，用三层土锚拉固。上海有的工程亦曾应用，但总的来说，应用不多。

H 形钢支柱按一定间距打入，支柱间设木挡板或其他挡土设施，用后可拔出回收重复使用，较为经济，但一次性投资较大。

（5）地下连续墙。

地下连续墙已成为深基坑的主要支护结构挡墙之一，国内大城市深基坑工程利用此支护结构为多，常用厚度为 600～1000mm，目前也可施工厚 450mm 者，上海至今已完成 100 多万平方米地下连续墙。尤其是地下水位高的软土地区，当基坑深度大且邻近的建（构）筑物、道路和地下管线相距甚近时，它往往是首先考虑的支护方案，如图 10.4 所示。上海地铁的多个车站施工中都采用地下连续墙。

图 10.4 地下连续墙

（6）深层搅拌水泥土桩挡墙。

深层搅拌水泥土桩挡墙在软土地区近年来应用较多，尤以上海应用最多，过去多用于地基加固工程。它是用特制进入土深层的深层搅拌机将喷出的水泥浆固化剂与地基上进行原位强制拌合而制成水泥土桩，相互搭接，硬化后即形成具有一定强度的壁状挡墙（有各种形式，计算确定），既可挡土又可形成隔水帷幕。对于平面呈任何形状、开挖深度不很深的基坑（一般认为不超过 6m），皆可用作支护结构，比较经济；水泥土的物理力学性质，取决于水泥掺入比，多用 12%左右。目前在上海地区广为应用，收到较好的效果，它特别适应于软土地区，如图 10.5 所示。

图 10.5 深层搅拌水泥土桩挡墙

深层搅拌水泥土桩挡墙，属重力式挡墙，深度大时可在水泥土中插入加筋杆件，形成加筋水泥土挡墙，必要时还可辅以内支撑等，如图 10.6 所示。

（7）旋喷桩挡墙。

图 10.6　水泥土搅拌桩

它是钻孔后将钻杆从地基土深处逐渐上提，同时利用插入钻杆端部的旋转喷嘴，将水泥浆固化剂喷入地基土中形成水泥土桩，桩体相连形成帷幕墙，可用作支护结构挡墙。在较狭窄地区亦可施工。它与深层搅拌水泥土桩一样，亦为重力式挡墙，只是形成水泥土桩的工艺不同而已。在施工旋喷桩时，要控制好上提速度、喷射压力和喷射量，否则质量难以保证。

(8) 土钉墙。

土钉墙是一种利用土钉加固后的原位土体来维护基坑边坡土体稳定的支护方法。它由土钉、钢丝网喷射混凝土面板和加固后的原位土体三部分组成。该种支护结构简单、经济、施工方便，是一种较有前途的基坑边坡支护技术，适用于地下水位以上或经降水后的黏性土或密实性较好的砂土地层，基坑深度一般不大于15m，如图10.7所示。

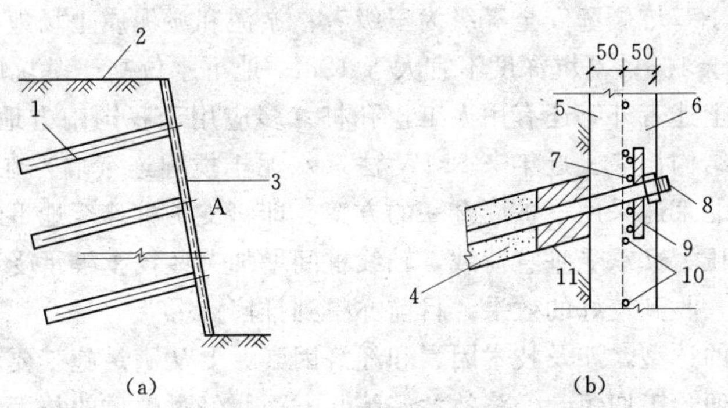

图 10.7　土钉墙构造示意图

(a) 构造示意图；(b) A节点详图

1—土钉（钢筋）；2—被加固土体；3—喷射混凝土面板；4—水泥砂浆；5—第一层喷射混凝土；6—第二层喷射混凝土；7—4ϕ12 增强筋；8—钢筋（土钉）；9—200mm×200mm×12mm 钢垫板；10—150mm×150mmϕ8 钢筋网；11—塞入填土（约100mm长）

(9) 逆作拱墙。

当基坑平面形状适合时，可采用拱墙作为围护墙。拱墙有圆形闭合拱墙、椭圆形闭合

拱墙和组合拱墙。对于组合拱墙，可将局部拱墙视为两铰拱。

拱墙截面宜为Z字形（图10.8），拱壁的上、下端宜加肋梁［图10.8（a）］；当基坑较深，一道Z字形拱墙不够时，可由数道拱墙叠合组成［图10.8（b）］，或沿拱墙高度设置数道肋梁［图10.8（c）］，肋梁竖向间距不宜小于2.5m。亦可不加设肋梁而用加厚肋壁［图10.8（d）］的办法解决。

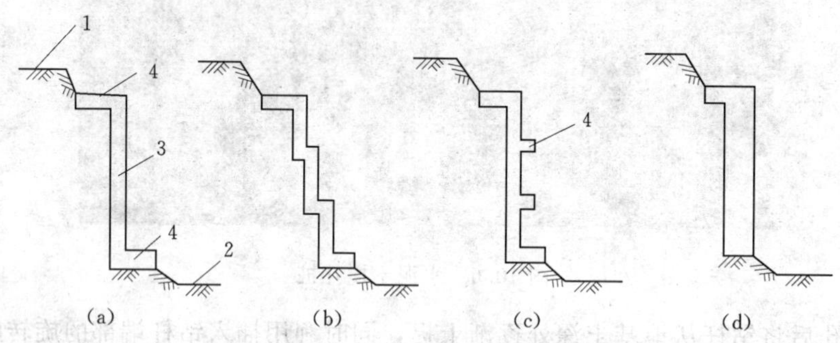

图10.8 拱墙截面示意图

(a) 加肋梁；(b) 拱墙叠合；(c) 多道肋梁；(d) 加厚肋壁

1—地面；2—基坑底；3—拱墙；4—肋梁

圆形拱墙壁厚不宜小于400mm，其他拱墙壁厚不宜小于500mm。混凝土强度等级不宜低于C25。拱墙水平方向应通长双面配筋，钢筋总配筋率不小于0.7%。

拱墙在垂直方向应分道施工，每道施工高度视土层直立高度而定，不宜超过2.5m。待上道拱墙合拢且混凝土强度达到设计强度的。70%后，才可进行下道拱墙施工。上下两道拱墙的竖向施工缝应错开，错开距离不宜小于2m。拱墙宜连续施工，每道拱墙施工时间不宜超过36h。

逆作拱墙宜用于基坑侧壁安全等级为三级者；淤泥和淤泥质土场地不宜应用；拱墙轴线的矢跨比不宜小于1/8；基坑深度不宜大于12m；地下水位高于基坑底面时，应采取降水或截水措施。除上述者外，还有用人工挖孔桩（多应用于我国南方地区）、打入预制钢筋混凝土桩等支护结构挡墙。近年来SMW法（水泥土搅拌连续墙）在我国已成功应用，有一定发展前途。北京还采用了桩墙合一的方案。即将支护桩移至地下结构墙体位置，轴线桩既承受侧向土压力又承受垂直荷载，轴线桩间增加一些挡土桩承受土压力，桩间砌墙作为地下结构外墙，收到较好的效果，目前亦得到推广。

支护结构挡墙的选型，涉及技术因素和经济因素，要从满足施工要求、减少对周围的不利影响、施工方便、工期短、经济效益好等几方面，经过慎重的技术经济比较后加以确定。而且支护结构挡墙选型要与支撑选型、地下水位降低、挖土方案等配套研究确定。

10.1.3.2 支撑体系的类型

当基坑深度较大，悬臂的挡墙在强度和变形方面不能满足要求时，即需增设支撑系统。支撑系统分两类：基坑内支撑和基坑外拉锚。基坑外拉锚又分为顶部拉锚与土层锚杆拉锚，前者用于不太深的基坑，多为钢板桩，在基坑顶部将钢板桩挡墙用钢筋或钢丝绳等拉结锚固在一定距离之外的锚桩上。土层锚杆锚固多用于较深的基坑。

目前支护结构的内支撑常用的有钢结构支撑和钢筋混凝土结构支撑两类。钢结构支撑

多用圆钢管和H形钢。为减少挡墙的变形，用钢结构支撑时可用液压千斤顶施加预顶力。

(1) 型钢桩横挡板支撑：沿挡土位置预先打入钢轨、工字钢或H形钢桩，间距1～1.5m，然后边挖方，边将3～6cm厚的挡土板塞进钢桩之间挡土，并在横向挡板与型钢桩之间打入楔子，使横板与土体紧密接触；适于地下水位较低，深度不很大的一般黏性或砂土层中应用。

(2) 挡土灌注桩支撑：在开挖基坑的周围，用钻机钻孔，现场灌注钢筋混凝土桩，达到强度后，在基坑中间用机械或人工挖土，下挖1m左右装上横撑，在桩背面装上拉杆与已设锚桩拉紧，然后继续挖土至要求深度。在桩间土方挖成外拱形，使之起土拱作用。如基坑深度小于6m，或邻近有建筑物，亦可不设锚拉杆，采取加密桩距或加大桩径处理；适于开挖较大、较深（＞6m）基坑，临近有建筑物，不允许支护，背面地基有下沉、位移时采用。

(3) 地下连续墙支护：在开挖的基坑周围，先建造混凝土或钢筋混凝土地下连续墙，达到强度后，在墙中间用机械或人工挖土，直至要求深度。对跨度、深度很大时，可在内部加设水平支撑及支柱。用于逆作法施工，每下挖一层，把下一层梁、板、柱浇筑完成，以此作为地下连续墙的水平框架支撑，如此循环作业，直到地下室的底层全部挖完土，浇筑完成；适于开挖较大、较深（＞10m）、有地下水、周围有建筑物、公路的基坑，作为地下结构的外墙一部分，或用于高层建筑的逆作法施工，作为地下室结构的部分外墙。

(4) 土层锚杆支护：沿开挖基坑。边坡每2～4m设置一层水平土层锚杆，直到挖土至要求深度；适于较硬土层或破碎岩石中开挖较大、较深基坑、邻近有建筑物必须保证边坡稳定时采用。

1. 内支撑

(1) 钢结构支撑。

钢结构支撑拼装和拆除方便、迅速，为工具式支撑，可多次重复使用，且可根据控制变形的需要施加预应力，有一定的优点。但与钢筋混凝土结构支撑相比，它的变形相对较大，且由于圆钢管和型钢的承载能力不如钢筋混凝土结构支撑的承载能力大，因而支撑水平向的间距不能很大；相对说来，对于机械挖土不太方便。在大城市建筑物密集地区开挖深基坑，支护结构多以变形控制，在减少变形方面钢结构支撑不如钢筋混凝土结构支撑，但如果分阶段根据变形多次施加预应力亦能控制变形量，钢结构支撑仍为发展方向。

1) 钢管支撑。

钢管支撑一般利用ϕ609mm钢管余料接长，用不同壁厚的钢管来适应不同的荷载，常用的壁厚δ为12mm、14mm，亦有时用16mm者。除ϕ609mm钢管外，亦有用较小直径钢管者，如ϕ580mm、ϕ406mm钢管等。钢管的刚度大，单根钢管有较大的承载能力，不足时还可两根钢管并用。

钢管支撑的形式，多为对撑或角撑（图10.9）。当为对撑时，为增大间距在端部可加设琵琶撑，以减小腰梁的内力。当为角撑时，如间距较大、长度较长，亦可增设腹杆形成桁架式支撑，对撑纵横钢管交叉处，可以上下叠交；亦可增设特制的十字接头，纵横钢管都与十字接头连接，使纵横钢管处于同一平面内。后者可使钢管支撑形成一平面框架，刚度大，受力性能好。

图 10.9 钢管支撑

用钢管支撑时，挡墙的腰梁可为钢筋混凝土腰梁，亦可为型钢腰梁。前者刚度大，承载能力高，可增大支撑的间距。

2）H 形钢支撑。

H 形钢支撑用螺栓连接，为工具式钢支撑，现场组装方便，构件标准化，对不同的基坑能按照设计要求进行组合和连接，可重复使用，有推广价值（图 10.10）。H 形钢常用者为焊接 H 形钢和轧制 H 形钢。

图 10.10 H 形钢支撑

图 10.11 钢筋混凝土支撑

（2）钢筋混凝土支撑。

钢筋混凝土支撑是近年来在上海等地区深基坑施工中发展起来的一种支撑形式，它多用于土模或模板随着挖土逐层现浇，截面尺寸和配筋根据支撑布置和杆件内力大小而定（图 10.11）。它刚度大，变形小，能有效地控制挡墙变形和周围地面的变形，宜用于较深基坑和周围环境要求较高的地区。但在施工中要尽快形成支撑，减少土壤蠕变变形，减少时间效应。

由于钢筋混凝土支撑为现场浇筑；因而其形式可随基坑形状而变化，故它有多种形式，如对撑、角撑、桁架式支撑、圆形、拱形、椭圆形等形状支撑。

钢筋混凝土支撑的混凝土强度等级多为 C30，截面尺寸由计算确定。腰梁的截面尺寸

常用者为600mm×800mm（高×宽）、800mm×1000mm和1000mm×1200mm；支撑的截面尺寸常用者为600mm×800mm（高×宽）、800mm×1000mm、800mm×1200mm和1000mm×1200mm。支撑的截面尺寸在高度方向要与腰梁相匹配。配筋由计算确定。

对平面尺寸大的基坑，在支撑交叉点处需设立柱，在垂直方向支承水平支撑。立柱可为四个角钢组成的格构式柱、圆钢管或型钢。考虑到承台施工时便于穿钢筋，格构式柱较好，应用较多。立柱的下端插入作为工程桩使用的灌注桩内，插入深度不宜小于2m，否则立柱就要作专用的灌注桩基础。因此，格构式立柱的平面尺寸要与灌注桩的直径匹配。

对于多层支撑的深基坑，在进行挖土时如要求挖土机不上支撑，有时有一定的困难（理论上应该要求挖土机不上支撑），如果遇到挖土机上支撑挖土，则设计支撑时要考虑这部分荷载，施工中亦要采取措施避免挖土机直接压支撑。

如果基坑的宽（长）度很大，所处地区的土质又较好，在内部支撑需耗费大量材料，且不便挖土施工，此时可考虑选用土层锚杆在基坑外面拉结固定挡墙；我国不少地区已广泛应用，并取得较好的经济效益。

2. 内支撑的布置与形式

支撑体系在平面上的布置形式（图10.12），有角撑、对撑、桁架式、框架式、环形等。有时在同一基坑中混合使用，如角撑加对撑、环梁加边桁（框）架、环梁加角撑等。主要是因地制宜，根据基坑的平面形状和尺寸设置最适合的支撑。

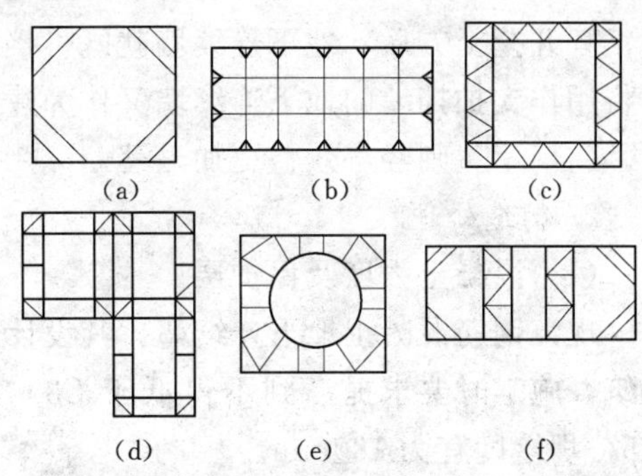

图10.12 支撑体系在平面上的布置形式

(a) 角撑；(b) 对撑；(c) 边桁架式；(d) 边框架式；(e) 环梁与边框架；(f) 角撑加对撑

一般情况下，对于平面形状接近方形且尺寸不大的基坑，宜采用角撑，使基坑中间有较大的空间，便于组织挖土。对于形状接近方形但尺寸较大的基坑，采用环形或边桁架式、边框架式支撑，受力性能较好，亦能提供较大的空间便于挖土。对于长条形的基坑宜采用对撑或对撑加角撑，安全可靠，便于控制变形。

钢支撑多为角撑、对撑等直线杆件的支撑。混凝土支撑由于为现浇，任何型式的支撑皆便于施工。

支撑在竖向的布置（图10.13），主要取决于基坑深度、围护墙种类、挖土方式、地下结构各层楼盖和底板的位置等。基坑深度愈大，支撑层数愈多，使围护墙受力合理，不产生过大的弯矩和变形。支撑设置的标高要避开地下结构楼盖的位置，以便于支模浇筑地下结构时换撑，支撑多数布置在楼盖之下和底板之上，其间净距离最好不小于600mm。支撑竖向间距还与挖土方式有关，如人工挖土，支撑竖向间距A不宜小于3m，如挖土机下坑挖土，A最好不小于4m，特殊情况例外。

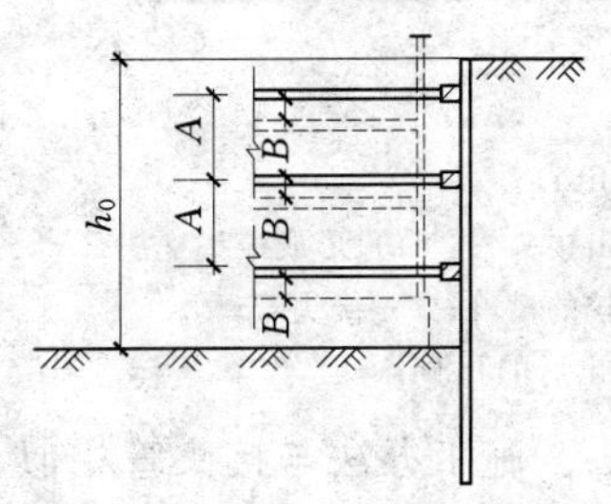

图10.13 支撑在竖向的布置

在支模浇筑地下结构时，在拆除上面一道支撑前，先设换撑，换撑位置都在底板上表面和楼板标高处。如靠近地下室外墙附近楼板有缺失时，为便于传力，在楼板缺失处要增设临时钢支撑。

10.1.4 常用支护结构施工

10.1.4.1 地下连续墙施工

1. 地下连续墙施工工艺原理

地下连续墙施工工艺，即在工程开挖土方之前，用特制的挖槽机械在泥浆护壁的情况下，每次开挖一定长度（一个单元槽段）的沟槽，待开挖至设计深度并清除沉淀下来的泥渣后，将在地面上加工好的钢筋骨架（一般称为钢筋笼）用起重机械吊入充满泥浆的沟槽内，然后通过导管向沟槽内浇筑混凝土，由于混凝土是由沟槽底部开始逐渐向上浇筑，所以随着混凝土的浇筑，泥浆也被置换出来，待混凝土浇至设计标高后，两个单元槽段即施工完毕。各个槽段之间由特制的接头连接，形成连续的地下钢筋混凝土墙。如呈封闭状，则工程开挖土方后，地下连续墙就既可挡土又可止水，便利了地下工程和深基坑的施工。若将用作支护挡墙的地下连续墙又作为建筑物地下室或地下构筑物的结构外墙，即所谓的“两墙合一”，则经济效益更加显著。

2. 构造处理

(1) 混凝土强度及保护层。

现浇钢筋混凝土地下连续墙，其设计混凝土强度等级不得低于C30，考虑到在泥浆中浇筑，施工时要求提高到不得低于C35。水泥用量不得少于370kg/m^3，水灰比不大于0.6，坍落度宜为180mm。

混凝土保护层厚度，根据结构的重要性、骨料粒径、施工条件及工程和水文地质条件而定。根据现浇地下连续墙是在泥浆中浇筑混凝土的特点，对于正式结构其混凝土保护层厚度不应小于70mm，对于用作支护结构的临时结构，则不应小于40mm。

(2) 接头设计。

常用的施工接头有以下几种形式：

1) 接头管（亦称锁口管）接头。这是目前地下连续墙施工中应用最多的一种。接头管接头的施工程序如图10.14所示。

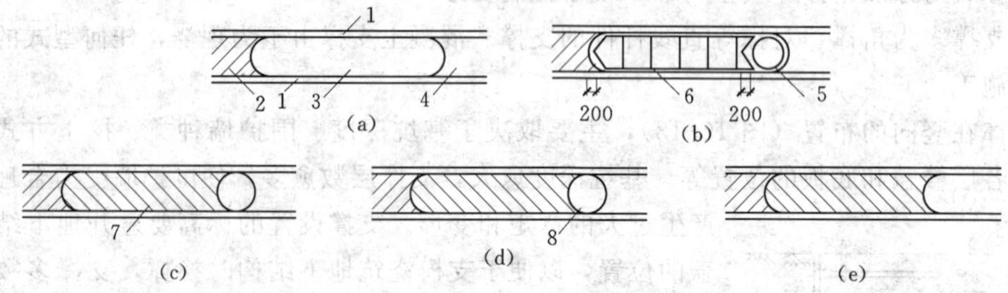

图10.14 接头管接头的施工程序（单位：mm）

(a) 开挖槽段；(b) 吊放接头管和钢筋笼；(c) 浇筑混凝土；(d) 拔出接头管；(e) 形成接头

1—导墙；2—已浇筑混凝土的单元槽段；3—开挖的槽段；4—未开挖的槽段；5—接头管；6—钢筋笼；7—正浇筑混凝土的单元槽段；8—接头管拔出后的孔洞

2) 接头箱接头。是一种可用于传递剪力和拉力的刚性接头。施工办法与接头管相似，只是以接头箱代替了接头管。

3）U形接头管与滑板式接头箱施工的钢板接头。它是在两相邻单元槽段的交界处利用U形接头管放入开有方孔且焊有封头钢板的接头钢板，以增强接头的、整体性（图10.15）。

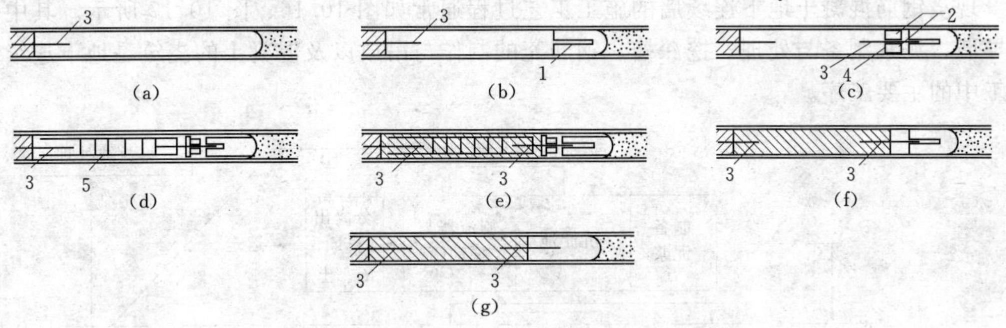

图10.15　U形接头管与滑板式接头的施工程序

(a) 单元槽段成槽；(b) 吊放U形接头管；(c) 吊放接头钢板和接头箱；(d) 吊放钢筋笼；(e) 浇筑混凝土；(f) 拔出接头箱；(g) 拔出U形接头管

1—U形接头管；2—接头箱；3—接头钢板；4—封头钢板；5—钢筋笼

4）隔板式接头。隔板的形状分为平隔板、榫形隔板和U形隔板。

5）结构接头。

地下连续墙与内部结构的楼板、柱、梁、底板等连接的结构接头，常用的有下列几种：①预埋连接钢筋法；②须埋连接钢板法；③预埋钢筋锥螺纹接头法。

这些做法是将预埋件与钢筋笼固定，浇筑混凝土后将预埋钢筋弯折出墙面或使预埋件外露，然后与梁、板等受力钢筋焊接进行连接。但近年来结构接头利用最多的方法是预埋锥（直）螺纹套筒，将其与钢筋笼固定，要求位置十分准确，挖土露出后即可与梁、板受力钢筋连接。

3. 地下连续墙施工

（1）施工前的准备工作。

在进行地下连续墙设计和施工之前，必须认真调查现场情况和地质、水文等情况，以确保施工的顺利进行。

1）施工现场情况调查。现场情况调查的目的是为了解决下述问题：施工机械进入现场和进行组装的可能性；挖槽时弃土的处理和外运；给排水和供电条件；地下障碍物和相邻建（构）筑物情况；噪声、振动与污染等公害引起的有关问题等。

2）水文、地质情况调查。地下连续墙的设计、施工和完工后的使用，在很大程度上取决于事先是否对水文、地质情况有全面、正确的了解。因此必须认真进行地质勘探，要根据工程情况、挖槽长度、地形起伏等正确确定钻孔位置，钻孔深度应超过地下连续墙的设计深度。地质勘探中应注意收集有关地下水的资料，如地下水位及水位变化情况、地下水流动速度、承压水层的分布与压力大小，必要时还需对地下水的水质进行水质分析。

3）制订地下连续墙的施工方案。由于地下连续墙的施工质量在施工期间不能直接用肉眼观察，一旦发生质量事故返工处理就较为困难，所以在施工之前详细制订施工方案是

十分重要的。在详细研究了工程规模、质量要求、水文地质资料、现场周围环境、是否存在施工障碍和施工作业条件等之后，编制工程的施工组织设计。

(2) 施工工艺过程。

现浇钢筋混凝土地下连续墙的施工工艺过程通常如图 10.16、图 10.17 所示。其中修筑导墙、泥浆制备与处理、挖深槽、钢筋笼的制作与吊放以及混凝土的浇筑是地下连续墙施工中的主要工序。

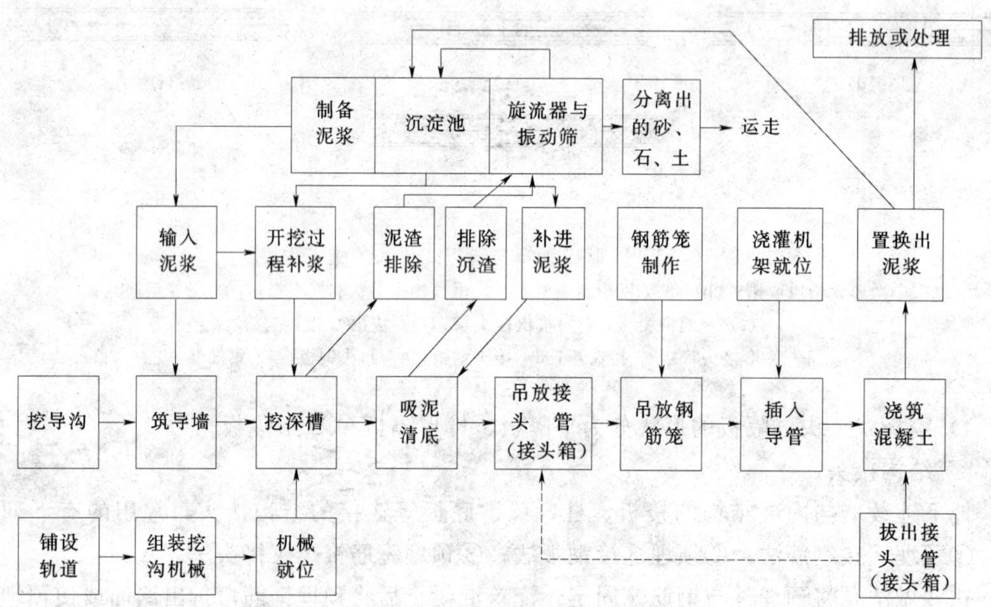

图 10.16 地下连续墙的施工工艺过程

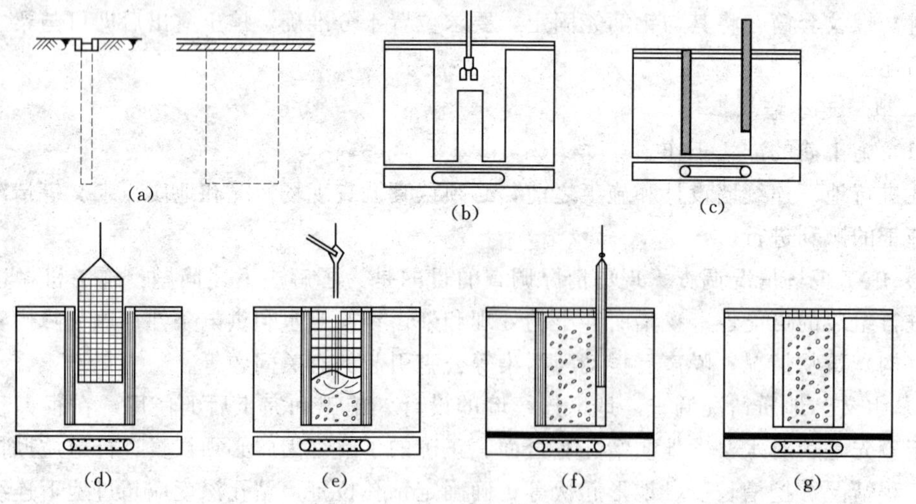

图 10.17 地下连续墙的施工程序

(a) 导墙施工；(b) 挖土；(c) 安放锁口管；(d) 安放钢筋笼；(e) 浇筑混凝土；(f) 拔出锁口管；(g) 墙段施工完毕

1) 修筑导墙。导墙是地下连续墙挖槽之前修筑的临时结构，对挖槽起重要作用（图

10.18）。

导墙的作用包括：①作挡土墙；②作为测量的基准；③作为重物的支承；④存蓄泥浆。

导墙一般为现浇的钢筋混凝土结构，也有钢制的或预制钢筋混凝土装配式结构图10.19，它可重复使用。导墙必须有足够的强度、刚度和精度，必须满足挖槽机械的施工要求。

在确定导墙形式时，应考虑下列因数：表层土的特性；荷载情况；地下连续墙施工时对邻近建（构）筑物可能产生的影响；地下水位的高低及其水位变化情况。

图10.18　地下连续墙的导墙施工

如图10.20所示在地下连续墙的施工中图

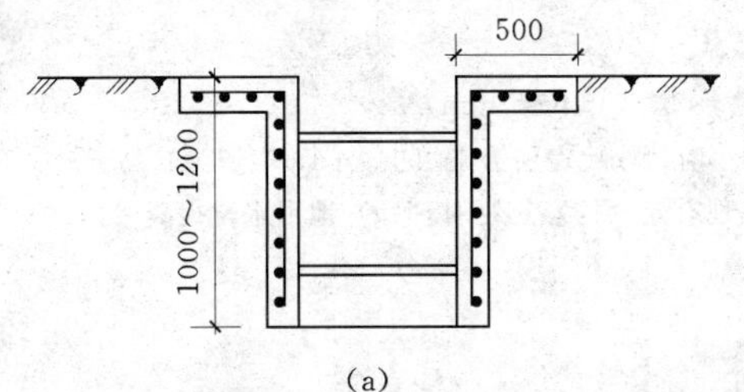

(a)

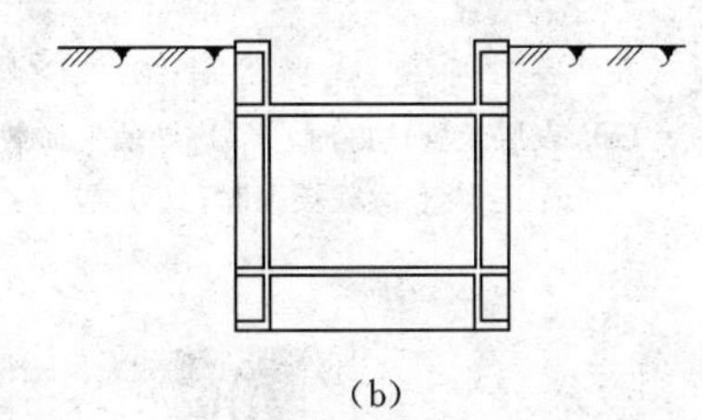

(b)

图10.19　导墙断面图

（a）混凝土导墙；（b）钢板组合导墙

10.20（a），图10.20（b）适用于表层土壤良好和导墙上荷载较小的情况。图10.20（c），图10.20（d）适用于表层土为杂填土、软黏土等承载力较弱的土层。图10.20（e）适用于导墙上荷载很大的情况。图10.20（f）适用于导墙紧邻现有建（构）筑物的情况。图10.20（g）适用于地下水位很高的情况。

现浇钢筋混凝土导墙施工顺序：平整场地→测量定位→挖槽及处理弃土→绑扎钢筋→支模板→浇筑混凝土→拆模并设置横撑→导墙外侧回填土（如无外侧模板不进行此项工作）。

导墙的内墙面应平行于地下连续墙轴线，导墙内净宽一般比地下连续墙设计墙厚大40mm。导墙顶面应至少高出地面约100mm，以防止地面水流入槽内污染泥浆。导墙的深度一般为1.0～2.0m，具体深度与表层土质有关，如遇有未固结的杂填土层时，导墙深度必须穿过此境土层，特别是松散的、透水性强的杂填土必须挖穿，使导墙坐落在稳定性较好的老土层上。另外，导墙基底和土面密贴，可以防止槽内泥浆渗入导墙后面。

现浇导墙构筑可采用单侧立模（外侧为土壁），见图10.21。

导墙的厚度一般为0.2～0.5m。配筋多为Φ12@200，水平钢筋必须连接起来，使导墙成为整体。导墙的混凝土等级多为C20。

值得注意的是，在导墙混凝土达到设计强度并加好支撑之前，严禁任何重型机械和运

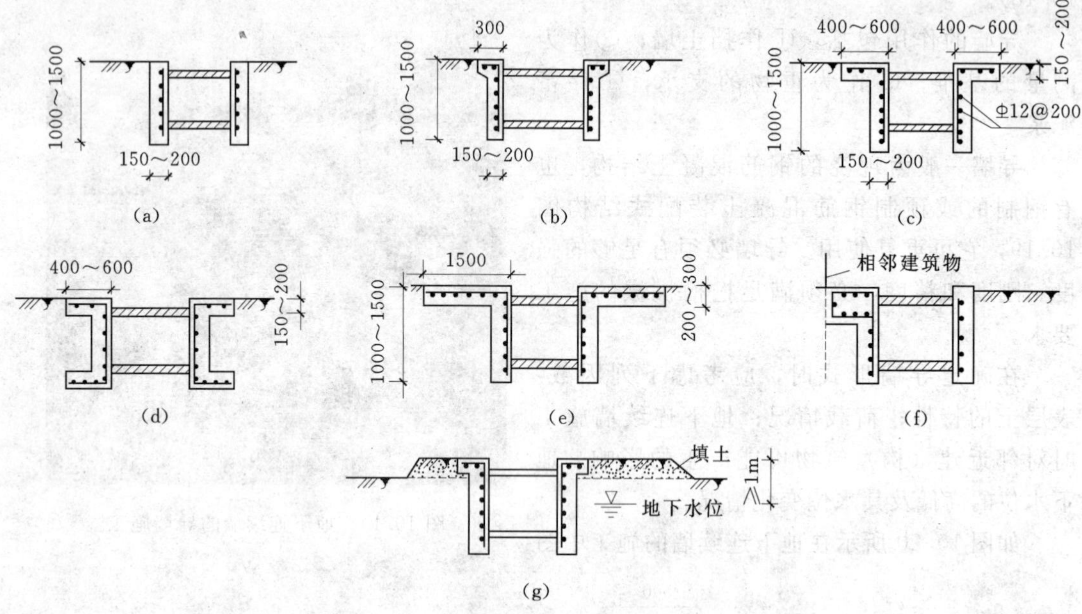

图 10.20 导墙形式（单位：mm）

（a）表层土壤良好时；（b）导墙上荷载较小时；（c）表层为杂填土；（d）表层为软黏土；（e）导墙上荷载较大时；（f）导墙紧临现有建（构）筑物时；（g）地下水位很高时

图 10.21 现浇钢筋混凝土导墙施工

输设备在其旁边行驶，以防导墙受压变形。

2）泥浆护壁。

a. 泥浆的作用：①护壁作用；②携渣作用；③冷却和润滑作用。

b. 泥浆的成分。

护壁泥浆通常使用的是制备泥浆、自成泥浆或半自成泥浆。

制备泥浆是在挖槽前利用专用设备事先制备好泥浆，挖槽时输入沟槽。

自成泥浆是用钻头式挖槽机挖槽时，向沟槽内输入清水，清水与钻削下来的泥土拌合，边挖槽边形成泥浆。自成泥浆的性能指标要符合规定的要求。

当某些性能指标不符合规定的要求时，在形成自成泥浆的过程中，就要再加入一些需要的成分，这样形成的泥浆称为半自成泥浆。

膨润土泥浆是制备泥浆中最常用的一种，它的主要成分是膨润土和水，另外，还要适当地加入外加剂。

3）挖深槽。

挖槽的主要工作包括：单元槽段划分；挖槽机械的选择与正确使用；制订防止槽壁坍塌的措施和特殊情况的处理方法等。

挖槽约占地下连续墙施工工期的一半；因此提高挖槽的效率是缩短工期的关键。同时，槽壁形状基本上决定了墙体外形，所以挖槽的精度又是保证地下连续墙质量的关键之一。因此，挖槽是地下连续墙施工中的关键工序。

a. 单元槽段划分。地下连续墙施工时，预先沿墙体长度方向把地下墙划分为多个某种长度的施工单元，这种施工单元称为“单元槽段”。挖槽是按照一个个单元槽段进行挖掘的，在一个单元槽段内，挖掘机械可以挖一个或几个挖掘段。划分单元槽段就是将各种单元槽段的形状和长度标明在墙体平面图上，它是地下连续墙施工组织设计中的一个重要内容。

单元槽段的最小长度不得小于两个挖掘段，即不得小于挖掘机械的挖土工作装置的一次挖土长度。从理论上讲单元槽段愈长愈好，因为这样可以减少槽段接头数量，增加了地下连续墙的整体性和截水防渗能力；并且简化施工，提高工效。但是在实际工作中，单元槽段的长度又受到诸多因素的限制，必须根据硅设计、施工条件进行综合考虑。一般决定单元槽段长度的因素有：

a）设计构造要求。如墙的深度和厚度。

b）地质水文条件。当土层不稳定时，为防止槽壁倒坍，缩短挖槽时间，应减少单元槽段的长度。

c）地面荷载及相邻建筑物的影响。较大的地面荷载和高大建（构）筑物，会增大槽壁受到的侧向压力，影响槽壁稳定性。在这种情况下，应缩短单元槽段长度，以缩短槽段开挖与暴露时间。

d）现有起重机的起重能力和钢筋笼的吊放方法。钢筋笼多为整体吊装，要根据施工单位的起重机械的起重能力，估算钢筋笼的重量及尺寸，以此推算单元槽段长度。

e）单位时间内混凝土的供应能力。一般情况下一个单元槽段长度内的全部混凝土，宜在4h内浇筑完毕，所以

$$单元槽段长度(m)=\frac{4h\text{ 内混凝土的最大供应量}(m^3)}{墙宽(m)\times 墙深(m)}$$

f）工地上具备的泥浆池容积。

b. 挖槽机械选择：在地下连续墙施工中常用的挖槽机械，按其工作机理主要分为挖斗式、回转式和冲击式三大类。

a）挖斗式挖槽机。挖斗式挖槽机是以其斗齿切削土体，切削下来的土体收容在斗体内，再从沟槽内提出地面开斗卸土，然后又返回沟槽内挖土，以如此重复的循环作业进行挖槽。

为了保证挖掘方向，提高成槽精度，一种主要措施是在抓斗上部安装导板，即成为我国常用的导板抓斗［图 10.22（a）］；另一种措施是在挖斗上装长导杆［图 10.22（b）］，导杆沿着机架上的导向立柱上下滑动，成为液压抓斗，这样既保证了挖掘方向又增加了斗体自重，提高了对土的切入力。

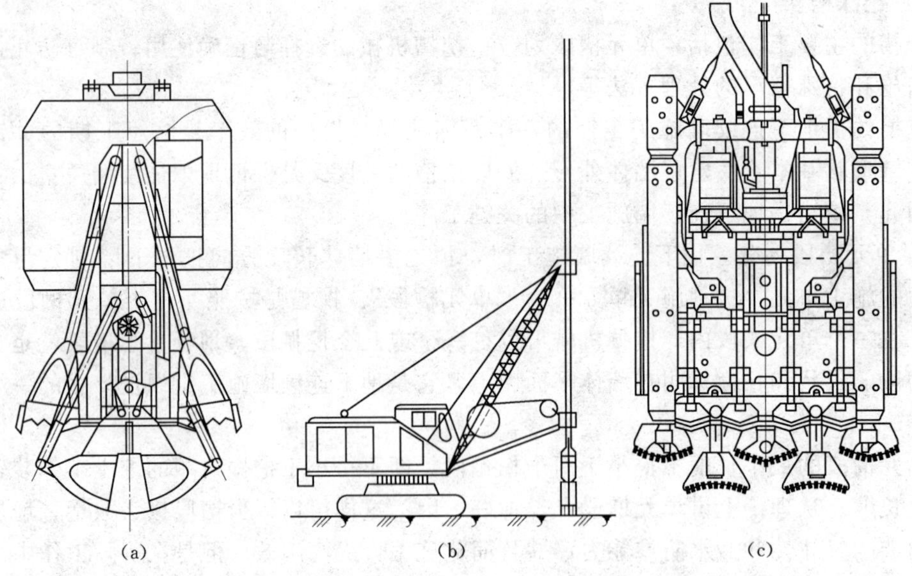

图 10.22　地下连续挖土机械

（a）导板抓斗；（b）导杆抓斗；（c）多头钻挖掘机

b）回转式挖槽机。这类挖槽机是以回转的钻头切削土体进行挖掘，钻下的土渣随循环的泥浆排出地面。按照钻头数目，回转式挖槽机分为单头钻和多头钻，单头钻主要用来钻导孔，多头钻用来挖槽，如图 10.22（c）所示。

用多头钻挖槽对槽壁的扰动少，完成的槽壁光滑，尺寸较准确；吊放钢筋笼顺利；混凝土超量少；效率高；无噪音；现场作业人员少；操作安全；施工文明。它适用于软黏土、砂性土及小粒径的砂砾层等地质条件。特别在密集的建筑群内，或邻近高层及重要建筑物处皆能安全而高效率地进行施工。

c）冲击式挖槽机。目前，我国使用的主要是钻头冲击式挖槽机，它是通过各种形状钻头的上下运动，冲击破碎土层，借助泥浆循环把土渣携出槽外。它适用于老黏性土、硬土和夹有孤石等较为复杂的地层情况。

钻头冲击式挖槽机的排土方式有正循环方式和反循环方式两种。

c. 防止槽壁塌方的措施：

与槽壁稳定有关的因素是多方面的，但可以归纳为泥浆、地质条件与施工三个方面。

a）泥浆。泥浆质量和泥浆液面的高低对槽壁稳定有很大影响。成槽应根据土质情况

选用合格泥浆，并通过试验确定泥浆配合比和泥浆密度。泥浆液面愈高所需泥浆的相对密度愈小，即槽壁失稳的可能性愈小。因此，泥浆液面一定要高出地下水位一定高度，一般宜高出 0.5～1.0m。如发现有漏浆或跑浆现象，应及时堵漏和补浆。

b）地质条件。地基土的条件直接影响槽壁稳定，为此，施工中应根据不同的土质条件选用不同的泥浆配合比。

c）施工方面。地下连续墙施工时单元槽段的划分亦影响槽壁的稳定性。槽段的长深比越小，土拱作用越小，槽壁越不稳定。因此，一般一个单元槽段不要超过 2～3 个挖掘段。此外，单元槽段的长度也影响挖槽时间，挖槽时间长，使泥浆质量恶化，从而也影响槽壁的稳定。

施工中还要注意控制钻进进尺或钻机回转速度，以减小对槽壁的扰动，尤其是在松软砂层中钻进，速度不要过快或空转过长。

成槽后应及时吊放钢筋笼、浇灌混凝土，以免搁置时间过长，造成泥浆沉淀而失去护壁作用。还要注意施工期间地面荷载不要过大，防止附近的车辆和机械对地层产生振动等。

当挖槽出现坍塌迹象时，如泥浆大量漏失，液位明显下降，泥浆内有大量泡沫上冒或出现异常的扰动，导墙及附近地面出现沉降，排土量超过设计断面的土方量，多头钻或抓斗升降困难等，此时应首先将挖槽机提至地面；然后迅速采取措施，避免坍塌进一步扩大。常用的措施是立即进行补浆，严重的坍方，应用优质黏土（掺入 20%水泥）回填至坍塌处以上 1～2m，待沉积密实后再行钻进。

4）清底。

在挖槽结束后清除槽底沉淀物的工作称为清底。

清除沉渣的方法，常用的有：砂石吸力泵排泥法、压缩空气升液排泥法、潜水泥浆泵排泥法、抓斗直接排泥法。前三种应用尤多，图 10.23 为其工作原理图。清底后，槽内泥浆的相对密度应在 1.15 以下。

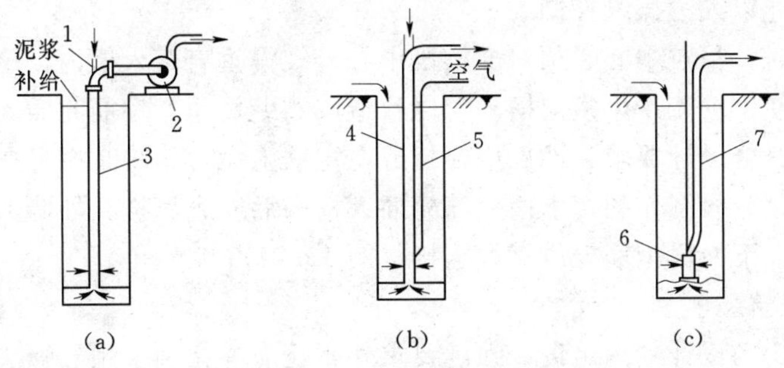

图 10.23　清除沉渣的方法

(a) 砂石吸力泵排泥；(b) 压缩空气升液排泥；(c) 潜水泥浆泵排泥

1—接合器；2—砂石吸力泵；3—导管；4—导管或排泥管；

5—压缩空气管；6—潜水泥浆泵；7—软管

清底一般安排在插入钢筋笼之前进行，对于以泥浆反循环法进行挖槽的施工，可在挖槽后紧接着进行清底工作。

另外，单元槽段接头部位附着的土碴和泥皮会显著降低接头处的防渗性能，宜用刷子刷除或用水枪喷射高压水流进行冲洗。

5）钢筋笼加工与吊放。

a. 钢筋笼加工。钢筋笼根据地下连续墙墙体配筋图和单元槽段的划分来制作。单元槽段的钢筋笼应装配成一个整体。必须分段时宜采用焊接或机械连接，接头位置宜选在受力较小处，并相互错开。

钢筋笼两端部与接头管或相邻两段混凝土接头面之间应留有不大于150mm的间隙，钢筋笼下端500mm长度范围内宜按1∶10的坡度向内弯折，且钢筋笼舶下端与槽底之间宜留有不小于500mm的间隙。钢筋笼主筋净保护层厚度不宜小于70mm，保护层垫块厚50mm，在垫块和墙面之间留有20～30mm的间隙。由于用砂浆垫块易在吊放钢筋笼时破碎，且易擦伤槽壁面，故近年来多用薄钢板制作垫块，焊于钢筋笼上，也有用塑料块作为垫块的。

制作钢筋笼时要预先确定浇筑混凝土用导管的位置，由于这部分要上下贯通，因而周围需增设箍筋和连接筋进行加固。横向钢筋有时会阻碍导管插入，所以应把横向钢筋放在外侧，纵向钢筋放在内侧。纵向钢筋的净距不得小于100mm。

制作钢筋笼时，要根据配筋图确保钢筋的正确位置、间距及根数。纵向钢筋接长宜用气压焊、搭接焊等。钢筋连接除四周两道钢筋的交点需全部点焊外，其余的可采用50%的交错点焊。成型用的临时扎结铁丝在钢筋点焊连接后应全部拆除。

b. 钢筋笼吊放。钢筋笼的起吊、运输和吊放应制订周密的施工方案，主要解决好两个问题：一是在吊放过程中不能使钢筋笼产生不可恢复的永久变形；二是插入过程中不要造成槽壁坍塌。

钢筋笼起吊应用横吊梁或吊架，吊点布置和起吊方式要防止起吊时引起钢筋笼变形。起吊时不能使钢筋笼下端在地面上拖引，应先将钢筋笼水平起吊，然后通过主机和辅助起重机的协调操作，使钢筋笼吊直后对准槽口。为防止钢筋笼吊起后在空中摆动，应在钢筋笼下端系上曳引绳以人力操纵控制。

插入钢筋笼时，吊点中心必须对准槽段中心，缓慢垂直落入槽内，此时必须注意不要因起重臂摆动而使钢筋笼产生横向摆动，以致造成槽壁坍塌。钢筋笼插入槽内后，应检查其顶端高度是否符合设计要求，然后用横担或在主筋上设弯钩将其搁置在导墙上。

如果钢筋笼是分段制作的，下段钢筋笼插入槽内后应先悬挂在导墙上，然后将上段钢筋笼垂直吊起，上下两段钢筋笼成直线连接（图10.24）。

6）混凝土浇筑。

混凝土配合比的设计除满足设计强度要求外，还应考虑到采用导管法在泥浆中浇筑混凝土的施工特点和对混凝土强度的影响。混凝土一般按照比设计规定的强度等级提高5MPa进行配合比设计。水泥应采用425号或525号普通硅酸盐水泥或矿渣硅酸盐水泥；石子宜用卵石，最大粒径不大于导管内径的1/6和钢筋最小净距的1/4，一般宜用5～25mm的河卵石，如用碎石，应适当增加水泥用量和提高砂率，以保证所需的坍落度与和易性。砂宜用粒度良好的河砂，水灰比不大于0.6，单位水泥用量，粗骨料如为卵石应在370kg/m^{3}以上，如用碎石并掺加减水剂时，应在400kg/m^{3}以上，混凝土的坍落度宜为

图 10.24　钢筋笼吊放

18～20cm。

地下连续墙的混凝土浇筑机具可选用履带式起重机、卸料翻斗、混凝土导管和贮料斗，并配备简易浇筑架，组成一套设备。为便于混凝土向料斗供料和装卸导管，还可以选用混凝土浇筑机架进行地下连续墙的浇筑，机架可以在导墙上沿轨道行驶。地下连续墙混凝土用导管法进行浇筑。由于导管内混凝土和槽内泥浆的压力不同，导管下口处存在压力差，因而混凝土可以从导管内流出。

在整个浇筑过程中，混凝土导管应埋入混凝土内 2～4m，最小埋深不得小于 1.5m，使从导管下口流出的混凝土将表层混凝土向上推动而避免与泥浆直接接触，否则混凝土流出时会把混凝土上升面附近的泥浆卷入混凝土内。但导管的最大插入深度亦不宜超过 9m，插入太深，将会影响混凝土在导管内的流动，有时还会使钢筋笼上浮。

开导管前下料斗内的混凝土量要保证能使导管内的泥浆完全排出，并使冲出后的混凝土足以封住并高出管口，以防止泥浆卷入混凝土内。因此，下料斗内开管前初存的混凝土量要经过计算确定。开导管前首批混凝土量 V 可按下式计算：

$$V=h_1\times\frac{1}{4}\pi d^2+H_cA \tag{10.1}$$

式中　d——导管直径，m；

H_c——首批混凝土要求浇筑的深度，m，$H_c=H_D+H_E$，为管底至槽底的高度，取 0.4～0.5m；H_E 为导管的埋深，一般取 1.5m；

A——浇筑槽段的横截面面积，m^2；

h_1——槽段内混凝土达到 E_0 时，导管内混凝土柱与导管外泥浆压力平衡所需高度，m，$h_1=\frac{H_W\gamma_W}{\gamma_C}$，$H_W$ 为预计浇筑混凝土顶面至与墙顶面高差（m），γ_W 为槽

内泥浆的重度，取 1.2kN/m³，γ_C 为混凝土拌和物重度，取 2.4kN/m³。

浇筑时要保持槽内混凝土面均衡上升，浇筑速度一般为 30～35m³/h，速度快的可达到甚至超过 60m³/h。导管不能作横向运动，否则会使沉渣和泥浆混入混凝土内。导管的提升速度应与混凝土的上升速度相适应，避免提升过快造成混凝土脱空现象，或提升过晚而造成埋管拔不出的事故。

导管的间距取决于其浇筑有效半径和混凝土的和易性。当浇筑速度 $v \leqslant 5$m/h 时，浇筑有效半径可参考下述经验公式确定：

$$R=6.25sv \tag{10.2}$$

式中 R——混凝土浇筑有效半径，m；

s——混凝土的坍落度，m；

v——混凝土浇筑（上升）速度，m/h。

单元槽段端部易渗水，导管距槽段端部的距离不得超过 2m。管距过大，两根导管的中间部位混凝土面低，泥浆易卷入。如采用多根导管同时浇筑时，各导管处的混凝土面高差不宜大于 0.3m。

当混凝土浇筑到离顶部约 3m 附近时，导管内混凝土不易流出，这时要放慢浇筑速度，或将导管埋深减为 1m，如果仍浇筑不下去，可将导管上下抽动，但抽动范围不得超过 30cm。浇到墙顶层时，由于混凝土与泥浆混杂，混凝土面上存在的一层浮浆层，需要清除掉。因此，混凝土面高度应比设计高度超浇 300～500mm，待混凝土硬化后，再用风镐将浮浆层凿去，以利于新老混凝土的结合。

为保证混凝土的均匀性，混凝土浇筑时中途不得中断，遇到特殊情况，间歇时间一般应控制在 15min 内；但任何情况下不得超过 30min，每个单元槽段的浇筑时间，一般应控制在 4～6h 内浇完。

在混凝土浇筑过程中，不能使混凝土溢出料斗流入导沟，否则会使泥浆质量恶化。浇筑混凝土后被置换出来的泥浆要进行处理，防止泥浆溢出地面。

在混凝土浇筑过程中，还要随时用探锤测量混凝土面实际标高（应至少量测三个点取其平均值），计算混凝土上升高度和导管埋入深度，统计混凝土浇筑量，及时做好记录。

10.1.4.2 逆筑法施工

"逆筑法"适用于高层建筑多层地下室结构和多层地下构筑物结构施工，如地铁车站、地下停车场、地下仓库等。该技术 20 世纪 70 年代后被一些发达国家采用，我国于 80 年代进行试验研究，90 年代在广州、上海等地陆续推广应用。上海地铁工程曾在 1 号、2 号线的淮海路和南京路下的车站采用"开敞式逆筑法"施工。由上海第二建筑工程公司施工的恒积大厦工程以"逆作法"施工地下 4 层、地上 5 层，仅用了 5 个月，整个工期明显加快，并减少支撑费用约 400 万元，周边管线沉降仅为 15mm，四周道路及民房位移均在 5mm 之内，取得了显著的经济效益和社会效益。此后"逆作法"施工又在上海明天广场等工程中得到应用。

1. "逆筑法"的工艺原理及其特点

高层建筑多层地下室传统的施工方法，是放坡大开挖或用支护结构支护后垂直开挖，挖至设计标高后浇筑钢筋混凝土底板，再由下而上逐层施工各层地下室结构，待地下结构

完成后再进行地上结构施工。

"逆筑法"的施工程序与传统的施工方法正相反。其工艺原理是：先沿建筑物周围施工地下连续墙，在建筑物内部按柱网轴线施工少量中间支承柱（简称中柱桩），然后进行地下首层的梁板楼面结构施工。完成后同时施工地下、地上结构，待地下室大底板完成后，再进行复合柱、复合墙的施工。但在地下室浇筑钢筋混凝土底板之前，地面上的上部结构允许施工的层数要经计算确定。

"逆筑法"施工，根据以地面一层楼面结构下挖土是封闭还是敞开，分为"封闭式逆筑法"和"明暗结合式逆筑法"。前者可以地面上、下结构同时进行施工；后者上部结构不能与地下结构同时进行施工。

"逆筑法"施工主要有以下特点：

(1) 利用地下连续墙及中间支承柱作为"逆筑法"施工期间承受地上、地下结构荷载及施工荷载的构件；利用地下室楼板作为地下连续墙支护的支撑。其中地下连续墙的深度、厚度和中间支承柱的深度和柱径需经过设计计算确定。

(2)"逆筑法"挖土采用地下室层楼板结构完成后，然后挖楼板底下的土，挖至下一层楼板标高后，浇筑该层楼板结构，然后再挖该层楼板下的土，再浇筑楼板，如此直至地下室大底板完成。"逆筑法"开挖土方采用人力开挖、坑底水平运土，然后由设置在基坑两端的取土口专用设备，将挖出的土方提升、装车、外运。

(3) 地下室楼板采用出模（或者用模板浇筑），用土模时挖土至标高后做出混凝土垫层，在梁模的搁支点上用砂浆找平，直接将梁模搁置在砂浆找平层上，挖土、混凝土垫层、砂浆找平，必须按要求严格控制误差。

采用"逆筑法"施工，由于地下室可与地上结构同时施工，因此，可使工程的总工期缩短；由于利用地下室的梁板楼面结构作为地下连续墙的内部支撑，因而基坑变形小，相邻建筑物的沉降小；与传统方法比较，"逆筑法"施工基础底板较易满足抗浮要求，使底板设计趋向合理；由于节省了支护结构的支撑，还大大降低了施工费用。"逆筑法"施工的缺陷是由于自上而下施工，上面已覆盖，使下面的施工作业条件较差，需采用一些特殊的施工技术，保证施工质量的要求更加严格。

2."逆筑法"施工工艺

"封闭式逆筑法"是首先施工地面一层的梁板结构，该层楼板上要预留挖土用洞口，然后再进行地下一层的挖土，同时地上结构可以开始施工，实现地下、地上两个方向的同时施工。因此，"封闭式逆筑法"向上和向下施工的分界线是地面层±0.00处。

"明暗结合式逆筑法"的特点是地下室一层的土方采用大开口明挖，施工效率较高。地下一层土方开挖后，施工地下一层的楼面结构、地面一层的楼面结构，当形成二层楼板加外墙、中柱的箱形结构后，上部结构与地下室就可以同时向上下两个方向施工。

(1) 中间支承柱施工。

中间支承柱（中柱桩）的作用，是在"逆筑法"施工期间，在地下室底板未浇筑之前与地下连续墙一起承受地下和地上各层的结构自重和施工荷载；在地下室底板浇筑后，与底板连接成整体作为地下室结构的一部分，将上部结构及承受的荷载传递给地基，因此，中间支承柱是地下室结构的永久承力柱。

中间支承柱底板以下部分多用灌注桩形式，底板以上部分多为钢管柱或型钢柱，后来再包裹混凝土作为正式地下室柱，从地面层向上一般是将钢柱再转换成混凝土柱。

一般情况下，每根工程桩承受一根柱传来的荷载，但是如果结构跨度大，工程桩承载力小，逆作法时就不能采用一柱一桩，而需采用一柱多桩，即一个工程柱在逆作施工时，加做三根、四根工程桩上的临时钢柱。这种做法虽解决了工程桩承载力有限的问题，但同时也使成本与施工难度增大。研制开发巨型桩是提高单桩承载力的根本途径之一，那样就可以保证一柱一桩，而且上部结构施工速度取消限制，可进一步缩短总工期。

中间支承柱一般布置（图 10.25、图 10.26）在柱子位置或纵横墙相交处，施工时其轴线位置与垂直度必须严格控制，要求偏差在 20mm 加以内。中间支承柱要按下部工程桩的种类设计专用定位器并采取相应的定位措施。如果基础是钻孔灌注桩要适当扩大钻孔，钢筋笼固定立柱要全方位测量垂直度，定位下放，并用临时支架固定后再浇灌混凝土。

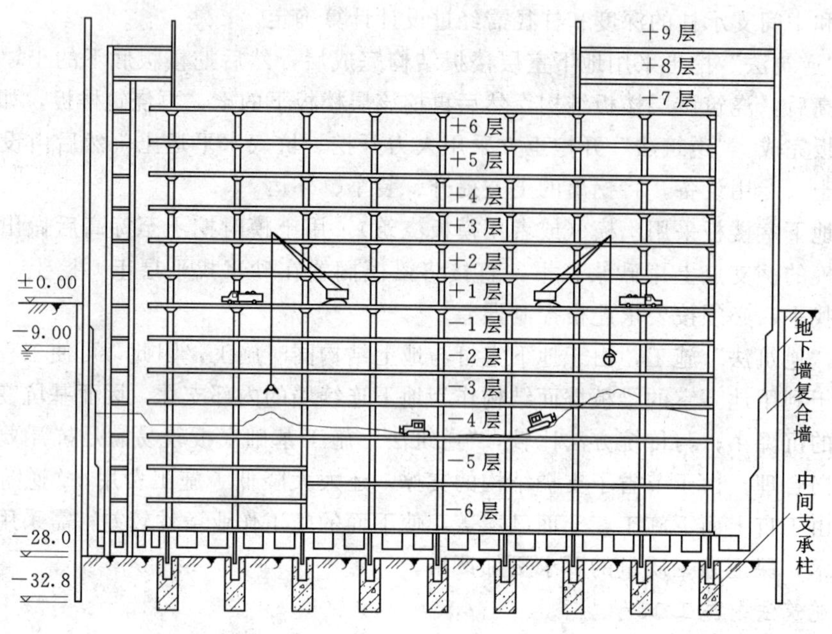

图 10.25 中间支撑柱布置

图 10.27 是用反循环钻孔灌注桩施工方法浇筑中间支承柱的施工过程示意图。用反循环潜水电钻钻孔后，吊放铜管，吊放后要用定位装置调整其位置，确保钢管位置的准确。为使钢管下部与现浇混凝土柱能较好地结合，可在钢管下端加焊接纵向分布的钢筋。钢管内插入浇筑混凝土用的导管，开始浇灌混凝土；混凝土柱的顶端一般高出底板 30mm 左右，高出部分浇筑底板时凿除，以保证底板与中间支承柱连成一体。混凝土浇筑完毕后，吊出导管。由于钢管外面不浇筑混凝土，钻孔上段中的泥浆需进行固化处理，以便在开挖土方时，防止泥浆流淌，恶化施工环境。泥浆的固化处理方法是将水泥直接投入钻孔内，然后用空气压缩机通过软管进行压缩空气吹拌，形成自凝泥浆，使其自凝固化。

中间支承柱还可以用大直径套管灌注桩的施工方法施工，亦有用挖孔桩的施工方法进

图 10.26　逆筑法中间支承柱图

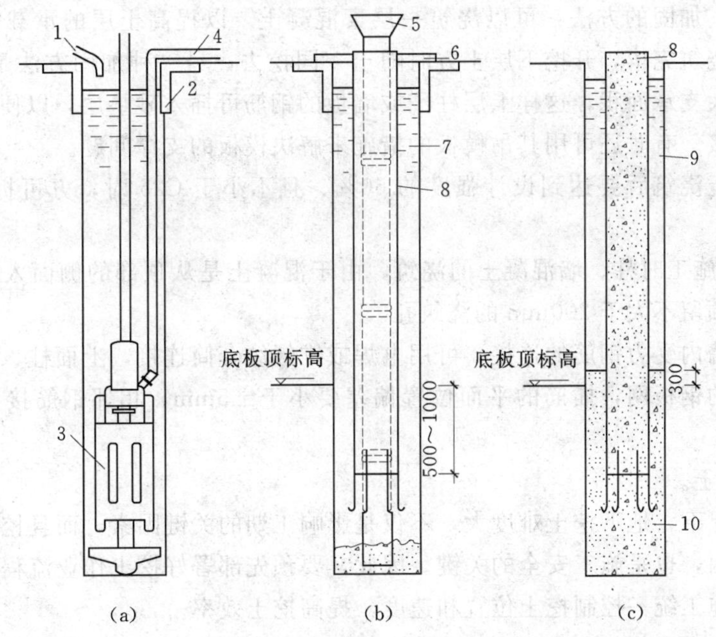

图 10.27　泥浆护壁用反循环钻孔灌注桩施工方法浇筑中间支承柱（单位：mm）

(a) 泥浆反循环钻孔；(b) 吊放钢管、浇筑混凝土；(c) 形成自凝泥浆

1—补浆管；2—护筒；3—潜水电钻；4—排浆管；5—混凝土导管；6—定位装置；

7—泥浆；8—钢管；9—自凝泥浆；10—混凝土桩

行施工的，还可用大直径钢管桩作为中间支承桩。

(2) 地下室结构浇筑。

根据“逆作法”的施工（图10.27）特点，地下室结构不论是哪种结构型式都是由上而下分层浇筑的。地下室结构的浇筑方法有两种：

1）利用土模浇筑梁板。

对于地面梁板或地下各层梁板，挖至其设计标高后，将土面整平夯实，浇筑一层厚约50mm的素混凝土（土质好抹一层砂浆亦可），然后刷一层隔离层，即成楼板模板。对于梁模板，如土质好可用土胎模，按梁断面挖出槽穴即可。如土质较差可用模板搭设梁模板，亦可在垫层上弹线后铺底模浇筑梁板，要求浇筑后沉陷不大于2mm。

至于柱头模板，施工时先把柱头处的土挖出至梁底以下500mm左右处，设置柱子的施工缝模板，为使下部柱子易于浇筑，该模板宜呈斜面安装，柱子钢筋通穿模板向下伸出接头长度，在施工缝模板上面组立柱头模板与梁模板相连接。如土质好柱头可用土胎模，否则就用模板搭设。下部柱子挖出后搭设模板进行浇筑。

2）利用支模方式浇筑梁板。

用此法施工时，先挖去地下结构一层高的土层，然后按常规方法搭设梁板模板，浇筑梁板混凝土，再向下延伸竖向结构。为此，需要解决两个问题，一个是设法减少梁板支撑的沉降和结构的变形；另一个是解决竖向构件的上、下连接和混凝土浇筑。

为了减少楼板支撑的沉降和结构变形，施工时除降水质量保证外还需对土层采取措施进行临时加固。加固的方法：可以浇筑一层素混凝土，以提高土层的承载能力和减少沉降，待墙、梁浇筑完毕，开挖下层土方时随土一同挖去；另一种加固方法是铺设砂垫层，上铺枕木以扩大支承面积，这样上层柱子或墙板的钢筋可插入砂垫层，以便与下层后浇筑结构的钢筋连接。有时还可用其吊模板的措施来解决模板的支撑问题。

楼盖混凝土浇筑后要达到设计强度的60%、且不小于C25时，方可拆除楼盖模板，挖下层的土。

“逆作法”施工时柱、墙混凝土的浇筑，由于混凝土是从顶部的侧面入仓，为便于浇筑需在楼盖上预留不大于200mm的浇筑孔。

竖向柱、墙内受力钢筋的连接，可用电焊或锥螺纹套筒连接，上面柱、墙内和插筋要穿过施工缝处的钢板网，插筋的平面位置偏差要小于±5mm，相邻钢筋接头按规范规定错开。

3）地下挖土。

在封闭情况下，地下挖土难度大，不仅是影响工期的关键因素，而且挖土是产生大体变形的主要原因，也是施工安全的关键。因此，要预先部署好挖土作业流程及运输车辆路线，由信息化施工统一控制挖土位置和速度，提高挖土效率。

上海多采用“逆作法”施工，如金茂大厦、环球金融中心等。施工时先从两端的取出口，直接用取土设备挖出工作面，然后由人力从取土口的挖土工作面向坑中开挖。挖出的土方用双轮手推车运至取土口，然后由取土设备装车外运（图10.28）。

“逆作法”施工技术在香港地区应用得也相当普遍，有一套颇为成熟的施工经验。地下挖土多采用大、小挖机（6m^3反铲挖土机、0.35挖土机）、小型铲土机及土方运输车等机械完成。

地下室和地面层楼板上按设计要求预留孔洞，最大的可达30m×10m（用作临时车道

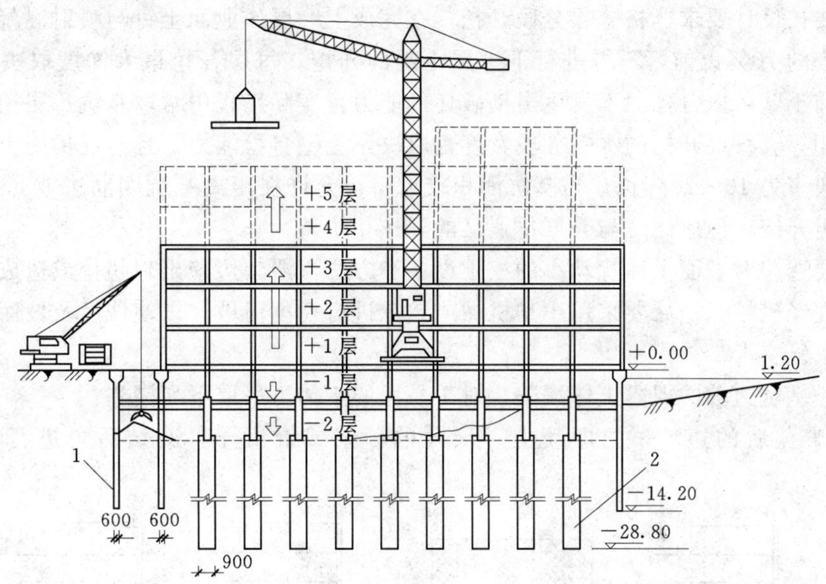

图 10.28　逆作法工艺示意图

1—地下连续墙；2—钻孔灌筑桩中间支承柱

口)、最小的一般为 10m×10m，供地下挖土及材料运输之用。地下一层挖土时，大挖机停在临时洞口边，先将洞口附近的土挖空，再放下小挖机和铲土机挖远离洞口处的土方，并将挖下的土运至洞口位置，由大挖机将土方装车运走。地下二层挖土时，一般是设置一个临时车道，由地面层通往地下一层，这样运输车辆就可以直接开到地下一层楼面，挖机在洞口边挖土装车，其他操作方法同地下一层挖土。地下三层挖土可由挖机先将土方挖出，堆在地下二层楼面洞口边，再由停在地下一层的挖机将堆土挖起装车，运输车辆仍然从临时车道出入；也有的部位将洞口与上层洞口适当错开，挖机停在地下二层楼面上，将下层的土挖起直接举到停在地下一层的运输车上。香港的"逆作法"施工，房间支承柱一般均采用巨型柱，为"逆作法"相关技术的使用提供了保证。

4）工作孔的留设。

"逆作法"施工是在顶部楼盖封闭条件下进行，在进行地下各层地下室结构施工时，需进行施工设备、土方、模板、钢筋、混凝土等的上下运输，所以需预留一个或几个上下贯通的垂直运输通道。为此，在设计时就要在适当部位预留一些从地面直通地下室底层的工作孔，亦可利用楼梯间或无楼板处作为垂直运输孔洞。

此外，还应对"逆作法"施工期间的通风、照明、安全等采取应有的措施，保证施工顺利进行。

10.1.4.3　土钉墙施工

土钉墙施工之前先确定基坑开挖线、轴线定位点、水准基点、变形观测点等，并妥善保护；编制好基坑支护施工组织设计，周密安排支护施工与基坑土方开挖、出土等工作的关系，使支护施工与土方开挖密切配合；准备土钉等有关材料和施工机具。

1. 土钉墙施工技术

(1) 基坑开挖。

基坑要按设计要求严格分层分段开挖，在完成上一层作业面土钉与喷射混凝土面层达到设计强度的70%以前，不得进行下一层土层的开挖。每层开挖最大深度取决于在支护投入工作前土壁可以自稳而不发生滑动破坏的能力，实际工程中常取基坑每层挖深与土钉竖向间距相等。每层开挖的水平分段宽度也取决于土壁自稳能力，且与支护施工流程相互衔接，一般多为10～20m长。当基坑面积较大时，允许在距离基坑四周边坡8.10m的基坑中部自由开挖，但应注意与分层作业区的开挖相协调。

挖方要选用对坡面土体扰动小的挖土设备和方法，严禁边壁出现超挖或造成边壁土体松动。坡面经机械开挖后要采用小型机械或铲锹进行切削清坡，以使坡度及坡面平整度达到设计要求。

为防止基坑边坡的裸露土体塌陷，对于易塌的土体可采取下列措施：

1）对修整后的边坡，立即喷上一层薄的砂浆或混凝土，凝结后再进行钻孔［图10.29（a）］。

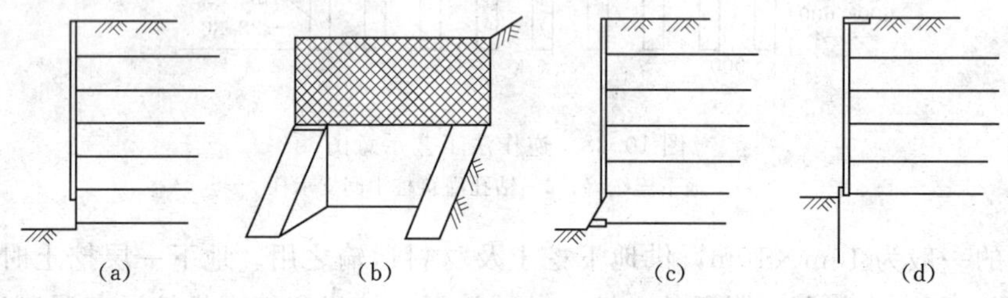

图10.29 易塌的土体的施工措施

2）在作业面上先构筑钢筋网喷射混凝土面层，而后进行钻孔和设置土钉［图10.29（b）］。

3）在水平方向上分小段间隔开挖。

4）先将作业深度上的边壁做成斜坡，待钻孔并设置土钉后再清坡［图10.29（c）］。

5）在开挖前，沿开挖面垂直击入钢管注浆加固土体或预先施工一层水泥土墙［图10.29（d）］。

（2）喷射第一道面层。

每步开挖后应尽快做好面层，即对修整后的边壁立即喷上一层薄混凝土或砂浆。若土层地质条件好的话，可省去该道面层。

（3）设置土钉。

土钉的设置，对于钢筋钉通常是先在土体中成孔，然后置入土钉钢筋并沿全长注浆。对于钢管钉可击入土体再由钢管内注浆。

1）钻孔。

钻孔前，应根据设计要求定出孔位并作出标记及编号。当成孔过程中遇到障碍物需调整孔位时，不得损害支护结构设计原定的安全程度。

钻孔可用锚杆钻机，它能自动退钻杆、接钻杆，适合上中钻孔。

钻孔时，在进钻和抽出钻杆过程中不得引起土体塌孔。而在易塌孔的土体中钻孔时宜采用套管成孔或挤压成孔。成孔过程中应由专人做成孔记录，按土钉编号逐一记载取出土

体的特征、成孔质量、事故处理等，并将取出的土体及时与初步设计所认定的土质加以对比，若发现有较大的偏差要及时修改土钉的设计参数。

土钉钻孔的质量应符合下列规定：①孔距允许偏差为±100mm；②孔径允许偏差为±5mm；③孔深允许偏差为±30mm；④倾角允许偏差为±1°。

2）插入土钉钢筋。

插入土钉钢筋前要进行清孔检查，若孔中出现局部渗水、塌孔或掉落松土应立即处理。土钉钢筋置入孔中前，要先在钢筋上安装对中定位支架，以保证钢筋处于孔位中心且注浆后其保护层厚度不小于25mm，支架沿钉长的间距可为2.3m左右，支架可为金属或塑料件，以不妨碍浆体自由流动为宜。

3）注浆。

注浆前要验收土钉钢筋安设质量是否达到设计要求。

注浆用小型、可移动的注浆泵，常用的有UBJ系列挤压式灰浆泵和BMY系列锚杆注浆泵，其工作压力和流量等皆满足注浆要求。

注浆一般可采用重力、低压（0.4～0.6MPa）或高压（1～2MPa）注浆，水平孔应采用低压或高压注浆。压力注浆时应在孔口或规定位置设置止浆塞，注满后保持压力3～5min。重力注浆以满孔为止，但在浆体初凝前需补浆1～2次。

对于向下倾角的土钉，注浆采用重力或低压注浆时宜采用底部注浆方式，注浆导管底端应插至距孔底250～500mm处，在注浆同时将导管匀速缓慢地撤出。

注浆时要采取必要的排气措施。对于水平土钉的钻孔，应用口部压力注浆或分段压力注浆，此时需配排气管并与土钉钢筋绑扎牢固，在注浆前与土钉钢筋同时送入孔中。

向孔内注入浆体的充盈系数必须大于1。每次向孔内注浆时，宜预先计算所需的浆体体积并根据注浆泵的冲程数计算出实际向孔内注入的浆体体积，以确认实际注浆量超过孔内容积。

注浆材料宜用水泥浆或水泥砂浆。水泥浆的水灰比宜为0.5；水泥砂浆的配合比宜为1∶1～1∶2（重量比），水灰比宜为0.38～0.45。需要时可加入适量速凝剂，以促进早凝和控制泌水。

水泥浆、水泥砂浆应拌和均匀，随拌随用，一次拌和的水泥浆、水泥砂浆应在初凝前用完；注浆前应将孔内残留或松动的杂土清除干净；为提高土钉抗拔能力，还可采用二次注浆工艺。

（4）喷第二道面层。

在喷混凝土之前，先按设计要求绑扎、固定钢筋网。面层内的钢筋网片应牢固固定在边壁上并符合设计规定的保护层厚度要求。钢筋网片可用插入土中的钢筋固定，但在喷射混凝土时不应出现振动。

钢筋网片可焊接或绑扎而成，网格允许偏差为±10mm。铺设钢筋网时每边的搭接长度应不小于一个网格边长或200mm，如为搭焊则焊接长度不小于网片钢筋直径的10倍。网片与坡面间隙不小于20～30mm，土钉与面层钢筋网的连接可通过垫板、螺母及土钉端部螺纹杆固定。垫板钢板厚8～10mm、尺寸为200mm×200mm～300mm×300mm，垫板下空隙需先用高强水泥砂浆填实，待砂浆达一定强度后方可旋紧螺母以固定土钉。土钉钢

筋也可通过井字加强钢筋直接焊接在钢筋网上，焊接强度要满足设计要求。

喷射混凝土的配合比应通过试验确定，粗骨料最大粒径不宜大于12mm，水灰比不宜大于0.45，并应通过外加剂来调节所需工作度和早强时间。当采用干法施工时，应事先对操作手进行技术考核，以保证喷射混凝土的水灰比和质量达到设计要求。

为保证喷射混凝土厚度达到均匀的设计值，可在边壁上隔一定距离打入垂直短钢筋段作为厚度标志。喷射混凝土的射距宜保持在0.6～1.0m范围内，并使射流垂直于壁面。在有钢筋的部位可先喷钢筋的后方以防止钢筋背面出现空隙。喷射混凝土的路线可从壁面开挖层底部逐渐向上进行，但底部钢筋网搭接长度范围以内先不喷混凝土，待与下层钢筋网搭接绑扎之后再与下层壁面同时喷混凝土。混凝土面层接缝部分做成45°角斜面搭接。当设计面层厚度超过100mm时，混凝土应分两层喷射，一次喷射厚度不宜小于40mm，且接缝错开。混凝土接缝在继续喷射混凝土之前应清除浮浆碎屑，并喷少量水润湿。

面层喷射混凝土终凝后2h应喷水养护，养护时间宜3～7d，养护视当地环境条件采用喷水、覆盖浇水或喷涂养护剂等方法。

(5) 排水设施的设置。

水是土钉支护结构最为敏感的问题，不但要在施工前做好降排水工作，还要充分考虑土钉支护结构工作期间地表水及地下水的处理，设置排水构造措施。

基坑四周地表应加以修整并构筑明沟排水，严防地表水向下渗流。可将喷射混凝土面层延伸到基坑周围地表构成喷射混凝土护顶并在土钉墙平面范围内地表做防水地面［图10.30 (a)］，可防止地表水渗入土钉加固范围的土体中。

基坑边壁有透水层或渗水土层时，混凝土面层上要做泄水孔，即按间距1.5～2.0m均布插设长0.4～0.6m、直径不小于40mm的塑料排水管，外管口略向下倾斜，管壁上半部分可钻些透水孔，管中填满粗砂或圆砾作为滤水材料，以防止土颗粒流失［图10.30 (b)］。也可在喷射混凝土面层施工前预先沿土坡壁面每隔一定距离设置一条竖向排水带，即用带状皱纹滤水材料夹在土壁与面层之间形成定向导流带，使土坡中渗出的水有组织地导流到坑底后集中排除。

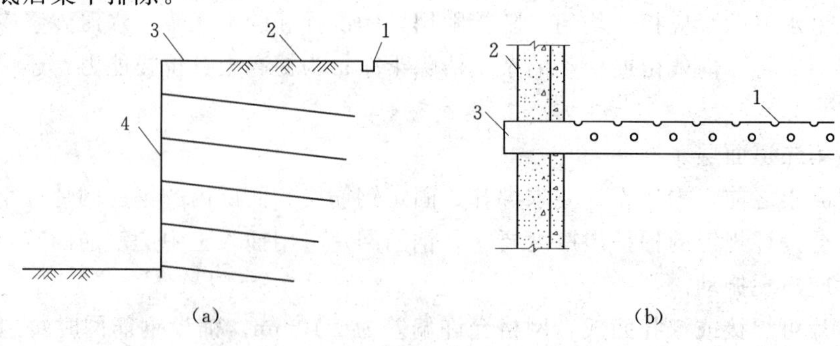

图10.30

(a) 地面排水

1—排水沟；2—防水地面；3—喷射混凝土护顶；4—喷射混凝土面层

(b) 面层内泄水管

1—孔眼；2—面层；3—排水管

为了排除积聚在基坑内的渗水和雨水，应在坑底设置排水沟和集水井。排水沟应离开坡脚0.5～1m，严防冲刷坡脚。排水沟和集水井宜用砖衬砌并用砂浆抹内表面以防止渗漏。坑中积水应及时排除。

2. 土钉现场测试

(1) 土钉支护施工必须进行土钉的现场抗拔试验，应在专门设置的非工作钉上进行抗拔试验直至破坏，用来确定极限荷载，并据此估计土钉的界面极限黏结强度。

(2) 每一典型土层中至少应有3个专门用于测试的非工作钉。测试钉除其总长度和黏结长度可与工作钉有区别外，应与工作钉采用相同的施工工艺同时制作，其孔径、注浆材料等参数以及施工方法等应与工作钉完全相同。测试钉的注浆黏结长度不小于工作钉的1/2且不短于5m，在满足钢筋不发生屈服并最终发生拔出破坏的前提下宜取较长的黏结段，必要时适当加大土钉钢筋直径。为消除加载试验时支护面层变形对黏结界面强度的影响，测试钉在距孔口处应保留不小于1m长的非黏结段。在试验结束后，非黏结段再用浆体回填。

(3) 土钉的现场抗拔试验宜用穿孔液压千斤顶加载，土钉、千斤顶、测力杆三者应在同一轴线上，千斤顶的反力支架可置于喷射混凝土面层上，加载时用油压表大体控制加载值并由测力杆准确予以计量。土钉的（拔出）位移量用百分表（精度不小于0.02mm，量程不小于50mm）测量，百分表的支架应远离混凝土面层着力点。

(4) 测试钉进行抗拔试验时的注浆体抗压强度不应低于6MPa。试验采用分级连续加载，首先施加少量初始荷载（不大于土钉设计荷载的1/10）使加载装置保持稳定，以后的每级荷载增量不超过设计荷载的20%。在每级荷载施加完毕后立即记下位移读数并保持荷载稳定不变，继续记录以后1min、6min、10min的位移读数。若同级荷载下10min与1min的位移增量小于1mm，即可立即施加下级荷载，否则应保持荷载不变继续测读15min、30min、60min时的位移。此时若60min与6min的位移增量小于2mm，可立即进行下级加载，否则即认为达到极限荷载。

根据试验得出的极限荷载，可算出界面黏结强度的实测值。这一试验平均值应大于设计计算所用标准值的1.25倍，否则应进行反馈修改设计。

(5) 极限荷载下的总位移必须大于测试钉非黏结长度段土钉弹性伸长理论计算值的80%，否则这一测试数据无效。

(6) 上述试验也可不进行到破坏，但此时所加的最大试验荷载值应使土钉界面黏结应力的计算值（按黏结应力沿黏结长度均匀分布算出）超出设计计算所用标准值的1.25倍。

3. 质量监测

(1) 质量检验与监测。

1) 材料。

所使用的原材料（钢筋、水泥、砂、碎石等）的质量应符合有关规范规定标准和设计要求，并要具备出厂合格证及试验报告书。材料进场后还要按有关标准进行抽样质量检验。

2) 土钉现场测试。

土钉支护设计与施工必须进行土钉现场抗拔试验，包括基本试验和验收试验。

通过基本试验可取得设计所需的有关参数，如土钉与各层土体之间的界面黏结强度等，以保证设计的正确、合理性，或反馈信息以修改初步设计方案；验收试验是检验土钉支护工程质量的有效手段。土钉支护工程的设计、施工宜建立在有一定现场试验的基础上。

3）混凝土面层的质量检验。

包括混凝土面层外观检查；混凝土面层厚度检查（用凿孔法）和混凝土抗压强度试验。

（2）施工监测。

土钉墙支护的施工监测应包括下列内容：

1）土钉墙位移的量测。

2）地表开裂状况（位置、裂宽）的观察。

3）周围设施的变形测量。

4）基坑渗、漏水及基坑内外地下水位变化。

10.1.4.4 水泥土墙施工

深层搅拌水泥土桩排挡墙，是采用水泥作为固化剂，利用特制的深层搅拌机械，在地基深处就地将软土和水泥强制搅拌形成水泥土，利用水泥和软土之间所产生的一系列物理—化学反应，使软土硬化成整体性的、并有一定强度的挡土、防渗墙。

深层搅拌水泥土桩挡墙，施工时振动和噪音小，工期较短，无支撑，它既可挡土亦可防水，而且造价低廉。普通的深层搅拌水泥土挡墙，通常用于不太深的基坑作支护，若采用加筋搅拌水泥土挡墙，则能承受较大的侧向压力，用于较深的基坑护壁。

1. 施工机具

（1）深层搅拌机。

深层搅拌机是深层搅拌水泥土桩施工的主要机械。目前应用的有中心管喷浆方式和叶片喷浆方式两类。前者的输浆方式中的水泥浆是从两根搅拌轴之间的另一根管子输出，不影响搅拌均匀度，可适用于多种固化剂；后者是使水泥浆从叶片上若干个小孔喷出，使水泥浆与土体混合较均匀，适用于大直径叶片和连续搅拌，但因喷浆孔小易被堵塞，它只能使用纯水泥浆而不能采用其他固化剂。

（2）配套机械。

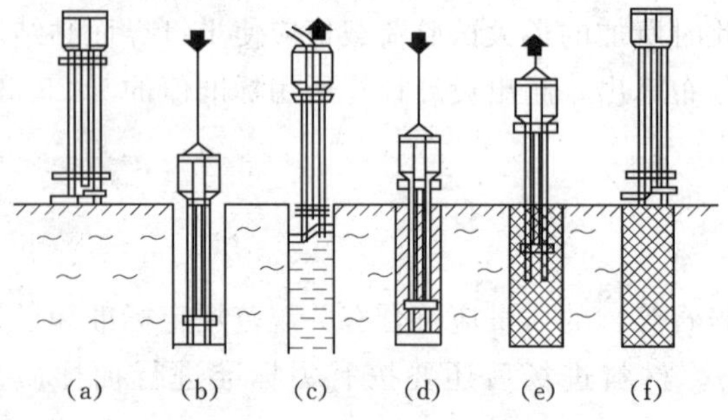

图10.31 施工工艺流程

(a) 定位；(b) 预搅下沉；(c) 喷浆搅拌上升；(d) 重复搅拌下沉；(e) 重复搅拌上升；(f) 完毕

配套机械主要包括灰浆搅拌机、集料斗、灰浆泵。

2. 施工工艺

深层搅拌水泥挡墙的施工工艺流程如图10.31所示。

（1）定位。

用起重机（或用塔架）悬吊搅拌机到达指定桩位，对中。

（2）预搅下沉。

待深层搅拌机的冷却水循环正常后，

启动搅拌机，放松起重机钢丝绳，使搅拌机沿导向架搅拌切土下沉。

(3) 制备水泥浆。

待深层搅拌机下沉到一定深度时，即开始按设计确定的配合比拌制水泥浆（水灰比宜0.45～0.50），压浆前将水泥浆倒入集料斗中。

(4) 提升、喷浆、搅拌。

待深层搅拌机下沉到设计深度后，开启灰浆泵将水泥浆压入地基，且边喷浆、边搅拌，同时按设计确定的提升速度提升深层搅拌机。提升速度不宜大于0.5m/min。

(5) 重复上、下搅拌。

为使土和水泥浆搅拌均匀，可再次将搅拌机边旋转边沉入土中，至设计深度后再提升出地面。桩体要互相搭接200mm，以形成整体。相邻桩的施工间歇时间宜小于10h。

(6) 清洗、移位。

向集料斗中注入适量清水，开启灰浆泵，清洗全部管路中残存的水泥浆，并将黏附在搅拌头的软土清洗干净；移位后进行下一根桩的施工。桩位偏差应小于50mm，垂直度误差应不超过1%。桩机移位，特别在转向时要注意桩机的稳定。

3. 水泥土的配合比

水泥土的无侧限抗压强度 q_u 一般为500～4000kN/m^2，比天然软土大几十倍至数百倍，相应的抗拉强度、抗剪强度亦提高不少。

水泥标号每提高100号，水泥土强度 q_u 约增大20%～30%。通常选用龄期为3个月的强度作为水泥土的标准强度较为适宜。

搅拌法施工要求水泥浆流动度大，水灰比一般采用0.45～0.50，但软土含水量高，对水泥土强度增长不利。为了减少用水量，又利于泵送，可选用木质素磺酸钙作减水剂，另掺入三乙醇胺以改善水泥土的凝固条件和提高水泥土的强度。

4. 提高水泥土桩挡墙支护能力的措施

深层搅拌水泥土桩挡墙属重力式支护结构，主要由抗倾覆、抗滑移和抗剪强度控制截面和入土深度。目前这种支护的体积都较大，为此可采取下列措施，通过精心设计来提高其支护能力。

(1) 卸荷。

如条件允许可将基坑顶部的土挖去一部分，以减小主动土压力。

(2) 加筋。

可在新搅拌的水泥土桩内压入竹筋等，有助于提高其稳定性。但加筋与水泥土的共同作用问题有待研究。

(3) 起拱。

将水泥土桩挡墙做成拱形，在拱脚处设钻孔灌注桩，可大大提高支护能力，减小挡墙的截面。对于边长大的基坑，于边长中部适当起拱以减少变形。目前这种形式的水泥土桩挡培已在工程中应用。

(4) 挡墙变厚度。

对于矩形基坑，由于边角效应，在角部的主动土压力有所减小。为此于角部可将水泥土桩挡墙的厚度适当减薄，以节约投资。

若将深层水泥土单桩相互搭接施工，即形成重力坝式挡土墙。常见的布置形式有：连续壁状挡土墙、格栅式挡土墙（图10.32）。

10.1.4.5　钢板桩施工

钢板桩是带锁口的热轧型钢，钢板桩靠锁口相互咬口连接，形成连续的钢板桩墙，用来挡土和挡水。钢板桩支护由于其施工速度快、可重复使用，因此在一定条件下使用会取得较好的效益。但钢板桩的刚度相对较小。

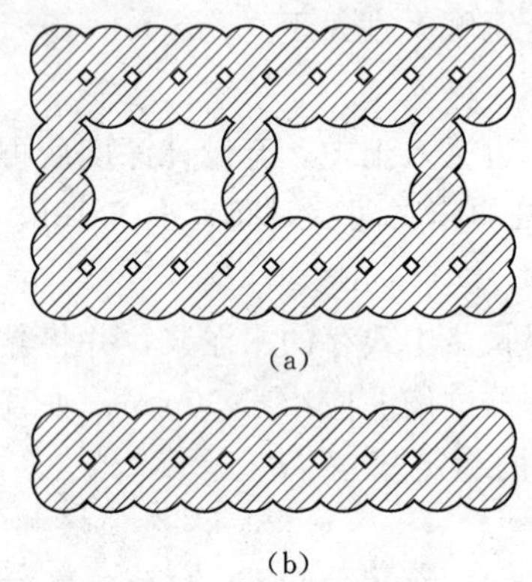

图10.32　水泥土桩布置形式
(a) 格栅式挡土墙；(b) 连续壁状挡土墙

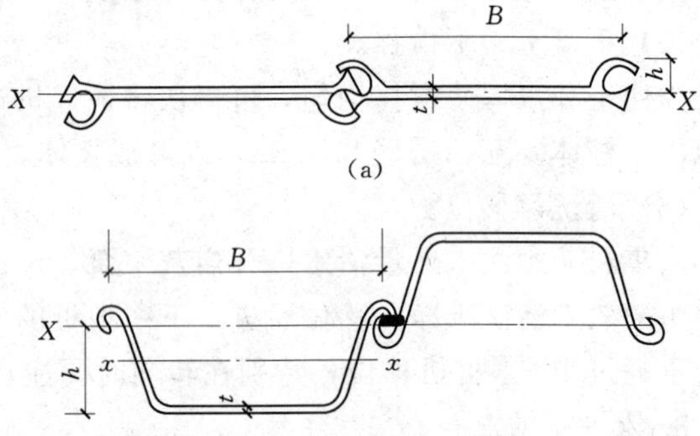

图10.33　常用的钢板桩
(a) 鞍Ⅳ型；(b) 包Ⅳ型

常用的截面形式为U形、Z形和直腹板式。国产的钢板桩（图10.33）只有鞍Ⅳ型和包Ⅳ型拉森式（U形）钢板桩，其他还有一些国产宽翼缘热轧槽钢可用于不太深的基坑作为支护应用。

1. 钢板桩打设前的准备工作

钢板桩的设置位置应便于基础施工，即在基础结构边缘之外应留有支、拆模板的余地。特殊情况下如利用钢板桩作箱基底板或桩基承台的侧模，则必须衬以纤维板或油毛毡等隔离材料，以便钢板桩拔出。

钢板桩的平面布置，应尽量干直整齐，避免不规则的转角，以便充分利用标准钢板桩和便于设置支撑。

对于多层支撑的钢板桩，宜先开沟槽安设支撑并预加顶紧力（约为设计值的50%）；再挖土，以减少钢板桩支护的变形。

对于钢板桩挡墙应在板桩接缝处设置可靠的防渗止水的构造，必要时可在沉桩后在坑外钢板桩锁口处注浆防渗。

（1）钢板桩的检验与矫正。

钢板桩在进入施工现场前需检验、整理。尤其是使用过的钢板桩，因在打桩、拔桩、运输、堆放过程中易变形，如不矫正不利于打入。

用于基坑临时支护的钢板桩，主要进行外观检验，包括表面缺陷、长度、宽度、厚度、高度、端头矩形比、平直度和银口形状等。对桩上影响打设的焊接件应割除。如有割孔、断面缺损应补强。若有严重锈蚀，应量测断面实际厚度，以便计算时予以折减。经过检验，如误差超过质量标准规定时。应在打设前予以矫正。

矫正后的钢板桩在运输和堆放时尽量不使其弯曲变形，避免碰撞，尤其不能将连接锁口碰坏。堆放的场地要平整坚实，堆放时最下层钢板桩应垫木块。

(2) 导架安装。

导架通常由导梁和围檩桩等组成，其形式在平面上有单面和双面之分，在高度上有单层和双层之分。一般常用的是单层双面导架。

导架的位置不能与钢板桩相碰。围檩桩不能随着钢板桩的打设而下沉或变形。导架的高度要适宜，要有利于控制钢板桩的施工高度和提高工效。

(3) 沉桩机械的选择。

打设钢板桩可用落锤、汽锤、柴油锤和振动锤。

2. 钢板桩的打设

(1) 打设方法的选择。

钢板桩的打设方式分为“单独打入法”和“屏风式打入法”两种。

1) 单独打入法（图10.34）。

这种方法是从板桩墙的一角开始，逐块（或两块为一组）打设，直至结束。这种方法简便、迅速，不需要其他辅助支架。但是易使板桩向一侧倾斜，且误差积累后不易纠正。为此，这种方法只适用于板桩长度较小的情况。

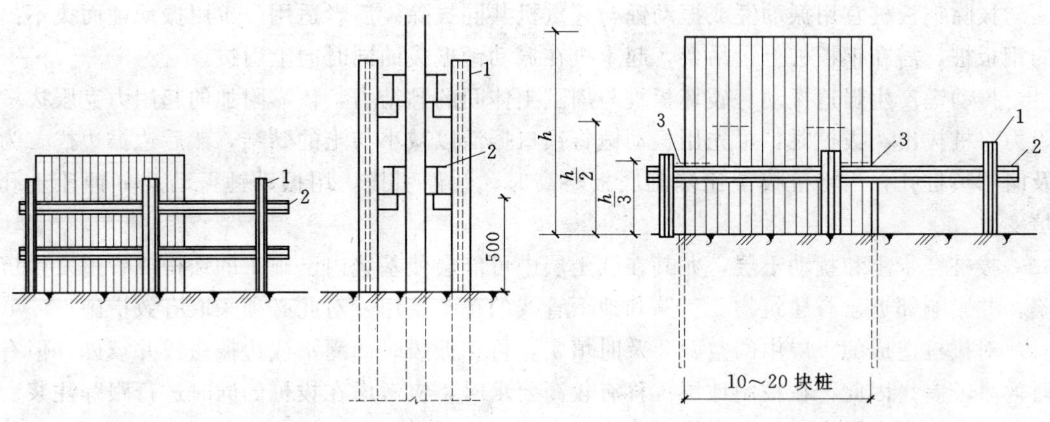

图10.34　单独打入法（单位：mm）

1—围檩桩；2—围檩

图10.35　屏风式打入法

1—围檩桩；2—围檩；3—两端先打入的定位钢板桩

2) 屏风式打入法（图10.35）。

这种方法是将10～20根钢板桩成排插入导架内，呈屏风状，然后再分批施打。施打时先将屏风墙两端的钢板桩打至设计标高或一定深度，成为定位板桩，然后在中间按顺序分别以1/3和1/2板桩高度呈阶梯状打入。

屏风式打入法的优点是可减少倾斜误差积累，防止过大倾斜，对要求闭合的板桩墙，常采用此法。其缺点是插桩的自立高度较大，要注意插桩的稳定和施工安全。

(2) 钢板桩的打设。

先用吊车将钢板桩吊至插桩点处进行插桩时锁口要对准，每插入一块即套上桩帽轻轻加以锤击。在打桩过程中，为保证钢板桩的垂直高度，要用两台经纬仪从两个方向加以控制。为防止锁口中心线平面位移，可在打桩进行方向的钢板桩锁口处设卡板，阻止板桩位移。同时在腰梁上预先算出每块板块的位置，以便随时检查校正。钢板桩分几次打入。

打桩时，开始打设的第一、二块钢板桩的打入位置和方向要确保精度，它可以起样板导向作用，一般每打入1m应测量一次。

打桩时若阻力过大，板桩难于贯入时；不能用锤硬打，可伴以高压冲水或振动法沉桩；若板桩有锈蚀或变形，应及时调整；还可在锁口内涂以油脂，以减少阻力。

在软土中打板桩，有时会出现把相邻板桩带入的现象。为了防止出现这种情况，可以把相邻板桩焊在腰梁上，或者数根板桩用型钢连在一起；另外在锁口处涂以油脂，并运用特殊塞子，防止土砂进入连接锁口。

钢板桩墙的转角和封闭合拢施工，可采用异形板桩、连接件法、骑缝搭接法或轴线调整法。

（3）钢板桩的拔除。

在进行基坑回填土时，要拔除钢板桩，以便修整后重新使用。拔除钢板桩要研究拔除顺序、拔除时间以及桩孔处理方法。

对于封闭式钢板桩墙，拔桩的开始点宜离开角桩五根以上，必要时还可用跳拔的方法间隔拔除。拔桩的顺序一般与打设顺序相反。

拔除钢板桩宜用振动锤或振动锤与起重机共同拔除。后者适用于单用振动锤而拔不出的钢板桩，需在钢板桩上设吊架，起重机在振动锤振拔的同时向上引拔。

振动锤产生强迫振动，破坏板桩与周围土体间的黏结力，依靠附加的起用力克服拔桩阻力将桩拔出。拔桩时，可先用振动锤将锁口振活以减小与土的黏结，然后边振边拔。为及时回填桩孔，当将桩拔至比基础底板略高时，暂停引拔，用振动锤振动几分钟让土孔填实。

拔桩会带土和扰动土层，尤其在软土层中可能会使基坑内已施工的结构或管道发生沉陷，并影响邻近已有建筑物、道路和地下管线的正常使用，对此必须采取有效措施。

对拔桩造成的土层中的空隙要及时填实，可在振拔时回灌水或边振边拔并填砂，但有时效果较差。因此，在控制地层位移有较高要求时，应考虑在拔桩的同时进行跟踪注浆。

10.1.4.6　内支撑施工

内支撑体系包括腰（冠）梁（亦称围檩）、支撑和立柱。其施工应符合下述要求：

（1）支撑结构的安装与拆除顺序，应同基坑支护结构的计算工况一致。必须严格遵守先支撑后开挖的原则。

（2）立柱穿过主体结构底板以及支撑结构穿越主体结构地下室外墙的部位，应采用止水构造措施。

内支撑主要分钢支撑与混凝土支撑两类。钢支撑多为工具式支撑，装、拆方便，可重复使用，可施加预紧力，一些大城市多由专业队伍施工。混凝土支撑现场浇筑，可适应各种形状要求，刚度大，支护体系变形小，有利于保护周围环境；但拆除麻烦，不能重复使用，一次性消耗大。

1. 钢支撑施工

钢支撑常用H形钢支撑与钢管支撑。

当基坑平面尺较大时，支撑长度超过15m时，需设立柱来支承水平支撑，防止支撑弯曲，缩短支撑的计算长度，防止支撑失稳破坏。

立柱通常用钢立柱，长细比一般小于25，由于基坑开挖结束浇筑底板时支撑立柱不能拆除，为此立柱最好做成格构式，以利底板钢筋通过。钢立柱不能支承于地基上，而需支承在立柱桩上，目前多用混凝土灌注桩作为立柱支承桩，灌注桩混凝土浇至基坑面为止，钢立柱插在灌注桩内，插入长度一般不小于4倍立柱边长，在可能情况下尽可能利用工程桩作为立柱支承桩。立柱通常设于支撑交叉部位，施工时立柱桩应准确定位，以防偏离支撑交叉部位。

腰（冠）梁的作用是将围护墙上承受的土压力、水压力等外荷载传递到支撑上，为一受弯剪的构件，其另一作用是加强围护墙体的整体性。所以，增强腰梁的刚度和强度对整个支护结构体系有重要意义。

钢支撑皆用钢腰梁，钢腰梁多用H形钢或双拼槽钢等，通过设于围护墙上的钢牛腿或锚固于墙内的吊筋加以固定。钢腰梁分段长度不宜小于支撑间距的2倍，拼装点尽量靠近支撑点。如支撑与腰梁斜交，腰梁上应设传递剪力的构造。腰梁安装后与围护墙间的空隙，要用细石混凝土填塞。

钢支撑受力构件的长细比不宜大于75，联系构件的长细比不宜大于120。安装节点尽量设在纵、横向支撑的交汇处附近。纵向、横向支撑的交汇点尽可能在同一标高上，这样支撑体系的平面刚度大，尽量少用重叠连接。钢支撑与钢腰梁可用电焊等连接。

2. 混凝土支撑施工

混凝土支撑亦多用钢立柱，立柱与钢支撑相同。腰梁与支撑整体浇筑，在平面内形成整体。位于围护墙顶部的冠梁，多与围护墙体整浇，位于桩身处的腰梁亦通过桩身预埋筋和吊筋加以固定。混凝土腰梁的截面宽度要不小于支撑截面高度；腰梁截面水平向高度由计算确定，一般不小于1/8腰梁水平面计算跨度。腰梁与围护墙间不留间隙，完全密贴。

按设计工况当基坑挖土至规定深度时，要及时浇筑支撑和腰梁，以减少时效作用，减小变形。支撑受力钢筋在腰梁内锚固长度要不小于$30d$。要待支撑混凝土强度达到不小于80%设计强度时，才允许开挖支撑以下的土方。支撑和腰梁浇筑时的底模（模板或细石混凝土薄层等），挖土开始后要及时去除，以防坠落伤人。支撑如穿越外墙，要设止水片。

在浇筑地下室结构时如要换撑，亦需底板、楼板的混凝土强度达到不小于设计强度的80%以后才允许换撑。

10.1.4.7　土层锚杆施工

土层锚杆施工，包括钻孔、安放拉杆、灌浆和张拉锚固。在正式开工之前还需进行必要的准备工作。

1. 施工准备工作

在土层锚杆正式施工之前，一般需进行下列准备工作：

(1) 土层锚杆施工必须清楚施工地区的土层分布和各土层的物理力学特性（天然重度、含水量、孔隙比、渗透系数、压缩模量、凝聚力、内摩擦角等）。这对于确定土层锚杆的布置和选择钻孔方法等都十分重要。

还需了解地下水位及其随时间的变化情况，以及地下水中化学物质的成分和含量，以便研究对土层锚杆腐蚀的可能性和应采取的防腐措施。

(2) 要查明土层锚杆施工地区的地下管线、构筑物等的位置和情况，慎重研究土层锚杆施工对它们产生的影响。

(3) 要研究土层锚杆施工对邻近建筑物等的影响，如土层锚杆的长度超出建筑红线、还应得到有关部门和单位的批准或许可。同时也应研究附近的施工（如打桩、降低地下水位、岩石爆破等）对土层锚杆施工带来的影响。

(4) 要编制土层锚杆施工组织设计，确定土层锚杆的施工顺序；保证供水、排水和动力的需要；制订钻孔机械的进场、正常使用和保养维修制度；安排好施工进度和劳动组织；在施工之前还应安排设计单位进行技术交底，以全面了解设计的意图。

2. 钻孔

土层锚杆的钻孔工艺，直接影响土层锚杆的承载能力、施工效率和整个支护工程的成本。钻孔的费用一般占成本的30%以上，有时甚至超过50%。钻孔时注意尽量不要扰动土体，尽量减少土的液化，要减少原来应力场的变化，尽量不使自重应力释放。

(1) 钻孔机械选择。

土层锚杆钻孔用的钻孔机械，按工作原理分，有旋转式钻孔机、冲击式钻孔机和旋转冲击式钻孔机三类。主要根据土质、钻孔深度和地下水情况进行选择。

(2) 钻孔方法选择。

钻孔方法的选择主要取决于土质和钻孔机械。常用的土层锚杆钻孔方法有：

1) 螺旋钻孔干作业法。

当土层锚杆处于地下水位以上，呈非浸水状态时，宜选用不护壁的螺旋钻孔干作业法来成孔，该法对黏土、粉质黏土、密实性和稳定性较好的砂土等土层都适用。

用该法成孔有两种施工方法：一种方法是钻孔与插入钢拉杆合为一道工序，即钻孔时将钢拉杆插入空心的螺旋钻杆内，随着钻孔的深入，钢拉杆与螺旋钻杆一同到达设计规定的深度，然后边灌浆边退出钻杆，而钢拉杆即锚固在钻孔内；另一种方法是钻孔与安放钢拉杆分为两道工序，即钻孔后，在螺旋钻杆退出孔洞后再插入钢拉杆。后一种方法设备简单，简便易行，采用较多。为加快钻孔施工，可以采用平行作业法进行钻孔和插入钢拉杆。

用螺旋钻杆进行钻孔，被钻削下来的土屑对孔壁产生压力和摩阻力，使土屑顺螺旋钻杆排出孔外。对于内摩擦角大的土和能形成粗糙孔壁的土，由于钻削下来的松动土屑与孔壁间的摩阻力大，土屑易于排出，就是在螺旋钻杆转速和扭矩相对较小的情况下，亦能顺利地钻进和排土。对于含水量高、呈软塑或流动状态的土，由于钻削下来的土屑与孔壁间的摩阻力小，土屑排出就较困难，需要提高螺旋钻杆的转速，使土屑能有效地排出。凝聚力大的软黏土、淤泥质黏土等，对孔壁和螺旋叶片产生较强的附着力，需要较高的扭矩并配合一定的转速才能排出土屑。因此，除要求采用的钻机具有较高的回转扭矩外，还要能调节回转速度以适应不同土的要求。

螺旋钻孔所用之钻杆，每节长约2～6m，根据钻孔直径选择螺叶外径和螺距，螺叶外径与螺距需有一定的比值。

用此法钻孔时，钻机连续进行成孔，后面紧接着进行安放钢拉杆和灌浆。此法的缺点

是当孔洞较长时，孔洞易向上弯曲，导致土层锚杆张拉时摩擦损失过大，影响以后锚固力的正常传递，其原因是钻孔时钻削下来的土屑沉积在钻杆下方，造成钻头上抬。

2）压水钻进成孔法。

该方法是土层锚杆施工应用较多的一种钻孔工艺。这种钻孔方法的优点，是可以把钻孔过程中的钻进、出渣、固壁、清孔等工序一次完成，可以防止塌孔，不留残土，软、硬土都能适用。但用此法施工，工地如无良好的排水系统会积水多，有时会给施工带来麻烦。

钻进时冲洗液（压力水）从钻杆中心流向孔底，在一定水头压力（约0.15～0.30MPa）下，水流携带钻削下来的土屑从钻杆与孔壁之间的孔隙处排出孔外。钻进时要不断供水冲洗（包括接长钻杆和暂时停机时），而且要始终保持孔口的水位。待钻到规定深度一般钻孔深度要大于土层锚杆长度（0.5～1.0m）后继续用压力水冲洗残留在钻孔中的土屑，直至水流不显浑浊为止。

钻机就位后，先调整钻杆的倾斜角度。在软黏土中钻孔，当不用套管钻进时，应在钻孔孔口处放入1～2m的护壁套管，以保证孔口处不坍陷；钻进时宜用3～4m长的岩芯管，以保证钻孔的直线形。钻进速度视土质而定，一般以30～40cm/min为宜，对土层锚杆的自由段钻进速度可稍快，对锚固段，尤其是扩孔时钻进速度可稍慢。钻进中如遇到流砂层，应适当加快钻进速度，降低冲孔水压，保持孔内水头压力。对于杂填土地层（包括建筑垃圾等），应该设置护壁套管钻进。

3）潜钻成孔法。

此法是利用风动冲击式潜孔冲击器成孔，这种工具原来是用来穿越地下电缆的，它长不足1m，ϕ78～135mm，由压缩空气驱动，内部装有配气阀、气缸和活塞等机构。它是利用活塞往复运动作定向冲击，使潜孔冲击器挤压土层向前钻进。由于它始终潜入孔底工作，冲击功在传递过程中损失小，具有成孔效率高、噪音低等特点。为了控制冲击器，使其在钻进到预定深度后能将其退出孔外，还需配备一台钻机，将钻杆连接在冲击器尾部，待达到预定深度后，由钻杆沿钻机导向架后退将冲击器带出钻孔。导向架还能控制成孔器成孔的角度。

潜钻成孔法宜用于孔隙率大、含水量较低的土层中。成孔速度快，孔壁光滑而坚实，由于不出土，孔壁无坍落和堵塞现象。冲击器体形细长，且头部带有螺旋状细槽纹，有较好的导向作用，即使在卵石、砾石的土层中，成孔亦较直。成孔速度可达1.3m/min。但是，在含水量较高的土层中，在冲击器高频率的冲振下，孔壁土结构易破坏，而且经冲击挤压后孔壁光滑，如灌浆压力较低，浆体与孔壁土结合不紧密，会影响土层锚杆的锚固能力。

土层锚杆的钻孔，和其他工程的钻孔相比，应注意的特点和应达到的要求如下：

a. 孔壁要求平直，以便安放钢拉杆和灌注水泥浆；

b. 孔壁不得坍陷和松动，否则影响钢拉杆安放和土层锚杆的承载能力；

c. 钻孔时不得使用膨润土循环泥浆护壁，以免在孔壁上形成泥皮，降低锚固体与土壁间的摩阻力；

d. 土层锚杆的钻孔多数有一定的倾角，因此孔壁的稳定性较差；

e. 由于土层锚杆的长细比很大，孔洞很长，保证钻孔的准确方向和直线性较困难，容易偏斜和弯曲。

扩孔的方法有4种：机械扩孔、爆炸扩孔、水力扩孔和压浆扩孔。

3. 安放拉杆

土层锚杆用的拉杆，常用的有钢管（钻杆用作拉杆）、粗钢筋、钢丝束和钢绞线。主要根据土层锚杆的承载能力和现有材料的情况来选择。承载能力较小时，多用粗钢筋；承载能力较大时，我国多用钢绞线。

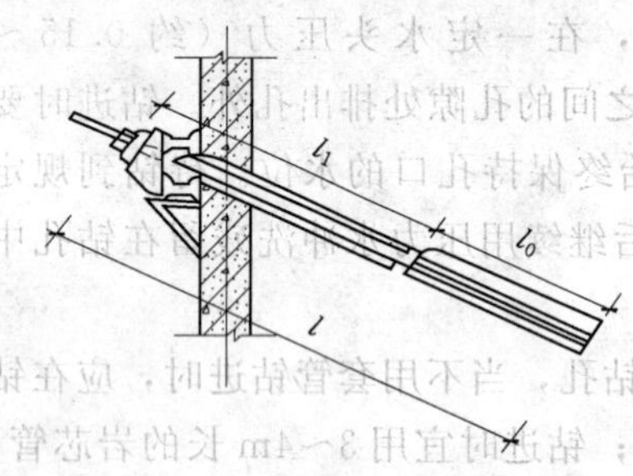

图10.36 粗钢筋加螺帽锚杆

(1) 钢筋拉杆。

钢筋拉杆（图10.36）由一根或数根粗钢筋组合而成，如为数根粗钢筋则需用绑扎或电焊连接成一体。其长度应按锚杆设计长度加上张拉长度（等于支撑围檩高度加锚座厚度和螺母高度）。钢筋拉杆防腐蚀性能好，易于安装，当土层锚杆承载能力不是很大时应优先考虑选用。

对有自由段的土层锚杆，钢筋拉杆的自由段要做好防腐和隔离处理。防腐层施工时，宜先清除拉杆上的铁锈，再涂一层环氧防腐漆冷底子油，待其干燥后，再涂一层环氧玻璃铜（或玻璃聚氨酯预聚体等），待其固化后，再缠绕两层聚乙烯塑料薄膜。

土层锚杆的长度一般都在10m以上，有的达30m甚至更长。为了将拉杆安置在钻孔的中心，防止自由段产生过大的挠度和插入钻孔时不搅动土壁；对锚固段，还为了增加拉杆与锚固体的握裹力，所以在拉杆表面需设置定位器（或撑筋环）。钢筋拉杆的定位器用细钢筋制作，在钢筋拉杆轴心按120°夹角布置，间距一般2～2.5m。定位器的外径宜小于钻孔直径1cm。

(2) 钢丝束拉杆。

钢丝束拉杆可以制成通长一根，它的柔性较好，往钻孔中沉放较方便。但施工时应将灌浆管与钢丝束绑扎在一起同时沉放，否则放置灌浆管有困难。

钢丝束拉杆的自由段需理顺扎紧，然后进行防腐处理。防腐方法可用玻璃纤维布缠绕两层，外面再用粘胶带缠绕；亦可将钢丝束拉杆的自由段插入特制护管内，护管与孔壁间的空隙可与锚固段同时进行灌浆。

钢丝束拉杆的锚固段亦需用定位器，该定位器为撑筋环，如图10.37所示。钢丝束的钢丝分为内外两层，外层钢丝绑扎在撑筋环上，撑筋环的间距为0.5～1.0m，这样锚固段

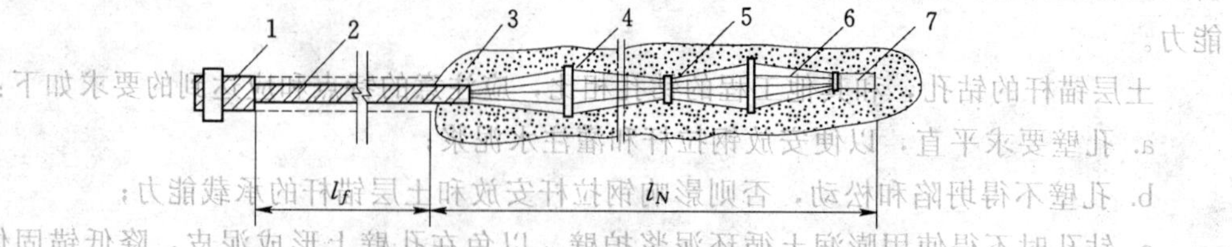

图10.37 钢丝束拉杆的撑筋环

1—锚头；2—自由段及防腐层；3—锚固体砂浆；4—撑筋环；5—钢丝束结；6—锚固段的外层钢丝；7—小竹筒

就形成一连串的菱形，使钢丝束与锚固体砂浆的接触面积增大，增强了黏结力，内层钢丝则从撑筋环的中间穿过。

(3) 钢绞线拉杆。

钢绞线拉杆的柔性更好，向钻孔中沉放更容易，因此应用的比较多，用于承载能力大的土层锚杆。

锚固段的钢绞线要仔细清除其表面的油脂，以保证与锚固体砂浆有良好的黏结自由段的钢绞线要套以聚丙烯防护套等进行防腐处理。

钢绞线拉杆需用特制的定位架。

4. 压力灌浆

压力灌浆是土锚施工中的一个重要工序。施工时，应将有关数据记录下来，以备将来查用。灌浆的作用是：①形成锚固段，将锚杆锚固在土层中；②防止钢拉杆腐蚀；③充填土层中的孔隙和裂缝。

灌浆的浆液为水泥砂浆（细砂）或水泥浆。水泥一般不宜用高铝水泥，由于氯化物会引起钢拉杆腐蚀，因此其含量不应超过水泥重的0.1%。由于水泥水化时会生成SO_3，所以硫酸盐的含量不应超过水泥重的4%。我国多用普通硅酸盐水泥，有些工程为了早强、抗冻和抗收缩，曾使用过硫铝酸盐水泥。

拌和水泥浆或水泥砂浆所用的水，一般应避免采用含高浓度氯化物的水，因为它会加速钢拉杆的腐蚀。若对水质有疑问，应事先进行化验。

选定最佳水灰比亦很重要，要使水泥浆有足够的流动性，以便用压力泵将其顺利注入钻孔和钢拉杆周围。同时还应使灌浆材料收缩小和耐久性好，所以一般常用的水灰比为0.4～0.45。灌浆方法有一次灌浆法和二次灌浆法两种。二次灌浆法可以显著提高土锚的承载能力。

5. 张拉和锚固

土锚灌浆后，待锚固体强度达到80%设计强度以上，便可对土锚进行张拉和锚固。张拉前先在支护结构上安装围檩。张拉用设备与预应力结构张拉所用者相同。

从我国目前情况看，钢拉杆为变形钢筋者，其端部加焊一螺母端杆，用螺母锚固。钢拉杆为光圆钢筋者，可直接在其端部攻丝，用螺母锚固。如用精轧螺纹钢筋，可直接用螺母锚固。张拉粗钢筋用一般单作用千斤顶。

钢拉杆为钢丝束者，锚具多为镦头锚，亦用单作用千斤顶张拉。

预加应力的锚杆，要正确估算预应力损失。由于土锚与一般预应力结构不同，导致预应力损失的因素主要有：

(1) 张拉时由于摩擦造成的预应力损失。

(2) 锚固时由于锚具滑移造成的预应力损失。

(3) 钢材松弛产生的预应力损失。

(4) 相邻锚杆施工引起的预应力损失。

(5) 支护结构（板桩墙等）变形引起的预应力损失。

(6) 土体蠕变引起的预应力损失。

(7) 温度变化造成的预应力损失。

上述七项预应力损失，应结合工程具体情况进行计算。

6. 土锚试验

土锚的发展归功于先进的施工技术，至今理论研究工作尚落后于工程实践。决定土锚承载能力的因素是多方面的，土层的性质、材料特性和施工因素等都影响其承载能力。因此，到目前为止按一般土力学理论尚不能做出圆满的解释。目前所有计算承载能力的公式，都不能全面地反映上述诸影响因素，都是在某一特定条件下得到的，一般只适用于与其条件相类似的土锚的设计。因此，在土锚工程中，试验是必不可少的。德、日、美、英、法等国的土锚规范都强调土锚试验的重要性。认为试验是检查土锚质量的重要手段，亦是验证和改善土锚设计和施工工艺的重要依据。

土锚是由锚头、拉杆和锚固体三个部分组成。因此，土锚的承载能力是由锚头传递荷载的能力、拉杆的抗拉能力和锚固体的锚固能力决定的，其承载能力决定于上述三种能力中的最小值。

拉杆的抗拉能力易于确定，锚头可用预应力混凝土构件的锚具，其传递荷载的能力亦易于确定，所以，土锚试验的主要内容是确定锚固体的锚固能力。

土锚试验对施工来说主要是验收试验。我国目前一些单位在进行验收试验时，试验锚杆的数量一般取锚杆总数的5%，且不少于3根。验收试验的最大试验荷载宜为设计荷载的1.2倍（临时锚杆）和1.5倍（永久锚杆）。试验分级加荷，即由初始荷载P_0逐渐增大到最大试验荷载，通常按0.4、0.8、1.0、1.2、1.5倍设计荷载分级。加到每级荷载后都要放松到P_0，这样可测得各级荷载作用下锚杆的弹性变形和塑性变形，以判断锚杆的自由段与锚固段的长度是否与设计相符。

土锚验收试验合格的标准，我国一些单位规定为：

(1) 试验所得的总弹性位移应超过自由段长度钢材理论弹性伸长的80%，且小于自由段长度与1/2锚固段长度之和的钢材理论弹性伸长。

这条规定是因为如测得的弹性位移小于自由段钢材理论弹性伸长的80%，说明锚杆的自由段长度远小于设计值。一方面当锚杆产生位移时要增大锚杆的预应力损失；另一方面由于锚固段比设计值长许多，就不能真实地反映锚固段承载能力的储备。

如测得的弹性位移大于自由段长度与1/2锚固段长度之和的理论弹性伸长值，说明锚固段长度远小于设计值，锚杆的承载力将严重削弱，甚至危及工程的安全。

(2) 在最大试验荷载作用下，锚杆的位移收敛。

(3) 在$P-S$曲线上无转折点，$P-S$曲线呈直线或平滑曲线状。

10.1.5 地下水控制

基坑工程中的降低地下水亦称地下水控制，即在基坑工程施工过程中，地下水要满足支护结构和挖土施工的要求，并且不因地下水位的变化，对基坑周围的环境和设施带来危害。

10.1.5.1 地下水流的基本性质

高层建筑的深基础工程施工，需要降低地下水位。为了进行降低地下水位的计算和保证土方工程施工顺利进行，需要对地下水流的基本性质有所了解。

1. 动水压力和流砂

地下水分潜水和层间水两种。潜水即从地表算起第一层不透水层以上含水层中所含的水，这种水无压力，属于重力水。层间水即夹于两不透水层之间含水层中所含的水。如果水未充满此含水层，水没有压力，称无压层间水；如果水流满此含水层，水则带有压力，称承压层间水（图10.38）。

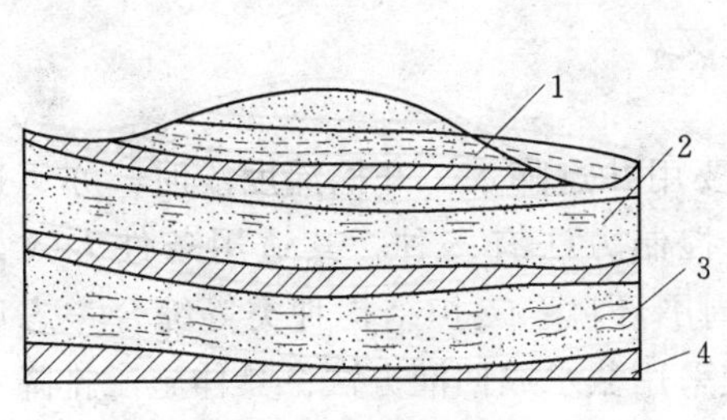

图10.38　地下水

1—潜水；2—无压层间水；3—承压层间水；4—不透水层

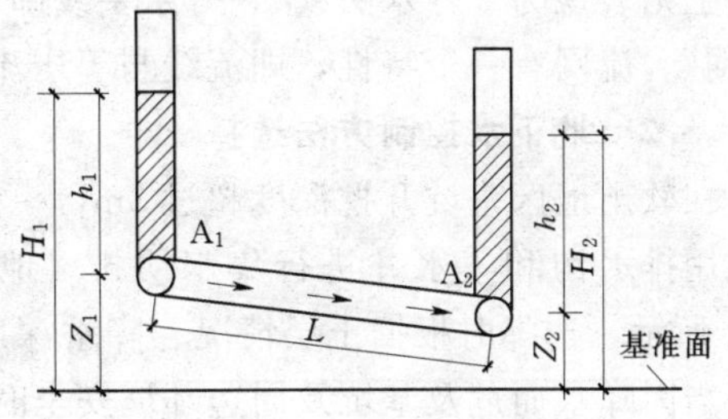

图10.39　动水压力

从水的流动方向取一柱状土体 A_1A_2 作为脱离体（图10.39）。可以推导出：

$$T=\gamma_w I$$

式中　I——水力坡度。

设水在土中渗流时，对单位土体的压力为 G_D，由作用力等于反作用力、但方向相反的原理，可知：

$$G_D=-T=-\gamma_w I$$

称 G_D 为动水压力，其单位为 kN/m^3。动水压力 G_D 与水力坡度成正比，即水位差愈大，G_D 亦愈大；而渗透路线愈长，则 G_D 愈小。动水压力的作用方向与水流方向相同。当水流在水位差作用下对土颗粒产生向上的压力时，动水压力不但使土颗粒受到水的浮力，而且还使土颗粒受到向上的压力，当动水压力等于或大于土的浸水重度 γ'_w 时，即：

$$G_D\geqslant\gamma'_w$$

则土颗粒失去自重，处于悬浮状态，土的抗剪强度等于零，土颗粒能随着渗流的水一起流动，这种现象称“流砂”。

在一定的动水压力作用下，细颗粒、颗粒均匀、松散而饱和的土容易产生流砂现象。降低地下水位，消除动水压力，是防止产生流砂现象的重要措施之一。此外，施工能阻挡地下水流的支护结构和采用冻结法等亦能制止流砂产生。

2. 渗透系数

渗透系数是计算水井涌水量的重要参数之一。水在土中的流动称为渗流。水点运动的轨迹称为“流线”。水在流动时如果流线互不相交，这种流动称为“层流”；如果水在流动时流线相交，水中发生局部旋涡，这种流动就称为“紊流”。水在土中运动的速度一般不大，因此，这种流动属于“层流”。从达西定律 $v=KI$ 可以看出渗透系数的物理意义；水力坡度 I 等于1时的渗透速度即渗透系数 K_0 等表示。

土的渗透性，取决于土的形成条件、颗粒级配、胶体颗粒含量和土的结构等因素。一

般常用稳定流的裘布依公式计算渗透系数。

渗透系数 K 值取得是否正确，将影响井点系统涌水量计算结果的准确性，在地基土勘探时应提供各土层的 K 值，否则只有用扬水试验确定。

3. 等压流线与流网

水在土中渗流，地下水水头值相等的点连成的面，称为“等水头面”，它在平面上或剖面上则表现为“等水头线”，等水头线即等压流线。由等压流线和流线所组成的网称为“流网”。流网有一个特性，即流线与等压流线正交。

10.1.5.2　地下水控制方法选择

在软土地区基坑开挖深度超过 3m，一般就要用井点降水。开挖深度浅时，亦可边开挖边用排水沟和集水井进行集水明排。地下水控制方法有多种，其适用条件大致如表 10.1 所示，选择时根据土层情况、降水深度、周围环境、支护结构种类等综合考虑后优选。当因降水而危及基坑及周边环境安全时，宜采用截水或回灌方法。具体施工排降水施工方法详见项目 1 土方工程 1.2.3。

表 10.1　　**地下水控制方法适用条件**

方法名称		土　类	渗透系数 (m/d)	降水深度 (m)	水文地质特征
集水明排		填土、粉土、黏性土、砂土	7～20.0	小于 5	上层滞水或水量不大的潜水
降水	真空井点		0.1～20.0	单级小于 6 多级小于 20	
	喷射井点		0.1～20.0	小于 20	
	管　井	粉土、砂土、碎石土、可溶岩、破碎带	1.0～200.0	大于 5	含水丰富的潜水、承压水、裂隙水
截　水		黏性土、粉土、砂土、碎石土、岩溶土	不　限	不　限	
回　灌		填土、粉土、砂土、碎石土	0.1～200.0	不　限	

10.1.6　深基坑工程土方开挖

基坑土方开挖是基坑工程的重要组成部分，对于土方数量大的基坑（有的达数十万立方米），基坑工程的工期在很大程度取决于挖土的速度。另外，支护结构的强度和变形控制是否满足要求，亦靠挖土阶段来验证。

基坑挖土有放坡挖土和有支护结构的垂直（或近似垂直）开挖两类。具体开挖工艺详见项目 1 土方工程 1.4.2。

10.1.6.1　放坡开挖

放坡开挖在一般情况下是最经济的挖土方案。当基坑开挖深度不很大、周围环境又允许时，经验算能保持土坡的稳定时，均宜采用放坡开挖。放坡开挖深度较大的基坑，宜设置多层台阶分层开挖，每级台阶的宽度不宜小于 1.5m。较大、较深的基坑，放坡开挖要验算边坡稳定，最常用的方法为圆弧滑动面条分法。

土方边坡的大小与土质、基坑开挖深度、基坑开挖方法、基坑开挖后留置时间的长

短、附近有无堆土及排水情况等有关。

高层建筑的基坑，由于有地下室，一般深度较大。开挖时，除用推土机进行场地平整和开挖表层外，多利用反铲挖土机和抓斗、挖土机进行开挖，根据基坑开挖的深度，可分一层、二层甚至三层进行开挖，要与支护结构计算的工况吻合。挖出的土方，除工地堆放一小部分外，大多数皆宜用自卸汽车运至指定的堆土场。

进行两层或多层开挖时，挖土机和运土汽车需下至基坑内施工，故在适当部位需留设坡道，以便运土汽车上下。坡道两侧有时需加固。

反铲挖土机可开挖停机面以下的土，一次挖土深度取决于其最大挖掘深度的技术参数。反铲挖土机的开行方式有沟端开行和沟侧开行两种，一般多用沟端开行，因为这种开行方式开挖的深度和宽度较大。沟端开行时，挖土机开行方向与基坑开挖方向一致。采用沟侧开行时，挖土机在沟槽一侧挖土，挖土机开行方向与挖土方向垂直，所以稳定性较差，而且开挖的深度和宽度较小。

抓斗挖土机亦是开挖停机面以下的土，开挖的深度和宽度较大，在潮湿地区甚至水下都可开挖。

10.1.6.2　有支护结构的基坑开挖

有支护结构的土方开挖，多为垂直开挖（采用土钉墙时有陡坡）。其开挖方式如图10.40～图10.44所示。

图10.40　有支护结构的土方开挖方式（一）

1. 中心岛（墩）式挖土

中心岛（墩）式挖土，宜用于大型基坑，支护结构的支撑形式为角撑、环梁式或边桁（框）架式，中间具有较大空间情况下，如图10.45所示。此时可利用中间的土墩作为支点搭设栈桥。挖土机可利用栈桥下到基坑挖土，运土的汽车亦可利用栈桥进入基坑运土。这样可以加快挖土中心岛（墩）式挖土，中间土墩的留土高度、边坡的坡度、挖土层次与高差都要经过仔细研究确定。由于在雨季，土墩边坡易滑坡，必要时对边坡尚需加固。

图 10.41　有支护结构的土方开挖方式（二）

图 10.42　有支护结构的土方开挖方式（三）

2. 岛式开挖

挖土亦分层开挖，多数是先全面挖去第一层，然后中间部分留置土墩，周围部分分层开挖。开挖多用反铲挖土机，如基坑深度大则用向上逐级传递方式进行装车外运。

整个的土方开挖顺序，必须与支护结构的设计工况严格一致。要遵循开槽支撑、先撑后挖、分层开挖、严禁超挖的原则。

挖土时，除支护结构设计允许外，挖土机和运土车辆不得直接在支撑上行走和操作。

图 10.43　有支护结构的土方开挖方式（四）

图 10.44　有支护结构的土方开挖方式（五）

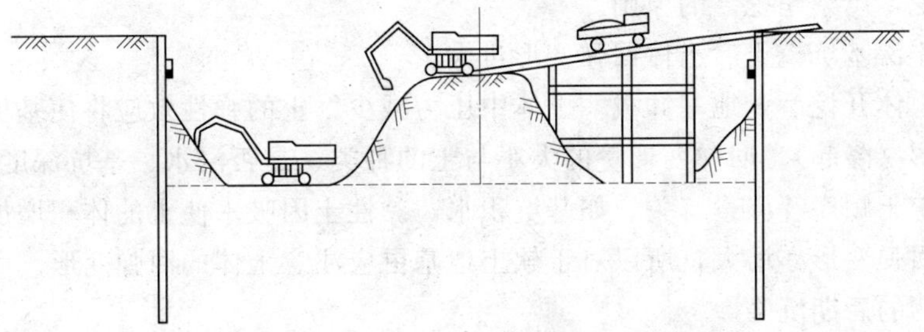

图 10.45　中心岛（墩）式挖土

为减少时间效应的影响，挖土时应尽量缩短围护墙无支撑的暴露时间。一般对一、二级基坑，每一工况挖至规定标高后，钢支撑的安装周期不宜超过一昼夜，混凝土支撑的完成时间不宜超过两昼夜。

对面积较大的基坑，为减少空间效应的影响，基坑土方宜分层、分块、对称、限时进行开挖，土方开挖顺序要为尽可能早的安装支撑创造条件。

土方挖至设计标高后，对有钻孔灌筑桩的工程，宜边破桩头边浇筑垫层，尽可能早一些浇筑垫层，以便利用垫层（必要时可加厚作配筋垫层）对围护墙起支撑作用，以减少围护墙的变形。

挖土机挖土时严禁碰撞工程桩、支撑、立柱和降水的井点管。分层挖土时，层高不宜过大，以免土方侧压力过大使工程桩变形倾斜，这在软土地区尤为重要。

同一基坑内当深浅不同时，土方开挖宜先从浅基坑处开始，如条件允许可待浅基坑处底板浇筑后，再挖基坑较深处的土方。

如两个深浅不同的基坑同时挖土时，土方开挖宜先从较深基坑开始，待较深基坑底板浇筑后，再开始开挖较浅基坑的土方。

如基坑底部有局部加深的电梯井、水池等，如深度较大宜先对其边坡进行加固处理后再进行开挖。

3. 盆式挖土

盆式挖土是先开挖基坑中间部分的土，周围四边留土坡，土坡最后挖除。这种挖土方式的优点是周边的土坡对围护墙有支撑作用，有利于减少围护墙的变形。其缺点是大量的土方不能直接外运，需集中提升后装车外运（图10.46）。

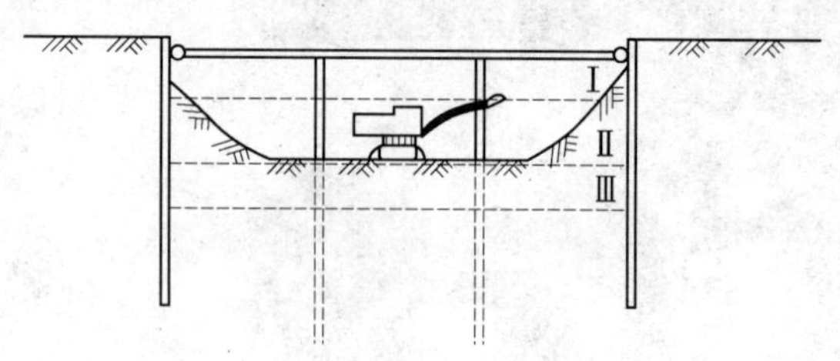

图10.46 盆式挖土

盆式挖土周边留置的土坡，其宽度、高度和坡度大小均应通过稳定验算确定。如留得过小，对围护墙支撑作用不明显，失去盆式挖土的意义。如坡度太陡边坡不稳定，在挖土过程中可能失稳滑动，不但失去对围护墙的支撑作用，影响施工，而且有损于工程桩的质量。盆式挖土需设法提高土方上运的速度，对加速基坑开挖起很大作用。

4. 深基坑土方开挖的注意事项

（1）土方开挖顺序、方法必须与支护结构设计工况一致，并遵循“开槽支撑，先撑后挖，分层开挖，严禁超挖”的原则。

（2）防止深基坑挖土后土体回弹变形过大。

深基坑土体开挖后，地基卸载，土体中压力减少，土的弹性效应将使基坑底面产生一定的回弹变形（隆起）。回弹变形量的大小与土的种类、是否浸水、基坑深度、基坑面积、暴露时间及挖土顺序等因素有关。如基坑积水，黏性土因吸水使土的体积增加，不但抗剪强度降低，回弹变形亦增大，所以对于软土地基更应注意土体的回弹变形。回弹变形过大将加大建筑物的后期沉降。

由于影响回弹变形的因素比较复杂，回弹变形计算尚难准确。如基坑不积水，暴露时

间不太长，可认为土的体积在不变的条件下产生回弹变形，即相当于瞬时弹性变形，可把挖去的土重作为负荷载按分层总和法计算回弹变形。

施工中减少基坑回弹变形的有效措施，是设法减少土体中有效应力的变化，减少暴露时间，并防止地基土浸水。因此，在基坑开挖过程中和开挖后，均应保证井点降水正常进行，并在挖至设计标高后，尽快浇筑垫层和底板。必要时，可对基础结构下部土层进行加固。

(3) 防止边坡失稳。

深基础的土方开挖，要根据地质条件（特别是打桩之后）、基础埋深、基坑暴露时间、挖土及运土机械、堆土等情况，拟定合理的施工方案。

目前挖土机械多用斗容量 $1m^3$ 的反铲挖土机，其实际有效挖土半径约 5～6m，而挖土深度为 4～6m，习惯上往往一次挖到深度，这样挖土形成的坡度约 1∶1。由于快速卸荷、挖土与运输机械的振动，如果再于开挖基坑的边缘 2～3m 范围内堆土，则易于造成边坡失稳。

挖土速度快即卸载快，迅速改变了原来土体的平衡状态，降低了土体的抗剪强度，呈流塑状态的软土对水平位移极敏感，易造成滑坡。

边坡堆载（堆土、停机械等）给边坡增加附加荷载，如事先未经详细计算，易形成边坡失稳。上海某工程在边坡边缘堆放 3m 高的土，已挖至－4m 标高的基坑，一夜间又上升到－3.8m，后经突击卸载，组织堆土外运，才避免大滑坡事故。

(4) 防止桩位移和倾斜。

打桩完毕后基坑开挖，应制订合理的施工顺序和技术措施，防止桩的位移和倾斜。对先打桩后挖土的工程，由于打桩的挤土和动力波的作用，使原处于静平衡状态的地基土遭到破坏。对砂土甚至会形成砂土液化，地下水大量上升到地表面，原来的地基强度遭到破坏。对黏性土由于形成很大的挤压应力，孔隙水压力升高，形成超静孔隙水压力，土的抗剪强度明显降低。如果打桩后紧接着开挖基坑，由于开挖时的应力释放，再加上挖土高差形成一侧卸荷的侧向推力，土体易产生一定的水平位移，使先打设的桩易产生水平位移。软土地区施工，这种事故已屡有发生，值得重视。为此，在群桩基础的桩打设后，宜停留一定时间，并用降水设置预抽地下水，待土中由于打桩积聚的应力有所释放，孔隙水压力有所降低，被扰动的土体重新固结后，再开挖基坑土方。而且土方的开挖宜均匀、分层，尽量减少开挖时的土压力差，以保证桩位正确和边坡稳定。

(5) 配合深基坑支护结构施工。

深基坑的支护结构，随着挖土加深侧压力加大，变形增大，周围地面沉降亦加大。及时加设支撑（土锚），尤其是施加预应力的支撑，对减少变形和沉降有很大的作用。为此，在制订基坑挖土方案时，一定要配合支撑（土锚）加设的需要，分层进行挖土，避免片面只考虑挖土方便而妨碍支撑的及时加设，造成有害影响。

近年来，在深基坑支护结构中混凝土支撑应用渐多，如采用混凝土支撑，则挖土要与支撑浇筑配合，支撑浇筑后要养护至一定强度才可继续向下开挖。挖土时，挖土机械应避免直接压在支撑上，否则要采取有效措施。

如支护结构设计采用盆式挖土时，则先挖去基坑中心部位的土，周边留有足够厚度的

土，以平衡支护结构外面产生的侧压力，待中间部位挖土结束、浇筑好底板、并加设斜撑后，再挖除周边支护结构内面的土。采用盆式挖土时，底板要允许分块浇筑，地下室结构浇筑后有时尚需换撑以拆除斜撑，换撑时支撑要支承在地下室结构外墙上，支承部位要慎重选择并经过验算。

挖土方式影响支护结构的荷载，要尽可能使支护结构均匀受力，减少变形。为此，要坚持采用分层、分块、均衡、对称的方式进行挖土。

10.1.7 支护结构监测

支护结构设计虽然根据地质勘探资料和使用要求进行了较为详细的计算，但由于地质条件、荷载、材料性质、施工条件和外界其他因素的复杂影响，很难单纯地从理论上预测工程中可能遇到的问题，而且，理论预测值还不能全面而准确地反映工程的各种变化，所以在理论分析指导下有计划地进行现场工程监测就显得十分必要。

监测的目的有以下几点：

(1) 通过监测随时掌握土层和支护结构内力的变化情况，以及邻近建筑物、地下管线和道路的变形情况，将监测数据与预测值进行对比、分析，以判断前一步施工工艺和施工参数是否符合预期要求，以确定和优化下一步的施工参数，因此，监测工作是及时指导正确施工、避免事故发生的必要措施。

(2) 为基坑周围环境进行及时、有效地保护提供依据。

(3) 将监测结果用于反馈优化设计，为改进设计提供依据。

(4) 通过对监测结果与理论预测值的比较、分析，可以检验设计理论的正确性，因此，监测工作还是发展设计理论的重要手段。

10.1.7.1 监测项目及测点布置

基坑工程的监测是基坑工程设计的必要部分，设计应明确提出监测项目和具体要求，在选择设计安全系数和其他参数时，应考虑现场监测的水平和可靠性。凡受实际监测值影响的设计内容必须在设计文件中明确表示。

1. 监测项目

基坑和支护结构的监测项目，应根据支护结构的重要性、周围环境的复杂性和施工的要求而定。一般来说大型工程、位于闹市区的大中型工程监测项目选项多一些。表10.2所列的监测项目为重要的支护结构所需监测的项目，对其他支护结构可参照增减。

表10.2　　监测项目

监测项目 \ 基坑侧壁安全等级	一级	二级	三级
支护结构水平位移	应测	应测	应测
周围建筑物、地下管线变形	应测	应测	宜测
地下水位	应测	应测	宜测
桩、墙内力	应测	宜测	可测
锚杆拉力	应测	宜测	可测
支撑轴力	应测	宜测	可测

续表

监测项目 \ 基坑侧壁安全等级	一　级	二　级	三　级
立柱变形	应测	宜测	可测
土体分层竖向位移	应测	宜测	可测
支护结构界面上侧向压力	宜测	可测	可测

2. 测点布置

设置在围护结构里的测斜管，按对基坑工程控制变形的要求，一般情况下，基坑每边设1～3点，测斜管深度与结构入土深度一样。围护桩（墙）顶的水平位移、垂直位移测点应沿基坑周边每隔10～20m设一点，并在远离基坑（大于5倍的基坑开挖深度）的地方设基准点。围护桩（墙）弯矩测点应选择在每侧基坑的中心处布置，测点间距沿桩（墙）深度方向一般以1.5～2.0m为宜。

支撑结构轴力测点需设置在主撑跨中部位，每层支撑都应选择几个具有代表性的截面进行测量，对测轴力的重要支撑，宜配套测其支点处的弯矩。

立柱的沉降测点布置在立柱上方的支撑面上。每根立柱的沉量均需测量，特别对基坑中多个支撑交汇处的立柱应做重点监测。

环境监测应将从基坑边缘向外2～4倍开挖深度范围内的建（构）筑物、地下管线等均作为监控对象。房屋沉降测点应布置在墙角、柱身、门边等外形突出部位，测点间距应能充分反映建筑物的不均匀沉降为宜。地下管线位移量测点可直接布置在管线本身上，也可以设在靠近管线底面的土体中。

总之，监测点的布置应以能满足监控要求为准，抓住关键部位做到重点量测项目配套，强调监测数据与施工工况的具体施工参数配套，以形成有效的整个监测系统。

10.1.7.2　监测设备

支护结构与周围环境的监测，主要分为应力监测和变形监测。应力监测仪器用于现场测量的主要有钢筋计、土压力计和孔隙水压力计；变形监测仪器用于现场测量的主要有水准仪、经纬仪和测斜仪。

1. 钢筋计

(1) 钢筋计的工作原理。

钢筋计有钢弦式和电阻应变式两种，接收仪分别是频率仪和电阻应变仪。

1) 钢弦式钢筋计。

钢弦式钢筋计的工作原理是当钢筋计受轴向力时，引起弹性钢弦的张力变化，改变了钢弦的振动频率，通过频率仪测得钢弦的频率变化即可测出钢筋所受作用力的大小，换算而得混凝土结构所受的力。

2) 电阻应变式钢筋计。

其工作原理是利用钢筋受力后产生变形，粘贴在钢筋上的电阻应变片产生应变，从而通过测出应变值得出钢筋所受作用力大小。

钢筋计在基坑工程中可以用来量测：①支护桩（墙）沿深度方向的弯矩；②支撑的轴

力与平面弯矩；③结构底板所承受的弯矩。

(2) 钢筋计的使用方法。

钢弦式钢筋计安装时与结构主筋轴心对焊，一般是沿混凝土结构截面上下或左右对称布置一对钢筋计，或在4个角处布置4个钢筋计（方形截面）。电阻应变式钢筋计不需要与主筋对焊，只要保持与主筋平行，绑扎或点焊在箍筋上。

钢筋计传感器部分和信号线一定要做好防水处理；信号线要采用金属屏蔽式，以减少外界因素对信号的干扰；安装好后，浇筑混凝土前测一次初期值，基坑开挖前再测一次初期值。

2. 土压力计

土压力计亦称土压力盒，其构造与工作原理与钢筋计基本相同，目前使用较多的是钢弦式双膜土压力计。它的工作原理是当表面刚性板受到土压力作用后，通过传力轴将作用力传至弹性薄板，使之产生挠曲变形，同时也使嵌固在弹性薄板上的两根钢弦柱偏转，使钢弦应力发生变化，钢弦的自振频率也相应变化，再通过频率仪测得钢弦的频率变化，使用预先标定的压力。频率曲线，即可换算出土压力值。

土压力计在基坑工程中可用来量测挖土过程中，作用于挡墙上的土压力变化情况，以便及时了解其与土压力设计值的差异，保护支护结构的安全。

3. 孔隙水压力计

孔隙水压力计使用较多的亦是钢弦式孔隙水压力计，其构造与工作原理与土压力计极为相似，只是孔隙水压力计多了一块透水石，土体中的孔隙水压力和土压力均作用于接触面上，但只有孔隙水能够经过透水石将其压力传到弹性薄板上，弹性薄板的变形引起钢弦应力的变化，从而根据钢弦频率的变化测得孔隙水压力值。

孔隙水压力计可用来量测土体中任意位置的孔隙水压力值大小；监控基坑降水情况及基坑开挖对周围土体的扰动范围和程度；在预制桩、套管桩、钢板桩的沉没中，根据孔隙水压力消散速率，用来控制沉桩速度。

埋设仪器前首先在选定位置钻孔至要求深度，并在孔底填入部分干净的砂，然后将压力计放到测点位置；再在其周围填入中砂，砂层应高出压力计位置0.20～0.50m为宜，最后用黏土封口。

4. 测斜仪

测斜仪的工作原理是利用重力摆锤始终保持铅直方向的性质，测得仪器中轴线与摆锤垂线的倾角。倾角的变化可由电信号转换而得，从而可以知道被测构筑物的位移变化值。在摆锤上端固定一个弹簧铜片，铜片上端固定，下端靠着摆线，当测斜仪倾斜时，摆线在摆锤的重力作用下保持铅直，压迫簧片下端，使簧片发生弯曲，由粘贴在簧片上的电阻应变片输出电信号，测出簧片的弯曲变形，即可得知测斜仪的倾角，从而推出测斜管（即挡墙）的位移。

测斜仪在基坑工程中用来量测挡墙的水平位移以及土层中各点的水平位移。

使用测斜仪量测前，先在土层中钻孔，然后埋设测斜管（塑料管、铝管等），测斜管与钻孔之间的空隙应回填水泥和膨润土拌和的灰浆。测量时，将测斜仪与标有刻度的信号传输线连接，信号线另一端与读数仪连接。测斜仪上有两对导向轮，可以沿测斜管的定向

槽滑入管底，然后每隔一段距离向上拉线读数，测定测斜仪与垂直线之间的倾角，从而得出不同标高位置处的水平位移。

如果是测试挡墙的位移，一般将测斜管垂直埋入挡墙内，测斜管与钢筋笼应绑扎牢固。

任务 2　高层建筑主体结构施工用机械设备

垂直运输设备是高层建筑机械化施工的主导机械，担负着大量的建筑材料、施工设备和施工人员垂直运输任务。目前，我国高层建筑结构施工用垂直运输设备主要有：塔式起重机、混凝土泵和施工电梯。

任务描述

(1) 高层建筑结构施工用垂直运输设备主要有哪些？如何选用？

(2) 高层建筑筏板式基础厚 3.0m，混凝土量为 1790m^3，采取分层浇筑，每层厚 30cm，混凝土浇灌量要求 89.5m^3/h，拟采用 IPF－185B 型混凝土输送泵车浇筑，其最大输送能力（排量）$q_{max}=25m^3/h$，作业效率 $\eta=0.6$，试求需用混凝土输送泵车台数。

任务分析

垂直运输设备是高层建筑机械化施工的主导机械，担负着大量的建筑材料、施工设备和施工人员垂直运输任务。目前，我国高层建筑结构施工用垂直运输设备主要有：塔式起重机、混凝土泵和施工电梯。

相关知识

10.2.1　塔式起重机

10.2.1.1　塔式起重机的选择

塔式起重机：高层建筑施工中主要是附着式（自升式）和内爬式两种。根据施工经验，下旋轨道塔式起重机用于 15 层以下的高层建筑；15 层以上的高层建筑常选用附着式塔式起重机；30 层以上的高层建筑优先考虑采用爬升式塔式起重机。

1. 附着式塔式起重机

附着式塔式起重机的塔身固定安装在建筑物外侧的钢筋混凝土基础上，随着塔身的升高，每隔 20m 左右用一套锚固装置与高层建筑结构相连接，以保证塔身的刚度和稳定。一般高度为 70～100m，特点是适合狭窄工地施工。

附着式塔吊的锚固装置由套在塔身上的锚固环、附着杆及固定在建筑结构上的锚固支座构成（图 10.47）。

自升塔式起重机的液压顶升系统主要有：顶升套架、长行程液压千斤顶、支承座、顶升横梁、引渡小车、引渡轨道及定位销等（图 10.48）。

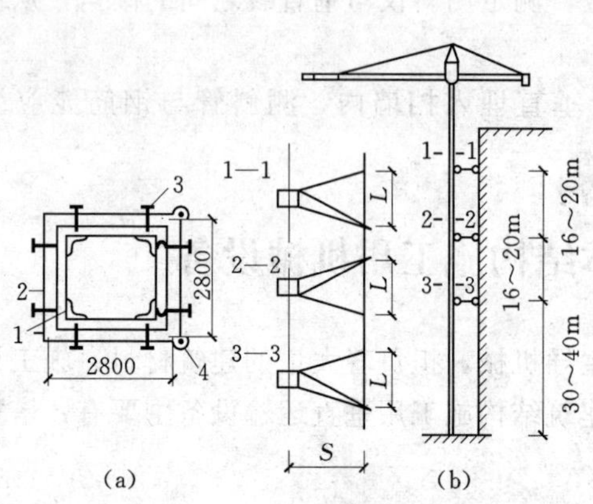

图 10.47 锚固装置（单位：mm）

（a）锚固环；（b）附着装置安装方式

1—塔身；2—锚固环；3—螺旋千斤顶；4—耳环

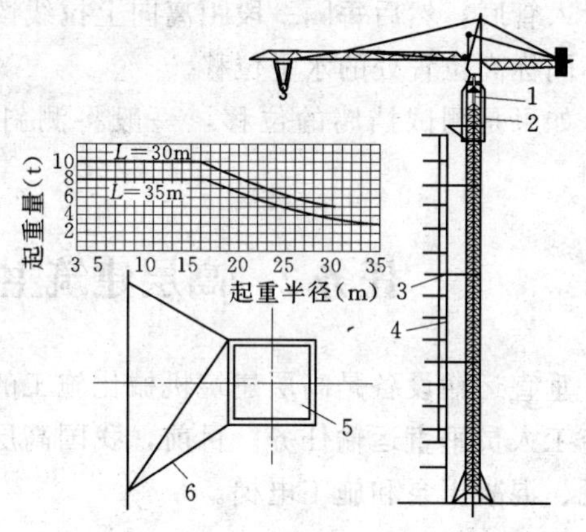

图 10.48 塔式起重机

1—液压千斤顶；2—顶升套架；3—锚固装置；4—建筑物；5—塔身；6—附着杆

压千斤顶的缸体装在塔吊上部结构的底端支承座上，活塞杆通过顶升横梁支承在塔身顶部，其顶升过程如图 10.49 所示。锚固装的附着杆布置形式如图 10.50 所示。

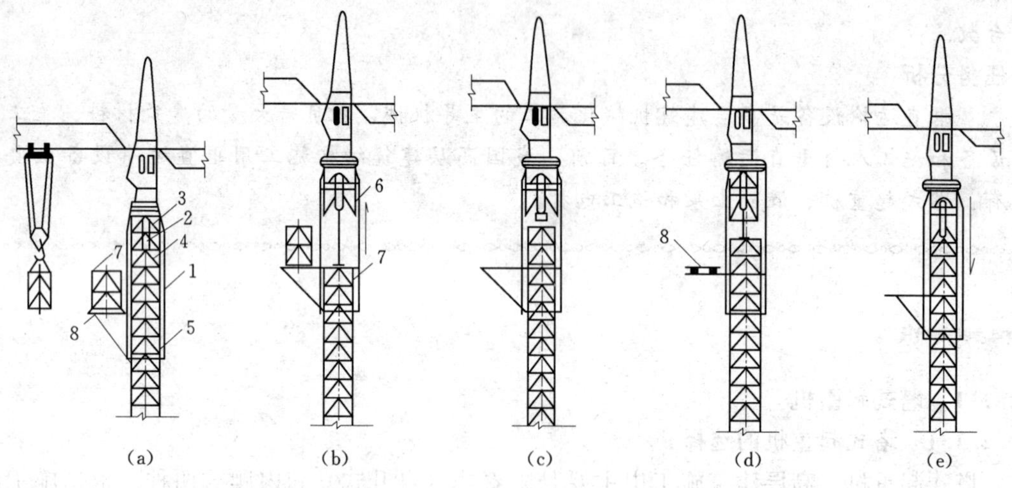

图 10.49 附着式自升塔式起重机的顶升过程

（a）准备状态；（b）顶升塔顶；（c）推入塔身标准节；（d）安装塔身标准节；（e）塔顶与塔身联成整体

1—顶升套架；2—液压千斤顶；3—支承座；4—顶升横梁；5—定位销；6—过渡节；7—标准节；8—摆渡小车

附着式塔吊锚固装置的安装与拆卸必须遵守有关安全操作规程的规定，在施工时应特别注意以下几点：

（1）锚固环必须装设在塔身标准节对接处，或设置在水平腹杆断面处；锚固环必须牢固，紧紧地箍紧塔身结构，不得松脱。

（2）建筑物上的锚固支座可安装在柱上或埋设在现浇混凝土墙板内，锚固点应紧靠楼板，其距离以不大于 20cm 为宜。

（3）安装和固定附着杆时，必须用经纬仪对塔身结构的垂直度进行检查。在塔式起重

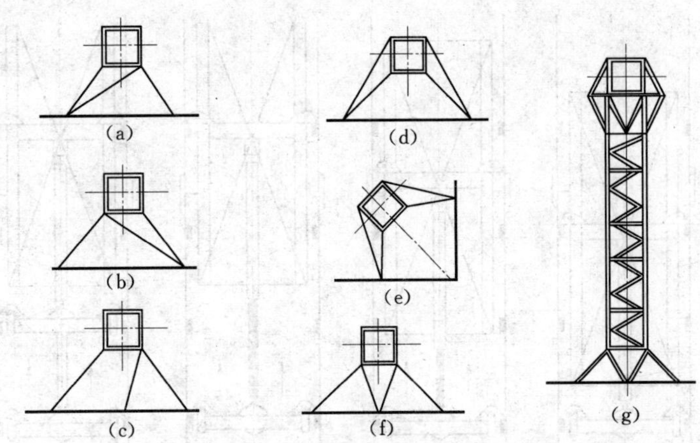

图 10.50　附着杆的布置形式

(a)、(b)、(c) 三杆式附着杆系；(d)、(e)、(f) 四杆式附着杆系；(g) 空间桁架式附着杆

机使用过程中，应经常对锚固装置各个部位及连接件进行检查，如有松动或短缺，应立即加以紧固或补齐。

(4) 降落塔身与拆除附着杆系应同步进行，严禁先期拆卸附着杆，再逐节拆卸塔身，以免大风造成塔身扭曲倒毁事故。

2. 爬升式塔式起重机

爬升式塔式起重机特别适宜于超高层建筑结构施工。它通过电梯或楼板预留开孔的空间进行爬升，一次可以爬升一层或二层楼；来自塔吊上部的荷载，通过支承系统和楔紧装置传给楼板结构。

爬升式起重机其特点是：塔身短，起升高度大而且不占建筑物的外围空间；但司机作业时看不到起吊过程，全靠信号指挥，施工完成后拆塔工作处于高空作业。

图 10.51 为爬升式起重机的爬升示意图。主要型号有 QT5-4/40 型、QT5-4/60 型、QT3-4 型等。

爬升式起重机进行爬升作业时，应注意以下事项：

(1) 爬升过程中如有异常响声或出现故障，必须立即停机检查，故障未经排除不得继续爬升作业。

(2) 爬升到要求的楼层后，应立即伸出塔身底座的支腿并锚固，并通过爬升框架支承塔吊传来的荷载。

(3) 爬升作业完成后，必须经过周密检查，确认无异常后，方可投入正式使用。

3. 塔式起重机的选择原则

(1) 塔吊参数应满足施工要求。

对塔吊各主要参数应逐项检查，务必使所选用塔吊的幅度、起重量、起重力矩和起重吊钩高度等与施工要求相适应。

(2) 塔吊的生产效率应满足施工进度要求。

(3) 充分利用现有机械设备，充分发挥塔吊效能，做到台班费用最省、经济效益好。

(4) 选用塔吊要适应施工现场环境要求，便于进场安装、架设和拆除、退场。

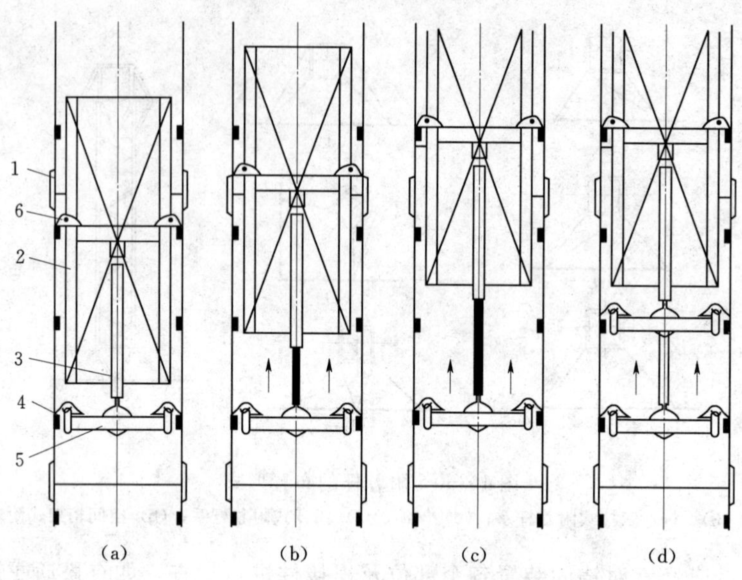

图 10.51 液压爬升机构的爬升过程

(a)、(b) 下支腿支承在踏步上，顶升塔身；(c)、(d) 上支腿支承在踏步上，缩回活塞杆，将活动横梁提起

1—爬梯；2—塔身；3—液压缸；4、6—支腿；5—活动横梁

4. 塔式起重机选择步骤

(1) 根据施工对象特点选定塔吊类型。

(2) 根据高层建筑的体型、平面尺寸及标准层面积，确定塔吊应具备的幅度及吊钩高度参数。

(3) 根据建筑构件尺寸及质量，确定塔吊起重量和额定起重力矩参数；依据上述参数确定塔吊的型号。

(4) 根据施工方法、施工工艺、现场条件及设计要求，确定塔吊单侧或双侧配置方案。

(5) 根据计划进度、施工流水段划分及工程量和吊次的计算，确定塔吊配置台数、安装位置及轨道基础走向。

5. 注意事项

(1) 在确定塔吊形式及高度时，应考虑塔身的锚固点与建筑物的位置；塔臂的平衡臂是否影响臂架正常回转。

(2) 多台塔吊作业条件下，务必使彼此互不干扰，处理好相邻塔吊的高度差，防止两塔吊碰撞。

(3) 塔吊安装时，应保证顶升套架及锚固环的安装位置正确；同时考虑外脚架的搭设形式与挑出建筑物的距离，以免与下回转塔吊转台尾部回转时相撞。

10.2.1.2 高层建筑施工对塔式起重机的要求

(1) 起重臂要长。

(2) 工作速度要高且能调速。

(3) 采用小车变幅臂架。

(4) 改善操纵条件。

10.2.1.3　塔式起重机的选择与布置

综合考虑建筑物的高度、结构形式、构件重量、现场布置等，同时要兼顾装、拆场地和建筑结构满足锚固、爬升要求。

10.2.2　混凝土泵

混凝土泵能够连续完成混凝土的水平运输和垂直运输，能有效解决混凝土量巨大的基础施工以及占总垂直运输量75%左右的高层建筑上部结构混凝土的运输问题。

通过管道将混凝土拌和物输送到浇筑地点，一次连续完成水平运输和垂直运输，配以布料杆或配料机还可方便地进行混凝土浇筑（图10.52）。

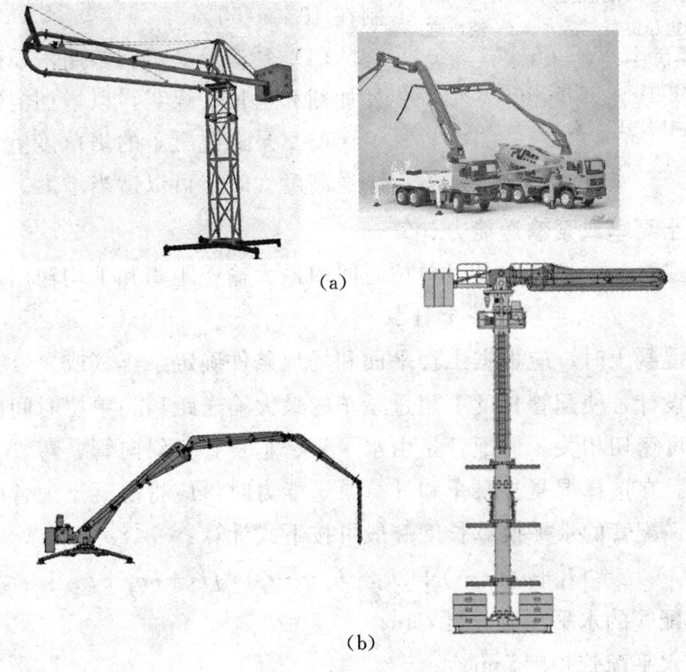

(a)

(b)

图10.52　立柱式布料杆示意图

(a) 移置式布料杆；(b) 固定式布料杆

泵送混凝土工艺具有输送能力大、工效高、劳动强度低、施工文明等特点，液压活塞式混凝土泵工作原理如图10.53所示。

10.2.2.1　泵送混凝土的管道布置及敷设

输送管道敷设注意事项：

(1) 泵机出口有一定长度的地面水平管（水平管长度不小于泵送高度的1/3～1/4），然后接90°弯头，转向垂直运输。

(2) 地面水平管用支架支垫，垂直管道用紧固件间隔3m固定在混凝土结构上。

(3) 竖向管道位置应使楼面水平输送距离最短，尽可能设置在设计的预留孔洞内，且

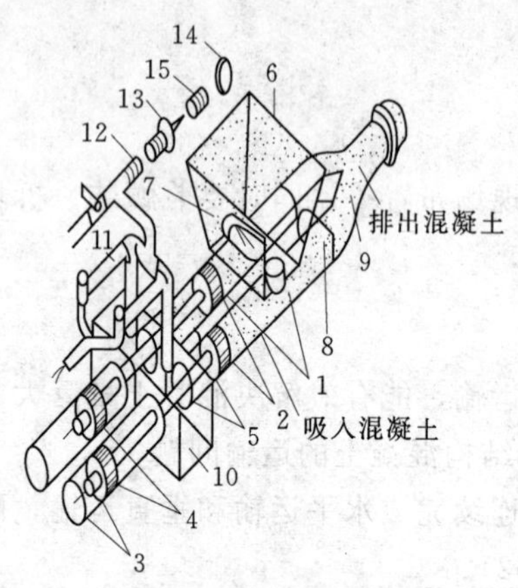

图 10.53 液压活塞式混凝土泵工作原理图

1—混凝土缸；2—推压混凝土活塞；3—液压缸；4—液压活塞；5—活塞杆；6—料斗；7—吸入阀门；8—排出阀门；9—形管；10—水箱；11—水洗装置换向阀；12—水洗用高压软管；13—水洗用法兰；14—海绵球；15—清洗活塞

不影响设备安装。

10.2.2.2 泵送混凝土施工

(1) 泵送混凝土除应满足结构设计强度外，还必须具有可泵性，即在管内有一定的流动性和较好的黏聚性，不泌水，不离析，且摩阻力小；因此，要严格控制混凝土原材料的质量。

(2) 一般选用泌水性小，保水性好的普通硅酸盐水泥。

(3) 碎石最大粒径与输送管内径之比，宜小于或等于 1∶4，卵石宜小于或等于 1∶2.5。通过 0.315mm 筛孔的砂应不少于 15%，砂率宜控制在 40%～50%。

(4) 泵送混凝土宜掺用木质磺酸钙减水剂等外加剂和适量粉煤灰，以增加混凝土的可泵性。

(5) 泵送混凝土的坍落度宜为 80～180mm，泵送高度大时还可以适当增大。

10.2.2.3 混凝土泵车或泵输送能力计算

混凝土泵车或泵的输送能力是以单位时间内最大输送距离和平均输出量来表示。

1. 混凝土输送管的水平换算长度计算

在规划泵送混凝土时，应根据工程平面和场地条件确定泵车（或泵，下同）的停放位置，并做出配管设计，使配管长度不超过泵车的最大输送距离。单位时间内的最大排出量与配管的换算长度密切相关。但配管是由水平管、垂直管、斜向管、弯管、异形管以及软管等各种管组成。在选择混凝土泵车和计算泵送能力时，应将混凝土配管的各种工作状态换算成水平长度，配管的水平换算长度一般可按下式计算：

$$L=(l_1+l_2+\cdots)+(h_1+h_2+\cdots)+fm+bn_1+tn_2 \tag{10.3}$$

式中 L——配管的水平换算长度，m；

l_1、l_2——水平配管长度，m；

h_1、h_2——垂直配管长度，m；

m——软管根数，根；

n_1——弯管个数，个；

n_2——变径管个数，个；

f、b、t——每米垂直管及每根软管、弯管、变径管的换算长度。

在编制泵送作业设计时，应使泵送配管的换算长度小于泵车的最大输送距离。垂直换算长度应小于 0.8 倍泵车的最大输送距离。

2. 混凝土泵车或泵的最大水平输送距离计算

最大水平输送距离计算可由试验确定；或查泵车（或泵，下同）技术性能表（曲线）确定；或根据混凝土泵车出口的最大压力、配管情况、混凝土性能指标和输出量按下式计算：

$$L_{max}=\frac{P_{max}}{\Delta P_H} \tag{10.4}$$

$$\Delta P_H=\frac{2}{r_0}\left[K_1+K_1\left(1+\frac{t_2}{t_1}\right)V_0\right]\alpha_0 \tag{10.5}$$

$$K_1=(3.00-0.01S)\times 10^2 \tag{10.6}$$

$$K_2=(4.00-0.01S)\times 10^2 \tag{10.7}$$

上各式中　L_{max}——混凝土泵车的最大水平输送距离，m；

P_{max}——混凝土泵车的最大出口压力，Pa，可从泵车的技术性能表中查得；

ΔP_H——混凝土在水平输送管内流动每米产生的压力损失，Pa/m；

r_0——混凝土输送管半径，m；

K_1——黏着系数，Pa；

K_2——速度系数，Pa/(m·s)；

S——混凝土坍落度，cm；

t_2/t_1——混凝土泵分配切换时间与活塞推压混凝土时间之比，一般取 0.3；

V_0——混凝土拌和物在输送管内的平均流速，m/s；

α_0——径向压力与轴向压力之比，对普通混凝土取 0.90。

当配管有水平管、向上垂直或弯管等情况时，应先按式（10.3）进行换算，然后再用式（10.4）、式（10.5）进行计算。

3. 泵送混凝土阻力计算

泵送混凝土阻力可按以下经验公式计算：

$$P=\sum\Delta P_r L_r+rH+3\sum\Delta P_r m_r+2\sum\Delta P_r N_r \tag{10.8}$$

式中　P——泵送阻力，MPa；

ΔP_r——半径等于 r 的水平管道压力损失，MPa/m；

L_r——半径等于 r 的管道总长度，m；

r——混凝土的重力密度，kN/m³；

H——泵送混凝土垂直距离，m；

m_r——半径等于 r 的弯管数，个；

N_r——软管长度，m。

一般经过弯管的压力损失，约为 1m 长的水平管的 3 倍；经过软管的压力损失，最多为经过相同长度的水平管的两倍。

4. 混凝土泵车或泵的平均输出量计算

一般是根据泵车（或泵，下同）的最大排出量，结合配管条件系数按下式计算：

$$Q_A=q_{max}\alpha\eta \tag{10.9}$$

式中　Q_A——泵车的平均输出量，m³/h；

q_{max}——泵车最大排出量，可从技术性能表中查得，如 DC－S115B 型泵车为 70m³/h；

α——配管条件系数，可取 0.8～0.9；

η——作业效率，根据混凝土搅拌运输车混凝土泵车供料的间歇时间、拆装混凝土输送管和布料停歇等情况，可取 0.5～0.7；一台搅拌运输车供料取 0.5；两台搅拌运输车同时供料取 0.7。

5. 混凝土泵的泵送能力验算

根据具体的施工情况和有关计算尚应符合以下要求：

(1) 混凝土输送管道的配管整体水平换算长度，应不超过计算所得的最大水平泵送距离。

(2) 换算的总压力损失，应小于混凝土泵正常工作的最大出口压力。

10.2.2.4 混凝土泵车或泵需用数量计算

1. 混凝土输送泵车的需用数量计算

混凝土输送泵车的需用数量根据混凝土浇筑数量和泵车的最大排量可按下式计算：

$$N_1=\frac{q_n}{q_{\max}\eta} \tag{10.10}$$

式中 N_1——混凝土泵车需用数量，台；

q_n——计划每小时混凝土的需要量，m^3/h；

$q_{\max}$——混凝土输送泵车最大排量，m^3/h；

η——泵车作业效率，一般取0.5～0.7。

2. 混凝土输送泵的需用数量计算

混凝土泵的需用数量可按下式计算：

$$N_2=\frac{q_n}{q_m T} \tag{10.11}$$

式中 N_2——混凝土泵需用数量，台；

q_m——每台混凝土泵的实际平均输出量，m^3/h；

q_n——混凝土浇筑数量，m^3；

T——混凝土泵送施工作业时间，h。

10.2.2.5 混凝土泵车或泵生产率计算

1. 小时生产率计算

混凝土泵车或泵小时生产率按下式计算：

$$P_h=60qznK_c\alpha \tag{10.12}$$

$$q=\frac{1}{4}\pi D^2 l$$

上二式中 P_h——混凝土泵车或泵小时生产率，m^3/h；

q——混凝土缸的容积，m^3；

D——混凝土缸径，m；

l——混凝土缸内活塞的冲程，m；

z——混凝土缸数量；

n——每分钟活塞冲程次数；

K_c——混凝土缸内充盈系数；对普通混凝土：当坍落度为18～21cm时，$K_c=0.8\sim0.9$；坍落度为12～17cm时，$K_c=0.7\sim0.9$；对人工轻骨料混凝土：当坍落度为20cm时，$K_c=0.60\sim0.85$；

α——折减系数。

2. 台班生产率计算

混凝土泵车或泵台班生产率按下式计算

$$P=8P_hK_B \tag{10.13}$$

式中　P——混凝土泵车或泵台班生产率，m^3/台班；

P_h——混凝土泵车或泵小时生产率，m^3/h；

K_B——工作时间利用系数，一般取 0.4～0.8。

10.2.2.6　混凝土搅拌运输车需用数量计算

当混凝土泵连续作业时，每台混凝土泵所需配备的混凝土搅拌运输车台数可按下式计算：

$$N_3=\frac{Q_A}{60V}\left(\frac{60L_1}{S_c}+T_1\right) \tag{10.14}$$

其中

$$Q_A=q_{\max}\alpha\eta$$

上二式中　N_3——每台混凝土泵车（泵）需配备混凝土搅拌运输车台数，台；

Q_A——每台混凝土泵车（泵）的实际平均输出量，m^3/h；

V——每台混凝土搅拌运输车容量，m^3；

L_1——混凝土搅拌运输车往返一次行程距离，km；

S_c——混凝土搅拌运输车行车平均速度，km/h，一般取 30km/h；

T_1——每台混凝土搅拌运输车一个运输周期总停歇时间，min，包括装料、卸料、停歇、冲洗等；

其他符号意义同前。

10.2.3　施工电梯

施工电梯是安装于高层建筑物外部，供运送施工人员和建筑器材的垂直提升机械。施工电梯主要有两种，即单笼式和双笼式。一般载重量 1t，可乘 12 人；重型可载重 2t，可乘 24 人。

(1) 施工电梯：又称人货两用电梯，是高层建筑施工设备中唯一可运送人员上下的垂直运输设备。如不采用施工电梯，高层建筑施工中的净工作时间损失将达 30%左右。主要运送对象是施工人员、材料、设备和工具等。

(2) 注意事项：为使施工电梯充分发挥效能，其安装位置应满足：便于施工人员和物料的集散；便于安装和设置附墙装置；靠近电源，有良好的夜间照明。

严格对人货电梯运输的组织与管理。采取施工楼层相对集中，增加作业班次，白天运送人员为主、晚上以运送材料为主等措施，缓解高峰时的运输矛盾。

任务实施

任务描述

解（2）：

由式（10.14）需用混凝土输送泵车台数为：

$$N_1=\frac{q_n}{q_{\max}\eta}=\frac{89.5}{25\times0.6}=5.9\text{（台）}$$

故需用混凝土输送泵车 6 台。

任务3　高层建筑施工用脚手架

任务描述

各类型落地钢管脚手架搭设高度的限值是怎样的？附墙升降式脚手架有哪些？各类型的落地式脚手架的搭设限值是多少？

(1) 能掌握高层建筑脚手架施工要求、方法。

(2) 熟悉高层建筑脚手架施工的工艺，能够指导高层建筑脚手架施工工作。

(3) 能根据施工图纸和施工现场实际条件有效地减少施工用地面积。

任务分析

了解高层建筑施工用脚手架中的落地式与附墙升降式脚手架的构造与搭设；掌握套管式附着升降脚手架、互爬升降式脚手架爬升的升降原理；高层建筑施工的安全技术。

相关知识

10.3.1　落地钢管脚手架

10.3.1.1　构造组成

1. 扣件式钢管脚手架

扣件式钢管脚手架是以标准的钢管杆件（立杆、横杆、斜杆）和特制扣件组成的脚手架骨架与脚手板、防护构件、连墙件等组成的，如图10.54所示，详见项目中的3.1.1，构造要求如图10.55所示。

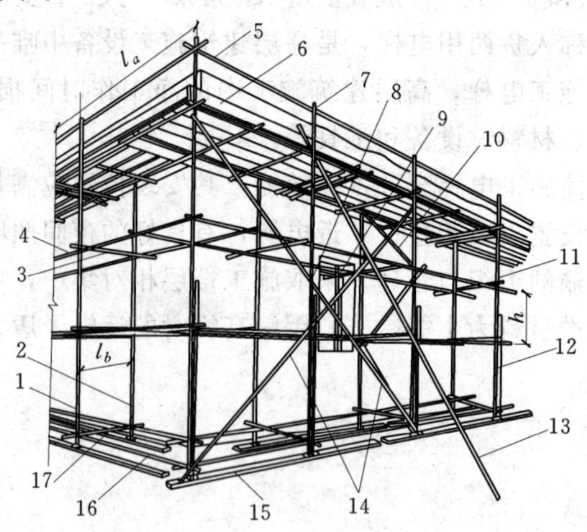

图10.54　扣件式钢管脚手架

1—外立杆；2—内立杆；3—横向水平杆；4—纵向水平杆；5—栏杆；6—挡脚板；7—直角扣件；8—旋转扣件；9—连墙件；10—横向斜撑；11—主立杆；12—副立杆；13—抛撑；14—剪刀撑；15—垫板；16—纵向扫地杆；17—横向扫地杆；l_a—纵距；l_b—横距；h—步距

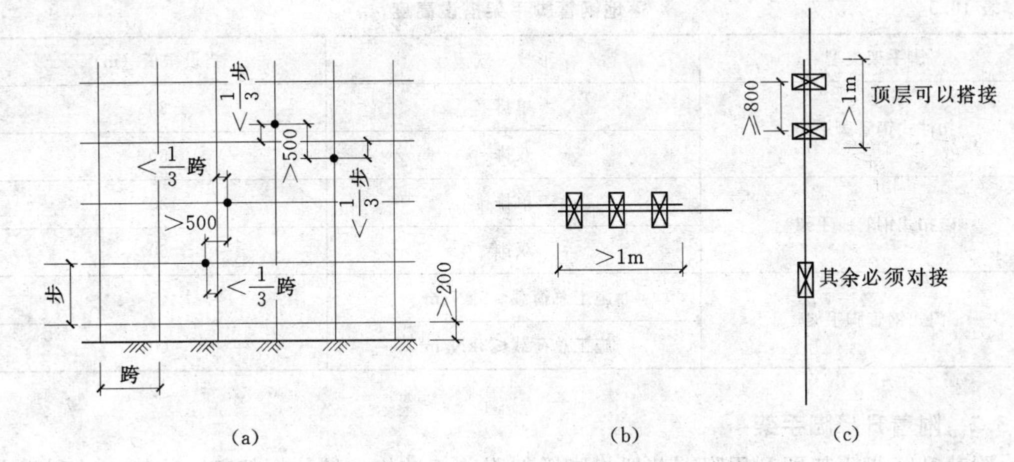

图 10.55 构造要求（单位：mm）

(a) 纵向水平杆、立杆的搭设；(b) 纵向水平杆的连接；(c) 立杆的连接

2. 碗扣式钢管脚手架

碗扣式钢管脚手架的安装关键在于碗扣接头，脚手架由上碗扣、下碗扣、横杆接头和上碗扣的限位销等组成，下碗扣和限位销焊在立柱上，详见项目3.1.1。

碗扣处可同时连接4根横杆，可以互相垂直或偏转一定角度。可组成直线形、曲线形、直角交叉形式等各种形式，组装过程如图10.56所示。

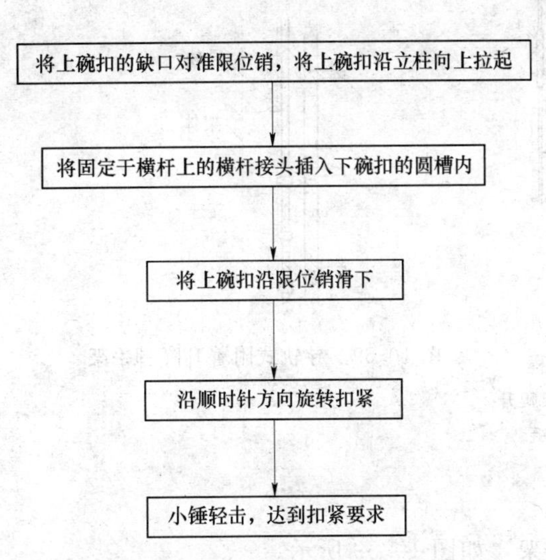

图 10.56 碗扣式钢管脚手架组装过程

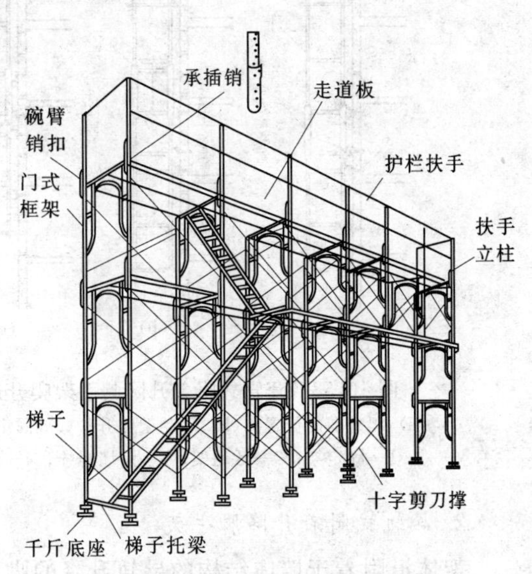

图 10.57 门式组合式脚手架构造示意图

3. 门式钢管脚手架

门式钢管脚手架的构造组成如图10.57所示。

10.3.1.2 搭设要求

落地钢管脚手架架设高度见表10.3。

表 10.3　　落地钢管脚手架搭设高度

脚手架类型	形　式	搭设限值（m）
扣件式钢管脚手架	单排	20
	双排	50
碗扣式钢管脚手架	单排	20
	双排	60
门式钢管脚手架	施工总荷载≤5kN/m²	45
	施工总荷载≤3kN/m²	60

10.3.2　附着升降脚手架

附着升降脚手架即利用附着装置将脚手架附着于结构（墙体框架等）边侧，并利用自身携带的提升设备按照施工的需要向上提升或向下降落。

1. 套框（管）式附着升降脚手架

由交替附着在墙体结构的固定框架和滑动框架（可沿固定框架滑动）构成的附着升降脚手架，如图 10.58 所示。

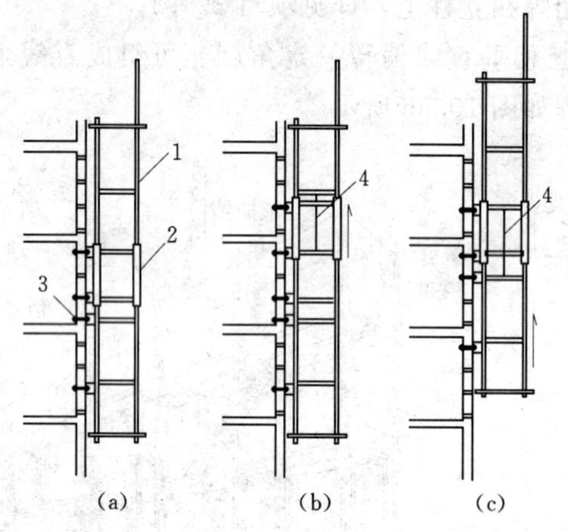

图 10.58　套管式附着升降脚手架爬升过程
（a）爬升前的位置；（b）活动架爬升；（c）固定架爬升
1—固定架；2—活动架；3—附墙螺栓；4—侧链

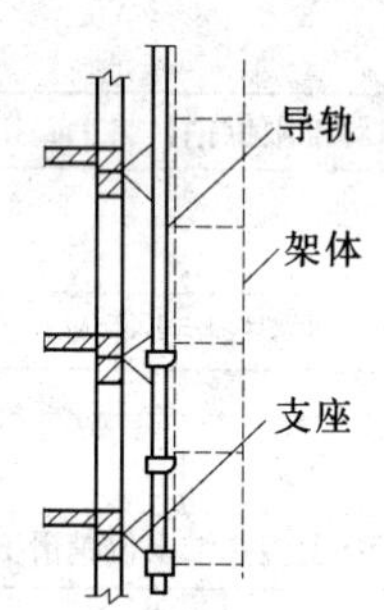

图 10.59　导轨式附着升降脚手架

2. 导轨式附着升降脚手架

架体沿附着于墙体结构的导轨升降的脚手架，如图 10.59 所示。

3. 导座式附着升降脚手架

带导轨架体沿附着于墙体结构的导座升降的脚手架，如图 10.60 所示。

4. 挑轨式附着升降脚手架

架体悬吊于带防倾导轨的挑梁带（固定于工程结构）下并沿导轨升降的脚手架，如图 10.61 所示。

5. 套轨式附着升降脚手架

架体与固定支座相连并沿套轨支座升降、固定支座与套轨支座交替与工程结构附着的升降脚手架，如图 10.62 所示。

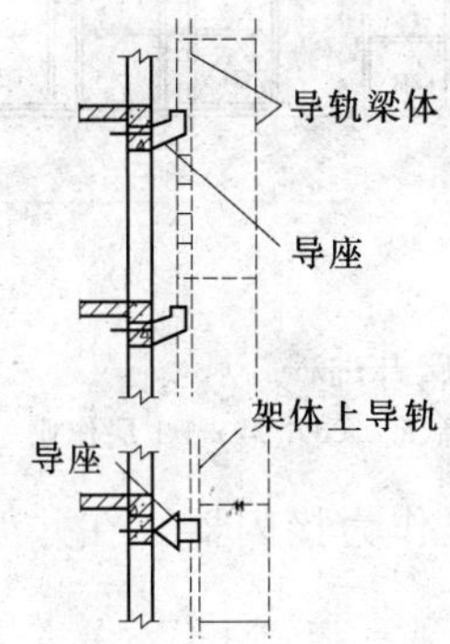

图 10.60　导座式附着升降脚手架

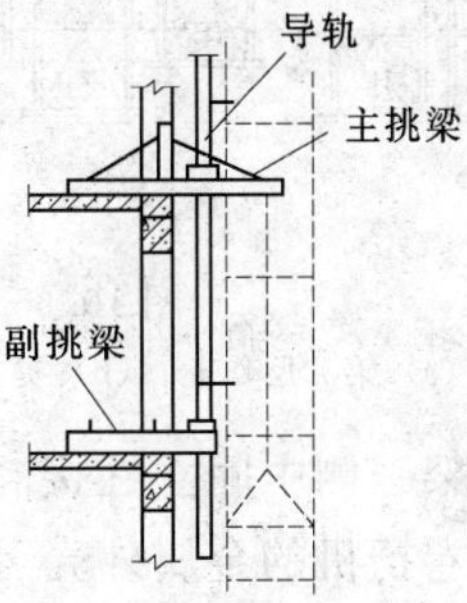

图 10.61　挑轨式附着升降脚手架

6. 吊套式附着升降脚手架

采用吊拉式附着支承的、架体可沿套框升降的附着升降脚手架，如图 10.63 所示。

7. 吊轨式附着升降脚手架

采用设导轨的吊拉式附着支承、架体沿导轨升降的脚手架，如图 10.64 所示。

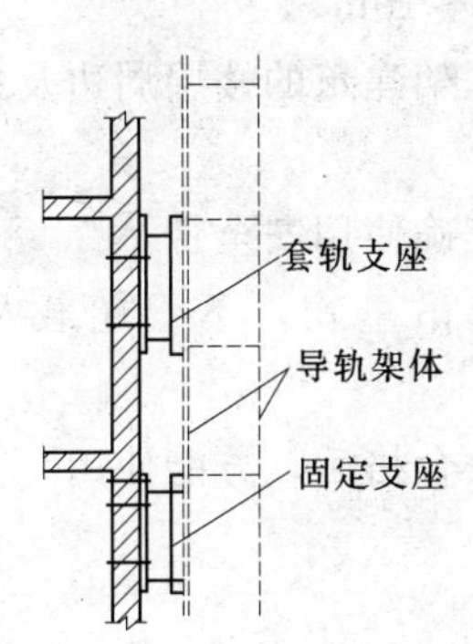

图 10.62　套轨式附着升降脚手架

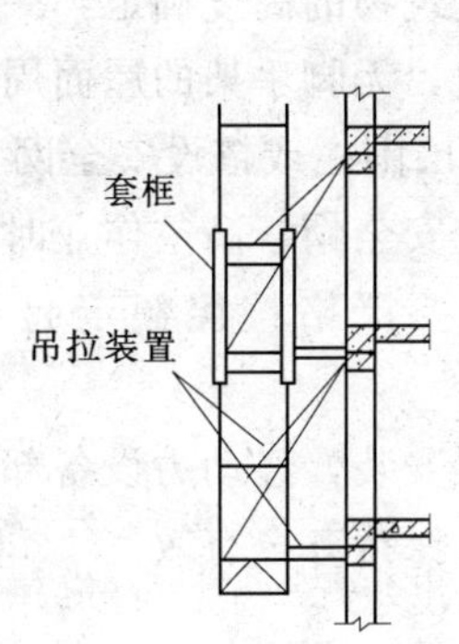

图 10.63　吊套式附着升降脚手架

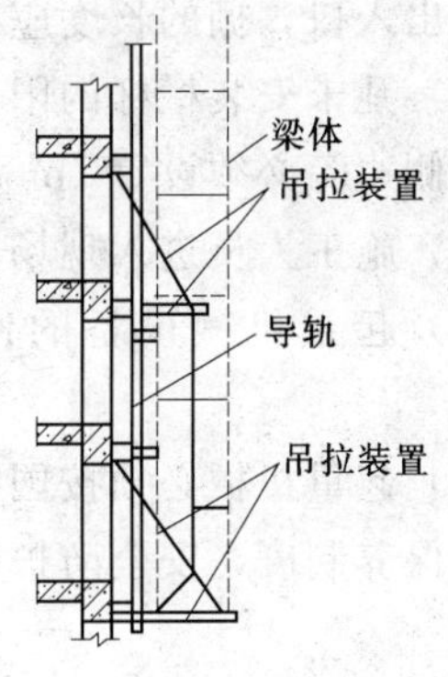

图 10.64　吊轨式附着升降脚手架

8. 互爬升降式脚手架

互爬升降式脚手架如图 10.65 所示。

10.3.3　高层建筑施工的安全技术

10.3.3.1　高层脚手架工程安全技术

(1) 高层脚手架地基要有足够的承载能力，避免脚手架整体和局部沉降。

(2) 高层脚手架应设置足够数量的牢固连墙点，依靠建筑结构的整体刚度，加强整片脚手架的稳定性。

(3) 搭设脚手架时要保证质量，并且采取可靠的安全防护。

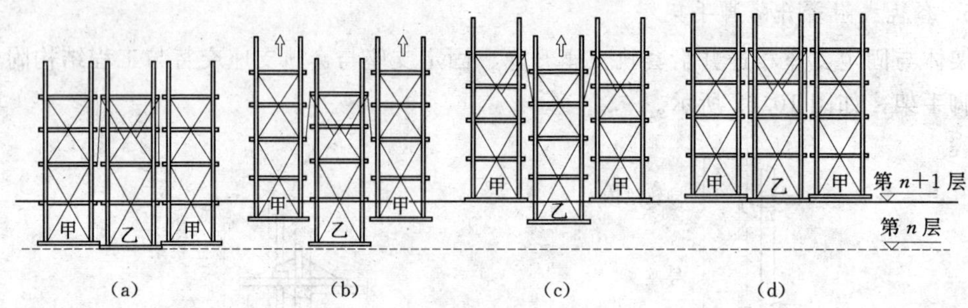

图 10.65 互爬升降式脚手架爬升过程
(a) 第 n 层作业；(b) 提升甲单元；(c) 提升乙单元；(d) 第 n+1 层作业

(4) 应将井架一侧中间立柱接高（高出顶端 2m）作为接闪器，在井架立杆下端设置接地器，同时将卷扬机的金属外壳可靠接地。

(5) 建筑工地上的起重机最上端必须安装避雷针，并连接于接地装置上；起重机的避雷针应能保护整个起重机。

10.3.3.2 高层建筑施工其他安全措施

(1) 高层建筑施工中，所有楼梯口、电梯口、门洞口、预留洞口和垃圾洞口，必须设围栏或盖板，避免施工人员误入而高空坠落伤亡。

(2) 正在施工的建筑物的出入口和井架通道口，必须搭设牢固的顶板棚，其棚的宽度应大于出入口，棚的长度应根据建筑物的高度确定，一般为 5～10m。

(3) 凡未安装栏杆的阳台周边，无脚手架的屋面周边，框架建筑的楼层周边及井架通道的两侧边等必须设置 1m 高的双层围栏或搭设安全网。

(4) 施工人员进入现场必须戴安全帽，高空作业时必须正确使用安全带。

(5) 起重机械设备的使用，要严格按照额定起重量起吊重物，不得超载及斜拉重物。

(6) 起重机械必须按国家标准安装，经动力设备部门验收合格后，方能使用。使用中应健全保养制度，安全防护装置要保持齐全有效。

复习思考题

一、填空题

1. 扣件式钢管脚手架的可锻铸铁扣件一共有 3 种，其中（　　　　）用于连接两根对接钢管的连接、（　　　　）用于连接两根垂直相交钢管的连接、（　　　　）用于连接两根任意相交钢管的连接。

2. 门式钢管脚手架的搭设高度限值，当施工总荷载不大于 5kN/m^2 时为（　　　　），施工总荷载不大于 3kN/m^2 为（　　　　）。

3. 碗扣式脚手架的整体稳定性计算中，只有（　　　　）与扣件式钢管脚手架不同，其他均完全相同。

4. 落地钢管脚手架的计算中，对结构作业层取施工荷载标准值为（　　　　）。

5. 附着升降脚手架是处于高空作业，安全问题十分突出，因而需要配置(　　　　　)、(　　　　　)和(　　　　　)。

二、是非题

1. 扣件式钢管脚手架的立杆搭设时，如采用搭接，搭接长度不应小于 1m，且用不少于 3 个旋转扣件固定。(　　)

2. 碗扣式脚手架关键在于碗扣，搭设的横杆方向可以偏转一定角度，形成弧线形脚手架。(　　)

3. 碗扣式脚手架的设计内容中应包括扣件的抗滑移计算。(　　)

4. 横向水平杆在立杆以外有部分铺板伸出时，按带悬臂梁的单跨梁计算。(　　)

5. 目前常用的提升设备有手动葫芦和电动葫芦，其中电动葫芦用于单跨提升的附着升降脚手架。(　　)

三、选择题

(一) 单项选择题

1. 扣件式钢管脚手架，单排的搭设高度限值为(　　)。

A. 20m　　B. 24m　　C. 30m　　D. 50m

2. 双排碗扣式钢管脚手架的搭设高度不得大于(　　)。

A. 20m　　B. 30m　　C. 50m　　D. 60m

3. 3～4m 长木脚手板一般按(　　)计算。

A. 简支梁　　B. 两跨连续梁　　C. 三跨连续梁　　D. 带悬臂的单跨梁

4. 关于水平杆件、脚手板的计算说法错误的是(　　)。

A. 可忽略水平杆自重　　B. 可忽略脚手板自重

C. 脚手板和横向水平杆按均布荷载考虑

D. 纵向水平杆承受横向水平杆传来的荷载

5. 立杆地基承载力验算过程公式中调整系数，当地基土为黏土时，取(　　)。

A. 1.0　　B. 0.6　　C. 0.5　　D. 0.4

(二) 多项选择题

1. 下列关于钢管脚手架搭设偏差说法，正确的是(　　)。

A. 钢管脚手架垂直度偏差不大于 1/300

B. 当架高 18m，垂直度偏差不大于 50mm

C. 当加高为 22m 时，垂直度偏差不大于 75mm

D. 纵向水平杆水平不大于 1/300

E. 全架长的水平偏差值小于 50mm

2. 某碗扣式脚手架架高为 45m，其立柱纵距可以是以下(　　)。

A. 1.2m　　B. 1.5m　　C. 1.8m　　D. 2.4m　　E. 2.8m

3. 脚手架承受的荷载包括恒载和活荷载，计算时应考虑的活荷载包括(　　)。

A. 自重　　B. 施工荷载　　C. 风荷载　　D. 雪荷载　　E. 地震作用

4. 门式钢管脚手架设计中，下列(　　)计算的内容、公式等是相同的。

A. 整体稳定性　　B. 单肢稳定性　　C. 扣件抗滑移　　D. 连墙件

E. 立杆底座和地基承载力

5. 水平杆件、脚手板应计算（　　）。

A. 抗滑移验算　　B. 稳定性验算　　C. 抗剪强度验算　D. 挠度验算

E. 抗弯强度验算

四、简答题

1. 简述扣件式钢管脚手架中立杆搭设时的构造要求。

2. 各类型落地钢管脚手架搭设高度的限值是怎样的？

五、名词解释

1. 扣件式钢管脚手架

2. 纵向扫地杆

3. 横向扫地杆

4. 碗扣式钢管脚手架

5. 门式钢管脚手架

6. 附着升降式脚手架

六、思考题

1. 在平时生活中看到的外脚手架的形式有哪些？

2. 各类型的落地式脚手架的搭设限值是多少？超过限值的话，采用其他什么形式？

3. 脚手架的计算步骤怎样计算比较方便、快捷？

任务4　大体积混凝土基础结构施工

任务描述

(1) 一设备基础长宽高分别为20m×8m×2m，要求连续浇筑混凝土，施工现场有3台出料400L的混凝土搅拌机，每台供应量为6m^3/h，若混凝土运输时间为24min，掺用缓凝剂后混凝土初凝时间为2.5h，若每浇筑层厚度300mm，试确定：

1）混凝土浇筑方案（若采用斜面分层方案，要求斜面坡度不小于1∶6）。

2）要求每小时混凝土浇注量？

3）完成浇筑任务所需时间？

(2) 某建筑物基坑的平面尺寸为95m×95m，底板厚度为1.8m，基坑由高、低两个坑组成，两者高差为4.0m。底板下布置350根500mm×500mm、长34.5m的钢筋混凝土方桩，底板浇筑混凝土总量为8500m^3，上下各配置两层ϕ25@150的纵向钢筋。墙板厚度为60cm，低位坑墙板高度为11.65m，高位墙板高度为7.25m，每隔5.4m设置一根1.0m×1.2m的附墙桩，墙板混凝土总浇筑量为2200m^3，双面对称布置ϕ18@200的纵向钢筋。设计用C30防水混凝土，按工艺要求，不允许产生任何渗漏，试分别计算底板和墙板的温度应力，基坑纵剖面图如图10.66所示。

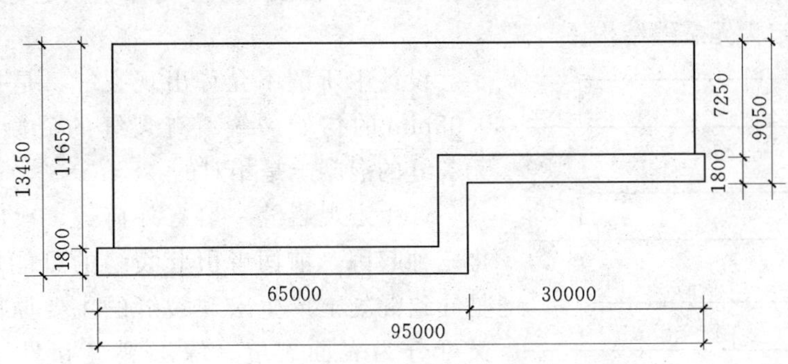

图 10.66　基坑纵剖面图（单位：mm）

任务分析

混凝土裂缝的种类、产生的原因、控制裂缝开展的基本方法。通过混凝土温度应力的计算，达到在施工中控制大体积混凝土最大整浇长度，以避免产生有害的温度裂缝。为防止产生温度裂缝，应着重从控制混凝土温升、延缓混凝土降温速率、减少混凝土收缩、提高混凝土极限拉伸值、改善混凝土约束程度、完善构造设计和加强施工中的温度监测等方面采取技术措施。

相关知识

10.4.1　混凝土裂缝

混凝土是多种材料组成的非匀质材料，它具有较高的抗压强度、良好的耐久性及抗拉强度低、抗变形能力差、易开裂等特性。

近代混凝土的研究证明，在不同的受力状态下，混凝土的破裂过程，实际上是和“微观裂缝”的发展相关联的。

10.4.1.1　裂缝的种类及产生原因

1. 裂缝的种类

按裂缝的宽度不同，混凝土裂缝可分为“微观裂缝”和“宏观裂缝”两种。

(1) 微观裂缝。

在尚未承受荷载的混凝土结构中存在着肉眼看不见的微观裂缝，其宽度为 0.05mm 以下。微观裂缝主要有三种：①黏着裂缝，即沿着骨料周围出现的骨料与水泥石黏面上的裂缝；②水泥石裂缝，即分布在骨料间水泥浆中的裂缝；③骨料裂缝，即存在于骨料本身的裂缝。

上述三种微观裂缝中，黏着裂缝和水泥石裂缝较多，而骨料裂缝较少。微观裂缝在混凝土结构中的分布是不规则的，沿截面是不贯穿的。有微观裂缝的混凝土可以承受拉力，但结构物的某些受拉较大的薄弱环节，微观裂缝在拉力作用下，很容易串连贯穿全截面，最终导致较早的断裂。

(2) 宏观裂缝。

宽度不小于 0.05mm 的裂缝是肉眼可见裂缝，亦称为宏观裂缝，宏观裂缝是微观裂缝扩展的结果。在建筑工程中，微观裂缝对防水、防腐、承重等不会引起危害，具有微观裂缝结构则假定为无裂缝结构。

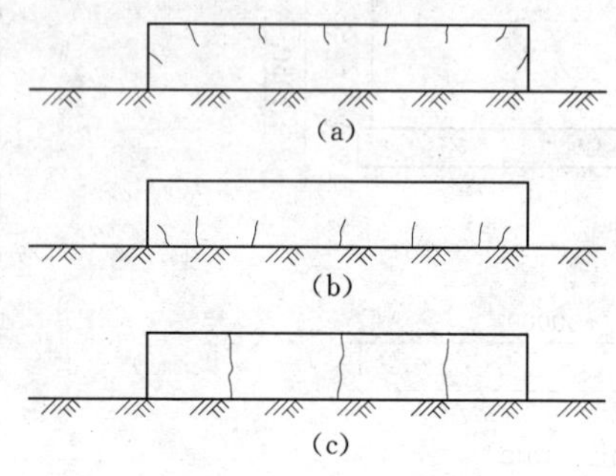

图 10.67 温度裂缝
(a) 表面裂缝；(b) 深层裂缝；
(c) 贯穿裂缝

设计中所谓不允许出现裂缝，是指宽度不大于 0.05mm 的初始裂缝。有裂缝的混凝土是绝对的，无裂缝的混凝土是相对的。

产生宏观裂缝一般有外荷载、次应力和变形变化三种起因，前两者引起裂缝的可能性较小，后者是导致混凝土产生宏观裂缝的主要原因，这种裂缝又可分为表面裂缝、深层裂缝和贯穿裂缝，如图 10.67 所示。

1）表面裂缝。

大体积混凝土浇筑初期，水泥水化热大量产生，使混凝土的温度迅速上升。但由于混凝土表面散热条件较好，热量可向大气中散发，其温度上升较少；而混凝土内部由于散热条件较差，热量不易散发，其温度上升较多。混凝土内部温度高、表面温度低，则形成温度梯度，使混凝土内部产生压应力，表面产生拉应力，当拉应力超过混凝土的极限抗拉强度时，混凝土表面就产生裂缝。

表面裂缝虽不属于结构性裂缝，但在混凝土收缩时，由于表面裂缝处的断面已削弱，易产生应力集中现象，能促使裂缝进一步开展。

国内外对裂缝宽度都有相应的规定，如我国的《混凝土结构设计规范》(GB 50010—2002)，对钢筋混凝土结构的最大允许裂缝宽度就有明确的规定：室内正常环境下的一般构件为 0.3mm；露天或室内高湿度环境下为 0.2mm。

2）贯穿裂缝。

大体积混凝土浇筑初期，混凝土处于升温阶段及塑性状态，弹性模量很小，变形变化所引起的应力很小，温度应力一般可忽略不计。

混凝土浇筑一定时间后，水泥水化热基本已释放，混凝土从最高温逐渐降温，降温的结果引起混凝土收缩，再加上混凝土多余水分蒸发等引起的体积收缩变形，受到地基和结构边界条件的约束，不能自由变形，导致产生拉应力，当该拉应力超过混凝土极限抗拉强度时，混凝土整个截面就会产生贯穿裂缝。

贯穿裂缝切断了结构断面，破坏了结构整体性、稳定性、耐久性、防水性等，影响正常使用。应当采取一切措施控制贯穿裂缝的开展。

3）深层裂缝。

基础约束范围内的混凝土，处在大面积拉应力状态，在这种区域若产生了表面裂缝，则极有可能发展为深层裂缝，甚至发展成贯穿性裂缝。深层裂缝部分切断了结构断面，具有很大的危害性，施工中是不允许出现的。如果设法避免基础约束区的表面裂缝，且混凝土内外温差控制适当，基本上可避免出现深层裂缝和贯穿裂缝。

2. 裂缝产生的原因

大体积混凝土施工阶段产生的温度裂缝，是其内部矛盾发展的结果。一方面是混凝土

由于内外温差产生应力和应变；另一方面是结构物的外约束和混凝土各质点的约束阻止了这种应变，一旦温度应力超过混凝土能承受的极限抗拉强度，就会产生不同程度的裂缝。总结大体积混凝土产生裂缝的工程实例，产生裂缝的主要原因如下：

(1) 水泥水化热的影响。

水泥在水化过程中产生大量的热量，这是大体积混凝土内部温升的主要热量来源，试验证明每克普通水泥放出的热量可达 500J。

由于大体积混凝土截面的厚度大，水化热聚集在结构内部不易散发，会引起混凝土内部急骤升温。水泥水化热引起的绝热温升，与混凝土厚度、单位体积水泥用量和水泥品种有关，混凝土厚度愈大，水泥用量愈多，水泥早期强度愈高，混凝土内部的温升愈快。

大体积混凝土测温试验研究表明：水泥水化热在 1～3d 放出的热量最多，大约占总热量的 50%左右；混凝土浇筑后的 3～5d 内，混凝土内部的温度最高。

混凝土的导热性能较差，浇筑初期混凝土的弹性模量和强度都很低，对水化热急剧温升引起的变形约束不大，温度应力自然也比较小。

随着混凝土龄期的增长，其弹性模量和强度相应提高，对混凝土降温收缩变形的约束愈来愈强，即产生很大的温度应力，当混凝土的抗拉强度不足以抵抗该温度应力时，便产生温度裂缝。

(2) 内外约束条件的影响。

各种结构的变形变化中，必然受到一定的约束阻碍其自由变形，阻碍变形因素称为约束条件，约束又分为内约束与外约束。

结构产生变形变化时，不同结构之间产生的约束称为外约束，结构内部各质点之间产生的约束称为内约束，外约束分为自由体、全约束和弹性约束 3 种。

建筑工程中的大体积混凝土，相对水利工程来说体积并不算很大，它承受的温差和收缩主要是均匀温差和均匀收缩，故外约束应力占主要地位。

大体积混凝土与地基浇筑在一起，当温度变化时受到下部地基的限制，因而产生外部的约束应力。混凝土在早期温度上升时，产生的膨胀变形受到约束面的约束而产生压应力，此时混凝土的弹性模量很小，徐变和应力松弛大，混凝土与基层连接不太牢固，因而压应力较小。但当温度下降时，则产生较大的拉应力，若超过混凝土的抗拉强度，混凝土将会出现垂直裂缝。

在全约束条件下，混凝土结构的变形应是温差和混凝土线膨胀系数的乘积，即：

$$\varepsilon=\Delta T\alpha$$

当 ε 超过混凝土的极限拉伸值 ε_p 时，结构便出现裂缝。由于结构不可能受到全约束，况且混凝土还有徐变变形，所以温差在 25～30℃情况下也可能不产生。由此可见，降低混凝土的内外温差和改善约束条件，是防止大体积混凝土产生裂缝的重要措施。

(3) 外界气温变化的影响。

大体积混凝土结构在施工期间，外界气温的变化对防止大体积混凝土开裂有重大影响。混凝土的内部温度是由浇筑温度、水泥水化热的绝热温升和结构的散热温度等各种温度的叠加之和。浇筑温度与外界气温有着直接关系，外界气温愈高，混凝土的浇筑温度也愈高；如外界温度下降，会增加混凝土的温度梯度，特别是气温骤降，会大大增加外层混

凝土与内部混凝土的温度梯度，因而会造成过大温差和温度应力，使大体积混凝土出现裂缝。

大体积混凝土不易散热，其内部温度有的工程竟高达90℃以上，而且持续时间较长。温度应力是由温差引起的变形所造成的，温差愈大，温度应力也愈大。因此，研究合理的温度控制措施，控制混凝土表面温度与外界气温的温差，是防止裂缝产生的重要措施。

(4) 混凝土收缩变形影响。

1) 混凝土塑性收缩变形。

在混凝土硬化之前，混凝土处于塑性状态，如果上部混凝土的均匀沉降受到限制，如遇到钢筋或大的混凝土粗骨料，或者平面面积较大的混凝土、其水平方向的减缩比垂直方向更难时，就容易形成一些不规则的混凝土塑性收缩性裂缝。这种裂缝通常是互相平行的，间距为0.2～1.0m，并且有一定的深度，它不仅可以发生在大体积混凝土中，而且可以发生在平面尺寸较大、厚度较薄的结构构件中。

2) 混凝土的体积变形。

混凝土在水泥水化过程中要产生一定的体积变形，但多数是收缩变形，少数为膨胀变形。掺入混凝土中的拌和水，约有20%的水分是水泥水化所必需的，其余80%都要被蒸发，最初失去的自由水几乎不引起混凝土的收缩变形，随着混凝土的继续干燥而使吸附水逸出，就会出现干燥收缩。

混凝土干燥收缩的机理比较复杂，其主要原因是混凝土内部孔隙水蒸发引起的毛细管引力所致，这种干燥收缩在很大程度上是可逆的，即混凝土产生干燥收缩后，如再处于水饱和状态，混凝土还可以膨胀恢复到原有的体积。

除上述干缩收缩外，混凝土还会产生碳化收缩，即空气中的二氧化碳（CO_2）与混凝土中的氢氧化钙［$Ca(OH)_2$］反应生成碳酸钙和水，这些结合水会因蒸发而使混凝土产生收缩。

10.4.1.2 控制裂缝开展的基本方法

从控制裂缝的观点来讲，表面裂缝危害较小，而贯穿性裂缝危害很大，因此，在大体积混凝土施工中，重点是控制混凝土贯穿裂缝的开展，常采用的控制裂缝开展的基本方法有如下3种。

1.“放”的方法

所谓“放”的方法，即减小约束体与被约束体之间的相互制约，以设置永久性伸缩缝的方法。也就是将超长的现浇混凝土结构分成若干段，以期释放大部分热量和变形，减小约束应力。

我国《混凝土结构设计规范》(GB 50010—2002) 中规定：现浇混凝土框架结构；现浇混凝土剪力墙、装配式挂板结构；全现浇剪力墙结构，处于室内或土中条件下的伸缩缝间距，分别为45m、55m和65m。

目前，国外许多国家也将设置永久性的伸缩缝作为控制裂缝开展的一种主要方法，其伸缩缝间距一般为30～40m，个别规定为10～20m。

2.“抗”的方法

所谓“抗”的方法，即采取一定的技术措施，减小约束体与被约束体之间的相对温

差，改善钢筋的配置，减少混凝土的收缩，提高混凝土的抗拉强度等，以抵抗温度收缩变形和约束应力。

3.“放”、“抗”结合的方法

“放”、“抗”结合的方法，又可分为“后浇带”、“跳仓打”和“水平分层间歇”等方法。

(1)“后浇带”法。

“后浇带”是指现浇整体混凝土结构中，在施工期间保留临时性温度、收缩的变形缝方法。该缝根据工程的具体条件，保留一定的时间，再用混凝土填筑密实后成为连续、整体、无伸缩缝的结构。

在施工期间设置作为临时伸缩缝的“后浇带”，将结构分成若干段，可有效地削减温度收缩应力；在施工的后期，再将若干段浇筑成整体，以承受约束应力。在正常的施工条件下，“后浇带”的间距一般为20～30m，“后浇带”宽为1.0m左右，混凝土浇筑30～40d后用混凝土封闭。

(2)“跳仓打”法。

“跳仓打”法，即将整个结构按垂直施工缝分段，间隔一段，浇筑一段，经过不少于5d的间歇后再浇筑成整体，如果条件许可时，间歇时间可适当延长。采用此法时，每段的长度尽可能与施工缝结合起来，使之能有效地减小温度应力和收缩应力。

在施工后期将跳仓部分浇筑上混凝土，将这若干段浇筑成整体，再承受第二次浇筑的混凝土的温差和收缩。先浇与后浇混凝土两部分的温差和收缩应力叠加后应小于混凝土的设计抗拉强度，这就是利用“跳仓打”法控制裂缝、但不成为永久伸缩缝的目的。

(3)“水平分层间歇”法。

“水平分层间歇”法，即以减少混凝土浇筑厚度的方法来增加散热机会，减小混凝土温度的上升，并使混凝土浇筑后的温度分布均匀。此法的实质是：当水化热大部分是从上层表面散热时，可以分为几个薄层进行浇筑。根据工程实践经验，水平分层厚度一般可控制在0.6～2.0m范围内，相邻两浇筑层之间的间隔时间，应以既能散发大量热量，又不引起较大的约束应力为准，一般以5～7d为宜。

10.4.2　混凝土温度应力

1.结构中的温度场

大体积混凝土中心部位的最高温度，在绝热条件下是混凝土浇筑温度与水泥水化热之和。但实际的施工条件表明，混凝土内部的温度与外界环境必然存在着温差，加上结构物的四周又具备一定的散热条件，因此，在新浇筑的混凝土与其周围环境之间也必然会发生热能的交换，由内外温差引起的温度应力如图10.68所示。故大体积混凝土内部的最高温度，是由浇筑温度、水泥水化热引起的温升和混凝土的散热温度三部分组成。

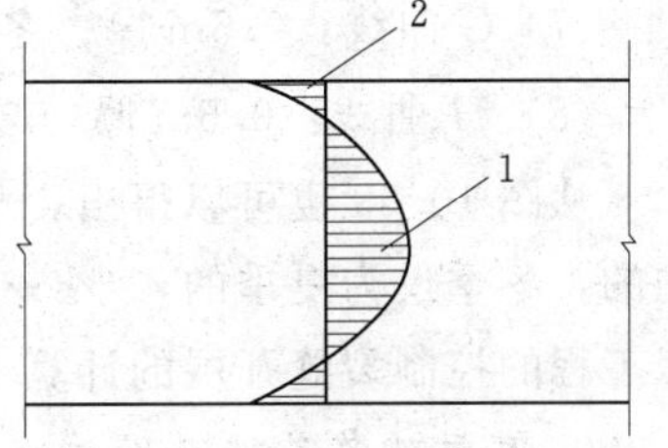

图10.68　混凝土内外温差引起的温度应力

1—压应力；2—拉应力

不同龄期几种常用水泥在常温下释放的水化热见表10.5，供计算时参考。从表中可以看出，水泥水化热量与水泥品种、水泥标号、施工气温和龄期等因素有关。

表 10.4 水泥水化热值 单位：kJ/kg

水泥品种	水泥标号	混凝土龄期		
		3d	7d	28d
普通硅酸盐水泥	525	314	354	375
	425	250	271	334
	325	208	229	292
矿渣硅酸盐水泥	425	180	256	334
	325	145	208	271

注 1. 本表数值是按平均硬化温度15℃时编制的，当平均温度为7～10℃时，表中数值按60%～70%采用；
2. 当采用粉煤灰硅酸盐水泥、火山灰质硅酸盐水泥时，其水化热量可参考矿渣硅酸盐水泥的数值。

2. 水化热实测升降温曲线

为快速掌握大体积钢筋混凝土在硬化过程中的温度变化情况，有利于施工中控制裂缝的开展，工程技术人员对有关工程在不同季节、不同厚度的混凝土的水化热进行了施工全过程的跟踪和实测，统计整理后得出混凝土中心部位的水化热升降温曲线如图10.69所示。

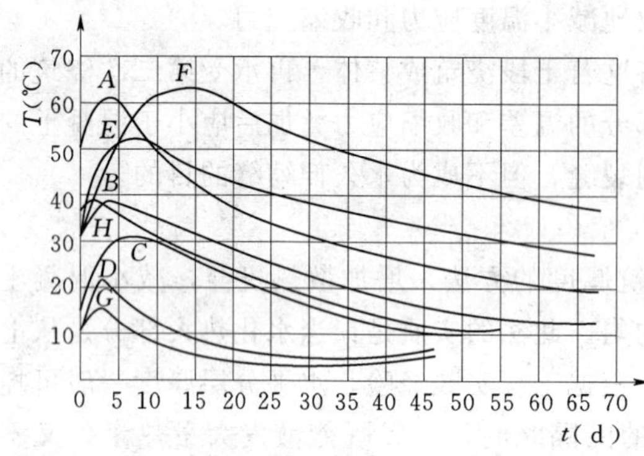

图10.69 水化热升降温曲线

设 T'_{max} 为混凝土内部最高温升，t_{max} 为达到混凝土内部最高温度的时间。从图10.69中可以查得：

(1) A 曲线：2.6m厚，夏季施工时，测温曲线的 $T'_{max}=60.8$℃，$t_{max}=3$d。

(2) B 曲线：1.3m厚，夏季施工时，测温曲线的 $T'_{max}=39.1$℃，$t_{max}=3$d，掺粉煤灰。

(3) C 曲线：2.6m厚，冬季施工时，测温曲线的 $T'_{max}=31.4$℃，$t_{max}=5.5$d。

(4) D 曲线：1.3m厚，冬季施工时，测温曲线的 $T'_{max}=22.3$℃，$t_{max}=3$d。

(5) E 曲线：2.5m厚，夏季施工时，测温曲线的 $T'_{max}=52.0$℃，$t_{max}=3$d。

(6) F 曲线：4.95m厚，秋季施工时，测温曲线的 $T'_{max}=64.4$℃，$t_{max}=7$d。

(7) G 曲线：0.5m厚，冬季施工时，测温曲线的 $T'_{max}=17.0$℃，$t_{max}=2$d。

(8) H 曲线：0.5m厚，夏季施工时，测温曲线的 $T'_{max}=38.0$℃，$t_{max}=1.5$d。

从图10.69也可以得出：相同的厚度；在不同的施工季节混凝土内部的最高温度是不同的，冬季仅为夏季的45%～55%。根据以上所示的水化热升降温曲线，可直接用于相似工程的控制裂缝开展的计算工作中，求得近似解答。

3. 高层建筑基础工程中的大体积混凝土的特点

高层建筑基础工程中的大体积混凝土，其几何尺寸、一次浇筑混凝土量等，都远比混凝土大坝小，与混凝土大坝相比，具有以下特点：

(1) 混凝土的强度级别较高，水泥用量较多，因此在凝结硬化中收缩变形也较大。

(2) 高层建筑基础工程一般为配筋结构，并且配筋率较高，抗不均匀沉降的受力钢筋的配筋率在0.5%以上，如此配筋对控制裂缝十分有利。

(3) 由于高层建筑基础工程的几何尺寸并不是太大，水化热温升较快，降温散热亦较快，因此，降温与收缩的共同作用是引起混凝土开裂的主要因素。

(4) 工业与民用建筑的地基一般比坝基弱，因此，地基对混凝土底部的约束也比坝基弱，地基是属于非刚性的。

(5) 控制裂缝的方法不必像坝体混凝土那样，即不必采用特制的低热水泥和复杂的冷却系统，而主要是依靠合理配筋、改进设计、采取合理的浇筑方案和浇筑后加强养护等措施，以提高结构的抗裂性，避免引起过大的内外温差而出现裂缝。

根据高层建筑基础工程大体积混凝土的五大特点，这类结构所承受的温差和收缩，可以认为是均匀温差和均匀收缩，因此外约束应力是引起其裂缝的主要原因。

混凝土结构在荷载（应力）作用下，不仅产生弹性变形；随着时间的延续还会产生非弹性变形，即徐变。徐变引起应力松弛，对防止混凝土开裂有利，因此在计算混凝土温度应力时应考虑应力松弛的影响。松弛与加荷时混凝土的龄期有关，还与应力作用时间长短有关。

10.4.3　防止混凝土温度裂缝的技术措施

工程上常用的防止混凝土裂缝的措施主要有：

(1) 采用中低热的水泥品种。

(2) 降低水泥用量。

(3) 合理分缝分块。

(4) 掺加外加料。

(5) 选择适宜的骨料。

(6) 控制混凝土的出机温度和浇筑温度。

(7) 预埋水管、通水冷却，降低混凝土的最高温升。

(8) 表面保护、保温隔热。

(9) 采取防止混凝土裂缝的结构措施等。

在结构工程的设计与施工中，对于大体积混凝土结构，为防止其产生温度裂缝，除需要在施工前进行认真计算外；还要做到在施工过程中采取有效的技术措施，根据我国的施工经验应着重从控制混凝土温升、延缓混凝土降温速率、减少混凝土收缩、提高混凝土极限拉伸值、改善混凝土约束程度、完善构造设计和加强施工中的温度监测等方面采取技术措施。以上这些措施不是孤立的，而是相互联系、相互制约的，施工中必须结合实际、全面考虑、合理采用，才能收到良好的效果。

10.4.3.1　水泥品种选择和用量控制

大体积混凝土结构引起裂缝的主要原因是：混凝土的导热性能较差，水泥水化热的大量积聚，使混凝土出现早期温升和后期降温现象。因此，控制水泥水化热引起的温升，即减小降温温差，对降低温度应力、防止产生温度裂缝能起到釜底抽薪的作用。

1. 选用中热或低热的水泥品种

混凝土升温的热源是水泥水化热，选用中低热的水泥品种，是控制混凝土温升的最基本方法。如 425 号的矿渣硅酸盐水泥，其 3d 的水化热为 l80kJ/kg，而 425 号的普通硅酸盐水泥，其 3d 的水化热却为 250kJ/kg；425 号的火山灰硅酸盐水泥，一般 3d 内的水化热仅为同标号普通硅酸盐水泥的 60%。

2. 充分利用混凝土的后期强度

根据大量的试验资料表明，每立方米混凝土中的水泥用量，每增或减 1 吨，其水化热将使混凝土的温度相应升或降 1℃。

一方面在满足混凝土温度和耐久性的前提下，尽量减少水泥用量。严格控制每立方米混凝土水泥用量不超过 400kg。

另一方面可根据结构实际承受荷载的情况，对结构的强度和刚度进行复算，并取得设计单位、监理单位和质量检查部门的认可后，采用 f45、f60 或 f90 替代 f28 作为混凝土的设计强度，这样可使每立方米混凝土的水泥用量减少 40～70kg 左右，混凝土的水化热温升相应降低 4～7℃。

结构工程中的大体积混凝土，大多采用矿渣硅酸盐水泥，其熟料矿物含量比硅酸盐水泥的少得多，而且混合材料中活性氧化硅、活性氧化铝与氢氧化钙、石膏的作用，在常温下进行缓慢，早期强度（3d，7d）较低，但在硬化后期（28d 以后），由于水化硅酸钙凝胶数量增多，使水泥强度不断增长，最后甚至超过同标号的普通硅酸盐水泥，对利用其后期强度非常有利。

10.4.3.2 掺加外加料

在混凝土中掺入一些适宜的外加料，可以使混凝土获得所需要的特性，尤其在泵送混凝土中更为突出。泵送性能良好的混凝土拌和物应具备 3 种特性：

（1）在输送管壁形成水泥浆或水泥砂浆的润滑层，使混凝土拌和物具有在管道中顺利滑动的流动性。

（2）为了能在各种形状和尺寸的输送管内顺利输送，混凝土拌和物要具备适应输送管形状和尺寸的变化的变形性。

（3）为在泵送混凝土施工过程中不产生离析而造成堵塞，拌和物应具备压力变化和位置变动的抗分离性。

由于影响泵送混凝土性能的因素很多，如砂石的种类、品质和级配、用量、砂率、坍落度、外掺料等。因此，为了满足混凝土具有良好的泵送性，在进行混凝土配合比的设计中，不能用单纯增加单位用水量方法，这样不仅会增加水泥用量，增大混凝土的收缩，而且还会使水化热升高，更容易引起裂缝。

工程实践证明，在施工中优化混凝土级配；掺加适宜的外加料，以改善混凝土的特性，是大体积混凝土施工中的一项重要技术措施。混凝土中常用的外加料主要是外掺剂和外掺料。

1. 掺加外掺剂

大体积混凝土中掺加外掺剂主要是木质素磺酸钙（简称木钙）。木质素磺酸钙，属阴离子表面活性剂，它对水泥颗粒有明显的分散效应，并能使水的表面张力降低。因此，在

泵送混凝土中掺入水泥重量的0.2%～0.3%木钙，它不仅能使混凝土的和易性有明显的改善，而且可减少10%左右的拌和水，混凝土28d的强度提高10%以上：若不减少拌和水，坍落度可提高10cm左右；若保持强度不变，可节约水泥10%，从而可降低水化热，掺入木钙对水泥水化热的影响见表10.5。

表10.5　掺入木钙对水泥水化热的影响

水泥品种	掺量（C,%）	水化热（kJ/kg）			放热峰		放热峰出现时间推迟（h）
		1d	3d	7d	出现时间（m）	温度（℃）	
东风牌500号	0	187.99	215.20	231.95	14.5	33.3	0
500普通水泥号	0.25	174.59	236.14	258.33	17.5	32.6	3
东风牌400号	0	106.76	163.70	201.80	21.5	33.3	0
400矿渣水泥号	0.25	64.48	148.21	203.90	29.4	29.9	8

2. 掺加外掺料

大量试验资料表明，在混凝土中掺入一定量的粉煤灰后，除了粉煤灰本身的火山灰活性作用，在生成硅酸盐凝胶，作为胶凝材料的一部分起增强作用外；在混凝土用水量不变的条件下，由于粉煤灰颗粒呈球状并具有“滚珠效应”，可以起到显著改善混凝土和易性的效能；若保持混凝土拌和物原有的流动性不变，则可减少用水量，起到减水的效果，从而可提高混凝土的密实性和强度；掺入适量的粉煤灰，还可大大改善混凝土的可泵性，降低混凝土的水化热。

大体积混凝土掺和粉煤灰分为“等量取代法”和“超量取代法”两种。前者是用等体积的粉煤灰取代水泥的方法；但其早期强度（28d以内）也会随掺入量增加而下降，所以对早期抗裂要求较高的工程，取代量应非常慎重。后者是一部分粉煤灰取代等体积水泥，超量部分粉煤灰则取代等体积砂子，它不仅可获得强度增加效应，而且可以补偿粉煤灰取代水泥所降低的早期强度，从而保持粉煤灰掺入前后的混凝土强度等效。

《粉煤灰在混凝土和砂浆中应用技术规程》（JGJ 28—1986）中规定：对用作掺合料的粉煤灰，按其品质可分为Ⅰ，Ⅱ，Ⅲ级。Ⅰ级粉煤灰一般是用静电收尘器收集的，颗粒较细（80μm以下颗粒占95%以上），并富集有大量表面光滑的球状玻璃体；Ⅱ级粉煤灰系我国大多数火电厂的排出物，其颗粒较粗，经加工磨细后才能达到要求的细度；Ⅲ级粉煤灰是指火电厂排出的原状干灰或湿灰，其颗粒较粗且未燃尽的炭粒较多。

掺加原状粉煤灰和磨细粉煤灰对水泥水化热的影响，见表10.6、表10.7。

表10.6　掺加原状粉煤灰对水泥水化热的影响

水泥品种	粉煤灰掺量（%）	水化热（kJ/kg）	
		3d	7d
东风牌500号	0	191.34	228.18
500号矿渣水泥	15	159.94	188.41
日本狮牌600号	0	248.00	279.68
600号硅酸盐水泥	25	20.27	251.63

表 10.7 掺加磨细粉煤灰对水泥水化热的影响

水泥品种	粉煤灰掺量(%)	水化热(kJ/kg)		
		1d	3d	7d
500号矿渣水泥	0	168.02	239.23	275.1
	15	135.02	200.46	245.60
600号日本水泥	0	285.00	345.45	389.79
	25	246.10	279.97	327.17

10.4.3.3 骨料的选择

大体积混凝土砂石料的重量约占混凝土总重量的85%左右，正确选用砂石料对保证混凝土质量、节约水泥用量、降低水化热数量、降低工程成本是非常重要的。骨料的选用应根据就地取材的原则，首先考虑选用生产成本低、质量优良的天然砂石料。根据国内外对人工砂石料的试验研究和生产实践，证明采用人工骨料也可以做到经济实用。

1. 粗骨料的选择

为了达到预定的要求，同时又要发挥水泥最有效的作用，粗骨料有一个最佳的最大粒径。但对于结构工程的大体积混凝土，粗骨料的规格往往与结构物的配筋间距、模板形状以及混凝土的浇筑工艺等因素有关。

结构工程的大体积混凝土，宜优先采用以自然连续级配的粗骨料配制。这种用连续级配粗骨料配制的混凝土，具有较好的和易性、较少的用水量和水泥用量，以及较高的抗压强度。在选择粗骨料粒径时，可根据施工条件，尽量选用粒径较大、级配良好的石子。根据有关试验结果证明，采用5～40mm石子比采用5～25mm石子，每立方米混凝土可减少水量15kg左右，在相同水灰比的情况下，水泥用量可节约20kg左右，混凝土温升可降低2℃。

选用较大骨料粒径，不仅可以减少用水量，使混凝土的收缩和泌水随之减少，也可减少水泥用量，从而使水泥的水化热减小，最终降低混凝土的温升。但是，骨料粒径增大后，容易引起混凝土的离析，影响混凝土的质量。因此，进行混凝土配合比设计时，不要盲目选用大粒径骨料，必须进行优化级配设计，施工时加强搅拌、浇筑和振捣等工作。

2. 细骨料的选择

大体积混凝土中的细骨料，以采用中、粗砂为宜，细度模数宜在2.6～2.9范围内。根据有关试验资料证明，当采用细度模数为2.79；平均粒径为0.381的中粗砂，比采用细度模数为2.12、平均粒径为0.336的细砂，每立方米混凝土可减少水泥用量28～35kg，减少用水量20～25kg，这样就降低了混凝土的温升和减小了混凝土的收缩。

泵送混凝土的输送管道形式较多，既有直管又有锥形管、弯管和软管；当通过锥形管和弯管时，混凝土颗粒间的相对位置就会发生变化；此时如果混凝土中的砂浆量不足，便会产生堵管现象。所以，在级配设计时可适当提高砂率；但若砂率过大，将对混凝土的强度产生不利影响。因此，在满足可泵性的前提下，尽可能降低砂率。

3. 骨料质量的要求

骨料的质量如何，直接关系到混凝土的质量，所以，骨料中不应含有超量的粘土、淤

泥、粉屑、有机物及其他有害物质，其含量不能超过规定的数值。混凝土试验表明，骨料中的含泥量是影响混凝土质量的最主要因素，它对混凝土的强度、干缩、徐变、抗渗、抗冻融、抗磨损及和易性等性能都产生不利的影响，尤其会增加混凝土的收缩，引起混凝土的抗拉强度的降低，对混凝土的抗裂更是十分不利。因此，在大体积混凝土施工中，石子的含泥量控制在不大于1%，砂的含泥量控制在不大于2%。

10.4.3.4　控制混凝土出机温度和浇筑温度

为了降低大体积混凝土的总温升，减小结构物的内外温差，控制混凝土的出机温度与浇筑温度同样非常重要。

1. 混凝土出机温度计算

根据搅拌前混凝土原材料总的热量与搅拌后混凝土总的热量相等的原理，可用以下公式计算出混凝土的出机温度 T_0：

$$T_0=\frac{(c_s+c_wQ_s)W_sT_s+(c_g+c_wQ_g)W_gT_g+c_cW_cT_c+c_w(W_wQ_sW_c-Q_gW_g)T_w}{c_sW_s+c_gW_g+c_cW_c} \tag{10.15}$$

式中　c_s，c_g，c_c，c_w——砂、石、水泥和水的比热，J/(kg·℃)；

W_s，W_g，W_c，W_w——每立方米混凝土中砂、石、水泥和水的用量，kg/m³；

T_s，T_g，T_c，T_w——砂、石、水泥和水的温度，℃；

Q_s，Q_g——砂、石的含水量，%。

计算时一般取

$$c_s=c_g=c_c=800[\text{J/(kg·℃)}]$$

$$c_w=4000[\text{J/(kg·℃)}]$$

由公式（10.15）可以看出，在混凝土原材料中，砂石的比热比较小，但其在每立方米混凝土中所占的比例较大；水的比热最大，但它的重量在每立方米混凝土中只占一小部分。因此，对混凝土出机温度影响最大的是石子的温度，砂的温度次之，水泥的温度影响最小。

为了降低混凝土的出机温度，其最有效的办法就是降低石子的温度。降低石子温度的方法很多，如在气温较高时，为防止太阳的直接照射，可在中砂、石堆粒场搭设简易的遮阳装置，温度可降低3～5℃；如大型水电工程葛洲坝工程，在拌和前用冷水冲洗粗骨料，在储料仓中通冷风预冷，使混凝土的出机温度达到7℃的要求。

2. 控制混凝土浇筑温度

混凝土从搅拌机出料后，经搅拌车或其他工具运输、卸料、浇筑、振捣、平仓等工序后的混凝土温度称为混凝土浇筑温度。

关于混凝土浇筑温度的控制，各国都有明确的规定。如我国有些规范提出混凝土浇筑温度应不超过25℃，否则必须采取特殊技术措施。美国ACI施工手册中规定不超过32℃；日本土木学会施工规程中规定不得超过30℃；日本建筑学会钢筋混凝土施工规程中规定不得超过35℃。

在土建工程的大体积混凝土施工中，实践证明浇筑温度对结构物的内外温差影响不大，因此对主要受早期温度应力影响的结构物，没有必要对浇筑温度控制过严，如上海宝

山钢铁总厂施工的7个大体积钢筋混凝土基础，其中有4个基础混凝土的浇筑温度达32～35℃，均未采取特殊的技术措施，经检查均未出现影响混凝土质量的问题。

但是考虑到温度过高会引起混凝土较大的干缩及给浇筑带来不利影响，适当限制混凝土的浇筑温度还是必要的。根据工程经验总结，建议最高浇筑温度控制在35℃以下为宜，这就要求在常规施工情况下，应该合理选择浇筑时间，完善浇筑工艺及加强养护工作。

10.4.3.5　加强养护，延缓混凝土降温速率

大体积混凝土浇筑后，加强表面的保湿、保温养护，对防止混凝土产生裂缝具有重大作用。保湿、保温养护的目的是：

(1) 减小混凝土的内外温差，防止出现表面裂缝。

(2) 防止混凝土过冷，避免产生贯穿裂缝。

(3) 延缓混凝土的冷却速度，以减小新老混凝土的上下层约束。

在混凝土浇筑之后，尽量以适当的材料加以覆盖，采取保湿和保温措施，不仅可以减少升温阶段的内外温差，防止产生表面裂缝，而且可以使水泥顺利水化，提高混凝土的极限拉伸值，防止产生过大的温度应力和温度裂缝。

大体积混凝土表面保温、保温材料的厚度，可根据热交换原理按下式计算：

$$\delta=\frac{0.5h\lambda(T_2-T_g)}{\lambda_c(T_{max}-T_2)}K \tag{10.16}$$

式中　δ——保温材料的厚度，m；

h——混凝土结构的厚度，m；

λ——保温材料的导热系数见表10.8；

λ_c——混凝土的导热系数［可取2.3W/(m·K)］

T_2——混凝土的表面温度,℃；

T_{max}——混凝土的最高温度,℃；

T_g——混凝土达到最高温度（浇筑后3～5d）时的大气平均温度,℃；

K——传热系数的修正值（见表10.9）。

表10.8　各种保温材料的导热系数λ[W/(m·K)]

材料名称	λ值	材料名称	λ值
木模	0.23	黏土砖	0.43
钢模	58	油毡	0.05
草袋	0.14	沥青矿棉	0.09～0.12
木屑	0.17	沥青玻璃棉毡	0.05
炉渣	0.47	泡沫塑料制品	0.03～0.05
黏土	1.38～1.47	泡沫混凝土	0.10
干砂	0.33	水	0.58
湿砂	1.31	空气	0.03

表 10.9　　　　传热系数的修正值 K

保 温 层 种 类	K_1	K_2
保温层纯粹由容易透风的保温材料组成	2.60	3.00
保温层由容易透风的保温材料组成，但混凝土面层上铺一层不易透风的保温材料	2.00	2.30
保温层由容易透风的保温材料组成，并在保温层上铺一层不透风的保温材料	1.60	1.90
保温层由容易透风的保温材料组成，而在保温层上面和下面各铺一层不易透风的保温材料	1.30	1.50
保温层纯粹由不易透风的保温材料组成	1.30	1.50

混凝土终凝后，在其表面蓄存一定深度的水，采取蓄水养护是一种较好的方法，我国在一些工程中曾经采用，并取得良好效果。水的导热系数为 0.58W/(m·K)，具有一定的隔热保温效果，这样可以延缓混凝土内部水化热的降温速率，缩小混凝土中心和表面的温度差值，从而可控制混凝土的裂缝开展。

根据热交换原理，每立方米混凝土在规定时间内、其内部中心温度降低到表面温度时放出的热量，等于混凝土在此养护期间散失到大气中的热量。此时混凝土表面所需的热阻系数，可按下式计算：

$$R=\frac{XM(T_{max}-T_2)K}{700T_j+0.28Q_cW} \tag{10.17}$$

$$M=F/V \tag{10.18}$$

上二式中　R——混凝土表面的热阻系数，K/W；

X——混凝土维持到指定温度的延续时间，h；

M——混凝土结构表面系数，1/m；

F——混凝土结构物与大气接触的表面面积，m^2；

V——混凝土结构物的体积，m^3；

T_{max}——混凝土中心最高温度，℃；

T_2——混凝土表面的温度，℃；

K——传降热系数修正值，蓄水养护取 1.3；

700——混凝土的热容量，即比热与表观密度的乘积，kJ/(m^3·K)；

T_j——混凝土浇筑、振捣完毕开始养护时的温度，℃；

Q_c——每立方米混凝土中的水泥用量，kg；

W——混凝土在指定龄期内水泥的水化热，kJ/kg。

热阻系数与保温材料的厚度和导热系数有关，当采用水作为保温养护材料时，可按下式计算混凝土表面的蓄水深度：

$$h_s=R\lambda_W \tag{10.19}$$

式中　h_s——混凝土表面的蓄水深度，m；

R——热阻系数，由公式（10.17）求得；

λ_W——水的导热系数，取 0.58W/(m·K)。

10.4.3.6　提高混凝土的极限拉伸值

混凝土的收缩值和极限拉伸值，除与水泥用量、骨料品种和级配、水灰比、骨料含泥量等有关外，还与施工工艺和施工质量密切相关。因此，通过改善混凝土的配合比和施工工艺，可以在一定程度上减少混凝土的收缩和提高混凝土极限拉伸值 ε_p。这对防止产生温度裂缝也可起到一定的作用。

大量现场试验证明，对浇筑后的混凝土进行二次振捣，能排除混凝土因泌水在粗骨料、水平钢筋下部生成的水分和空隙，提高混凝土与钢筋的握裹力，防止因混凝土沉落而出现的裂缝，减小混凝土内部微裂，增加混凝土的密实度，使混凝土的抗压强度提高10%～20%，从而可提高混凝土的抗裂性。

混凝土二次振捣的恰当时间是指混凝土振捣后尚能恢复到塑性状态的时间，这是二次振捣的关键，又称为振动界限。掌握二次振捣恰当时间的方法一般有以下两种：

(1) 将运转着的振动棒以其自身的重力逐渐插入混凝土中进行振捣，混凝土在振动棒慢慢拔出时能自行闭合，不会在混凝土中留下孔穴，则可认为此时施加二次振捣是适宜的。

(2) 为了准确地判定二次振捣的适宜时间，国外一般采用测定贯入阻力值的方法进行判定。当标准贯入阻力值在未达到 350N/cm^2 以前，再进行二次振捣是有效的，不会损伤已成型的混凝土。根据有关试验结果，当标准贯入阻力值为 350N/cm^2 时，对应的立方体块强度为 25N/m^2，对应的压痕仪强度值为 27N/cm^2。

由于采用二次振捣的最佳时间与水泥品种、水灰比、坍落度、气温和振捣条件等有关。因此，在实际工程正式采用前必须经试验确定。同时，在最后确定二次振捣时间时，既要考虑技术上的合理性，又要满足分层浇筑、循环周期的安排，在操作时间上要留有余地，避免由于这些失误而造成“冷接头”等质量问题。

在传统混凝土搅拌工艺过程中，水分直接润湿石子的表面；在混凝土成型和静置过程中，自由水进一步向石子与水泥砂浆界面集中，形成石子表面的水膜层。在混凝土硬化后，由于水膜的存在而使界面过渡层疏松多孔，削弱了石子与硬化水泥砂浆之间的黏结，形成混凝土中最薄弱的环节，从而对混凝土抗压强度和其他物理力学性能产生不良影响。

改进混凝土的搅拌工艺，可以提高混凝土的极限拉伸值，减少混凝土的收缩。为了进一步提高混凝土的质量，可采用二次投料的净浆裹石搅拌新工艺，这样可有效地防止水分向石子与水泥砂浆界面的集中，使硬化后的界面过渡层的结构致密，黏结强度增强，从而可使混凝土强度提高10%左右，相应地也提高了混凝土的抗拉强度和极限抗拉值。当混凝土强度基本相同时，采用这种搅拌工艺可减少水泥用量7%左右，相应地也减少了水化热。

10.4.3.7 改善边界约束和构造设计

防止大体积混凝土产生温度裂缝，除可采取以上施工技术措施外，在改善边界约束和构造设计方面也可采取一些技术措施，如合理分段浇筑、设置滑动层、避免应力集中、设置缓冲层、合理配筋、设应力缓和沟等。

1. 合理分段浇筑

当大体积混凝土结构的尺寸过大，通过计算证明整体一次浇筑会产生较大温度应力，有可能产生温度裂缝时，则可与设计单位协商，采用合理的分段浇筑，即增设“后浇带”

进行浇筑。

用“后浇带”分段施工时，其计算是将降低温差和收缩应力分为两部分。在第二部分内结构被分成若干段，使之能存放他的小温度和收缩应力；在施工后期再将这若干段浇筑成整体；继续承受第二部分降温温差和收缩的影响。“后浇带”的间距，在正常情况下为20～36m；保留时间一般不宜少于40d，其宽度可取70～100mm，其混凝土强度等级比原结构提高5～10N/mm²，湿养护不少于15d。“后浇带”的构造，如图10.70所示。

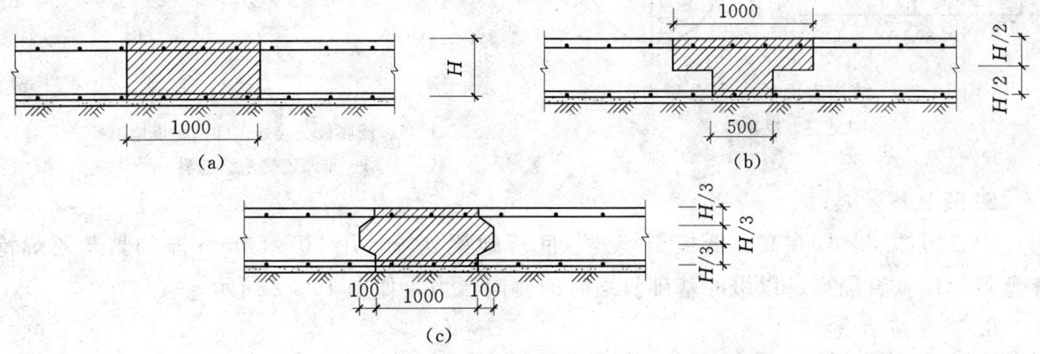

图10.70　“后浇带”构造（单位：mm）
(a) 平接式；(b) T字式；(c) 企口式

2. 合理配筋

在构造设计方面进行合理配筋，对混凝土结构的抗裂有很大作用。工程实践证明，当混凝土墙板的厚度为400～600mm时，采取增加配置构造钢筋的方法，可使构造筋起到温度筋的作用，能有效提高混凝土的抗裂性能。

配置的构造筋应尽可能采用小直径、小间距。例如配置直径6～14mm、间距控制在100～150mm。按全截面对称配筋比较合理，这样可大大提高抵抗贯穿性开裂的能力。进行全截面配筋，含筋率应控制在0.3%～0.5%之间为好。

对于大体积混凝土，构造筋对控制贯穿性裂缝作用不太明显，但沿混凝土表面配置钢筋，可提高面层抗表面降温的影响和干缩。

3. 设置滑动层

由于边界存在约束才会产生温度应力，如在与外约束的接触面上全部设置滑动层，则可大大减弱外约束。如在外约束的两端的1/4～1/5的范围内设置滑动层，则结构的计算长度可折减约一半，为此，遇有约束强的岩石类地基、较厚的混凝土垫层等时，可在接触面上设置滑动层，对减少温度应力将起到显著作用。

滑动层的做法有：涂刷两道热沥青加铺一层沥青油毡；或铺设10～20mm厚的沥青砂；或铺设50mm厚的砂或石屑层等。

4. 设置应力缓和沟

设置应力缓和沟，即在结构的表面，每隔一定距离（一般约为结构厚度的1/5）设一条沟，设置应力缓和沟后，可将结构表面的拉应力减少20%～50%，可有效地防止表面裂缝。这种方法是日本清水建筑工程公司研究出的一种防止大体积混凝土开裂的方法。我

国已用于直径 60mm、底板厚 3.5～5.0m、容量 1.6 万 m^3 的地下罐工程，并取得良好效果。应力缓和沟的形式，如图 10.71 所示。

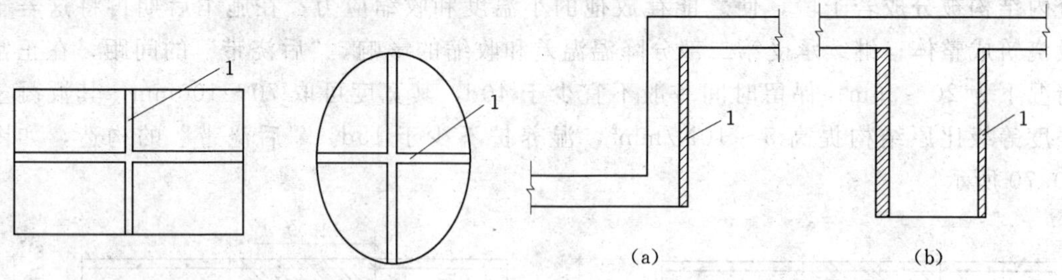

图 10.71 结构表面的应力缓和沟形式
1—应力缓和沟

图 10.72 缓冲层示意图
(a) 高、低底板交接处；(b) 底板地梁处
1—聚苯乙烯泡沫塑料

5. 设置缓冲层

设置缓冲层，即在高、低板交接处、底板地梁处等，用 30～50mm 厚的聚苯乙烯泡沫塑料板作垂直隔离、以缓冲基础收缩时的侧向压力，如图 10.72 所示。

6. 避免应力集中

在孔洞周围、变断面转角部位、转角处等，由于温度变化和混凝土收缩，会产生应力集中而导致混凝土裂缝。为此，可在孔洞四周增配斜向钢筋、钢筋网片；在变断面处避免断面突变，可作局部处理使断面逐渐过渡。同时增配一定量的抗裂钢筋，这对防止裂缝产生是有很大作用的。

10.4.3.8 加强施工监测工作

在大体积混凝土的凝结硬化过程中，随时摸清大体积混凝土不同深度温度场升降的变化规律，及时监测混凝土内部的温度情况，对于有的放矢地采取相应的技术措施，确保混凝土不产生过大的温度应力，具有非常重要的作用。

监测混凝土内部的温度，可采用在混凝土内不同部位埋设锡热传感器，用混凝土温度测定记录仪进行施工全过程的跟踪和监测。混凝土温度测定记录仪，是以 XQC－300 大型长图自动平衡记录仪和 WZG－010 铜热电阻温度传感器作为基本测温单元，并加装“定时全自动扩展”装置组合而成，将 XQC－300 平衡记录仪原来的 12 个点测温能力提高到 108 个点，能做到全面、均匀地控制大体积混凝土温度情况。

混凝土温度测定记录仪，是以测定电阻变化来显示温度的仪器，其基本原理是电桥平衡方式。记录仪连接着打印系统，将各测点温度打印在记录纸上，可以直接读数。

为了能准确地了解混凝土内部温度场的分布情况，除需要按设计要求布置一定数量的传感器外，还要确保埋入混凝土中的每个传感器具有较高的可靠性。因此，必须对传感器进行封装，封装的工序一般包括：初筛→热老化处理→绝缘试验→馈线焊接和密封。

初筛、热老化处理和绝缘试验的目的，是确保铜热传感器的可靠性、准确性的密封性，剔除不合格的传感器，限定混凝土碱性腐蚀对测试工作的影响；馈线焊接和密封，是保证传感器正常工作必不可少的关键工序，将馈线与传感器接线头焊接后，再用环氧树脂

密封后就可供现场布置。

布置时应将铜热传感器用绝缘胶布绑扎于预定测点位置处的钢筋上。如预定位置处无钢筋，可另外设置钢筋。由于钢筋的导热系数大，传感器直接接触钢筋会使该部位的温度值失真，所以，要用绝缘胶布绑扎。待各铜热传感器绑扎完毕后，应将馈线收成一束，固定在横向钢筋下沿引出，以避免在浇筑混凝土时馈线受到损伤。

待馈线与测定记录仪接好后，须再次对传感器进行试测检查，以试测完全合格后，混凝土测试的准备工作即告结束。

混凝土温度测定记录仪，不仅可显示读数，而且还可自动记录各测点的温度，能及时绘制出混凝土内部温度变化曲线，随时对照理论计算值，可有的放矢地采取相应的技术措施。

这样在施工过程中，可以做到对大体积混凝土内部的温度变化进行跟踪监测，实现信息化施工，确保工程质量。

10.4.4　大体积混凝土基础结构施工

10.4.4.1　钢筋工程

大体积混凝土结构的钢筋，具有数量多、直径大、分布密、上下层钢筋高差大等特点。这是与一般混凝土结构的明显区别。

为使钢筋网片的网格方整划一、间距正确，在进行钢筋绑扎或焊接时，可采用4～5m长卡尺限位绑扎（图10.73）。即根据钢筋间距在卡尺上设置缺口，绑扎时在长钢筋的两端角卡尺缺口卡住钢筋，待绑扎牢固后拿去卡尺，这样既能满足钢筋间距的质量要求，又能加快绑扎的速度。钢筋的连接，可采用气压焊、对接焊、锥螺纹和套筒挤压连接等方法。

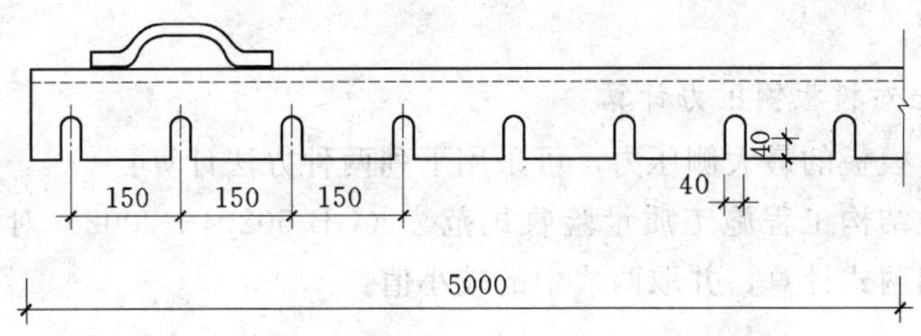

图10.73　4～5m长卡尺限位绑扎（单位：mm）

大体积混凝土结构由于厚度大，多数设计为上、下两层钢筋。为保证上层钢筋的标高和位置准确无误，应设立支架支撑上层钢筋。过去多用钢筋支架，不仅用钢量大，稳定性差，操作不安全，而且难以保持上层钢筋在同一水平上。因而目前一般采用角钢焊制的支架来支撑上层钢筋的重量、控制钢筋的标高、承担上部操作平台的全部施工荷载。钢筋支架立柱的下端焊在钢管桩桩帽上，在上端焊上一段插座管，插入$\phi 48$钢筋脚手管，用横楞和满铺脚手板组成浇筑混凝土用的操作平台（图10.74）。

钢筋网片和骨架多在钢筋加工厂加工成型，运到施工现场进行安装。但工地上也要设简易的钢筋加工成型机械，以便对钢筋整修和临时补缺加工。

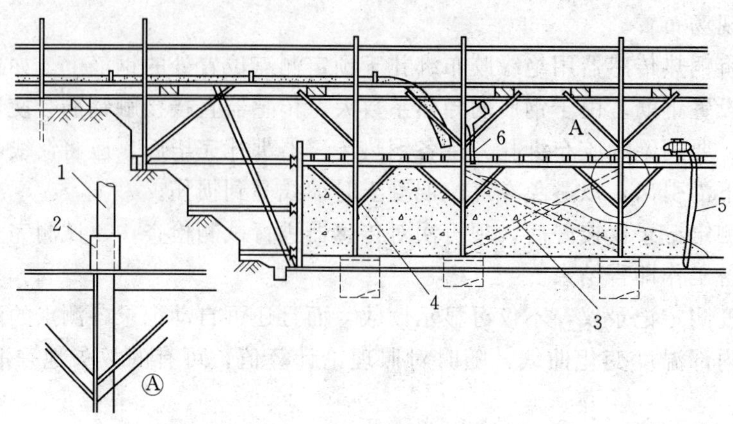

图 10.74　钢筋支架及操作平台

1—ϕ48 脚手管；2—插座管（内径 ϕ50）；3—剪刀撑；
4—钢筋支架；5—前道振捣；6—后道振捣

10.4.4.2　模板工程

模板是保证工程结构外形和尺寸的关键，而混凝土对模板的侧压力是确定模板尺寸的依据。大体积混凝土的浇筑常采用泵送工艺，该工艺的特点是浇筑速度快，浇筑面集中。由于泵送混凝土的操作工艺决定了它不可能做到同时将混凝土均匀地分送到浇筑混凝土的各个部位，所以，往往会使某一部分的混凝土升高很大，然后才移动输送管，依次浇筑另一部分的混凝土。因此，采用泵送工艺的大体积混凝土的模板，绝对不能按传统、常规的办法配置。

而应当根据实际受力状况，对模板和支撑系统等进行认真计算，以确保模板体系具有足够的强度和刚度。

1. 泵送混凝土对模板侧压力计算

泵送混凝土对模板的最大侧压力，可采用下列两种方法计算：

我国《混凝土结构工程施工质量验收规范》（GB 50204—2002）对模板侧压力的计算，规定可按下列两式计算，并取两式中的较小值：

$$F=0.22\gamma t_0\beta_1\beta_2V^{\frac{1}{2}} \tag{10.20}$$

$$F=2.5H \tag{10.21}$$

上二式中　F——新浇筑混凝土对模板的最大侧压力，kN/m^2；

β_1——外加剂影响修正系数。不掺外加剂时取 1.0；掺具有缓凝作用的外加剂时取 1.2；

β_2——混凝土坍落度影响修正系数，当坍落度小于 100mm 时，取 1.10；不小于 100mm 时，取 1.15；

γ——混凝土重力密度，kN/m^3；

t_0——新浇筑混凝土的初凝时间（h），可按实测确定。当缺乏试验资料时，可采用 $t=200/(T+15)$；

V——混凝土浇筑速度，m/h；

T——混凝土浇筑时的温度，℃；

H——混凝土测压力计算位置处至新浇筑混凝土顶面的总高度，m。

2. 侧模及支撑

根据以上计算的混凝土最大侧压力值，可确定模板体系各部件的断面和尺寸，在侧模及支撑设计与施工中，应注意以下几方面：

(1) 由于大体积混凝土结构基础垫层面积较大，垫层浇筑后其面层不可能在同一水平面上。因此，在钢模板的下端统长铺设一根 500mm×100mm 小方木，用水平仪找平调整，确保安装好的钢模板上口能在同一标高上。另外，沿基础纵向两侧及横向混凝土浇筑最后结束的一侧，在小方木上开设 50mm×300mm 的排水孔，以便将大体积混凝土浇筑时产生的泌水和浮浆排出坑外。

(2) 基础钢筋绑扎结束后，进行模板的最后校正，并焊接模板内的上、中、下三道拉杆。上面一道先与角支架连接后，再用圆钢拉杆焊在第三排桩帽上，中间一道拉杆斜焊在第二排桩帽上，下面一道直接焊在底皮的受力钢筋上。

(3) 为了确保模板的整体刚度，在模板外侧布置三道统长横向围檩，并与竖向肋用连接件固定。

(4) 由于泵送混凝土浇筑速度快，对模板的侧向压力也相应增大，所以，为确保模板的安全和稳定，在模板外侧另加三道木支撑（图 10.75）。

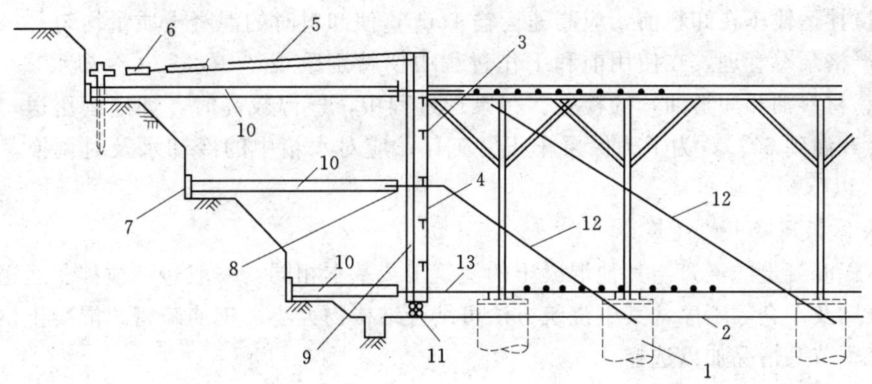

图 10.75　侧模支撑示意图

1—钢管桩；2—混凝土垫层面；3—⌊ 40×4 角铁搁栅；4—5mm 钢模板板面；5—⌊ 50×5，每模板 2 根（校正模板上口位置）；6—花篮螺栓；7—统长木垫头板；8—2 根 8# 统长槽钢腰梁；9—2 根 [8@1000；10—75mm×75mm 方木@1000；11—50mm×100mm 小方木，上口找平；12—ϕ22 拉杆；13—拉杆与受力钢筋焊接

10.4.4.3　混凝土工程

高层建筑基础工程的大体积混凝土数量巨大，如新上海国际大厦 17000m^3，上海煤炭大厦 21000m^3，上海世界贸易商城 24000m^3，很多工业设备的基础亦达数千立方米以至一万立方米以上。对于这些大体积混凝土的浇筑，最好采用集中搅拌站供应商品混凝土，搅拌车运送到施工现场，由混凝土泵（泵车）进行演练。

采用商品混凝土，这是一个全盘机械化的混凝土施工方案，其关键是如何使这些机械相互协调，否则任务一个环节的失调，都会打乱整个施工部署。

1. 施工平面布置

混凝土泵送能否顺利进行，在很大程度上取决于合理的施工平面布置、泵车的布局以及施工现场道路的畅通。

(1) 混凝土泵车的布置。

1) 根据混凝土的浇筑计划、顺序和速度等要求来选择混凝土泵车的型号、台数，确定每一台泵车负责浇筑的范围。

2) 在泵车布置上，应尽量使泵车靠近基坑，使布料杆扩大服务半径，使最长的水平输送管控制在120m左右，并尽量减少用90°的弯管。

3) 严格施工平面管理和道路交通管理，抓好施工道路的质量，是确保泵车、搅拌运输车正常运输的重要一环。因此，各种作业场地、机具和材料都要按划定的区域和地点操作或堆放，车辆行驶路线也要分区规划安排，以保证行车的安全和畅通。

(2) 防止泵送堵塞的措施。

在泵送混凝土的施工过程中，最容易发生的是混凝土堵塞，为了充分发挥泵车的效率，确保管道输送畅通，可采取以下措施：

1) 加强混凝土的级配管理和坍落度控制，确保混凝土的可泵性。在整个施工过程中每隔2～4h进行一次检查，发现坍落度有偏差时，及时与搅拌站联系加以调整。

2) 搅拌运输车在卸料前，应高速运输1min，使卸料时的混凝土质量均匀。

3) 严格泵车管理，在使用前和工作过程中要特别重视"一水"(冷却水)、"三油"(工作油、材料油和润滑油)的检查。在泵送过程中，气温较高时，如连续压送，工作油温可能会升温到60℃，为了确保泵车正常工作，应对水箱中的冷却水及时调换，控制油温在50℃以下。

2. 大体积混凝土的浇筑

大体积混凝土的浇筑与其他混凝土的浇筑工艺基本相同，一般包括搅拌、运送、浇筑入模、振捣及平仓等工序，其中浇筑方法可结合结构物大小、钢筋疏密、混凝土供应条件以及施工季节等情况加以选择。

(1) 混凝土浇筑方法。

为保证混凝土结构的整体性，混凝土应连续浇筑，要求在下层混凝土初凝前就被上层混凝土覆盖并捣实。根据结构特点不同，可分为全断面分层浇筑、分段分层浇筑和斜面分层浇筑等方案，常用的是斜面分层浇筑法。

斜面分层浇筑，即当结构的长度超过厚度的三倍时，可以采用斜面分层浇筑。采用此方案时，斜面坡度取决于混凝土坍落度，混凝土浇筑厚度一般为20～30cm，振捣工作应从浇筑层的下端开始。

(2) 混凝土振捣。

根据混凝土泵送时会自然形成一个坡度的实际情况，在每个浇筑带的前、后布置两道振动器，第一道振动器布置在混凝土卸料点，主要解决上部混凝土的捣实；第二道振动器布置在混凝土坡脚处，以确保下部混凝土的密实。随着混凝土浇筑工作的向前

推进，振动器也相应跟上，以保证整个高度混凝土的质量，具体布置如图 10.76 所示。

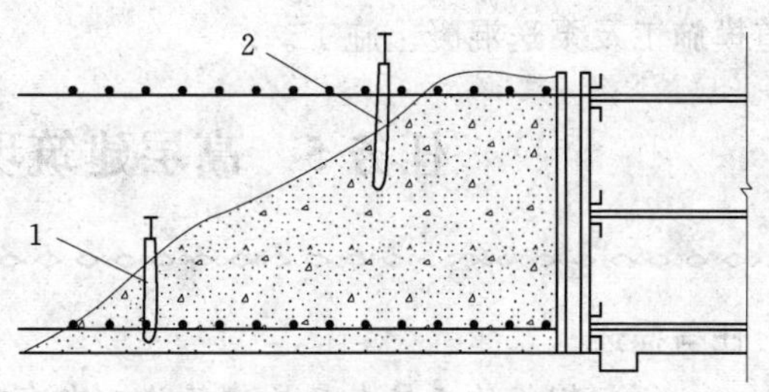

图 10.76　混凝土振捣示意图
1—前道振捣器；2—后道振捣器

3. 混凝土的泌水处理和表面处理

(1) 混凝土的泌水处理。

大体积混凝土施工，由于采用大流动性混凝土分层浇筑，上下层施工的间隔时间较长（一般为 1.5～3h），经过振捣后上涌的泌水和浮浆易顺混凝土坡面流到坑底。当采用泵送混凝土施工时，泌水现象尤为严重，解决的办法是在混凝土垫层施工时，预先在横向上做出 2cm 的坡度；在结构四周侧模的底部开设排水孔，使泌水从孔中自然流出；少量来不及排除的泌水，随着混凝土浇筑向前推进被赶至基坑顶端，由顶端模板下部的预留孔排至坑外。

当大体积混凝土的坡脚接近顶端模板时，应改变混凝土的浇筑方向，即从顶端往回浇筑，与原斜坡相交成一个集水坑，另外有意识地加强两侧模板外的混凝土浇筑强度，这样集水坑逐步在中间缩小成小水潭，然后用软轴泵及时将泌水排除。采用这种方法适用于排除最后阶段的所有泌水，如图 10.77 所示。

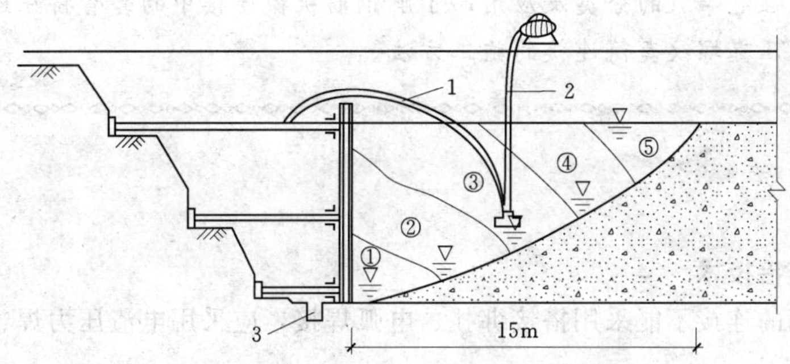

图 10.77　顶端混凝土浇筑方向及泌水排除
1—端顶混凝土浇筑方向（①、②、…表示分层浇筑流程）；2—软轴抽水机排除泌水；3—排水沟

(2) 混凝土的表面处理。

大体积混凝土（尤其是泵送混凝土），其表面水泥浆较厚，不仅会引起混凝土的表面收缩开裂，而且会影响混凝土的表面强度。因此，在混凝土浇筑结束后要认真进行表面处理。处理的基本方法是在混凝土浇筑 4～5h 左右，先初步按设计标高用长刮尺刮平，在初凝前（因混凝土内掺加本质素磺酸钙减水剂，初凝时间延长到 6～8h）用铁滚筒碾压数遍，再用木楔打磨压实，以闭合收水裂缝，经 12～14h 后，覆盖二层草袋（包）充分浇水润湿养护。

我国高层建筑除少数采用钢结构外，大量的仍采用造价较经济、防火性能好的钢筋混凝土作结构材料。其施工工艺大多采用了结构整体性能好，抗震能力强和造价较低的现浇结构和现浇与预制相结合的结构。本节主要介绍高层建筑现浇钢筋混凝土结构的台模和隧道模施工及泵送混凝土施工。

任务5　高层建筑现浇混凝土结构施工

任务描述

(1) 钢筋的连接在房屋建筑施工中有哪些方法？在高层建筑施工中是否有特殊？

(2) 熟悉组合式模板的分类，了解早拆模板体系的施工特点、早拆柱头的分类，了解胶合板模板的种类。

(3) 掌握大模板的构造与类型，了解大模板施工对建筑设计的要求，熟悉大模板设计，熟悉大模板施工的过程。

(4) 了解爬升模板施工的分类，熟悉有爬架爬模的构造、爬升原理，熟悉爬架的计算，熟悉无爬架爬模的组成、爬升原理。

(5) 作为施工技术人员会编制高层建筑现浇混凝土结构施工方案，能够指导高层建筑现浇混凝土结构施工工作。

任务分析

掌握电渣压力焊、气压焊的施工工艺、接头检验的方法，熟悉钢筋机械连接方法的分类、接头性能等级的分类及应用，了解钢筋机械连接中的套管挤压连接、锥螺纹套管连接、滚压直螺纹套筒连接的施工方法。

相关知识

10.5.1　钢筋连接技术

大直径钢筋的连接不能采用搭接绑扎、电弧焊接，应采用电渣压力焊、气压焊、机械连接等技术。

10.5.1.1　电渣压力焊

1. 工艺过程

①在上、下面钢筋端面之间引燃电弧，形成渣池→②进行“电弧过程”，使渣池形成必要的深度，并将钢筋端部烧平→③将上钢筋端部埋入渣池中，电弧熄灭进行“电渣过程”，利用电阻热使钢筋全断面熔化→④在断电同时迅速挤压，排除熔渣和熔化金属形成焊接接头。

2. 适用性

电渣压力焊适用于直径14～40mm竖向或斜向（倾斜度在4∶1范围内）钢筋的连接。

3. 主要设备和材料

电渣压力焊的主要设备和材料焊机和焊剂。

10.5.1.2　气压焊

1. 气压焊的机理

钢筋在还原性气体保护下，产生塑性流变后紧密接触，促使端面金属晶体相互扩散渗

透，再结晶和再排列，形成牢固的对焊接头。

2. 适用性

电气焊适用于竖向钢筋的连接，也适用于各种方向钢筋的连接。宜于焊接直径 16～40mm。不同直径钢筋焊接时，两者直径差不得大于 7mm。

3. 主要设备和材料

氧气和乙炔瓶、加热器、加压器及钢筋卡具等。氧气和乙炔气的混合比为 1∶1.27。

4. 工艺过程

①切平钢筋端面，使断面与钢筋轴线垂直，去掉端面周边毛刺→②磨光机打磨钢筋压接面和端头，去除锈和污物→③安装夹具夹紧钢筋，使两钢筋轴线对正，施加初压力→④碳化焰加热钢筋，待钢筋接缝处呈红黄色，压力表针大幅度下降时，对钢筋施加初期压力，使缝隙闭合→⑤用中性焰继续加热钢筋端部，使其达到合适的压接温度→⑥当钢筋表面变成炽白色时，边加热边加压，达到 30～40N/mm^2，形成接头→⑦拆卸夹具，进行质量检验。

10.5.1.3　钢筋机械连接

1. 连接方法分类及适用范围

钢筋机械连接方法分类及适用范围，见表 10.10。

表 10.10　钢筋机械连接的方法分类及适用范围

<table>
<tr><th colspan="2" rowspan="2">机械连接方法</th><th colspan="2">适用范围</th></tr>
<tr><th>钢筋级别</th><th>钢筋直径（mm）</th></tr>
<tr><td colspan="2">钢筋套筒挤压连接</td><td>HRB335、HRB400、RRB400</td><td>16～40
16～40</td></tr>
<tr><td colspan="2">钢筋锥螺纹套筒连接</td><td>HRB335、HRB400
RRB400</td><td>16～40
16～40</td></tr>
<tr><td colspan="2">钢筋镦粗直螺纹套筒连接</td><td>HRB335、HRB400</td><td>16～40</td></tr>
<tr><td rowspan="3">钢筋滚压直螺纹套筒连接</td><td>直接滚压</td><td rowspan="3">HRB335、HRB400</td><td>16～40</td></tr>
<tr><td>挤肋滚压</td><td>16～40</td></tr>
<tr><td>剥肋滚压</td><td>16～50</td></tr>
</table>

2. 钢筋机械连接的性能等级及适用情况

钢筋机械连接的性能等级及适用情况，见表 10.11。

表 10.11　钢筋机械连接性能及适用范围

性能等级	性能要求	适用情况
A级	接头抗拉强度达到或超过母材抗拉强度标准值，并具有高延性及反复拉压性能	结构中要求充分发挥钢筋强度或对接头延性要求较高的部位
B级	接头抗拉强度达到或超过母材屈服强度标准值的 1.35 倍，具有一定的延性及反复拉压性能	结构中钢筋受力小或对接头延性要求不高的部位
C级	接头仅承受压力	非抗震设防和不承受动力荷载的结构中的钢筋只承受压力的部位

3. 钢筋套筒挤压连接

钢筋套筒挤压连接，见图 10.78。

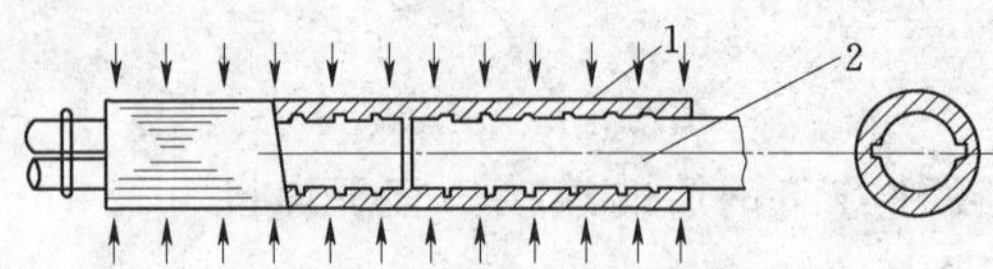

图 10.78 钢筋径向挤压连接原理图
1—钢套管；2—钢筋

(1) 压接工艺。

压接工艺：①钢筋、套筒验收→②钢筋断料，画套筒套入长度标记→③套筒按规定长度套入钢筋，安装压接模具→④开动液压泵逐道压套筒→⑤卸下压接模具等→⑥接头外观检查。

(2) 压接方式。

1) 两根连接钢筋的全部压接都在施工现场进行。

2) 预先压接一半钢筋接头，运至工地就位后再压接另一半钢筋接头。

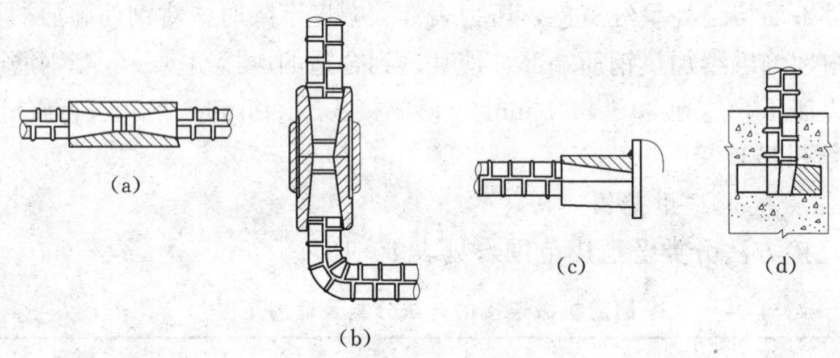

图 10.79 钢筋锥螺纹套管连接示意图
(a) 两根直钢筋连接；(b) 与一根弯钢筋连接；(c) 一根直钢筋在金属结构上接装钢筋；(d) 在混凝土构件中插接钢筋

4. 钢筋锥螺纹套筒连接（图 10.79）

(1) 工艺流程：钢筋下料→钢筋套丝→接头单体试件试验→钢筋连接→质量检查。

(2) 钢筋锥螺纹加工和连接施工。

钢筋下料可用钢筋切断机或砂轮锯，不得用气割下料。钢筋下料时，要求钢筋端面与钢筋轴线垂直，端头不得弯曲、不得出现马蹄形。

套丝机必须用水溶性切削冷却润滑液，不得用机油润滑或不加润滑液套丝。

钢筋套丝质量必须用牙形规与卡规检查，钢筋的牙形必须与牙形规相吻合，其小端直径必须在卡规上标出的允许误差之内，锥螺纹丝扣完整牙数不得小于规定值。

5. 钢筋滚压直螺纹套筒连接

钢筋滚压直螺纹套筒连接，见表 10.12。

表 10.12 钢筋滚压直螺纹套筒连接类型和方法

类 型	加 工 方 法	特 点
直接滚压螺纹	用钢筋滚丝机直接滚压	加工简单，设备少但螺纹精度差
挤肋滚压螺纹	先用挤压设备将钢筋的纵、横肋进行压平，然后再滚压螺纹	螺纹精度有所提高，但不能根本解决钢筋直径差异对螺纹精度的影响
剥肋滚压螺纹	用钢筋剥肋滚丝机及钢筋的纵、横肋剥切处理，使钢筋各处直径达到同一尺寸，然后再进行螺纹滚压成型	此法螺纹精度高，接头质量稳定，有较大发展前途

10.5.2　组合式模板施工高层建筑

10.5.2.1　组合钢模板

1. 小型组合钢模板

小型组合钢模板是应用最早也是目前应用较广泛的一种组合式模板。由Q235钢材制成，肋高55mm、板面厚2.5mm。由钢模板、连接件、支承件3部分组成。

钢模板包括：平面模板、阴角模板、阳角模板、连接角模等。

连接件包括：U形卡、L形插销、钩头螺栓、紧固螺栓、扣件、对拉螺栓等。

支承件有钢楞、柱筋、梁卡具、钢支柱、早拆柱头、斜撑、挂架、钢管脚手支架等。

2. 中型组合钢模板

中型组合钢模板肋高为70mm、75mm等，模板规格尺寸也比55型大，刚度大，能满足侧压力50kN/m^{2}的要求。

G—70模板的组成：平面模板、阳角模、阴角模、L形调节板、连接角钢等。如用于楼板、模板采用早拆支承体系时，经济效果较显著。

3. 组合钢框木（竹）胶合板模板

（1）55型钢框胶合板模板。

可与55型组合钢模板通用，肋高55mm。

（2）75系列钢框胶合板模板。

由平面模板、连接模板（阴角模、连接角钢、调缝角钢）、配件组成，平面模板边框高75mm。

（3）78型（重型）钢框胶合板模板。

模板由钢边框、加强肋和防水胶合板面板组成。边框高78mm、厚3mm。板元件承受的混凝土侧压力为50kN/m^2。

10.5.2.2　胶合板模板

胶合板模板是指用胶合板作现浇墙体、楼板等的模板。

优点：板幅大、板面平整，比用组合式模板接缝少，可满足清水混凝土施工要求；材质轻、运输、使用都方便；保温性能好，能防止温度变化过快；便于加工等。

1. 木胶合板

胶合板由多层单板经热压固化而胶合成型；相邻层的纹理相互垂直，最外层表板的纹理方向平行于板面长向，整张胶合板长向为强向，短向为弱向。

2. 竹胶合板

竹胶合板由芯板、面板组成，常用厚度为9mm、12mm、15mm。芯板是由宽14～17mm、厚3～5mm的竹条（竹帘单板）经软化后编织而成。面板有两种：一种是竹编席单板，由竹席编织而成，平面平整度较差；另一种是薄木胶合板，它平整度好。

10.5.3　大模板施工高层建筑

大模板施工高层建筑基本分为3类：外墙预制内墙现浇（简称内浇外挂）；内外墙全现浇；外墙砌砖内墙现浇（简称内浇外砌）。对于高层建筑目前主要是内外墙全现浇。

10.5.3.1 大模板施工对建筑设计的要求

10.5.3.2 大模板的构造与类型

1. 大模板构造

大模板构造由面板、骨架、支撑系统和附件等组成（图 10.80）。

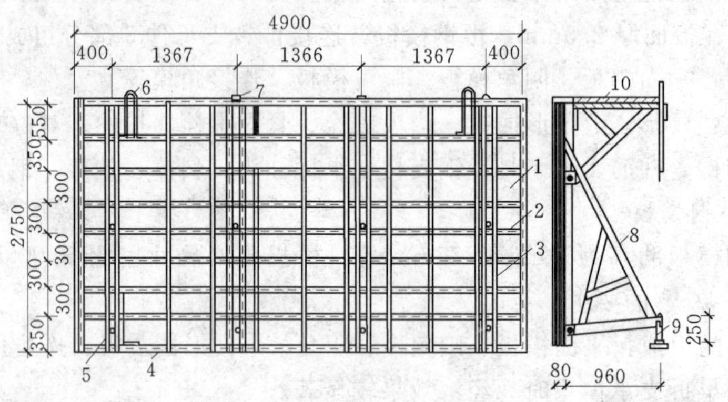

图 10.80 横墙大模板构造图

1—面板；2—横肋；3—竖肋；4—小肋；5—穿墙螺栓；6—吊环；7—上口卡座；8—支撑架；9—地脚螺丝；10—操作平台

2. 大模板类型

(1) 平模（表 10.13)。

表 10.13 平模类型、组成及特点

类　型	组　成	特　点
整体式平模	面板多用整块钢板，且面板、骨架、支撑系统和操作平台等都焊接成整体	模板的整体性好、周转次数多，但通用性差，仅用于大规模的标准住宅
组合式平模	以常用的开间、进深作为板面的基本尺寸，再辅以少量 20cm、30cm 或 60cm 的拼接窄板，即可组合成不同尺寸的大模板，以适应不同开间和进深尺寸的需要	灵活通用，有较大的优越性，应用最广泛。且板面（包括面板和骨架）、支撑系统、操作平台三部分用螺栓连接，便于解体
装拆式平模	面板多用多层胶合板、组合钢模板或钢框胶合板模板，面板与横、竖肋用螺栓连接，且板面与支撑系统、操作平台之间亦用螺栓连接	用后可完全拆散，灵活性较大

(2) 小角模。

小角模（图 10.81）与平模配套使用，作为墙角模板。小角模与平模间应有一定的伸缩量。

3. 筒模

将一个房间四面墙的模板联结成一个空间的整体模板即为筒模（图 10.82)。它稳定性好，可整间吊装而减少吊次，但自重大，不够灵活。多用于电梯井、管道井等尺寸较小的筒形构件。

10.5.3.3 大模板计算

大模板结构计算包括：

(1) 验算模板在新浇混凝土侧压力作用下的强度和刚度。

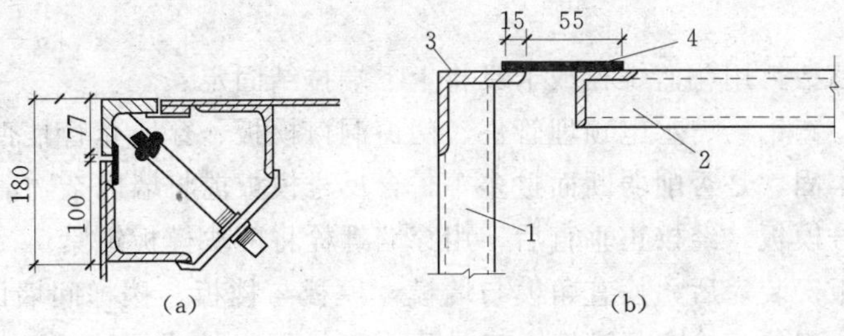

图 10.81　小角模

(a) 扁钢焊在角钢内面；(b) 扁钢焊在角钢外面

1—横墙模板；2—纵墙模板；3—角钢 100×63×6；4—扁钢 70×5

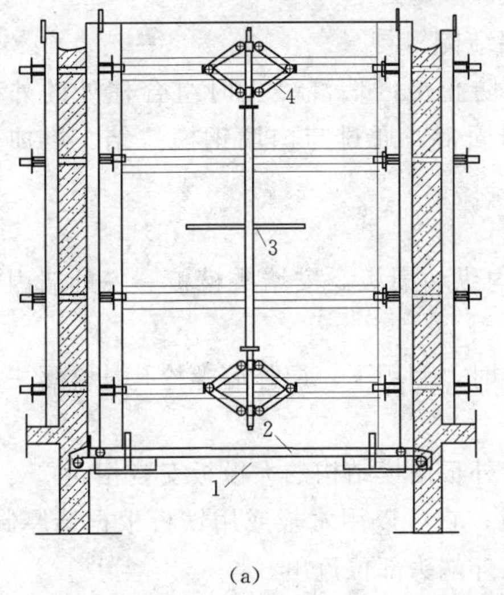

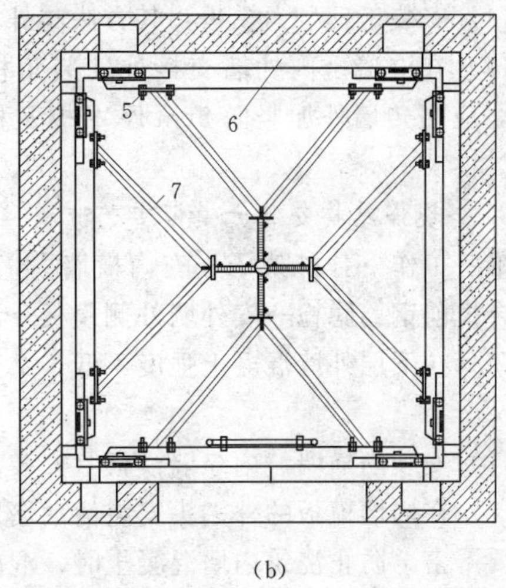

图 10.82　电梯井筒模

(a) 电梯井筒模剖面图；(b) 电梯井筒模俯视图

1—中心调节机构；2—调节手轮；3—跟进平台；4—下层穿墙栓；5—紧固螺栓；6—筒模；7—穿墙栓

(2) 验算穿墙螺栓的强度。

(3) 计算模板存放时在风力作用下的自稳角等。

(4) 模板各构件的挠度要求控制在不大于 $l/500$。

(5) 大模板承受的荷载主要是混凝土侧压力，其计算方法与一般模板相同。

(6) 荷载求得后，大模板的面板、横肋、竖肋、穿墙螺栓等皆根据其支承情况按相应的钢结构构件进行计算。

10.5.3.4　大模板工程施工

1. 外板内模结构安装大模板工艺流程

大模板工程施工的工艺流程为：准备工作→安正号模板→安装外墙板→安反号模板→固定模板上口→预检。

(1) 按照先横墙后纵墙的安装顺序，将一个流水段的正号模板用塔吊按顺序吊至安装位置初步就位，用撬棍按墙位线调整模板位置，对称调整模板的一对地脚螺栓或斜杆螺栓。用托线板测垂直校正标高，使模板的垂直度、水平度、标高符合设计要求，立即拧紧螺栓。

(2) 安装外墙板，用花篮螺栓或卡具将上下端拉结固定。

(3) 合模前检查钢筋、水电预埋管件、门窗洞口模板、穿墙套管是否遗漏，位置是否准确，安装是否牢固，是否削弱断面过多等，合反号模板前将墙内杂物清理干净。

(4) 安装反号模板，经校正垂直后，用穿墙螺栓将两块模板锁紧。

(5) 正反模板安装完后，检查角模与墙模，模板与楼板，楼梯间墙面间隙必须严密，防止有漏浆、错台现象。检查每道墙上口是否平直，用扣件或螺栓将两块模板上口固定。办完模板工程预检验收，方准浇筑混凝土。

2. 外砖内模结构安装大模板工艺流程

外墙砌砖→安装正、反号大模板→安装角模→预检。

(1) 安装正反号大模板，其方法与外板内模结构相同。

(2) 在混凝土内外墙交接处安装角模，为防止浇内墙混凝土时组合柱处的外砖墙鼓胀，应在砖墙外加竖向5cm厚木板及横向加固带，通过与内墙钢模拉结，增加砖墙刚度。

3. 全现浇结构安装大模板工艺流程

准备工作→挂外架子→安内横墙模板→安内纵墙模板→安堵头模板→安外墙内侧模板→合模前钢筋隐检→安外墙外侧模板→预检。

(1) 在下层外墙混凝土强度不低于7.5MPa时，利用下一层外墙螺栓孔挂金属三角平台架。

(2) 安装内横墙、内纵墙模板（安装方法与外板内模结构的大模板安装相同)。

(3) 在内墙模板的外端头安装活动堵头模板，它可以用木板或用铁板根据墙厚制作，模板要严密，防止浇筑内墙混凝土时，混凝土从外端头部位流出。

(4) 先安装外墙内侧模板，按楼板上的位置线将大模板就位找正，然后安装门窗洞口模板。

(5) 合模板前将钢筋、水电等预埋管件进行隐检。

(6) 安装外墙外侧模板，模板放在金属三角平台架上，将模板就位，穿螺栓紧固校正，注意施工缝模板的连接处必须严密、牢固可靠，防止出现错台和漏浆现象。

10.5.3.5 拆除大模板

(1) 在常温条件下，墙体混凝土强度必须达1MPa，冬期施工外板内模结构、外砖内模结构，墙体混凝土强度达4MPa才准拆模，全现浇结构外墙混凝土强度在7.5MPa，内墙混凝土强度在5MPa才准拆模，拆模时应以同条件养护试块抗压强度为准。

(2) 拆除模板顺序与安装模板顺序相反，先拆纵墙模板后拆横墙模板，首先拆下穿墙螺栓，再松开地脚螺栓，使模板向后倾斜与墙体脱开。如果模板与混凝土墙面吸附或黏结不能离开时，可用撬棍撬动模板下口，不得在墙上口撬模板，或用大锤砸模板。应保证拆模时不晃动混凝土墙体，尤其拆门窗洞模板时不能用大锤砸模板。

(3) 拆除全现浇结构模板时，应先拆外墙外侧模板，再拆除内侧模板。

(4) 清除模板平台上的杂物，检查模板是否有钩挂兜绊的地方，调整塔臂至被拆除的

模板上方，将模板吊出。

（5）大模板吊至存放地点时，必须一次放稳，保持自稳角为75°～80°，及时进行板面清理，涂刷隔离剂，防止粘连灰浆。

（6）大模板应定期进行检查与维修，保证使用质量。

10.5.4　爬升模板施工高层建筑

1. 爬升模板的优点

（1）施工时模板不需拆装，可整体自行爬升。

（2）可一次浇筑一个楼层的墙体混凝土，可离开墙面一次爬升一个楼层高度。

（3）可减少起重机的吊运工作量。

（4）施工工期较易控制。

（5）爬升平稳，工作安全可靠。

（6）施工精度较高。

（7）可有效地缩短结构施工周期。

2. 类型

爬升模板类型有爬架爬模和无爬架爬模。

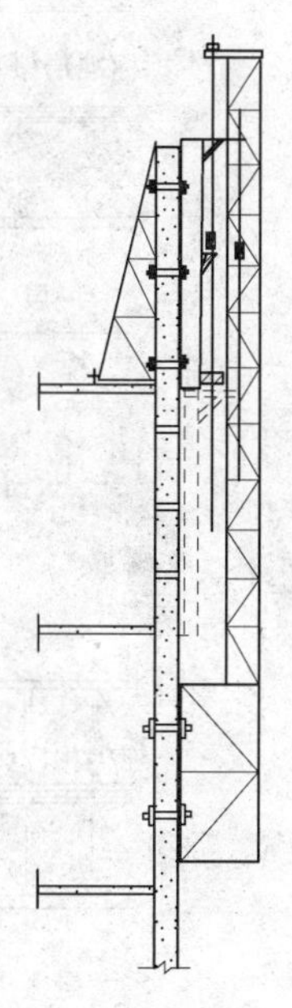

图10.83　有爬架的爬升模板

10.5.4.1　有爬架爬模

1. 构造

（1）模板（图10.83）。

模板与大模板相似，构造亦相同：

1）高度＝层高＋100～300mm。

2）宽度：条件允许时愈宽愈好。

3）两套爬升装置。

（2）爬架。

作用是悬挂模板和爬升模板。爬架由支承架、附墙架、挑横梁、爬升爬架的千斤顶架（或吊环）等组成。

（3）爬升装置。

爬升装置有环链手拉葫芦、单作用液压千斤顶、双作用液压千斤顶和专用爬模千斤顶。

2. 爬升原理

爬升模板的爬升，是爬架和模板相互交替作支承，由爬升设备分别带动它们一个个楼层的向上爬升，以完成混凝土墙体的浇筑。

3. 内、外墙整体爬模

用内、外墙整体爬模，同时浇筑内、外墙体的施工顺序和模板、爬架的爬升工艺流程如图10.84所示。

10.5.4.2　无爬架爬模

无爬架爬模的特点是：取消爬架，模板由甲、乙两类模板组成，爬升时两类模板互为依托，交替爬升。

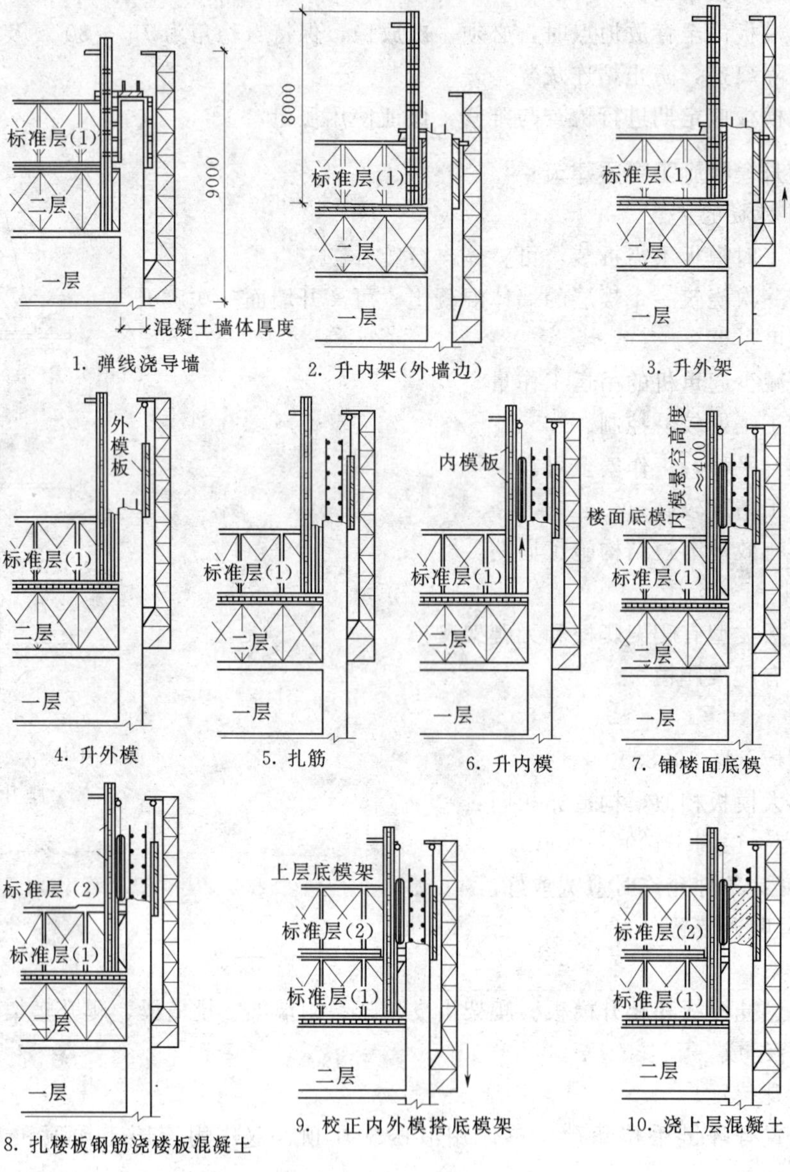

1. 弹线浇导墙　2. 升内架(外墙边)　3. 升外架

4. 升外模　5. 扎筋　6. 升内模　7. 铺楼面底模

8. 扎楼板钢筋浇楼板混凝土　9. 校正内外模搭底模架　10. 浇上层混凝土

图 10.84　内、外墙整体爬模工艺流程示意图（单位：mm）

1 组成

无爬架爬模由甲类模板、乙类模板、爬升装置组成。

2. 安装过程

①大模板以常规施工方法施工首层结构，安装爬模→②安装乙型模板下部的“生根”背楞，用穿墙螺栓固定在首层已浇筑的墙体上→③安装中挑架，将在地面上将模板、三角爬架、液压千斤顶等组装好的乙型模板吊起置于连接板上，并用螺栓连接，同时在中挑台上设支撑临时支撑和校正模板→④安装甲型模板时，用方木临时支托→⑤外墙内侧模板吊

运就位后，用穿墙螺栓将内、外侧模板固定，并校正垂直度→⑥安装上、下挑台，挂好安全网→⑦浇筑墙体混凝土。

3. 爬升顺序（图10.85）

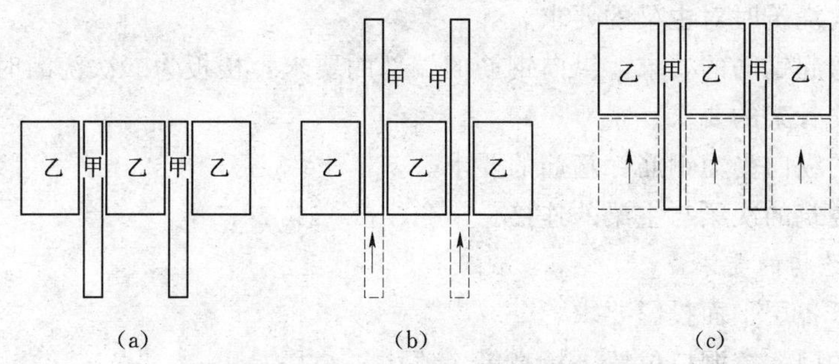

图10.85　无爬架爬模的爬升顺序

(a) 模板就位，浇筑混凝土；(b) 甲型模板爬升；(c) 乙型模板爬升就位浇筑混凝土

10.5.5　滑动模板施工高层建筑

10.5.5.1　滑动模板施工对工程设计的要求

1. 一般要求

滑动模板施工对工程设计的一般要求：建筑设计应简洁整齐；结构布置应使构件竖向的投影重合，有碍模板滑升的局部突出结构要尽量避免。

(1) 滑模设计对构件的要求见表10.14。

表10.14　滑模设计对构件要求

构件名称	最小尺寸要求	构件名称	最小尺寸要求
无筋墙板	180mm	混凝土梁宽度	200mm
有筋墙板	140mm	混凝土独立柱子	400mm×400mm

(2) 滑模施工对混凝土的要求。

1) 普通混凝土结构，不应低于C15。

2) 采用HRB335钢筋时，混凝土强度等级不低于C20。

3) 轻骨料混凝土不应低于C15。

4) 同一标高内的构件宜采用同一强度等级的混凝土。

(3) 滑模施工对设计的要求。

1) 竖向结构的截面尺寸。

2) 构件的配筋要求。

3) 预埋件或预留孔洞的位置。

4) 二次施工构件的预留孔洞的尺寸要求。

5) 横向结构的施工方法和施工程序。

6) 竖向结构与横向结构连接用的“胡子筋”。

7) 宜利用结构受力钢筋作为滑升模板施工用的支承杆。

2. 对框架结构的要求

(1) 框架结构的柱网间距，柱子的截面尺寸，柱上的预埋件。

(2) 同一轴线上的梁宽度的要求，框架梁和联系梁的梁底标高关系，楼层结构（次梁和楼板）为二次浇筑时对主梁的要求。

(3) 梁内弯起钢筋的要求，纵向钢筋的端部的要求，楼板为二次浇灌时配置负弯矩钢筋的要求，钢筋骨架的要求。

(4) 柱子的纵向受力钢筋、箍筋的要求。

(5) 二次浇筑的次梁与主梁的连接。

3. 对墙板结构的要求

(1) 上、下各层平面投影要求。

(2) 各层的门、窗洞口位置、标高等。

(3) 丁字形或十字形墙板交接处的门设置要求。

(4) 暗框架柱的要求；按壁式框架设计时，其梁的配筋要求；各种大洞口周边的加强钢筋。

(5) 墙板竖向钢筋伸入楼板内的锚固段要求。

(6) 与墙体同时滑升施工的、支承在墙板上的梁，其伸入墙板内的锚固段钢筋的要求。

10.5.5.2　滑模施工（图10.86）

1. 滑框倒模施工

滑框倒模施工采用滑模施工的设备和装置，于围圈内侧增设控制模板的竖向滑道，该滑道随滑升系统一起滑升，而模板留在原地不动，待滑道滑出模板，再将模板拆除倒到滑道上重新插入施工。

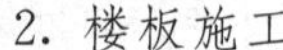

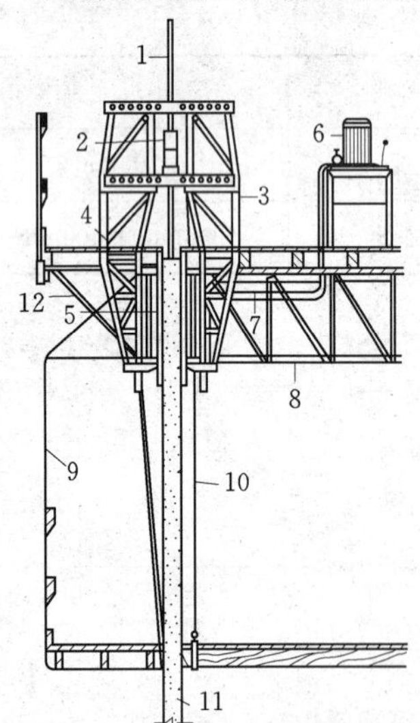

图10.86　滑动模板

1—支承杆；2—液压千斤顶；3—提升架；4—围圈；5—模板；6—油泵；7—输油管；8—操作平台析架；9—外吊脚手；10—内吊脚手；11—混凝土墙体；12—外挑架

2. 楼板施工

(1) 逐层空滑楼板并进施工法（又称“滑—浇—法”和逐层封闭法）：当每层墙体混凝土用滑模浇筑至上层楼板底标高时，将滑模继续向上空滑至模板下口与墙体脱空一定高度（脱空高度根据楼板厚度而定，一般比楼板厚度多50～100mm），然后将滑模操作平台的活动平台板吊去，进行现浇楼板的支模、绑扎钢筋和浇筑混凝土，如此逐层进行。

(2) 先滑墙体楼板跟进施工：当墙体用滑模连续滑升浇筑数层后，楼板自下而上插入逐层施工。

(3) 降模法：利用析架或纵横梁结构，将每间的楼板模板组成整体，通过吊杆、钢丝绳或链条悬吊于建筑物上，先浇筑屋面板和梁，待混凝土达到一定强度后，用手推降模车将降模平台下降到下一层楼板的高度，加以固定后进行浇筑。如此反复进行，直至底层，最后将降模平台在地面上拆除。

10.5.6　台模和隧道模施工

高层建筑现浇混凝土的模板工程一般可分为竖向模板和横向模板两类。

(1) 竖向模板：主要指剪力墙墙体、框架柱、筒体等模板。

(2) 横向模板：主要指钢筋混凝土楼盖施工用模板，除采用传统组合模板散装散拆方法外，目前高层建筑采用了各种类型的台模和隧道模施工。

10.5.6.1　台模施工

台模由台架和面板组成，适用于高层建筑中的各种楼盖结构施工，其形状与桌相似，故称台模。台架为台模的支承系统，按其支承形式可分为立柱式、悬架式、整体式等，如图 10.87 所示。

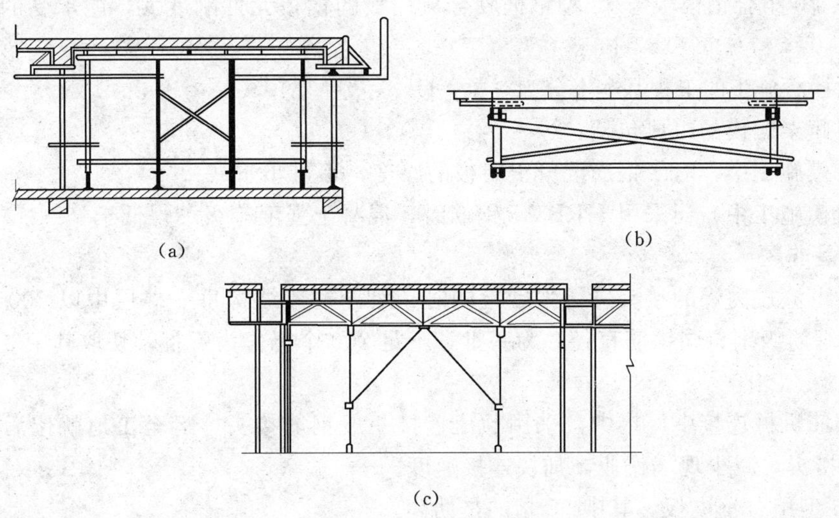

图 10.87　台模支承形式

(a) 立柱式；(b) 悬架式；(c) 整体式

立柱式台模由面板、次梁和主梁及立柱等组成。

悬架式台模不设立柱，主要由桁架、次梁、面板、活动翻转翼、垂直与水平剪力承及配套机具组成。

整体式台模由台模和柱模板两大部分组成。整个模具结构分为桁架与面板，承力柱模板、临时支承，调节柱模伸缩装置，降模和出模机具等。

10.5.6.2　隧道模施工

隧道模是可同时浇筑墙体与楼板的大型工具式模板，能沿楼面在房屋开间方向水平移动，逐间浇筑钢筋混凝土。

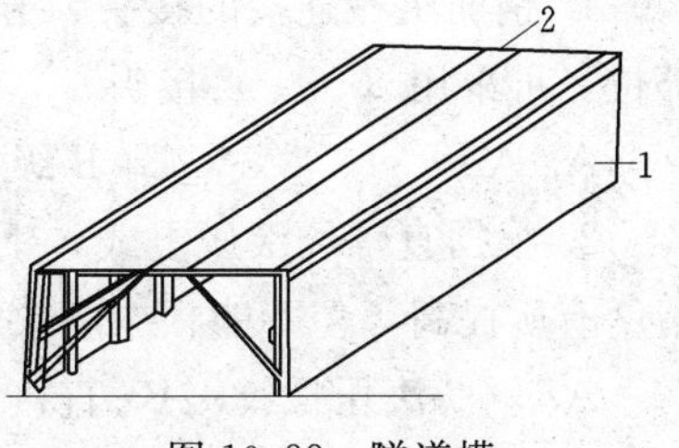

图 10.88　隧道模

1—半隧道模；2—连接板

图 10.88 所示隧道模由三面模板组成一节，形如隧道。隧道模可分为整体式和双拼式两种。

双拼式隧道模由竖向横模板和水平向楼板模板与骨架连接而成，还有行走装置和承重装置。

复 习 思 考 题

一、填空题

1. 钢筋焊接有两种形式（　　　　　）、（　　　　　），电渣压力焊属于其中的（　　　　　）。

2. 钢筋机械连接的接头，分为三个性能等级，仅承受压力的是（　　　　　）级钢筋接头。

3. 组合式模板分为两类：一类是（　　　　　）；另一类是（　　　　　）。

4. G－70 组合钢模板与 78 型钢框胶合板模板的模板元件刚度大，能承受的混凝土侧压力均为（　　　　　）。

5. 大模板施工的工程基本上分为三类：（　　　　　）、（　　　　　）、（　　　　　）。

6. 有爬架爬模的组成包括：（　　　　　）、（　　　　　）、（　　　　　）。

7. 滑模施工中，对于钢筋混凝土墙板的厚度，不可小于（　　　　　）。

8. 滑模施工中，当采用 HRB335 钢筋时，混凝土强度等级不得低于（　　　　　）。

二、是非题

1. 对电渣压力焊的接头进行强度检测时，对于框架结构每一楼层中以 200 个同类型接头（同钢筋级别、同钢筋直径）为一批，不足 200 个仍作为一批，切取其中 3 个试件进行拉伸试验。（　　）

2. 钢筋机械连接中压接中，采用预压连接一般钢筋接头，运至工地就位后再压接另一半钢筋接头可减少现场作业，加快连接速度。（　　）

3. 55 型组合钢模板，其中 55 指的是肋高。（　　）

4. 大模板设计时模板的高度等于楼层高度扣除楼板厚度。（　　）

5. 有爬架爬模的支承架计算时进行荷载组合时，在工作状态下，竖向荷载＋向墙面风荷载的荷载组合产生的内力最大。（　　）

6. 框架结构采用滑模施工时，对柱子的纵向受力钢筋应尽量采用热轧变形钢筋，直径不宜小于 18mm。（　　）

三、选择题

（一）单项选择题

1. 钢筋机械连接的接头，分为三个性能等级，对于结构中钢筋接头延性要求不高的部位，可采用（　　）接头。

A. A级　　B. B级　　C. C级　　D. 都可以

2. 根据直螺纹滚压方式，钢筋滚压直螺纹套筒连接有三种方式，其中（　　）螺纹精度有所提高，但不能根本解决钢筋直径差异对螺纹精度的影响。

A. 剥肋滚压螺纹　B. 直接滚压螺纹　C. 挤肋滚压螺纹　D. 其他

3. 一般模板各构件的挠度要求控制在（　　）。

A. $\leqslant l/300$　　B. $\leqslant l/400$　　C. $\leqslant l/500$　　D. $\leqslant l/600$

4. 有爬架爬模的附墙架计算时，在工作状态下，荷载组合为（　　），最为不利。

A. 竖向荷载＋向墙面风荷载　　B. 竖向荷载＋背墙面风荷载
C. 横向荷载＋向墙面风荷载　　D. 横向荷载＋向墙面风荷载

5. 在“滑—浇—工艺”滑模施工中，在滑空状态下支承杆两端的嵌固状态应是（　　）。

A. 上端为弹性固接，下端为铰接　　B. 上端为铰接，下端为弹性固接
C. 均为铰接　　D. 均为弹性固接

（二）多项选择题

1. 大直径钢筋的连接方法可以是以下（　　）。

A. 气压焊　B. 机械连接　C. 电渣压力焊　D. 绑扎　E. 电弧焊接

2. 早拆柱头的形式有（　　）。

A. 螺旋式　B. 斜面自锁式　C. 组装式　D. 支承销板式　E. 快拆式

3. 大模板的计算内容包括（　　）。

A. 模板在新浇混凝土侧压力作用下的强度
B. 穿墙螺栓的强度
C. 模板存放时在风力作用下的自稳角
D. 模板在新浇混凝土侧压力作用下的刚度
E. 模板在新浇混凝土侧压力作用下的自稳角

4. 以下关于无爬架爬模说法正确的是（　　）。

A. 甲型模板为窄板，高度大于两个层高
B. 乙型模板高度略大于层高，宽度按建筑物外墙尺寸配置
C. 甲型模板布置在内、外墙交接处，或大开间外墙的中部
D. 在甲型模板的下面，设有用 $\phi22$ 螺栓固定于下层墙上的“生根”背楞
E. 施工时，先安装爬模，再用大模板以常规施工方法施工首层结构

5. 以下关于滑模施工时对混凝土要求正确的是（　　）。

A. 混凝土的初凝时间宜控制在 1h 左右
B. 混凝土的初凝时间宜控制在 2h 左右
C. 混凝土的终凝时间一般为 4～6h
D. 混凝土分层浇筑厚度以 200～300mm 为宜
E. 出模强度宜控制在 0.2～0.4N/mm^2

四、简答题

1. 简述电渣压力焊的过程。
2. 简述钢筋套筒挤压连接的压接顺序。
3. 胶合板模板的优点有哪些?
4. 简述大模板工程施工中钢筋绑扎的注意事项。
5. 简述“滑—浇—法”的优缺点。

五、名词解释

1. 电渣压力焊
2. 钢筋气压焊

3. 钢筋机械连接
4. 钢筋套筒挤压连接
5. 钢筋锥螺纹套筒连接
6. 钢筋镦粗直螺纹套筒连接
7. 钢筋滚压直螺纹套筒连接
8. 早拆模板体系
9. 大模板施工
10. 爬升模板
11. 滑模
12. 滑框倒模
13. 逐层空滑楼板并进施工法
14. 先滑墙体楼板跟进施工法
15. 降模法

六、问答题

1. 钢筋的连接在房屋建筑施工中有哪些方法？在高层建筑施工中是否有特殊？
2. 高层建筑施工常用的模板有哪些？各自特点有哪些？
3. 早拆模板体系比较常规的模板体系节约在哪里？
4. 教材中介绍了好几种模板，类型很多，重点应掌握什么？

参 考 文 献

[1] 傅敏．现代建筑施工技术（第1版）．北京：机械工业出版社，2009.
[2] 邓昌大．地基与基础工程施工．北京：高等教育出版社，2005.
[3] 董静，徐庶．主体结构施工．北京：高等教育出版社，2006.
[4] 朱勇年．砌体结构施工．北京：高等教育出版社，2005.
[5] 杜绍堂．钢结构施工．北京：高等教育出版社，2005.
[6] 肖岩．钢结构设计（英文版）．北京：高等教育出版社，2007.
[7] 蔡红主编．墙面装饰工程施工技术．北京：高等教育出版社，2007.
[8] 钟汉华．建筑工程施工工艺．重庆：重庆大学出版社，2006.
[9] 焦涛主编．门窗装饰工艺及施工技术．北京：高等教育出版社，2007.
[10] 赵清江．防水工程施工．北京：高等教育出版社，2006.
[11] 孙震，穆静波．土木工程施工．北京：人民交通出版社，2004.
[12] 梁剑麟．门窗构造与安装技术．北京：高等教育出版社，2006.
[13] 赵风华．钢结构设计．北京：高等教育出版社，2006.
[14] 崔东方．赵肖丹．装饰工程施工．北京：高等教育出版社，2007.
[15] 郑红．建筑工程基础．厦门：厦门大学出版社，2006.
[16] 杨太生．地基与基础工程施工．北京：中国建筑工业出版社，2005.
[17] 姚谨英．混凝土结构工程施工．北京：中国建筑工业出版社，2005.
[18] 徐礼华．土木工程概论．武汉：武汉大学出版社，2005.
[19] 东南大学，等．混凝土结构（中册）．北京：中国建筑工业出版社，2005.
[20] 李顺秋．钢结构制造与安装．北京：中国建筑工业出版社，2005.
[21] 冷涛．施工实训．北京：中国水利水电出版社，2005.
[22] 李仕东．工程测量（第二版）．北京：人民交通出版社，2005.
[23] 张忠．主体结构工程施工．北京：中国地质大学出版社，2005.
[24] 廖春洪．建筑施工测量．北京：中国地质大学出版社，2005.
[25] 陈青来．建设部标准定额研究所．混凝土结构施工图平面整体表示法制图规则和构造详图（03G101—1）．北京：中国计划出版社，2003.
[26] 建设部标准定额研究所．混凝土结构施工图平面整体表示法制图规则和构造详图（筏型基础04G101—3）．北京：中国计划出版社，2004.
[27] 建设部标准定额研究所．混凝土结构施工图平面整体表示法制图规则和构造详图（现浇混凝土楼板与屋面04G101—4）．北京：中国计划出版社，2004.
[28] 北京广联达软件技术有限公司．透过案例学平法．北京：中国建材工业出版社，2006.
[29] 建设部标准定额研究所．混凝土结构施工图平面整体表示法制图规则和构造详图（独立基础、条形基础、桩基承台）(06G101—6)．北京：中国计划出版社，2006.
[30] 建筑边坡支护技术规程（GB 50330—2002)．北京：中国建材工业出版社，2002.
[31] 建筑地基与基础设计规范（GB 50007—2002)．北京：中国建材工业出版社，2002.
[32] 建筑基坑支护技术规程（JGJ 120—99)．北京：中国建材工业出版社，1999.
[33] 地下工程防水技术规范（GB 50108—2008)．北京：中国建材工业出版社，2008.
[34] 大体积混凝土施工规范（GB 50496—2009)．北京：中国建材工业出版社，2009.

[35] 高层建筑混凝土结构技术规程（JGJ 3—2010）. 北京：中国建材工业出版社，2010.
[36] 无黏结预应力混凝土结构技术规程（JGJ 92—2004）. 北京：中国建材工业出版社，2004.
[37] 网架结构设计与施工规程（JGJ 7—91）. 北京：中国建材工业出版社，1991.
[38] 屋面工程技术规范（GB 50345—2004）. 北京：中国建材工业出版社，2004.
[39] 混凝土泵送施工技术规程（JGJ/T 10—95）. 北京：中国建材工业出版社，1995.
[40] 钢筋焊接及验收规程（JGJ 18—2003）. 北京：中国建材工业出版社，2003.
[41] 建筑钢结构焊接技术规程（JGJ 81—2002）. 北京：中国建材工业出版社，2002.
[42] 钢结构高强度螺栓连接的设计、施工及验收规程（JGJ 82—91）. 北京：中国建材工业出版社，1991.
[43] 预应力筋用锚具、夹具和连接器应用技术规程（JGJ 85—2002）. 北京：中国建材工业出版社，2002.
[44] 钢筋机械连接通用技术规程（JGJ 107—2003）. 北京：中国建材工业出版社，2003.
[45] 带肋钢筋套筒挤压连接技术规程（JGJ 108—96）. 北京：中国建材工业出版社，1996.
[46] 钢筋锥螺纹接头技术规程（JGJ 109—96）. 北京：中国建材工业出版社，1996.
[47] 滑动模板工程技术规范（GB 50113—2005）. 北京：中国建材工业出版社，2005.
[48] 组合钢模板技术规范（GB 50214—2001）. 北京：中国建材工业出版社，2001.
[49] 建筑工程冬期施工规程（JGJ 104—97）. 北京：中国建材工业出版社，1997.
[50] 建筑地基基础工程施工质量验收规范（GB 50202—2002）. 北京：中国建材工业出版社，2002.
[51] 砌体工程施工质量验收规范（GB 50203—2011）. 北京：中国建材工业出版社，2011.
[52] 混凝土结构工程施工质量验收规范（GB 50204—2002）. 北京：中国建材工业出版社，2002.
[53] 钢结构工程施工质量验收规范（GB 50205—2001）. 北京：中国建材工业出版社，2001.
[54] 木结构工程施工质量验收规范（GB 50206—2002）. 北京：中国建材工业出版社，2002.
[55] 屋面工程质量验收规范（GB 50207—2002）. 北京：中国建材工业出版社，2002.
[56] 地下防水工程质量验收规范（GB 50208—2002）. 北京：中国建材工业出版社，2002.
[57] 建筑地面工程施工质量验收规范（GB 50209—2002）. 北京：中国建材工业出版社，2002.
[58] 建筑装饰装修工程质量验收规范（GB 50210—2001）. 北京：中国建材工业出版社，2001.